SHANGHAI BENGZHA YUNXING WEIHU
BIAOZHUNHUA ZUOYE ZHIDAOSHU

上海泵闸运行维护
标准化作业指导书

主　编　方正杰

副主编　谢　昊　刘　星

河海大学出版社
HOHAI UNIVERSITY PRESS
·南京·

内容提要

本书在严格遵守水利泵站、水闸工程运行维护相关规范的基础上,结合上海迅翔水利工程有限公司多年来的运行维护经验,总结出一套适用的水利泵站、水闸工程现场标准化运行维护作业标准,并以其负责运行维护的上海市管典型泵闸——淀东泵闸为例,分别阐述泵闸控制运用、运行巡视、运行突发故障或事故应急处置、工程检查、工程观测、建筑物及设备评级、电气试验、机电设备维修养护、主机组大修、信息化系统维护、水工建筑物维修养护、厂房及管理用房维修、工程保洁、工程维修养护项目管理、运行维护技术档案管理等现场标准化作业方法和作业过程控制要求。同时,本书对新形势下水利泵站和水闸工程运行维护中的新技术、新工艺、新设备的推广应用进行了积极探索。

本书是上海市管水利泵站、水闸工程运行维护人员和管理人员的工具书,也可作为其他水利泵站、水闸工程运行维护人员和管理人员参考用书。

图书在版编目(CIP)数据

上海泵闸运行维护标准化作业指导书 / 方正杰主编;谢昊,刘星副主编. — 南京:河海大学出版社,2022.8
ISBN 978-7-5630-7638-3

Ⅰ.①上… Ⅱ.①方… ②谢… ③刘… Ⅲ.①水闸—水利工程管理—标准化—上海②泵站—水利工程管理—标准化—上海 Ⅳ.①TV66-65②TV675-65

中国版本图书馆 CIP 数据核字(2022)第 147671 号

书　　名 /	上海泵闸运行维护标准化作业指导书
书　　号 /	ISBN 978-7-5630-7638-3
责任编辑 /	龚　俊
特约编辑 /	周　贤　梁顺弟　卞月眉
特约校对 /	丁寿萍　许金凤
封面设计 /	徐娟娟
出版发行 /	河海大学出版社
地　　址 /	南京市西康路1号(邮编:210098)
电　　话 /	(025)83737852(总编室)　(025)83722833(营销部)
网　　址 /	http://www.hhup.com
照　　排 /	南京凯建文化发展有限公司
印　　刷 /	南京迅驰彩色印刷有限公司
开　　本 /	787毫米×1092毫米　1/16
印　　张 /	34.75
字　　数 /	841千字
版　　次 /	2022年8月第1版
印　　次 /	2022年8月第1次印刷
定　　价 /	188.00元

前言

　　现场标准化作业是以企业现场安全生产、技术活动的全过程及其要素为主要内容,按照企业安全生产的客观规律与要求,制定作业程序标准和贯彻标准的一种有组织的活动。作业指导书是对每一项作业按照全过程控制的要求,对作业计划、准备、实施、总结等各个环节,明确其具体操作的方法、步骤、措施、标准和人员责任,依据工作流程组合成的执行文件。泵闸工程运行维护标准化作业指导书的应用是将泵闸运行维护目标任务进行分解、细化和落实的过程,是将典型工作任务分解细化成若干个相对独立的分项工作任务,分别编写指导文件和加以应用,并根据实际需求不断向其他工作拓展延伸,是在泵闸工程运行现场提升工作成效和整体执行能力的一个重要途径。

　　上海迅翔水利工程有限公司(简称迅翔公司)隶属上海城投公路投资(集团)有限公司。迅翔公司秉持上海城投集团有限公司"让城市生活更美好"的企业愿景,传承"创新、专业、诚信、负责"的企业精神,立足社会公共服务,努力打造卓越的水利、水运工程运行养护企业。公司目前主要为上海市堤防泵闸建设运行中心、上海市港航事业发展中心、上海市宝山区堤防水闸管理所、上海市闵行区防汛管理服务中心等单位提供全生命周期的水利、水运工程运营管理和工程建设管理服务,其中承担了市、区属淀东水利枢纽、蕰藻浜东闸、大治河西闸、苏州河河口水闸、大治河西枢纽二线船闸和西弥浦泵闸等18座大中型水闸(船闸)、水利泵站和市属泵闸工程集控中心的运行养护工作。2018年以来,迅翔公司在严格遵守泵站和水闸工程运行维护相关规范的基础上,针对所管泵站和水闸工程特点,理清管理事项、确定管理标准、规范管理程序、科学定岗定员、建立激励机制、严格内部考核,结合公司多年来的运行维护经验,总结出一套适用的泵闸现场标准化运行维护作业标准,并以其负责运行维护的上海市管典型泵闸——淀东泵闸为例,分别进行泵闸控制运用、运行巡视、运行突发故障或事故应急处置、工程检查、工程观测、建筑物及设备评级、电气试验、机电设备维修养护、信息化系统维护、主机组大修、水工建筑物维修养护、泵闸厂房及管理用房维修、泵闸工程保洁、工程维修养护项目管理、运行维护技术档案管理等现场标准化作业指导书的编写和使用。同时,迅翔公司对新形势下泵闸运维中的新技术、新工艺、新设备的推广应用进行了积极探索。通过4年多的宣传发动、精心组织、以点带面、持续改进,市管泵闸工程现场井然有序,迅翔公司员工履职尽责,确保了市管泵闸工程安全运行和管理水平的提升,促进了泵闸工程管理由粗放到精细、由经验到标准、由定性到动态的转变,其泵闸工程现场精细化和标准化管理带来的成效赢得了水利部门、上海市诸多水利专家的赞誉。

我们现将淀东泵闸运行维护作业标准汇编成《上海泵闸运行维护标准化作业指导书》,作为上海市管泵闸工程运行维护标准化体系主要内容之一,通过宣贯和应用,以便进一步探索和深化上海水利泵站和水闸工程标准化管理,同时本书也可作为水利同行编制和使用标准化工作手册的参考依据。

本书由方正杰主编,谢昊、刘星副主编。参加本书编写的还有沈强、周振宇、于瑞东、蔡浩一、孙玥、徐晶、徐林赟、刘竹娟、付瑞婷、赵俊、姜震宇、姜翔宇、王亮、田菁、杨琦、张艳、吴中华、邹生权、张华、张政红、孙强、张镡月、赵佳勇、栾杰等。本书编写过程中,许多单位和同行提供了技术资料,行业专家沙治银、兰士刚、胡险峰、华明、田爱平、姜峥、李志等提出了指导意见,在此对他们表示感谢!限于编者的水平,本书可能存在不妥之处,诚望读者和专家批评指正,以便在再版时予以修订,使本书渐臻成熟。

编者

2022 年 5 月

目录

上海泵闸运行维护标准化作业指导书

第1章

泵闸工程运行维护标准化作业指导书编制导则

1.1 范围

本编制导则规定了泵闸工程运行维护现场标准化作业指导书的编制原则、依据、结构内容、格式、文本要求及应用管理的基本内容。

本编制导则适用于上海迅翔水利工程有限公司(简称迅翔公司)负责运行维护的水利泵站、水闸工程。

1.2 规范性引用文件

下列文件中的条款通过本导则的引用而成为本导则的条款;凡下列文件对于本导则的应用是必不可少的;凡是注明日期的引用文件,仅注明日期的版本适用于本导则;凡是不注明日期的引用文件,其最新版本适用于本导则。

《标准化工作导则第1部分:标准化文件的结构和起草规则》(GB/T 1.1—2020);

《标准体系构建原则和要求》(GB/T 13016—2018);

《泵站技术管理规程》(GB/T 30948—2021);

《水闸技术管理规程》(SL 75—2014);

《上海市水闸维修养护技术规程》(SSH/Z 10013—2017);

《上海市水利泵站维修养护技术规程》(SSH/Z 10012—2017);

《水利标准化工作管理办法》(水国科〔2019〕112 号);

《大中型灌排泵站标准化规范化管理指导意见(试行)》(办农水〔2019〕125 号);

《水利工程标准化管理评价办法》(水运管〔2022〕130 号);

设计文件、设备类型与型号、设备说明书;

泵闸技术管理细则、泵闸调度运行方案、缺陷管理等技术性文件要求。

1.3 术语和定义

下列术语和定义适用于本导则。

1.3.1 现场标准化作业

现场标准化作业是以企业现场安全生产、技术活动的全过程及其要素为主要内容,按照企业安全生产的客观规律与要求,制定作业程序标准和贯彻标准的一种有组织活动。

1.3.2 全过程控制

全过程控制是针对现场作业过程中每一项具体的操作,按照泵闸安全生产有关法律法规、技术标准、规程规定的要求,对泵闸现场作业活动的全过程进行细化、量化、标准化,保证作业过程处于"可控、在控"状态,不出现偏差和错误,以获得最佳秩序与效果。

1.3.3 标准化现场作业指导书

标准化现场作业指导书是对现场每一项作业按照全过程控制的要求,对作业计划、准备、实施、总结等各个环节,明确具体操作的方法、步骤、措施、标准和人员责任,依据工作流程组合成的执行文件。

1.4 泵闸运行维护标准化作业指导书分类

泵闸运行维护标准化作业指导书可将典型工作分解细化成若干个相对独立的分项工作,分别编写,并根据实际需求不断向其他工作拓展延伸。

(1)运行操作类标准化作业指导书。此可按水利泵站、水闸等控制运用、运行操作分类。

(2)巡视、检查、观测、检测、试验、评级类标准化作业指导书。此可按设施设备(主机组、闸门、启闭机、电气设备、辅助设备、信息化系统、水工建筑物、配套设施等)进行分类。

(3)养护、修理、施工类标准化作业指导书。此可按设施设备(主机组、闸门、启闭机、电气设备、辅助设备、信息化系统、水工建筑物、配套设施等)维修养护类别(养护、小修、大修、抢修、单项施工等)进行分类。

1.5 泵闸运行维护标准化作业指导书的编制原则

(1)泵闸运行维护标准化作业指导书编制应坚持"一站一事一册"原则,应以单座工程为单位。

(2)泵闸运行维护标准化作业指导书应体现对泵闸设施设备运行维护的全过程管理思想,包括设备验收、工程验收、工程控制运用、设备运行、工程检查、工程观测、设备设施养护检修、缺陷管理、技术监督和反事故措施要求等内容;体现对现场作业的全过程控制。

(3)泵闸运行维护标准化作业指导书的编制应依据泵闸运行养护合同和年度运行养护计划进行。年度运行养护计划的制订应根据现场设施现状和运行设备的状态如缺陷异常、反事故措施要求、技术监督等内容，实行刚性管理，变更应严格履行审批手续。

（4）泵闸运行维护标准化作业指导书应在作业前编制，应注重策划和设计，量化、细化、标准化每项作业内容，做到作业程序有要求，安全有措施，质量有标准，考核有依据。

（5）泵闸运行维护标准化作业指导书应体现作业的资源配置，分工明确，责任到人，编写、审核、批准和执行应签字齐全。

（6）泵闸运行维护标准化作业指导书应围绕安全、质量两条主线，实现安全与质量的综合控制；应优化作业方案，提高效率，降低成本；应规定保证本项作业安全和质量的技术措施、组织措施、工序及验收内容。

（7）泵闸运行维护标准化作业指导书应结合现场实际由项目部专业技术人员编写，公司主管部门审批。

1.6 泵闸运行维护标准化作业指导书编制要点

泵闸运行维护标准化作业指导书应明确单项工作实施过程中的作业任务及职责分工、标准要求、作业流程及方法步骤、注意事项、资料台账等，以工作流程为主线，集合成作业指导文件。其内容应全面具体，尽量数字化、图表化，概念清楚，表达准确，文字简练，格式统一，其编制要点如下：

（1）适用范围。应明确本项作业指导书适用的具体工程、具体工作。

（2）编制依据。应说明本项作业指导书编制参考的相关标准、办法、制度、设计文件等。应列出参考依据的技术文件名称及编号或发布时间等。

（3）基本情况。应说明工程的基本情况、包括规划建设、管理、加固改造、作用、效益等，重点说明与本项作业相关的工程情况、技术参数、特征值、管理特点及特定要求等。

（4）管理事项。说明本项作业涉及的工作任务、具体内容、时间频次等，同时，应明确本项作业的职责分工、责任主体，以及如何组织实施，让管理者和作业人员明白工作职责所在。

（5）管理标准。工作标准和相关技术要求是开展本项作业的重要依据，作业指导书应将标准体现在作业全过程中，并细化、量化。

（6）管理流程。结合本项作业，从开始到结束全过程涉及的分项工作、作业环节及程序，明确本项作业的主要流程，绘制流程图。同时，应详细说明本项作业的方法和步骤，尽量以图文并茂的方式表述。

（7）管理制度。说明本项作业应遵循的规章制度、操作规程等。

（8）注意事项。重点说明本项作业过程中需要注意的相关事项和处置措施。注意事项也可以在不同工作环节或步骤中分别说明。

（9）安全措施。针对现场实际，进行危险源分析，制定相应的风险防范措施。

（10）台账资料。应规定作业过程中的各项记录、上报表单，明确本项作业需要形成的相关台账资料和格式要求，以及整理归档的要求等。

1.7 泵闸运行维护标准化作业指导书的文本要求

1. 页面设置

页面采用 A4 纸,横排版竖装订,装订线位置在左侧。

页边距上为 3.5 cm,左为 3.0 cm,右、下分别为 2.5 cm。

2. 字体设置

正文采用五号宋体。

题目名称采用三号黑体。

标题采用小四号黑体。

表格标题栏字体采用五号黑体。

表格中文字采用小五号宋体。

3. 页脚设置

页码一律采用居中排,形式为"第×页共×页",字体为小四号黑体。

4. 封面设计

泵闸运行维护标准化作业指导书的名称字体采用小一号黑体。

编号字体采用四号宋体。

根据文字数量调整字体间距以及封面上、下两部分文字的间距,使封面文字布局达到美观大方的效果。

1.8 编号管理

泵闸运行维护标准化作业指导书编号采用如图 1.1 所示形式。

图 1.1 编号形式

编号形式中字母含义:

(1) Q 代表企业标准。

(2) XXSL 代表上海迅翔水利工程有限公司。

(3) X 代表标准分类。技术标准代号为 J,管理标准代号为 G,工作标准代号为 Z。

(4) XXXX 代表序列编号。

① 编号分级:编号分为一级、二级、三级。对于各类标准分类的文件编号按序列编号进行编制;

② 编号增列:各部门、各项目部可根据业务工程情况,增列二级、三级标准化文件序

列编号,但应经技术管理部会同运行管理部审定。

(5) YYYY 代表年号。年号用公历年份表示。

1.9 泵闸运行维护标准化作业指导书的应用与管理

1.9.1 管理部门

1. 运行养护项目部管理职责

(1) 负责本项目部泵闸运行养护标准化作业指导书的管理,具体负责编制、修订本项目部标准化作业指导书。

(2) 组织运行养护人员学习、培训,严格执行其作业指导书。

2. 维修服务项目部管理职责

(1) 负责本项目部泵闸零星维修和专项维修标准化作业指导书的管理,具体负责编制、修订本项目部标准化作业指导书。

(2) 组织泵闸施工维修人员学习、培训,严格执行其作业指导书。

3. 迅翔公司运行管理部等业务部门管理职责

(1) 负责泵闸运行维护标准化作业指导书的审核。

(2) 对各项目部运行维护标准化作业指导书的应用情况进行指导与检查。

4. 迅翔公司技术管理部管理职责

负责迅翔公司泵闸运行维护标准化作业指导书的归口管理,包括泵闸运行维护标准化作业指导书编制计划的制订、组织编写或修订,标准化作业指导书的审查、批准、编号、备案、发布。

1.9.2 泵闸运行维护标准化作业指导书应用

(1) 各运行养护项目部和维修服务项目部应按照本导则,参照范本,结合现场实际,具体编写泵闸运行维护标准化作业指导书。

(2) 各运行养护项目部和维修服务项目部应组织各类人员专题学习泵闸运行维护标准化作业指导书,作业人员应熟练掌握工作程序和要求。

(3) 现场作业应严格执行泵闸运行维护标准化作业指导书,并做好记录,不得漏项。

(4) 泵闸运行维护标准化作业指导书在执行过程中,如发现不符合实际、图纸及有关规定等情况,应立即停止工作,作业负责人可根据现场实际情况及时修改指导书,履行审批手续并做好记录后,按修改后的指导书继续工作。

(5) 检修过程中如发现设备缺陷或异常,应立即汇报工作负责人,并进行详细分析,制定处理意见后方可进行下一项工作。对设备缺陷或异常情况及处理结果,应做详细记录。

(6) 泵闸运行巡视时,运行巡视人员应对照泵闸运行维护标准化作业指导书相关内容和标准,逐项进行检查。巡视完毕应进行缺陷汇总与汇报,并录入泵闸智慧管理系统。遇有紧急缺陷和设备异常时,应立即进行汇报处理。

（7）设备发生变更时,现场项目部应根据现场实际情况修改泵闸运行维护标准化作业指导书,并履行审批手续。新设备投运,应提前编制设备运行和巡视标准化作业指导书。

1.9.3　泵闸运行维护标准化作业指导书管理

（1）各运行养护项目部和维修服务项目部应明确技术人员负责泵闸运行维护标准化作业指导书的全过程推广应用和监督检查。

（2）各项目部应制定现场标准化作业管理制度,并严格按照制度执行。

（3）使用过的泵闸运行维护标准化作业指导书,经迅翔公司业务主管部门审核后存档。

（4）泵闸运行维护标准化作业指导书实施动态管理,应及时进行检查总结、补充完善。作业人员应及时填写使用评估报告,对指导书的针对性、可操作性进行评价;对可操作项、不可操作项、修改项、遗漏项、存在问题做出统计,并提出改进意见。工作负责人和归口管理部门应当对作业指导书的执行情况进行监督检查,并定期对作业指导书及执行情况进行评估,将评估结果及时反馈编写人员,以便指导以后的编写和修订。

（5）迅翔公司及各泵闸项目部应积极探索采用现代化的管理手段,开发现场巡查、养护等标准化作业管理软件,将泵闸运行维护标准化作业指导书运用于泵闸智慧运行维护平台,逐步实现信息网络化、管理智能化。

第2章

泵闸工程基本情况及管理事项划定

2.1 工程概况及管理模式

2.1.1 工程概况

(1) 淀东水利枢纽工程位于上海市闵行区莘庄镇七莘路9号桥西,距黄浦江约10 km,具有挡潮、防洪排涝、引调水和船舶通航功能。枢纽由原淀浦河东闸改扩建而成。原淀浦河东闸于1975年9月动工建设,1978年10月投入运行,包括24 m(3孔)的节制闸和100 t级船闸。改扩建工程于2014年12月开工,2017年12月完工,工程总投资4.9亿元,建成后淀东水利枢纽由淀东泵闸、杨树浦泵闸和淀东船闸组成。

(2) 淀东泵闸位于中春路桥东侧淀浦河河道上,是青松水利控制片东排口门,由排涝泵站和节制闸组成,平面布置为"北泵+南闸"。排涝泵站设计流量为90 m³/s,采用3台30 m³/s斜式轴流泵,快速闸门断流,配备1 600 kW异步电机3台,齿轮箱传动,总装机功率为4 800 kW。节制闸净宽24 m(2孔),采用潜孔式平面直升门,启闭方式为液压启闭。该工程等别为Ⅰ等,主要建筑物级别为1级,工程防洪标准为千年一遇,外河高潮位为5.74 m,抗震标准按基本烈度7度设防。工程主要有如下3项功能:

① 低潮时开闸乘潮排水;

② 台风暴雨期间外排内河涝水;

③ 在外河高潮位顶托而内河水位超界的情况下采用开泵强排,控制内河最高水位不超过3.50 m。

(3) 淀东泵闸采用2路10 kV主电源供电,10 kV电源引自管理区内的35 kV变电站10 kV Ⅰ、Ⅱ段母线,将电缆铺设至电缆沟内输送至配电间,电缆将进线间隔。35 kV变电站位于泵闸北侧,采用2回35 kV独立电源,电缆进线方式。主电动机10 kV电源直接供电,节制闸启闭机和站用0.4 kV电源采用2台站用变压器供电,直流220 V电源由站直流装置提供。

(4) 排涝泵闸平面布置采用"泵+闸"一列式布置,位于现有船闸北侧的淀浦河上。节制闸为2孔,靠船闸一侧布置;泵站位于节制闸北侧靠岸布置;检修间靠北侧一端布置,泵房底板和节制闸底板各1块,设沉降缝。节制闸中心线距船闸中心线为41.71 m,泵闸横轴线线距东闸路桥中心线118.44 m。35 kV变电站及排涝泵闸变配电室布置于泵房北侧副厂房内,在靠近泵房的闸室上方设置控制室,引水泵闸变配电室和枢纽办公用房等布置于邻近杨树浦港泵闸的管理区内。

(5) 泵房采用干室型结构,肘形进水流道,直管型出水流道,上部为排架结构,柱布置于隔墩上。泵房顺水流方向总长为 38.00 m。进出水流道宽 8.00 m。进水流道底高程-5.50 m,进口高度 5.54 m,出水流道底高程-2.38 m,出口高程 4.00 m。主泵房长29.7 m,宽 20.85 m,主泵房上部为排架结构,柱布置于隔墩上,中心距为 9.2 m,柱上设吊车梁。节制闸闸室采用胸墙式钢筋混凝土结构,闸室胸墙底高程 4.00 m,闸坎高程为-1.40 m,内河侧采用 1:4 斜坡至-2.00 m,与消力池结合;折线形平板基础;闸底板厚为 1.70 m;闸上平台采用梁板结构,面标高 5.40 m,梁底标高 4.00 m。闸墩采用钢筋混凝土实体式,闸边墩厚度为 1.6 m,中墩厚为 1.2 m,与闸室底板同长。闸室上部空间与泵房连通,平台采用梁板结构。

(6) 泵房(闸室)内河侧设有交通桥,交通桥布置有拦污栅和清污机,交通桥高程4.60 m。内河挡墙采用悬臂式结构,顶部设有防护栏杆,底部设贴脚。外河岸墙靠船闸侧利用围护结构冠梁兼做挡墙底板,通过底板植筋挡墙墙身结构,北侧为悬臂式挡墙结构,东闸路桥基础侧挡墙为空箱结构。

(7) 泵站主水泵为斜式轴流泵,配套 10 kV 高压异步电动机,齿轮箱传动,斜 30°安装。

(8) 主水泵型号为 3000APGI30-3.2,半调节式,安装角-2°,叶轮直径 3 000 mm,转速 126 r/min;共 3 台;单台水泵的设计流量 30 m³/s,设计扬程 3.20 m,最低扬程0.80 m,最高扬程 4.00 m;导轴承为滑动轴承,稀油润滑;推力轴承为滚动轴承,SKF 油脂润滑,水冷却;轴封为盘根密封水润滑。

(9) 主电动机型号为 Y630-6-1 600,功率 1 600 kW,额定转速 993 r/min,功率因素 0.87,效率 95.7%;共 3 台;定、转子铁芯为 50 W 600 硅钢,SKF 油脂润滑滚动轴承;管道通风冷却,电动机两侧进风,底部出风,风机抽排。

(10) 齿轮箱型号为 DLCLY710-8,传动比 7.978;共 3 台;飞溅润滑+轴端泵润滑,盘管冷却。

(11) 变电站位于北侧副厂房内,单层建筑物,设有 35 kV 高压开关室、主变压器室、10 kV 高压开关室、高压电容器室、二次屏室等。高低压配电室设有电缆沟,所有电气设备均布置在室内。

(12) 变电站主变压器为低损耗三相双绕组全铜芯环氧树脂浇注干式电力变压器,采用进口真空型 MR 有载调压开关,型号为 SCZ11-6300/35;容量 6 300 kVA;共 2 台。

(13) 变电站 35 kV 高压开关柜为铠装移开式交流金属封闭开关柜,型号为 KYN37-40.5;台数为电源进线(隔离手车)柜 2 台,变压器出线柜 2 台,计量柜 2 台,PT 及避雷器柜 2 台,共计 8 台。其中变压器出线柜采用真空断路器,操作机构为电动弹簧储能式(一体化内置),操作电压为直流电压 220 V。

(14) 变电站 10 kV 高压开关柜为铠装移开式交流金属封闭开关柜,型号为 KYN37-12;台数为电源进线柜 2 台,PT 及避雷器柜 2 台,母联柜 1 台,隔离手车柜 1 台,馈线柜8 台,共计 14 台。进线柜、母联柜、馈线柜采用真空断路器,操作机构为电动弹簧储能式

（一体化内置），操作电压为直流电压 220 V。

（15）二次屏室设置具有微机驱动器的模拟屏 1 套，并提供标准通信接口与实时自动化系统连接。在模拟屏上可显示运行中的各表计参数，也可显示安全运行天数等。

（16）变电站电源计量采用高供高计，在二路 35 kV 电源进线侧分别装设计量装置，设有功及无功计量表。计量表计安装在二次屏室内专用计量屏内。

（17）变电站采用智能型高频开关直流电源系统，电压为直流电压 220 V，容量为 150 Ah。直流电源系统设蓄电池屏、充电、馈电屏共 2 块屏，布置在二次屏室内。

（18）变电站内电容器补偿作为主变压器和 10 kV 电缆线路的无功补偿，每台变压器设 2 台电容器补偿柜，容量为 900 kVar，通过真空断路器手动投切。

（19）变电站进出线电缆采用交联聚乙烯绝缘聚氯乙烯护套的阻燃铜芯电缆。35 kV 侧进线型号为 ZB－YJV－26/35 kV－3×150 mm^2；10 kV 馈出线电缆型号为 ZB－YJV－8.7/10 kV－3×240 mm^2（引至排涝泵闸）、ZB－YJV－8.7/10 kV－3×70 mm^2（引水泵闸的出线电缆）。

（20）排涝泵闸北侧副厂房设有高压开关室、高压电容器室、通讯室、电气试验室、低压配电室等；南侧副厂房双层布置，一层空置，二层为泵闸控制室。12 台高压开关柜、3 台高压软启动柜布置在高压配电室，11 台低压配电柜、2 台站用变压器、2 台 LCU 柜、2 台直流屏布置在低压配电室，高压电容器布置在电容器室，仪表电源柜、综合配线柜等布置于通讯室，控制室布置有视频柜、控制台、上位机等。主泵房布置有泵组 LCU 柜、检修电源柜、小动力配电柜、液压泵站配电柜、液压泵站 LCU 柜等。

（21）排涝泵闸 10 kV 高压开关柜为铠装移开式交流金属封闭开关柜，型号为 KYN37－12；其中电源进线柜 2 台，站用变压器进线柜 2 台，PT 及避雷器柜 2 台，母联柜 1 台，隔离手车柜 1 台，电机馈线柜 4 台，共计 12 台。其中进线柜、母联柜、馈线柜内配进口真空断路器，操作机构为电动弹簧储能式（一体化内置），操作电压为直流电压 220 V。

（22）排涝泵闸的站用变压器为环氧树脂浇注干式铜芯变压器，电压比为 10±2×2.5%/0.4 kV。型号为 SCB11－400/10；容量为 400 kVA；台数为 2 台。

（23）排涝泵闸 0.4 kV 低压配电柜为抽屉式开关柜，型号为 MNS，台数为 11 台。

（24）主水泵采用高压软启动柜启动，每台水泵各 1 台。

（25）电力电缆为阻燃交联聚乙烯绝缘聚氯乙烯护套的铜芯电缆。10kV 电缆型号为 ZB－YJV－8.7/10；低压电缆型号为 ZB－YJV－0.6/1。

（26）泵站用油主要是电机轴承的润滑脂、齿轮箱的润滑油、水泵推力轴承的润滑脂和导轴承的润滑油。电机、齿轮箱和水泵推力轴承不设置供油系统。水泵导轴承设置独立的供油系统，每台泵 1 只供油箱，型号为 RL－RH65－00，台数为 3 台。不考虑润滑油的循环利用，泵站不配滤油机和油罐。

（27）技术供水主要用于水泵推力轴承冷却、泵轴填料密封润滑和齿轮箱冷却。技术供水系统包括水口、技术供水泵、滤水器、管路、阀门和相应的监测设备等。技术供水使用后除填料润滑水排入泵站集水井外，其余都排入出水流道。技术供水取自泵站进水池，与消防供水共用取水口。取水口设置在进水流道进口处，每个流道上设置 3 个取水口，共设 9 个取水口。技术供水泵型号为 ISG65－160 管道泵（流量 25 m^3/h，扬程 32 m，功率

4 kW),台数为 3 台;滤水器型号为 RF3-0 全自动反冲洗滤水器,数量为 3 台。

（28）室内设 4 只消火栓,单只消火栓用水量 5 L/s。消防泵型号为 XBD4.5/5-65 立式消防泵(流量 5 L/s,扬程 45 m,配套电动机功率 5.5 kW),台数为 2 台。稳压泵型号为 50GDL18-15 4 管道离心泵(流量 5 L/s,扬程 60 m,功率 5.5 kW),台数为 2 台。稳压罐总容积 50 L。滤水器型号为 RF3-0 全自动反冲洗滤水器,数量为 2 台。

（29）检修排水系统主要用于水泵检修时排除泵体和进出水流道内的水,同时还有排除进出水流道口闸门的渗漏水。检修排水由排水泵排入出水池。检修排水泵型号为 ZL100-32 立式自吸泵(流量 100 m³/h,扬程 32 m,功率 15 kW),台数为 4 台。检修排水时同时使用,排完水后根据闸门的漏水量情况可以开 1～3 台,其他的水泵备用。

（30）渗漏水来源主要是水泵填料密封润滑水、外壳凝结水、泵房渗漏水等。渗漏水通过排水管汇集到集水井,由渗漏排水泵排至出水池。渗漏排水泵型号为 50QW12-20-2.2 潜水排污泵(流量 12 m³/h,扬程 20 m,功率 2.2 kW),台数为 2 台。

（31）重物起吊使用 1 台 32/5 t 的双梁桥式起重机,跨距 18.5 m,无线遥控操作,带重量显示功能。

（32）节制闸共 2 孔,每孔净宽 12 m,为潜孔布置,孔口尺寸 12 m×5.4 m,闸底板高程-1.40 m,胸墙底高程 4.00 m。双向挡水、动水启闭。节制闸门叶宽度为 11.94 m,门叶高度为 5.90 m,材料为 Q235 结构钢。闸门采用悬臂滚轮行走支承,两侧边各设 2 个滚轮,直径为 700 mm,材料为 ZG310-570,轮轴材料为 40 Cr,轴衬采用铜基镶嵌固体润滑剂材料。闸门顶止水采用 P 型橡胶,侧止水和底止水采用条型橡胶。

（33）泵站拍门为带小拍门的开启式门叶结构。门叶宽度为 3.60 m,高度为 4.10 m,材料为 Q235 结构钢。门叶上设 3 个可绕固定铰链转动的小拍门,小拍门孔口尺寸为 2.9 m×1.04 m,为浮箱结构。拍门采用悬臂滚轮行走支承,两侧边各设 2 个滚轮,直径为 500 mm,材料为 ZG230-450,轮轴材料为 40 Cr,轴衬采用铜基镶嵌固体润滑剂材料。拍门顶止水和侧止水均采用 P 型橡胶,底止水采用条形橡胶。

（34）快速闸门门叶宽度为 3.54 m,高度为 4.52 m,厚度为 0.41 m,材料为 Q235 结构钢。闸门采用悬臂滚轮行走支承,两侧边各设 2 个滚轮,直径为 500 mm,材料为 ZG230-450,轮轴材料为 40 Cr,轴衬采用铜基镶嵌固体润滑剂材料。闸门顶止水采用 P 型橡胶,侧止水和底止水采用条形橡胶。检修闸门结构与快速闸门结构类似,门叶宽度为 3.60 m,高度为 4.45 m,材料为 Q235 结构钢。

（35）节制闸与泵站拍门、快速闸门的启闭采用液压启闭机,一门一机布置。泵站进水侧检修闸门的启闭设备采用 1 套移动式电动葫芦。节制闸为双吊点、倒挂式布置,液压缸安装在闸门门叶内部,活塞推杆端部安装在排架顶部的启闭机架上,排架顶高程 11.90 m。闸门启门高度为 5.40 m,开启后由搁门器锁定。泵站拍门和快速闸门为单吊点、倒挂式布置,液压缸安装在闸门门叶内部,活塞推杆端部安装在孔口上部启闭机平台的机架上,平台高程为 6.40 m。闸门启门高度为 4.00 m。

（36）排涝泵闸液压站含 4 套油泵电机组,其中 2 套分别控制 2 扇节制闸,1 套用于泵站各控制闸门,1 套单独备用,2 扇节制闸门采用一键控制启闭。液压系统设有行程检测装置进行双吊点同步控制、闸门复位控制、极限位置控制。

（37）工程共设 2 道拦污栅,进水池前第一道为带清污机拦污栅,为回转式格栅,配套皮带输送机。回转式格栅孔口宽度为 3.75 m,底板高程为－2.00 m,清污机平台高程为4.80 m,共 6 台。清污机安装倾角 75°,格栅间距为 150 mm。配套 1 台皮带输送机,带宽为 800 mm,长度为 27.8 m。清污机设备外另设 1 道拦污栅,拦污栅设备采用钢构架拦污栅。

（38）工程自运行以来数次成功经受住了风、暴、潮、洪灾害的考验,充分发挥了防洪排涝的作用,同时,常态化活水畅流有效改善了区域水环境,是城市可持续发展的有力保障。

2.1.2 管理模式

淀东泵闸运行养护采取市场化招投标委托管理模式。上海市堤防泵闸建设运行中心按照泵闸管理权限,采用招投标方式确定迅翔公司为运行养护单位,淀东泵闸（堤防）管理所（简称管理所）负责指导协调监督。

迅翔公司根据国家和上海市有关水闸运行的技术标准、操作规程、泵闸控制运用方案,负责泵闸的控制运用和维修养护。公司在泵闸工程现场设置运行养护项目部,在后方设置维修服务项目部,公司各职能部门负责泵闸运行维护支撑保障。

2.2 淀东泵闸设计指标、主要设备技术参数及更新改造

2.2.1 泵站工程设计指标及主要设备技术参数

泵站工程设计指标及主要设备技术参数,见表 2.1。

表 2.1 淀东泵站工程设计指标及主要设备技术参数

淀 东 泵 站		设计单位	上海市水利工程设计研究院有限公司			
		施工单位	上海市水利工程集团有限公司			
		管理单位	上海市堤防泵闸建设运行中心淀东泵闸（堤防）管理所			
		运行养护单位	上海迅翔水利工程有限公司			
所 在 地	上海市闵行区	所在河流	淀浦河	运用性质	防洪、排涝	
泵 站 规 模	大(2)型	泵站等别	I	主要建筑物级别	1	设计防洪标准	千年一遇
					设计排涝标准	20 年一遇
主泵房总长（m）	38	工程造价（万元）	21 185.77	开工年月	2014.12	完工年月	2017.12
主泵房总宽（m）	29.7	抗震标准	按地震烈度 7 度设防			

装机功率（kW）	4 800	台数	3	装机流量（m³/s）	90	设计扬程（m）	3.20

主水泵	型 式	斜式轴流泵			主电动机	型 式	异步电动机	
		3000APGI30-3.2 型					Y630-6-1 600 kW 10 kV 型	
	台 数	3	每台流量（m³/s）	30		台 数	3	每台功率（kW）	1 600
	转速（r/min）	125.9	传动方式	齿轮箱传动		电压（kV）	10	转 速（r/min）	993

主变压器	型 号	SCZ11-6300/35		输电线路电压(kV)	35
	总容量（kVA）	6 300	台 数	2	额定频率(Hz)	50

主站房起重设备	桥式起重机	起重能力(t)	32	断流方式	快速闸门

闸门结构形	上游	平面钢闸门	启闭机形式	上游	电动葫芦
	下游	平面钢闸门、多叶拍门		下游	液压启闭

进水流道形式	肘形流道	出水流道形式	直管流道

主要部位高程（m）	站房底板	-5.50		
	叶轮中心	-2.08	上游护坦	-1.00	下游护坦	-1.00

交通桥	净宽（m）	6.00	桥面高程（m）	4.60	设计荷载	公路Ⅱ级	高程基准面	上海吴淞

运行特征水位（m）	设计运行水位	内河	2.50	外河	5.00
	最高运行水位	内河	3.50	外河	5.30
	最低运行水位	内河	1.50	外河	1.80

观测项目	水位监测、机组安全监测、供水系统监测、排水系统监测、供油系统监测、变形观测、压力监测、沉降缝监测、河道断面观测等

2.2.2 节制闸工程设计指标及主要设备技术参数

节制闸工程设计指标及主要设备技术参数，见表2.2。

表 2.2 节制闸工程设计指标及主要设备技术参数

节 制 闸	设计单位	上海市水利工程设计研究院有限公司
	施工单位	上海市水利工程集团有限公司
	管理单位	上海市堤防泵闸建设运行中心淀东泵闸(堤防)管理所
	运行养护单位	上海迅翔水利工程有限公司

闸孔数	2	闸孔尺寸（m）	净高	5.4	河系	淀浦河	主要作用	防洪、控制水位		
			净宽	12						
总闸长（m）	38	所在地	上海市闵行区		完工年月	2017.12	排水最大过流流量（m³/s）	290		
总闸宽（m）	28.4	工程规模	中型							
闸首主要部位高程（m）	闸顶	5.40								
	闸底	−1.40								
	衔接堤顶	上游左堤	4.50	上游右堤	4.50	下游左堤	5.70	下游右堤	5.70	
闸门及启闭机	闸门形式	潜孔直升门	闸门钢材	Q235	止水		门底	条形橡胶		
	闸门规格（m）	11.94×5.9	闸门表面积	按实际面积计算			门侧	条形橡胶		
	启闭机型式	液压传动	启闭速度（m/min）	1.2			检修门槽尺寸（m）	0.8		
	启闭机型号	QPPYD-2×320-5.9								
水位（m）	设计最低水位	1.80		通航水位		2.00				

2.2.3 淀东泵闸设备基本情况表

淀东泵闸设备基本情况,见表2.3。

表 2.3 淀东泵闸设备基本情况表

序号	类别	名称	型号（规格）	数量	厂家	出厂年月
1	泵组	主泵	斜式轴流泵	3000AP-GI30-3.2	3	日立泵制造（无锡）有限公司	2017.6
2		电动机	异步电动机	Y630-6-1 600 kW	3	西门子大型特种电机（山西）有限公司	2017.6
3		齿轮箱	行星齿轮	DLCLY710-B	3	宁波东力股份有限公司	2017.6
4	辅助设备	桥式起重机	桥式起重机	QD32/5T×18.5M	1	上海悦力起重机械有限公司	2016.5
5		渗漏排水泵	潜污泵	50QW18-30-3	2	上海山楠泵业（集团）有限公司	2016.4

序号	类别	名称	型号(规格)	数量	厂家	出厂年月
6	辅助设备	消防泵	立式管道泵	XBD4.5/5-65	2	上海山楠泵业(集团)有限公司	2017.6
7		检修排水泵	立式离心泵	100SLFZ-A	4	上海山楠泵业(集团)有限公司	2017.6
8		技术供水泵	立式管道泵	ISG65-160	3	上海山楠泵业(集团)有限公司	2017.6
9		风机	离心式风机	HTFC-18	3	上海应达风机股份有限公司	2017.8
10	金属结构及启闭设备	节制闸闸门	平板钢闸门	12 m	2	江苏润田水工业设备有限公司	2016.4
11		启闭机	液压启闭机	QPPY-D-2X 320kN-5.9M	2	常州中盛机电工程有限公司	2016.4
12		快速闸门	平板钢闸门		6	江苏润田水工业设备公司	2016.4
13		启闭机	液压启闭机	QPPY-D-125kN-4.2M	6	常州中盛机电工程有限公司	2016.4
14		葫芦吊	电动葫芦	MD10 t, $H=12$ m	2	上海悦力起重机械有限公司	2017.5
15		多叶拍门	多叶拍门		6	江苏润田水工业设备有限公司	2016.4
16		启闭机	液压启闭机	QPPY-D-125kN-4.2M	6	常州中盛机电工程有限公司	2016.4
17		液压站设备	液压站		1	常州中盛机电工程有限公司	2016.4
18		检修闸门	平板钢闸门		6	江苏润田水工业设备有限公司	2016.4
19		葫芦吊	电动葫芦	MD10 t, $H=12$ m	1	上海悦力起重机械有限公司	2017.5
20		拦污栅	钢构架		9	江苏润田水工业设备有限公司	2016.4
21		清污机	回转式	XH-II-3650	6	江苏一环集团有限公司	2016.4
22		清污机电机	异步电动机		6	江苏一环集团有限公司	2016.4
23		皮带机	履带式	XJB-800	1	江苏一环集团有限公司	2016.4

序号	类 别	名 称	型号（规格）	数量	厂 家	出厂年月
24	35 kV 变电站	35 kV 变压器	SCZ11－6300/35	2	吴江变压器厂	2017.6
25	35 kV 变电站	35 kV 中性点接地电阻	ZDZ66－10	2	苏州中兴龙源电气有限公司	2017.6
26	35 kV 变电站	35 kV 高压柜	KYN37－40.5	8	上海柘中集团股份有限公司	2017.6
27	35 kV 变电站	交流屏	PPS－X	2	上海柘中集团股份有限公司	2017.6
28	35 kV 变电站	10 kV 高压柜	KYN37－12－71a	14	上海柘中集团股份有限公司	2017.6
29	35 kV 变电站	高压无功补偿柜	HVCA－10－900/300＋600	2	深圳三和电力科技股份有限公司	2017.6
30	35 kV 变电站	直流电源屏	SZPW8－C－1 00 Ah/110 kV	2	深圳三和电力科技股份有限公司	2017.6
31	35 kV 变电站	电力监控系统		1	上海瑞东自动化技术有限公司	2017.6
32	10 kV 变电站	10 kV 变压器	SCB11－400/10	2	吴江变压器厂	2017.6
33	10 kV 变电站	10 kV 高压柜	KYN37－12－007	12	上海柘中集团股份有限公司	2017.6
34	10 kV 变电站	10 kV 高压固态软启动柜	SHVSF－10－1600	3	深圳三和电力科技股份有限公司	2017.6
35	10 kV 变电站	高压无功补偿柜	HVCR－10－300－AP	3	深圳三和电力科技股份有限公司	2017.6
36	10 kV 变电站	低压开关柜	MNS	9	上海柘中集团股份有限公司	2017.6
37	10 kV 变电站	直流屏	SZPW8－C－100 Ah/110 kV	2	深圳三和电力科技股份有限公司	2017.6
38	内外河水位计	一体化超声波液位仪	PROSONIC M	2	上海妙声力仪表有限公司	2017.11
39	流量计	雷达流量计	HZ－SVR－24Q	2	上海航征测控系统有限公司	2017.11
40	栅后水位计	一体化超声波液位仪	PROSONIC M 两线制	2	上海妙声力仪表有限公司	2017.11
41	电动机前后轴承温度	智能监测保护装置	JM－B－6Z	3	江苏江凌测控科技股份有限公司	2017.8

（类别列：24—37 为"电气设备"，38—41 为"监测装置"）

序号	类别	名称	型号(规格)	数量	厂家	出厂年月
42	监测装置	电动机绕组温度	智能监测保护装置	JM-B-6Z	3	江苏江凌测控科技股份有限公司	2017.8
43		机组振动	智能监测保护装置	JM-B-6Z	3	江苏江凌测控科技股份有限公司	2017.8
44		闸门行程开度	智能传感器	GWS360-TONG	12	上海精浦机电有限公司	2017.11
45		闸门开度仪	智能传感器	GWS360-TONG	4	上海精浦机电有限公司	2016.4

2.2.4 更新改造及安全鉴定情况

设备更新情况为"2018 年泵闸专项"内新增设钢结构水泵平台和上位机系统 1 套。

淀东泵闸于 2014 年 12 月开工,2017 年 12 月完工,2019 年 10 月竣工验收,新建泵站投入运行后 20~25 年或全面更新改造泵站投入运行后 15~20 年,应进行 1 次全面安全鉴定;之后,每隔 5~10 年应进行 1 次安全鉴定。

节制闸首次安全鉴定应在竣工验收后 5 年内进行,以后应每隔 10 年进行 1 次全面安全鉴定。运行中遭遇超标准洪水、强烈地震、增水高度超过校核潮位的风暴潮、工程发生重大事故后,应及时进行安全检查,如出现影响安全的异常现象时,应及时进行安全鉴定。闸门等单项工程达到折旧年限,应按有关规定适时进行单项安全鉴定。

2.3 泵闸运行养护项目部管理事项划定

2.3.1 管理事项划定一般要求

(1)运行养护项目部应根据工程类型和特点,按照上海市泵闸工程管理精细化和水利部水利工程管理标准化相关规定,制订泵闸工程运行养护年度工作计划,分解年度管理事项,编制年度管理事项清单。

(2)管理事项清单应包含泵闸各项常规性工作及重点专项工作,分类全面、清晰。主要包括控制运用、巡视检查、工程监测、维修养护、安全生产、组织管理、经济管理、环境管理等。

(3)管理事项清单应详细说明每个管理事项的名称、具体内容、实施的时间或频率、工作要求及形成的成果、责任人等。

(4)对工程管理事项可按周、月、年等时间段进行细分,各时间段的工作任务应明确,内容应具体详细,针对性强。

(5)每个管理事项需明确责任对象,逐条逐项落实到岗位、人员。

(6)岗位设置应符合相关要求,人员数量及技术素质满足工程管理要求。

（7）运行养护项目部应建立管理事项落实情况台账资料,定期进行检查和考核。

（8）当管理要求及工程状况发生变化时,应对管理事项清单及时进行修订完善。

2.3.2 泵闸运行养护项目部主要职责

泵闸运行维护实行泵闸运行养护项目负责制。运行养护项目部为迅翔公司承接的泵闸运行养护项目的现场派驻机构,具体负责泵闸运行养护现场的日常工作。有关养护技术、后勤保障、财务管理、工作协调由迅翔公司运行管理部等职能部门负责。运行养护项目部具体职责如下:

（1）认真贯彻执行党的路线、方针、政策,贯彻执行国家、上海市制定的有关水利法规,实行依法治水和依法管水;贯彻执行管理所和上级主管部门要求、有关技术规范和规程。

（2）建立健全管理机构,完善管理机制,制定和完善规章制度并贯彻执行。

（3）编制、上报日常运行养护年度计划。

（4）及时掌握泵闸工程及所在区域水情、雨情、工情,执行水情调度指令,保证工程正常运行。

（5）承担泵闸工程巡视、专项检查观测、日常维修养护、信息管理。

（6）抓好所管泵闸工程安全、防汛抢险和治安保卫工作,上报和处置突发性事件。

（7）协助管理所监督检查泵闸工程管理(保护)范围内违法行为,配合开展违法行为的查处工作,协同管理所做好泵闸管理范围涉水项目批后监管工作。

（8）做好泵闸工程运行维护的技术文件、资料的收集、整理和归档工作。

（9）开展科学研究和技术革新,积极推广应用新技术,推进泵闸工程管理精细化和标准化。

（10）加强内部管理和考核,加强精神文明建设,注重岗位管理和人才培养,提高管理水平和服务能力。

2.3.3 泵闸运行养护管理总体思路

泵闸运行养护管理总体思路是以习近平新时代中国特色社会主义思想和治水方针为指导,以国家法律法规和上级规范性文件为管理依据,以实现"安全泵闸、精细泵闸、智慧泵闸、文明泵闸"为管理目标,以实行项目化管理、优化人力和设备等资源配置、落实后方支撑保障为管理机制,以制度化、规范化、标准化、精细化、信息化和文明化为管理方法,明确工作任务、落实工作措施、突出工作重点、抓好工作难点、加强工作协调、加强考核自检,整体推进运行养护能力提升和工程及管理效益发挥。

2.3.4 管理事项编制依据

（1）法律法规,例如:

《中华人民共和国水法》;

《中华人民共和国防洪法》;

《中华人民共和国防汛条例》(国务院第 86 号令);

《上海市防汛条例》(上海市人民代表大会常务委员会公告第 17 号)。

(2)技术标准,例如:

《泵站技术管理规程》(GB/T 30948—2021);

《水闸技术管理规程》(SL 75—2014);

《上海市水闸维修养护技术规程》(SSH/Z 10013—2017);

《上海市水利泵站维修养护技术规程》(SSH/Z 10012—2017)。

(3)指导性文件,例如:

《水利工程标准化管理评价办法》(水运管〔2022〕130 号);

《大中型灌排泵站标准化规范化管理指导意见(试行)》(办农水〔2019〕125 号);

《水利工程管理单位安全生产标准化评审标准》(办安监〔2018〕52 号);

《水利工程运行管理督查检查办法(试行)》(办监督〔2020〕124 号);

《上海市水闸管理办法(修订)》(2018 年 1 月 4 日实施)。

(4)涉及泵闸工程的重要技术文件,例如:

淀东泵闸设计文件;

淀东泵闸技术管理细则;

管理单位与运行养护单位签订的运行养护项目管理合同及其考核管理办法。

2.3.5 管理事项清单分类

泵闸运行养护管理事项可分为七大类:

(1)组织管理;

(2)运行管理;

(3)检查评级观测试验;

(4)维修养护;

(5)安全管理;

(6)环境管理;

(7)经济管理。

2.3.6 管理事项排查方法

管理事项排查采用树状分类法,即在对管理事项排查过程中,按照层次,层层分类,先确定大的分类标准,将某些方面相似的工作任务或事项归为一类,然后对同类工作任务或事项再分类。

2.3.7 管理事项清单

淀东泵闸运行养护项目部管理事项清单见本书附录 A。

2.4 管理事项落实

2.4.1 任务分解落实

运行养护项目部应对照工作任务清单,将各项工作任务分解落实到具体的工作岗位、工作人员,实行目标管理、闭环管理。所有管理工作都应做到"有计划、有布置、有落实、有检查、有反馈、有改进"的闭合环式管理模式。其工作布置程序如下:

(1) 遵循逐级安排的原则,编制部门—人员—岗位—事项对应图表,将各工作事项分类、梳理,并落实到相应人员。

(2) 一般工作电话通知,重要工作填写任务单。

(3) 任务下达应是具体、可度量、可达成、注重效果、有时间要求的。

(4) 工作安排简明扼要,工作内容和要求应详尽,完成时间应明确。

(5) 可根据"ABC分类法",按照工作的重要性和紧迫性,分为3级:关键工作(权重高),一般工作(权重一般),次要工作(权重低)。也可以根据"四象限分类法",分为4级(既不紧急也不重要、紧急但不重要、重要但不紧急、既重要又紧急)。优先安排既重要又紧急的工作。

2.4.2 任务执行

运行养护项目部应树立强烈的责任心,抓好工作执行情况的跟进、协调、指导和反馈等基础工作,建立高效的组织执行力。

运行养护项目部应将工作落实到人,并对责任人进行指导,督促其按要求完成任务。责任人应不折不扣地高质高效完成任务。

工作执行中各方应及时沟通,有困难及时汇报,确保按要求完成工作;若有困难无法解决,应及时做好分析,并提请部门解决。

运行养护项目部对工作执行情况进行监督检查,并在每周工作例会上通报重点工作执行情况。

2.4.3 台账记录

运行养护项目部应建立工作任务落实情况台账资料,客观反映工作任务的责任对象、工作内容、完成时间、实际成效等,也为管理所和上级部门对项目部及岗位人员的考核提供基础依据。例如:

(1) 员工培训事项的落实,应有计划、培训(内容、签到)、考核(试卷、成绩统计表)、台账资料。

(2) 工程安全管理事项的落实,应有安全工作计划、安全培训、安全检查、安全隐患整改过程、安全总结材料等。

(3) 工程检查维护事项的落实,应有检查(检验)记录、维修建议、维修措施、调试、验收全过程资料等。

资料整编应做到检查、养护资料分开;检查资料应做到日常巡视、经常检查、定期检查、特别(专项)检查、安全检查资料分开整编。

2.4.4 工作闭环

工作闭环程序按照由下至上、自前至后的方式,逐级闭环,做到"四闭合":

(1)泵闸工程检查资料与维修养护资料应闭合;

(2)泵闸养护维修项目方案、组织、检查、整改、验收应闭合;

(3)上期信息上报中管理所或上级检查考核中要求整改的项目,在下期信息上报中应反馈整改落实情况,实行资料闭合。

(4)运行养护项目部年度、季度、月度各项工作计划和年度、季度、月度工作总结应闭合。

各级管理人员应根据掌握的信息、对工作的不同要求,逐级审核,表明态度。

运行养护项目部应根据工作的开展情况,阶段性地进行小结,工作定义为三个状态,即完结、继续开展、等待时机完成。

工作完结应立即提出申请,进入闭环程序,经逐级同意后可结案。

工作需等待时机完成的,应注明目前结题欠缺的条件。

工作继续开展的,应提供详细的工作计划,确定工作完成时间。

2.4.5 抓好考核工作

所有考核工作以各类考核办法和考核标准为依据,结合工作实际情况,做好管理所和上级考核中的自检自评工作。同时,在运行养护项目部内部,对班组和员工加强绩效考核。

(1)工作未及时安排、工作安排不清楚、时间要求不明确的,绩效考核应相应扣分。

(2)重点工作未在周例会上汇报、工作未按时完成、未完成的,绩效考核应相应扣分。

(3)工作完成质量差评绩效考核应相应扣分。

(4)运行养护项目部年度(季度)考核评分标准和项目部成员年度考核标准可根据管理事项分解表编制和调整。

第 3 章

泵闸工程控制运用作业指导书

3.1 范围

泵闸工程控制运用作业指导书适用于指导淀东泵闸工程调度、设备操作、运行值班管理,其他同类型泵闸的控制运用可参照执行。

3.2 规范性引用文件

下列文件适用于泵闸工程控制运用作业指导书:

《泵站技术管理规程》(GB/T 30948—2021);

《电力安全工作规程 发电厂和变电站电气部分》(GB 26860—2011);

《起重机械安全规程第 1 部分:总则》(GB/T 6067.1—2010);

《泵站更新改造技术规范》(GB/T 50510—2009);

《泵站安装及验收规范》(SL 317—2015);

《泵站现场测试与安全检测规程》(SL 548—2012);

《水利信息系统运行维护规范》(SL 715—2015);

《水闸技术管理规程》(SL 75—2014);

《水闸安全评价导则》(SL 214—2015);

《水工钢闸门和启闭机安全运行规程》(SL/T 722—2020);

《电力变压器运行规程》(DL/T 572—2021);

《继电保护和安全自动装置运行管理规程》(DL/T 587—2016);

《电力系统继电保护及安全自动装置运行评价规程》(DL/T 623—2010);

《高压并联电容器使用技术条件》(DL/T 840—2016);

《电力系统用蓄电池直流电源装置运行与维护技术规程》(DL/T 724—2021);

《互感器运行检修导则》(DL/T 727—2013);

《电力系统通信站过电压防护规程》(DL/T 548—2012);

《电力设备预防性试验规程》(DL/T 596—2021);

《电力安全工器具预防性试验规程》(DL/T 1476—2015);

《变电站运行导则》(DL/T 969—2005);

《上海市水闸维修养护技术规程》(SSH/Z 10013—2017);

《上海市水利泵站维修养护技术规程》(SSH/Z 10012—2017);

《上海市水利控制片水资源调度方案》(沪水务〔2020〕74 号);

《上海市市管泵闸水资源调度实施细则》(沪堤防〔2020〕143 号);

淀东泵闸工程设计文件;

淀东泵闸技术管理细则。

3.3 资源配置及岗位职责

3.3.1 工作任务

淀东泵闸控制运用工作任务主要包括工程调度管理、设备操作和值班运行等,具体见附录 A。

3.3.2 资源配置

淀东泵闸运行养护项目部具体负责淀东泵闸工程的运行管理及维修养护工作,接受管理所的检查监督。运行养护项目部人员结构如下。

1. 管理人员

项目经理 1 人,全面负责项目部工作;技术负责人 1 人,具备 5 年以上泵闸管理经验,工程师以上职称,全面负责项目部技术工作;其他技术人员 1~2 人,资料员 1 人,安全员 1 人,工程管理员 1 人,材料员 1 人。

2. 运行维护人员

(1) A 班。运行班长 1 名,运行人员 1~3 名;

(2) B 班。运行班长 1 名,运行人员 1~3 名;

(3) C 班。运行班长 1 名,运行人员 1~3 名。

3. 检修人员

检修班长 1 名、检修人员 1~3 名,必要时可增加人员。

3.3.3 岗位职责

1. 一般要求

(1) 泵闸运行管理人员分工和职责明确,上岗前应经国家或地方有关部门考试合格,在岗期间应定期开展技术业务培训,特种作业人员应持证上岗。

(2) 泵闸运行期间应设总值班,负责泵闸的运行调度,掌握泵闸设备运行状况,发生事故时组织泵闸运行值班人员进行事故处理。总值班一般由项目经理或技术负责人担任。

2. 项目经理职责

(1) 贯彻执行国家的有关法律法规、方针政策及迅翔公司的决定、指令,根据合同规定执行管理所相关要求和指令。

(2) 全面负责项目部业务及安全管理工作,落实迅翔公司各项规章制度,保障工程安全运行,全面落实并完成所管工程承担的引排水和防汛防台任务。

(3) 负责检查监督各运行班的安全运行情况,督促运行人员做好运行操作、值班、巡视检查,负责运行突发故障的处理。

(4) 负责项目部财务相关工作,抓好项目部的廉政建设。

(5) 组织制订、实施项目部年度、月度工作计划。

(6) 督促抓好项目部的岗位排班和考勤工作。

(7) 推动科技进步和管理创新,加强员工教育,提高员工队伍素质。

(8) 协调处理各种关系,完成管理所及上级交办的其他工作。

3. 技术负责人职责

(1) 贯彻执行国家有关法律法规、方针政策,迅翔公司的规章制度和项目部的决定、指令。

(2) 积极参加各种培训学习,熟悉并掌握上海市水闸、泵站维修养护技术规程等相关制度,不断提高业务水平和能力;负责编制起草泵闸工程的设备操作、运行及维修养护、安全管理等方面的技术文件。

(3) 全面负责项目部技术管理工作,掌握泵闸工程运行状况,保障工程安全和效益发挥。

(4) 负责组织对项目部员工进行技术培训和考核。

(5) 组织制订泵闸工程调度运行方案、技术改造方案及维修养护计划;参与维修养护项目的验收工作,指导防汛防台抢险技术工作。

(6) 组织制订、实施项目部科技创新年度计划。

(7) 具体负责泵闸工程和设备评级工作。

(8) 具体负责建筑物险情、设备故障排除及事故处理的业务工作,提出有关技术报告。

(9) 负责抓好项目部技术资料的收集、整理、分析和归档工作。

(10) 完成管理所及上级交办的其他工作。

4. 工程管理员职责

(1) 贯彻执行国家有关法律法规、方针政策及上级主管部门的决定、指令。

(2) 积极参加各种培训学习,熟悉并掌握泵闸技术管理等相关规程,不断提高业务能力和水平。

(3) 协助技术负责人编制泵闸工程的设备操作、运行及维修养护等方面的技术文件。

(4) 具体负责检查监督各运行班的安全运行情况,发现问题及时督促整改。

(5) 参与泵闸工程和设备等级评定,协助技术负责人制订、组织并落实检修和节能技术改造计划。

(6) 负责排查运行设备的故障,参与设备事故处理,提出分析报告。

(7) 协助技术负责人抓好泵闸工程的技术资料的收集、整理、分析和归档工作。

(8) 具体负责对设施设备进行日常检查,发现在工程管理范围内有危害建筑物安全的违法违规行为,应进行处理或上报。

(9) 具体负责组织并实施泵闸工程维修养护工作,对泵闸工程维修养护质量进行监督,参与维修养护项目的相关验收工作。

（10）完成领导交办的其他工作。

5．安全员职责

（1）贯彻执行国家有关法律法规、方针政策及上级主管部门的决定、指令。

（2）积极参加各种安全生产培训学习,熟悉并掌握泵闸技术管理、安全生产等相关规程,不断提高业务水平和能力。

（3）负责泵闸工程的安全生产宣传教育工作。

（4）参与制定泵闸工程的安全管理制度,督促落实各项安全措施。

（5）具体负责对泵闸安全生产进行监督和检查,发现隐患及时督促整改。

（6）积极参与防汛抢险,做好相关组织协调工作。

（7）负责抓好安全标志的设置和维护;配合做好安全监测、安全用具检测工作。

（8）积极参与泵闸工程和设备的等级评定工作。

（9）参与安全事故的调查处理及监督整改工作。

（10）完成领导交办的其他工作。

6．材料员职责

（1）负责项目部仓库日常管理,严格执行物质保管制度,保持物资设备分类排列,存放整齐。

（2）负责仓库物料和工具的检查、维护,抓好库房安全管理和清洁卫生工作。

（3）负责仓库物料和工具进出库的验收、记账和发放工作,做到账物相符。

（4）负责备品备件消耗量统计及采购计划的申报工作。

（5）完成领导交办的其他工作。

7．资料员职责

（1）具体负责按照考核要求编制运行养护台账。

（2）抓好项目部各类资料的归档及管理工作。

（3）负责管理所及迅翔公司管理系统中要求的相关信息上报工作。

（4）配合管理所完成工程档案管理工作。

（5）参与设施设备检查及维修养护工作。

（6）完成领导交办的其他工作。

8．运行班长职责

（1）贯彻执行国家有关法律法规、方针政策及上级主管部门的决定、指令。

（2）坚守工作岗位,带头遵守劳动纪律,严格执行规章制度,认真做好本班的运行值班工作。

（3）积极参加各种培训学习,了解泵闸工程的设计功能以及其所在流域的作用,熟悉并掌握泵闸技术管理规程、业务知识及相关安全操作规程等,掌握计算机基础知识,掌握监控系统的控制流程和操作方法,并具备应急处理泵闸工程突发事件的能力。

（4）服从调度命令,严格按相关规程组织开、停机(或开、关闸)及相关操作。

（5）全面负责本班的安全生产,组织巡视检查建筑物和设备情况,对运行中出现的故障应及时进行处理和报告,保证当班期间的人身及设备安全。

（6）带领全班人员完成当班期间的各项工作,搞好团结,相互学习,取长补短,起到传、帮、带作用,积极参加各项活动和义务劳动。

（7）保管好所用的仪表和工器具,带领全班人员搞好设备及环境卫生。

（8）负责交接班工作,检查本班人员的值班情况及各类记录,做好值班日志、交接班等记录工作。

（9）完成领导交办的其他工作。

9. 运行工职责

（1）贯彻执行国家有关法律法规、方针政策及上级主管部门的决定、指令。

（2）坚守工作岗位,遵守劳动纪律,严格执行规章制度,认真做好运行值班工作。

（3）积极参加各种培训学习,了解泵闸工程的设计功能以及其所在流域的作用,熟悉并掌握泵闸技术管理规程、业务知识及相关安全操作规程等,掌握计算机基础知识,掌握监控系统的控制流程和操作方法,并具备应急处理工程突发事件的能力。

（4）服从调度命令,严格按相关规程进行开、停机(或开、关闸)及相关操作。

（5）负责对建筑物和设备运行巡视检查,协助运行班长对运行中出现的故障进行处理,保证当班期间的人身及设备安全。

（6）完成当班期间的各项工作,搞好团结,相互学习,取长补短,积极参加各项活动和义务劳动。

（7）保管好所用的仪表和工器具,搞好设备及环境卫生。

（8）协助运行班长做好交接班工作,填写运行值班日志、交接班记录等。

（9）完成领导交办的其他工作。

3.4　运行调度指令执行及控制运用

3.4.1　调度指令的执行原则

（1）淀东泵闸的控制运用,由管理所根据《上海市水利控制片水资源调度方案》(沪水务〔2020〕74号)及《上海市市管泵闸水资源调度实施细则》(沪堤防〔2020〕143号)进行统一调度,迅翔公司及运行养护项目部遵照执行,不得接受其他任何单位或个人的指令。

（2）淀东泵闸控制运用应坚持"防汛优先调度、坚持活水畅流调度、坚持专项协同调度、坚持局部服从全局"的原则。

（3）淀东泵闸如超标准运用,应进行分析论证和安全复核,提出可行的运用方案和保护措施,报经上级主管部门批准后实施。

（4）运行养护项目部对工程运用调度指令接收、下达和执行情况应认真记录,记录内容包括发令人、受令人、指令内容、指令下达时间、指令执行时间及指令执行情况等;执行完毕后,应及时向上级报告。

（5）汛期及运行期,运行养护项目部实行24 h值班。项目部负责人、技术负责人、工程管理员、运行值班人员应密切注意水情,及时掌握水文、气象和汛情预报,严格执行调度指令,保持 24 h 通讯畅通,若因机电设备突发故障或出现影响安全运行的险情,应及时汇报,并按照应急预案或应急处置方案组织抢修。

3.4.2 控制运用特征值

淀东泵闸参照工程原设计特征值,结合泵闸承担的任务和工程条件,应在下列允许范围内控制运用,具体设计特征值如下。

1. 泵站控制运用
(1) 泵站运行特征水位,见表 3.1。

上海泵闸运行维护标准化作业指导书

表 3.1 泵站运行特征水位　　　　单位:m

序号	工况	特征水位	水位		备注
			内河	外河	
1	排涝	设计水位	2.50	5.00	泵站上游为淀浦河内河
2		最高运行水位	3.50	5.30	内河规划除涝最高水位 3.50
3		最低运行水位	1.50	1.80	内河设防高程 4.50
4	挡潮	最高潮水位(P=1‰)	—	5.70	淀浦河最低通航水位 2.00

(2) 泵站设计流量为 90 m^3/s。
(3) 泵站特征扬程,见表 3.2。

表 3.2 泵站特征扬程表　　　　单位:m

名称	净扬程
设计扬程	3.20
最高扬程	2.90
最低扬程	0.00

2. 节制闸控制运用
(1) 内外河设计特征水位,见表 3.3。

表 3.3 内外河特征水位　　　　单位:m

序号	水位组合		设计值
1	外河水位	最高	5.70(P≈1%)
2		最低	0.45(历史最低)
3	内河水位	最高	3.50(排涝)
4		最低	1.80(预降)
5	内河常水位		2.50~2.70

(2) 节制闸设计最大过闸流量为 190 m^3/s。
(3) 水闸闸门开度控制表,见表 3.4。

闸外水位 (m)	闸内水位 (m)	闸门最大开度 (m)	设计流量 (m^3/s)
1.70		2.1	113
1.44		1.3	169
2.00	3.50	1.7	171
2.50		2.0	170
3.00		2.7	176
3.00		2.4	144
3.50		2.0	170
4.00		1.8	180
4.50	2.50	1.6	184
5.00		1.6	220
5.20		1.5	222
1.44		1.4	131
2.00		1.9	144
2.50	2.70	2.7	206
3.00		2.9	284

3.4.3 泵闸运行调度方案

1. 节制闸运行调度方案

(1) 活水畅流调度运行。

① 只排不引,淀东泵闸节制闸每日两潮排水;

② 闸内最低控制水位。汛期白天 2.40 m,夜间 1.80 m;非汛期白天 2.50 m,夜间 1.90 m。

(2) 节制闸防汛调度运行。

① 天气预报 24 h 内有大雨及以上或 24 h 后 48 h 内有暴雨及以上正常排水,汛期内河水位预降到 2.70 m 以内(非汛期 2.80 m);

② 天气预报 24 h 内有大雨及以上或 24 h 后 48 h 内有暴雨及以上正常排水,汛期内河水位预降到 2.70 m 以内(非汛期 2.80 m);

③ Ⅳ级响应(蓝色)时开闸排水,汛期内河水位预降到 2.55 m 以内(非汛期 2.60 m);

④ Ⅲ级响应(黄色)时开闸排水,汛期内河水位预降到 2.45 m 以内(非汛期 2.55 m);

⑤ Ⅱ级响应(橙色)时开闸排水,汛期内河水位预降到 2.35 m 以下(非汛期 2.40 m),协助相关部门积极做好防汛排涝工作;

⑥ Ⅰ级响应(红色)时,在保证工程设施、船舶停靠、航道停航等安全的前提下,尽全力预降片内河水位。

2. 泵站运行调度方案

当发布防汛防台响应在节制闸不能排水时:

(1)内河水位大于2.80 m且有继续上涨趋势并满足泵站运行条件时,开启1台水泵排水,当泵站内河水位低于2.50 m时关闭。

(2)内河水位上涨至2.90 m时且有继续上涨趋势时,再增加1台水泵排水。

(3)内河水位上涨至3.10 m且有继续上涨趋势时,3台水泵全开排水。

3.4.4 泵闸控制运用注意事项

1. 节制闸控制运用注意事项

(1)水闸排水时,当外河侧潮位低于1.44 m时,尽量避免开闸,减少外河冲刷。闸门运行采用同时开启、开度分级的控制原则,闸门开度由小到大逐步开启,开度分级为0.5 m、1.0 m、1.5 m、2.0 m、2.5 m、3.0 m、4.0 m、4.5 m、5.0 m、全开,分级提升时间间隔应根据内、外河水位情况确定,一般在外河水流基本稳定后,再提升下一级,尽量控制过闸流量,防止闸下冲刷,其设计过闸流量190 m³/s,在非紧急情况下适当控制排涝流量,减小海漫末端流速,以利于闸下河道防冲。河道现状及规划断面下的河道控制流速按0.7 m/s控制。各工况各水位工况下闸门最大开度见本作业指导书3.7.1节,其中未列水位数据,其对应开启度采用内插确定。

(2)节制闸过闸流量应与上、下游水位相适应,使水跃发生在消力池内。

(3)节制闸的控制运用需兼顾淀东船闸的通航要求,避免开闸水流过大对船舶航行造成不利影响。

(4)严寒冰冻期间应采取防冻措施,防止建筑物及闸门受冰压力作用而损坏;冰冻期间启闭闸门前,应采取措施,消除闸门周边及滚轮的冻结。

(5)节制闸泄流时,应密切观察内、外河情况,避免发生船舶或漂浮物影响闸门启闭或危及闸门、建筑物安全。

2. 泵站控制运用注意事项

(1)泵站试运行。对不经常运行的水泵机组,项目部应根据潮位情况每月试运行2次,每次运行时间不少于15 min。试运行过程中应按设备运行记录要求,对设备操作、运行参数等进行记录,对发现的设备故障、缺陷应及时修复和处理。

(2)泵站运行。运行台数少于泵组数量时,应轮换调度运行,合理安排泵站机组的开机台数、顺序,结合运行时长确定开泵顺序,在开启1台水泵时,宜优先开启中间水泵;开启2台水泵时,优先开启两侧水泵,通过机组运行调度改善进、出水池流态,减少水力冲刷和水力损失。辅机系统有主、备设备,运行期间也应定期轮换运行。

(3)运行过程应密切注视水情的变化,确保水位处于水泵允许运行水位之内。

(4)运行当班人员和运行负责人应了解工程的设计功能以及所在水利片区的作用,熟悉可能出现的调度指令,并具有应急处置工程突发事件的能力。服从上级开、停机调度指令,遇有人身、设备事故,运行当班人员或运行负责人可以立即停机,并向上级汇报。事故紧急停机抢修结束后,应及时向上级汇报。

3.4.5 调度指令执行流程图

淀东泵闸调度指令执行流程见图 3.1,防汛调度执行流程见图 3.2。

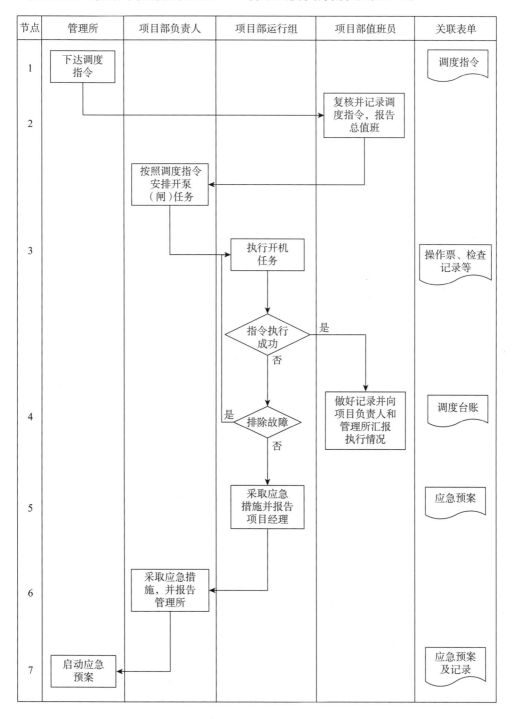

图 3.1 淀东泵闸调度指令执行流程图

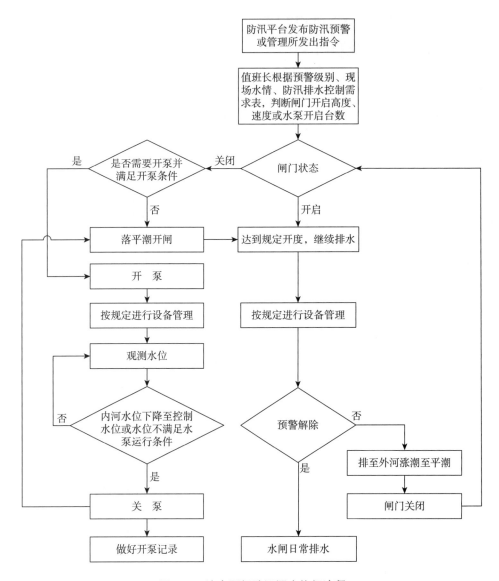

图 3.2　淀东泵闸防汛调度执行流程

3.5　泵闸运行操作一般规定及流程

3.5.1　泵站运行操作一般规定

（1）泵站应在设计工况范围内运行。

（2）应根据泵站定期检查和检修结果按工程设备评级标准评定类别,泵站主要设备的评级应符合《泵站技术管理规程》(GB/T 30948—2021)规定。建筑物完好率不应低于85%,其中主要建筑物的工程评级等级不应低于二类建筑物标准。设备完好率不应低于90%,其中与水泵机组安全运行密切相关的主要设备评级不应低于二类设备标准。安全运行率不应低于98%。

（3）设备铭牌、编号、涂色、旋转方向、液位指示、设备管理责任卡应按规定在现场标示。同类设备按顺序编号，其中电气设备标有名称且编号、名称固定在明显位置；油、气、水管道、阀门和电气线排等应符合相关规定的颜色标识；需要显示液位的有液位指示线；旋转机械有旋转方向标识，辅机管道有介质流动方向标识；电力电缆有符合相关规定的起止位置和型号规格等标识；按相关规定设置安全警示标识。同时，应根据有关规定，完善泵闸工程的其他机电设备和管路的标识。运行管理图表、操作流程及相关制度应醒目地悬挂在工作场所。

泵闸有关标志标牌的设置要求可参见河海大学出版社出版的《泵闸工程目视精细化管理》一书。

（4）电气设备外壳接地应明显可靠，接地电阻应符合相关规定。

（5）泵站工程如长期停用或大修，或更新改造后，在机组投入运行前，应进行相关检查和试验后再进行试运行。

（6）泵站工程在更新改造期间，新旧设备需联合运行时，应制定安全运行方案。

（7）泵站运行操作应在上位机监控系统中进行，按上位机操作票进行操作。操作人员接到命令后，打开操作票界面，并根据现场和操作票的要求进行操作。如上位机自动化系统发生故障，应由值班人员现场操作时，运行操作应由运行养护项目部负责人命令，必要时项目部负责人或技术负责人应到场，操作票由操作人填写，监护人复核，并按运行操作制度认真执行。

每次泵站启闭上位机操作不得少于2人，其中1人检查观察。

（8）开泵需满足一定水位条件，进水池水位不得低于最低运行水位，净扬程大于零。

（9）应加强泵站经济运行管理，提高泵站效率，试泵和运行尽量在水位差较小的情况下进行，以减少能耗。

（10）开泵应做到设备异常不启动；水位超限不启动。

（11）泵站运行应确保与上级运行调度和上级供电调度的通讯畅通。

（12）泵站运行应具备必要的运行备品、器具和技术资料，其主要内容如下：

① 运行维护所必需的备品备件；

② 设备使用说明书和随机供应的产品图纸；

③ 电气设备原理图和接线图；

④ 设备安装、检查、交接试验的各种记录；

⑤ 设备运行、检修、试验记录；

⑥ 设备缺陷和事故记录；

⑦ 主要设备维护、运行、修试、评级揭示图表；

⑧ 运行工具（对讲机、电筒等），操作工具（高压柜小车、摇把、接地刀闸扳手等），安全用具（接地线、绝缘靴、绝缘手套、验电器、高压令克棒等），仪器仪表（兆欧表、万用表、充放电仪、活化仪、红外测温仪、测声仪、测振仪等），观测工器具，维修养护工具；

⑨ 消防器材及其布置图；

⑩ 现场运行作业指导书；

⑪ 突发故障或事故应急处置预案。

（13）主水泵、主电动机、变压器等主要设备在投入运行前应按照《泵站技术管理规程》（GB/T 30948—2021）规定进行检查,确保设备符合其投入运行条件。设备运行期间,运行人员应按规定程序操作。

（14）高低压电气设备运行应按《电力安全工作规程　发电厂和变电站电气部分》（GB 26860—2011）的规定执行。

（15）电容器运行应按《高压并联电容器使用技术条件》（DL/T 840—2016）的规定执行;互感器运行应按《互感器运行检修导则》（DL/T 727—2013）的规定执行。

（16）泵站和变电站的防雷装置运行应按《电力系统通信站过电压防护规程》（DL/T 548—2012）和《变电站运行导则》（DL/T 969—2005）的规定执行。

（17）继电保护和自动装置运行应按《电力系统继电保护及安全自动装置运行评价规程》（DL/T 623—2010）的规定执行;微机保护装置运行应按《继电保护和安全自动装置运行管理规程》（DL/T 587—2016）的规定执行。

（18）直流装置运行应按《电力系统用蓄电池直流电源装置运行与维护技术规程》（DL/T 724—2021）的规定执行。

（19）高压断路器、高低压开关柜、电缆线路等其他电气设备,油、气、水等辅助设备以及金属结构的运行应按照《泵站技术管理规程》（GB/T 30948—2021）的规定执行。

（20）起重设备的运行应按《起重机械安全规程第 1 部分:总则》（GB/T 6067.1—2010）的规定执行。所有起重设备、安全阀及其他特种设备应按规定定期进行检测,未按规定检测或检测不合格的,不应投入运行。

（21）启闭机的运行应执行《水工钢闸门和启闭机安全运行规程》（SL/T 722—2020）的规定。

（22）油、气、水系统中的安全装置、自动装置及压力继电器等应定期检验,控制设定值应符合安全运行要求。

（23）排涝运行应根据水位情况或上级指令执行,在发布防汛预警后,项目部应及时做好泵组开启准备,以便指令发出后能及时启泵。

（24）泵组开启前应检查上、下游水位;检查上、下游有无船只、漂浮物和其他行水障碍;检查拦污栅前是否有垃圾堆积,若拦污栅前垃圾堆积较多,应及时开启清污机清理。

（25）主要设备的操作应执行操作票制度,每张操作票只能填写 1 个工作任务。

（26）操作人员在设备启动、运行过程中,应同时注意倾听主机组运行响声是否正常,注意监视设备和系统的电气参数、温度、声音、振动以及摆度等情况,并做好运行记录。

（27）机电设备操作、运行过程中如发生故障,应查明原因,立即处理,并详细记录,当发生危及人身安全或损坏设备的故障时,应立即停止设备运行并及时上报。

（28）机电设备操作结束后,应将开关泵时间,操作次序,开关泵前后上、下游水位及水流情况,开关泵操作、巡视、操作过程中的问题、故障、事故及处理等情况及时做好详细记录并存档。

（29）泵站在严寒冰冻季节停用期间,应排净设备及管道内积水,必要时应对设备及管道采取保温防冻措施。电气设备和自动化装置等应在最低环境温度限值以上运行。

3.5.2 淀东泵站操作流程

淀东泵站开机操作流程包括操作电源投入、保护装置投入、计算机监控系统投入、主电源投入、辅助设备和电气设备电源投入、辅助设备和电气设备投运、主机组开机。停机操作流程包括主机组停机、辅助设备和电气设备停运、辅助设备和电气设备电源切出、主电源切出、计算机监控系统操作权限切出、操作电源切出。具体操作流程见图 3.3。

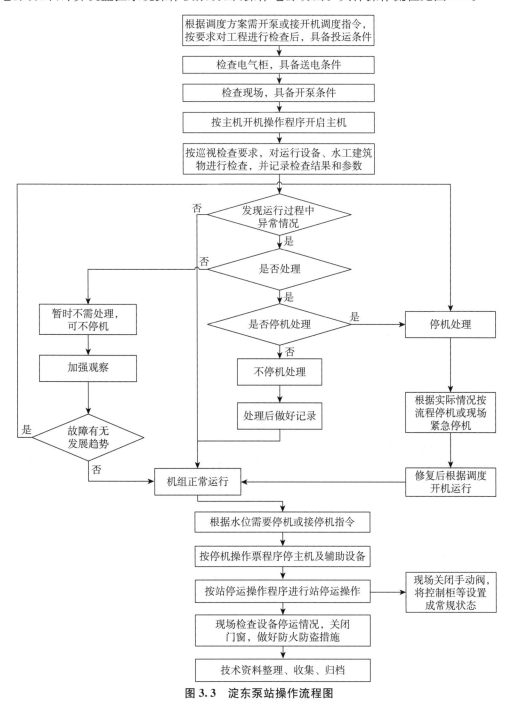

图 3.3 淀东泵站操作流程图

3.5.3 节制闸运行操作一般规定

（1）节制闸启闭操作应遵循"落平潮开闸""涨平潮关闸"的原则。项目部接管理所指令后，应根据闸下安全水位与开度关系确定分次闸门开度，或者根据运行经验确定分次闸门开度；分次开启闸门的间隔时间，视下游水位趋向稳定所需时间而定。较小流量时，一般可1次完成。

（2）闸门启闭前应检查上、下游水位和有无船只、漂浮物和其他行水障碍，并利用扩音机或报警器发出喊话或警报。停泊船只应退出警戒区，以防止发生意外。

（3）闸门启闭前还应检查启闭设备，闸门，上、下游水位，动力设备，仪表及润滑系统等是否正常，检查均正常后方可进行操作。操作中应做到以下三点：

① 设备异常不启动；

② 水位超限不启动；

③ 闸下有船不启动。

（4）过闸流量应与下游水位相适应，使水跃发生在消力池内，水流应平稳，避免发生折冲水流、集中水流、漩涡、回流等不正常现象。如果发生折冲水流、集中水流、漩涡、回流情况，应及时适当调整闸门开启高度，以消除不正常现象。

（5）闸门启闭过程中应避免河边水流降落过快，以防影响岸坡稳定和船只安全。

（6）当闸门发生振动时，应适当调整其开启高度，避开发生振动的位置，发现闸门或启闭机有不正常响声时，应立即停机检查，待故障排除后，方可继续启闭闸门。

（7）运行班组应根据潮位预报表编制开关闸时间预测表，并按时间表做好闸门启闭前的准备工作。

（8）操作和监护应由持有上岗证的闸门运行工或熟练掌握操作技能的技术人员进行。

（9）操作人员应集中思想，谨慎操作。闸门启闭过程中，应同时注意倾听启闭机械运行响声是否正常，注意观察电压、电流读数，并做好运行记录。

（10）闸门启闭后，应认真核对闸门开度，观察上、下游水位流态。

（11）闸门运用中应填写启闭记录。

（12）水闸操作分自动化监控系统操作和现地控制柜操作两种情况。正常情况下采用自动化监控系统启闭闸门，特殊情况下采用现场控制柜启闭闸门。

3.5.4 节制闸指令执行流程

淀东节制闸指令执行流程，见图3.4。

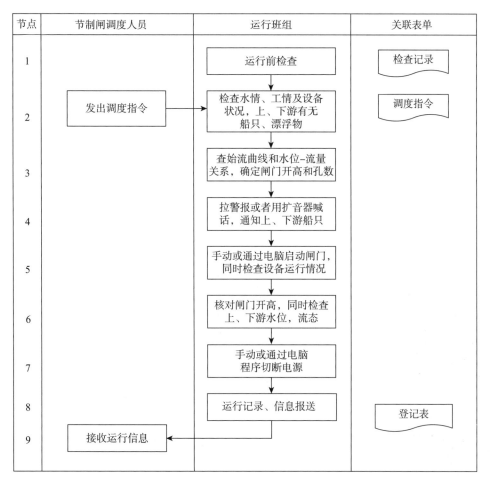

节点	节制闸调度人员	运行班组	关联表单
1		运行前检查	检查记录
2	发出调度指令	检查水情、工情及设备状况，上、下游有无船只、漂浮物	调度指令
3		查始流曲线和水位-流量关系，确定闸门开高和孔数	
4		拉警报或者用扩音器喊话，通知上、下游船只	
5		手动或通过电脑启动闸门，同时检查设备运行情况	
6		核对闸门开高，同时检查上、下游水位，流态	
7		手动或通过电脑程序切断电源	
8		运行记录、信息报送	登记表
9	接收运行信息		

图 3.4 淀东节制闸指令执行流程图

3.6 泵站运行操作步骤

3.6.1 投运前检查

1. 一般规定

（1）接到开机命令后，值班人员应及时就位，检查现场情况，现场应无影响运行的检修及试验工作，有关工作票应终结并全部收回；接地线、接地刀闸等安全措施已解除；值班人员应拆除不必要的遮拦设施，准备所需工具和记录纸等。

（2）开泵前，值班人员应检查主要设备设施，满足开泵条件方可进行操作。

（3）开泵前，值班人员应提前通知上、下游管理范围水域内的船只、人员等及时撤到安全区域。

（4）值班人员应提示上、下游河道管理范围外的船只，密切注意水位及流态变化，及时系好缆绳，以避免不必要的损失。

2. 变压器检查及准备

（1）主变压器、线路（电缆）和所有高压设备上应无人工作，接地线应拆除，具备投入运行条件。

（2）主变压器、站用变压器应工作正常。

（3）主变压器进线隔离手车、主变压器中性点接地刀闸应处于分闸位置；主变压器出线、站用变压器、主电机高压断路器的手车应处于试验位置。

（4）变压器外壳应完好无损坏，冷却风机工作正常。

（5）变压器绝缘值应合格，长期停用的变压器在投运前，应使用 2 500 V 或 5 000 V 兆欧表测量绝缘电阻，其数值在同一温度下不应小于上次测得值的 70%，否则应进行干燥或处理，合格后方可投运。

3. 其他电气设备检查及准备

（1）高压断路器外观完好，标志清楚，防护、互锁装置可靠；高压断路器操作的直流电源电压应在规定范围内；高压断路器操作的弹簧机构、液压机构的压力应在规定范围内。

（2）高压软启动器投入运行除了要符合厂家规定以外，还应符合以下规定：

① 软启动柜内无杂物、灰尘，各连接螺栓紧固；

② 主回路绝缘满足要求；

③ 控制电源可靠，通信信号正常；

④ 柜体接地可靠，接地电阻满足要求；

⑤ 真空断路器分闸和接地刀闸合闸（软启动装置电源侧高压开关柜）。

（3）对与所有设备安全防护措施相关的接地线等进行检查，应接地良好。

（4）高压开关柜母线绝缘值应大于等于 10 MΩ，柜体应完好，柜门应关闭，高压断路器的手车应在试验位置。

（5）低压开关柜柜体完好，各开关应按开机要求在合上或断开位置。

（6）高低压开关柜仪器、仪表等元器件完好，二次接线及接地线牢固可靠，标识清晰完整。

（7）隔离开关、高压熔断器本体无破损变形，瓷瓶清洁，无裂纹及放电痕迹。

（8）互感器二次侧及铁芯应接地可靠，瓷瓶清洁，无裂纹、破损及放电痕迹。

（9）检查直流电源装置应运行正常（蓄电池、对地绝缘电阻、控母电压等运行正常）。

（10）保护装置自检正常，无异常报警显示。

（11）高压补偿电容器及放电设备外观检查良好，接地可靠，连接线可靠紧固，无渗漏油现象，外壳无膨胀变形，套管应清洁、无裂纹，绝缘电阻应符合要求；电容器在工作状态，电容器室通风正常。

4. 主机组（含齿轮箱）检查及准备

（1）检测主机组电源三相电压对称度应符合要求。

（2）主机组运行前，应先检查水泵电动机的绝缘电阻，绝缘电阻值及吸收比均应符合规定要求，绝缘电阻值不符合要求时应查明原因并处理；检查电动机接地应牢固可靠，且电阻不应大于 4 Ω。

（3）主水泵轴承、填料函应完好。

（4）电动机进出线连接正确、牢固、可靠，无短接线和接地线。

（5）主机组各部位的连接螺栓紧固，安全防护设施完好。

（6）电动机转动部件与固定部件之间的间隙符合要求，电动机转动部件和空气间隙内无杂物。

（7）技术供水工作正常。

（8）油质、油位正常，稀油站运行正常。

（9）进出水管路、流道畅通，进水水位应高于水泵最低运行水位。

（10）工作闸门与断路器联动正常。

（11）保护装置工作正常。

5. 辅助设备检查

（1）通风设施、抽湿、制冷系统工作应正常。

（2）油系统的安全、自动控制装置及各种表计等应工作可靠，无不正常报警；各油路闸阀开关位置应符合开机运行要求；油色、油温、油位、油压等满足运行要求；油泵及电机工作可靠，能自动切换运行，压力符合要求。

（3）技术供水的水质、水温、水量、水压等满足机组运行要求，示流装置良好，供水管路畅通。

（4）供、排水泵工作可靠，填料密封良好，备用供、排水泵应能自动切换运行，进水口莲蓬头无堵塞，集水坑和排水廊道无淤积，出水压力符合要求。

（5）各管路闸阀开关位置正常。

6. 闸门及启闭机检查

（1）闸门止水橡皮无破损、变形，止水良好；吊耳、卸扣完好，固定螺栓无锈蚀脱落；闸门周围无漂浮物卡阻，门体无歪斜，门槽无堵塞；闸门启闭灵活，无卡阻，联动可靠；滚轮转动灵活；双吊点闸门同步完好。

（2）各处闸位显示应一致，且与当前闸门实际位置相吻合。

（3）液压启闭机液压杆表面无损伤、锈蚀，无过多积垢、明显渗漏油；运行正常，无卡阻现象。

（4）节制闸闸门应关闭。

（5）工作闸门、事故闸门位置应符合运行要求。

（6）检修门在开启位置。

（7）全面检查事故闸门控制系统，确认事故闸门能按规定的程序启闭。

7. 拦污栅及回转式清污机检查

（1）运转无异常声响。

（2）减速机油位正常。

（3）防护罩安全、完好。

（4）清污机移动平稳。

（5）栅条无明显弯曲和大的垃圾堵塞。

8. 配套电动机检查

所有设备配套电动机绝缘合格，电气设备外壳接地良好。

9. 水工建筑物检查

(1) 检查泵站进出水池,上、下游河道有无漂浮物和滞留船只,应无异物影响主机组安全运行;上、下游拦河设施应完好。

(2) 泵房应无破损,门窗应完好,无渗水漏雨现象,落水管等排水设施应完好畅通。

10. 监测装置检查

(1) 检查参与运行控制的水位计、温度检测装置等,其数据传输稳定,读数准确。

(2) 检查泵站进出水池水位和扬程,应满足主机组运行技术要求。

11. 进水侧检修闸门检查

检查进水侧检修闸门应完全开启。

12. 信息化系统检查

(1) 制定运行管理制度,编制运行事故应急预案。

(2) 已明确由被授权人员操作和管理。

(3) 已安装正版防毒软件,定期进行防病毒软件升级和程序漏洞修补。

(4) 与其他系统联网的设备采取了隔离措施。

(5) 中央控制室监控电脑、服务器应正常运行,上位机软件能正常登录,上位软件无报警项。

(6) 各项传感器数值能在上位软件中正常显示。

(7) 视频监控系统正常可用,无掉线模糊视频现象。

(8) PLC 运行正常,触摸屏上无提示报错信息。

(9) 各自动化元件,包括执行器、控制器、转换器、传感器等工作可靠。

(10) 手动柜各状态指示灯显示正常,无故障报警显示。

3.6.2 操作电源投入

(1) 检查站用直流电源装置应处于正常工作状态。

(2) 检查计算机监控系统应处于正常工作状态。

(3) 操作电源投入步骤:

① 合上电源总开关;

② 合上主变压器、站用变压器、主电机控制保护电源开关;

③ 合上中央信号系统电源开关;

④ 合上高压断路器合闸电源开关;

⑤ 合上事故照明电源开关。

(4) 检查模拟屏"主接线"隔离手车、接地刀闸、高压断路器,断路器手车位置信号应与现场一致,中央音响信号、故障报警信号应正常。

(5) 高压断路器操作应符合下列要求:

① 分、合高压断路器应用控制开关进行远方操作,长期停运的高压断路器在正式执行操作前应通过远方控制方式进行试操作 2~3 次;

② 正常禁止手动操作分、合高压断路器,在远控失效,紧急情况下可在操作机构箱处进行手动操作;

③ 高压断路器运行中严禁进行慢合或慢分操作；

④ 高压断路器当其液压机构正在打压时，或储能机构正在储能时，不得进行操作；

⑤ 拒分的开关未经处理和恢复正常状态，不得投入运行；

⑥ 运行中发现液压机构油泵起运频繁、压力异常应及时处理。当压力下降至闭锁信号值以下时，应先采取机械防慢分措施后再行处理或停电检修；

⑦ 高压断路器在事故跳闸后，应检查有无异味、异物、放电痕迹，机械分合指示应正确；断路器在分闸备用状态时，合闸弹簧应储能。

3.6.3 主变压器、站用变压器投运

（1）在各项投运条件具备后，值班长通知值班员填写操作票，进行交流电源投入操作：

① 合上主变压器进线侧隔离手车；

② 合上主变压器中性点接地刀闸；

③ 分别将主变压器出线、站用变压器高压侧断路器的手车推至工作位置；

④ 分别合上主变压器进线、出线、站用变压器高压侧断路器；

⑤ 主变压器投运后，应根据上级供电部门指示，进行主变压器中性点接地刀闸操作，并将操作结果电话通知上级变电部门。

（2）检查母线电压，开机电压不应低于主电机额定电压的95%。

（3）切出备用电源，合上站用变压器低压侧刀闸和开关，站用电由站用变压器供电。

（4）合上辅机电源开关。

3.6.4 辅助机组投运

1. 排水系统投入操作和检查

（1）检查排水泵控制柜主回路电源应正常。

（2）检查排水泵底阀密封及补水应完好。

（3）启动排水泵。

（4）检查排水泵运转声音、振动应正常，出口压力应正常。

（5）将控制转换开关旋至自动位置。

2. 技术供水系统投入操作和检查

（1）开启供水泵进、出水闸阀。

（2）检查机泵运转应灵活，运转声音、振动、示流应正常，出水压力应正常。

（3）检查轴承箱油位应在正常位置。

（4）启动供水泵并将控制转换开关旋至自动位置。

3. 压力油系统投入操作和检查

（1）检查回油箱油位应正常。

（2）检查油压系统内闸阀应在工作状态。

（3）启动压油泵，将控制转换开关旋至自动位置。开启进气闸阀，调整压力油罐油位、压力至设定值。

3.6.5　直流系统、交流不间断电源检查操作

按操作顺序和检查内容要求,检查直流系统及交流不间断电源,确认正常后,为保护柜、LCU 柜、控制柜、操作柜等送电。

3.6.6　保护及监控设备检查调试

保护设备送电后,保护显示状态应正常。监控设备启动运行后,设备及其功能应正常。

3.6.7　高压开关设备调试

检查确认高压开关设备工作正常,在试验位置试分、合开关应正常。

3.6.8　清污机的投入操作

清污机可现地、自动控制。为防止大型杂物损坏清污机,一般在现场进行现地控制。

（1）检查清污机前有无大型杂物,如有应清除。

（2）开启清污机、皮带输送机电动机主回路电源。

（3）将清污机、皮带输送机远方/现地开关转换至现地位置。

（4）用启动按钮启动皮带输送机,检查声音、运转是否正常。

（5）用启动按钮启动清污机,检查声音、运转是否正常,应无卡滞、碰撞等异常现象。

3.6.9　淀东泵站主机开机操作

1. 操作方式及相关规定

（1）淀东泵站开停机操作分三种情况:正常情况下采用远程控制开泵,现地 PLC 柜控制开停泵和特殊情况下采用现场手动开停泵或者上位机点动操作。

（2）各级的优先级别。现地控制大于自控;控制级在任何时刻具有唯一性,确保被控设备的安全性。

（3）淀东泵闸开关泵操作在正常情况下采用远控操作,在自动化监控系统远控操作发生故障时才采用手动开、停泵。

（4）现地手动开、停泵操作应执行操作票制度,紧急状况下开、停泵除外。采用计算机监控系统远控操作,操作步骤应写入程序之中。

（5）分、合高压断路器通常采用自动控制方式进行操作,长期停运的高压断路器在正式执行操作前应通过自动控制方式进行试操作 2～3 次。正常情况下禁止手动操作分、合高压断路器,在自控失效、检修或紧急情况下可手动操作高压断路器。

（6）运行中,继电保护和自动装置不能任意投入、退出和变更定值,需投入、退出或变更定值时,应在接到有关上级的通知或命令后执行。凡带有电压的电气设备,不允许其处于无保护的状态下运行。对继电保护动作时的报警信号,运行人员应准确记录清楚。

2. 自动化监控系统开、关泵

1）操作前的准备工作。

（1）打开工控计算机电源,启动上位机软件。

（2）根据权限登录，输入操作人员姓名及密码。

（3）打开监控系统，画面切换至需要观察的位置。

（4）检查现场控制柜输入信号是否正常，控制状态是否为远控调度。

2）一键式开停泵操作。

（1）开泵前先启动清污机，其步骤为：

① 界面切换至辅助设备下的淀东辅机；

② 点击清污机"启动"按钮，开启清污机（皮带机为联动状态）。

（2）变配电操作，其步骤为：

① 将所有现地控制柜的泵组控制转换开关切换至"远程"位置；

② 将小车摇入，工作位置显示灯亮。

（3）水泵联动开机操作，其步骤为：

① 联动开泵操作流程：

a. 系统切换至排涝泵组操作界面；

b. 开机前查看设备状态及参数是否正确，开机条件如下：

电源电压正常，电动机断路器处于试车位置，水泵机组监测数据正常，节制闸闸门全关，变频器正常（未投入），进出水池水位正常，拦污栅压差正常，水泵净扬程大于零；

c. 上述条件均具备时，在上位机上将转换开关调成自动状态，点击"主泵控制"，然后点击"启动"按钮，进入4道开泵"确认"后，泵组进入启动程序；

d. 泵组启动时，操作员应观察屏幕上水泵、工作闸门、渗漏排水泵等各项参数并做好记录，同时现场巡视员应注意观察现场设备运行情况；

e. 泵组运行过程中，每1h对各项参数进行1次记录，每2h巡视现场1次，观察运行情况，做好记录。有特殊要求时，可缩短记录时间。

② 远程控制开机原理，如图3.5所示。

（4）水泵联动停机操作，其步骤为：

① 联动停泵操作流程：

a. 确定对运行中的水泵电动机进行停机操作，在上位机上将模式转换为"联动"状态，点击需停泵组的"停止"按钮，再点击关泵"确认"按钮，泵组进入停机程序；

b. 观察上位机屏幕上停机时水泵、工作闸门等各项参数，并做好记录；同时现场巡视员应注意观察现场设备停机情况；

c. 泵组停止运行后，对水泵、工作闸门、清污机等运行情况进行确认，确认其全部停止或到位。

② 远程控制停机原理，如图3.6所示。

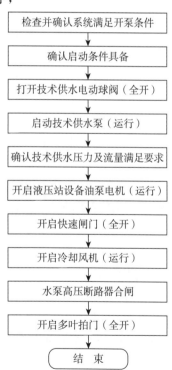

图3.5 远程控制开机原理图

（流程图：
检查并确认系统满足开泵条件 →
确认启动条件具备 →
打开技术供水电动球阀（全开）→
启动技术供水泵（运行）→
确认技术供水压力及流量满足要求 →
开启液压站设备油泵电机（运行）→
开启快速闸门（全开）→
开启冷却风机（运行）→
水泵高压断路器合闸 →
开启多叶拍门（全开）→
结束）

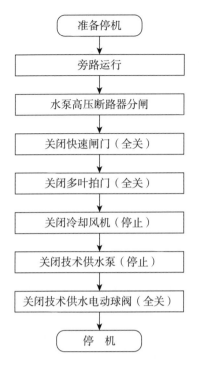

图 3.6　远程控制停机原理图

3. 手动式开、停泵操作

1）泵组启动流程

（1）将各设备现场控制柜控制状态切换至现场操作状态。

（2）开启。利用清污机现场控制柜开启清污机，并根据开启水泵序号进行设定。

（3）打开球阀。

（4）开启技术供水泵过滤器和技术供水泵。每个泵组对应 3 台技术供水泵，2 台使用1 台备用。

（5）开启液压站供油泵。可利用液压油泵现场控制柜开启液压泵组。首先将控制柜旋转按钮旋至手动状态，再通过控制按钮选择 3 号或 4 号油泵开启油泵。最后将按钮旋至建压状态。

（6）开启快速闸门。选择对应泵组的快速闸门按钮开启快速闸门，并观察闸门开启状态，闸门开度到规定值以后可以进行下一步操作。

（7）选择开启对应泵组的风机，然后点击开启风机按钮。

（8）开启泵组。在高压配电房将真空断路器柜旋钮旋至现地状态，摇入小车至工作位置灯亮，旋转水泵断路器开关至合闸位置，主水泵电动机启动。

（9）开启拍门。当电动机转速达到额定转速，现场控制柜开启拍门至全开状态。

（10）记录相关参数，泵组启动结束。

（11）泵组运行过程中，每 1 h 对各项参数进行 1 次记录，同时每 2 h 巡视现场 1 次，观察运行情况，做好记录。有特殊要求时，可缩短记录时间。

2）泵组停机流程

（1）确定对运行中的水泵电动机进行停机操作。

（2）将各设备现场控制柜控制状态切换至现场操作状态。

（3）关闭泵组。在高压配电房，将真空断路器柜旋钮旋至现地状态，旋转水泵断路器开关至分闸位置，主水泵电动机关闭，摇出小车至工作位置灯灭。

（4）关闭泵组的同时关闭快速门，置快速门全关状态。

（5）快速闸门全关后关闭拍门。

（6）选择关闭对应泵组的风机，然后点击按钮关闭风机。

（7）关闭技术供水泵，然后关闭技术供水泵过滤器。

（8）关闭球阀。

（9）清污机停机。利用清污机现场控制柜关闭清污机。

（10）记录相关参数。泵组关闭结束后，对现场进行检查，确定闸门关闭到位、水泵已停止运转；机组停机后惰走（慢性转动）时间正常；管路上的止回阀、拍门闭合紧密，无倒流现象；柔性止回阀的闭合正常，无回缩现象。

3.6.10 紧急停机

1. 主机组运行中应立即停机的情况

（1）异步电动机直接启动后，没有从启动状态转到运行状态；电动机降压启动或变频启动后，没有从启动状态转到运行状态。

（2）内、外河水位和扬程超泵站设计工况。

（3）主电动机三相电源电压不平衡超 5％，或一相电压超额定电压的 110％。

（4）主电动机电流三相不平衡程度满载时超 15％，轻载任何一相电流未超过额定数值时，不平衡程度满载时超 10％。

（5）主机组启动后，出水口工作门异常。

（6）主电动机、电气设备发生火灾、人身或设备事故。

（7）主电动机声音、温升异常。

（8）主水泵内有清脆的金属撞击声。

（9）主机组发生强烈振动。

（10）水泵运行过程中节制闸闸门开启、工作闸门关闭。

（11）辅机系统发生故障短时间内无法修复或影响系统安全运行。

（12）主电动机发生危及安全运行故障，保护装置拒绝动作。

（13）直流电源消失，一时无法恢复。

（14）填料严重漏水无法有效封堵，危及机组安全运行。

（15）上、下游河道发生安全事故或出现危及泵站安全运行的险情。

2. 变压器运行应立即停机的情况

（1）声音异常增大或内部有爆裂声。

（2）严重渗漏油或发生喷油。

（3）套管有严重的破损和放电现象。

（4）冒烟起火。

（5）发生危及变压器安全的故障，而变压器有关保护装置拒绝动作。

（6）附近设备着火、爆炸等，威胁变压器安全运行。

（7）负荷、冷却条件正常、温度指示可靠，而变压器温度异常上升。

（8）微机保护装置失灵或发生故障，短时间内不能排除。

3. 电力电容器应立即停机的情况

（1）电容器爆炸。

（2）电容器瓷套管闪络放电。

（3）电容器外壳膨胀异常。

（4）电容器喷油、起火。

（5）电容器外壳温度超过 55 ℃或室温超过 40 ℃，采取降温措施无效。

4. 其他电气设备运行中应紧急停机的情况

（1）直流电源消失 2 h 内无法恢复。

（2）出现事故信号后保护装置拒动时。

（3）真空断路器真空被破坏。

（4）高压断路器有异味或声音异常；绝缘瓷套管断裂、闪络放电异常。

5. 辅机设备及其他运行中应停机的情况

（1）技术供水设备有故障，短时间内无法修复，设备温度明显上升，影响全站安全运行。

（2）压力油设备有故障，短时间内无法修复，影响全站安全运行。

（3）进出口闸门出现持续下滑，无法恢复。

（4）上、下游河道发生人身事故或出现险情。

6. 其他事项

（1）当出现事故停机条件时，开启停机流程，停机流程同正常停机流程。

（2）在停机过程中，操作人员应对停机流程和各项观察数据进行记录，并注明紧急停机的原因。

（3）操作完毕后，到现场观察技术供水泵、流量传感器、进出水闸门、拍门等辅助设备的运行情况，并确认全部停止或处于正确位置。

3.6.11 停机后的记录与反馈

（1）填写操作记录。开、关机操作完成后，运行人员需对操作人员、操作时间、水位、开机台数等信息进行认真记录。

（2）向管理所反馈操作时间、水位、开机台数、开机序号等水泵启闭情况。

3.7 节制闸运行操作步骤

3.7.1 投运前的检查准备工作

1. 上、下游及水工建筑物检查

（1）检查方式。在自动化监控系统运行的正常情况下可通过视频监控进行检查，在监控系统异常时需现场查看。

（2）检查内容。

① 检查水闸上、下游河道有无漂浮物、船只，如有影响闸门启闭的漂浮物或其他行水障碍，应予以清除；如有船只停泊，应通知其迅速撤离至安全水域；

② 拦河设施应完好。

2. 机电设备检查

（1）检查启闭设备、闸门、微机监控设备、仪表、指示灯及润滑系统应能正常工作。

（2）对所有设备安全防护措施相关的接地线等进行检查。

（3）配电房内动力配电柜相应刀闸及断路器应处于合闸位置。

（4）位于启闭机房内的配电控制柜总电源开关应处于合闸位置。

（5）水位显示应正常，上位机、浮子式水位计、水尺读数应一致；若读数不一致，应以水尺为准及时进行校正。

（6）各处闸位显示应一致，且与当前闸门实际位置相吻合。

3. 告知上、下游注意事项

（1）开闸前提前半小时用高音喇叭通知上、下游管理范围水域内的船只、人员等及时撤到安全区域。

（2）用高音喇叭提示上、下游河道管理范围外的船只密切注意水位及流态变化，及时收网或系好缆绳，以避免不必要的损失。

4. 确定闸门开高及开启孔数

按照水位控制要求和上级指令要求，在开闸前应根据水位情况判断闸门开启高度。

（1）当水位差大于 1.50 m 时，开启高度不得大于 0.10 m。

（2）当水位差在 1.00～1.50 m 时，开启高度不得大于 0.20 m。

（3）当水位差在 0.50～1.00 m 时，开启高度不得大于 0.30 m。

（4）当水位差在 0.20～0.50 m 时，开启高度不得大于 0.50 m。

（5）当水位差 0.20 m 以下时可直接提升开启闸门。

3.7.2 节制闸运行操作

水闸开关闸操作分两种情况，正常情况下采用自动化监控系统开关闸，特殊情况下采用现场控制柜开关闸。

1. 远程控制开关闸(上位机启停)

(1) 前置操作。

① 现场机旁柜的转换开关在远程状态;

② 液压站手动控制柜的转换开关在远程状态。

(2) 操作流程。

① 调整视频监控,调出节制闸、搁门器、内外河画面;

② 打开上位机软件,登录后切换至节制闸操作界面查看设备参数是否正常显示;电源电压电流正常、液压站断路器合闸、油压监测数据正常、节制闸开度仪、内外河水位符合要求;

③ 上述条件均具备时,设置开度值后,点击节制闸启动(停止)操作按钮,节制闸进入开闸(关闸)程序。软件弹出闭锁条件窗口显示监控数据异常情况,如遇有报错,记录报错信息;

④ 节制闸开启(关闭)到位后,巡视现场,观察设备状态并做好记录。

2. 现地控制柜开关闸

(1) 前置操作。

① 启闭机电源断路器合闸;

② 液压站手动控制柜转换开关置于现场手动状态。

(2) 操作流程。

① 手动按下开闸(关闸)按钮,开启(关闭)闸门至初始安全开度;

② 开启(关闭)至初始安全开度后,暂停启(关)门,密切观察内外河引河变化,待水位、流态稳定后再重复进行开停操作,分次将闸门开启(关闭)至预定开度,核对闸孔开高,检查内外河水位、流态应无异常;

③ 闸门至需要开启的高度时,按停止按钮,闸门停止运行;如闸门要运行至搁门器位置时,应注意当上滚轮刚越过搁门器时即停机,然后按关门按钮使闸门下降至搁门器位置,按停止按钮,闸门开启结束;

④ 闸门关闭时,应特别注意闸门位置,如闸门在搁门器位置时,应先将闸门提升,使搁门器下落,然后再关闭闸门;

⑤ 填写操作记录,记录内容包括闸门启闭依据、操作时间、操作人员、启闭顺序、闸门开度及历时、启闭机运行状态、上、下游水位、流量、流态、异常或事故处理情况等;

⑥ 向管理所反馈操作时间、水位、开度等闸门启闭情况(采用书面报告形式)。

3. 急停操作步骤

节制闸运行过程中如发生紧急情况,正常操作无法停机时,可采用急停操作步骤进行停机操作。

(1) 在操作台上操作。在操作台上按下闸门的紧急按钮,切断现场控制柜的主电源。

(2) 在 PLC 柜上操作。在 PLC 柜上按下紧急按钮,切断现场控制柜的控制回路。

(3) 闸门紧急停止后,到现场检查闸门的位置,如未到全关位可以手动打开回油管回油阀使闸门缓慢回落至全关位。

(4) 操作完毕后,做好运行记录,并注明紧急停机的原因。

3.8 泵闸运行值班管理

3.8.1 运行值班要求

（1）项目部应组织编制值班表，并通知到值班人员。值班人员未经批准不得擅自调换。

（2）值班人员应持证上岗，并明确岗位职责。

（3）值班人员值班时应着装整洁，精神饱满，严禁酒后上班；不得穿着拖鞋、凉鞋、高跟鞋等进入工作场所；应穿着迅翔公司统一的识别服，佩戴工作牌上岗；不得在中央控制室、泵房、启闭机房、设备间等工作场所抽烟；巡视检查时应按规定穿戴好劳动保护品。

（4）值班人员在值班期间应做好以下工作：

① 严格执行上级调度指令和调度方案，并按照操作规程要求进行各项检查和开、停机（开、关闸）操作；

② 按照故障及事故处理制度的规定，及时对事故进行处理并及时汇报；

③ 负责值班期间安全运行与环境管理工作，随班对保洁责任区进行保洁，严禁无关人员进入值班场所干扰工程正常运行；

④ 及时接听值班电话，并做好来电来访记录；

⑤ 认真准确填写值班记录；

⑥ 严格按照交接班制度完成交接班工作。

（5）值班人员在岗期间应坚守岗位，认真履行职责，不得做与值班工作无关的事情。

（6）值班期间如因病或其他特殊原因不能坚守岗位的，应及时上报至项目部并服从其安排，严禁私自脱岗。

（7）项目部应不定时地进行岗位巡视，对值班人员的值班情况进行检查。

（8）项目部应对值班情况进行考核，并报迅翔公司进行奖惩，对表现优秀或突出的给予精神或物质奖励；对擅自脱岗、渎职的人员视情节轻重给予批评教育或惩罚，对于造成责任事故的人员应追究相应责任。

3.8.2 运行交接班要求

（1）交班人员应提前 15 min 完成以下工作，做好交班准备：

① 对工程及设备进行 1 次全面检查；

② 清点公物用具，搞好清洁卫生；

③ 整理值班记录，填好运行值班日志。

（2）接班人员应提前 15 min 进入值班现场，准备接班。

（3）交班人员应向接班人员移交值班记录、运行值班日志、相关技术资料、工器具及钥匙等，并向接班人员详细介绍以下内容：

① 开、停机（开、关闸）情况；

② 工程及设备运行状况；

③ 设备操作情况；

④ 当班时发生的故障及处理情况；

⑤ 正在进行维修项目及人员、机械情况；

⑥ 人员到访情况。

（4）接班人员初步熟悉和掌握运行情况后，接班人员和交班人员共同对工程及设备进行1次巡视。

（5）交班人员应待交接班工作完成并经交、接班双方签字后方能离开值班现场。若接班人员没有按时接班，应联系项目部进行处理，不得擅自脱离岗位。

（6）交接班时间内，如出现设备故障或事故，应由交班人员负责，接班人员协助共同排除，恢复正常后履行交接班手续。一时不能排除的事故应由项目部相关负责人认可，再进行交接班。

（7）交接班时段内正在进行重要操作，应等待操作完成后再履行交接班手续。

（8）交接班工作如不符合要求，接班运行班长有权延迟接班时间，并请求相关负责人处理。由于交接不清而造成工程及设备事故的应追究交、接班人员的责任。

3.8.3　做好运行大事记工作

（1）项目部应安排人员将运行期间重大事件进行记录、总结并填写大事记录表。

（2）下列事件应记入大事记中：

① 设备故障及处理；

② 事故及处理；

③ 执行上级非常规运行调度指令；

④ 重要活动情况，包括上级领导视察、上级检查考核、安全检查、重要会议、科研活动、大型文体教育交流活动；

⑤ 特别检查情况；

⑥ 重要合同、协议签订；

⑦ 上级发布的重要指示、决定、规定、通知等文件；

⑧ 其他应予记录的重要事项。

（3）记录人员应主动了解项目部的各项工作情况，及时记录，工作人员应将自己所涉及的重要工作情况及时向记录人员反映。

（4）大事记应记载清楚，一事一记，准确记录大事、要事的时间、地点、情节、因果关系，维护事情的真实性。

（5）每年1月15日前完成上年度工程管理大事记整理工作，单位负责人负责审核。年度工程管理大事记需逐级上报。

3.8.4　加强汛期应急响应

（1）汛期前应制定防汛应急响应值班表，防汛预警发布后，响应人员应及时到岗。

（2）值班人员要严守工作岗位，确保24 h人员在岗。

（3）项目部相关负责人出差或请假1天以上，需经管理所及迅翔公司同意，并同时明确现场负责人。

（4）项目部相关负责人出差在外时不得关闭手机，汛期手机应保持 24 h 处于开机状态。

（5）运行值班人员应严格执行运行调度指令，并及时、准确上报工程运行信息。如遇特殊情况应及时向上级汇报，并采取应对措施。

（6）项目部应加强对建筑物、设备运行状态的检查、观测，发现问题及时处理，发生险情应立即组织抢险并及时上报。

3.8.5 加强泵闸设备场地环境管理

（1）值班人员对本岗位下列设备、设施和用具负有管理责任：

① 本岗位负责管理的设备、材料、消防用具、安全用具和其他用具等；

② 本岗位的运行日志、各种记录簿、记录表(纸)等；

③ 卫生用具及运行维护用的材料、备件等。

（2）值班人员有责任保证上述设备和物品不得遗失、损失，并应完备整洁。

（3）值班人员对本岗位的设施应登记造册，逐班清点移交，小件用具外借时应登记，并按时追回。

（4）值班人员应经常保持厂房、场地设备的整洁卫生，结合巡视检查对个别渗油处进行擦抹。电动机、水泵等使用润滑油的设备应保持设备本体、台板、基础上均无油迹。

（5）值班人员在交班前对所管辖的设备、地面、门窗、桌椅等进行全面清扫，做好交班前的卫生工作；接班人员发现卫生达不到要求时可拒绝接班，直至交班人员清扫干净。

（6）项目部对所属场地应划分卫生区，由各运行班分片包干，并不定期地检查执行情况。

3.8.6 加强计算机远程控制管理

（1）监控系统应由专人操作，并按规定程序开、关计算机。

（2）对于履行不同岗位职责的运行人员和管理人员，应分别规定其安全等级、操作权限，其他人员未经许可不得擅自操作计算机。

（3）监控系统投入运行前应进行检查并符合下列要求：

① 计算机及其网络系统运行正常；

② 各自动化设备工作正常；

③ 系统特性指标以及安全监视和控制功能满足设计要求；

④ 系统无告警显示。

（4）监控局域网投入运行前应进行检查并符合下列要求：

① 服务器运行正常；

② 工作站运行正常；

③ 通信系统运行正常；

④ 无出错提示。

（5）监控系统操作人员应严格按操作规程操作计算机，监控系统和监控局域网运行发生故障时应查明原因,及时排除。

(6) 监控系统在运行中出现报警信号,监测到设备故障和事故,运行人员应迅速处理,及时报告。

(7) 未经允许,任何人不得以任何方式接入监控系统,不得在监控系统专用计算机上使用 U 盘、移动硬盘、光盘及其他存储介质,如确因工作需要使用上述存储介质,需经项目部负责人同意;监控系统和监控局域网内的计算机不得与外网连接。

(8) 监控系统的维护、升级及检修等工作,由专业维护人员负责,或由经相关部门批准的专业维护单位及人员负责。

(9) 运行人员应做好值班室的防潮、防尘、防火、清洁等工作。非运行期间每周应开机检查 1 次。

3.9 泵闸运行操作安全管理

3.9.1 泵闸安全运行一般要求

(1) 泵闸设备、设施投运前应按相关规程规定,经试验、检测、评级合格,符合运行条件,方可投入运行。

(2) 员工上班期间,应严格遵守劳动纪律,工作期间不得迟到早退,不得擅自离开岗位,严禁上班期间饮酒,杜绝"三违"(违章操作、违章指挥、违反劳动纪律)行为。

(3) 当班工作人员应严格执行泵闸安全运行规章制度,严格执行安全操作规程,正确操作运行。值班人员应服从上级调度指令,如不能执行,应及时向发令人汇报。

(4) 当班工作人员应密切监视模拟控制主画面的显示数据及视频监控画面,跟踪监视设备等运行情况。运行期间,不得随意操作键盘及进入计算机程序,以免引起误动作或死机等故障。

(5) 安全工具经试验合格由专人保管,定点摆放,使用前应进行外观检查。

(6) 值班人员应认真巡视设备,确保设备运行安全。当设备发生异常现象时,应立即采取相应措施,并及时向上级报告。

(7) 项目部应严格落实各项安全措施,备好应急救助器材和工具,遇有紧急情况立即启动安全应急预案,确保工程运行安全。

(8) 高压设备发生接地故障时,室内人员进入接地点 4 m 以内,室外人员进入接地点 8 m 以内,均应穿绝缘靴。接触设备的外壳和构架时,应戴绝缘手套。

(9) 为防止误操作,高压电气设备都安装了完善的防误操作闭锁装置。该装置不应随意退出运行,停用防误操作闭锁装置应经运行养护项目部项目经理批准。

(10) 电气设备停电后,即使是事故停电,在未拉开隔离开关(刀闸)和做好安全措施以前,不应触及设备或进入遮拦,防止突然来电。

(11) 在发生人身触电事故时,为了解救触电人可以不经许可,即行断开有关设备的电源,但事后应报告上级。

(12) 在泵闸管理区内一旦发生安全事故,运行总值班必须及时组织人员施救,迅翔公司及项目部领导应及时赶赴事故现场组织指挥,要保护好事故现场,同时按照安全生产事故快报程序和要求及时上报,不得瞒报和虚报。

（13）事故处理后,相关部门必须认真分析事故原因,查清事故责任人,按照安全事故处理"五不放过"（事故原因不查明不放过、事故责任不查清不放过、事故责任者没得到追究不放过、事故安全隐患整改措施不落实不放过、相关人员没得到教育不放过）原则,认真总结事故教训,杜绝事故再次发生。

3.9.2　严格执行操作票制度

（1）操作票的内容和格式应符合《泵站技术管理规程》（GB/T 30948—2021）的规定。下列操作应填写操作票:

①　开、停主机;

②　投入或切出主变压器;

③　投入或退出站用变压器;

④　投入或退出母联开关;

⑤　带电情况下的试合闸;

⑥　高压设备倒闸操作。

（2）操作票如已编入计算机监控系统程序,在操作完成后,应及时打印操作票,并存档。

（3）开、停主电动机、投入或切出主变压器等操作的操作票由技术负责人签发,投入或退出站用变压器、投入或退出母联开关、带电情况下的试合闸等操作的操作票由值班长签发。

（4）操作票应由2人或2人以上执行,1人监护,1人操作,监护人应由对设备情况熟悉的人担任。

（5）操作闸刀时,操作人应戴绝缘手套,户外操作还应穿绝缘靴。雷雨天气禁止执行室外倒闸操作。

（6）进行操作时,监护人应按操作票内容逐项高声诵读操作项,不得跳项、漏项,不得更换操作次序;操作人应核对设备名称以及编号,手指被操作设备并高声复诵,监护人确认后,操作人方能行动。

（7）每一项操作完毕后,应由监护人在该项的相应栏内画上"√"记号,表示该项已操作,然后进行下一项操作。

（8）执行操作票时,操作人、监护人应在操作票上签字;执行完毕后,监护人应向签发人汇报操作时间及情况,并在操作票上进行记录。

（9）操作完成后,操作票应盖注"已执行"章,作废的操作票应盖注"作废"章,并归档保存。

（10）操作过程若发生事故或威胁安全运行的情况,应立即停止操作,并向签发人汇报,听从签发人的决定。对操作票中未执行的操作项应加盖"未执行"章,整份操作票盖"已执行"章,并在票面备注栏中说明终止操作的原因。

（11）当发生危及人身安全或严重的设备事故等紧急情况时,可不填写和使用操作票,但应根据有关规程规定,并尽可能在有监护人的情况下进行操作。事后应立即向值班长或负责人报告,并做好详细记录。

（12）下列操作可由值班长口头命令：

① 事故处理；

② 运行中的单一操作；

③ 辅机操作。

（13）操作票应按编号顺序使用。作废的操作票应注明"作废"字样,已操作的操作票应注明"已操作"字样。操作票保存期为 1 年。

3.9.3　泵闸运行中的危险源辨识及风险控制

泵闸运行中的危险源辨识及风险控制措施,见表 3.5。

表 3.5　泵闸运行中的危险源辨识及风险控制措施

序号	风险点（危险因素）	可能导致的事故	控制措施
1	未按规定使用个人防护用品	各类事故	泵闸运行时应按规定穿着、正确使用安全帽等个人防护用品
2	操作前未进行安全交底	各类事故	操作前应进行安全交底,各类作业人员应被告知其作业现场和工作岗位存在的危险因素、防范措施及事故紧急处理措施
3	擅自将工作交给别人,随意操作别人负责操作的机械设备	各类事故	泵闸运行人员不得擅自将自己的工作交给别人,不得随意操作别人负责操作的机械设备
4	机电设备带病运转或超负荷运转	各类事故	加强安全教育和监管,泵闸机电设备不得带病运行和超负荷运行
5	在机械运转时作业	各类事故	机械运转时不得加油、擦拭或修理作业
6	开机命令后工作票未终结	各类事故	开机命令后有关工作票终结并全部收回
7	未执行操作票制度	人身伤害、财产损失	安全教育,加强监管,严格执行操作票制度
8	运行时触摸泵轴旋转部位	人身伤害	执行相关规程,加强监管,严禁运行时触摸泵轴旋转部位
9	操作高压开关设备无专人监护	人身伤害	执行相关规程,加强监管,操作高压开关设备应有专人监护
10	误入带电间隔	触电	带电设备周围必须设置安全防护设施,防止误入带电间隔
11	测量主机轴电压时不规范	人身伤害	测量主机轴电压时,要用特制的电刷与轴接触,不得直接用万用表的测试棒与主机转动部分摩擦
12	误用手接触运行时的高压电缆	人身伤害	高压电缆在运行时禁止用手接触

序号	风险点(危险因素)	可能导致的事故	控 制 措 施
13	未经批准擅自调整值班计划	各类事故	严格执行运行值班制度,未经批准不得擅自调整值班计划
14	值班期间从事与工作无关事项	各类事故	严格执行值班值守规章制度,值班期间不得从事与工作无关的事项
15	启闭中强开强关	人身伤害、财产损失	启闭中发现闸门或启闭机有异常现象应查明原因并进行处理,严禁强开强关
16	运行和管理人员无等级操作权限	安全事故	严格执行相关制度,加强教育和监管
17	发现设备缺陷,未采取必要措施	各类事故及加重事故程度	严格执行设备缺陷管理制度,发现设备缺陷及异常时,应及时汇报,并采取相应措施

3.10　泵闸控制运用表单

3.10.1　淀东泵闸投运前检查记录表

淀东泵闸投运前检查记录表,见表 3.6 和表 3.7。

表 3.6　淀东泵站投运前检查记录表

种 类	检 查 项 目	正常	异常情况描述
变压器	检查主变压器、线路(电缆)和变电站及泵闸所有高压设备上应无人工作,接地线应拆除,具备投入运行条件		
	检查主变压器、站用变压器应正常		
	检查主变压器进线隔离手车、主变压器中性点接地刀闸应在分闸位置;主变压器出线、站用变压器、主电机高压断路器的手车应在试验位置		
	变压器外壳应完好无损坏,冷却风机工作正常		
	变压器绝缘值应合格,长期停用的变压器投运前,应用 2 500 V 或 5 000 V 兆欧表测量绝缘电阻,其值在同一温度下不应小于上次测得值的 70%;否则应进行干燥或处理,合格后方可投运		
电气设备	高压断路器外观完好,标志清楚,防护、互锁装置可靠;高压断路器操作的直流电源电压应在规定范围内;操作的弹簧机构、液压机构的压力应在规定范围内		
	高压软启动器投入运行除了符合厂家规定以外,还应符合以下规定:软启动柜内无杂物、灰尘,各连接螺栓紧固;主回路绝缘满足要求;控制电源可靠、通信信号正常;柜体接地可靠;接地电阻满足要求;真空断路器分闸和接地刀闸合闸		

种　类	检　查　项　目	正常	异常情况描述
电气设备	对所有设备安全防护措施相关的接地线等进行检查		
	高压开关柜母线绝缘值应合格,柜体应完好,柜门应关闭,手车应在试验位置		
	低压开关柜柜体完好,各开关按开机要求在合上或断开位置		
	高低压开关柜仪器、仪表等元器件完好,二次接线及接地线牢固可靠,标号清晰完整		
	隔离开关、高压熔断器本体无破损变形,瓷瓶清洁、无裂纹及放电痕迹		
	互感器二次侧及铁芯应接地可靠,瓷瓶清洁,无裂纹、破损及放电痕迹		
	直流电源装置运行应正常(蓄电池、对地绝缘电阻、控母电压等),并进行各回路电源投入操作		
	保护装置自检正常,无异常报警显示		
	高压补偿电容器及放电设备外观检查良好,接地可靠,连接线可靠紧固,无渗漏油现象,外壳无膨胀变形,套管应清洁、无裂纹,绝缘电阻应符合要求;电容器在工作状态,电容器室通风正常		
主机组	检测主机组电源三相电压对称度符合要求		
	水泵电动机的绝缘电阻值及吸收比应符合规定要求;检查电动机接地应牢固可靠,且电阻不应大于 4 Ω		
	水泵机组轴承润滑良好		
	电动机进出线连接正确、牢固、可靠,无短接线和接地线		
	齿轮箱外观完好,主机组各部位的连接螺栓紧固,安全防护设施完好		
	油色、油位正常,稀油站运行正常		
	进出水管路、流道畅通,水位满足水泵运行要求		
	进水闸门是否开启		
	电动机转动部件与固定部件之间的间隙符合要求,电动机转动部件和空气间隙内无杂物		
	技术供水工作正常		
	工作闸门与断路器联动正常		
	保护装置工作正常		
辅助设备	供、排水泵工作可靠,备用供、排水泵应能自动切换运行,进水口莲蓬头无堵塞,集水坑和排水廊道无淤积		
	技术供水的水质、水温、水量、水压等满足运行要求,示流装置良好,供水管路畅通		

种 类	检 查 项 目	正常	异常情况描述
辅助设备	通风设施、抽湿、制冷系统工作正常		
	油系统的安全、自动控制装置及各种表计等应工作可靠;各油路闸阀开关位置应符合开机运行要求;油色、油温、油位、油压等满足设备运行要求;油泵工作可靠,能自动切换运行		
	各管路闸阀开关位置正常		
闸门启闭机	各处闸位显示应一致,且与当前闸门实际位置相吻合		
	启闭机工作正常,没有卡阻现象		
	节制闸正常关闭		
	闸门位置应符合运行要求		
	快速闸门控制系统要确认其能按规定的程序启闭		
拦污栅清污机	减速机油位正常		
	钢丝绳应无断丝现象		
	防护罩安全、完好		
	栅条不弯曲,无大的垃圾堵塞		
水工建筑物	泵站上、下游河道无漂浮物、船只		
	泵闸厂房应无破损,门窗应完好,无渗水漏雨现象,落水管等排水设施应完好畅通		
	拦河设施应完好;河道内无大面积异常漂浮物,无渔网等		
监测装置	参与运行控制的水位计、温度检测等数据传输稳定,读数准确		
信息化系统检查	制定运行管理制度,编制运行事故应急预案;已由被授权人员操作和管理;已安装正版防毒软件,定期进行防病毒软件升级和程序漏洞修补;与其他系统联网采取了隔离措施		
	中央控制室监控电脑、服务器正常运行,上位机软件能正常登录,上位软件无报警项		
	各项传感器数值能在上位软件中正常显示		
	视频监控系统正常可用,无掉线模糊视频		
	PLC运行正常,触摸屏上无提示报错信息		
	各自动化元件,包括执行器、控制器、转换器、传感器等工作可靠		
	手动柜各状态指示灯显示正常,无故障报警显示		
备 注			
检查时间		检查人员	

表 3.7　节制闸投运前检查记录表

种　类	检　查　项　目	正常	异常情况描述
变压器	主变压器、线路(电缆)和变电站及泵闸所有高压设备上应无人工作,接地线应拆除,具备投入运行条件		
	主变压器、站用变压器应工作正常		
	主变压器进线隔离手车、主变压器中性点接地刀闸应在分闸位置;主变压器出线、站用变压器、主电机高压断路器的手车应在试验位置		
	变压器外壳应完好无损坏,冷却风机工作正常		
	变压器绝缘值应合格,长期停用的变压器投运前,应用 2 500 V 或 5 000 V 兆欧表测量绝缘电阻,其值在同一温度下不应小于上次测得值的 70%,否则应进行干燥或处理,合格后方可投运		
电气设备	高压断路器外观完好,标志清楚,防护、互锁装置可靠;高压断路器操作的直流电源电压应在规定范围内;操作的弹簧机构、液压机构的压力应在规定范围内		
	高压软启动器投入运行除了符合厂家规定以外,还应符合以下规定:软启动柜内无杂物、灰尘,各连接螺栓紧固;主回路绝缘满足要求;控制电源可靠、通信信号正常;柜体接地可靠,接地电阻满足要求;真空断路器分闸和接地刀闸合闸		
	对所有设备安全防护措施相关的接地线等进行检查		
	高压开关柜母线绝缘值应合格,柜体应完好,柜门应关闭,手车应在试验位置		
	低压开关柜柜体完好,各开关符合开机要求在合上或断开位置		
	高低压开关柜仪器、仪表等元器件完好,二次接线及接地线牢固可靠,标号清晰完整		
	隔离开关、高压熔断器本体无破损变形,瓷瓶清洁、无裂纹及放电痕迹		
	互感器二次侧及铁芯应接地可靠,瓷瓶清洁,无裂纹、破损及放电痕迹		
	直流电源装置运行应正常(蓄电池、对地绝缘电阻、控母电压等)并进行各回路电源投入操作		
	保护装置自检正常,无异常报警显示		
	高压补偿电容器及放电设备外观检查良好,接地可靠,连接线可靠紧固,无渗漏油现象,外壳无膨胀变形,套管应清洁、无裂纹,绝缘电阻符合要求;电容器在工作状态,电容器室通风正常		
闸门启闭机	各处闸位显示应一致,且与当前闸门实际位置相吻合		
	启闭机工作正常,无卡阻、淤积现象		

种 类	检 查 项 目	正常	异常情况描述
水工建筑物	节制闸上、下游河道无漂浮物、船只		
	拦河设施应完好;河道内无渔网等		
监测装置	参与运行控制的水位计、温度检测等数据传输应稳定,水位显示应正常,上位机、浮子式水位计、水尺读数应一致		
信息化系统检查	制定运行管理制度,编制运行事故应急预案;已由被授权人员操作和管理;已安装正版防毒软件,定期进行防病毒软件升级和程序漏洞修补;与其他系统联网采取了隔离措施		
	中央控制室监控电脑、服务器正常运行,上位机软件能正常登录,上位软件无报警项		
	各项传感器数值能在上位软件中正常显示		
	视频监控系统正常可用,无掉线模糊视频		
	PLC运行正常,触摸屏上无提示报错信息		
	各自动化元件,包括执行器、控制器、转换器、传感器等工作可靠		
	手动柜各状态指示灯显示正常,无故障报警显示		
备 注			
检查时间		检查人员	

3.10.2 淀东泵闸电动机工作操作票

淀东泵闸电动机工作操作票(以3号电动机为例),见表3.8和表3.9。

表3.8 淀东泵闸3号电动机工作操作票(一) 编号:

操作开始时间	年 月 日 时 分	操作结束时间	月 日 时 分
操作任务	3号电动机从冷备用转工作状态		

顺序	操 作 项 目	操 作 记 号(√)
1	检查2号进线工作指示灯显示在合闸状态	
2	取下"禁止合闸"指示牌	
3	检查3号电动机工作指示灯显示在分闸状态	
4	检查3号电动机小车在冷备用状态	
5	摇进3号电动机小车	
6	检查3号电动机小车工作位置指示灯应为亮	
7	3号电动机转换开关切换到远程	
8	3号电动机控制开关合闸	
9	检查3号电动机合闸指示灯亮起	

发令人		操作人	
受令人		监护人	
备　注			

表 3.9　淀东泵闸 3 号电动机工作操作票(二)　　　编号：

操作开始时间	年　月　日　时　分	操作结束时间	月　日　时　分
操作任务	3 号电动机从工作状态转冷备用		

顺序	操　作　项　目	操作记号（√）
1	检查 3 号电动机合闸指示灯显示在工作状态	
2	3 号电动机控制开关分闸	
3	检查 3 号电动机分闸指示灯显示在工作状态	
4	摇出 3 号电动机小车	
5	检查 3 号电动机小车试验位置指示灯亮	
6	3 号电动机转换开关切换到就地	
7	挂上"禁止合闸"指示牌	

发令人		操作人	
受令人		监护人	
备　注			

3.10.3　淀东水利枢纽变配电站倒闸操作票

淀东水利枢纽变配电站倒闸操作票(以 2 号主变压器为例)，见表 3.10 和表 3.11。

表 3.10　淀东水利枢纽变配电站倒闸操作票(淀东泵闸)(一)　编号：

操作开始时间	年　月　日　时　分	操作结束时间	月　日　时　分
操作任务	2 号主变从运行改为冷备用(电试)		

顺序	操　作　项　目	操作记号（√）
1	检查 2 号主变压器 10 kV 开关负荷为零	
2	断开 2 号主变压器 10 kV 开关	
3	检查 2 号主变压器 10 kV 开关在分开位置,挂"禁止合闸"牌	
4	断开 2 号主变压器 10 kV 开关小车	
5	检查 2 号主变压器 10 kV 开关小车在冷备用位置	
6	断开 2 号主变压器 35 kV 开关	
7	检查 2 号主变压器 35 kV 开关在分开位置,挂"禁止合闸"牌	

顺序	操 作 项 目	操 作 记 号 （✓）
8	摇出 2 号主变压器 35 kV 开关小车	
9	检查 2 号主变压器 35 kV 开关小车在冷备用位置	
10	摇出升淀 3E281 进线隔离手车	
11	检查升淀 3E281 进线隔离手车在冷备用位置	

发令人		操作人	
受令人		监护人	
备 注			

表 3.11　淀东水利枢纽变配电站倒闸操作票（淀东泵闸）（二）　　编号：

操作开始时间	年 月 日 时 分	操作结束时间	月 日 时 分
操作任务	2 号主变压器从检修（电试）改为运行		

顺序	操 作 项 目	操 作 记 号 （✓）
1	检查升淀 3E281 线路有电	
2	检查 2 号主变压器回路上无接地	
3	检查 2 号主变压器 35 kV 开关在分开位置	
4	摇进升淀 3E281 进线隔离手车	
5	检查升淀 3E281 进线隔离手车在工作位置	
6	摇进 2 号主变压器 35 kV 开关小车	
7	检查 2 号主变压器 35 kV 开关小车在工作位置	
8	合上 2 号主变压器 35 kV 开关	
9	检查 2 号主变压器 35 kV 开关在合上位置	
10	摇进 2 号主变压器 10 kV 开关小车	
11	检查 2 号主变压器 10 kV 开关小车在工作位置	
12	合上 2 号主变压器 10 kV 开关	
13	检查 2 号主变压器 10 kV 开关在合上位置	
14	检查 2 号主变压器 10 kV Ⅱ段母线三相电压正常	

发令人		操作人	
受令人		监护人	
备 注			

3.10.4　淀东泵闸手动开泵操作票

淀东泵闸手动开泵操作票（以 1 号泵为例），见表 3.12 和表 3.13。

表 3.12 淀东泵闸手动开泵操作票(一)　　　　　编号：

操作开始时间	年 月 日 时 分	操作结束时间	月 日 时 分
操作任务	1号手动开泵		
顺序	操 作 项 目	操 作 记 号 （√）	
1	泵房开启1号泵球阀		
2	泵房开启1号技术供水泵		
3	泵房现场控制柜转换开关切换到手动位置,3号或4号油泵转换开关切换到启动,然后建压,3号或4号油泵运行		
4	泵房现场控制柜,按下1号和2号快速门,然后按下启门按钮		
5	高压间摇进1号水泵电动机小车,转换开关切换到就地,控制开关合闸,观察合闸指示灯亮起		
6	泵房现场控制柜,按下1号和2号拍门,然后按下启门按钮		
7	泵房现场风机控制柜,开启1号风机		
8	泵房现场控制柜,转换开关切换到自动,3号或4号油泵停止		
9	检查记录运行数据,观察出水情况正常,开泵过程结束		
发令人		操作人	
受令人		监护人	
备 注			

表 3.13 淀东泵闸手动关泵操作票(二)　　　　　编号：

操作开始时间	年 月 日 时 分	操作结束时间	月 日 时 分
操作任务	1号手动关泵		
顺序	操 作 项 目	操 作 记 号 （√）	
1	高压间1号水泵电机控制开关分闸,分闸指示灯应亮起,水泵停止运行		
2	同时泵房现场控制柜,转换开关切换到手动,按下1号和2号快速门,然后降门按钮,至快速门到全关位		
3	泵房现场控制柜中转换开关切换到手动,按下1号和2号拍门,然后降门按钮,至排门到全关位		
4	泵房现场风机控制柜,关闭1号风机		
5	泵房关闭1号技术供水泵		
6	泵房关闭1号泵球阀		
7	高压间摇出1号水泵电动机小车		
8	检查记录运行数据,关泵过程结束		
发令人		操作人	
受令人		监护人	
备 注			

3.10.5 闸门启闭记录

闸门启闭记录见表 3.14。

表 3.14 闸门启闭记录

工程名称			第 号		时间		年 月 日	天气	
闸门启闭依据									
闸门启闭准备	项 目		执 行 内 容					执 行 情 况	
	确定开闸孔数和开度		开闸孔数: 孔 闸门开度: m 相应流量: m³/s						
	开闸预警		预警方式(拉警报、电话联系、现场喊话)及预警时间						
	上、下游有无漂浮物		是否有、是何物、到闸口距离等;如何处理、结果如何						
	选配电情况								
闸门启闭情况	闸门启闭时间		自 时 分起至 时 分止						
	闸孔编号								
	启闭顺序								
	闸门开高(m)	启闭前							
		启闭后							
水位(m)	启 闭 前		上游			下游			
	时 分								
	启 闭 后		上游			下游			
	时 分								
	时 分								
流态、闸门振动等情况									
启闭后相应流量(m³/s)			时 间				时 分		
发现问题及处理情况									
闸门启闭现场负责人					操作/监护人				

3.10.6 淀东泵闸运行记录表和月报表

淀东泵闸运行记录表和日常运行月报表,见表 3.15 和表 3.16。

表 3.15　淀东泵闸运行记录表

序号	日期	开泵时间	运行工况	泵组编号	关泵时间	开泵水位(m) 内河	开泵水位(m) 外河	关泵水位(m) 内河	关泵水位(m) 外河	运行时间(h)	引/排水量(万 m³)	操作员
总　计		引水次数				累计引水量（万 m³）						
		排水次数				累计排水量（万 m³）						

注:1. 同时开启多台泵组时,在泵组编号中填写所开启泵组对应编号。
　　2. "运行工况"填"引"或"排"。

表 3.16　淀东泵闸日常运行月报表

部　门　名　称			填报日期		填报人	
日　期			泵闸名称		淀　东　泵　闸	
水闸、泵站运行表	项　目	当月引水	当月排水	自年初引水累计	自年初排水累计	
	闸　次					
	引/排时间(h)					
	引排水流量(万 m³)					
	水泵运行台次					
	水泵运行时间(h)					
	水泵引/排水流量（万 m³)					

3.10.7 淀东泵闸运行交接班记录表

淀东泵闸运行交接班记录表,见表 3.17。

表 3.17　淀东泵闸运行交接班记录表　　　　月　日—　月　日

交　班　人		接　班　人		备　注	
交接班时间		天气情况			
运行情况					
养护情况					
安全巡视记录					
来电、来访、来信及留言					

交接事项	记　录	备　注
场地清洁		
控制设备		
通信器材		
家用电器		
工具备件		
其　他		

3.10.8　调度指令执行登记表

淀东泵闸调度指令执行登记表，见表 3.18。

表 3.18　淀东泵闸调度指令执行登记表

日　期	发令单位		发令人		执行情况	
	时　间		内　容		时　间	备　注

3.10.9　信息化系统运行表单

信息化系统运行表单包括上位机配置文件、变量表、现地控制单元(LCU)测点表、网络配置表等(略)。

第 4 章

泵闸运行巡视检查作业指导书

4.1 范围

泵闸运行巡视检查作业指导书适用于指导淀东泵闸工程运行巡视检查,其他同类型泵闸的运行巡视检查可参照执行。

4.2 规范性引用文件

下列文件适用于泵闸运行巡视检查作业指导书:

《泵站技术管理规程》(GB/T 30948—2021);

《电力安全工作规程 发电厂和变电站电气部分》(GB 26860—2011);

《计算机场地通用规范》(GB/T 2887—2011);

《起重机械安全规程第 1 部分:总则》(GB/T 6067.1—2010);

《泵站现场测试与安全检测规程》(SL 548—2012);

《水利信息系统运行维护规范》(SL 715—2015);

《水闸技术管理规程》(SL 75—2014);

《水工钢闸门和启闭机安全检测技术规程》(SL 101—2014);

《水工钢闸门和启闭机安全运行规程》(SL/T 722—2020);

《电力变压器运行规程》(DL/T 572—2021);

《继电保护和安全自动装置运行管理规程》(DL/T 587—2016);

《电力系统继电保护及安全自动装置运行评价规程》(DL/T 623—2010);

《电力系统用蓄电池直流电源装置运行与维护技术规程》(DL/T 724—2021);

《互感器运行检修导则》(DL/T 727—2013);

《高压并联电容器使用技术条件》(DL/T 840—2016);

《上海市水闸维修养护技术规程》(SSH/Z 10013—2017);

《上海市水利泵站维修养护技术规程》(SSH/Z 10012—2017);

淀东泵闸技术管理细则。

4.3 资源配置与岗位要求

4.3.1 巡视对人员的要求

（1）泵闸运行巡视检查每班不少于2人。

（2）巡视检查人员精神状态正常，无妨碍工作的病症。巡视检查人员应穿工作服，穿绝缘鞋，挂工作牌。

（3）泵闸值班负责人应负责对巡视检查人员工作要求的监督。

4.3.2 巡视检查工器具配置

泵闸巡视检查工器具配置清单见表4.1。

表4.1 泵闸巡视检查工器具清单

序号	名　称	单位	数量	序号	名　称	单位	数量
1	安全帽	顶	3	7	录音笔	支	1
2	绝缘靴	双	2	8	钥　匙	套	1
3	绝缘手套	双	2	9	对讲机	台	4
4	望远镜	副	1	10	噪声测试仪	只	1
5	测温仪	只	1	11	振动检测仪	只	1
6	手电筒	把	2				

4.4 运行巡视检查一般规定

4.4.1 运行巡视检查分类和频次

工程、设备的巡视检查包括正常巡视（含交接班巡视检查）检查、特殊巡视检查。

1. 正常巡视检查

（1）泵站运行期现场机电设备（含备用设备）及进出水池每2 h巡视检查1次，运行结束后需巡视检查1次。水工建筑物运行期每班巡视检查不少于1次。

（2）水闸运行每班巡视检查不少于1次（超标准运行每2 h巡视检查1次），交接班时巡视检查1次，运行结束后需巡视检查1次。

2. 特殊巡视检查

特殊巡视检查是指在特殊情况下，根据设备的运行状况和运行要求，为确保设备正常运行而进行的巡视检查。遇有下列情况，应进行特殊巡视检查：

（1）工程、设备非工况运行时；

（2）工程、设备经过检修、改造或长期停用后重新投入运行及新安装的设备投入系统

运行时;

(3) 设备缺陷有恶化的趋势时;

(4) 恶劣天气时;

(5) 有运行设备发生事故跳闸未查明原因,而工程仍在运行时;

(6) 运行设备有异常现象时;

(7) 有运行设备发生事故或故障,而发生事故或故障的同类设备正在运行时;

(8) 更新改造泵站新旧设备联合试运行时;

(9) 运行现场有施工、安装、检修等工作时;

(10) 法定节假日期间或上级有要求时;

(11) 其他需要增加运行巡查次数的情况。

4.4.2 泵闸巡视检查"六勤"要求

(1) 勤看。仪表与监控显示屏,电压、电流、温度、进出水池水位、设备运行工况等应正常;观察旋转方向是否有异物干扰运行等运行状态。

(2) 勤听。轴承、叶轮、电动机、变压器等,应无不正常的异声;听旋转机械是否响声异常,是否有卡阻现象等。

(3) 勤嗅。轴封机构、联轴器、电动机、电气设备等应无异常的焦味,无臭氧气味等。

(4) 勤摸。无须采取特别安全措施,能用手摸的部位,用手摸感觉检查设备温度、振动程度等,如油箱、冷却水箱、电动机外壳、轴承外壳等部位的温度和振动程度应正常。

(5) 勤清。经常做好设备、设施及工作环境的清洁保养工作,经常做好设备的润滑工作。

(6) 勤捞。经常检查与清除格栅等处的垃圾,保持泵闸排水畅通。

4.4.3 泵闸运行巡视检查项目

(1) 水工建筑物。包含上、下游河面、堤防(防汛墙)及护坡、翼墙、泵闸厂房、工作桥及便桥、工作桥,管理范围内其他配套设施、建筑物。

(2) 主机组及金属结构。包含主机组、闸门及启闭机、拍门、拦污栅、清污机、管道、起重设备等。

(3) 电气设备。包含变压器、开关柜及断路器、母线及隔离开关、保护装置、照明设备等。

(4) 辅助设备。包含油、气、水、通风等系统以及观测仪器、应急电源灯等。

(5) 自动化控制系统、视频监控系统、信息化管理平台等。

(6) 工程环境。

(7) 管理(保护)范围水行政管理相关事项的巡视检查。

4.4.4 工程、设备巡视检查注意事项

(1) 巡视检查应由运行班长带领值班人员进行。巡视检查时如遇设备正在运行,中

央控制室应留有人员;高压电气设备巡视检查应由经过安全规程学习并经考试合格的人员进行,其他人员不得单独巡视检查。

(2) 巡视检查时应按规定时间、路线和巡视检查内容进行。

(3) 巡视检查高压电气设备时,不得进行其他工作,不得移开或越过遮栏。在不设警戒线的地方,应保持足够的安全距离。

(4) 雷雨天气需要巡视室外高压设备时,应穿绝缘靴,并不得靠近避雷器和避雷针。

(5) 高压设备发生接地故障时,室内不得接近故障点 4 m 以内,室外不得接近故障点 8 m 以内。进入上述范围内的人员应穿绝缘靴,接近设备的外壳和架构时,应戴绝缘手套。未采取安全措施以前,应采取单脚着地或双脚并拢跳出故障点。

(6) 高压设备无论是否带电,运行和巡视检查人员不得单独移开或翻越遮拦,若有必要移开遮拦时,应有监护人员在场监护,与高压设备保持一定的安全距离。安全距离应符合规定(电压等级小于等于 10 kV 时,安全距离 0.7 m;电压等级小于等于 35 kV 时,安全距离 1.0 m)。

(7) 严格执行"五防"解锁规定,禁止巡查人员随意动用解锁钥匙。

(8) 巡查人员在开关保护屏门时应小心谨慎,防止振动幅度过大。

(9) 恶劣天气时的巡视检查应注意以下事项:

① 大风时,应检查引线有无剧烈摆动,有无悬挂物,设备周围有无可能被吹至设备上的杂物;

② 雷雨后,应检查瓷件有无闪络和放电痕迹,避雷器放电计数器数字有无变化;

③ 下雪时,应检查各引线接头有无发热现象;

④ 气温极低时,应注意检查结冰情况,检查设备上的冰条、冰柱有无危及安全运行的可能;

⑤ 雨雾天气时,应检查设备有无严重的放电现象;

⑥ 气温过高或过低时,应检查各注油设备油位变化和密封情况;

⑦ 遇大雨时,应检查管理区的积水有无危及工程、设备安全运行的可能。

(10) 巡视检查应使用专用记载簿,巡查人员应做好详细巡查记录。

(11) 巡查人员在巡视检查中发现设备缺陷或异常运行情况,应及时处理并详细记录在运行日志上,重大缺陷或严重情况需向上级汇报。

4.5　运行巡视检查路线及流程

4.5.1　泵闸巡视检查路线

泵闸巡视检查路线如图 4.1 所示。

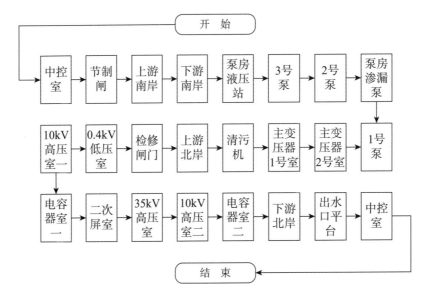

图 4.1　泵闸巡视检查路线示意图

4.5.2　泵闸运行巡视检查流程

泵闸运行巡视检查流程,见图 4.2。

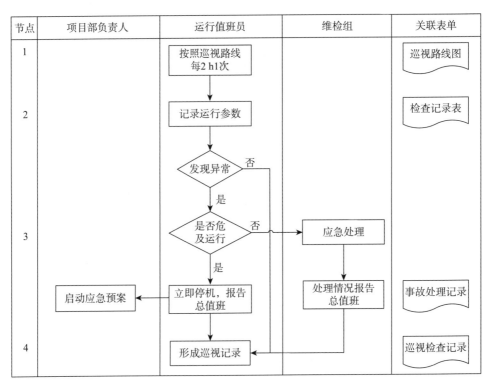

图 4.2　泵闸运行巡视检查流程图

4.6 泵闸运行巡视检查内容

4.6.1 水工建筑物运行巡视检查

1. 泵闸厂房、岸、翼墙及上、下游河道巡视检查

(1) 检查拦河设施是否完好,有无威胁工程的漂浮物影响泵闸运行。

(2) 检查岸、翼墙后回填土有无雨淋沟、塌陷,挡墙是否完好、有无倾斜、裂缝、渗漏、损坏现象。

(3) 检查混凝土及石工建筑物有无损坏和裂缝,伸缩缝是否完好,伸缩缝内有无杂草、杂树生长,各观测设施是否完好。

(4) 检查泵闸厂房屋顶、室内外墙面等是否完好、缺损、渗漏。

(5) 检查闸墩是否有破损;闸室内有无漂浮物,有无倾斜、露筋、裂缝、渗漏现象,伸缩缝是否完好,观测标记是否完好。

(6) 检查清污机桥混凝土、栏杆等是否完好,有无露筋,观测标记是否完好。

2. 防汛墙(堤防)巡视检查

(1) 堤防迎水侧护坡是否存在裂缝、空洞、塌陷、滑动、隆起、露筋、断裂;齿坎是否断裂、悬空;堤脚是否冲刷陡立、坍塌;防汛墙有无裂缝、倾斜等;滩面是否存在刷坑、坍塌等现象。对易坍地段应注意设立的观测标志是否完好,控导设施是否稳定完好。

(2) 防汛通道是否畅通。

(3) 堤防背水侧有无裂缝、崩塌、滑动、隆起、窨潮、冒水、渗水、管涌等现象;导渗、减压设施及排水系统有无堵塞、损坏;有无白蚁、鼠、獾等动物营巢做穴迹象;有无挖土、取土等现象。

(4) 建筑物与土体接合处及其上、下游有无裂缝、塌陷、渗水、冒沙等情况;岸(翼)墙是否存在绕渗、管涌等;出水流态是否正常,关闭时是否有渗水现象。

(5) 检查块石护坡是否完好,灌浆缝是否完整,有无坍塌、移动等现象,排水沟是否畅通,护坡有无雨淋沟、塌陷等。

3. 其他巡视检查

(1) 管理用房室内外墙面是否完好、缺损、渗漏。

(2) 消防泵试运行是否正常;灭火器材有无超压、欠压等不良情况。

(3) 变形测点、断面桩、水尺、水位计等监测设施有无破坏,是否表面整洁、标识清晰、防护完好。

(4) 警示、宣传标志、绿化是否完好;界桩是否齐全、完好。

(5) 通信设施是否完好。

(6) 上、下游水体有无受到污染。

(7) 管理范围内有无违章施工、搭建、种植、取土等危及工程安全的行为;有无垃圾等异物堆放等。

(8) 应及时观测旋转机械或水力引起的厂房结构振动情况,泵闸不得在共振状态下运行。

4.6.2 主机组运行巡视检查

主机组运行期间,每2h巡视检查1次,巡视内容如下:

(1) 轴承无偏磨、过热现象,温度不大于50℃。

(2) 主水泵、主电动机及齿轮箱的振动、噪声、摆度是否正常。当振动过大或有机械撞击声,应立即停机检查处理。

(3) 主机组的各种监测仪表是否处于正常状态,仪表显示是否正常,有无报警指示。

(4) 水泵及管道连接各部位有无明显漏水现象。

(5) 技术供水工作正常,水压、水温、示流等是否符合运行要求。

(6) 三相电源电压不平衡最大允许值为±5%。主电动机运行电压应在额定电压的95%～110%范围内。如低于额定电压的95%时,定子电流不超过额定数值且无不正常现象可允许继续运行。

(7) 电动机定、转子电流、电压、功率指示是否正常,有无不正常上升和超限现象;电动机的电流不应超过铭牌规定的额定电流,一旦发生超负荷运行应立即查明原因,并向运行养护项目部负责人或技术负责人报告。特殊情况下超负荷运行时,须经项目部负责人或技术负责人与管理所负责人研究后决定。其过电流允许运行时间应按厂家提供技术资料规定取值,厂家未规定时按表4.2规定执行。电动机运行时其三相电流不平衡之差与额定电流之比不得超过10%。

表4.2　电动机过电流与允许运行时间关系表

过电流(%)	10	15	20	25	30	40	50
允许运行时间(min)	60	15	6	5	4	3	2

(8) 电动机定子线圈、铁芯及轴承温度是否正常;主电动机运行时最高允许温度为130℃时,电动机定子线圈温度不超过100℃,温升不得超过80℃。若温升超过规定值是否停机由值班人员根据现场情况确定。

(9) 主水泵运行时各部分的振动要求不大于设计及厂家要求数值。

(10) 当电动机各部温度与正常值有较大偏差时,应立即检查电动机及冷却装置、润滑油系统和测温装置等是否工作正常。

(11) 齿轮传动装置油箱温升和轴承温升不应超过制造厂的规定值。油色、油位应正常,无渗漏油现象。振动、声响无异常。

(12) 停机时,应密切注意齿轮箱反转速度,其最大反向飞逸转速不得超过厂方规定的最大反向转速。

4.6.3 变压器运行巡视检查

变压器运行期间的巡视检查应每班至少1次,巡视内容如下:

(1) 电流和温度是否超过允许值,温控装置工作是否正常。变压器运行时中性线最大允许电流不应超过额定电流的25%,超过规定值时应重新分配负荷。干式变压器各部位允许最高温升值见表4.3。

表 4.3　干式变压器各部位允许最高温升值　　　　　　　单位:℃

变压器部位	绝缘等级	允许最高温升值	测量方法
绕　　　组	A	60	电阻法
	E	75	
	B	80	
	F	100	
	H	125	
铁芯表面及结构零件表面	最大不得超过接触绝缘材料的允许最高温升		温度计法

（2）当变压器因保护动作跳闸时,变查明原因,未查明原因的不得投入运行。

（3）套管是否清洁,有无破损、裂纹和放电现象。

（4）变压器声响是否正常。

（5）各冷却器手感温度是否相近,风扇运转是否正常。

（6）吸湿器是否完好,吸附剂是否干燥。

（7）电缆、母线及引线接头有无发热现象,绝缘子是否有裂纹与闪烙痕迹。

（8）压力释放器、防爆膜是否完好无损,气体继电器是否工作正常。

（9）变压器外壳接地是否良好,一、二次侧引线及各接触点是否紧固无松动,各部分的电气距离是否符合要求。

（10）外部表面是否有积污。

4.6.4　高压断路器运行巡视检查

高压断路器运行期间的巡视检查应每班至少1次,巡视检查内容如下:

（1）断路器的分、合位置指示是否正确。

（2）绝缘子、瓷套管外表是否清洁,有无损坏、放电痕迹。

（3）绝缘拉杆和拉杆绝缘子是否完好,有无断裂痕迹、零件脱落现象。

（4）导线接头连接处有无松动、过热、熔化变色现象。

（5）断路器外壳接地是否良好。

（6）真空断路器灭弧室有无异常现象。

（7）弹簧操作机构储能电动机行程开关接点动作是否准确,有无卡滞变形;分、合线圈有无过热、烧损现象;断路器在分闸备用状态时,合闸弹簧应储能。

4.6.5　互感器运行巡视检查

互感器运行期间的巡视检查应每班至少1次,巡视检查内容如下:

（1）电压互感器电压、电流互感器电流指示是否正常。

（2）一、二次接线端子与引线连接有无松动、过热现象。

（3）瓷瓶是否清洁,有无裂纹、破损及放电痕迹。

（4）充油电压互感器,油位、油色是否正常,外观有无锈蚀、渗漏油现象,呼吸器是否通畅,吸湿剂不应至饱和状态。

（5）当线路接地时，供接地监视的电压互感器声音是否正常，有无异味。

（6）电流互感器有无二次开路或过负荷引起的过热现象。

（7）互感器运行中有无异常声响、气味。

4.6.6　其他电气设备运行巡视检查

其他电气设备运行期每 2 h 巡视检查 1 次，巡视检查内容如下：

1. 高压母线运行巡视检查

（1）母线表面是否光洁平整，有无裂纹、折皱、变形和扭曲等现象。

（2）支柱绝缘子底座、套管的法兰、保护网（罩）等是否清洁、完好。

（3）母线及其连接点在允许通过电流时，温度不应超过 70 ℃。

2. 高低压开关柜运行巡视检查

（1）高低压开关柜是否密封良好，接地是否牢固可靠；隔板固定是否可靠，开启是否灵活。

（2）隔离触头是否接触良好，有无过热、变色、熔接现象。

（3）继电器外壳有无破损、整定值位置有无变动、线圈和接点有无过热、过度抖动现象。

（4）仪表外壳有无破损，密封是否良好，仪表引线有无松动、脱落，指示是否正常。

（5）二次系统的控制开关、熔断器等是否在正确的工作位置并接触良好。

（6）操作电源工作是否正常，母线电压值是否在规定范围内。

（7）导线与端子排接触是否良好，导线有无损伤，标号有无脱落；绞线是否松散、不断股、固定可靠。

3. 隔离开关运行巡视检查

（1）隔离开关触头接触是否紧密，有无弯曲、过热及烧损现象。

（2）瓷瓶是否完好，传动机构动作是否正常。

（3）机构外壳接地是否良好。

4. 避雷器及接地装置运行巡视检查

（1）避雷器计数器密封是否良好，动作是否正确。

（2）避雷针本体焊接部分有无断裂、锈蚀，接地线连接是否牢固，焊点有无脱落。

（3）避雷器瓷套管是否清洁，有无破损、放电痕迹，法兰边有无裂纹；雷雨后应及时检查记录避雷器的动作情况。

（4）接地装置各连接点是否牢固可靠，接地线有无损伤、折断和锈蚀等。

（5）接闪杆焊接部分有无断裂、锈蚀，接地引下线焊接是否牢靠。

（6）检查氧化锌避雷器在线监测器，记录泄漏电流。

5. 直流装置运行巡视检查

（1）直流装置交流电源输入、各参数显示是否正常。

（2）蓄电池是否在浮充电方式运行，控母电压正常应为 220 V±2%，合母电压正常为 240～250 V，超出以上范围时应查明原因。

（3）直流电源正对地、负对地电压应为零，直流系统对地绝缘良好。

（4）蓄电池柜及蓄电池应清洁无积污；蓄电池连接处应无锈蚀，凡士林涂层应完好；蓄电池容器应完整，无破损、漏液，极板无硫化、弯曲、短路现象；蓄电池电解液面、蓄电池温度应正常；蓄电池各节电池电压偏差在规定范围内。

6. 电容器运行巡视检查

（1）电容器是否在额定电压下运行，不应超过额定电压的 5%，在超过额定电压 10% 的情况下可运行 4 h，超过此值应退出运行。

（2）运行电流不应超过额定电流 30%，超过此值应退出运行。三相电流应平衡，3 个相相差值应不大于 10%；三相电容值的误差不应超过一相总电容值的 5%。

（3）电容器是否保持通风良好，环境温度不应超过 40 ℃，外壳最高温度不超过 55 ℃。

（4）电容器有无放电声、鼓胀及严重渗油现象；套管是否清洁，有无裂纹、破损；外壳接地是否良好。

7. 软启动装置运行巡视检查

软启动装置启动电流是否正常，接线是否牢靠，工作温度是否正常，散热风扇运行是否良好，旁路交流接触器工作是否可靠，周围环境是否清洁、无尘垢。

8. 电缆运行巡视检查

（1）水泵机组满负荷运行时检查测量电缆的温度应符合要求。检查时应选择电缆排列最密处或散热情况最差处或有外界热源影响处测量电缆的温度。

（2）电缆的负荷电流不应超过设计允许的最大负荷电流，电缆导体长期允许工作温度应符合制造厂的规定。电缆不应过负荷运行，即使在处理事故时出现过负荷，也应迅速恢复其正常电流。

（3）直埋敷设电缆线路沿线地面有无挖掘，有无堆放重物、腐蚀性物品及临时性建筑，标示桩是否完好，露出地面上的电缆保护钢管或角钢有无锈蚀、位移或脱落，引入室内的电缆穿墙处封堵是否严密。

（4）沟道敷设电缆沟道盖板是否完好，电缆支架及接地线是否牢固、有无锈蚀，沟道内有无积水，电缆标示牌是否完整无脱落。

（5）电缆终端头与中间接头是否有龟裂现象，接地线是否牢固，有无断股、脱落现象，引线连接处有无过热、熔化、氧化、变色等现象。

（6）终端头绝缘套管是否有放电闪烙现象。

（7）检查电缆桥架间的连接线与接地线是否连接牢靠。

9. 仪表运行巡视检查

（1）仪表安装是否牢固，现场保护箱是否完好，仪表接线是否牢固可靠。

（2）仪表传感器清洗后应对仪表零点和量程做检查。

（3）仪表显示是否正常，供电和过电压保护装置是否良好。

（4）更换的仪表密封件是否符合仪表防护等级的要求。

（5）仪表执行机构与控制机构工作是否正常。

10. 保护装置运行巡视检查

（1）保护装置工作正常，无非正常报警。

（2）保护装置室内整洁，温度、湿度在规定允许范围内。

（3）时钟定时校对正确。

（4）保护装置无过热现象。

4.6.7　进出水闸门系统运行巡视检查

（1）检查配电柜等电气设备，嗅一嗅有无绝缘过热焦味；听一听有无火花放电声、机械振动声，电压过高或电流过大所引起的异常声音；摸一摸设备非带电部分的温度和振动情况；看一看有无放电火花、变色、变形、损坏、渗油情况，继电器、仪表和信号灯指示是否正常。

（2）检查闸门开度是否一致，闸门是否振动，发生振动应及时处理，注意闸下流态、水跃形式。

（3）检查拍门附近有无淤积、杂物。

（4）检查液压启闭机系统，其密封是否良好，轴承润滑是否到位，电动机工作是否正常，外壳接地是否牢靠，液压油缸启闭是否灵活，限位是否可靠，主油箱、补油箱有无渗漏油。

4.6.8　冷却水系统运行巡视检查

（1）循环水进水温度应为 2 ℃～35 ℃。

（2）冷却水供水管压力应为 0.2～0.26 MPa，供水母管压力大于 0.1 MPa。

（3）电动机、水泵运转是否平稳，有无异常气味、振动及声响。

（4）水泵有无渗漏。

（5）管道、闸阀是否完好，有无渗漏，阀位是否正确。

（6）冷却水流量应大于 25 m³/h。

（7）液位计工作是否灵敏可靠、指示准确。

4.6.9　排水系统运行巡视检查

（1）管道及接头有无渗、漏现象；管路是否畅通。

（2）闸阀位置是否正确，指示是否清晰，有无渗漏。

（3）液位计工作是否灵敏，对比上位机数据应一致。

（4）排水系统运行时，电机、水泵运转是否平稳，有无异常声响。

4.6.10　压力油系统运行巡视检查

（1）油泵旋转方向是否正确，声音是否正常，各极限开关、油缸、管路工作是否正常，油压、温升、振动是否正常。油管路及油缸有无漏油及不换向现象。

（2）油箱内温度不超过 60 ℃，冷却装置应工作正常。

（3）要经常注意油箱，观察油面是否合适，如果油面过高须检查油管路，调节回油阀门，严禁油面溢出油箱。

4.6.11　清污机运行巡视检查

（1）机器运转是否有异常声响。

（2）减速机油位是否正常。

（3）拉齿是否弯曲，是否夹带大的垃圾危及清污机运行。

（4）皮带运转是否跑偏，挡轮是否运转。

（5）钢丝绳是否有断丝现象。

（6）防护罩是否安全、完好。

（7）栅条是否弯曲，有无大的垃圾堵塞。

（8）拦污栅栅前、栅后水位差应小于规定值。

4.6.12　中央控制室运行巡视检查

1. 运行环境

（1）室内门窗是否完好。

（2）屋顶和墙面有无渗、漏水。

（3）室内是否清洁，有无蛛网、积尘。

（4）中控台桌面是否清洁，物品摆放是否有序。

2. 温、湿度

室内温度宜15 ℃～30 ℃，湿度不高于75％且无凝露，否则应开启空调、除湿设备。

3. 自动化控制系统

（1）计算机工作是否正常，有无异常信息和声响。

（2）软件运行是否流畅，界面调用是否正常，数据采集是否及时准确，操作控制是否稳定可靠。

（3）计算机系统及集中控制系统的硬件部分是否保持清洁干燥，计算机通信及数据传输是否正常，各种警示提醒功能是否可靠，系统时钟是否同步。

（4）机组及辅机监控设备通信是否正常，数据上传是否准确，状态指示是否正确。

（5）系统的自我诊断、声光报警是否正常。

（6）泵站手控与自控功能及系统控制权限的优先级设置是否符合要求。

（7）可编程序控制器、远程终端及计算机系统线缆与接插件连接是否牢固可靠，工况和性能是否达到设计要求。

（8）加强对计算机网络的安全管理，定时杀毒，软件及时更新。

（9）监控系统配置的计算机、笔记本、存储器、备品件等设备不得用作他用。

（10）监控系统应通过物理隔离装置与外网连接，其他计算机不得与外网连接。

（11）科学配置监控系统的备品件，如传感器、智能仪表、存储器等。

（12）监控系统和监控局域网运行发生故障时应查明原因，及时排除。

（13）定期做好重要程序、数据的备份。

4. 视频监控系统

（1）监控服务器运行是否正常，有无异常声响，显示器显示是否正常。

（2）软件运行是否流畅,有无卡滞现象。

（3）摄像机云台、雨刮器等转动部分控制是否可靠、动作是否灵活,录像调用是否正常。

（4）视频监控画面是否清晰稳定,有无干扰现象。

（5）摄像机画面显示时间和通道名称是否与实际相符。

5．通信系统

（1）交换机、防火墙、路由器等网络设备运行状态是否稳定。

（2）电缆、光缆、接口、端子等是否紧固无松动。

（3）计算机监控局域网运行是否正常,服务器、工作站、通信系统运行是否正常。

（4）通信数据实时传输是否稳定畅通。

6．UPS 供电系统

（1）电源电缆、光缆、接口、端子等是否紧固无松动。

（2）UPS 运行模式是否正常,供电是否正常。

（3）UPS 面板有无告警提示,有无蜂鸣器报警音。

（4）UPS 电池电压是否正常。

4.6.13 水闸机械设备运行巡视检查

1．闸门

（1）闸门开度指示及各仪表指示的数值应正确,双吊点闸门偏差未超过允许值。

（2）闸门启闭过程中,应检查运行是否平稳,是否有倾斜、异常声响;门槽内有无异物卡阻;止水橡皮与门槽有无过紧或过松现象。

（3）闸门静止状态时,应检查闸门位置是否准确,有无下滑、倾斜、漏水现象;闸门关闭时,闸门及门槽有无杂物;止水橡皮有无老化、撕裂现象;闸门有无变形,防腐层是否完好,排水是否通畅。

（4）闸门表面是否清洁,防腐是否良好,结构是否完好,有无变形情况发生。

（5）泵站主机组停机时,闸门应快速可靠关闭,防止机组倒转;主机发生故障时,辅机应能按照应急措施随时投入运行。

2．液压启闭系统

系统密封是否良好,轴承润滑是否到位,电动机工作是否正常,接地是否牢靠,液压油缸启闭是否灵活,限位是否可靠,主油箱、补油箱有无渗漏油。

4.7 运行巡视检查可视化

泵闸运行巡视检查可视化应包括巡视检查路线图、重点巡视部位、巡视内容等方面的可视化。运行养护项目部应根据巡查人员管辖设备的分布范围与巡检部位,编制最短最合理的巡检路线,以达到安全、高效、防止漏检之目的。

4.7.1 巡检路线可视化

1．项目部编制巡检路线的原则

项目部编制巡检路线的原则是路线最短、时间最省、作业安全。具体要求如下：

（1）全面考虑动态、静态、状态巡检及其相关信息，进行排列组合、优化选择。

（2）应结合考虑泵闸工程巡检项目、巡检内容、巡检频次。

（3）图示化说明，标示出先后顺序。

（4）符合泵闸工程技术管理细则和运行作业指导书巡视路线设置要求。

2．巡检路线图标识制作安装要求

（1）标识规格为 800 mm×600 mm，也可根据现场情况自定。

（2）标识材料及安装位置。标识设计好后彩喷，裱在 KT 板（或 PVC 板、亚克力板）上，镶塑胶边框或铝合金边框后挂于墙上。

（3）巡检路线图标识应根据设备巡视要求、设备位置、设备安全距离进行设置。

（4）巡检路线应连续封闭，不得中断。

4.7.2 巡检路线及巡视点地贴标识

（1）巡检路线（地面）和巡视点地贴标识，采用 0.5 mm 厚度磨砂耐磨 PVC 加夜光油墨丝印，自带强力背胶。如图 4.3 所示。

（2）室外巡视点地贴标识宜采用不锈钢腐蚀填色，如图 4.4 所示。

图 4.3　巡视检查路线地贴标识

图 4.4　巡视点标识

（3）巡检路线地贴标识规格为 150 mm×200 mm。巡视点地贴标识规格为 200 mm×200 mm。

（4）标识位置设置在泵闸工程运行巡视区域。

4.7.3 重点巡检部位标识

（1）重点巡检部位宜设置重点巡检部位标识（图 4.5），通过标识明确重点部位的巡检点，提示重点部位的主要巡视内容以及重要参数，提醒运行工作人员加强巡视检查。

（2）重点巡检部位标识规格为 300 mm×300 mm。一般采用 0.5 mm 厚度 PVC 加夜光油墨丝印，自带强力背胶，规格和材料也可自定。

图 4.5　重点巡检部位标识

4.7.4 巡视检查内容及标准可视化

（1）巡视检查内容及标准可视化的目的是巡视工作的统一、标准化，使其巡视检查内容清楚，准确全面，可采用图文并茂的形式，易于理解，力求可操作性强。

（2）巡视检查内容应根据不同巡视检查的对象制定，也可明示巡视检查标准加图示，包括定点、定人员、定方法、定周期、定标准、定表式、定记录的内容。

（3）巡视检查内容及标准标识规格一般为 800 mm×600 mm，也可根据巡视检查区域的内容进行适当调整，其尺寸、颜色、版式应与其他部位的标识相协调，材料可用 KT 板、PVC 板或亚克力板。有触电危险的作业场所应使用绝缘材料，如图 4.6 和图 4.7 所示。

（4）巡视检查内容及标准标识宜设置在需要巡视检查的设备或关键部位旁。

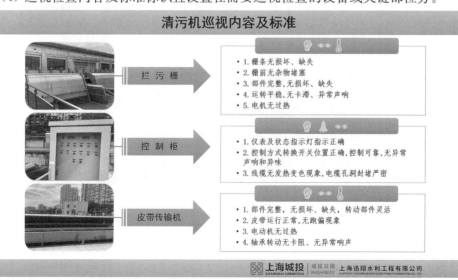

图 4.6　清污机巡视检查内容及标准标识

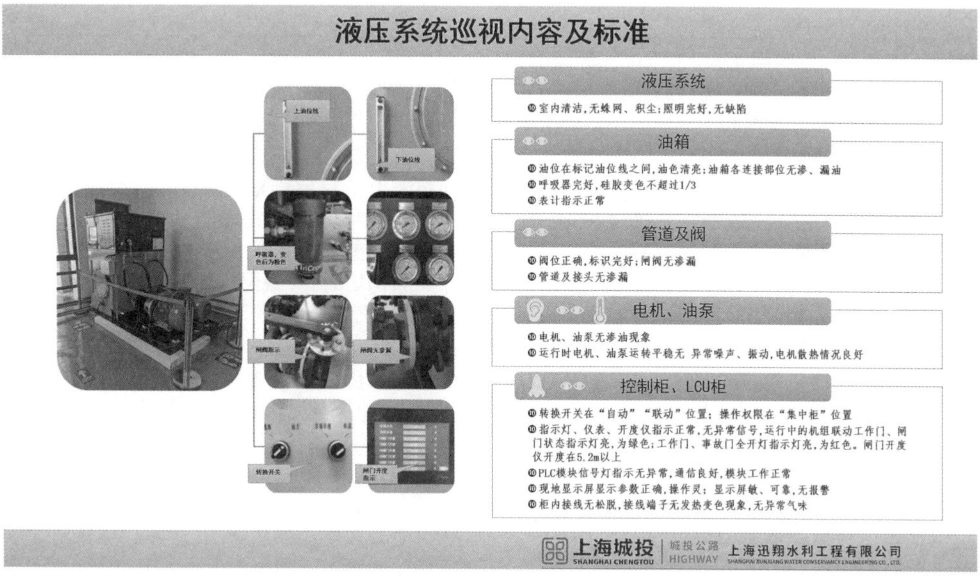

图 4.7　液压启闭系统巡视检查内容及标准标识

4.8　泵闸巡视检查中的危险源辨识及风险控制措施

泵闸巡视检查中的危险源辨识及风险控制措施见表 4.4。

表 4.4　泵闸巡视检查中的危险源辨识及风险控制措施

序号	风险点(危险因素)	可能导致的事故	控　制　措　施
1	对工程巡视线路图、设备运行状态、开关标志未在现场明示	各类事故	完善设施,对工程巡视线路图、设备运行状态、开关标志应在设备现场明示
2	泵闸现场未设置安全警示线	各类事故	完善设施,在泵闸现场按规范要求设置安全警示线
3	临水、临边等部位无安全防护栏杆	各类事故	完善设施,在临水、临边等部位设置安全防护栏杆
4	各类洞(孔)口、沟槽无固定盖板,无警告标志	人身伤害	完善设施,对各类洞(孔)口、沟槽应有固定盖板,或设置安全警告标志和夜间警示红灯
5	误碰、误动、误登运行设备	各类事故	巡视检查时,不得进行其他工作(严禁进行电气工作),不得移开或越过遮栏
6	擅自打开设备柜门,擅自移动临时安全围栏,擅自跨越设备固定围栏	人身伤害	巡视检查时应与带电设备保持足够的安全距离,不得擅自打开设备柜门,不得擅自移动临时安全围栏,不得擅自跨越设备固定围栏
7	夜间巡视不规范	人身伤害	夜间巡视,应及时开启设备区照明(夜巡应带手电筒)

序号	风险点(危险因素)	可能导致的事故	控 制 措 施
8	擅自改变检修设备状态	人身伤害	巡视设备时,禁止变更检修现场安全措施,禁止改变检修设备状态
9	高压设备发生接地时,保持距离不够	触电伤害、爆炸、设备损坏	高压设备发生接地时,室内不得接近故障点4 m以内,室外不得靠近故障点8 m以内,进入上述范围人员应穿绝缘靴,接触设备的外壳和构架时,应戴绝缘手套
10	随意动用设备闭锁钥匙	人身伤害	闭锁钥匙上锁
11	检查发现设备事故性缺陷、重大缺陷未及时汇报	各类事故及加重事故程度	严格执行巡视检查规章制度,发现设备缺陷及异常时,及时汇报,采取相应措施
12	巡视和检修通道堆放杂物	各类事故	加强教育,加强监管,严禁巡视和检修通道堆放杂物
13	雷雨天气巡视室外高压设备未防护	触电	雷雨天气巡视室外高压设备应穿绝缘靴,不得靠近避雷器和避雷针
14	高压电气设备巡视人员未持证上岗,或单人巡视检查	人身伤害、财产损失	高压电气设备巡视人员应持证上岗,加强教育,加强监管;高压电气设备巡视检查应2人以上
15	误入带电间隔引致高压触电	人员伤亡,设备损坏	严格执行安全操作规程,防止误入带电间隔引致高压触电

4.9 泵闸运行巡视检查表单

泵闸运行巡视检查表单,见表4.5~表4.10。

表4.5 淀东泵闸水工建筑物运行巡视检查(经常检查)记录表

项 目	要 求	巡视检查记录					
泵闸厂房、岸、翼墙及上、下游河道	拦河设施完好,无威胁工程的漂浮物						
	岸、翼墙后回填土无雨淋沟、塌陷,挡墙完好、无倾斜、裂缝、渗漏、损坏现象						
	混凝土及石工建筑物无损坏和裂缝,伸缩缝完好,伸缩缝内无杂草、杂树生长,各观测设施完好						
	泵闸厂房屋顶、室内外墙面等完好,无缺损、渗漏现象						
	闸室闸墩无破损,闸室内无漂浮物,无倾斜、露筋、裂缝、渗漏现象,伸缩缝完好,观测标记完好						
	清污机桥混凝土、栏杆等完好,无露筋;观测标记完好						

项　目	要　求	巡视检查记录		
防汛墙（堤防）	堤防迎水侧护坡无裂缝、空洞、塌陷、滑动、隆起、露筋、断裂现象；齿坎无断裂、悬空现象；堤脚无冲刷陡立、坍塌现象；防汛墙无裂缝、倾斜等；滩面无刷坑、坍塌等现象；易坍地段应检查设立的观测标志是否完好，控导设施是否稳定完好			
	防汛通道畅通			
	堤防背水侧无裂缝、崩塌、滑动、隆起、窨潮、冒水、渗水、管涌等现象；导渗、减压设施及排水系统无堵塞、损坏；无白蚁、鼠、獾等动物营巢做穴迹象；无挖土、取土等现象			
	建筑物与土体接合处及其上、下游无裂缝、塌陷、渗水、冒沙等情况；岸（翼）墙无绕渗、管涌等；出水流态正常，关闭时无渗水现象			
	块石护坡应完好，灌浆缝完整，无坍塌、移动等现象，排水沟畅通，护坡无雨淋沟、塌陷等			
其　他	管理用房的室内外墙面完好，无缺损、渗漏			
	消防泵试运行正常，灭火器材无超压、欠压等不良情况			
	变形测点、断面桩、水尺、水位计等监测设施无破坏现象，表面整洁、标识清晰、防护完好			
	警示、宣传标志完好；绿化完好；界桩齐全完好			
	上、下游水体未受到污染			
	管理范围内无违章施工、搭建、种植、取土等危及工程安全的行为；无垃圾等异物堆放等			
	应及时观测旋转机械或水力引起的厂房结构振动，泵闸不得在共振状态下运行			

检查日期：　　　　　　　审核人：　　　　　　　　检查人：

表 4.6　淀东泵闸主机组运行巡视检查（经常检查）记录表

项　目	要　求	巡视检查记录		
轴　承	轴承无偏磨、过热现象，温度不大于 50 ℃			
振动、声响	主水泵、主电动机及齿轮箱的振动、声响正常；当振动过大或有机械撞击声，应立即停机检查处理			
监测仪表	主机组的各种监测仪表应处于正常状态，仪表显示正常，无报警指示			
泵及管道连接部位	水泵及管道连接各部位无明显漏水现象			
技术供水	技术供水工作正常，水压、水温、示流均应符合运行要求			

项 目	要 求	巡视检查记录		
电流、电压等	三相电源电压不平衡最大允许值为±5%。主电机运行电压应在额定电压的95%～110%范围内。如低于额定电压的95%时,定子电流不超过额定数值且无不正常现象,可继续运行			
	电动机定、转子电流、电压、功率指示正常,无不正常上升和超限现象;电动机的电流不应超过铭牌规定的额定电流。电动机过电流允许运行时间不得超过相关规定值。电动机运行时其三相电流不平衡之差与额定电流之比不得超过10%			
温 度	电动机定子线圈、铁芯及轴承温度正常;主电动机运行时最高允许温度为130℃时,电动机定子线圈温度不超过100℃,温升不得超过80℃。停机与否由值班人员根据现场情况确定			
	当电动机各部温度与正常值有较大偏差时,应立即检查电动机及冷却装置、润滑油系统和测温装置等是否工作正常			
	齿轮传动装置油箱温升和轴承温升不应超过制造厂的规定值。油色、油位应正常,无渗漏油现象			
振 动	主水泵运行时各部分的振动要求不大于设计及厂家要求数值			
其 他	停机时,应密切注意齿轮箱反转速度,其最大反向飞逸转速不得超过厂方规定的最大反向转速			

检查日期:　　　　　　审核人:　　　　　　检查人:

表4.7　淀东泵闸电气设备运行巡视检查(经常检查)记录表

项 目	要 求	巡视检查记录		
变压器	电流和温度不超过允许值,温控装置工作正常。变压器运行时中性线最大允许电流不超过额定电流的25%			
	套管清洁,无破损裂纹和放电现象			
	变压器声响正常			
	各冷却器手感温度相近,风扇运转正常			
	各冷却器手感温度相近,风扇运转正常			
	吸湿器完好,吸附剂干燥			
	电缆、母线及引线接头无发热现象,绝缘子无裂纹与闪烁痕迹			
	压力释放器、防爆膜完好无损,气体继电器工作正常			
	外壳接地良好,一、二次侧引线及各接触点紧固无松动,各部分的电气距离符合要求			
	外部表面无积污			

项　　目	要　　求	巡视检查记录			
高压断路器	断路器的分、合位置指示正确				
	绝缘子、瓷套管外表清洁,无损坏、放电痕迹				
	绝缘拉杆和拉杆绝缘子应完好,无断裂痕迹,无零件脱落现象				
	导线接头连接处无松动、过热、熔化变色现象				
	断路器外壳接地良好				
	真空断路器灭弧室无异常现象				
	弹簧操作机构储能电机行程开关接点动作准确,无卡滞变形;分、合线圈无过热、烧损现象;断路器在分闸备用状态时,合闸弹簧应储能				
互感器	电压互感器电压、电流互感器电流指示应正常				
	一、二次接线端子与引线连接应无松动、过热现象				
	瓷瓶应清洁,无裂纹、破损及放电痕迹				
	充油电压互感器,油位、油色应正常,外观无锈蚀、渗漏油现象,呼吸器通畅,吸湿剂不应至饱和状态				
	当线路接地时,接地监视的电压互感器声音应正常,无异味				
	电流互感器无二次开路或过负荷引起的过热现象				
	运行中无异常声响、气味				
高压母线	母线表面应光洁平整,无裂纹、折皱、变形和扭曲等现象				
	支柱绝缘子底座、套管的法兰、保护网(罩)等应清洁、完好				
	母线及其连接点在允许通过电流时,温度不应超过 70 ℃				
高低压开关柜	柜体密封良好,接地牢固可靠,隔板固定可靠,开启灵活				
	隔离触头应接触良好,无过热、变色、熔接现象				
	继电器外壳无破损,整定值位置无变动,线圈和接点无过热,无过度抖动				
	仪表外壳无破损,密封良好,仪表引线无松动、脱落,指示正常				
	二次系统的控制开关、熔断器等应在正确的工作位置并接触良好				
	操作电源工作正常,母线电压值应在规定范围内				
	导线与端子排接触良好,导线无损伤,标号无脱落;绞线不松散、断股,固定可靠				

项　目	要　求	巡视检查记录		
避雷器及接地装置	避雷器计数器密封良好,动作正确			
	避雷针本体焊接部分无断裂、锈蚀,接地线连接紧密牢固,焊点没有脱落			
	避雷器瓷套管清洁,无破损、放电痕迹,法兰边无裂纹;雷雨后及时检查记录避雷器的动作情况			
	接地装置各连接点应牢固可靠,接地线应无损伤、折断和锈蚀等			
	接闪杆焊接部分应无断裂、锈蚀,接地引下线焊接牢靠			
	检查氧化锌避雷器在线监测器,记录泄漏电流			
直流装置	直流装置交流电源输入应正常,各参数显示应正常。蓄电池应在浮充电方式运行,控母电压正常为 220 V±2%,合母电压正常为 240～250 V,超出以上范围时应查明原因			
电容器	电容器应在额定电压下运行,不应超过额定电压的 5%,在超过额定电压 10% 的情况下可运行 4 h,超过此值应退出运行			
	运行电流不应超过额定电流 30% 的情况下运行,超过此值应退出运行。三相电流应平衡,3 个相相差值应不大于 10%;三相电容值的误差不应超过一相总电容值的 5%			
	通风良好,环境温度不超过 40 ℃,外壳温度不超过 55 ℃			
	无放电声、鼓胀及严重渗油现象;套管清洁,无裂纹、破损;外壳接地良好			
软启动装置	软启动装置启动电流正常,接线紧固牢靠,工作温度正常,散热风扇良好,旁路交流接触器工作可靠,周围环境清洁无尘垢			
电缆	水泵机组满负荷运行时检查测量电缆的温度,应符合要求			
	电缆的负荷电流不应超过设计允许的最大负荷电流,长期允许工作温度应符合制造厂的规定			
	直埋敷设电缆线路沿线地面应无挖掘,无堆放重物、腐蚀性物品及临时性建筑,标示桩完好,露出地面上的电缆保护钢管或角钢无锈蚀、位移或脱落,引入室内的电缆穿墙处封堵严密			
	沟道敷设电缆沟道盖板完好,电缆支架及接地线牢固、无锈蚀,沟道内无积水,电缆标示牌完整无脱落			
	电缆终端头与中间接头不得有龟裂现象,接地线牢固,无断股、脱落现象,引线连接处无过热、熔化、氧化、变色等现象			
	终端头绝缘套管不应有放电闪烙现象			
	检查电缆桥架间的连接线与接地线,应连接牢靠			

项　目	要　　求	巡视检查记录		
仪表运行	仪表安装应牢固,现场保护箱应完好,仪表接线应牢固可靠			
	仪表传感器清洗后应对仪表零点和量程做检查			
	仪表显示应正常,供电和过电压保护装置应良好			
	更换的仪表密封件应符合仪表防护等级要求			
	仪表执行机构与控制机构工作应正常			

检查日期:　　　　　　　　审核人:　　　　　　　　检查人:

表 4.8　淀东泵闸辅机及金属结构运行巡视检查(经常检查)记录表

项　目	要　　求	巡视检查记录		
出水闸门	配电柜等电气设备无绝缘过热之焦味;无火花放电声、机械振动声、电压过高或电流过大所引起的异常声音;设备非带电部分的温度和振动情况正常;无放电火花、变色、变形、损坏、渗油情况,继电器、仪表和信号灯指示正常			
	闸门开度一致,闸门无振动,注意观察闸下流态、水跃形式			
	检查拍门附近应无淤积、杂物			
	检查液压启闭机系统应密封、轴承润滑良好,电动机工作、接地正常,液压油缸启闭灵活,限位可靠,主油箱、补油箱无渗漏			
冷却水系统	循环水进水温度为 2 ℃~35 ℃			
	冷却水供水管压力为 0.2~0.26 MPa,供水母管压力大于 0.1 MPa			
	电动机、水泵运转平稳,无异常气味、振动及声响			
	水泵无渗漏			
	管道、闸阀完好,无渗漏,阀位正确			
	冷却水流量应大于 25 m³/h			
	液位计工作应灵敏可靠、指示准确			
供、排水系统	管道及接头无渗漏现象,管路畅通			
	闸阀位置正确,指示清晰,无渗漏			
	液位计工作灵敏,对比上位机数据应一致			
	供、排水系统运行时电动机、水泵运转平稳,无异常声响			
压力油系统	油泵旋转方向正确、声音正常,各极限开关、油缸、管路正常,油压、温升、振动正常。油管路及油缸无漏油及不换向现象			
	油箱内温度不超过 60 ℃,冷却装置应工作正常			
	要经常注意观察油箱油面是否合适,如果油面过高须检查油管路,调节回油阀门,严禁油液溢出油箱			

项　目	要　求	巡视检查记录		
清污机	运转无异常声响			
	减速机油位正常			
	拉齿无弯曲,无夹带大的垃圾危及清污机运行现象			
	皮带未跑偏,挡轮正常运转			
	钢丝绳无断丝现象			
	防护罩安全、完好			
	栅条未弯曲,没有大的垃圾堵塞			

检查日期:　　　　　　　审核人:　　　　　　　检查人:

表 4.9　淀东泵闸监控系统运行巡视检查(经常检查)记录表

项　目	要　求	检查结果		
中央控制室运行环境	门窗完好,其屋顶和墙面无渗、漏水;室内清洁,无蛛网、积尘;中控台桌面清洁,物品摆放有序			
	室内温度 15 ℃～30 ℃,湿度不高于 75% 且无凝露			
自动化控制系统	计算机工作正常,无异常信息和声响			
	软件运行流畅,界面调用正常,数据采集及时准确、操作控制稳定可靠			
	计算机系统及集中控制系统的硬件部分保持清洁干燥;计算机通信及数据传输应正常,各种警示提醒功能可靠,系统时钟同步			
	机组及辅机监控设备通信正常,数据上传正确,状态指示正确			
	系统的自我诊断、声光报警正常			
	泵站手控与自控功能及系统控制权限的优先级设置符合要求			
	可编程序控制器、远程终端及计算机系统线缆与接插件连接牢固可靠,工况和性能达到设计要求			
	加强对计算机网络的安全管理,定时杀毒,及时更新			
	配置的计算机、笔记本、存储器、备品件等设备不得用做他用			
	监控系统应通过物理隔离装置与外网连接,其他计算机不得与外网连接			
	科学配置监控系统的备品件,如:传感器、智能仪表、存储器等			
	监控系统和监控局域网运行发生故障时应查明原因,及时排除			
	定期做好重要程序、数据的备份			

项　　目	要　　求	检查结果		
视频监控系统	监控服务器运行正常,无异常声响,显示器显示正常			
	软件运行流畅,无卡滞			
	摄像机云台、雨刮器等转动部分控制可靠,动作灵活,录像调用正常			
	视频监控画面清晰稳定,无干扰			
	摄像机画面显示时间和通道名称与实际相符			
通信系统	交换机、防火墙、路由器等网络设备运行状态稳定			
	电缆、光缆、接口、端子等紧固无松动			
	局域网运行正常,服务器、工作站、通信系统运行正常			
	通信数据实时传输稳定畅通			
UPS 供电系统	电源电缆、光缆、接口、端子等紧固无松动			
	UPS 运行模式正常,供电正常			
	UPS 面板无告警提示,无蜂鸣器报警音			
	UPS 电池电压正常			

检查日期：　　　　　　　审核人：　　　　　　　　　　检查人：

表 4.10　淀东泵闸闸门启闭机运行巡视检查(经常检查)记录表

项　　目	要　　求	检查结果		
闸　门	闸门启闭过程中应运行平稳,无倾斜、异常声响;门槽内应无异物卡阻;止水橡皮与门槽无过紧或过松现象			
	闸门静止状态时,闸门位置应准确,无下滑、倾斜、漏水现象;闸门关闭时,闸门及门槽应无杂物;止水橡皮无老化、撕裂现象;闸门无变形,防腐层完好,排水通畅			
	闸门表面清洁,防腐性良好,结构完好,无变形			
液压启闭系统	密封、轴承润滑良好,电动机工作、接地正常,液压油缸启闭灵活,限位可靠,主油箱、补油箱无渗漏油			

检查日期：　　　　　　　审核人：　　　　　　　　　　检查人：

第5章

泵闸运行突发故障或事故处置作业指导书

5.1 范围

泵闸运行突发故障或事故处置作业指导书适用于淀东泵闸管理区域内工程突发故障或事故的预防和应急处置。其他同类型泵闸运行突发故障或事故处置可参照本作业指导书执行。

5.2 规范性引用文件

下列文件适用于泵闸运行突发故障或事故处置作业指导书：

《生产经营单位生产安全事故应急预案编制导则》（GB/T 29639—2020）；

《电力安全工作规程 发电厂和变电站电气部分》（GB 26860—2011）；

《企业安全生产标准化基本规范》（GB/T 33000—2016）；

《泵站技术管理规程》（GB/T 30948—2021）；

《计算机场地通用规范》（GB/T 2887—2011）；

《泵站现场测试与安全检测规程》（SL 548—2012）；

《水利信息系统运行维护规范》（SL 715—2015）；

《水闸技术管理规程》（SL 75—2014）；

《水工钢闸门和启闭机安全检测技术规程》（SL 101—2014）；

《水工钢闸门和启闭机安全运行规程》（SL/T 722—2020）；

《电力变压器运行规程》（DL/T 572—2021）；

《电力系统通信站过电压防护规程》（DL/T 548—2012）；

《继电保护和安全自动装置运行管理规程》（DL/T 587—2016）；

《电力系统用蓄电池直流电源装置运行与维护技术规程》（DL/T 724—2021）；

《高压并联电容器使用技术条件》（DL/T 840—2016）；

《变电站运行导则》（DL/T 969—2005）；

《上海市水闸维修养护技术规程》（SSH/Z 10013—2017）；

《上海市水利泵站维修养护技术规程》（SSH/Z 10012—2017）；

《水利水电工程（水库、水闸）运行危险源辨识与风险评价导则（试行）》（办监督函

〔2019〕1486 号）；

《水利水电工程（水电站、泵站）运行危险源辨识与风险评价导则》（办监督函〔2020〕1114 号）；

《上海市处置水务行业突发事件应急预案》；

《上海市水闸突发事件应急处置预案》；

《上海市防汛防台专项应急预案》；

《上海市防汛防台应急响应规范》；

淀东泵闸技术管理细则；

淀东泵闸相关设备供应商提供的产品说明书。

5.3 应急组织和职责

5.3.1 淀东泵闸突发事件应急救援领导小组

（1）淀东泵闸突发事件应急救援领导小组组长由管理所负责人和迅翔公司总经理担任。

（2）淀东泵闸突发事件应急救援领导小组副组长由迅翔公司副总经理担任。

（3）淀东泵闸突发事件应急救援领导小组技术人员由迅翔公司运行管理部、安全质量部、运行养护项目部和维修服务项目部技术人员组成。

（4）淀东泵闸突发事件应急救援领导小组应急抢险组由运行养护项目部和维修服务项目部负责人、管理人员、技术人员、运行人员、维修人员组成。

（5）淀东泵闸突发事件应急救援领导小组协作单位由上海市闵行区公安局、海事局、供电公司、水务局以及上海市堤防泵闸建设运行中心泵闸专业抢险队伍等组成。

（6）淀东泵闸突发事件应急救援领导小组专家组由特聘专家组成。

5.3.2 淀东泵闸突发事件应急救援领导小组职责

（1）负责淀东泵闸工程安全生产事故应急预案的制定和修订。

（2）组建淀东泵闸工程现场安全生产事故应急救援专业队伍。

（3）做好应急救援必要的资源准备。

（4）组织各应急救援小组进行应急救援行动。

（5）向上级报告事故或灾害情况。

（6）根据事态发展决定请求外部援助。

（7）协调监督应急操作人员行动,保证现场救援和现场其他人员的安全。

（8）宣布应急救援工作结束。

（9）向上级上报各类事故应急救援演练的计划、方案,组织事故应急演练。

5.3.3 突发事件应急救援领导小组成员分工

（1）淀东泵闸突发事件应急救援领导小组组长。组长组织和指挥管理所的应急救援工作。

（2）淀东泵闸突发事件应急救援领导小组副组长。副组长协助组长完成应急救援的具体指挥各专业处置组工作，负责做好后勤保障工作。

（3）淀东泵闸突发事件应急救援领导小组技术人员。技术人员负责事故预防和处置中的技术管理工作。

（4）机务组、电气组。该组现场协助领导小组组长、领导小组副组长做好事故报警、事故处置工作和情况通报工作，负责事故处置时现场调度，现场水情、工情的观察，事故现场沟通联络和对外联系工作，协助对事故的调查及善后处理工作。

（5）应急抢险组。该组接到命令后，根据预案和现场处置方案，负责现场事故的具体处理。

（6）后勤保障组。该组接到命令后，全力做好后勤保障等工作。

（7）协作单位。协作单位配合做好突发事件的处置工作。

（8）专家组。该组负责提供各类抢险方案的技术支持、决策指导、方案优化等工作。

5.4　运行突发故障或事故处置一般规定

（1）泵闸运行故障指运行期工程或设备超设计标准运行、局部发生故障或可能影响泵闸运行的不正常运行状态；运行事故指运行时间内发生的人身、设备、建筑物等的事故。

（2）坚持"安全第一、预防为主、综合治理"的方针，做到防患于未然。泵闸运行维护人员在每年汛前、汛后应认真做好工程设备的检查保养工作；在运行期间应认真执行安全操作规程，避免误操作，防止人身安全事故的发生；认真巡视检查，一旦发现设备的不正常现象，应及时处理，确保工程设备的安全运行。

（3）故障发生时，运行班长应组织运行人员进行处理，尽快排除故障；如无法自行排除故障，应马上通知检修班进行处理，并及时向上级汇报。故障排除前，应加强对本工程设备的监视，确保工程和设备继续安全运行。如故障对安全运行有重大影响，可立即停止故障设备或泵闸的运行，及时向上级汇报。

（4）在故障或事故处理时，必须严格遵守安全工作规程、调度规程、现场运行规程及有关安全工作规定，服从调度指挥，正确执行调度指令。

（5）在故障或事故处理时，运行人员应留在自己的工作岗位上，集中注意力保证泵闸运行设备的安全运行，只有在接到运行班长的命令或者在对人身安全或设备有直接危险时，方可停止设备运行或离开工作岗位。如事故发生在交接班时，应由交班人员处理，接班人员在现场协助。

（6）值班人员应将泵闸故障或事故发生及处理经过记录并归档，以便事后分析和总结。

（7）泵闸工程事故发生后应按如下规定处理：

① 工程设施和机电设备发生一般事故，应查明原因并及时处理；

② 工程设施和机电设备发生重大事故，应及时报告上级部门，并协同调查、处理；

③ 发生人身伤亡事故时，应保护现场并及时上报上级主管部门和安全监督部门。

（8）事故处理后,项目部必须将事故处理的全过程进行汇总,编写详细的现场事故报告,并及时传递上级和有关部门,以便专业人员对事故进行分析。现场事故报告应包括事故现象、现场设备的检查情况、事故初步分析、事故的处理过程、存在的问题分析、初步分析结论。

（9）事故调查处理应坚持"五不放过"（事故原因不查明不放过、事故责任不查清不放过、事故责任者没得到追究不放过、事故安全隐患整改措施不落实不放过、相关人员没有得到教育不放过）的原则。

（10）运行养护项目部和维修服务项目部应组织运行维护人员认真学习泵闸运行突发故障或事故处置作业指导书,并进行突发事件应急处置演练。演练应明确演练队伍、内容、范围,做好评估和总结等工作,从实战角度出发,切实提高应急处置能力,同时,应根据要求积极参加上级部门组织的综合性应急处置演练。

5.5 事故预防措施

5.5.1 建立健全各项规章制度

迅翔公司应建立健全各项规章制度,并随着管理水平、管理手段的不断进步,逐步修订和完善相关规章制度和技术规程。

5.5.2 落实责任

（1）管理所及迅翔公司应明确泵闸突发事件应急处置网络组成人员,包括相关单位（部门、项目部）主要负责人、手机和单位（部门、项目部）的值班电话,主要负责人应确保24 h通讯畅通。

（2）泵闸运行突发故障或事故处置工作由单位（部门、项目部）主要领导负总责。各级负责人应将安全责任层层分解,将突发故障或事故应急处置工作责任落实到每一项工作、每一个人,并作为对个人的奖惩考核内容。

（3）运行养护项目部应严格执行汛期工作制度,落实防汛值班人员,明确岗位职责,加强24 h防汛值班。值班人员应密切注意水情变化,掌握水文、气象信息,做好值班记录。

（4）泵站机组或节制闸闸门开启后,项目部值班人员应加强工程重点部位（机组、闸门启闭机、岸墙、翼墙及上、下游岸坡等）的检查和流态观察,防止机组或闸门异常振动、岸坡坍塌、流态不正常等异常情况的发生。

5.5.3 加强教育

单位（部门、项目部）应通过经常性的教育,提高泵闸管理和运行维护人员的安全意识,掌握所管工程的基本情况、管理要求,特别是掌握突发故障或事故应急处置措施。

5.5.4 强化管理

运行养护项目部应认真做好工程设施设备的汛前、汛后检查保养工作,及时准确地掌握工程状况,消除工程隐患,确保工程处于良好的状态;加强运行值班管理,严格执行值班制度及相关的操作规程;强化工程巡视检查,及时发现工程事故隐患;对影响工程安全度汛的隐患,一经发现及时上报,并组织力量修复;协助管理所加强水行政管理及安全保卫工作,避免影响工程安全的行为发生。

5.5.5 加强监测和预警

(1) 运行养护项目部应加强淀东泵闸工程突发事件信息的监测与收集,并及时向上级主管部门汇报情况;协助主管部门对泵闸工程突发事件的调查、汇总与分析、研判,建立泵闸工程突发事件监测网络、预警体系与资料库。

(2) 淀东泵闸工程突发事件主要监测信息包括以下内容:

① 泵闸安全鉴定情况;

② 泵闸引排水和上、下游船舶的监测;

⑤ 运行设施、设备的监测、检查;

④ 水务热线、城建热线等关于泵闸运行故障等举报、投诉信息;

⑤ 泵闸自动监测系统反映的异常运行情况。

(3) 运行养护项目部对上述信息应进行分析甄别、跟踪监测,对可能发生或突发事件发展的趋势进行预测,并向主管部门汇报。

5.5.6 坚持科技创新

运行养护项目部和维修服务项目部应积极研究和应用新技术、新材料、新设备,不断改善工程监控手段,提高工程设施运行的可靠性和高效性,利用先进的设备和技术,及时发现和消除事故隐患,避免事故的发生。

5.5.7 应急响应

(1) 泵闸突发事件发生后,现场人员(目击者、单位或个人)有责任和义务立即拨打应急电话。有关单位接到报告后,必须立即指令相关部门派员前往现场初步判定事故等级,同时报上级部门。

(2) 泵闸突发事件报告分首次报告、进程报告和结案报告,重特大事件有变化随时报告。

① 首次报告应报告事件发生时间、地点、类别、危害程度、影响范围、伤亡人数、直接经济损失的初步估计;

② 进程报告随事件处置进展口头报告;

③ 事故处置完毕必须做出结案报告。

(3) 泵闸突发事件发生单位(项目部)在接报或发生情况后,应立即启动应急处置预案,并及时向上级报告,并做到以下几点:

① 迅速采取有效措施,组织抢救,防止事态扩大;

② 保护事故现场;

③ 迅速派人赶赴事故现场,负责维护现场秩序和证据收集工作;

④ 服从泵闸突发事件应急救援领导小组指挥,了解掌握事故情况,协调组织专业抢险救灾和调查处理等事宜,并及时报告事态趋势及状况。

(4) 信息报送应符合以下要求:

① 上报原则:按照应急管理工作属地为主、分级负责的原则,建立信息报告员制度,信息报告员负责应急管理信息的收集、整理、汇总、报告;

② 上报方式:信息一般通过电话、传真、网络、专报等方式报送,通过电话报告的,应及时将文字材料补充完整并上报,所有的涉密信息报告应当遵守相关保密规定;

③ 报告时限:各类突发事件发生后,按照事件等级,第一时间将事件有关情况如实向上级报告,报告时限最迟不得超过事发后 1 h。

a. 如遇人员伤亡,现场人员应拨打 120 求援;如遇火灾,应立即拨打 119 消防报警电话;如遇社会治安事件,应立即拨打 110 报警电话;如水上遇险,应立即拨打 12395 报警电话,向海事部门求援;

b. 向突发事件应急救援领导小组组长及上级相关部门汇报事故情况;

c. 突发事件应急救援领导小组接到事故报告后,应迅速启动现场应急处置预案。

(5) 做好应急保障工作。

① 泵闸现场项目部应加强值班,接到信息后应迅速开展应急处置工作;健全先期抢险队伍、增援队伍的组织保障方案,保持应急处置能力;每年对应急队伍的总体情况、执行泵闸突发事件应急处置能力进行检查和评估,并形成报告;

突发事件应急抢险队伍应合理部署,配置先进的装备器材、通信交通工具,针对突发事件的种类和特点制定应急处置专业技术方案,并积极开展专业技能培训和演练,以提高组织、协调、处置能力,确保及时完成抢险救援任务;

② 迅翔公司应根据突发事件的特点建立各类器材备品仓库,加强对储备器材的维修、养护管理,及时补充和更新,明确其类型、数量和存放位置等,以满足应急处置时物资的需要;

③ 管理所及迅翔公司应充分发挥泵闸自动监测系统的作用,实现信息共享、联网调度,保证泵闸突发事件应急处置工作的有效开展;

④ 充分发挥政府各部门的作用,共同做好泵闸突发事件的应对和处置。一旦发生突发事件,管理所及迅翔公司应告知供电部门负责确保泵闸突发事件时的电力供应;告知交通、市政等部门配合做好泵闸突发事件处置时的交通保障工作;告知民政、卫生部门和地方政府做好对受灾对象的处置工作;告知市容环卫部门负责突发事件发生地垃圾的清理工作。

5.6　泵闸突发故障或事件应急处置流程

泵闸突发故障或事件应急处置流程,见图 5.1。

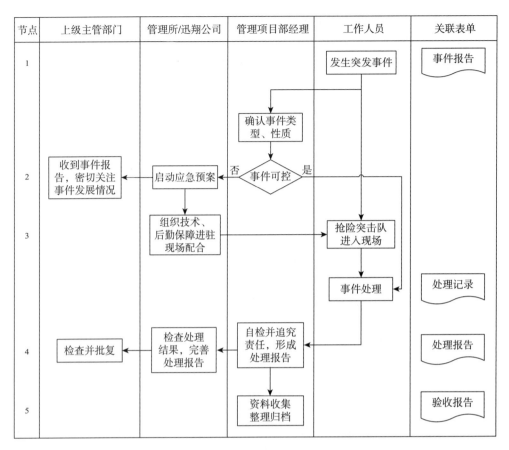

节点	上级主管部门	管理所/迅翔公司	管理项目部经理	工作人员	关联表单
1				发生突发事件	事件报告
2	收到事件报告,密切关注事件发展情况	启动应急预案 / 确认事件类型、性质 / 事件可控(否/是)			
3		组织技术、后勤保障进驻现场配合		抢险突击队进入现场 / 事件处理	处理记录
4	检查并批复	检查处理结果,完善处理报告	自检并追究责任,形成处理报告		处理报告
5			资料收集整理归档		验收报告

图 5.1　泵闸突发故障或事件应急处置流程图

5.7　淀东泵闸度汛应急响应

5.7.1　防汛预警及响应

　　管理所及迅翔公司应根据市防办预警信息和调度指令,以及市堤防泵闸建设运行中心防汛防台应急处置领导小组的工作指令,加强设施设备巡查,加强值班值守,各突发事件应急处置工作组应按照职责分工做好各项准备工作,落实应对措施。当突发事件发生时,必须迅速开展应急处置工作,尽快恢复设备运行,确保发挥防汛防台效益。

　　防汛防台应急响应分为 4 级,分别为 Ⅰ 级(特别严重)、Ⅱ 级(严重)、Ⅲ 级(较重)和 Ⅳ级(一般)。管理所、迅翔公司及项目部应按照泵闸工程防汛防台应急预案执行,做好随时提升响应级别和转入各项应急处置的准备。

5.7.2　Ⅳ 级响应

　　市防汛指挥部启动防汛防台 Ⅳ 级响应行动后,其响应要求如下:
　　(1)管理所及迅翔公司应密切监视水情及工程运行情况(包括内外河水位、机电设备运行是否正常、水工建筑物是否安全），及时向市堤防泵闸建设运行中心首报，并据情况续报和终报。

（2）项目部应加强对机电设备和水工建筑物等设备设施的检查，并采取有效防御措施。

（3）项目部应加强泵闸工程管理范围内户外装置、高空设施、绿化树木等的检查，并采取有效防御措施。

（4）泵闸工程立即暂停引水，并根据内河水位和可排水条件，及时预降到内河控制水位。

（5）持续降雨期间，若内河水位在控制水位范围内，利用所有可排泵闸自排，当内河水位超过控制水位上限，开泵排水。

（6）管理所及迅翔公司应督促检查项目部加强防汛值班和堤防设施检查的落实执行情况。

（7）发生险情、灾情时，管理所及迅翔公司应在第一时间内组织抢险救灾工作。

5.7.3 Ⅲ级响应

市防汛指挥部启动防汛防台Ⅲ级响应行动后，其响应要求如下：

（1）管理所及迅翔公司应密切监视水情及工程运行情况（包括内外河水位、机电设备运行是否正常、水工设施是否安全），及时向市堤防泵闸建设运行中心首报，并据情况续报和终报。

（2）项目部应加强对机电设备和水工建筑物等设备设施的检查，并采取有效防御措施。

（3）项目部加强泵闸工程管理范围内户外装置、高空设施、绿化树木等的检查，并采取有效防御措施。

（4）项目部应根据潮位的变化及时关闭闸门挡潮。

（5）泵闸工程立即暂停引水，并根据内河水位和可排水条件，及时将水位预降到内河控制水位。

（6）泵闸应急抢险队伍、协作单位进入戒备状态，防汛物资储运和备品备件储备单位做好随时调运准备。

（7）持续降雨期间，若内河水位在控制水位范围内，泵闸工程应利用所有可排水闸自排，当内河水位超过控制水位上限应开泵排水。

（8）发生险情、灾情时，管理所及迅翔公司应在第一时间内组织抢险救灾工作。

5.7.4 Ⅱ级响应

市防汛指挥部启动防汛防台Ⅱ级响应行动后，其响应要求如下：

（1）管理所及迅翔公司应密切监视水情及工程运行情况（包括内外河水位、机电设备运行是否正常、水工设施是否安全），及时向市堤防泵闸建设运行中心首报，并据情况续报和终报。

（2）项目部应加强对机电设备和水工建筑物等设备设施的检查，并采取有效防御措施。

（3）项目部应加强管理范围内户外装置、高空设施、绿化树木等的检查，并采取有效防御措施。

（4）项目部应根据潮位的变化及时关闭闸门挡潮。

（5）泵闸应急抢险队伍、协作单位进入临战状态，防汛物资储运和备品备件储备单位做好随时调运准备。

（6）抢险队伍集合待命，对重要的设施设备定点定人值守。

（7）泵闸工程立即暂停引水，并根据内河水位和可排水条件，及时预降到内河控制水位；持续降雨期间，若内河水位在控制水位范围内，泵闸工程应利用所有可排水闸自排，当内河水位超过控制水位上限应开泵排水。

（8）发生险情、灾情时，管理所及迅翔公司应在第一时间内组织抢险救灾工作。

5.7.5　Ⅰ级响应

市防汛指挥部启动防汛防台Ⅰ级响应行动后，其响应要求如下：

（1）管理所及迅翔公司应密切监视水情及工程运行情况（包括内外河水位、机电设备运行是否正常、水工设施是否安全），及时向市堤防泵闸建设运行中心首报，并据情况续报和终报。

（2）项目部应加强对机电设备和水工建筑物等设备设施的检查，并采取有效防御措施。

（3）项目部应加强管理范围内户外装置、高空设施、绿化树木等的检查，并采取有效防御措施。

（4）项目部应根据潮位的变化及时关闭闸门挡潮。

（5）泵闸应急抢险队伍、协作单位进入工作状态，防汛物资储运和备品备件储备单位做好随时调运准备。

（6）抢险队伍集合待命，对重要的设施设备定点定人值守。

（7）泵闸立即暂停引水，并根据内河水位和可排水条件，及时预降到内河控制水位；持续降雨期间，若内河水位在控制水位范围内，泵闸工程应利用可排水闸自排，内河水位超过控制水位上限应开泵排水。

（8）发生险情、灾情时，管理所及迅翔公司应在第一时间内组织抢险救灾工作，最大限度减少人员伤亡，对已发生的伤亡事件尽力抢救、妥善处置。

5.8　泵闸不正常运行及常见故障应急处置措施

5.8.1　泵闸设备故障诊断的一般措施

（1）由简单的故障入手，逐步向复杂的原因分析，直至找出真正的故障原因。

（2）抓住和解决主要问题，消除或避免引起故障的诱因及其他原因。

（3）泵闸机电设备故障诊断通常采用经验处理法、直观法、仪器仪表测试法。

①经验处理法：根据设备运行中可疑现象，结合自己的经验判断出故障点；

②直观法：例如电气设备故障诊断时，先了解故障外部表现、大致部位以及发生故障时的环境情况，再根据了解的情况，查看有关电器外部有无损坏、连线有无断路、松动、熔

断器的熔断指示器是否跳出,绝缘有无烧焦,设备有无进水、油垢,开关位置是否正确等。通过初步检查后,进一步试车检查电器的温升及电器的动作程序是否符合电气设备原理图的要求,从而发现故障部位;

③ 仪器仪表测试法:借助仪器仪表对设备的性能参数进行检测,从不符合有关标准、设计值等情况中发现问题,判断出故障点。该法特点是准确度高,具有说服力,但对仪器仪表有要求,并需要与其他方法同时使用。例如:

a. 测量电压法:根据电器的供电方式,测量各点的电压值与电流值,并与正常值比较,从而发现故障部位;

b. 测量电阻法:根据系统回路测量各点的电阻值,并与正常值比较,从而发现故障部位。

(4)故障诊断程序包括以下几点:

① 故障发生后,弄清故障发生的经过、具体表现;

② 通过"看、听、出、闻、思"等方法,分析故障的大致类别,判断故障原因;

③ 较复杂的故障常用仪器仪表测试法、渐进式排除法进行测试,判断出故障原因。

(5)渐进式排除法要点。

① 纵向比较法:如设备出现不正常现象,可以分析对比该设备以往多年运行情况、运行及检修记录等,从中找出发生异常的部位和原因;

② 横向比较法:与同一泵闸的类似设备对比,运行、检测的参数或现象明显变化的,属于不正常现象;

③ 逆向追溯法:如机组振动过大,可列出可能的几种原因,按不同方向逆向追溯分析产生的原因,是水力原因还是设备安装原因或设备制造质量原因等,并逐一排除。例如电器故障的排查方法有置换元件法、逐步开路法、逐步接入法等。

a. 置换元件法:在相同位置上置换同一性能良好的元器件进行实验,以证实故障是否由此引起;

b. 逐步开路法:把多支路交联电路,一路路地或重点地从电路中断开,再通过试验观察熔断器熔断情况,缩小故障范围,从而确定故障点;

c. 逐步接入法:逐步或重点地将各支流一条条地接入电源,通电后观察熔断器情况,缩小故障范围,从而确定故障点。

5.8.2 泵闸工程和设备超设计标准运行的处理原则

因工情、水情的变化,泵闸工程或设备发生超设计标准运行时(如下游水位低于设计水位、上游水位高于设计水位、主机组运行扬程超过最高设计扬程),运行养护项目部应报请管理所和上级主管部门批准,必要时需经原设计单位校核,在制定应急方案后泵闸工程或设备方可运行。

当泵闸工程或设备超设计标准运行时,现场运行人员应熟练掌握应急方案的相关技术规定,加强对泵闸工程和设备运行的巡视检查,发现泵闸工程和设备状态异常或设备参数超规定值时,应立即向总值班人和项目经理汇报,情况紧急时可立即停止泵闸工程或设备的运行。

5.8.3 自动化监控系统不能正常运行的处理原则

泵闸工程运行时,如遇到自动化监控系统不能正常工作,现场运行人员应立即查明原因,处理后恢复其工作。如不能恢复正常工作,运行人员应立即向泵闸总值班人汇报,尽快排除故障。

在故障排除前,运行人员应加强对运行设备声响、振动、电量及温度的监视;对由自动化监控系统进行自动控制的设备,改用手动操作,并加强对该设备的巡视检查,确保设备安全运行。

5.8.4 泵闸工程立即停止运行的条件

泵闸工程立即停止运行的条件,包括以下几方面:

(1) 主机组立即停用的条件;

(2) 变压器立即停止运行的条件;

(3) 电力电容器立即停止运行的条件;

(4) 其他电气设备立即停止运行的条件;

(5) 辅机立即停止运行的条件。

具体内容详见本书 3.6.10 节。

5.8.5 水泵故障处理

淀东泵闸水泵故障处理,见表 5.1。

表 5.1　淀东泵闸水泵故障处理

故障现象	产 生 原 因	排 除 方 法
不能启动	不具备启动条件	检查启动条件
	保护回路工作	检查保护装置
	原动机发生故障	检查、维修或更换
	叶片卡死	排除卡阻物
不出水	水泵旋转方向不符设计	调整水泵旋转方向
	叶轮埋入深度不够	降低水泵的安装标高
	叶片被硬质杂物打碎损坏	更换叶片
水泵超负荷	叶片安装角度超过规定	调节叶片角度至工况所需范围内
	扬程过高或水管路有堵塞或出水管路之间闸阀未全部开启	清理出水管路,开启阀门
	水泵叶轮浸入深度不够或进水管路阻塞	设法使水泵叶轮浸入深度符合安装要求,清理进水池
	转速超过规定	更换电动机,使转速符合水泵的额定转速

故障现象	产 生 原 因	排 除 方 法
水泵超负荷	叶轮外圆与叶轮外壳有摩擦	重新调整叶轮位置,设法消除摩擦
	叶片上绕有杂物	清理杂物并防止再发生
	填料密封压得过紧	适当放松填料压紧量
流量减少	叶片浸入深度不够	参照水泵安装图重新安装,以保障叶轮有足够的浸入深度
	叶轮外圆磨损	更换叶片
	扬程过高	设法调节扬程至使用范围内,并检查出水管路有无阻塞
	转速太低	更换电动机,使水泵转速符合规定转速
填料处过热	填料压得过紧	适当放松填料压紧量
	填料密封水的压力过大	降低密封水压至设计要求
	填料密封水不足	增大密封水至设计要求
水泵运转有噪音或振动	叶轮浸入深度不够	降低水泵的安装标高
	叶轮外圆与叶轮外壳有摩擦	检查叶轮部件和泵轴的垂直度
	基础不够坚固或泵、电动机、传动装置底脚螺母有松动	检查并加固基础,拧紧底脚螺母
	叶片上绕有杂物	清理杂物并防止再发生
	泵轴螺母或联轴器销钉螺母有松动	检查并拧紧所有螺母
	轴承或轴套已经磨损	更换轴承或轴套
	叶片被硬质杂物打碎损坏	更换叶片
	几台水泵安装在同一水池内排列不当,相互干扰	重新布置或进水池内增添隔板
	泵轴或传动轴弯曲或安装不同心	校直或调整泵轴和传动轴在同一垂直线上

5.8.6 减速器故障处理

淀东泵闸减速器故障处理,见表 5.2。

表 5.2 淀东泵闸减速器故障处理

故障现象	产 生 原 因	排 除 方 法
异常、均匀的运转噪声	滚动/碾压噪声;轴承损坏	检查机油情况,更换轴承
	敲击式噪声;啮合不均匀	向厂家客户服务中心咨询

故障现象	产　生　原　因	排　除　方　法
异常、不均匀的运转噪声	机油中有异物	检查机油情况
		停止运转传动装置,向厂家客户服务中心咨询
在减速器固定区域内的异常噪声	减速器固定件有松动	使用规定的转矩拧紧固定螺钉和螺母
		更换受伤或损坏的固定螺钉或螺母
运行温度太高	机油太多	检查油位,有问题要修正
	机油过于陈旧	检查上一次更换机油的时间;有问题需要更换机油
	机油太脏	检查机油情况
	对于使用散热风扇的减速器;进气口或减速器箱体太脏	检查进气口;太脏需要清理减速箱箱体
	轴端泵损坏	检查轴端泵,损坏需要更换
	油气或者油水冷却装置上的故障	查阅油水和油气冷却装置的使用说明书
轴承位置上的温度太高	机油太少	检查油位,有问题要修正
	机油使用时间过长	检查上一次更换机油的时间,需要时更换新机油
	轴端泵损坏	检查轴端泵需要时更换
	轴承受伤	检查轴承需要时更换
机油泄漏	在装配盖(MC2P)、减速器外盖、轴承盖、装配法兰上的密封环不密封	拧紧各个外盖上的螺钉并且观察减速器
	轴密封环的密封唇翘起	给减速器排气,观察减速器
	轴密封环损坏被磨损	机油继续泄漏,向厂家客户服务中心咨询
	机油太多	检查油量并做调整
	传动装置被安装在错误的机构型式上	正确安装传动装置
	频繁冷启动(机油起泡沫)或较高的油位	矫正油位
逆止器上的工作温升	逆止器受损或损坏	检查逆止器是否需要更换

5.8.7　三相异步电动机故障处理

淀东泵闸三相异步电动机故障处理,见表5.3。

表 5.3 淀东泵闸三相异步电动机故障处理

故障现象	产 生 原 因	排 除 方 法
轴承过热	润滑油不足或过多	检查润滑油
电动机振动	机组轴承安装不正确,电动机底板位置不正	检查机组轴承位置或底板位置
电动机扫膛	定、转子相擦磨损	检查定、转子间隙并调整
启动不转	接线错误,线路断线,电压太低	检查线路
绝缘损坏	机械碰伤损坏绝缘层	检查绝缘层并更换
滑环火花大	电刷与滑环之间接触不良	拧紧螺母并加固
温度异常	测温元件或测温装置损坏,或自动化系统故障;超设计负荷运行;运行电压过高;电动机通风不畅;电动机定、转子表面积过多;电动机转子线圈匝间短路;电动机缺相运行	运行温度异常或运行温度异常上升,应立即查明原因并予以处理
电源突然停电	单台电动机故障保护跳闸;接线断路器故障保护跳闸;主变压器故障保护跳闸;电网故障保护跳闸	查明故障范围予以排除;检查断流制造是否已正常关断,主机组是否已停止运转,否则应立即采取措施使其可靠断流;检查主电动机断路器是否在断开位置,否则应立即予以断开;退出各断路器手车或拉开隔离刀闸;检查停电原因进行处理,并尽快恢复运行

注:电动机不能正常启动,应立即停止启动行为并查明原因排除故障后再进行启动操作。

5.8.8 液压缸动作失常的故障处理

淀东泵闸液压缸动作失常的故障处理,见表 5.4。

表 5.4 淀东泵闸液压缸动作失常的故障处理

故障现象	产 生 原 因	排 除 方 法
无动作	系统无流量或压力	补充油液
	电液或电磁控制阀不动作	维修或更换
	存在机械约束	解除约束
	系统液压锁定未打开	维修或更换
	液压缸有内泄漏	维修或更换
动作过慢	系统流量不足	重新调整系统流量
	液压介质粘度过高	检查油温及介质粘度,需要时更换介质
	液压阀控制压力不当	重新调整压力直至正确
	液压缸有内泄漏	维修或更换液压缸

故障现象	产 生 原 因	排 除 方 法
动作不规则	压力不规则	维修或更换液压缸
	液压介质混有空气	排除系统中的空气
	液压缸有内泄漏	调整或更换液压缸
	单项调速阀调整不当	调整、修复或更换调速阀
动作速度过快	流量过大	调小泵或者节流阀（调速阀）流量
	压力过高	调整系统压力至正确
动作缓行	系统中混有空气	检查油面和油箱中有无气泡,排除空气进入系统的可能,油缸中应放气注油
	启闭机运行速度过慢	调整启闭机运行速度
	闸门及启闭机安装误差	调整安装误差部位至正确

5.8.9 液压系统压力失常的故障处理

淀东泵闸液压系统压力失常的故障处理,见表5.5。

表 5.5 淀东泵闸液压系统压力失常的故障处理

故障现象	产 生 原 因	排 除 方 法
无压力	无流量	补充油液
	压力表堵塞或损坏	清洗或更换压力表
压力过低	存在溢流通路	检查液压系统,排除溢流通路
	压力阀调压值不当	重新调整压力阀调压值到正确
	压力阀损坏	维修或更换压力阀
	压力表损坏	更换压力表
	液压缸或电动机有内泄漏	维修或更换液压缸或电动机
压力不稳定	油液中有空气	排除系统中的空气
	溢流阀内部磨损	维修或更换溢流阀
	油液被污染	更换滤油器,或油液污染严重更换工作介质
	液压缸或电动机有内泄漏	维修或更换液压缸或电动机
压力过高	溢流阀失调	重新调整或更换溢流阀

5.8.10 液压系统流量失常的故障处理

淀东泵闸液压系统流量失常的故障处理,见表5.6。

表 5.6　淀东泵闸液压系统流量失常的故障处理

故障现象	产　生　原　因	排　除　方　法
系统无流量	油箱油液不足导致油泵不吸油	补充油液
	油泵吸油口截止阀未打开	重新打开截止阀
	油泵吸油口滤油器堵塞	更换滤油器
	电动机反转	重新调整电气接线
	手动变量油泵排量调整不当	重新调整手动变量油泵
	油液全部通过溢流阀回到油箱	重新调整油路
流量过小	手动变量油泵排量调整不当	重新调整手动变量油泵
	流量调节装置调整太小	重新调整流量调节装置
	溢流阀压力调得太低	重新调整溢流阀压力
	系统内部泄漏严重	排查泄漏点,维修或更换液压系统相应部位
	电动机转速异常	维修或更换电动机
流量过大	流量控制装置调整过大	重新调整流量控制装置
	电动机转速异常	维修或更换电动机

5.8.11　液压系统噪声过大的故障处理

淀东泵闸液压系统噪声过大的故障处理,见表 5.7。

表 5.7　淀东泵闸液压系统噪声过大的故障处理

故障现象	产　生　原　因	排　除　方　法
液压泵	内部零件卡阻或损坏	修理或更换相应零件
	轴径油封损坏	更换油封
	进油口密封圈损坏	更换密封圈
溢流阀	阻尼孔被堵死	清洗阻尼孔
	远程调压管路过长,产生啸叫声	在满足使用要求的情况下,该管路长度尽量缩短
液压管路	液压脉动	在液压泵出口增设蓄能器或消声器
	管长及元件安装位置不匹配	合理确定管长及元件安装位置
	吸油滤油器堵塞	清洗或更换吸油滤油器
	吸油管路漏气	维修或更换吸油管路
	管夹松动	紧固管夹
机械连接部分	液压泵与电动机联轴器不同心或松动	重新调整、紧固相应位置螺钉
	电动机、液压泵连接螺钉松动	紧固相应位置螺钉

第 5 章　泵闸运行突发故障或事故处置作业指导书

5.8.12 电动葫芦故障处理

淀东泵闸电动葫芦故障处理,见表 5.8。

表 5.8 淀东泵闸电动葫芦故障处理

故障现象	产 生 原 因	排 除 方 法
启动后电动机不转动,不能提起重物	严重超载	不允许超载使用
	电源电压比额定电压低 10% 以上	等电压恢复正常再使用
	电器有故障,导线断开或接触不良	检修电器与线路
	制动轮与后端盖锈蚀锁住,制动轮脱不开	卸下制动轮,清洗修饰其表面
	电动机转子外表面与定子内孔发生摩擦	卸下电动机修磨
	导线过长或导线截面积小	更换符合要求的导线
制动不可靠、下滑距离超过规定要求	因制动环磨损过大或其他原因使弹簧压力减小	增大弹簧力
	制动环与后端盖锥面接触不良	卸下制动环修磨
	制动面有油污	卸下制动面清洗
	制动环松动	更换制动环
	压力弹簧疲劳致使压力减小	更换弹簧
	电动机轴伸在联轴器中窜动不灵或卡死	检查其电动机连接部分
电动机温升过高	电动机超载使用	电动机正常使用
	电动机使用过于频繁	按 25% 和 120 次/h 要求操作电动机
	制动器间隙过小,运转时制动环未完全脱开,导致摩擦发热	重新调整制动器间隙
减速器响声过大或异常	润滑不良	拆卸检修减速器相应零件
	齿轮过度磨损,齿间间隙过大	
	齿轮损坏	
	轴承损坏	
启动时点击发出嗡嗡声	电源及电动机缺相	检查输入电源,检修电动机
	交流接触器接触不良,导致电动机缺相	更换交流接触器
重物升至空中,停车后不能再启动	电压过低或波动大	等电压恢复正常再启动
启动后不能停机,或者到极限位置时仍不停机	交流接触器触头熔焊、烧结	迅速切断电源,检修或更换交流接触器
	限位器失灵	迅速切断电源,检修或更换限位器

故障现象	产　生　原　因	排　除　方　法
减速器漏油	箱体与箱盖之间密封圈装配不良或失效	拆下检修或更换密封圈
	连接螺钉未拧紧	拧紧连接螺钉

5.8.13　清污机故障处理

淀东泵闸清污机故障处理,见表5.9。

表 5.9　淀东泵闸清污机故障处理

故障现象	产　生　原　因	排　除　方　法
电动机正常运转而耙齿链不运转	设备过载而导致过载安全销被切断	将安全销卸去更换过载安全销
	杂物卡住耙齿链	清除杂物后方可开机以防耙齿断裂
传动机构安全销频繁剪断	实际瞬间荷载过大;栅前堆积杂草污物过多	重新加工安装安全销;增设安全装置;连续运行时加强值班巡查和进行清除杂草作业
栅体回转链条拉断	链条强度不满足负荷要求	修复链条,增设安全装置
齿耙弯曲变形	树棍卡阻;齿耙钢管壁厚偏薄	齿耙钢管加固,增设安全装置;及时发现树棍并停机清除

5.8.14　皮带机故障处理

淀东泵闸皮带机故障处理,见表5.10。

表 5.10　淀东泵闸皮带机故障处理

故障现象	产　生　原　因	排　除　方　法
皮带跑偏	承载托辊组机架歪斜、振动	调整承载托辊组
	调心托辊组	安装自动调心托辊组
	驱动滚筒与改向滚筒位置偏斜	调整驱动滚筒与改向滚筒位置
	张紧处皮带松弛	调整张紧处使滚筒轴线与皮带纵向方向垂直
	转载点处落料位置不正	增加挡料板阻挡物料,降低转载点处落料位置对皮带跑偏的影响
皮带打滑	皮带过负荷	减少皮带负荷
	皮带的非工作面有水、油和冰	清除皮带的非工作面上的水、油和冰
	皮带初张力太小	调整皮带拉紧位置,加大其初张力
	皮带胶带与滚筒摩擦力不够	增加皮带张紧力
	机器启动速度过快	机器可点动2次启动

故障现象	产 生 原 因	排 除 方 法
异常噪音	托辊严重偏心时产生噪音	调整托辊偏心至同心
	联轴器两轴不同心时产生噪音	调整联轴器至同心
	改向滚筒与驱动滚筒产生异常噪音	调整改向滚筒与驱动滚筒位置
减速机断轴	减速机高速轴设计强度不够	更换轴承
	高速轴不同心	
	双电动机驱动情况下的断轴	

5.8.15 辅助设备故障处理

淀东泵闸辅助设备故障处理,见表 5.11。

表 5.11 淀东泵闸辅助设备故障处理

故障现象	产 生 原 因	排 除 方 法
冷却水中断	1. 供水泵进水口堵塞; 2. 供水泵出水口滤清器堵塞; 3. 供水泵叶轮损坏或脱落; 4. 供水泵电动机故障; 5. 供水泵电动机控制电路中的保护电路动作; 6. 供水泵电动机电源断电	值班人立即向项目经理汇报; 主机组正常运行时发现冷却水供应中断,应加强轴瓦温度监视; 备用供水泵立即投入使用; 迅速查明供水中断原因,并予以处理; 排除供水中断故障期间,一旦发现轴瓦温度异常,应立即停止机组运行

5.8.16 自控系统故障处理

淀东泵闸自控系统故障处理,见表 5.12。

表 5.12 淀东泵闸自控系统故障处理

故障内容	现 象 描 述	排 除 方 法
上位机画面显示异常	画面上出现"X",相应数值无变化	查看是否所有上位机都出现"X",参照交换机故障排除方法排查交换机问题,如故障仍未排除则立即报修
	部分数据出现"X",其他数据显示正常	可能某一台交换机或 PLC 出现故障,尝试重启设备,如故障仍未排除则立即报修
	画面上某一个数值或某一个设备状态不停跳变,数据不稳定	出现信号突变应立即报修,修复后方可使用此台设备

故障内容	现 象 描 述	排 除 方 法
交换机故障	画面上大批量数据出现"X",数值长时间无变化	重启交换机,PLC柜内的交换机都有单独的空气开关控制,在空气开关上都贴有标签。重新分合对应的空气开关
	交换机所有的指示灯都未亮	用万用表测量交换机24 V供电,如无电压,测量相应熔断器(保险丝)有没有烧掉,烧掉的话更换后再上电测试;如交换机供电正常仍不工作,则可能交换机损坏,按报修流程处理
	现场交换机的网口指示灯不亮或常亮	确认网线无破损或松动,必要时考虑更换网线。如故障仍未修复,则立即报修
水位计、开度仪故障	水位、闸位长时间保持在同一数字不变	通讯中断,检查网络;或者上位机死机,重启上位机软件
	水位、闸位显示量程的最大值,比如闸门开度显示12 m多,水位显示6 m多	数据溢出,可能为传感器信号输入异常或采集模块通道故障,报修处理
	水位、闸位数值波动过大,显示不稳定	可能是信号干扰或设备故障,报修处理
CPU模块死机或停止工作	画面上数据不动	PLC重新供电,如故障仍未修复,则应立即报修
	CPU模块的"RUN"指示灯不亮,以太网模块的灯不闪烁	
急停或停机故障	线路接触不良	排除人为因素,如果这时无任何设备故障,且PLC开关量输入输出模块急停/停机通道指示灯是熄灭状态,这可能是线路接触不良所致。另外,检查闸首机房电机控制柜合闸继电器,正常情况都应吸合
操作人员在按下操作按钮时,系统无反应		首先查看现地控制柜上的现地/远程转换开关是否切换正确,确认无误后,再查看上、下游闭锁信号是否丢失。在有闭锁信号的情况下,系统仍无法运行,检查PLC的CPU模块上的运行指示灯"RUN"是否亮绿灯,若绿灯不亮,说明PLC没有参与运行。如故障仍无法排除,则应立即报修
系统时钟误差	1. GPS时间同步钟设备故障; 2. 自动对时程序未运行; 3. 自动对时程序设置错误	1. 检查GPS时间同步钟设备启动是否正常; 2. 检查GPS天线及连接线是否紧固; 3. 检查自动对时程序是否运行; 4. 检查自动对时程序设置是否正确

故障内容	现 象 描 述	排 除 方 法
球形摄像 头故障	球机通电无动作、图像,指示灯未亮	1. 检查电源线是否接错,如接错请按照正确的方法连接电源线; 2. 检查供电电源是否损坏,如电源损坏应更换; 3. 检验保险管是否损坏,如有损坏应更换; 4. 检验电源线是否接触不良,如接触不良,重新连接好电源线,或更换电源线
	通电有自检、图像,但不能控制	检查摄像头内部控制传动单元或控制软件权限问题
	自检无法进行,有图像但伴有噪音	1. 检验是否机械故障,修正球机内部机械结构,如摄像机倾斜,应摆正; 2. 如电源功率不够,更换符合要求的电源,尽量把开关电源放在球机附近
	图像卡顿、显示不稳定	1. 检验是否网络水晶头或连接器接触不良,更换合格的水晶头或网络线; 2. 如电源功率不够,更换符合要求的电源,并尽量把开关电源放在球机附近; 3. 如果同时出现多个摄像头出现同一问题,首先排除交换机故障或网络问题
	画面模糊	1. 可能球机聚焦为手动状态,控制球机或调用其任一预置位,球机可恢复自动聚焦; 2. 球机透明罩脏污,清洗透明罩
	球机控制不住或延迟	1. 检查控制最远处球机匹配电阻是否加入,在离控制远处的球机如未加入,应加入匹配电阻; 2. 如电源功率不够,应更换符合要求的电源,并尽量把开关电源放在球机附近

5.8.17 电气设备故障或事故处理

淀东泵闸电气设备故障或事故处理,见表5.13。

表 5.13 淀东泵闸电气设备故障或事故处理

故障或事故现象	主 要 原 因 分 析	应 急 处 置 措 施
变压器声音 异常	负荷变化较大,过负荷运行,系统短路或接地,内部紧固件穿芯螺栓松动,引线接触不良,系统发生铁磁谐振等	1. 立即查明原因,情况严重时可向总值班人汇报停止变压器运行; 2. 检查变压器是否存在过负荷运行、系统短路或接地现象

故障或事故现象	主 要 原 因 分 析	应 急 处 置 措 施
变压器过负荷	变压器过负荷时,电流表指示会超过额定值,有功、无功电度表指示会增大,同时信号屏上的过负荷光字牌点亮	查明是哪部分出线引起的,必要时设法调整、转移、限制某些负荷。如属正常过负荷,可根据过负荷倍数确定允许过负荷时间,若超过时间,应立即减少负荷。如属事故过负荷,可根据过负荷倍数及时间允许值减少变压器负荷
变压器异常气味	套管表面污秽过多或破损,发生闪络放电会有臭氧味;套管导电部分过热会有焦味;冷却风扇烧毁或控制箱内电气元件线路烧损会有焦臭味	变压器有异常气味出现时,应查清产生根源,予以处理
变压器线圈绝缘电阻下降	绝缘子脏污并受潮;线圈脏污并受潮	绝缘子清理;对线圈进行清理和干燥处理
变压器套管或绝缘子放电	绝缘件表面脏污;绝缘件表面有裂纹或老化;绝缘子均压线接地线接触不良或开路	绝缘件表面清理;更换绝缘件;绝缘子均压线连接检查,如内部断线应更换
变压器温度异常升高	测温装置故障或引线接触不良;风机故障或风机自动控制失灵;散热条件恶化;负荷变化较大,过负荷运行;变压器铁芯局部短路,夹紧铁芯用的穿芯螺丝损坏	检查测温装置工作是否正常,测温电阻引线是否接触不良;检查风机电机是否损坏,温控系统、温控整定值是否正常;检查变压器外部散热条件是否不良;检查变压器负荷是否正常;检查变压器铁芯是否发生局部短路,夹紧铁芯用的穿芯螺丝绝缘是否损坏
变压器风机声音异常	风机固定螺栓松动;风叶松动,风机轴承损坏	检查和紧固风机螺栓;检查风叶是否松动;更换电动机轴承
变压器发生微机保护动作	1. 二次回路或继电器本身故障; 2. 外部故障; 3. 内部故障; 4. 微机保护系统误动作	变压器发生继电保护动作,应立即查明故障原因予以排除;检查二次回路或继电器是否存在故障;检查被保护设备是否存在故障;检查是否由泵闸配电设备或电网引起故障;未排除故障前不可试送电
变压器着火	1. 过载、绝缘老化变压器内部电路系统故障; 2. 变压器长期严重过负荷运行; 3. 系统操作过电压等	1. 应断开高低压侧断路器,停用冷却器,迅速使用灭火装置灭火; 2. 若油溢在变压器顶盖上面着火时,则应打开下部油门放油至适当油位;若是变压器内部故障引起着火的,则禁止放油,以防变压器发生严重爆炸
配电盘发生电器短路	电器老化或过负荷	切断进线总电源或拉开高压跌落熔丝
电器设备有焦烟味	电器过载、短路	切断电源,检查、维修电器
运行中自动控制系统失灵	控制系统或电气设备故障	手动切断总电源,检查处理,酌情改用手动控制设备

故障或事故现象	主 要 原 因 分 析	应 急 处 置 措 施
电容器起火	1. 电容器制造工艺不良； 2. 操作不善引起的爆破(如电容器没有充分放电，发生带电荷合闸；电容器组投入时产生合闸涌流，其频率高、数值大；在发生谐波共振的情况下，可能使电容器成倍过负荷)； 3. 通风降温措施不良；运行中发生渗、漏油现象以及外力破坏、保护装置不合理等	1. 电容器的环境温度应符合制造厂家的规定，必要时应采取通风降温措施； 2. 若运行电压过高，会使电容器的发热和温升都增加，运行中要注意监视安装电容器母线的电压水平； 3. 电容器组要设置完整的保护装置； 4. 电容器组应定期进行停电清扫检查工作
电缆线路起火	1. 电缆绝缘长期受到高温、潮湿、腐蚀性气体或液体的破坏，降低了绝缘性能，在受雷击或系统操作过电压时，容易引发短路着火； 2. 电缆长期过负荷运行，使其温度过高，从而加速绝缘老化和渗、漏油的出现引发短路；电缆终端头和中间接头连接点的施工处理不当，接触电阻过大，长时间过热未被发现，引起绝缘材料及电缆周围可燃物质的燃烧； 3. 由于电缆终端头和中间接头绝缘包扎和绝缘胶浇注质量不好，使其进水受潮，降低了绝缘强度，引发终端头、中间接头爆破起火	1. 电缆敷设施工应严格按照国家标准规范执行； 2. 在电缆穿过竖井、墙壁或进入电气盘、柜的孔洞处，用防火堵料密实封堵(可防止火灾蔓延或防止小动物进入损坏电缆和电气设备)； 3. 对重要电缆单独设置专门通道、沟道或施加防火涂料；设置报警和灭火装置； 4. 对电缆定期巡视检查(如电缆的负荷电流是否过大，电缆外皮的温度是否过高，电缆通道内环境是否清洁，是否畅通无阻，严禁堆放易燃助燃材料)
电缆故障	电缆接头及外壳温度过高	1. 电缆若带有负荷，应检查负荷情况，并加强跟踪监视； 2. 检查绝缘材料是否破损； 3. 如果电缆接头放电严重，应立即汇报调度将电缆做停电处理
母线连接处发热	接触不良，可根据母线颜色来判断母线连接处是否发热	发现母线发热后，应停电检修，或降低流过母线的电流来维持暂时运行
母线闪络	绝缘子绝缘性下降	清扫绝缘子、保持清洁或更换绝缘子
母线短路	母线廊道有异物，如蛇、鼠盘踞做窝等	保持母线廊道清洁，封堵进出口以防小动物进入
电气设备运行着火	电气设备老化、过载等	1. 切断相关设备的电源停止设备运行，用干粉或二氧化碳灭火器灭火。油类起火应停止相关设备或可能波及设备的运行，用干粉、二氧化碳或泡沫灭火器灭火； 2. 火情严重时立即拨打119向消防部门报警； 3. 发生电气火灾切断电源操作之中，应特别注意防止带负荷拉隔离开关或闸刀开关，以免产生电弧，烧毁设备，造成新的危害； 4. 发生火灾须切断电源操作时，应正确使用安全用具和绝缘工具，以防人身触电

故障或事故现象	主 要 原 因 分 析	应 急 处 置 措 施
高压断路器故障	高压断路器拒合	1. 应立即停止合闸操作,退出断路器手车或拉开刀闸;检查、分析故障原因,并予以排除,故障排除后再次进行合闸操作; 2. 如机械合闸正常,再逐一进行电气故障排查。由合闸时断路器跳跃排除线路存在故障;再查电气连锁,是否不具备合闸条件;再查合闸电气回路及合闸线圈是否存在故障;最后查是否存在防护故障; 3. 如手动机械合闸不能操作,再逐一排查操作机构和机械连锁是否存在紧固部位松动,传动部件磨损,限位调整不当、卡死、变形等
	高压断路器拒分	1. 立即停止高压断路器远方操作,改用现场操作机构现场操作,高压断路器仍拒分时应停止操作采用越级分开,有条件的在越级前先退出该越级开关下带的其他开关,再退出该断路器;检查、分析断路器拒分故障原因,并予以排除,未排除故障前高压断路器不得投入运行; 2. 如手动机械分闸正常,再逐一排查控制回路、线圈、辅助开关是否存在故障; 3. 如手动机械不能分闸,再逐一排查操作机构和机械连锁是否存在紧固部位松动,传动部件磨损,限位调整不当、卡死、变形等
	真空断路器灭弧室其真空度降低;焊接不密或密封部位不严密,导致进气;灭弧室金属材料内含有气体,释放后降低其真空度	更换真空泡,并做好行程、同期、弹跳、回路电阻等特性试验;更换灭弧室
	真空断路器接触电阻增大:动静触头经过多次断开电流后,逐渐被电弧蚀损,导致接触电阻增大	触头调节,增加接触压力;触头调节后接触电阻仍偏大,应更换真空泡
	真空断路器灭弧室有"咝咝"放电声、真空管发热变色	立即停用高压断路器处理故障
隔离开关故障	接触部位过热	1. 触头压力不紧,弹簧性能下降,应予更换隔离开关; 2. 动静触头表面氧化,导致接触电阻增大,可涂导电膏; 3. 动静触头接触面少需调整; 4. 开关同母线排连接处接触不良,固定不紧,应紧固连接

故障或事故现象	主 要 原 因 分 析	应 急 处 置 措 施
隔离开关故障	支持绝缘子闪络	绝缘子脏污、裂纹、破损等导致其绝缘性能下降,引起爬电、闪络现象。可采取更换绝缘子、清洁绝缘子表面或调整绝缘子爬电距离等措施
	开关拒绝分(合)闸	操作机构有故障,需检查、修理隔离开关与断路器之间的连锁装置
	辅助触电转换不良	调整辅助触电方法
10 kV系统发生接地故障	1. 10 kV系统电压互感器一次或二次回路熔断器发生一相或二相熔断; 2. 10 kV系统二次回路接触不良; 3. 10 kV系统电气设备发生绝缘损坏现象	1. 立即向项目经理报告; 2. 检查10 kV系统电压互感器一次或二次回路熔断器是否发生熔断现象。如一次回路熔断器发生熔断现象,应在拉出电压互感器手车或拉开隔离开关采取安全措施后,检查原因排除故障;如二次回路熔断器发生熔断现象,检查原因排除故障; 3. 检查10 kV系统二次回路接触是否不良; 4. 检查10 kV系统电气设备是否绝缘损坏; 5.10 kV系统发生接地故障不能及时排除,应停止主机组或站用变压器运行,再进行故障查找,系统接地运行时间不应超过2 h
电压互感器故障	1. 高、低压侧熔丝熔断:电压互感器击穿或绝缘下降、铁磁谐振等; 2. 低压熔丝熔断:过负荷或二次侧短路	高压侧应检查绝缘情况、开口三角回路,采取阻尼谐振措施,更换熔丝;低压侧应检查二次回路绝缘以及是否有短路情况,更换熔丝
	互感器表面闪络:表面脏污、受潮、绝缘性能下降	需清洁互感器表面,处理绝缘体
	发热温度高:内部局部短路或接地	内部局部短路须退出运行并查明原因后才能再投入;内部发焦味、冒烟着火,互感器可能会爆炸,应立即退出运行,更换互感器
	互感器内部有异常声音	互感器应立即退出运行,检测、处理后再投入使用
	油色变质、油位下降:渗油、进水等	应检查密封,处理绝缘潮湿,更换油料,检验合格后再投入使用
电流互感器故障	表面放电或闪络:互感器脏污、受潮,绝缘下降或绝缘损坏	电流互感器退出使用后清扫、干燥处理,修复绝缘体
	互感器发热、温度高,严重时有焦味、冒烟甚至着火;前者是内部局部短路或主导体接触不良,也可能是二次回路开路	1. 对一次回路进行检查,其次,检查二次回路,处理好后再运行; 2. 局部短路得不到处理,导致绝缘体烧坏。需马上更换互感器

故障或事故现象	主 要 原 因 分 析	应 急 处 置 措 施
电流互感器故障	内部有异常声音(如放电声):内部短路或接地、夹紧螺栓松动等,导致绝缘体损坏	电流互感器应退出运行,对其进行检修或者更换
	渗油、漏油、油位下降、油质变化:密封件老化、损坏、套管部件结合面螺栓松动等	应更换密封件,紧固螺栓,添加或更换合格变压器油,检查绕组有没有短路现象
接地装置故障	接地引下线与接地体接触不良、锈蚀腐烂等	接地引下线应根据情况重新接紧或焊接,除锈防腐处理,如果锈蚀后的接地引下线或接地体截面严重减小,则应考虑更换
低压断路器故障	开关与导体连接处发热:连接不良、接触电阻增大	1. 调整负荷,减小电流; 2. 停电拧紧螺栓或清除氧化层,重新连接
	触头有严重烧灼现象:触头容量小、负荷大引起;也可能是触头没有调整好,压力不足、接触不良	1. 调整负荷; 2. 对触头进行处理或更换
	绝缘部分闪络或爬电:断路器绝缘部分脏污、受潮,等效爬电距离下降,或绝缘体本身存在缺陷	应对脏污、受潮部位进行处理,绝缘体本身有问题必须更换
	不能合闸:电气控制回路或操作机构传动部分故障	1. 框架断路器拒绝合闸:用万用表检查开点;查明脱扣原因,排除故障后按下复位按钮;手动或电动储能,如不能储能,再用万能表逐级检查电动机或开路点;将抽出式开关推到位; 2. 塑壳断路器拒绝合闸时,查明脱扣原因,排除故障后按下复位按钮;使进线端带电,将手柄复位后再合闸;将操纵机构压入后再合闸
	灭弧罩缺失,平时保养不够而损坏、检修安装时随意不装灭弧罩等	灭弧罩应配置齐全,一旦发生短路产生拉弧后果严重
交流接触器故障	通电后吸合又断开	1. 查找控制回路,检查线圈两端电压是否正常; 2. 运动部件和动触头如有卡阻,则应修整; 3. 检查转动轴是否生锈或歪斜; 4. 如果吸合后又断开,还应检查接触器自保持回路中的辅助触头是否未接或接触不良,使电路中自锁环节失去作用,需修整辅助触头

故障或事故现象		主要原因分析	应急处置措施
交流接触器故障	接触器吸合不正常	控制电压低于额定电压的85%,线圈通电后产生的磁力较小	应将电源控制电压调到规定值
		弹簧压力不足,造成吸合不正常	调整弹簧压力,必要时更换弹簧
		动、静铁芯间隙过大,可动部分卡住或转轴生锈、歪斜,造成接触器吸合不正常	拆下动、静铁芯,调小间隙,清洗轴端和支承杆或更换零部件
		铁芯板面不平整,并沿叠片方向向外扩张。可能是长期频繁吸、分碰撞造成的	修整或更换铁芯
		短路环断裂,造成铁芯发出异常声响	更换同规格尺寸的短路环
	线圈断电后铁芯不能释放	安装不符合要求,或新接触器铁芯表面防锈油未清除干净	调整安装倾斜度不超过5℃,擦净表面油污
		长期运行中频繁撞击,铁芯极面变形	更换铁芯
		磁极面上的油污和灰尘过多,或动触头弹簧压力过小	清除油污和灰尘,调整弹簧压力或更换弹簧
	主触头过热或熔焊		更换主触头
	电磁铁噪声太大	操作电源电压过低,电磁铁吸合不紧而产生噪声	提高操作电源电压
		磁系统装配不当,受振动后歪斜或者扣件卡住,使铁芯不能吸平产生噪声	重新装配磁系统
		极面生锈或异物侵入铁芯极面	清除生锈或异物
		触头弹簧压力过大,产生电磁铁噪声	更换触头弹簧
		短路环断裂,产生噪声	更换电磁铁
		极面磨损过度且不平	更换电磁铁
		线圈匝间短路	更换线圈
热继电器及漏电保护器故障		双金属片烧结起不到保护作用或烧断造成机组断相运行:选用不当,长期通过大电流;调整不当,调整倍数不能满足过流要求	更换并正确调整电流保护倍数。漏电保护器要选择、安装正确,有条件时应进行电流保护试验

故障或事故现象	主 要 原 因 分 析	应 急 处 置 措 施
软启动器故障	缺相	检查主接触器主回路是否接触不良或熔断器是否断相,可以调整或更换
	散热器过热或没有过热但主电路板温度传感器故障	检查电路板,清除上面的灰尘,更换传感器
	晶闸管短路或不导通	检查并更换晶闸管
电容器故障	电容器与导体连接处过热:由于连接部位松动、氧化、腐蚀,如果长时间得不到处理,可能会导致连线熔断	对氧化、腐蚀部位进行清除,涂上导电膏并拧紧连接部位螺钉
	瓷套管放电或闪络:瓷套管表面脏污、受潮、损坏等,不处理会导致导电部分接地	若是瓷陶管损坏,应退出运行,更换瓷陶管;若是脏污、受潮等引起的,退出运行后清扫、干燥处理,直到合格为止
	电容器渗漏油:电容器质量不合格,渗漏油,致使电容器内油量减少,电容量下降,绝缘性能降低。长时间不处理,会造成电容器失效或损坏	更换电容器;如测试绝缘完好,可锡焊或涂环氧树脂等方法修补
	电容器运行温度急剧上升,甚至喷油:一般是电容过电流或通风不良	应立即停运,查明原因。若是过电流引起,应查明过电流的原因;若是通风不良造成的,应保持通风良好
	电容器外壳膨胀:电容器内部有个别元件击穿,电弧使油分解成气体,使其体积膨胀,导致电容器失效	应立即退出运行,否则就可能发生爆炸,甚至引发火灾。应更换电容器
	电容器爆炸:由于内部有严重故障所引起	此时应注意做好灭火准备,避免发生火灾。更换电容器
	母线电压和功率因数异常:一般是配有自动控制装置,导致自动控制失调引起	应查明原因并修复自动控制装置
高压开关柜运行中突然跳闸	过流(过负荷)动作使开关跳闸	检查机组、变压器过载原因,并予以消除;速断或差动跳闸,应当检查母线、电动机、变压器、线路,找到短路故障点,排除故障;变压器内部故障使重瓦斯动作,必须检修变压器
高压开关柜合闸故障	合闸后立即跳闸,有告警信号	减少负荷,检查线路,降低温度
	不能合闸,位置灯不亮	手车使开关闭合
	不能合闸,但实验位置能合闸	满足联锁要求
	不能合闸,绿灯不亮	调整拉杆长度
	不能合闸	接通开路点
	异味、冒烟、保险熔断	更换线圈

上海泵闸运行维护标准化作业指导书

故障或事故现象	主要原因分析	应急处置措施
低压开关柜故障	断路器经常跳闸:断路器过载;断路器过流参数设置偏小	1. 适当减小用电负荷; 2. 重新设置断路器参数值
	断路器合闸就跳闸:出线回路有短路现象	切不可反复多次合闸,必须查明故障,排除后再合闸
	接触器发响:接触器受潮,铁芯表面锈蚀或产生污垢;有杂物掉进接触器,阻碍机构正常动作;操作电源电压不正常	1. 清除铁芯表面的锈斑或污垢; 2. 清除杂物; 3. 检查操作电源,恢复正常
	不能就地控制操作:控制回路有远控操作,而远控线未正确接入;负载侧电流过大,使热元件动作;热元件整定值设置偏小,使热元件动作	1. 正确接入远控操作线 2. 查明负载过电流原因,将热元件复位 3. 调整热元件整定值并复位
	电容柜不能自动补偿:控制回路无电源电压;电流信号线未正确连接	1. 检查控制回路,恢复电源电压; 2. 正确连接信号线
	补偿器始终只显示1.00:电流取样信号未送入补偿器	从电源进线总柜的电流互感器上取电流信号至控制仪的电流信号端子
	电网负荷是滞后状态(感性),补偿器却显示超前(容性),或者虽显示滞后,但投入电容器后功率因数值不是增大反而减小:电流信号与电压信号相位不正确	1. 220 V补偿器电流取样信号应与电压信号(电源)在同一相上取样; 2. 如电流取样相序正确,那可将控制器上电流或电压其中1个的2个接线端互相调换位置即可
	电网负荷是滞后,补偿器也显示滞后,但投入电容器后功率因数值不变,其值只随负荷变化而变化:投切电容器产生的电流没有经过电流取样互感器	使电容器的供电主电路取至进线主柜电流互感器的下端,保证电容器的电流经过电流取样互感器
二次设备常见故障	保护装置拒动:继电器本身故障引起	更换继电器
	保护装置误动:直流系统多点接地,使出口的中间继电器或跳闸线圈勉强动作;保护回路的安全措施不当,如误碰、误触及误接线引起动作;电压互感器断线,引起线路闭锁不可靠的保护产生误动	查明原因,做出相应处理
	保护回路异常:可能有继电器线圈冒烟,回路断线,触点烧毛、烧化,保护连片未投入或误投入,周边环境振动大,导致继电器触点松动等	应及时处理解决
	中央信号装置事故音响信号不响,蜂鸣器损坏,音响回路故障,直流母线电压低。信号指示灯不亮,可能是灯泡损坏或回路不通	查明原因,做出相应处理

故障或事故现象		主 要 原 因 分 析	应 急 处 置 措 施
二次设备常见故障	控制信号回路常见故障	熔丝熔断:信号回路熔丝熔断后,信号灯熄灭;控制回路熔丝熔断后,有预警信号	更换熔丝
		端子排连接松动:检查线路或做试验松动了端子,导致端子连接不牢,回路接触不良,引起发热,甚至引发其他事故	紧固端子使之接触良好
		小母线引线松脱:常出现仪表指示不正常,信号灯闪烁,指示牌发暗,继电器触头颤动等	可根据现象判断检查并拧紧母线引线
		指示仪表卡涩、掉线	检查仪表接线,并校验仪表;电流表接线不可开路,电压表接线不得短路
直流电源故障		接地故障	1. 主机组正常运行发生直流接地故障时,应汇报总值班人同意后进行处理,并有专人监护,短时间退出可能误动作的保护,对可能联动的设备,应采取措施防止设备误动作; 2. 用绝缘监察装置判明接地极,进行拉路寻找
		故障停电	1. 主机组正常运行发生直流电源故障停电时,立即进行故障排除,并注意设备运行状态; 2. 短时间内不能恢复直流供电,应手动操作停止主电动机、站用变压器、主变压器的运行。待直流电源故障排除后,重新投入运行
避雷器故障		密封不良受潮、生产过程中密封圈放置不当或避雷器阀片烘干不够;运行中由于受到大电流冲击或环境温度变化引起密封开裂	根据泄漏电流试验结果,判断是否更换密封圈
		内部阀片老化	根据泄漏电流试验结果,判断是否更换阀片
水位信号不能反映正常水位		受传感器温漂影响	每个季度对水位重新标定,水位计电缆应半年左右定期检查
		水位计探头故障	水位计探头应半年抽取出后清洗,探头水垢清洗时严禁刮碰探头的传感波纹面,应采用稀释后的除垢剂溶液稳流清洗;水位计探头清洗后,应采用专用仪器进行检查并校正参数

故障或事故现象	主 要 原 因 分 析	应 急 处 置 措 施
启闭时电网停电	高压线路故障	启用移动备用电源
开关箱"停止"按钮失灵	交流接触器触头烧毛、粘连,铁芯剩磁过大,按钮开关损坏	切断现场空气开关或上一级开关,待设备运行停止后,对接触器或按钮开关进行检修或更换
闸门启闭越限不停	交流接触器触头烧毛、粘连,铁芯剩磁过大,限位开关不准或损坏	手按"停止"按钮,切断现场空气开关或上一级开关,待设备运行停止后,对接触器或限位开关进行检修或更换
全站失电	应立即检查站内电源(包括通信电源)蓄电池设备运行情况,判断失电是因系统引起、还是因站内设备故障引起	1. 若由于系统原因引起全站失电,应按调度指令执行操作,逐一恢复各设备运行; 2. 若由于变电站内故障引起全站失电,则汇报调度,并将故障点隔离,尽快恢复站用电的运行,再恢复其他正常母线的运行; 3. 站用电失压期间,必须密切监视直流系统的运行情况,避免直流系统容量严重不足

5.8.18 智能型蓄电池在线监测装置故障处理

淀东泵闸智能型蓄电池在线监测装置故障处理,见表5.14。

表5.14 淀东泵闸智能型蓄电池在线监测装置故障处理

故障现象	故 障 原 因	解 决 办 法
放电控制模块液晶和指示灯不亮	无直流电源	检查放电控制模块功率接线端子是否有电压
	显示连线接触不良	检查连接线
放电控制模块风扇不转	风扇被机械卡死不转	更换风扇
	放电控制模块未开机	查看操作界面
放电无电流	电池电压低于设置值或过低,设置的放电时间到,电池节数设置不对	更改系统参数设置
放电控制模块故障灯亮	放电控制模块未开机	外部关机接点是否闭合
	输入电压过低	查看电池电压
	输出故障	负载有短路现象或过热
电池电压不能显示	电池采样模块接线是否正确,电源和通讯指示灯是否亮	检查电池采样模块接线
	放电控制模块系统设置中电池数量是否正确	检查放电控制模块系统设置

5.8.19　建筑物工程突发事件处理

淀东泵闸建筑物工程突发事件处理,见表5.15。

表 5.15　淀东泵闸建筑物工程突发事件处理

现　象	主 要 原 因 分 析	应 急 处 置 措 施
堤防背水坡管涌	渗流破坏	1. 反滤围井法:在冒水孔周围排垒土袋,做成围井,在井口安设排水管,使渗出清水流走; 2. 减压围井法:排垒土袋做成围井,井中不填反滤料,蓄水抬高井内水位,以减少临背水位差,制止险情发展; 3. 滤水压渗法:在大片管涌面上分层铺填粗砂、石屑、碎石,最后压块石或土袋,此法适用于管涌数目多、成片出现范围较大之处
泵闸上、下游堤防裂缝	1. 龟状裂缝:多出现在土堤表面,分布较均匀,缝细而短,对堤防危害较小; 2. 横向裂缝:走向与堤防轴线垂直或斜交,常出现在堤防顶部并深入堤防内一定深度,严重的可贯通上、下游造成集中渗漏; 3. 纵向裂缝:走向与堤防轴线平行或接近平行,多出现在堤防顶部或护坡上部,裂缝逐渐向堤防内部垂直延伸,雨水入侵会造成堤防滑坡险情; 4. 内部裂缝:龟形裂缝、横向裂缝和纵向裂缝出现在堤防体表层,缝口随着深度变窄而消失。此裂缝容易引起集中渗漏	1. 开挖回填:开挖前应沿裂口灌注少量石灰水,以掌握开挖的范围;挖槽深宽均应超过裂缝0.3～0.5 m,长度超出缝端1 m; 2. 封堵缝口:用干而细的沙壤土由缝口灌入,再用板条或竹片捣实;灌塞后,沿裂缝做5～10 cm宽、3～5 m高的拱形小土埂压住缝口; 3. 充填灌浆:较深的裂缝可采用灌浆法,或采取上部开挖回填、下部灌浆的方法处理,以减少抽槽工程量;灌浆部位的顶部应保持有2 m以上的开挖回填层作为阻浆盖,以防止浆液外喷;如条件许可时,可采用分段、回浆的灌浆方法
建筑物下游连接处坍塌	水流冲刷、地基变形	1. 抛投块石或混凝土块:向冲刷坑内抛块石或混凝土块,抛石体可高出基面; 2. 抛笼石或土袋:将铅丝石笼抛入冲刷坑,缺乏石块时可用土袋代替
消能防冲设施损坏	1. 超设计洪水或运行不当导致水闸在高水头下泄洪或排涝,引发消能设施破坏; 2. 护坦设计不当或者施工质量控制不严,无法满足消能防冲的需要; 3. 运行时间较长后,护坦下排水设施失效或者护坦与闸室间止水失效,高速水流钻入护坦下导致水流较大的脉动压力; 4. 护坦或海漫上违章停泊造成护坦或海漫破坏	1. 在低水位下注意对消能防冲设施的观察或定时进行水下探摸,掌握消能防冲设施的运行状况,发现问题及时予以处理; 2. 在运行管理中,不得超水头超流量泄洪排涝; 3. 出现险情后应立即探明破坏区域的基本范围,在出险范围内铺设土工布,然后往上抛铺碎石包,最后面层抛石保护,待汛期过后再做永久性修复

现　　象	主 要 原 因 分 析	应 急 处 置 措 施
闸室(泵房)底板、门槽等水下结构损坏	1. 闸门在启闭运行过程中,闸门行走支撑构件反复磨损闸门门槽,特别是有异物卡阻在门槽内时,强行启闭闸门更容易导致闸门门槽的损坏; 2. 由于裂缝、伸缩缝止水密封等其他原因造成底板开裂	应先创造一个无水检修条件,然后按照设计要求进行相应的抢险施工;闸室底板水下检修可以采用自浮式气压沉柜技术形成干地抢险施工条件;闸室门槽水下检修可以采用浮箱式钢围堰技术(该技术详见本书13.11节)形成干地抢险施工条件
水流折冲护坡	流态不顺	调整闸孔
闸下水流流态异常	闸下始流量大或局部孔开启高度大	调整闸门开启高度或开启孔数
翼墙墙前冒水、冒砂	渗流破坏	做滤层、设降压井、截渗墙
翼墙断裂或倾斜	1. 翼墙沉陷不均; 2. 翼墙后土体、水压力过大	1. 立即向项目经理和上级汇报; 2. 采用墙后土体减载,墙下增设排水孔; 3. 挡墙前抛石或加做支撑墙; 4. 加强人工巡查; 5. 设置水平位移、垂直位移观测标点,采用全站仪、水准仪、钢尺等量具定期观测险情变化情况,做好分析比较工作
泵闸异常下降	1. 荷载突然增大,尤以岸边边荷载超过设计标准较多且突然增大较为常见 2. 泵闸地基处理不到位,在运行中持续的荷载作用下引发沉降加大	1. 根据观测数据或地坪裂缝判断得出泵闸结构沉降异常时,如泵闸两岸有超设计允许范围的高大堆载,应立即卸载,并设置限制堆载措施,确保险情不再加重 2. 当泵闸结构自身或者附近无荷载变化时,则应从地基上寻找原因 3. 泵闸沉降差发展较大时,采取地基加固来除险

5.8.20　闸门故障或事故处理

淀东泵闸平面钢闸门故障或事故处理,见表5.16。

表5.16　淀东泵闸平面钢闸门故障或事故处理

故障或事故现象	主要原因分析	应 急 处 置 措 施
闸门卡阻	门槽或动滑轮有障碍物	清除障碍物
	闸门脱槽	调用并启动检修门挡水。如内外河水位差较大,在检修闸门的低水位侧沉放袋装土棱体,棱体高约1.5~2 m,再采用轮胎起重机或手动葫芦吊起工作闸门进行维修

故障或事故现象	主要原因分析	应急处置措施
止水橡皮撕裂	启门时止水橡皮受外力大	滑块磨损严重,更换或垫高滑块
闸门渗漏严重	止水橡皮老化、损坏	在关门挡水的条件下从闸门上游接近闸门处,用沥青麻丝、棉纱团、棉絮等堵塞缝隙,并用木楔挤紧,也可用灰渣在闸门临水面水中投放,利用水的吸力堵漏。如系木闸门漏水,也可用木条、木板或布条柏油进行修补或堵塞
闸门振动	闸门受水流冲击或漏水而发生共振	1. 外河水位高于内河水位: (1) 外河水位与内河水位之差 $\triangle H_1$ 小于 1.0 m,产生一般性闸门渗漏水时,则暂时进行观察,不予特别处理; (2) H_1 大于等于 1.0 m/小于等于 2.0 m 时,闸门漏水较严重,可从闸门外河侧用木楔挤紧,如仍出现闸门振动,应启动外河侧检修闸门,减缓工作闸门的水压力,待检修时再对相应的损坏处进行维修; (3) $\triangle H_1$ 大于 2.0 m 时,如闸门发生严重漏水险情,并发生抖动时,应在闸门内河侧抛设袋装土体,至闸门不再抖动为止,并视漏水情况采取相应的填塞门缝方案。 2. 外河水位低于内河水位: 不同的内外河水位差采取相应的抢护方案,抢护方案与"外河水位高于内河水位"情况基本相同。当闸门发生严重漏水和振动时,也可采取将闸门缓缓提升至开度 0.5 m 左右,再视险情有无明显缓解,否则应关闭闸门再重新处理
闸门关闭不彻底	限位开关提前动作或门下有障碍物	1. 限位开关小开度提升,利用水流将门下障碍物冲走;特殊情况下,放置检修门,潜水员下水检查并处理。 2. 汛期挡潮期间,闸门突然不能关闭又暂时检查不出原因而采取对应的修复措施时: (1) 闸门开启度 t 小于 0.50 m 时,不会引起水跃等现象,故暂做观察,同时寻找事故原因; (2) 闸门开启度 t 大于等于 0.5 m 小于等于 1.0 m 时,可采用钢筋笼封堵外加袋装土加固和闭气封闭处理; (3) 闸门开启度 t 大于 1.0 m 时,应调用检修闸门,放入外河侧检修门槽内。如水位差超过检修闸门适用范围,可在检修闸门与工作闸门之间沉放袋装土棱体,以平衡检修门两侧的水平力
液压闸门不能自动回升	1. 启闭机压油装置自动控制系统故障; 2. 启闭机油压装置压力不满足要求; 3. 电磁阀组堵塞卡死或不能可靠动作; 4. 启闭机油缸密封损坏,漏油严重	1. 应加强液压闸门位置保持的监视,做好紧急停机准备; 2. 检查启闭机压油装置工作是否正常; 3. 检查启闭机压油装置压力是否正常; 4. 检查启闭机油缸是否漏油严重; 5. 如电磁阀组堵塞或启闭机油缸漏油严重应停机处理
闸下水流流态异常	闸下始流流量大或局部孔开启高度大	调整开高、孔数

5.8.21 其他

淀东泵闸其他故障或事故应急处置,见表5.17。

表 5.17 淀东泵闸其他故障或事故应急处置

现 象	主要原因分析	应急处置措施
主机组运行中发现冷却水供应中断	加强轴瓦温度监视,查明供水中断原因予以处理,恢复供水	一旦发现轴瓦温度异常上升,应立即停止机组运行,待供水正常后,重新启动机组投入运行
泵房进水	泵体损坏或管道爆(开)裂;运行中出水门坠落;水泵检修时进(出)水门关闭不严渗(漏)水;渗漏排水泵失效	及时停机并关闭该机组进(出)水闸(阀)门,开启泵房排水设施,增加排水设施强排,同时应查找故障原因进行处置
触电事故	1. 缺乏电气安全知识:黑夜带电接线手摸带电体;用手摸破损的胶盖刀闸; 2. 违章操作,违章指挥,违反劳动纪律:带电拉隔离开关或跌落式保险器;带电拉临时照明线;带电修电动工具、换灯变压器、搬动用电设备;火线误接在电动工具外壳上;用湿手拧灯泡等; 3. 设备不合格:高压线和附近树木距离太近;高低压交叉线路低压线误架设在高压线上面;用电设备进出线未包扎好,裸露在外等; 4. 维修不善:大风刮断的低压线路和刮倒电杆未及时处理;电动机接线破损使外壳长期带电;电气设备没有接地或接零保护;电气设备内部故障;电源线接头裸露等; 5. 作业区域内有高压带电设备;作业区域内无避雷设施	1. 低压触电事故脱离电源方法: (1) 立即拉掉开关,拔出插销,切断电源; (2) 如电源开关距离太远,用有绝缘把套的钳子或用木柄的斧子断开电源线; (3) 用木板等绝缘物插入接触者身下,以隔离流经人体的电流; (4) 用干燥的衣服、手套、绳索、木板、木棍等绝缘物作为工具,拉开接触者及挑开电线使接触者脱离电源。 2. 高压触电事故脱离电源方法: (1) 立即通知有关部门停电; (2) 戴上绝缘手套,穿上绝缘鞋用相应电压等级的绝缘工具拉开开关; (3) 抛掷一端可靠接地的裸金属线使线路接地;迫使保护装置作业,断开电源
泵闸运行时发生水上突发事件	1. 碰撞:船舶之间或船舶和水上浮动装置发生碰撞造成船舶损坏、沉没及人员伤亡等; 2. 风损:船舶因可抗风力造成损坏、沉没及人员伤亡; 3. 触损:船舶触碰水上固定物和水下障碍物造成船舶损坏、沉没及人员伤亡; 4. 自沉:船舶因超载、装载不当、船体漏水等原因,造成船舶沉没及人员伤亡; 5. 火灾:船舶因非自然因素失火或爆炸,造成船舶损坏、沉没及人员伤亡; 6. 机械损伤:船舶机件损坏,操作和使用机械设备时造成人员伤亡; 7. 触电:船舶上人员不慎触电导致伤亡; 9. 溺水:船舶上人员不慎落水导致伤亡	1. 应急人员的安全防护:参与水上应急行动的班组负责本班组人员的安全防护;参与应急反应的人员,采取必要的安全防护措施;有人身伤害的立即采取救治措施;安全防护装备不足时,请求上一级搜救机构协调解决; 2. 遇险人员的安全防护:根据险情现场与环境情况,及时调集应急人员和防护器材、装备、药品,做好安全防护工作,告知遇险人员可能存在的危害和自我防护措施; 3. 水上救援等机构要对水上突发事件可能产生的次生、衍生危害采取必要措施,对可能影响范围内的船舶、设施及人员的安全防护、疏散方式做出安排

5.9 突发故障或事故处理相关表单

5.9.1 突发故障处理记录表

淀东泵闸突发故障处理记录表,见表 5.18。

表 5.18 淀东泵闸突发故障处理记录表

突发故障名称			
发生日期		性 质 分 类	
消除日期		消除负责人	
原因及过程			
对设备的影响			
处理措施			
备　注			

5.9.2 突发事件动态信息报告表

淀东泵闸突发事件动态信息报告表,见表 5.19。

表 5.19 淀东泵闸突发事件动态信息报告表

报告单位			报告时间		年　　月　　日　　时　　分								
报告人姓名			联系电话										
突发事件情况													
事发时间		年　　月　　日　　时　　分			所属区域								
事发地点													
事件类别 (在所属类 别下打√)	社会安全类				事故灾难类			突发公共卫生事件类			自然灾害类			
	群体性事件	重大刑事案件	重大隐患	安全事故	环境污染或生态破坏事故	重大隐患	重特大传染病疫情	重特大动植物疫情	食品安全	重大隐患	水旱灾害	气象灾害	地质灾害	地震灾害	生物灾害	重大隐患

123

事件简要描述	简要介绍突发事件的事由、经过、影响范围,动态趋势等情况	(按实际情况附图)		
	涉事人员情况	直接参与事件　　　人;事件直接影响　　　人;事件导致死亡　　　人;受伤　　　人。		
现场处置情况	赴现场指挥处置领导姓名:　　　职务:　　　联系电话:			
	协助领导处置联络员姓名:　　　职务:　　　联系电话:			
	现场参与处置的部门(单位)名称			
	采取的处置措施及初步效果			

5.9.3　安全事故登记表

淀东泵闸安全事故登记表,见表5.20。

表 5.20　淀东泵闸安全事故登记表

事故名称								
事故地点								
事故时间			事故归属管理部门					
伤亡人数			直接经济损失					
伤亡人员情况		姓名	伤害程度	性别	年龄	籍贯	职务(工种)	本工种工龄	事故类别
事故发生经过								
事故原因和性质								
事故处理意见								
事故防范措施								

第6章

泵闸工程检查作业指导书

6.1 范围

泵闸工程检查作业指导书适用于指导淀东泵闸工程检查,其他同类型泵闸工程检查可参照执行。

6.2 规范性引用文件

下列文件适用于泵闸工程检查作业指导书:

《泵站技术管理规程》(GB/T 30948—2021);

《电力安全工作规程 发电厂和变电站电气部分》(GB 26860—2011);

《计算机场地通用规范》(GB/T 2887—2011);

《起重机械安全规程 第1部分:总则》(GB/T 6067.1—2010);

《泵站现场测试与安全检测规程》(SL 548—2012);

《水利信息系统运行维护规范》(SL 715—2015);

《水闸技术管理规程》(SL 75—2014);

《水工钢闸门和启闭机安全检测技术规程》(SL 101—2014);

《水工钢闸门和启闭机安全运行规程》(SL/T 722—2020);

《电力变压器运行规程》(DL/T 572—2021);

《继电保护和安全自动装置运行管理规程》(DL/T 587—2016);

《电力系统继电保护及安全自动装置运行评价规程》(DL/T 623—2010);

《电力系统用蓄电池直流电源装置运行与维护技术规程》(DL/T 724—2021);

《互感器运行检修导则》(DL/T 727—2013);

《高压并联电容器使用技术条件》(DL/T 840—2016);

《上海市水闸维修养护技术规程》(SSH/Z 10013—2017);

《上海市水利泵站维修养护技术规程》(SSH/Z 10012—2017);

淀东泵闸技术管理细则。

6.3 工程检查分类

6.3.1 检查分类

工程检查分为日常检查(包括日常巡视和经常检查)、定期检查和专项检查(包括水下检查和特别检查)。

6.3.2 日常检查

日常检查包括日常巡视和经常检查。

(1)日常巡视是指对泵闸管理范围内的建筑物、设备、设施、工程环境进行巡视、查看。

(2)经常检查是指经常对泵闸建筑物各部位、主机组、闸门启闭机、机电设备、观测设施、通信设施、管理范围内的河道、堤防和水流形态等进行巡视检查。

6.3.3 定期检查

定期检查由管理所和迅翔公司组织专业人员进行,对检查中发现的问题应及时进行处理并上报。

(1)汛前检查着重检查建筑物、设备和设施的最新状况,维修养护工程和度汛应急工程完成情况,防汛工作准备情况,安全度汛存在问题及措施。汛前检查应结合保养工作同时进行。

(2)汛后检查着重检查建筑物、设备和设施度汛后的变化和损坏情况。冰冻期还应检查防冻措施落实及其效果。

(3)其他季度的定期检查着重检查工程设施设备完好和运行情况。

6.3.4 专项检查

专项检查包括水下检查和特别检查。

(1)水下检查。泵闸水下检查一般每年汛前进行,主要检查拦污栅是否变形,拦污栅、检修门槽部位是否存在杂物卡阻,根据工程情况适时安排检查进水池底板完好情况。

(2)特别检查。管理所应根据遭受的特大洪水、风暴潮、强烈地震,现场实际水位超过设计水位,发生较大隐患,发生重大工程事故,以及拟进行技术改造的实际情况,参照定期检查内容和要求,进行有侧重性或全面性地检查。

6.3.5 填写记录与上报

检查应填写记录,及时整理检查资料。定期检查和专项检查应编写检查报告并按规定上报。

6.4 检查分工及要求

6.4.1 日常检查

(1)日常检查由泵闸运行养护项目部负责,日常巡视检查由运行人员负责,经常检查由项目部工程管理员、技术人员负责，运行人员参与；每次巡视不少于2人。

（2）巡视检查应有专用记载簿，做好详细记录。

（3）发现异常情况，项目部应分析原因，采取应急措施，重要问题应向管理所汇报。

（4）管理所每月督查不少于1次。

6.4.2　定期检查

（1）在汛前和汛后，管理所按照开展定期检查的有关要求，成立检查工作小组，分解工作任务，明确工作要求，落实工作责任，并加强检查考核。

（2）管理所根据定期检查的内容和要求会同运行养护项目部对泵闸进行全面检查，并根据检查情况制订维修养护工作计划。

（3）检查后应填写定期检查表，对汛前、汛后检查工作进行总结，并上报管理所上级主管部门审核、汇总、归档。

6.4.3　专项检查

（1）专项检查由管理所组织专业人员进行，项目部应做好配合工作。

（2）专项检查的组织及检查报表内容参照定期检查的要求，根据发生的特定灾害和事故进行有针对性地重点检查并记录，写出检查报告，报管理所上级主管部门。

（3）管理所及迅翔公司对发现的问题应进行分析，制订修复方案和计划并上报。

6.5　日常检查

6.5.1　检查周期及要求

1. 日常巡视检查

日常巡视检查指对泵闸管理范围内的建筑物、设备、设施、工程环境进行巡视、察看。泵闸运行期日常巡视频次及要求见本书第4章"泵闸运行巡视检查作业指导书"，非运行期日常巡视频次为每天1次；非运行期日常巡视主要内容如下：

（1）管理范围内有无违章建筑；

（2）管理范围内有无危害工程安全的活动；

（3）管理范围内维修养护项目实施情况；

（4）管理范围内施工项目实施情况；

（5）有无影响泵闸安全运行的障碍物；

（6）建筑物、设备、设施是否受损；

（7）工程运行状态是否正常；

（8）工程环境是否整洁；

（9）水体是否受到污染等；

（10）其他情况。

2. 经常检查

经常检查应包括对设备和建筑物的巡视检查。

（1）泵闸经常检查每月不少于1次，试运行时应进行巡视检查，汛期应增加频次；泵闸在设计水位运行时，每天应至少检查1次，超设计标准运行时应增加检查频次。当水闸处于泄水运行状态或泵闸遭受不利因素影响时，对容易发生问题的部位应加强检查观察。

（2）检查线路根据泵闸工程及管理范围实际情况设计。起始位置应从值班室开始，按工程布置设计巡视检查线路。巡视路线涵盖管理范围内的工程建筑物、机电设备，线路尽可能无重复或少重复。

（3）经常检查以目视和简单工具辅助检查为主，发现异常情况及时分析原因，采取应急措施，并向管理所汇报。遇有违章建筑和危害工程安全的活动应及时制止。对一时不能处理的问题，要制订相应的预案和应急措施，有针对性地加强检查观测，酌情采取应对措施。

（4）经常检查应有专用记载簿，对检查中发现的问题应做好详细记录。

6.5.2 经常检查流程

经常检查流程，见图6.1。

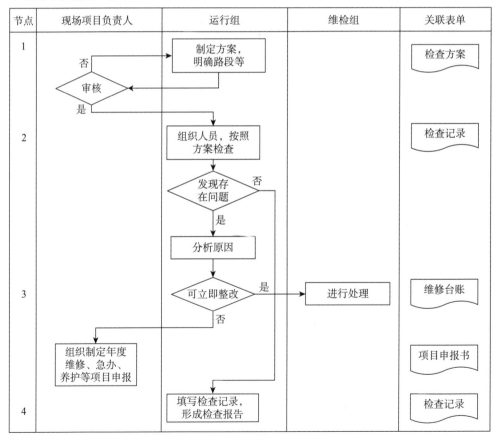

图6.1 经常检查流程图

6.5.3 经常检查路线

经常检查路线(略)。

6.5.4 经常检查内容

经常检查内容参见本书第 4 章 4.9 节"泵闸运行巡视检查(经常检查)表单"。

6.6 定期检查

6.6.1 检查时间

定期检查由管理所和迅翔公司组织专业人员进行,定期检查周期为每季 1 次(包括每年汛前和汛后检查)。汛前(6 月 1 日前)、汛后(9 月 30 日后)各加 1 次,对泵闸各部位及各项设施进行全面检查。

6.6.2 定期检查分类和要求

1. 定期检查分类

(1) 汛前检查。

① 汛前检查每年在 5 月中旬完成,并于 5 月 20 日前将检查报告上报管理所;

② 汛前检查工作重点包括以下内容:

a. 制订汛期工作制度和汛期工作计划,落实各项防汛防台责任制,做好度汛各项准备工作;

b. 对主、辅机,主变压器,闸门启闭机,高、低压电气设备,自动化系统,备用电源、土石方及混凝土工程等进行全面检查;

c. 开展工程养护工作;按批准的维修计划实施,完成度汛应急工程项目;

d. 根据工情、水情变化情况,修订防汛防台和泵站运行事故应急预案,结合平时管理任务,组建应急抢险队伍,开展应急培训和演练;

e. 检查和补充机电设备备品备件、防汛防台抢险器材和物资,检修抢险装备;

f. 检查通讯、照明、备用电源、起重、运输设备等是否完好;

g. 电气设备及电力安全工具应按规定定期进行预防性试验;

h. 清除管理范围内上、下游河道的行洪障碍物,保证水流畅通;

i. 汛前检查中发现的问题及时整改,对影响安全度汛而又无法在汛前解决的问题,应制定相应的度汛应急预案。

③ 对检查中发现的问题应及时进行处理,对影响工程安全度汛而一时又无法在汛前解决的问题,应制定好度汛预案和应急抢险方案。汛前检查应结合汛前保养工作同时进行。

(2) 汛后检查。

① 全面检查工程设施度汛后的最新状况;

② 根据汛后检查发现的问题,编制下一年度工程养护维修计划,落实处理措施;

③ 检查机电设备备品备件、防汛抢险器材和物资消耗情况,编制物资补充计划;

④ 检查批准的维修养护、水利工程修复或防汛急办项目计划完成情况;

⑤ 做好防汛防台运行管理和总结工作;

⑥ 汛后检查工作要求在每年 10 月底前完成,并将检查报告上报管理所。

(3) 季度检查。

季度检查应着重检查工程和设备度汛后的变化和损坏情况。对检查中发现的问题应及时组织人员修复或作为下一年度的维修项目上报,并为下一年运行做准备。

2. 定期检查要求

(1) 检查工作应坚持"该查的必查、该试的必试、该修的必修"的原则,做到"从严、从细、从实"且安全无事故。

(2) 全面落实汛前检查工作责任制。管理所和迅翔公司应高度重视,成立检查组织,明确行政和技术责任人,按照"谁检查、谁负责"的要求确定各检查单元的检查责任人。

(3) 管理所和迅翔公司制订检查工作实施计划,明确工作质量、完成时间、责任人。

(4) 运行养护项目部应按照标准做好土工、石工、混凝土工程和机电设备、附属生产管理用房、观测、消防、安全等设施的维护保养工作,确保工程设备汛期可投入运行。

(5) 运行养护项目部应按照规定做好水下检查、工程观测、电气设备预防性试验、仪器与仪表校验、防雷检测、特种设备检验等工作,做到项目齐全,成果可靠。

(6) 定期检查的原始记录应填写认真,定性准确,符合存档要求。检查记录应有检查人员签名,技术负责人应对其审核并签名。注重用数据说话,定量、定性反映工程存在问题,形成检查报告后及时上报。发现的问题应分析产生原因,能处理的及时处理;不能及时处理的应制订科学合理的应急方案并及时上报。

(7) 管理所应会同迅翔公司整理定期检查的归档技术资料,结合定期检查开展设备等级评定,修订完善工程防汛防台预案、突发故障处置应急预案、规章制度等。

6.6.3 定期检查内容

定期检查内容分为工程软件和工程硬件两部分,以泵站、水闸和工程软件为检查单元,其工程硬件检查单元的划分原则如下:

(1) 泵站单元检查,包括检查泵站主机组、辅机系统、变配电系统、直流系统、自动化系统、高压开关柜、低压开关柜、启闭机械、断流设施、清污设备、土工、石工、混凝土建筑物等设备设施;

(2) 水闸单元检查,包括检查闸门、启闭机、电气设备、自动化系统、土工、石工、混凝土建筑物等设备设施。

定期检查内容详见本章 6.10 节"定期检查表单"。

6.6.4 检查报告

定期检查范围广、内容全,应包括水工建筑物、机电设备、内业资料、规章制度等各方面,项目部应形成详细的检查资料、检查报告(格式、内容)存档和上报,同时,要结合检查情况对设备进行维修养护。管理所对项目部形成的定期检查报告审核后应上报主管部门。定期检查报告一般包括以下内容:

(1) 检查日期;

(2) 检查目的和任务;

(3) 检查结果(包括文字说明、表格、图片等);

(4) 与以往检查结果的对比、分析和判断;

(5) 异常情况及原因分析;

(6) 检查结论及建议;

(7) 检查人员签名。

6.7 专项检查

(1) 运行养护项目部每年汛前应组织对泵闸工程进行水下检查,主要检查泵闸进水池底板、闸底板、底板、护坦、消力池完好情况,伸缩缝有无错缝、缝口有无破损、填料有无流失,拦污栅是否变形,检修门槽部位是否存在杂物卡阻。泵闸超过设计指标运用后,应及时进行水下检查。

(2) 当泵闸遭受特大洪水、风暴潮、强烈地震,现场实时水位超过设计水位运行时,以及发现较大隐患、发生重大工程事故时,管理所负责组织对工程进行特别检查,并根据发生的特定灾害和事故进行有针对性的重点检查记录,编写检查报告,对发现的问题进行分析,并制定修复方案和计划后及时报管理所上级主管部门。检查报告内容参照定期检查报告。特别检查流程见图 6.2。

(3) 专项检查工作应精心组织,管理所应建立专项检查小组,落实工作职责,分工明确。

(4) 专项检查内容要全面,数据要准确。检查人员若发现安全隐患或故障,应在检查后汇总地点、位置、危害程度等详细信息。

(5) 对检查发现的安全隐患或故障,管理所应及时安排进行抢修;对影响工程安全运行一时又无法解决的问题,应制定好应急抢险方案,并上报上级主管部门。

(6) 专项检查后,技术人员参照定期检查格式填写专项检查表,对检查结果形成检查报告,并上报管理所上级主管部门审核、汇总、归档。

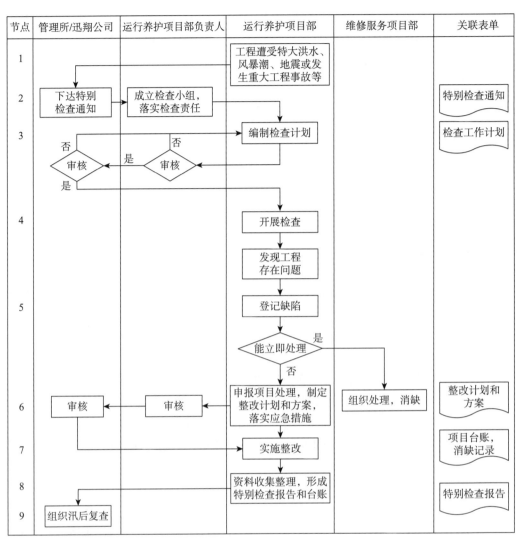

图 6.2 特别检查流程图

6.8 涉水项目批后监管

1. 一般规定

根据相关规定,建设涉水项目应当符合防汛标准、岸线规划、航运要求和其他技术要求,不得危害堤防安全,妨碍行洪畅通,其可行性报告按照国家规定的基本建设程序报请批准前,其中的工程建设方案应当经有关水行政主管部门审查同意。涉水建设项目应当符合相关规定。

2. 涉水项目巡查监督

运行养护项目部应会同管理所制定并落实巡查监督管理方案,明确分工,落实责任。

涉水项目经上级水行政主管部门许可审批同意,根据行政许可要求及有关规定督促涉水项目建设单位办理占用等手续后,方能允许其实施。涉水项目实施前由管理所委派运行养护项目部到现场监督项目放样和定界。

涉水项目实施期间应按照上级水行政主管部门行政许可意见和有关法规要求实施监督,并加强巡视检查,发现问题及时纠正和制止。

3. 现场放样和定界

涉水项目建设单位进行现场放样应报管理所审查。运行养护项目部和涉水项目建设单位对现场放样和定界共同确认。

4. 项目变更

涉及涉水项目方案变更事项,运行养护项目部会同管理所应先责令项目停止实施,并督促建设单位向原许可单位申请变更后,经原许可单位同意后方能允许其继续实施。

5. 涉水项目验收

申请项目验收时,涉水项目建设单位应提交申请验收报告,迅翔公司和管理所审核并上报,经原审批部门同意后组织验收。

涉水项目完工后应由原许可单位和上级水行政主管部门及管理所参加验收合格后才能竣工和投入使用。

涉水建设项目建成运行后,项目所占用的水利工程的维修养护和防汛责任由建设单位承担,项目所占用的水利工程及设施的维修养护应满足管理规定要求,并应加强管理和指导,并将其纳入工程正常巡视检查活动内容,发现问题及时告知涉水项目建设单位,并督促其整改。

6. 巡视检查内容

(1) 涉水建设项目是否按许可内容实施。

(2) 涉水建设项目的运行有无影响泵闸上、下游堤防工程及设施的完好和安全。

(3) 涉水建设项目有无未经许可同意的改建、扩建行为和涉水有关活动。

(4) 涉水建设项目的运行有无污染和破坏泵闸上、下游河道管理范围环境的行为。

(5) 涉水项目所占用水利工程及设施有无损坏、老化。

(6) 行洪期间建设单位占用范围有无人员看守巡查,有无备足相应防汛物料。

6.9 泵闸工程检查中的安全管理

6.9.1 工程危险源识别及隐患排查治理

(1) 按照迅翔公司重大危险源管理制度、安全隐患排查治理制度等要求,运行养护项目部应定期进行安全检查、巡视检查。工程安全风险和隐患要及时纳入泵闸智慧平台进行管理,根据变化情况及时对风险点内容进行动态修改。

(2) 运行养护项目部对排查出的各类危险源要及时登记,对事故隐患要及时上报并登记。认真进行分析、查找,必要时可采取检验、测量、化验等手段。

(3) 运行养护项目部对排查出的危险源(风险点)和隐患应进行梳理、分类和审查,暂无法解决的,应及时纳入管理信息系统进行管理。

（4）对危险源的源点要分类和分等级，分层进行管理和控制。其中，重大危险源及重大事故隐患应及时组织编制重大危险源控制和重大事故隐患治理方案，上报迅翔公司和管理所，并严格按重大危险源控制方案和重大事故隐患治理方案，认真组织实施。

（5）每月月底，运行养护项目部应将安全隐患排查治理情况上报，管理所职能部门应及时审核。同时，项目部应定期将事故隐患排查治理的报表、台账、会议记录等资料分门别类进行整理归档。

6.9.2　巡视检查中的危险源辨识及风险控制措施

巡视检查中的危险源辨识及风险控制措施，参见本书第4章表4.4。

6.10　泵闸工程检查表单

6.10.1　泵闸非运行期巡视检查记录表

泵闸非运行期巡视检查每日1次，其记录表见表6.1。

表 6.1　日常巡视检查记录表

工程名称		填表时间	年　月　日　时	天气	
巡 视 检 查 内 容			巡 视 情 况		
管理范围内有无违章建筑					
管理范围内有无危害工程安全的活动					
管理范围内维修养护项目实施情况					
管理范围内施工项目实施情况					
有无影响水闸安全运行的障碍物					
建筑物、设备、设施是否受损					
工程运行状态是否正常					
工程环境是否整洁					
水体是否受到污染					
其他					
巡视人					
备　注					

6.10.2　淀东泵闸经常检查记录表

淀东泵闸经常检查记录表参见本书第4章4.8节"泵闸运行巡视检查（经常检查）表单"。

6.10.3 淀东泵闸定期检查报告(样式)

1. 封面

封面应标有"淀东泵闸定期检查报告""检查时间""技术负责人""负责人"等字样。

2. 目录

目录应包括如下内容：

(1) 工程概况；

(2) 控制运用情况介绍；

(3) 检查情况综述；

(4) 检查中发现的主要问题及处理意见；

(5) 检查记录表。

3. 淀东泵闸定期检查记录表，见表6.2～表6.39。

表6.2 水工建筑物定期检查记录表

分部名称	检 查 标 准	检查结果
防汛墙 (堤防)	块石护坡完好,灌浆缝完整,无坍塌、移动等现象,排水沟畅通,护坡无雨淋沟、无塌陷等	
	堤防迎水侧:护坡无裂缝、空洞、塌陷、滑动、隆起、露筋、断裂;齿坎无断裂、悬空;堤脚无冲刷陡立、坍塌;防汛墙无裂缝、倾斜等;滩面无刷坑、坍塌等现象;易坍地段设立的观测标志完好,控导设施稳定完好	
	堤防背水侧:无裂缝、崩塌、滑动、隆起、窨潮、冒水、渗水、管涌等现象;导渗、减压设施及排水系统无堵塞、损坏;无白蚁、鼠、獾等动物营巢做穴迹象;无挖土、取土等现象	
岸、翼墙	岸、翼墙后回填土无雨淋沟、塌陷;挡墙完好,无倾斜、裂缝、渗漏、损坏现象	
排水设施	排水设施无堵塞、损坏等现象	
	公路桥、工作便桥、工作桥排水设施应完好	
公路桥、工作便桥、工作桥	检查公路桥、工作便桥、工作桥等混凝土建筑物无裂缝、磨损、剥蚀、碳化、露筋等情况,检查伸缩缝止水无损坏,漏水及填充物流失等情况	
水下工程	检查水下工程的门槽、门底预埋件无损坏,无块石、树枝等杂物影响闸门启闭	
	底板、翼墙等部位表面无裂缝、异常磨损、混凝土剥落、露筋等	
拦河设施	拦河设施完好	
管理设施、安全防护设施	管理设施、安全防护设施完好	
屋面防水	屋面防水层无损坏、开裂、渗漏,落水管道无破损、堵塞	
门 窗	门窗无缺失、损坏、渗漏,表面整洁,锁具、窗帘完好	
墙 体	墙体无变形、开裂、露筋、下沉和超负荷情况,装饰层无剥落、开裂,表面整洁,无污物	

分部名称	检 查 标 准	检查结果
照明设备	日常及应急照明齐全、完好,无缺损	
水 体	水体无污染	
防汛物资	设施齐全,配备充足,摆放合理,定期检查、检测结果良好	
管理区道路	道路畅通,无破损	
绿 化	绿化完好	
环 境	环境整洁	
标识标牌、界桩、技术图表	管理范围内各类工程标识标牌、界桩、技术图表完好	
安全工器具	安全工器具完好	
消防器材	消防器材按要求摆放,无缺失;灭火器在保质期内,压力符合要求	
违章情况	管理范围内无违章施工、搭建、种植、取土等危及工程安全的行为;无垃圾等异物堆放等;内外河河道无游泳、捕鱼等现象	
其 他	观测旋转机械或水力引起的厂房结构振动,泵闸不得在共振状态下运行	
整改建议		

检查人: 检查时间:

表6.3 主水泵设备定期检查记录

设备名称＿＿＿＿＿＿＿＿＿　　设备型号＿＿＿＿＿＿＿＿　　设备等级＿＿＿＿＿＿＿

单位工程	检查部位	检 查 标 准	检查结果
主机组系统	主水泵	叶轮外壳连接紧固,无渗漏、汽蚀或汽蚀轻微	
		叶轮头、导水锥完好,工作正常,无损坏,叶片转动部位无渗漏、明显汽蚀、破损,导叶过度套完好,无明显锈蚀、破损	
		叶片与叶轮外壳间隙符合规定,无碰壳现象,无汽蚀或汽蚀轻微	
		水泵周围(联轴层、积水坑)清洁,联轴层防护罩完好,填料密封良好	
		进出水流道内无明显破损、露筋、裂缝,进人孔无渗漏	
		轴承表面无烧伤或过度磨损现象,间隙符合要求,密封良好,油色、油位正常	
		主机组运行噪声符合要求	
		主机组运行振动符合要求	
		主机组运行摆度符合要求	

单位工程	检查部位	检 查 标 准	检查结果
主机组系统	主电动机	主电动机定子表面清洁无油污、积尘、脱落、锈迹,采用 2 500 V 摇表测量,绝缘电阻应大于等于 10 MΩ(一般绝缘电阻应大于等于 1 MΩ/kV),且主电动机绝缘吸收比大于等于 1.3	
		主电动机转子外表清洁,无积尘,绝缘电阻值采用 500 V 摇表测量,绝缘电阻应大于等于 0.5 MΩ	
		上、下油缸油质、油色、油位正常,无渗、漏油现象	
		冷却器工作正常,回水压力正常	
		通风系统工作正常,无堵塞	
		空气间隙均匀,无异特且数值符合规定要求	
		滑环碳刷检查:更换磨损量较大的碳刷,碳刷压力符合规定,连接软线应完整,碳刷与滑环接触应良好,碳刷边缘无剥落现象,刷握、刷架无积垢;滑环表面干燥、清洁,无锈迹、划痕,光洁度高	
		测温系统:连接端子紧固、测温数值准确可靠	
		主电动机运行电压应在额定电压的 95%～110% 范围内	
		电动机定、转子电流、电压、功率指示正常,无不正常上升和超限现象;电动机的电流不应超过铭牌规定的额定电流。电动机过电流允许运行时间不得超过相关规定值。电动机运行时其三相电流不平衡之差与额定电流之比不得超过 10%	
		电动机定子线圈、铁芯及轴承温度正常;主电动机运行时最高允许温度为 130 ℃时,电动机定子线圈温度不超过 100 ℃,温升不得超过 80 ℃。若温升超标是否停机由值班人员根据现场情况确定	
		当电动机各部温度与正常值有较大偏差时,应立即检查电动机及冷却装置、润滑油系统和测温装置等是否工作正常	
		机组运行噪声符合要求	
		机组振动符合要求	
		机组摆度符合要求	
	齿轮箱	检查齿轮箱螺栓是否牢固,是否有明显松动	
		通过油位观察窗,检查油位是否正常	
		检查齿轮箱冷却水进出水管阀门是否打开,连接是否正常等	
		齿轮箱运行无异常振动、声响	
		齿轮箱运行温度符合要求	
整改建议			

检查人:　　　　　　　　　　　　　　检查时间:

表 6.4 主(站)变压器定期检查记录

设备名称＿＿＿＿＿＿＿＿　　　　设备型号＿＿＿＿＿＿＿＿　　　　设备等级＿＿＿＿＿＿＿＿

单位工程	检查部位	检 查 标 准	检查结果
高低压系统	主(站)变压器	变压器外观应干净,无油迹、积尘、锈迹等,保护层完好、无脱落;变压器应设有铭牌,铭牌的材料应不受气候的影响,并应固定在明显可见位置,铭牌上所标示的项目内容应清晰且牢固	
		变压器室应通风,照明应良好	
		变压器进出线套管、防爆管应完好,无裂纹、破损、闪烙放电痕迹,高压套管油色、油位正常	
		高压相序标识清晰正确,桩头示温片齐全、标志清楚完好,无发热现象	
		呼吸器通畅,干燥剂无变色	
		低压桩头应接线牢固、示温片未熔化、瓷柱无裂纹、破损、闪烙放电痕迹,低压相序标识清晰正确,共箱母线应通风良好,母线连接应紧固	
		散热器表面清洁、无渗漏油,蝴蝶阀除检修时均应打开	
		变压器表面线路、管道应排列整齐,固定可靠,端子箱整洁,无积尘,内部接线整齐、牢固	
		变压器铁芯接地、外壳接地应牢固可靠,标志明显,钟罩与底之间应有可靠金属连接,并明确标示	
		系统运行无异常振动、声响	
		系统运行温度符合要求	
整改建议			

检查人:　　　　　　　　　　　　　　　检查时间:

表 6.5 工程监测设定期检查记录

设备名称＿＿＿＿＿＿＿＿　　　　设备型号＿＿＿＿＿＿＿＿　　　　设备等级＿＿＿＿＿＿＿＿

单位工程	检查部位	检 查 标 准	检查结果
安全监测系统	观测设施	水平、垂直位移等观测基点定期校测,表面清洁,无锈斑、缺损,基底混凝土无损坏现象,观测基点有必要的保护设施,保护盖开启方便;断面桩、水尺、水位计等监测设施无破坏,表面整洁、标识清晰、防护完好;沉陷点、测压管等能够正常观测使用,标志完好,外观整洁、美观;水尺每年汛前进行校验	
	监测电缆	内观仪器的电缆无破坏	
	观测仪器	观测仪器无损坏,按要求定期校验,工作正常	
	监测设施	监测自动化设备、传输线缆、通信设施、防雷和保护设施、供电系统正常工作	
整改建议			

检查人:　　　　　　　　　　　　　　　检查时间:

表 6.6 检修闸门(事故门、工作门)定期检查记录

设备名称＿＿＿＿＿＿＿＿＿　　　　设备型号＿＿＿＿＿＿＿＿＿　　　　设备等级＿＿＿＿＿＿＿＿＿

单位工程	检查部位	检 查 标 准	检查结果
辅机系统	检修闸门(事故门、工作门)	止水橡皮完好	
		吊杆、吊耳、卸扣完好	
		钢闸门本体无明显破损、锈蚀或变形	
整改建议			

检查人：　　　　　　　　　　检查时间：

表 6.7 管道闸阀定期检查记录

设备名称＿＿＿＿＿＿＿＿＿　　　　设备型号＿＿＿＿＿＿＿＿＿　　　　设备等级＿＿＿＿＿＿＿＿＿

单位工程	检查部位	检 查 标 准	检查结果
辅机系统	管道闸阀	管道无锈蚀、变形、渗漏现象	
		管道连接处紧固,无锈蚀,密封件完好,无渗漏	
		示流装置良好,供水管路畅通,流向标识、颜色显示准确	
		闸阀动作灵活,控制可靠	
		仪表及传感器外观完整,指示准确,传输可靠	
		线缆布置合理,固定牢固,接线紧固	
		管道无锈蚀、变形、渗漏现象	
整改建议			

检查人：　　　　　　　　　　检查时间：

表 6.8 压力油系统定期检查记录

设备名称＿＿＿＿＿＿＿＿＿　　　　设备型号＿＿＿＿＿＿＿＿＿　　　　设备等级＿＿＿＿＿＿＿＿＿

单位工程	检查部位	检 查 标 准	检查结果
辅机系统	压力油装置	零部件完整齐全	
		表计完好,指示准确	
		冷却系统工作正常可靠	
		配套安全阀定期检验	
		表计完好,指示准确,闸阀等附件完好,性能可靠,符合要求	
整改建议			

检查人：　　　　　　　　　　检查时间：

表 6.9　供排水系统定期检查记录

设备名称＿＿＿＿＿＿＿＿＿＿　　　　设备型号＿＿＿＿＿＿＿＿＿　　　　设备等级＿＿＿＿＿＿＿＿

单位工程	检查部位	检 查 标 准	检查结果
辅机系统	供排水系统	水泵、管道及各闸阀编号、标识齐全、规范	
		电动机、水泵接地良好	
		管路、附件无锈蚀、渗漏,电动或手动闸阀操作灵活、可靠	
		水质、水量、水温、水压等满足运行要求	
		示流装置良好,管路畅通	
		各表计、传感器外观完好,显示/指示数据正确,线缆布置整齐,接线牢固	
	供水(排水、消防)泵	外观清洁整洁,无锈蚀	
		电源引入线无松动、碰伤和灼伤,接线端子紧固	
		绝缘良好,符合规范	
		现场/远方(手动/自动)控制可靠,运转无异常声响、振动,信号正确	
		轴封无异常漏水现象	
		水泵的流量和出水压力正常	
整改建议			

检查人：　　　　　　　　　　检查时间：

表 6.10　高压开关柜定期检查记录

设备名称＿＿＿＿＿＿＿＿＿＿　　　　设备型号＿＿＿＿＿＿＿＿＿　　　　设备等级＿＿＿＿＿＿＿＿

单位工程	检查部位	检 查 标 准	检查结果
高低压系统	高压开关室外观、环境	室内整洁,上墙图、表布置齐全、规范	
		室内照明设施工作正常,通风设备控制可靠,运转正常	
		室内温度、空调装置正常	
		灭火器材齐全、有效	
		绝缘手套、绝缘鞋、验电器等安全用具配置齐全、试验合格	
		设备标识、标牌、编号规范、齐全	
		柜体密封完好,接地良好	
		柜体外观清洁,无锈蚀	
		操作摇把、柜门钥匙、断路器备用手推车等配置齐全、有效	

单位工程	检查部位	检 查 标 准	检查结果
高低压系统	高压开关柜	手车式柜"五防"联锁可靠,位置正确	
		触头接触紧密,无过热、变色等现象	
		二次系统各开关、熔断器、继电器、线路接插件、接线端子排等连接可靠,工作正常,编号齐全、清晰	
		二次端子无锈蚀	
		柜内无放电声、异味和不均匀的机械噪声	
		运行情况下母线温升正常,母线无变形现象	
		二次系统各压板、指示灯、按钮、状态显示板、仪表等设备工作良好,显示正确	
		柜内清洁,电缆引线布置整齐、牢固,孔洞封堵完好	
		柜内照明装置正常,控制可靠	
		操作电源、加热器电源工作正常,小母线电压正常	
整改建议			

检查人: 检查时间:

表 6.11 低压开关柜定期检查记录

设备名称＿＿＿＿＿＿＿＿＿ 设备型号＿＿＿＿＿＿＿＿ 设备等级＿＿＿＿＿＿＿

单位工程	检查部位	检 查 标 准	检查结果
高低压系统	低压开关室外观、环境	室内整洁,上墙图、表布置齐全、规范	
		室内照明设施工作正常,通风设备控制可靠,运转正常	
		室内温度、空调装置正常	
		灭火器材齐全、有效	
		设备标识、标牌、编号规范,齐全	
		柜体密封完好,接地良好	
		柜体外观清洁,无锈蚀	
	低压开关柜	柜内清洁,无积尘,电缆引线孔洞封堵完好	
		抽屉柜抽插灵活,无卡阻	
		触头接触紧密,无过热、变色等现象	
		各电气连接部位紧固,无松动、发热现象	
		二次系统各开关、熔断器、继电器、线路接插件、接线端子排等连接可靠,工作正常,编号齐全、清晰	
		指示灯、按钮、仪表等设备齐全、完整,显示与实际工况相符	

单位工程	检查部位	检 查 标 准	检查结果
高低压系统	低压开关柜	操作机构分、合闸正常,机构无卡涩、变形现象,活动部位无异常磨损,润滑良好	
		断路器的分、合控制可靠,位置指示正确	
		低压母线断路器保护定值复核、校验合格	
		母线开关闭锁装置可靠	
		接触器、继电器运行声音正常	
整改建议			

检查人:　　　　　　　　　　检查时间:

表 6.12　微机保护装置定期检查记录

设备名称＿＿＿＿＿＿＿＿＿　　　设备型号＿＿＿＿＿＿＿＿　　　设备等级＿＿＿＿＿＿＿

单位工程	检查部位	检 查 标 准	检查结果
高低压系统	微机保护装置	微机保护装置完整齐全,定期实验,动作准确、快速、灵敏、可靠,动作设定值符合设计要求、电气特性符合规程要求	
		保护柜外观整洁、干净,无积尘,防护层完好,无脱落、锈迹;柜面各保护单元屏面清楚,显示准确,按钮可靠;柜体完好,构架无变形	
		保护柜铭牌完整、清晰,柜前柜后均有柜名	
		柜内接线整齐,分色清楚,二次接线排列整齐,端子接线牢固,无杂物、积尘;保护柜与电缆沟之间封堵良好,防止小动物进入柜内	
		保护柜应有良好可靠的接地,接地电阻应符合设计规定。电子仪器测量端子与电源侧应绝缘良好,仪器外壳应与保护柜在同一点接地	
		盘柜上各元件标志、名称应齐全;检查转换开关、各种按钮、动作应灵活,接点接触有压力且无烧伤;检查各盘柜上表计、继电器及接线端子螺钉应无松动;检查电压互感器、电流互感器二次引线端子应完好;配线整齐,固定卡子无脱落;检查空气开关分合正常	
整改建议			

检查人:　　　　　　　　　　检查时间:

表 6.13　真空断路器定期检查记录

设备名称＿＿＿＿＿＿＿＿＿＿＿＿　　　设备型号＿＿＿＿＿＿＿＿＿＿　　　设备等级＿＿＿＿＿＿＿＿＿

单位工程	检查部位	检 查 标 准	检查结果
高低压 系统	真空断 路器	表面清洁,无灰尘污垢	
		部件完整,零件齐全,瓷件无损伤,接地完好,绝缘 套管完好,动静触头动作准确	
		绝缘良好,各项试验数据合格	
		操纵机构灵活,无卡阻现象,储能机构工作正常,闭 锁、联动装置动作准确可靠	
		示温片未熔化,示温纸未变色,运行中无过热现象	
		二次线接线可靠,无松动	
		合闸计数器计算准确	
		标志正确清楚	
		图纸资料、检修记录、试验资料齐全	
整改建议			

检查人:　　　　　　　　　　检查时间:

表 6.14　软启动装置定期检查记录

设备名称＿＿＿＿＿＿＿＿＿＿＿＿　　　设备型号＿＿＿＿＿＿＿＿＿＿　　　设备等级＿＿＿＿＿＿＿＿＿

单位工程	检查部位	检 查 标 准	检查结果
高低压 系统	软启动 装置	各项参数满足实际运行需要,启动电流正常	
		工作温度正常、散热风扇良好	
		表面无损伤,接线牢固,无松动	
		绝缘良好,各项试验数据合格	
		旁路交流接触器工作可靠	
		本体整洁无尘垢,油漆完整,标志正确清楚	
		图纸资料、检修记录、试验资料齐全	
整改建议			

检查人:　　　　　　　　　　检查时间:

表 6.15　电压互感器定期检查记录

设备名称＿＿＿＿＿＿＿＿＿＿＿＿　　　设备型号＿＿＿＿＿＿＿＿＿＿　　　设备等级＿＿＿＿＿＿＿＿＿

单位工程	检查部位	检 查 标 准	检查结果
高低压 系统	电压互感器 本体	各项参数满足实际运行需要	
		表面无损伤,一二次线接线牢固,无松动,二次侧无 短路现象,接地良好	

单位工程	检查部位	检查标准	检查结果
高低压系统	电压互感器本体	绝缘良好,各项试验数据合格	
		本体整洁,油漆完整,标志正确清楚	
		图纸资料、检修记录、试验资料齐全	
整改建议			

检查人：　　　　　　　　检查时间：

表 6.16　电流互感器定期检查记录

设备名称＿＿＿＿＿＿＿＿　设备型号＿＿＿＿＿＿＿＿　设备等级＿＿＿＿＿＿＿＿

单位工程	检查部位	检查标准	检查结果
高低压系统	电流互感器本体	各项参数满足实际运行需要	
		表面无损伤,一二次线接线牢固,无松动,二次侧无短路现象,接地良好	
		绝缘良好,各项试验数据合格	
		本体整洁,油漆完整,标志正确清楚	
		图纸资料、检修记录、试验资料齐全	
整改建议			

检查人：　　　　　　　　检查时间：

表 6.17　隔离开关定期检查记录

设备名称＿＿＿＿＿＿＿＿　设备型号＿＿＿＿＿＿＿＿　设备等级＿＿＿＿＿＿＿＿

单位工程	检查部位	检查标准	检查结果
高低压系统	隔离开关	各项技术参数符合运行要求,无过热现象	
		部件完整,零件齐全,瓷件无损伤,接地良好	
		绝缘良好,各项试验数据合格,试验资料齐全	
		操作机构灵活,闭锁装置可靠,辅助接点完好、灵活	
		整洁,油漆完整,标志正确清楚	
		开关位置与实际运行状态一致	
整改建议			

检查人：　　　　　　　　检查时间：

表 6.18 电缆、母线定期检查记录

设备名称＿＿＿＿＿＿＿＿＿＿　　　设备型号＿＿＿＿＿＿＿＿＿＿　　　设备等级＿＿＿＿＿＿＿＿

单位工程	检查部位	检 查 标 准	检查结果
高低压系统	电 缆	电缆的固定和支架完好,无锈蚀	
		无机械损伤	
		接地方式正确,绝缘良好,各项试验数据合格	
		电缆的固定和支架完好,无锈蚀	
		电缆沟等电缆敷设途径内无积水、杂物、易燃物	
		电缆头分相颜色和标志牌正确清洁	
		分层分开敷设,布线平顺	
	母 线	表面清洁,无灰尘积垢,相色漆准确完好	
		示温片无熔化,运行中无振动、过热现象	
		绝缘良好,各项试验数据合格,试验资料齐全	
		支柱瓷瓶无破损、裂纹、放电痕迹	
		安全距离符合规程要求	
整改建议			

检查人:　　　　　　　　　　检查时间:

表 6.19 避雷器定期检查记录

设备名称＿＿＿＿＿＿＿＿＿＿　　　设备型号＿＿＿＿＿＿＿＿＿＿　　　设备等级＿＿＿＿＿＿＿＿

单位工程	检查部位	检 查 标 准	检查结果
高低压系统	避雷器	表面清洁,无灰尘积垢	
		引线接头牢固	
		绝缘良好,各项试验数据合格,试验资料齐全	
		表面无破损、裂纹、放电痕迹	
整改建议			

检查人:　　　　　　　　　　检查时间:

表 6.20 补偿装置定期检查记录

设备名称＿＿＿＿＿＿＿＿＿＿　　　设备型号＿＿＿＿＿＿＿＿＿＿　　　设备等级＿＿＿＿＿＿＿＿

单位工程	检查部位	检 查 标 准	检查结果
高低压系统	补偿装置	设备标识、标牌、编号齐全、规范	
		柜体密封完好,接地可靠	
		柜体外观清洁,无锈蚀	

单位工程	检查部位	检查标准	检查结果
高低压系统	补偿装置	柜内各电气连接部位紧固,无松动、发热现象	
		指示灯、按钮、仪表等设备齐全、完整,显示与实际工况相符	
		柜内清洁,无积尘,电缆引线孔洞封堵完好	
		柜内各开关、熔断器、继电器、接线端子排等连接可靠,工作正常	
		电容器自动投切装置动作可靠,运行正常	
		指示仪表及避雷设施等均有定期校验	
	电容器	电力电容器应在额定电压±5%波动范围内运行,在额定电流30%工况下运行	
		电容器外壳无过度膨胀现象	
		电容器外壳和套管无渗漏油现象	
		电容器套管清洁,无裂痕、破损、放电现象,接线连接完好	
		外壳接地可靠	
		电力变容器运行室温度不允许超过 40 ℃,外壳温度不允许超过 50 ℃	
整改建议			

检查人: 　　　　　　　　检查时间:

表 6.21　安全用具定期检查记录

单位工程	检查部位	检查标准	检查结果
高低压系统	验电器	定期(明确频次)试验数据合格,试验报告完整	
		存放环境干燥、通风,无腐蚀气体	
		外观无裂纹、变形、损坏	
		各节连接牢固,无缺失,长度符合要求	
		发声器自检完好,声光正常	
	接地线	接地线数量齐全,无缺失	
		定期试验合格,试验报告完整	
		存放环境干燥、通风,无腐蚀气体	
		外观无裂纹、变形、损坏	
		各连接点牢固,接地线无断股	

单位工程	检查部位	检 查 标 准	检查结果
高低压系统	绝缘操作杆	接地线数量齐全,无缺失	
		定期试验合格,试验报告完整	
		存放环境干燥、通风,无腐蚀气体	
		绝缘棒、钩环无裂纹、变形、损坏	
		各节连接牢固,无缺少,长度符合要求	
	绝缘手套	定期试验合格,试验报告完整	
		存放环境干燥、通风,无腐蚀气体	
		表面平滑,无裂纹、划伤、磨损、破漏等	
		无针眼、砂孔	
		手套无黏结、老化现象	
	绝缘靴	定期试验合格,试验报告完整	
		存放环境干燥、通风,无腐蚀气体	
		靴底无扎痕	
		靴内无受潮	
		靴无黏结、老化现象	
	标识标牌	外观完整无破损	
		标识内容清晰	
		标牌颜色、尺寸符合标准	
整改建议			

检查人:　　　　　　　　　　检查时间:

表 6.22　蓄电池定期检查记录

设备名称＿＿＿＿＿＿＿＿＿　　设备型号＿＿＿＿＿＿＿＿　　设备等级＿＿＿＿＿＿＿＿

单位工程	检查部位	检 查 标 准	检查结果
直流系统	蓄电池	电池充满电时在浮充电方式下运行	
		电池柜内无污物、积尘,电池编号齐全	
		电池接线牢固,连接处无锈蚀	
		电池外壳无发热起鼓、破损现象	
		电池在规定时间内进行了均衡充电和核对性充放电,容量保持在额定容量的80%以上	
		各单体电池电压正常	
		蓄电池运行环境温度在5 ℃～35 ℃	
整改建议			

检查人:　　　　　　　　　　检查时间:

表 6.23 直流(逆变)屏定期检查记录

设备名称＿＿＿＿＿＿＿＿＿＿ 设备型号＿＿＿＿＿＿＿＿＿ 设备等级＿＿＿＿＿＿＿

单位工程	检查部位	检 查 标 准	检查结果
直流系统	直流(逆交)屏	柜体外观清洁,无锈蚀,柜内无积尘	
		柜内清洁,无积尘,屯缆引线孔洞封堵完好	
		设备标识、编号规范,齐全	
		各电气连接部位紧固,无松动、发热现象	
		柜内各开关、熔断器、继电器、线路接插件、接线端子排等连接可靠,工作正常,编号齐全、清晰	
		屏面各指示灯、按钮、仪表等设备齐全、完整,显示与实际工况相符	
		蓄电池电压、直流母线电压、充电电流、母线电流正常	
		直流系统正、负对地电压正常,系统对地绝缘良好	
		触摸屏工作正常,运行设置良好	
		逆变电源温度、声音无异常,输出电压、电流正常	
		整流、充电、调压设备工作正常	
		柜体温度散热良好,风扇运转无异常声音	
整改建议			

检查人: 检查时间:

表 6.24 计算机监控(上位机)设备定期检查记录

设备名称＿＿＿＿＿＿＿＿＿＿ 设备型号＿＿＿＿＿＿＿＿＿ 设备等级＿＿＿＿＿＿＿

单位工程	检查部位	检 查 标 准	检查结果
自动化监测系统	中央控制室	计算机无积尘、异常声响,输入设备完好,操作可靠	
		软件运行稳定、流畅,画面调用灵活、可靠,响应速度快	
		通信网络工作正常	
		系统软件有备份	
		操作权限设置明确	
		采用 UPS 电源工作	
		系统数据采集精度满足要求(温度、水位、闸门开度采集精度不低于 0.25%,压力采集精度不低于0.5%)	
		报表查询、打印功能完善	
		故障信息、报警信息准确	
整改建议			

检查人: 检查时间:

表 6.25　计算机监控(下位机)设备定期检查记录

设备名称＿＿＿＿＿＿＿＿＿＿　　　　设备型号＿＿＿＿＿＿＿＿＿　　　　设备等级＿＿＿＿＿＿＿＿

单位工程	检查部位	检 查 标 准	检查结果
自动化监测系统	PLC	电源模块输入电压符合要求	
		模块工作状态良好,无异味、异响、损坏	
		接线端子标号齐全、清晰,接线紧固	
		内置电池电量满足运行需求,通讯可靠、正常	
		接地牢固可靠,接地电阻不大于 1 Ω	
整改建议			

检查人:　　　　　　　　　　检查时间:

表 6.26　网络通信设备定期检查记录

设备名称＿＿＿＿＿＿＿＿＿＿　　　　设备型号＿＿＿＿＿＿＿＿＿　　　　设备等级＿＿＿＿＿＿＿＿

单位工程	检查部位	检 查 标 准	检查结果
自动化监测系统	网络传输设备	供电电源稳定、可靠,有防雷措施	
		外观清洁,散热良好,设备运行无异常声响	
		线缆布置整齐、有序,线缆标签齐全、清晰	
		设备通讯稳定、可靠	
整改建议			

检查人:　　　　　　　　　　检查时间:

表 6.27　现地控制柜设备定期检查记录

设备名称＿＿＿＿＿＿＿＿＿＿　　　　设备型号＿＿＿＿＿＿＿＿＿　　　　设备等级＿＿＿＿＿＿＿＿

单位工程	检查部位	检 查 标 准	检查结果
自动化监测系统	现场控制柜	柜(箱)体清洁,标识齐全,元器件完整,柜底封堵良好	
		柜(箱)体前后配置合格的绝缘垫	
		接线端子标号齐全、清晰,接线规范、紧固	
		柜(箱)内接线端子图齐全,符合实际	
		传感器、变送器、监测模块等工作稳定、可靠	
		柜体接地牢固,接地电阻不大于 4 Ω	
整改建议			

检查人:　　　　　　　　　　检查时间:

表 6.28　UPS 设备定期检查记录

设备名称＿＿＿＿＿＿＿＿　　　设备型号＿＿＿＿＿＿＿＿　　　设备等级＿＿＿＿＿＿＿＿

单位工程	检查部位	检 查 标 准	检查结果
自动化监测系统	UPS	外观清洁,散热良好,设备运行无异常声响	
		电源输入、输出电压、电流、频率正常	
		UPS 防雷措施可靠,装置接地完好	
		蓄电池定期充放电,状况良好	
		UPS 启动、自检状况良好	
整改建议			

检查人：　　　　　　　　　检查时间：

表 6.29　LCU 设备定期检查记录

设备名称＿＿＿＿＿＿＿＿　　　设备型号＿＿＿＿＿＿＿＿　　　设备等级＿＿＿＿＿＿＿＿

单位工程	检查部位	检 查 标 准	检查结果
自动化监测系统	LCU	柜体清洁,标识齐全,元器件完整,柜底封堵良好	
		柜内温度宜 0 ℃～40 ℃,湿度为 40%～70%,无凝结	
		柜体前后配置合格的绝缘垫	
		柜内线缆布置完整,接线规范、紧固,接线端子标号齐全、清晰	
		柜内接线端子图齐全,符合实际	
		继电器外壳无破损,线圈无过热,接点接触良好,功能标识良好	
		传感器、变送器、采集模块等工作正常、稳定	
		触摸屏显示正确,通讯可靠,控制正常	
		指示灯指示正确,按钮、开关操作灵活,控制可靠	
		柜内照明正常,散热正常	
		接地牢固可靠,接地电阻不大于 4 Ω	
整改建议			

检查人：　　　　　　　　　检查时间：

表 6.30　视频监控设备定期检查记录

设备名称＿＿＿＿＿＿＿＿　　　设备型号＿＿＿＿＿＿＿＿　　　设备等级＿＿＿＿＿＿＿＿

单位工程	检查部位	检 查 标 准	检查结果
自动化监测系统	视频监视设备	视频摄像机图像质量较好,色彩清晰,无干扰	
		摄像机控制云台转动灵活,无明显卡阻现象	
		摄像机焦距调节灵活可靠	

单位工程	检查部位	检 查 标 准	检查结果
自动化监测系统	视频监视设备	摄像机防护罩清洁,无破损、老化现象	
		固定摄像机的支架或杆塔无锈蚀损坏	
		硬盘录像机硬盘容量符合要求(可存储10天以上图像)	
		已设置录像状态,可在客户端远程调用历史录像查询	
		视频管理计算机安装客户端软件且工作正常	
		系统内装有杀毒软件,且随时保持更新	
		视频监视器(电视、大屏幕投影机等)外观清洁,图像清晰,色彩还原正常,无干扰	
		视频监视系统防雷设施完好,接地牢固、可靠,接地电阻不大于1Ω	
		机柜清洁,网络交换机、光纤收发机等工作正常,网络通畅	
		根据用户角色设置不同的访问权限	
		图纸,系统测试资料齐全	
整改建议			

检查人:　　　　　　　　　　　　检查时间:

表 6.31　节制闸闸门定期检查记录

设备名称＿＿＿＿＿＿＿＿＿　　　设备型号＿＿＿＿＿＿＿　　　设备等级＿＿＿＿＿

单位工程	检查部位	检 查 标 准	检查结果
闸门启闭机系统	闸　门	闸门及吊耳、门槽结构完整	
		焊缝无裂纹、脱焊	
		吊耳、吊杆及锁定装置的轴销裂纹或磨损、腐蚀量不大于原直径的10%	
		受力拉板或撑板腐蚀量不大于原厚度的10%	
		门体和门槽平整,无变形	
		闸门埋件无局部变形、脱落,埋件破损面积不大于30%	
		闸门表面无铁锈、氧化皮,涂装涂层满足要求	
		止水装置完好,止水严密,门后水流散射或设计水头下渗漏量不大于0.2 L/(s·m)	
		锁定装置、缓冲装置工作可靠	
		启闭无卡阻,整体行走平稳,无振动	
		图纸、工程等资料齐全	
整改建议			

检查人:　　　　　　　　　　　　检查时间:

表 6.32 液压式启闭机定期检查记录

设备名称＿＿＿＿＿＿＿＿＿ 设备型号＿＿＿＿＿＿＿＿ 设备等级＿＿＿＿＿＿＿

单位工程	检查部位	检查标准	检查结果
闸门启闭机系统	油泵	外观清洁、完整，无渗油，无锈蚀	
		接地牢固、可靠	
		电动机绝缘电阻值不应低于 0.5 MΩ	
		电源引入线无松动、碰伤和灼伤，电动机接线盒接线紧固	
		工作压力平稳，运行无异声、异常振动	
	油箱	箱体清洁、完整，无锈蚀、渗漏油	
		油位正常，压力油定期过滤，油质化验合格	
		呼吸器完好、吸湿剂干燥	
		过滤器无阻塞或变形	
		表计完好，指示正确，传感器数据采集正确，接线规范	
	阀组、管路	外观清洁、完整，无渗漏油、锈蚀，橡胶油管无龟裂	
		插装阀进、排油无堵塞现象	
		闸门调差机构工作正常	
		阀动作灵活，控制可靠	
	控制部分	柜体封堵良好，接地牢固可靠	
		闸门启闭控制可靠，运行无卡阻，活塞杆无锈蚀、渗漏现象	
		泄压阀动作可靠，与启闭机联动良好	
		限位装置动作可靠	
		系统通讯可靠，显示屏显示正确	
		按钮、指示灯、仪表指示正确，与实际工况一致	
		柜内线缆布置整齐，接线紧固、规范	
		端子及电缆标牌清晰	
	其他	编号、标识、标牌齐全、规范	
整改建议			

检查人： 检查时间：

表 6.33　行车定期检查记录

设备名称＿＿＿＿＿＿＿＿＿　　设备型号＿＿＿＿＿＿＿＿　　设备等级＿＿＿＿＿＿＿

单位工程	检查部位	检　查　标　准	检查结果
特种设备系统	电气部分	控制可靠,控制行走平稳	
		有必要的保护设施、设备,运行可靠	
		滑触线接触良好,三相带电指示灯正常闪烁	
		升降限位能够保证可靠动作,起到保护作用	
		大车限位及小车变幅限位能够保证可靠动作,起到保护作用	
		电气器件、线路完好,端子接线无松动、发热	
		转子电动机碳刷磨损情况在允许范围内	
		导电滑块接触面不小于 80%	
		葫芦动作可靠,运行平稳	
		大车动作可靠,运行平稳	
		小车动作可靠,运行平稳	
		警铃能起到警示作用	
		各操作按钮、手柄操作灵活、可靠	
	机械部分	扶梯坚固,无锈蚀、损坏	
		轨道保养良好,表面平整,平行度符合要求	
		车轮轴承无杂音,轴承润滑良好无发热	
		吊梁无裂焊、变形	
		刹车制动平稳可靠,不滑脱钩	
		卷筒动作可靠,运行平稳	
		卷扬机固定牢固	
		钢丝绳保养良好,无断丝、断股现象,固定牢固,润滑良好	
		卡板无松脱	
		吊钩固定牢固,无裂纹,磨损正常,防脱钩装置完好,无变形,动作灵活可靠	
		缓冲器支座无裂纹,缓冲器性能良好,无损坏	
		各门部位闭锁开关能够可靠动作	
		润滑良好,油量充足,油质合格	
		挡块起到必要的保护作用	
		防雨设施完备,能够起到保护作用	

单位工程	检查部位	检查标准	检查结果
特种设备系统	其他	设备编号、标识、标牌齐全、规范	
		检测按规定进行	
		操作室配备合格的灭火器	
整改建议			

检查人：　　　　　　　　检查时间：

表 6.34　消防设施定期检查记录

设备名称＿＿＿＿＿＿　　设备型号＿＿＿＿＿＿　　设备等级＿＿＿＿＿＿

单位工程	检查部位	检查标准	检查结果
特种设备系统	控制系统	系统控制柜内清洁，无积尘，电缆引线孔洞封堵完好	
		系统报警设备控制可靠，工作正常，无异常报警信息	
		烟感器、火焰探测器等设备运行正常	
	消防设备	灭火器放置位置、数量配置合理	
		灭火器定期有专人保养到位	
		消防通道指示牌工作正常	
		消防栓、管路、闸阀、附件等无锈蚀、渗漏、损坏，闸阀操作灵活、可靠	
		标识齐全、规范	
		压力气罐、安全阀按相关规定由质量技术监督部门定期进行检测	
		消防泵控制系统控制可靠，设备运转平稳	
		消防砂池及配备工器具齐全、合理	
		消防警示标语、标识布置完好	
		消防箱内设备齐全、完好，报警按钮工作正常	
		消防水池蓄水正常	
整改建议			

检查人：　　　　　　　　检查时间：

表 6.35 清污机定期检查记录

设备名称＿＿＿＿＿＿＿＿＿　　　　设备型号＿＿＿＿＿＿＿＿　　　　设备等级＿＿＿＿＿＿＿＿

单位工程	检查部位	检 查 标 准	检查结果
金属结构系统	拦污栅	栅条焊缝完整,焊接牢固,无脱落	
		拦污栅安装牢固可靠,边框无变形、损坏	
		栅槽、栅条无锈蚀、变形、损坏	
	护栏	安装牢固、可靠	
		外观无锈蚀,油漆完整,无脱落	
		警示标识布置位置醒目,齐全、清晰	
	清污机本体	机体清洁,无污物堆积	
		机体安装、接地牢固、可靠,接地色标规范	
		设备整体完整,无变形、损坏	
		设备无锈蚀,油漆完整,无脱落	
		传动机构润滑良好,运行无碰撞、卡阻	
		转动部位润滑良好,控制可靠,运转灵活	
		线缆布置合理、规范,电机绝缘符合要求,运转无异响	
		设备标识齐全,编号完整	
		减速器观察孔应保持清洁,油量充足、油位正常、油质合格	
	皮带机	皮带及挡板上的垃圾及污物已及时清理	
		皮带无松紧不适及跑偏现象	
整改建议			

检查人:　　　　　　　　检查时间:

表 6.36 电动葫芦定期检查记录

设备名称＿＿＿＿＿＿＿＿＿　　　　设备型号＿＿＿＿＿＿＿＿　　　　设备等级＿＿＿＿＿＿＿＿

单位工程	检查部位	检 查 标 准	检查结果
金属结构系统	电动葫芦	各金属结构无生锈腐烂或断裂	
		钢丝绳无锈蚀、断股	
		电动机绝缘电阻值不应低于 0.5 MΩ	
		各操作按钮动作可靠,运行过程中无卡滞现象	
		操作信号灯正常	
		限位开关安全可靠,擱门器运行灵活和安全可靠	
		吊钩防脱扣装置牢固可靠	
整改建议			

检查人:　　　　　　　　检查时间:

表 6.37 拦河设施定期检查记录

设备名称＿＿＿＿＿＿＿＿＿　　　设备型号＿＿＿＿＿＿＿＿　　　设备等级＿＿＿＿＿＿＿＿

分部名称	检 查 标 准	检查结果
基 础	无裂缝、剥蚀、露筋、不均匀沉陷;回填土密实,无塌陷	
浮 筒	防腐措施得当,无锈蚀、裂纹、倾斜,沉浮适中,底部固定锤连接牢固	
钢丝绳	无断丝、断股、锈蚀,油脂防护良好,绳长度适中	
连接件	连接牢固,无缺件、损坏	
警示标识	标识明显,无缺件、损坏	
整改建议		

检查人:　　　　　　　　　　检查时间:

表 6.38 防雷接地设施定期检查记录

设备名称＿＿＿＿＿＿＿＿＿　　　设备型号＿＿＿＿＿＿＿＿　　　设备等级＿＿＿＿＿＿＿＿

分部名称	检 查 标 准	检查结果
避雷针	安装牢靠、无断裂;接地电阻数值不应大于 10 Ω	
避雷器	避雷器复合外套表面单个缺陷面积不应超过 25 mm²,深度不大于 1 mm,凸起表面与合缝应清理平整,凸起高度不得超过 0.8 mm,粘接缝凸起度不应超过 1.2 mm,总缺陷面积不应超过复合外套总表面积 0.2%	
接地及引下线	接地牢固、可靠,引下线长度适中,无断裂	
整改建议		

检查人:　　　　　　　　　　检查时间:

表 6.39 内业资料定期检查记录

项目	检 查 内 容	检查质量要求	检查结果
一	检查组织		
1	成立汛前检查工作小组,有汛前检查及保养工作实施计划,有奖惩机制	组织落实,明确检查单元责任人。计划具体、责任落实、考核到位	
二	规章制度		
1	各种防汛责仕制落头,防汛岗位责任制明确;防汛办事机构健全;员工已经过防汛业务培训	防汛网络及责任制上墙,有防汛业务培训记录	
2	交接班、巡视检查、计算机监控系统等管理制度健全、主要设备维护揭示图、工程设备巡视路线内容及周期的制订和明示情况齐全	制度、图表上墙	
3	运行现场有"操作规程""安全规程"和工程运用主要技术指标;有电气主接线图、工程平面图、立面图、剖面图等	制度准确,图纸装饰精美,符合工程现状	

项目	检 查 内 容	检查质量要求	检查结果
4	管理流程、作业指导书等标准化工作手册编制、执行情况	按规范和管理所要求编制,执行有记录	
三	工程技术档案管理		
1	归档材料收集情况	收集齐全、完整	
2	分类、案卷质量情况	分类准确、符合规定的质量要求	
3	案卷目录、年度档案总目录、档案借阅登记表等管理用薄情况	案卷目录、年度档案总目录、档案借阅登记表应填写完整	
4	档案管理员职责、借阅等规章制度情况	制度上墙并严格执行	
5	防盗、防火、防渍、防有害生物等设施情况	放置位置、数量合理	
四	安全生产台账		
1	安全组织网络情况	安全组织网络上墙,有专职安全员	
2	安全用具的试验及保管、危险品的保管和使用情况	安全用具数量清楚,贴试验标签,有保管责任人等	
3	消防设施的配置情况	数量、位置清楚,有检验标签	
4	安全防护设施状况、安全标志设置情况;工程上、下游及工作桥照明情况	位置得当,数量满足要求,状态良好	
5	安全投入	安全投入按规定进行,有台账	
6	安全教育培训	培训有计划并执行	
7	安全活动情况	活动有记录	
8	安全检查、危险源辨识及控制、隐患排查治理	检查有记录,危险源辨识及控制措施落实,隐患排查治理有记录	
五	工程控制运用		
1	工程运用中执行上级调度指令情况	严格执行调度指令,及时开关机或启闭闸门	
2	运行、巡查、突发故障处理记录规范化情况	运行、巡查、突发故障处理等记录清晰、完整、有签名。运行记录手续齐全、填写认真	
3	泵闸工程"两票三制"执行情况,发现问题时的详细记录及汇报处理情况	"两票三制"记录清楚	

项目	检 查 内 容	检 查 质 量 要 求	检查结果
4	不经常运行的泵站、水闸定期试运行情况	泵站、水闸定期试运行,记录真实、完整	
六	工程及设备维修养护		
1	维修养护计划、实施方案、记录	工程及设备维修养护有计划有实施方案,记录完整	
2	各种观测、检测、试验资料归档情况	观测、检测、试验资料齐全,及时归档	
3	工程及设备评级情况	设备按规定周期和内容评级,有报告	
七	度汛应急措施		
1	防汛抢险组织情况	明确抢险队伍责任人、人数等	
2	通信设施情况	查明通讯设施数量、使用情况	
3	备用(移动)电源情况	每月试机1次,有完整的运行记录;保养符合要求	
4	防汛物资及备品件的落实保管情况	储存的种类、数量、位置等清楚,有防汛物资分布示意图	
5	工程防汛防台预案、突发事件应急预案及其他应急处置方案措施落实情况	预案修订及时、科学合理,预案演练有记录	
八	环境卫生		
1	工程、工作及生活区环境情况	工程管理范围内整洁,工作及生活区美化、整洁、卫生	
2	各类宣传标牌、标语情况	宣传标牌醒目、清晰美观	
九	技术素质		
1	技术人员熟悉工程现状,掌握防汛预案	现场提问或书面测试,技术人员回答正确,解释合理	
2	技术工人熟悉工程及设备运行规程,熟悉设备故障应急处置预案	技术工人现场操作规范	
十	其他		
1	工程大事记情况	记录清楚、完整	
2	技术数据保存情况	文件资料、软件有备份措施	
整改建议			

检查人: 检查时间:

上海泵闸运行维护标准化作业指导书

6.10.4　水下检查记录表

水下检查记录表,见表 6.40。

表 6.40　水下检查记录表

工程名称＿＿＿＿＿＿＿＿＿＿＿＿＿＿＿　　　　检查日期＿＿＿年＿＿＿月＿＿＿日

检 查 部 位	检 查 内 容 与 要 求	检查情况及存在问题
闸　室	闸门前后淤积情况,门槽有无树根、块石等杂物,杂物应予清除	
伸缩缝	有无错缝,缝口有无破损,填料有无流失	
泵站进水池底板、闸底板、底板、护坦、消力池	混凝土有无剥落、露筋、裂缝,有无异常磨损,消力池内有无块石,块石应予清除	
水下护坡	有无坍塌	
拦污栅	拦污栅是否变形	
检修门槽	检修门槽部位是否存在卡阻	
其　他		
泵闸今后管理的建议		
建筑物运行状态及水文、气候情况	上游水位:　　　m　下游水位:　　　m　风向:　　　风力:　天气:　　　气温:　　　℃	
作业时间	自　　　时　　　分起至　　　时　　　分止	
作业人员	信号员:　　　记录员:　　　潜水班负责人:　潜水员:　　　其他有关人员:	
负责人		技术负责人	

第7章

泵闸工程观测作业指导书

7.1　范围

泵闸工程观测作业指导书适用于指导淀东泵闸工程观测，其他同类型泵闸的工程观测可参照执行。

7.2　规范性引用文件

下列文件适用于泵闸工程观测作业指导书：

《泵站技术管理规程》（GB/T 30948—2021）；

《工程测量标准》（GB 50026—2020）；

《水位观测标准》（GB/T 50138—2010）；

《国家一、二等水准测量规范》（GB/T 12897—2006）；

《测绘成果质量检查与验收》（GB/T 24356—2009）；

《水闸安全监测技术规范》（SL 768—2018）；

《水利水电工程安全监测设计规范》（SL 725—2016）；

《水电工程测量规范》（NB/T 35029—2014）；

《卫星定位城市测量技术标准》（CJJ/T 73—2019）；

《水闸技术管理规程》（SL 75—2014）；

《水利水电工程施工测量规范》（SL 52—2015）；

《建筑变形测量规范》（JGJ 8—2016）；

《泵站现场测试与安全检测规程》（SL 548—2012）；

《水利水电工程安全监测设计规范》（SL 725—2016）；

《上海市水闸维修养护技术规程》（SSH/Z 10013—2017）；

《上海市水利泵站维修养护技术规程》（SSH/Z 10012—2017）；

《归档文件整理规则》（DA/T 22—2015）；

淀东泵闸工程设计文件；

淀东泵闸技术管理细则。

7.3 工程观测区域

淀东新建泵闸位于上海市闵行区中春路淀浦河东侧区域,泵站构筑主体为混凝土结构。为了及时了解新建泵闸竣工后闸墩、河道防汛墙等建(构)筑物位置的变化情况,应对闸墩、河道防汛墙等建(构)筑物的位置定期进行水平位移、垂直沉降、扬压力监测,以及闸口区域水下地形测量等。其中河床水下地形采用测量船施测,淀东泵闸测量区域从中春路桥投影正下方至东闸路东侧拦船索,测量区域见图 7.1。

图 7.1　测量区域

7.4 泵闸观测任务书

7.4.1 观测项目

按照《泵站技术管理规程》(GB/T 30948—2021)《水闸技术管理规程》(SL 75—2014)《上海市水闸维修养护技术规程》(SSH/Z 10013—2017)《上海市水利泵站维修养护技术规程》(SSH/Z 10012—2017)及相关设计文件的要求,淀东水利枢纽淀东泵闸工程目前开展的常规观测项目包括上、下游水位,流量,沉降位移,水平位移,扬压力,闸下流态,河床变形,裂缝等观测项目。

工程发生异常变化时应开展其他专门性观测项目,如伸缩缝、混凝土碳化、钢筋应力、混凝土应变、混凝土温度、水质、泥沙等观测。

7.4.2 观测任务书

淀东泵闸工程观测任务书,见表 7.1。

表 7.1 淀东泵闸观测任务书

序号	观测项目	观测时间与测次	观测方法与精度	观 测 成 果 要 求
一	一般性观测			
1	垂直位移	1. 工作基点考证:埋设 5 年内,每年 2 次,6～10 年每年 1 次,以后每 3 年 1 次; 2. 垂直位移标点观测:工程竣工后,前 3 年每季度观测 1 次,竣工后 5～10 年汛前、汛后各 1 次,竣工 10 年后每年 1 次	符合(SL 725—2016)等标准要求	1. 观测标点布置示意图; 2. 垂直位移工作基点考证表(变动时); 3. 垂直位移工作基点高程考证表(3 年 1 次); 4. 垂直位移观测标点考证表(变动时); 5. 垂直位移观测标点高程考证表(变动时); 6. 垂直位移观测成果表; 7. 垂直位移量横断面分布图; 8. 垂直位移量变化统计表(5 年 1 次); 9. 垂直位移过程线(5 年 1 次)
2	水平位移	1. 工作基点考证:埋设 5 年内,每年 2 次,6～10 年每年 1 次,以后每 3 年 1 次; 2. 水平位移标点观测:工程竣工后,前 5 年每季度观测 1 次,竣工后 5～10 年汛前、汛后各 1 次,竣工 10 年后每年 1 次	符合(SL 725—2016)等标准要求	1. 观测标点布置示意图; 2. 水平位移工作基点考证表(变动时); 3. 水平位移工作基点高程考证表(3 年 1 次); 4. 水平位移观测标点考证表(变动时); 5. 水平位移观测标点高程考证表(变动时); 6. 水平位移观测成果表; 7. 水平位移量横断面分布图; 8. 水平位移量变化统计表(5 年 1 次); 9. 水平位移过程线(5 年 1 次)
3	河床变形	1. 引河过水断面观测:上、下游工程竣工后 5 年内每年汛前、汛后各 1 次,以后每年汛前或汛后 1 次; 2. 水下地形观测 5 年 1 次;断面桩顶高程考证 3 年 1 次	符合(SL 725—2016)等标准要求	1. 河床断面桩顶高程考证表(每 3 年 1 次); 2. 河床断面观测成果表; 3. 河床断面冲淤量比较表; 4. 河床断面比较图; 5. 水下地形图(每 5 年 1 次)
4	扬压力观测	泵闸在新建投入使用后,每月观测 15～30 次;运用 3 个月后,每月观测 4～6 次;运用 5 年以上,且工程垂直位移和地基渗透压力分布均无异常情况下,可每月观测 1～3 次	符合(SL 725—2016)等标准要求	1. 渗压计考证表; 2. 测点渗压力水位统计表; 3. 测点的渗压力水位过程线图;渗压力水位与水位(或上下游水位差)相关关系图; 4. 渗流压力(含浸润线位置)分布图及渗流压力平面等势线分布图
5	裂缝观测	1. 混凝土或浆砌石建筑物,裂缝发现初期应每半月观测 1 次,基本稳定后每月观测 1 次,当发现裂缝加大时应增加观测次数,必要时应持续观测; 2. 裂缝发现初期应每天观测,基本稳定的每月观测 1 次,遇大到暴雨时,应随时观测; 3. 凡出现历史最高、最低水位,历史最高、最低气温,发生强烈震动,超标准运用或裂缝有显著发展时,应增测次	符合(SL 725—2016)等标准要求	1. 建筑物裂缝观测记录表; 2. 建筑物裂缝观测标点考证表; 3. 建筑物裂缝观测成果表; 4. 建筑物裂缝位置分布图; 5. 建筑物裂缝变化曲线图

序号	观测项目	观测时间与测次	观测方法与精度	观 测 成 果 要 求
6	上、下游水位观测	1. 上、下游水位观测时间和观测次数要适应1日内水位变化的过程,在一般情况下,日测1~2次; 2. 水尺应定期进行校测,每年至少1次	符合相关规程要求	
7	流量观测	与水位观测同步测算		通过水位监测和根据水位与流量的关系,推求相应的流量
8	闸下流态观测	水闸运行过流时,每天观测2次	符合相关规程要求	闸下流态观测应绘制水流平面形态分布图及水跃形态示意图,分析水流平面形态及水跃对泄流过程的影响
二	专项观测			
1	混凝土碳化深度观测	根据需要不定期进行	符合相关规程要求	混凝土碳化深度观测成果表
2	伸缩缝观测	建筑物伸缩缝观测每年2次	符合相关规程要求	1. 建筑物伸缩缝观测标点考证表; 2. 建筑物伸缩缝观测记录表; 3. 建筑物伸缩缝观测成果表; 4. 建筑物伸缩缝宽度与混凝土温度、气温过程线图
3	水文观测	1. 水文观测由水文测站按现行国家有关规定进行; 2. 在工程控制运用发生变化时,应将有关情况,如时间、上、下游水位、流量、孔数、流态等详细记录、核对	执行相关专业规范	水文观测除按有关规定整理成果外,还应填写以下表格: 1. 工程运用情况统计表; 2. 水位统计表; 3. 流量、引(排)水量、降水量统计表
4	其他观测	根据需要,委托专业观测单位不定期进行,包括: 1. 钢筋应力观测; 2. 混凝土应变观测; 3. 混凝土温度观测; 4. 水质观测; 5. 泥沙观测等	执行相关专业规范	有专业观测单位按规范要求整理观测资料,并提交观测报告
三	其他			1. 工程观测说明; 2. 工程运用情况统计表; 3. 水位统计表; 4. 流量统计表; 5. 观测成果初步分析

注:1. 淀东泵闸位于上海市中春路桥东侧淀浦河河道上,是青松水利控制片东排口门,由排涝泵站和节制闸组成,平面布置为"北泵+南闸"。排涝泵站设计流量90 m³/s,采用3台流量为30 m³/s斜式轴流泵,快速闸门断流,配备3台1 600 kW异步电动机,齿轮箱传动,总装机4 800 kW。节制闸净宽

24 m(2孔),采用潜孔式平面直升门,启闭方式为液压启闭。该工程等别为I等,主要建筑物级别为1级,工程防洪标准为千年一遇,外河高潮位为5.74 m,抗震标准按基本烈度7度设防。

2. 泵闸沉降测量测点数量63个,水平位移测量测点数量40个,河道断面测量10个。

3. 当发生地震、工程超设计标准运用、超警戒水位等可能影响工程安全的情况或发现工程异常时,应增加测次。

4. 工程观测资料成果经管理所审核,并根据审核意见进行完善整理后,按整编要求装订成册存档。

7.5 主要技术要求

（1）泵闸区域水平位移测量按照《工程测量标准》(GB 50026—2020)中四等三角测量的要求执行,有关技术指标见表7.2、表7.3和表7.4。

表 7.2 变形监测的等级划分及精度要求　　　　　　　　　　单位:mm

等级	垂直位移监测		水平位移监测	适 用 范 围
	变形观测点的高程中误差	相邻变形观测点的点位中误差	变形观测点的点位中误差	
二等	0.5	0.3	3.0	变形比较敏感的高层建筑、高耸构筑物、工业建筑、古建筑、特大型和大型桥梁、大中型坝体、直立岩体、高边坡、重要工程设施、重大地下工程、危害性较大的滑坡监测等

表 7.3 水平位移监测控制网的主要技术指标

相邻基点点位误差(mm)	平均边长(m)	测角中误差(″)	测边相对中误差
±3.0	≤200	±1.8	1/100 000

表 7.4 水平角方向观测法的主要技术要求　　　　　　　　　单位:″

等　级	半测回归零差	一测回 2C 互差	同一方向各测绘较差
二　等	6	9	6

（2）泵闸沉降监测按照《国家一、二等水准测量规范》(GB/T 12897—2006)中二等水准要求执行,有关技术指标见表7.5和表7.6。

表 7.5 数字式水准仪二等水准观测的视线高度、长度,前后视距差的要求

项目 等级	标尺类型	视　距（m）	前后视距差（m）	前后视距累计差（m）	重复测量次数
二　等	条　码	≤30	≤1.5	≤1.5	3

表7.6 水准测量精度满足垂直位移基准网的主要技术要求 单位:mm

等 级	相邻基准点高差中误差	每站高差中误差	往返较差或环线闭合差	检测已测高差较差
二 等	0.5	0.15	$0.3\sqrt{n}$	$0.4\sqrt{n}$

注:表中 n 为测站数。

(3)泵闸河道断面测量按照《水运工程测量规范》(JTS 131—2012)关于水深测量和断面测量的章节规定执行,部分技术指标见表7.7、表7.8和表7.9。

表7.7 测深定位点点位中误差限差值 单位:mm

测图比例尺	测深定位点点位中误差限差值
≤1:5 000	图上1.0
1:5 000	图上1.5

表7.8 深度误差限值 单位:m

水深范围	≤20	>20
深度误差限值	±0.15	±0.01

表7.9 GNSS RTK 平面测量技术要求

等级	相邻点间距离(m)	点位中误差(cm)	相对中误差	起算点等级	流动站到单基准站间距离(km)	测回数
二级	≥300	≤±5	≤1/10 000	四等及以上	≤6	≥3

注:GNSS采用北京54坐标系。

7.6 工作组织及要求

7.6.1 观测工作组织

管理所委托迅翔公司负责淀东泵闸一般性观测项目的实施,以及配合专业观测单位进行相关专项观测。观测工作完成后,迅翔公司负责观测资料的收集、整理、分析、整编工作,对发现的异常现象做专项分析,必要时会同科研、设计、施工人员做专题研究。

每年年底迅翔公司对当年观测资料进行汇编,并将汇编成果报管理所上级主管部门审查。

7.6.2 观测工作要求

（1）观测工作的基本要求是：保持观测工作的系统性和连续性，按照规定的项目、测次和时间，在现场进行观测。观测要求做到"四随"（随观测、随记录、随计算、随校核）、"四无"（无缺测、无漏测、无不符合精度、无违时）、"四固定"（人员固定、设备固定、测次固定、时间固定），以提高观测精度和效率。

（2）观测人员应树立高度的责任心和事业心，严格遵守泵闸工程观测作业指导书规定，确保观测成果真实、准确和符合精度要求。所有资料应按规定签署姓名，切实做到责任到人。

（3）每次观测结束后，观测人员应对记录资料进行计算和整理，并对观测成果进行初步分析，如发现观测精度不符合要求应立即重测。如发现其他异常情况应立即进行复测，查明原因并报上级主管部门，同时加强观测，并采取必要的措施。严禁将原始记录留到资料整编时再进行计算和检查。

（4）观测人员对一切外业观测值和记事项目，均应在现场直接记录于规定手簿中（数字式自动观测仪器除外）；需现场计算检验的项目，应在现场计算填写；如有异常应立即复测。外业原始记录应使用 2H 铅笔记载，内容应真实、准确，记录的字迹应力求清晰端正，不得潦草模糊。手簿中任何原始记录严禁擦去或涂改。原始记录手簿每册页码应予连续编号，记录中间不得留下空页，严禁缺页、插页。如某一观测项目观测数据无法记于同一手簿中，在内业资料整理时可以整理在同一手簿中，但应注明原始记录手簿编号。

（5）观测人员在对资料初步整理、核实无误后，应将观测报表于规定时间报送上级主管部门。每年初应将上一年度各项观测资料整理汇总，归入技术档案永久保存。

（6）工程施工期间的观测工作暂时交由施工单位负责。在工程施工期间，施工单位应采取妥善防护措施，如施工时需拆除或覆盖现有观测设施，应在原观测设施附近重新埋设新观测设施，并加以考证。观测工作在交付管理所管理后，由迅翔公司负责进行观测。

（7）观测设施应妥善维护，观测仪器每年应由专业计量单位鉴定 1 次，并取得合格证书。自动观测设备需要定期进行人工观测对比，并提供相应的资料。

7.6.3 泵闸工程观测流程

泵闸工程观测流程，见图 7.2。

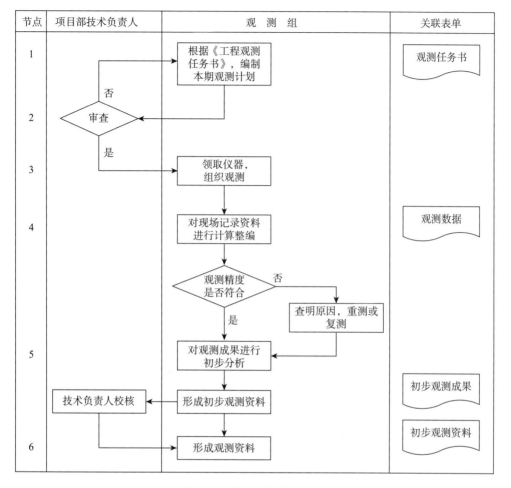

节点	项目部技术负责人	观 测 组	关联表单

图 7.2 泵闸工程观测流程图

7.7 控制测量、沉降位移观测

7.7.1 控制测量

为了保证测量精度,迅翔公司应利用 GPS 静态测量方法进行测量,同步观测时间应大于 1 h。考虑到首级控制起算点的稳固性和长期使用性,淀东泵闸监测目前使用较先进的 GPS 测量方法。选择点位稳固信号覆盖上海市区的多个 GPS 基准站作为监测区域首级平面控制的坐标起算点,GPS 测量优越性在于定位精度高、不受时间和场地的限制并可将平面控制数据传递给各测区内。GPS 平面控制测量前,应按规范要求进行必要项目的检验。GPS 网相邻点间弦长精度和主要技术要求,应符合《全球定位系统(GPS)测量规范》(GB/T 18314—2009)规定,参见表 7.10。

表 7.10　GPS 网相邻点间弦长精度和主要技术要求

等　级		二　等	三　等	四　等	一　级	二　级
接收机类型		双　频	双频或单频	双频或单频	双频或单频	双频或单频
仪器标称精度		10mm+2ppm	10mm+5ppm	10mm+5ppm	10mm+5ppm	10mm+5ppm
观　测　量		载波相位	载波相位	载波相位	载波相位	载波相位
卫星高度角(″)	静　态	≥15	≥15	≥15	≥15	≥15
	快速静态				≥15	≥15
有效观测卫星数(个)	静　态	≥5	≥5	≥4	≥4	≥4
	快速静态				≥5	≥5
观测时段长度(min)	静　态	30～90	20～60	15～45	10～30	10～30
	快速静态				10～15	10～15
数据采集间隔(s)	静　态	10～30	10～30	10～30	10～30	10～30
	快速静态	-			5～15	5～15
点位几何图形强度因子 PDOP		≤6	≤6	≤6	≤8	≤8

　　淀东泵闸高程控制采用吴淞高程系统,以 4 - 534 为起算点,起算高程为 4.920 64 m。按国家二等水准测量的要求进行往返观测,形成附合水准环线。水准测量按照《国家一、二等水准测量规范》(GB/T 12897—2006)中二等水准测量的要求执行。

7.7.2　垂直位移观测

1. 一般要求

(1) 淀东泵闸位移每年观测 2 次,分别在汛前和汛后进行。若发生超过设计水位标准或其他影响建筑物安全的情况时,应增加测次。

(2) 工程采用二等水准观测。水准工作基点的高程由邻近的水准基点引测,每 5 年考证 1 次并定期校测,垂直位移量以向下为正,向上为负。

(3) 垂直位移观测应同时观测记录上、下游水位、工程运用情况及气温等。

(4) 淀东泵闸设沉降标点 63 个,其中,泵房、闸室、进水池、出水池、清污机桥、出水渠边墩首尾各设 1 个沉降标点,用来进行泵房及闸室、进出水池等沉降观测。

(5) 各沉降观测点的监测,参照《国家一、二等水准测量规范》(GB/T 12897—2006)要求,采用精密水准仪、水准尺、尺垫等,以二等水准精度要求施测。测量由水准工作基点引测各沉降点高程,最终回到水准工作基点,形成闭合水准线路,经过闭合差分配改正后计算出高差,再推算出测站高程,监测点初始高程取 2 次测量平均值。

2. 观测工作准备

(1) 检查设置观测现场,检查工作基点及观测标点的现状,对被杂物掩盖的标点及时清理,观测标点编号示意牌应清晰明确。

（2）观测设备（参见图7.3和图7.4）应定期检查，确保其性能良好。观测用电子水准仪应在检测有效期内，相关检测资料齐全。卷尺、地垫应完好，钢瓦尺上下圆水准泡应一致，脚架完好，开合正常。

图7.3　中纬ZDL700型观测仪

图7.4　中纬Zenith15RTK型观测系统

（3）组建的观测队伍应配有观测1人，扶尺2人，因使用电子水准仪观测而不需要记录人员。观测队伍、观测路线需固定，不得中途更换人员。

（4）确定观测线路。观测人员在工程观测前，应进行垂直位移观测线路的设计，并绘制垂直位移观测线路图。线路图中应标明工作基点、垂直位移标点及测站和转点位置，以及观测路线和前进方向。线路图一经确定，在地物、地貌未变的情况下不得变动，并在每次测量前复制1份附于记录手簿的第1页。观测前，观测人员应按照观测线路图检查工程测点是否完好，有障碍物阻挡立即现场清理，保证观测工作顺利进行。

7.7.3　垂直位移观测外业工作操作要点

电子水准仪进行垂直位移观测的操作要点：在未知两点间，摆开三脚架，从仪器箱取出水准仪安放在三脚架上，利用3个机座螺丝调平，使圆气泡居中，接着调平管水准器；将望远镜对准已知点A上的后尺，再次调平，读出后尺的读数（后视），把望远镜旋转到未知点B的前尺，调平，读出前尺的读数（前视），记到记录本上。垂直位移观测计算公式为：两点高差＝后视－前视（$h_{AB}=a-b$），如图7.5所示。

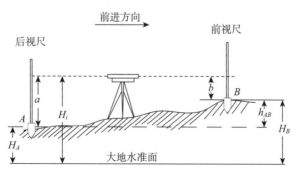

图7.5　水准测量原理图

7.7.4 设站操作流程

1. 安置

安置是将仪器安装在可以伸缩的三脚架上并置于两观测点中间,前后视距误差需在规范规定范围内。观测时首先打开三脚架并使高度适中,用目估法使架头大致水平并检查脚架是否牢固,然后打开仪器箱,用连接螺旋将水准仪器连接在三脚架上。

2. 粗平

电子水准仪只需要粗平,粗平是使仪器的视线粗略水平,是利用脚螺旋置圆水准气泡居于圆指标圈之中。在粗平过程中,气泡移动的方向与大拇指运动的方向一致。如图 7.6 所示。

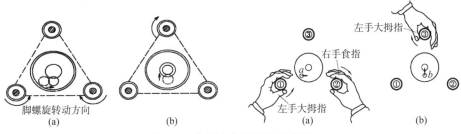

图 7.6 电子水准仪操作示意图

3. 瞄准

瞄准是使用望远镜准确地瞄准目标,如图 7.7 所示。首先是把望远镜对向远处明亮的背景,转动目镜调焦螺旋,使十字丝最清晰,再旋转望远镜,使照门和准星的连接对准水准尺中央条码,最后转动物镜旋钮,使水准尺中央条码的清晰地落在十字丝平面上,条码成像应清晰。

瞄准水准尺

图 7.7 测量示意图

4. 读数

成像清晰后轻按观测按钮,仪器自动观测,观测成功仪器响一声,显示器上随之出现读数,响 2 声则说明观测有错误,须按仪器提示内容进行检查。

注:水准仪使用步骤一定要按上面顺序进行,不能颠倒,特别是读数前的水准气泡调整,一定要在读数前进行。每一测段的观测,应在上午或下午1次测完。每一工程的观测应尽量在1天内观测结束,观测间隙时应放在工作基点上。

7.7.5 测站观测顺序

1. 一、二等水准测量观测顺序

(1)奇数测站照准标尺分划的顺序为:

后视标尺→前视标尺→前视标尺→后视标尺。

(2)偶数测站照准标尺分划的顺序为:

前视标尺→后视标尺→后视标尺→前视标尺。

2. 三等水准测量每测站照准标尺分划的顺序

后视标尺→前视标尺→前视标尺→后视标尺。

3. 四等水准测量每测站照准标尺分划的顺序

后视标尺→后视标尺→前视标尺→前视标尺。

4. 注意事项

观测中视点时,其前后视距差应控制在5 m以内,个别特殊死角超过5 m时应加以说明。

(1)观测前30 min,应将仪器置于露天阴影下,使仪器与外界气温趋于一致;设站时,须用白色测伞遮蔽阳光;迁站时,应罩仪器罩。

(2)在连续各测站上安置水准仪的三脚架时,应使其中两脚与水准路线的方向平行,第三脚轮换置于路线方向的左侧与右侧。

(3)除路线转弯处外,每一测站上仪器与前后视标尺的3个位置,应尽量接近1条直线。

(4)同一测站上观测时,不得2次调焦。

(5)每一测段无论往测与返测,其测站数均应为偶数。由往测转向返测时,2支标尺须互换位置,并应重新整置仪器。

(6)垂直位移观测时,应自工作基点引测各垂直位移标点高程,不应从垂直位移标点再引测其他标点高程,严禁从中间点引测其他各测点高程。

(7)如因工程维修或施工需要移动标点时,应在原标点附近埋设新点,对新标点进行考证,计算新、旧标点差值后填写考证表,并详加说明,以保证新、旧标点的连续性。当需增设新点时,可在施工结束埋设新标点后进行考证,并以同一块底板邻近标点的位移量近似作为新标点的位移量,以此推算出该标点的始测高程。

(8)日出后与日落前30 min内、太阳中天前后各约2 h内、标尺分划线的影像跳动而难于照准时、气温突变时、风力过大而使标尺与仪器不能稳定时,不得进行观测。

7.7.6 资料整理与初步分析

(1)每次观测外业工作结束后,观测人员应及时对成果计算、校核。当闭合差大于1 mm以上时,应进行平差计算,平均每测站高差改正值为$-\Delta h / N$(Δh为闭合差,N为测站数),据此计算每测站高程,并以正确高程计算各中视点高程。在经过校核的基础上,应由计算、校核者以外的第三者进行二校,确认观测成果无误,即可编制垂直位移观测成果报表,报上级主管部门。测量、报表填制、校核人员以及主要技术负责人都应在报表上签字。

（2）在编制报表的同时,观测人员应检查间隔垂直位移量有无异常,如发现有异常现象,应从原始记录查起,检查本次观测成果有无计算错误,报表有无填制、计算错误,在确认上述均无错误的情况下,对异常点应进行复测,并将观测记录归入档案。

（3）垂直位移观测应填写下列表格:

① 工作基点考证表:工作基点埋设时填制,并绘制基点结构图,以后不必再填;

② 工作基点高程考证表:定期校测工作基点高程时填制;

③ 垂直位移标点考证表:以工程底板浇筑后第一次测定的标点高程为始测高程,如无施工期观测记录,则应将第一次观测的高程为始测高程,但应在备注中说明第一次观测与底板浇筑后的相隔时间;如标点更新或加设,应重新填记本表,并在备注中说明情况;

④ 垂直位移观测成果表:按工程部位自上游向下游,从左向右分别填写,算出间隔和累计位移量;间隔位移量为上次观测高程减本次观测高程;

⑤ 垂直位移量变化统计表:该表系根据较长时间观测所得的位移量汇总而成。通过它可点绘出垂直位移量变化过程线图,此表于逢五、逢十年度的资料汇编时填报。

（4）填表时,高程单位为 m,精确至 0.000 1 m。垂直位移量单位为 mm,精确至 0.1 mm。

（5）垂直位移观测应绘制下列图形:

① 垂直位移量横断面分布图:主要反映在同一横断面上相邻点位移情况,通过分布图可以看出基础是否发生不均匀沉陷;该图分上、下游两侧 2 个横断面分布曲线图,图上应与两侧岸墙的垂直位移量线相连;

② 垂直位移量变化过程线图:一般同一块底板各点的垂直位移量变化过程线绘于一张图上,目的是分析同一块底板垂直位移量与时间的变化关系。

7.7.7　电子水准仪操作步骤

1. 设置观测仪器

观测开始前要设置好本次观测的任务名称、线路名称、操作者、设置限差、工作基点高程。电子水准仪如图 7.8 所示。

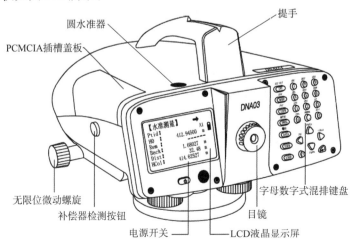

图 7.8　电子水准仪

2. 仪器操作程序

(1) 开机。

(2) 设置任务界面,设置任务→上下键选择"线路测量"→确认进入线路测量界面。

(3) 线路测量设置界面,确认→进入作业设置界面→选择"增加"设置新作业→输入作业名称→移动屏幕反显→确认。

(4) 设置线路,设置读尺顺序→设置基点编号→设置基点高程→确认。

(5) 限差设置,分别调整各限差。二等水准前后视距差 1 m,三等水准前后视距差 2 m;二等水准总视距差 3 m,三等水准前后视距差 5m;二等水准视线长度 50 m,三等水准视线长度 100 m;二等水准标尺下读数 0.3 m,三等水准标尺下读数 0.1 m;二等水准 2 次所测高差之差 0.000 6 m,三等水准 2 次所测高差之差 0.000 8 m;二等水准 2 次读数差 0.000 4 m,三等水准 2 次读数差 0.000 6 m。参见表 7.11。

表 7.11 电子水准仪限差设置表

水准等级	一 等	二 等	三 等
前后视距差(m)	0.5	1.0	2.0
总视距差(m)	1.5	3.0	5.0
视线长度(m)	30.0	50.0	75.0
水准标尺下读数(m)	0.5	0.3	可读数
2 次所测高差之差(mm)	0.4	0.6	1.5
2 次读数差(mm)	0.3	0.4	1.0

(6) 限差设置完成后开始测量信息显示界面。若要将读数次数修改为 2 次,按"MODE"按钮→测量模式→左右键选择(Mean 为读 2 次,Single 为读 1 次)→确认。

(7) 开始观测,目镜中标尺条码应清晰,且在十字分划中时按"测量"键开始观测,观测时按照屏幕箭头指示分别读取前后标尺读数,仪器自动计算无误或无超限后进入下一站观测。

(8) 中视点的观测,按"INT"按钮进入碎部测量界面→移动"方向键"至"返回"上→确认→回到线路界面。

(9) 观测完成后的数据按"DATA"按钮进入数据管理界面→选择"4"数据输出→选择文件名→修改输出数据名称→确认输出,一般默认至 CF 卡。

(10) 按照设定好的线路进行观测工作。

7.8 水平位移观测

7.8.1 一般要求

(1) 淀东泵闸水平位移每年观测 2 次,分别在汛前和汛后进行。若发生超过设计水位标准或其他影响建筑物安全的情况时,应增加测次。

（2）工程采用二等水准观测。水准工作基点的高程由邻近的水准基点引测，每3年引测1次并定期校测，水平位移量以东西方向为Y，南北方向为X。

（3）淀东泵闸水平位移观测标点与沉降标点相结合，不再另设。

7.8.2 观测工作准备

（1）观测前，项目部应设置观测现场，检查工作基点及观测标点的现状，对被杂物掩盖的标点及时清理，对缺少或破损的标点及时重新埋设，重新埋设的标点15天后方可进行观测，观测标点编号示意牌应清晰明确。

（2）观测人员应定期检查观测设备，确保其性能良好。观测用仪器应在检测有效期内，相关检测资料齐全。

（3）观测队伍应配有观测2人，且需相对固定，不得中途更换人员。

7.8.3 观测方法与要求

1. 水平位移监测基准网

水平位移监测基准网可采用三角形网、导线网、卫星定位测量控制网和视准轴线等形式。当采用视准轴线时，轴线上或轴线两端应设立校核点。

水平位移监测基准网宜采用独立坐标系统，并应进行1次布网。专项工程需要时，可与国家坐标系统联测。

平面控制网的建立，可采用卫星定位测量、导线测量、三角形网测量等方法。

卫星定位测量可用于二、三、四等和一、二级控制网的建立；导线测量可用于三、四等和一、二、三级控制网的建立；三角形网测量可用于二、三、四等和一、二级控制网的建立。

2. GPS—RTK测量技术

RTK(Real Time Kinematic)实时动态测量技术，是以载波相位观测为根据的实时差分GPS(RTDGPS)技术，它是测量技术发展历程中的一个突破，它由基准站接收机、数据链、流动站接收机3部分组成。在基准站上安置1台接收机为参考站，对卫星进行连续观测，并将其观测数据和测站信息通过无线电传输设备，实时地发送给流动站，流动站GPS接收机在接收GPS卫星信号的同时，通过无线接收设备，接收基准站传输的数据，然后根据相对定位的原理，实时解算出流动站的三维坐标及其精度（即基准站和流动站坐标差$\triangle X$、$\triangle Y$、$\triangle H$，加上基准坐标得到的每个点的WGS—84坐标，通过坐标转换参数得出流动站每个点的平面坐标X、Y和海拔高H）。

（1）测量方法。控制点观测仪器使用GPS接收机，采用网络RTK测量（城市网路RTK测量），坐标系统为上海城市坐标系。使用RTK技术进行平面位置测量时均应满足相关规定，主要要求如下：

① 网络RTK的用户应在城市CORS系统服务中心进行登记、注册，已获得系统服务的授权；

② 网络RTK测量应在CORS系统的有效服务区域内进行；

③ 网络RTK测量应符合《卫星定位城市测量技术标准》(CJJ/T 73—2019)及《卫星定位测量技术规范》(DG/T J08—2121—2013)要求。

（2）控制点的点位选择要求：

① 便于安置接收设备和操作，视野开阔，视场内障碍物的高度角不宜超过 15°；

② 控制点点位不应超出最外围参考站连线 10 km 范围；

③ 远离大功率无线电发射源（如电视台、电台、微波站等），距离不小于 200 m；远离高压输电线和微波无线电信号传送通道，距离不应小于 50 m；

④ 附近不应有强烈反射卫星信号的物件（如大型建筑物等）；

⑤ 交通方便，并有利于其他测量手段扩展和联测；

⑥ 选站时应尽可能使测站附近的局部环境（地形、地貌、植被）与周围的大环境保持一致，以减小气象元素的代表性误差。

（3）控制点的点位采集要求：

① 接收机内参数设置必须正确无误，数据采集器内存卡有足够的储存空间；

② 天线高度设置应与天线高的量取方式一致；

③ 平面收敛阈值不应超过 2 cm，垂直收敛阈值不应超过 3 cm；

④ 观测前应对仪器进行初始化，观测值得到固定解且收敛稳定后才可记录，每测回的自动观测个数不应少于 10 个观测值，并应取平均值作为定位结果，经纬度纪录至秒后 5 位以上，平面坐标和高程应记录至 mm；

⑤ 测回间应对仪器进行重新初始化，测回间的时间间隔应超过 60 s；

⑥ 测量过程中仪器的圆气泡应严格居中；

⑦ 应采用常规方法进行边长、角度或导线联测检核。

（4）测量仪使用步骤：

① 首先设置基准站网络模式，打开手簿中的 Hcconfig 软件，点击主界面上的"连接"，点击"搜索设备"，选择基准站，然后点击下方的"连接"；

② 蓝牙连接成功后，退回主界面，选择"RTK"，接收机模式设置为"自启动基准站"，然后点击右下方的"设置"；

③ 退回主界面，点击"电台与网络"，基准站工作模式设置为"网络"，通信协议设置为"APIS"，输入"服务器""IP 地址""端口"后，点击右下角的"设置"，完成基准站网络模式设置；

④ 设置移动站网络模式，打开 LandStar 软件，点击主菜单上的"设备"，进入蓝牙连接页面，将连接方式设置为"蓝牙"，然后点击后方的"放大镜"选择移动站进行连接，连接类型为"移动站"，之后点击右下方的"√"完成设置；

⑤ 蓝牙连接成功后，选择"移动站设置"设置移动站"差分格式"（与基准站一致），然后点击右下方的"√"完成设置；

⑥ 移动站设置后，选择"通讯方式"，设置移动站工作模式为"网络"，通信协议设置为"APIS"，"基站"输入基准站的 SN 号，输入"服务器""IP 地址""端口"后，点击右下角的"设置"后自动登录，界面会提示"登录成功"，点击"√"完成移动站网络设置。

7.8.4　资料整理与初步分析

（1）每次观测外业工作结束后，应及时对成果进行计算、校核。在经过校核的基础上,应由计算、校核者以外的第三者进行二校,确认观测成果无误,即可编制水平位移观测成果报表报上级主管部门。测量、报表填制、校核人员以及主要技术负责人都应在报表上签字。

(2) 在编制报表的同时,应检查间隔水平位移量有无异常,如发现有异常现象,应从原始记录查起,检查本次观测成果有无计算错误,报表有无填制、计算错误,在确认上述均无错误的情况下,对异常点应进行复测,并将观测记录归入档案。

(3) 水平位移观测应填写下列表格:

① 工作基点考证表:工作基点埋设时填制,并绘制基点结构图,以后不必再填;

② 工作基点考证表:定期校测工作基点时填制;

③ 水平位移标点考证表:如标点更新或加设,应重新填记该表,并在备注中说明情况;

④ 水平位移观测成果表:按工程部位自上游向下游,从左向右分别填写,算出间隔和累计位移量;

⑤ 水平位移量变化统计表:该表根据较长时间观测所得的位移量汇总而成,通过它可点绘出水平位移量变化过程线图,此表于逢五、逢十年度的资料汇编时填报。

(4) 填表时,水平位移量单位为 mm,精确至 1 mm。

(5) 水平位移观测应绘制下列图形:

① 水平位移量横断面分布图:主要反映在同一横断面上相邻点位移情况;

② 水平位移量变化过程线图。

7.9 引河河床变形观测

7.9.1 一般要求

引河河床变形观测包括引河岸上部分和水下地形观测。岸上部分指过水断面向两侧延伸至两岸堤顶,水下地形是指河道设计水位或多年平均水位以下的河床地形。

淀东泵闸引河观测为每年汛后观测 1 次,大断面观测及水下地形观测为每 5 年进行 1 次,断面桩桩顶高程考证为每 3 年考证 1 次。

出现下列情况时,应增测过水断面和水下地形:

(1) 泄放流量超过设计流量;

(2) 单宽流量超过设计值;

(3) 河床严重冲刷未处理,并且控制运用较多;

(4) 在观测过程中,如发现严重冲刷或淤积时,应在发现的断面前后位置增设断面,测出冲坑或淤堆的范围。

7.9.2 断面布置

河道测深断面布设基本与河道岸线或河道中心线相垂直,淀东泵闸管理区共布设河道横断面 10 条。如图 7.9 和图 7.10 所示。

断面测量先根据设计位置在两岸放样确定各断面线两岸端点,保证实际测线偏差设计位置在规范要求范围内。

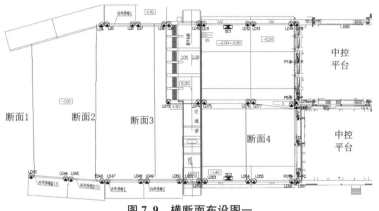

图 7.9　横断面布设图一

图 7.10　横断面布设图二

7.9.3　观测准备

(1) 检查观测现场和断面桩的现状,对被掩盖的及时清理,对缺少或破损的及时重新埋设,重新埋设的 15 天后方可进行观测。观测编号示意牌应清晰明确。

(2) 观测仪器在有效期内,观测用测深仪应在检测有效期内,相关检测资料齐全。卷尺、断面索、测深锤完好,船只准备好。

(3) 组建的观测队伍应配有观测 1 人、记录 1 人、船工 1 人,观测人员需固定,不得中途更换。

7.9.4　观测方法与要求

1. 桩顶高程考证

按三等水准测量要求进行。

2. 测点的选择与测量

(1) 用 GPS 或者全站仪观测,一般以地形转折点为测点,如地形比较平坦,间距可适当拉长,高程精确到 1 cm。

(2) 岸上和水下地形测量宜同时进行。

7.9.5 GPS观测方法

1. 新建项目

通常情况,每做一个工程都需要新建一个项目。

(1) 点击"项目"→"新建"→输入项目名→"√"。

(2) 点击→"参数"→坐标系统(圆椭球不改,地方椭球改为地方施工坐标一致即可)→"投影"→"中央子午线"(输入当地大概经度)→"保存"。

2. 设置基准站

(1) 手簿连接上基准站,点击"基准站设置"→(输入点名-天线高)→点击"平滑"→(10次"平滑"结束后)"√"。

(2) 点击"数据链"→外部数据链。

(3) 点击"其他"→电文格式→CMR。

(4) 点击"确定",基准站设置成功。

3. 设置移动站

(1) 手簿断开蓝牙断开基准站,连接上移动站。

(2) 点击"移动站设置"→"数据链"→内置电台→频道(与电台上设置频道一样)。

(3) 点击"其他"→差分电文格式→CMR。

(4) 点击"确定",移动站设置成功。

4. 求转换参数

(1) 点击主界面上的"测量"按钮,进入碎部测量界面(如图7.11和图7.12)。

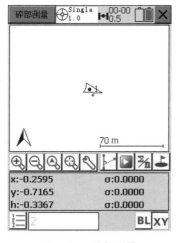

图7.11 碎部测量

图7.12 保存控制点

(2) 求解转换参数和高程拟合参数。

① 回到软件主界面,点击"参数"→左上角下拉菜单→"坐标系统"→"参数计算",进入求解参数视图(如图7.13和图7.14)。

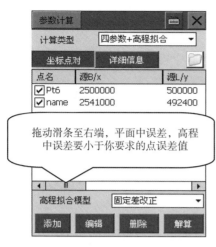

图 7.13　求解参数

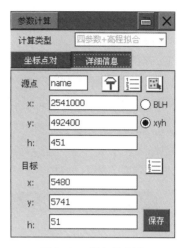

图 7.14　添加控制点

② 点击"添加"按钮,弹出右上图,要求分别输入源点坐标和目标点坐标,点击从坐标点库提取点的坐标,从记录点库中选择控制点的原点坐标,在目标坐标中输入相应点的当地坐标;点击"保存",重复添加,直至将参与解算的控制点加完;点击右下角"解算"按钮,弹出求解好的四参数,点击"运用"。

注:4 参数中的缩放比例为一非常接近 1 的数字,越接近 1 越可靠,一般为 $0.999X$ 或 $1.000X$。

③ 平面中误差、高程中误差表示点的平面和高程残差值,如果超过要求的精度限定值,说明测量点的原始坐标或当地坐标不准确,残差大的控制点,不选中点前方的打勾,不让其参与解算,这对测量结果的精度有决定性的影响。

④ 在弹出的参数界面(如图 7.15 和图 7.16)中,查看"平面转换"和"高程拟合"是否应用,确认无误后,点击右上角"保存",再点击右上角"×",回退到软件主界面。

图 7.15　应用转换参数

图 7.16　检查转换参数

注:小于 3 个已知点,高程只能做固定差改正;大于等于 3 个已知点,则可做平面拟合;大于等于 6 个已知点,则可做曲面拟合;而做平面拟合或曲面拟合时,应在求转换参数

前预先进入"参数"→"高程拟合"菜单进行设置。

5.碎部测量、放样

(1)碎部测量。点击主界面上的"测量"按钮,进入"碎部测量"界面,在需要采集点的碎部点上,对中、整平 GPS 天线,点击右下角的或手簿键盘"F2"键 保存坐标。可点击屏幕左下角的 碎部点库图标,查看所采集的记录点坐标。

(2)点放样。点击左上角下拉菜单,点击"点放样",弹出界面(如图 7.17),点击左下角 图标(表示放样下一点),弹出如图 7.18 所示界面,输入放样点的坐标或点击"点库"从坐标库取点进行放样。

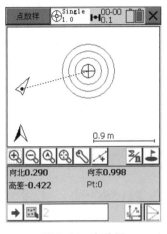

图 7.17 点放样

图 7.18 选择点

(3)线放样。点击左上角下拉菜单,选择"线放样"按钮。

(4)如图 7.19 所示,点击 图标,选择线段类型,输入线段要素,然后点击 图标找下一点,弹出如图 7.20 所示界面,输入里程,定义里程加常数后确定,根据图 7.19 所示的"放样指示"进行放样。

图 7.19 线放样

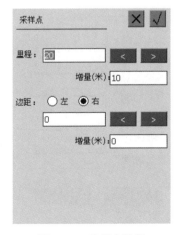

图 7.20 放样点选择

注:一般当求解好一组参数后,假如还要在同一测区作业,建议将基准站位置做记号,基准站坐标、投影参数、转换参数等信息都记录下来,当下次作业时,建议将基准站架设在

相同的位置,打开原来使用过的项目设置基准站,修改基准站天线高,检查参数正确后,移动站即可得到正确的当地坐标。

7.9.6 资料整理与初步分析

(1)引河河床变形观测应填写下列表格:

① 河床断面桩顶高程考证表:断面桩埋设后,应在桩基混凝土固结后即接测桩顶高程,并填写考证表,以后每隔 3 年考证 1 次,按四等水准测量的要求进行观测,如发现断面桩缺损,应及时布设并进行观测;

② 河床断面观测成果表:应将过水断面观测成果与大断面观测资料水上部分一起填入该表;起点距从左岸断面桩开始起算,以向右为正,向左为负;填写该表时,应从左岸向右岸按起点距大小顺序填写。

(2)河床断面变化比较表:计算、统计河床断面的深泓高程、断面面积、河床容积、冲淤量等,并与标准断面及上次观测成果进行比较;标准断面一般采用设计或竣工断面,如无上述资料,也可采用第一次断面观测资料进行比较;计算水位一般采用设计水位或正常水位(略高于历史最高水位)。

(3)填表应符合以下规定:

① 起点距、断面宽填至 0.1 m;

② 水深、高程精确至 0.01 m;

③ 断面积精确至 1 m^2;

④ 河床容积、冲淤量精确至 1 m^3。

(4)引河河床变形观测应绘制下列图形:

① 河床断面比较图:根据过水断面观测成果表从左岸到右岸逐点点绘,并与上次观测成果及标准断面比较;

② 引河水下地形图:图的比例一般选用 1/1 000～1/2 000,根据工程大小及所测范围,一般在 200 m 内可取 1/1 000,超过 400 m 取 1/2 000,须视工程具体情况选用。一般采用上、下游分别绘制,并尽可能将实测点特别是深泓高程点保留,作为注记点;等高线的首曲线间距应根据图幅大小和比例尺确定,但一般情况下不宜超过 1 m。

7.9.7 无人船测量方法

水下测量采用无人船搭载南方 RTK 和测深仪的方式。智能无人船平台可实现无人遥控、GPS 自动导航、自主航行,能够搭载不同的仪器设备进行多个领域的水上作业,也可搭载测深仪实现对水下地形进行测量。使用无人船可以最大限度地规避人员安全隐患,极大提高水下作业的机动性和效率。目前市面上常见的无人船包括中海达 iBoat、华测华微、南方方州型号等。无人船根据船型的不同,可分为单体船、双体船和三体船等。

1. 常用无人船技术参数

以中海达 iBoat BS3 型无人船及华测华微 3 号型无人船(参见图 7.21)为例,归纳其主要技术参数如下:

图 7.21　华微 3 号型无人船

(1) 船体尺寸为长 1.0～1.1 m,宽 0.52～0.65 m,高 0.3 m;

(2) 重量为 7 kg(空载);

(3) 船型为单体船/三体船;

(4) 抗风浪等级为 3 级风、2 级浪;

(5) 吃水深度为 10 cm;

(6) 续航能力为 4～6 h(2 m/s 速度);

(7) 最大航行速度为 6～8 m/s;

(8) 动力装置为涵道式推进器,推进器采用直流无刷电机驱动;

(9) 测深范围为 0.15～300 m;

(10) 测深精度为 ± 1 cm$+0.1\%h$(h 为水深);

(11) 安全性参数为可支持船体低压电或失联自动返航、浅滩自动倒车、超声波避障及视频观察等。

2. 常用无人船测量方法

(1) 准备工作:

① RTK 基站的架设;

② 控制点的校准及结果验证;

③ 布置测线及自动导航任务点的规划;

④ 无人船下水前动力、通讯检测。

(2) 下水测量:下水测量主要是按设定的计划线进行数据采集,过程中不定时查看无人船及数据状态。

(3) 数据处理:无人船测量数据处理即单波束测量数据的处理,采用无人船自带软件集成数据采集及后处理。

(4) 资料后处理、内业成图:所有测量数据经计算、处理后,制作成图表,即控制测量数据经平差处理后制作成控制测量成果表并制作点之记;图形数据通过 CASS 成图软件进行后处理完成,生成地形图和断面图,并手工对部分计算结果进行抽查及合理性检查。

3. 无人测量船使用注意事项

(1) 锂电池使用说明如下:

① 电池贮存应该存放在阴凉干燥环境,最佳温度为－20 ℃～35 ℃;

② 切勿拆开电池外壳；

③ 严禁挤压、撞击电池；

④ 严禁过充电和过放电；

⑤ 严禁正负极短路；

⑥ 定期对长时间放置的电池进行充电。

（2）锂电池充电说明如下：

① 使用专用充电器进行充电；

② 使用锂电池充电器时先插电池充电口，再将充电器接入电源；

③ 锂电池充电中，充电器指示灯为红色；充满电，充电器指示灯为绿色；

④ 锂电池充满电后，先将充电器断电，再将电池取下。

（3）船下水前检查事项如下：

① 测区环境内浅滩范围、漂浮物情况等；

② 动力是否正常；

③ 天线是否安装妥当；

④ 软件是否注册、报错及接入正确数据。

（4）测量过程中注意事项如下：

① 注意速度变化及警告信息；

② 注意 APP 上的状态信息；

③ 确保船和测量人员安全；

④ 注意无人船的电量。

（5）测量结束后注意事项如下：

① 结束导航软件上测量；

② 关闭船上开关；

③ 拧下船上天线，妥善放置；

④ 关闭船上的测深仪；

⑤ 打开舱盖放置一段时间，去除潮气；

⑥ 冬季测量完毕后，使发动机空转 30 s，防止其结冰。

7.10 扬压力观测

7.10.1 观测设施布置

淀东泵闸底板下设 3 组渗压计，每组 5 支，共 15 支，已于工程施工期间设置，并实现自动采集数据。

（1）测点的数量及位置，应根据水闸、泵站的结构形式、地下轮廓线形状和基础地质情况等因素确定，并应以能测出基础扬压力的分布和变化为原则，一般布置在地下轮廓线有代表性的转折处，建筑物底板中间应设置 1 个测点。

（2）沿建筑物的岸墙和工程上、下游翼墙应埋设适当数量的测点，对于土质较差的工程墙后测压管应加密布置。

（3）测压断面应不少于 2 组，每组断面上测点不应少于 3 个。

（4）测压管管口高程宜按不低于三等水准测量的要求，每年校测 1 次。测压管灵敏度检查可 3～5 年进行 1 次。

（5）测压管管口应设置封堵保持措施，当发现测压管被碎石等硬质材料堵塞时，应及时进行清理。如经灵敏度检查不合格，堵塞、淤积经处理无效，或经资料分析测压管已失效时，宜重新埋设测压管。

（6）渗流观测应同步观测上、下游水位、降水、温度等相关数据。

7.10.2 观测方法与要求

渗压计可以在观测站进行集中遥测，对于观测人员难以达到或测压管不易引出的部位的扬压力观测十分方便。使用渗压计要注意仪器和电缆的抗水压性能，以防止绝缘破坏而失效。

渗压计的观测应采用相应读数仪获取自振频率，由公式计算渗流压力。测读操作方法应按产品说明书进行，2 次读数误差应不大于 1Hz。测值物理量用测压管水位来表示，有条件的也可用智能频率计或与计算机相连而得。

7.10.3 资料整理与初步分析

扬压力观测应填制以下图、表：

（1）渗压计考证表；

（2）测点渗压力水位统计表；

（3）测点的渗压力水位过程线图；渗压力水位与水位（或上、下游水位差）相关关系图；坝体横剖面渗流压力（含浸润线位置）分布图及坝基渗流压力平面等势线分布图。

当发现渗流异常时，应分析判断原因，及时采取处理措施。

7.11 裂缝观测

7.11.1 一般规定

（1）裂缝观测应测定建筑上的裂缝分布位置和裂缝的走向、长度、宽度及深度。

（2）裂缝观测时，观测人员应同时观测建筑物温度、气温、水温、上、下游水位等相关因素。有渗水情况的裂缝，还应同时观测渗水情况。对于梁、柱等构件还需检查荷载情况。

（3）裂缝的观测周期，应根据裂缝变化速度确定。对不同的建筑物观测周期应符合下列规定：

① 混凝土或浆砌石建筑物，裂缝发现初期应每半月观测 1 次，基本稳定后宜每月观测 1 次，当发现裂缝加大时应及时增加观测次数，必要时应持续观测；

② 裂缝发现初期应每天观测，基本稳定的宜每月观测 1 次，遇大到暴雨时，应随时观测；

③ 凡出现历史最高、最低水位,历史最高、最低气温,发生强烈震动,超标准运用或裂缝有显著发展时,应增加测次。

(4) 裂缝宽度观测值以张开为正。

7.11.2　观测设施的布置

(1) 观测设施的布置应符合下列规定:

① 对于可能影响结构安全的裂缝,应选择有代表性的,设置固定观测标点;

② 水闸、泵站的裂缝观测标点或标志应根据裂缝的走向和长度,分别布设在裂缝的最宽处和裂缝的末端;

③ 堤防凡缝宽 5 mm 以上、缝长 2 m 以上、缝深 1 m 以上的裂缝都应进行观测,观测标点或标志可布设在最大裂缝处及可能的破裂部位。

(2) 裂缝观测标点,应跨裂缝牢固安装。标点可选用镶嵌式金属标点、粘贴式金属片标志、钢条尺、坐标格网板或专用测量标点等,有条件的可用测缝计测定,如图 7.22 所示。

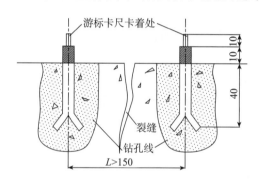

图 7.22　裂缝观测金属标点结构示意图

(3) 裂缝观测标志可用油漆在裂缝最宽处或两端垂直于裂缝画线,或在表面绘制方格坐标进行测量。

(4) 裂缝观测标点或标志应统一编号,观测标点安装完成后,应拍摄裂缝观测初期的照片。

7.11.3　观测方法与要求

(1) 裂缝的测量,可采用卷尺、比例尺、钢尺、游标卡尺或坐标格网板等工具进行;

(2) 水闸、泵站裂缝观测要求如下:

① 裂缝宽度的观测通常可用刻度显微镜测定,对于重要裂缝,用游标尺测定,精确到 0.01 mm;

② 裂缝深度的观测一般采用金属丝探测,有条件的地方也可用超声波探伤仪测定,或采用钻孔取样等方法观测,精确到 0.1 mm。

7.11.4　资料整理与初步分析

建筑物裂缝的观测应填制以下图表,并进行初步分析:

（1）建筑物裂缝观测记录表；

（2）建筑物裂缝观测标点考证表；

（3）建筑物裂缝观测成果表；

（4）建筑物裂缝位置分布图；

（5）建筑物裂缝变化曲线图。

7.12 其他观测

7.12.1 上、下游水位观测

（1）上、下游水位观测时间和观测次数要适应一日内水位变化的过程，在一般情况下，日测 1～2 次。

（2）常用的上、下游水位观测设备有水尺和水位计。水尺是传统、有效的直接观测设备。实测时，水尺上的读数加水尺零点高程即得水位。水位计是利用浮子、压力和声波等能提供水面涨落变化信息的原理制成的仪器。水位计能直接绘出水位变化过程线。水位计记录的水位过程线要利用同时观测的其他项目的记录，加以检核。

（3）在水流平顺、水面平稳的内外河进、出水池处各设 1 台自动水位计和 2 根水位尺监测上、下游水位。水位计、水尺读数应一致，若读数不一致，应以水尺为准及时进行校正。

（4）水尺应定期进行校测，每年至少 1 次。

7.12.2 流量观测

流量观测是通过水位监测，根据水位流量的关系，推求相应的流量。

7.12.3 闸下流态观测

（1）闸下流态观测包括水流平面形态和水跃观测，可根据工程运用方式、水位流量等组合情况不定期进行，一般可结合工程控制运用进行，在发生超标准运用时应加强观测。

（2）观测时如发现不正常的流态，应详细记录水流形态，上、下游水位及工程运用情况，检查、分析产生的原因，有条件的可采取适当的方法改善不良流态。

（3）水流平面形态观测内容包括水流流向、旋涡、回流、折冲水流等。一般采用目测法，直接将水流平面形态用符号描绘于平面图上。如水面较宽，目测有困难时，可辅以浮标法，用经纬仪或平板仪交会测定浮标位置，定出流向等水流形态出现的位置，点绘在所绘的平面图上。

（4）水跃观测内容包括远驱水跃、临近水跃、淹没水跃和波状水跃。当发现远驱水跃时，应详细记录水跃的位置，上、下游水位及闸门启闭等情况，分析其产生的原因，并采取适当调整闸门开启高度的办法，消除远驱水跃。

（5）闸下流态观测应绘制水流平面形态分布图及水跃形态示意图，分析水流平面形态及水跃对泄流过程的影响。

7.12.4 伸缩缝观测

1．建筑物伸缩缝观测时间和次数

（1）工程竣工后的 3 年内，伸缩缝应每月观测 1 次，以后可每季度观测 1 次。

（2）当发生历史最高、最低水位，历史最高、最低气温，超标准使用等特殊情况时，应增加伸缩缝测次。

（3）地基情况复杂的建筑物或发现伸缩缝变化异常时，应增加伸缩缝测次。

（4）观测建筑物伸缩缝应同时观测建筑物温度，气温，上、下游水位等相关因素。

（5）伸缩缝观测值，开合方向以张开为正，闭合为负；竖直及水平错位与垂直位移及水平位移规定同。

2．观测设施的布置

（1）建筑物伸缩缝观测标点宜布置在建筑物顶部、挡水建筑物的迎水侧、跨度（或高度）较大或应力较复杂的结构伸缩缝上。

（2）建筑物伸缩缝观测标点宜采用三点式金属标点或型板式三向标点，也可采用埋设测缝计观测或在伸缩缝两侧埋设一对金属标点进行观测。标点上部应设保护罩。

3．观测方法与要求

（1）金属标点和型板式标点法宜用游标卡尺测量。

（2）组装的三向测缝计及旋转电位器式三向测缝计按图 7.23 及图 7.24 设置。

（3）伸缩缝观测精度精确到 0.1 mm。

4．资料整理与初步分析

建筑物伸缩缝的观测应填制以下图表，并进行初步分析：

（1）建筑物伸缩缝观测标点考证表；

（2）建筑物伸缩缝观测记录表；

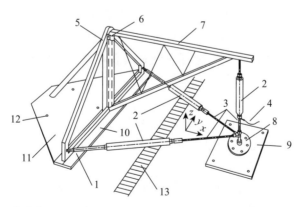

1—万向轴节；2—位移计；3—调整螺杆；4—输出电缆；5—支架；6—不锈钢活动铰链；7—三角支架；
8—位移计支座；9—固定支座；10—趾板；11—趾板固定支座；12—固定螺孔；13—伸缩缝

图 7.23　三向测缝计示意图

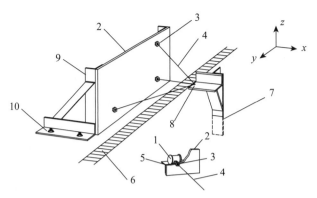

1—位移传感器;2—坐标板;3—传感器固定螺母;4—不锈钢丝;5—传感器托板;6—伸缩缝;

7—预埋板(虚线部分埋入混凝土内);8—钢丝交点;9—支座;10—地脚螺栓

图 7.24　旋转电位器式三向测缝计安装示意图

(3) 建筑物伸缩缝观测成果表;

(4) 建筑物伸缩缝宽度与混凝土温度、气温过程线图。

7.12.5　混凝土碳化深度观测

(1) 观测时间可视工程检查情况不定期地进行。

(2) 测点可按建筑物不同部位均匀布置,每个部位同一表面不应少于 3 点。对于受力较大或应力较复杂的部位测点加密。观测时在构件顶面、底面、侧面等多方位进行。测点选在通气、潮湿的部位,但不选在角、边或外形突变部位。

(3) 观测方法目前采用凿孔的方法,用酚酞试剂(用 100 ml 无水酒精加入 2 g 酚酞溶解而成)试验,如颜色不变,则说明该处混凝土已碳化,如颜色变为粉红色,则说明混凝土尚未碳化。用测深尺量得该处混凝土碳化的深度,并将试验结果填入混凝土碳化试验成果表。

(4) 观测结束后,观测人员应用高标号水泥砂浆将试验孔封堵。如碳化深度大于或接近钢筋保护层,应采取保护措施,防止钢筋进一步锈蚀。

(5) 混凝土碳化深度观测应填制"混凝土碳化深度观测成果表"。

7.12.6　水文观测

(1) 水文观测由水文测站按现行国家有关规定进行。

(2) 在工程控制运用发生变化时,相关人员应将有关情况,如时间,上、下游水位,流量,孔数,流态等详细记录、核对。

(3) 水文观测除按有关规定整理成果外,还应填写以下表格:

① 工程运用情况统计表;

② 水位统计表;

③ 流量、引(排)水量、降水量统计表。

(4) 填表应符合以下规定:

① 闸门开高填至 0.01 m,如闸门开高有不同的开启高度,除未运用的闸孔外,其余

闸孔的闸门开高可按平均开高计算;

② 流量填至 1 m³/s;

③ 引(排)水量精确至万 m³;

④ 降水量精确至 1 mm。

7.12.7 泵房振动观测

项目部应及时观测旋转机械或水力引起的厂房振动,机组不得在共振状态下运行。运行中发生结构变形或共振现象,应会同管理所和设计单位进行理论计算,在泵房结构应力和振动位移最大值的部位埋设相应的监测设备。

7.13 资料整理

7.13.1 资料审核

每次观测结束后,观测人员应及时对观测资料进行计算、校核、审查。

1. 对原始记录应进行一校、二校

(1) 记录数字无遗漏;

(2) 计算依据正确;

(3) 数字计算、观测精度计算正确;

(4) 无漏测、缺测。

2. 对原始资料审查

在原始记录已校核的基础上,由单位分管观测工作的技术负责人对原始记录进行审查,对资料的真实性和可靠性负责,审查包括以下内容:

(1) 无漏测、缺测;

(2) 记录格式符合规定,无涂改、转抄;

(3) 观测精度符合要求;

(4) 应填写的项目和观测、记录、计算、校核等签字齐全。

3. 资料整理

资料整理包括以下内容:

(1) 测量结束后,编制各观测成果报表。

(2) 编制各项观测设施的考证表、观测成果表和统计表,表格及文字说明要求端正整洁,数据上下整齐。

(3) 绘制各种曲线图,图的比例尺一般选用 1∶1、1∶2、1∶5 或是 1、2、5 的 10 倍、100 倍数。各类图表尺寸宜统一,符合印刷装订要求。

(4) 编写本年度观测工作说明,包括观测手段、仪器配备、观测时的水情、气象和工程运用状况、观测时发生的问题和处理办法、经验教训,观测手段的改进和革新,观测精度的自我评价等。

(5) 填写年度工程运用情况统计表。

7.13.2 资料分析

（1）观测人员应将观测成果与以往成果比较，变化规律、趋势应合理。

（2）观测成果与相关项目观测成果比较变化规律趋势，应具有一致性和合理性。

（3）观测成果与设计或理论计算比较，规律应具有一致性和合理性。

（4）通过过程线，分析随时间的变化规律和趋势。

（5）通过相关参数、相关项目过程线，分析相关程度和规律。

（6）编写本年度观测成果的初步分析，分析观测成果的变化规律及趋势，与前次观测成果及设计比较应正常，并对工程的控制运用、维修加固提出初步建议。

7.13.3 资料刊印

资料刊印一般每年 1 次，刊印的顺序如下：

（1）工程基本资料，包括工程概况，工程平面布置图，工程剖面图。

（2）观测工作说明。

（3）垂直位移，包括垂直位移观测标点布置图；垂直位移工作基点考证表；垂直位移工作基点高程考证表；垂直位移观测标点考证表；垂直位移观测成果表；垂直位移量横断面分布图；垂直位移量变化统计表（每 5 年刊印 1 次）；垂直位移过程线（每 5 年刊印 1 次）。

（4）测压管水位，包括测压管位置示意图，测压管考证表，测压管管口高程考证表，测压管注水试验成果表，测压管淤积深度统计表，测压管水位统计表，测压管水位过程线。

（5）河道断面，包括河道固定断面桩顶高程考证表，河道断面观测成果表，河道断面冲淤量比较表，河道断面比较图，水下地形图。

（6）其他观测项目，例如水流形态观测，包括闸下流态观测应绘制水流平面形态分布图及水跃形态示意图，分析水流平面形态及水跃对泄流过程的影响等。

（7）工程运用，包括工程运用情况统计表，水位统计表，流量、引（排）水量、降水量统计表，工程大事记。

7.14 泵闸工程观测中的安全管理

7.14.1 工程观测安全一般要求

（1）观测人员应经过专业技术培训，考试合格，持证上岗。工作期间，应严格遵守劳动纪律，不得迟到早退，不得擅自离开岗位，严禁饮酒后作业，杜绝"三违"（违章操作、违章指挥、违反劳动纪律）行为。

（2）观测人员应熟悉《水利水电工程安全监测设计规范》（SL 725—2016）、《水闸技术管理规程》（SL 75—2014）的相关规定。掌握泵闸工程观测、分析方法，以及仪器、仪表的定期检校、保养和使用的管理制度。严格执行观测制度和安全操作规程。应根据相关观测项目，按规定穿戴劳保用品，落实各项防护措施。

（3）进入观测现场前，观测人员检查测量仪器应灵敏可靠，备齐观测工具、专用记录簿，并且统一编号，妥善保管。现场记录应用铅笔填写，以防水浸后造成记录模糊不清。平时加强现场观测设施的保养检查，遇有故障及时维修。

（4）观测仪器应保存于干燥通风处，由专人保管。仪器箱中的干燥剂要定期检查，如发现干燥剂变成淡红色，应倒出烘晒，直到干燥剂颗粒发生宝石蓝色。如干燥剂装入箱中时间很短颜色又变红，说明仪器环境湿度太大，应更换环境。

（5）观测仪器搬运和使用动作要轻，绝不允许碰撞，并应注意以下几点：

① 长途搬运时，应在包装箱四周填实刨花、纸屑或微孔塑胶等软物，装箱后置于运输工具前部；

② 短途搬运时，仪器装箱后应置于携带人两膝之上；

③ 每天至观测点或收工回驻地时，应事先检查仪器背带是否牢固，然后将其背在肩上，并有两手托住仪器下部；

④ 工作期间迁移测站时，工作人员应将仪器直立抱于胸前；行路时不应剧烈奔跑、颠簸；经过建筑物或树林等障碍较多地段时，应防撞损仪器。

（6）安装和卸下仪器时，工作人员应选择安全地段，仪器箱上严禁坐人。

（7）观测时如突然下雨，工作人员应将仪器迅速套上仪器套，并用伞遮盖装入箱中，以避免仪器淋湿。

（8）观测人员在泵闸厂房及上、下游观测时，不得碰伤工程设施和设备，并应执行相关水上作业安全制度、泵闸巡视检查安全制度。

（9）观测人员进入危险部位，如边坡、孔洞旁测量时，应设专人监护。

（10）观测人员在廊道内进行测量时，应采取防护措施，并设专人监护。

（11）观测人员在进行野外测量作业时，应采取防止摔伤、落石和动植物伤害的保护措施。

（12）测量工作完毕后，观测人员应检查测量仪器，并按规定装箱、装包。

7.14.2　加强观测设施的维护

（1）管理所和迅翔公司应加强对观测设施的保护，防止人为损坏。在工程施工期间，应采取妥善防护措施，如施工时需拆除或覆盖现有观测设施，应在原观测设施附近重新埋设新观测设施，并加以考证。

（2）管理所和迅翔公司应结合工程具体情况，积极研究改进测量技术和监测手段，推广应用自动测量技术，提高观测精度和资料整编分析水平。

（3）垂直位移、水平位移设施的维修养护：运行养护项目部定期检查观测工作基点及观测标点的现状，对缺少或破损的及时重新埋设，对被掩盖的及时清理，观测标点编号示意牌应清晰明确。

（4）伸缩缝观测标点的维修养护：运行养护项目部定期检查标点的现状，对缺少或破损的及时重新埋设，对被掩盖的及时清理。标点编号示意牌应清晰明确。

（5）水尺表面应保持完好、洁净、醒目，养护人员每月应擦洗 1 次；水尺高程每年应校核 1 次，若高程与读数之间误差大于 10 mm，水尺应重新安装。

7.14.3 工程观测危险源辨识与风险控制措施

工程观测危险源辨识与风险控制措施,见表 7.12。

表 7.12 工程观测危险源辨识与风险控制措施表

序号	危 险 因 素	可能导致的事故	控 制 措 施
1	河道断面桩缺失	安全或质量事故	查明原因并及时修复
2	安全监测设施损坏、失效未进行处置	质量事故	严格执行工程监测规章制度,安全监测设施损坏的应及时加以修复
3	安全监测仪器设备精度不符合规范要求	质量事故	严格执行工程监测规章制度,安全监测仪器设备应定期校验,精度不符合规范要求的监测仪器设备不得使用
4	未落实观测防护措施	人身伤害	观测人员应按规定穿戴劳保用品,落实观测防护措施
5	观测时测量仪器放置不当	设备损坏	测量仪器应支放平稳可靠,并设围栏和警示标志
6	边坡、孔洞旁等区域观测无防护	人员伤亡	在边坡、孔洞旁等区域观测,应落实安全防护措施,并设专人监护
7	对超出警戒值、突变等异常情况未能及时发现、分析和处理	质量事故	严格执行工程监测规章制度,对超出警戒值、突变等异常情况应及时发现、分析和处理
8	擅自同意外部单位、个人从事工程维护、水质监测、计量等作业	工程事故	执行相关规章制度,项目部管理人员对擅自同意外部单位、个人从事工程维护、水质监测、计量等作业行为,应及时制止并上报
9	外单位前来进行专项观测未进行泵闸安全告知、安全技术交底	工程事故	外单位前来泵闸进行专项观测时,项目部应对外单位观测人员进行泵闸安全告知、安全技术交底,确保观测中的人身和设施设备安全
10	水上观测作业船只未配备消防、救生等设备设施	落水(溺水)	水上观测船只作业时,应执行水上作业各项规章制度和安全操作规程,应配备消防设施、救生圈、救生衣等
11	在带电设备附近测量不规范	触 电	在带电设备附近不得使用钢卷尺、皮卷尺和夹有金属丝的线尺进行测量工作

7.15 观测表单

7.15.1 垂直位移观测表单

垂直位移观测表单,见表 7.13～表 7.17。

表 7.13 垂直位移工作基点考证表 单位:m

基点编号	标点材料	埋设日期	位 置	地基情况	考证日期	高 程	备 注

标点结构及位置图:

表 7.14 垂直位移工作基点高程考证表 单位:m

基点编号	原始观测		上次观测		本次观测		备 注
	观测日期	高程	观测日期	高程	观测日期	高程	

表 7.15 垂直位移观测标点考证表 单位:m

标 点		埋设日期	原标点(末次)		新 标 点		备 注
部位	编号		观测日期	高程	考证日期	高程	

表 7.16 垂直位移观测成果表

始测日期	年 月 日	上次观测日期	年 月 日	本次观测日期	年 月 日	间隔 天
测 点	始测高程	上次观测高程	本次观测高程	间隔位移量	累计位移量	备 注
部位 / 编号	(m)	(m)	(m)	(mm)	(mm)	

部位	编号	始测高程(m)	上次观测高程(m)	本次观测高程(m)	间隔位移量(mm)	累计位移量(mm)	备注

表 7.17 垂直位移量变化统计表 单位:mm

测 点		累 计 位 移 量							
部位	编号	年 月 日	年 月 日	年 月 日	年 月 日	年 月 日	年 月 日	年 月 日	年 月 日

统计	部位	最大累计位移量	测点编号	观测日期	历时(年)	相邻最大不均匀量	相邻两点部位、编号	观测日期	历时(年)
计									

7.15.2 水平位移观测表单

水平位移观测表单,见表7.18~表7.20。

表 7.18 水平位移观测标点考证表 单位:m

编号	位置	型式	埋设日期	水准测量		视准线测量		备注
				测量日期	始测高程	测量日期	始测读数	

表 7.19 水平位移观测成果表

始测日期: 年 月 日 上次观测日期: 年 月 日 本次观测日期: 年 月 日

部位	标点编号	历时(日)		间隔位移量(mm)		累计位移量(mm)	
		间隔	累计	上	下	上	下

年 **表 7.20 水平位移统计表** 单位:mm

日期	月 日		月 日		月 日		月 日		历时(天)	年位移量	
测点	上	下	上	下	上	下	上	下		上	下
全年统计	最大位移量		测点编号		最小位移量		测点编号				

7.15.3 河床断面观测表单

河床断面观测表单,见表7.21~表7.24。

表 7.21　河道断面观测记录表（断面索法、视距法）

断面桩号 C.S.　（上/下）（　　+　　）　观测方法_____　仪器_____

观测日期_____年___月___日 观测时间____:___~___:___天气_____风向风力_____

测点	后视	前视	视距 (m)	间距 (m)	起点距 (m)	水深 (m)	高程 (m)	地势(m)、时间(h)、 水位(m)

观测_____　记录_____　一校_____　二校_____

表 7.22　河道断面桩顶高程考证表　　　　　　　　　　单位:m

断面 编号	里程 桩号	位　置	埋设日期	观测日期	桩顶高程		断面宽	备　注
					左岸	右岸		

表 7.23　河道断面观测成果表　　　　　　　　　　单位:m

断面编号			里程桩号			观测日期		
点　号	起点距	高　程	点　号	起点距	高　程	点　号	起点距	高　程

注:起点距从左岸断面桩起算,以向右为正,向左为负。

表 7.24　河道断面冲淤量比较表

工程竣工日期:　　　年　　　月　　　日　　　上次观测日期:　　　年　　　月　　　日

本次观测日期:　　　年　　　月　　　日　　　计算水位:　　　m

断面编号	里程桩号	计算水位断面宽 (m)			深泓高程 (m)			断面积 (m²)			断面间距 (m)	河床容积 (m³)			间隔冲淤量 (m³)	累计冲淤量 (m³)
		标准断面	上次观测	本次观测	标准断面	上次观测	本次观测	标准断面	上次观测	本次观测		标准断面	上次观测	本次观测		

7.15.4　裂缝、伸缩缝观测表单

裂缝、伸缩缝观测表单,见表7.25～表7.28。

表 7.25　混凝土裂缝观测标点考证表

裂缝编号	裂缝位置及方向	始测日期	缝长(m)	缝宽(mm)	气温(℃)	水 位 (m)		裂缝渗水情况
						上游	下游	

表 7.26　混凝土裂缝观测成果比较表

始测日期：　　　　上次观测日期：　　　　本次观测日期：　　　　间隔　　天

编号	位置及方向	始测		上次观测		本次观测		间隔变化量		累计变化量		测时气温(℃)	裂缝渗水情况	水位(m)	
		缝长(m)	缝宽(mm)	缝长(m)	缝宽(mm)	缝长(m)	缝宽(mm)	缝长(m)	缝宽(mm)	缝长(m)	缝宽(mm)			上游	下游

表 7.27　建筑物伸缩缝观测标点考证表

编号	位置	埋设日期	观测日期	始测成果(mm)			气温(℃)	水位(mm)		备注
				X	Y	Z		上游	下游	

表 7.28　建筑物伸缩缝观测成果表

始测日期　　　　上次观测日期　　　　本次观测日期　　　　间隔　　天

编号	位置	始测			上次观测(mm)			本次观测(mm)			间隔变化量(mm)			累计变化量(mm)			气温(℃)	水 位 (m)		备注
		X	Y	Z	X	Y	Z	X	Y	Z	X	Y	Z	X	Y	Z		上游	下游	

7.15.5 测压管水位统计表

测压管水位统计表,见表 7.29～表 7.31。

表 7.29　测压管水位统计表　　　　　　　　　　单位:m

观　测　时　间				水　位		测　压　管　水　位		
月	日	时	分	上游	下游			

表 7.30　测压管考证表

编　号	埋设日期	埋设位置	基础情况	观测日期	管口高程(m)	备　注

测压管埋设剖面图

表 7.31　测压管管口(压力表底座)高程考证表　　　　　　单位:m

编　号	埋设日期	始测日期	始测高程	考证日期	考证高程	备　注

第8章

泵闸建筑物及设备评级作业指导书

8.1 范围

泵闸建筑物及设备评级作业指导书用于指导淀东泵闸建筑物及设备评级,其他同类型泵闸建筑物及设备评级可参照执行。

8.2 规范性引用文件

下列文件适用于泵闸建筑物及设备评级作业指导书:

《泵站技术管理规程》(GB/T 30948—2021);

《电力安全工作规程 发电厂和变电站电气部分》(GB 26860—2011);

《计算机场地通用规范》(GB/T 2887—2011);

《起重机械安全规程 第1部分:总则》(GB/T 6067.1—2010);

《泵站现场测试与安全检测规程》(SL 548—2012);

《泵站安全鉴定规程》(SL 316—2015);

《水利信息系统运行维护规范》(SL 715—2015);

《水闸技术管理规程》(SL 75—2014);

《水利水电工程闸门及启闭机、升船机设备管理等级评定标准》(SL 240—1999);

《水工钢闸门和启闭机安全检测技术规程》(SL 101—2014);

《水工钢闸门和启闭机安全运行规程》(SL/T 722—2020);

《电力变压器运行规程》(DL/T 572—2021);

《继电保护和安全自动装置运行管理规程》(DL/T 587—2016);

《电力系统继电保护及安全自动装置运行评价规程》(DL/T 623—2010);

《电力系统用蓄电池直流电源装置运行与维护技术规程》(DL/T 724—2021);

《互感器运行检修导则》(DL/T 727—2013);

《高压并联电容器使用技术条件》(DL/T 840—2016);

《上海市水闸维修养护技术规程》(SSH/Z 10013—2017);

《上海市水利泵站维修养护技术规程》(SSH/Z 10012—2017);

淀东泵闸技术管理细则。

8.3 评级组织

淀东泵闸建筑物及设备评级由管理所按行业要求组织设施,运行养护项目部具体负责,评级结果应报管理所上级主管部门审定。

8.4 评级周期及评级项目

8.4.1 评级周期

(1)设备评级一般在每年汛前进行,根据《泵站技术管理规程》(GB/T 30948—2021)和《水利水电工程闸门及启闭机、升船机设备管理等级评定标准》(SL 240—1999)要求,泵站设备评级周期为1年,泵站水工建筑物评级周期为1~2年,水闸设备评级周期为1~4年。泵闸评级可结合定期检查进行。

(2)凡遇设备大修时,应结合大修进行全面评级;非大修年份应结合设备运行状况和维护保养情况进行相应的评级。

(3)设备更新后,应及时进行评级。

(4)设施设备发生重大故障、事故经修理投入运行的次年应进行评级。

(5)凡有以下情况之一者,不参加设备评级:

① 正在进行更新改造时;

② 单项设备发生重大事故的当年;

③ 投入运行不满3年或正在进行更新改造的工程,不进行设备评级。

8.4.2 评级项目

泵站设备评级项目应包括主机组、电气设备、辅助设备和金属结构、计算机监控系统等设备。泵站水工建筑物评级项目应包括泵闸厂房、进出水流道、进出水池、内外河翼墙、附属建筑物及设施、内外河引河、护坡等。

水闸设备评级包括闸门、启闭机等。

8.4.3 泵闸主要设备情况

淀东泵闸主要设备情况,见表8.1。

表 8.1 淀东泵闸设备情况表

序号	类 别		名 称	型号(规格)	数量	厂 家	出厂年月
1	泵组	主 泵	斜式轴流泵	3000AP-GI30-3.2	3	日立泵制造(无锡)有限公司	2017.6
2		电动机	异步电动机	Y630-6-1 600 kW	3	西门子大型特种电机(山西)有限公司	2017.6
3		齿轮箱	行星齿轮	DLCLY710-B	3	宁波东力股份公司	2017.6

序号	类别	名称	型号（规格）	数量	厂家	出厂年月
4	辅助设备	桥式起重机	桥式起重机	QD32/5T×18.5M	1	上海悦力起重机械有限公司	2016.5
5		渗漏排水泵	潜污泵	50QW18-30-3	2	上海山楠泵业（集团）有限公司	2016.4
6		消防泵	立式管道泵	XBD4.5/5-65	2	上海山楠泵业（集团）有限公司	2017.6
7		检修排水泵	立式离心泵	100SLFZ-A	4	上海山楠泵业（集团）有限公司	2017.6
8		技术供水泵	立式管道泵	ISG65-160	3	上海山楠泵业（集团）有限公司	2017.6
9		风机	离心式风机	HTFC-18	3	上海应达风机股份有限公司	2017.8
10	金属结构及启闭设备	节制闸闸门	平板钢闸门	12 m	2	江苏润田水工业设备有限公司	2016.4
11		启闭机	液压启闭机	QPPY-D-2X 320KN-5.9M	2	常州中盛机电工程有限公司	2016.4
12		快速闸门	平板钢闸门		6	江苏润田水工业设备有限公司	2016.4
13		启闭机	液压启闭机	QPPY-D-125KN-4.2M	6	常州中盛机电工程有限公司	2016.4
14		葫芦吊	电动葫芦	MD10t H=12m	2	上海悦力起重机械有限公司	2017.5
15		多叶拍门	多叶拍门		6	江苏润田水工业设备有限公司	2016.4
16		启闭机	液压启闭机	QPPY-D-125KN-4.2M	6	常州中盛机电工程有限公司	2016.4
17		液压站设备	液压站		1	常州中盛机电工程有限公司	2016.4
18		检修闸门	平板钢闸门		6	江苏润田水工业设备有限公司	2016.4
19		葫芦吊	电动葫芦	MD10t H=12 m	1	上海悦力起重机械有限公司	2017.5
20		拦污栅	钢构架		9	江苏润田水工业设备有限公司	2016.4
21		清污机	回转式	XH-H-3650	6	江苏一环集团有限公司	2016.4

序号	类别	名称	型号（规格）	数量	厂家	出厂年月
22	金属结构及启闭设备	清污机电动机 异步电动机		6	江苏一环集团有限公司	2016.4
23		皮带机 履带式皮带机	XJB-800	1	江苏一环集团有限公司	2016.4
24	电气设备	35 kV变电站 35 kV变压器	SCZ11-6300/35	2	吴江变压器厂	2017.6
25		35 kV变电站 35 kV中性点接地电阻	ZDZ66-10	2	苏州中兴龙源电器有限公司	2017.6
26		35 kV变电站 35 kV高压柜	KYN37-40.5	8	上海柘中集团股份有限公司	2017.6
27		35 kV变电站 交流屏	PPS-X	2	上海柘中集团股份有限公司	2017.6
28		35 kV变电站 10 kV高压柜	KYN37-12-71a	14	上海柘中集团股份有限公司	2017.6
29		35 kV变电站 高压无功补偿柜	HVCA-10-900/300+600	2	深圳三和电力科技股份有限公司	2017.6
30		35 kV变电站 直流电源屏	SZPW8-C-100 Ah/110 kV	2	深圳三和电力科技股份有限公司	2017.6
31		35 kV变电站 电力监控系统		1	上海瑞东自动化技术有限公司	2017.6
32		10 kV变电站 10 kV变压器	SCB11-400/10	2	吴江变压器厂	2017.6
33		10 kV变电站 10 kV高压柜	KYN37-12-07	12	上海柘中集团股份有限公司	2017.6
34		10 kV变电站 10 kV高压固态软启动柜	SHVSF-10-1600	3	深圳三和电力科技股份有限公司	2017.6
35		10 kV变电站 高压无功补偿柜	HVCR-10-300-AP	3	深圳三和电力科技股份有限公司	2017.6
36		10 kV变电站 低压开关柜	MNS	9	上海柘中集团股份有限公司	2017.6
37		10 kV变电站 直流屏	SZPW8-C-100 Ah/110 kV	2	深圳三和电力科技股份有限公司	2017.6
38	监测装置	内外河水位计 一体化超声波液位仪	Prosonic M	2	上海妙声力仪表有限公司	2017.11
39		流量计 雷达流量计	HZ-SVR-24Q	2	上海航征测控系统有限公司	2017.11
40		栅后水位计 一体化超声波液位仪	Prosonic M 两线制	2	上海妙声力仪表有限公司	2017.11

序号	类别	名称	型号(规格)	数量	厂家	出厂年月
41	监测装置	电动机前后轴承温度	智能监测保护装置	JM-B-6Z	3	江苏江凌测控科技股份有限公司	2017.8
42		电动机绕组温度	智能监测保护装置	JM-B-6Z	3	江苏江凌测控科技股份有限公司	2017.8
43		机组振动	智能监测保护装置	JM-B-6Z	3	江苏江凌测控科技股份有限公司	2017.8
44		闸门行程开度	智能传感器	GWS360-TONG	12	上海精浦机电有限公司	2017.11
45		闸门开度仪	智能传感器	GWS360-TONG	4	上海精浦机电有限公司	2016.4

8.5 评级单元、单项设备、单位工程划分

评级工作按照评级单元、单项设备、单位工程逐级评定。

1. 评级单元

评级单元为具有一定功能的结构或设备中自成系统的独立项目,如泵站电动机的定子、转子、轴承等;主水泵的泵轴、轴承等,闸门的门叶、启闭机的电机、技术资料等,参照《泵站技术管理规程》(GB/T30948—2021)和《水利水电工程闸门及启闭机、升船机设备管理等级评定标准》(SL240—1999)要求,结合淀东泵闸实际,单元评级应符合下列规定:

(1)一类单元。主要参数满足设计要求,结构完整,技术状态良好,能保证安全运行;主要项目80%(含80%)以上符合评级单元标准规定,其余项目基本符合规定。

(2)二类单元。结构基本完整,局部有轻度缺陷,可在短期内修复,技术状态基本完好,不影响安全运行;主要项目70%(含70%)以上符合评级单元标准规定,其余项目基本符合规定。

(3)三类单元。主要参数达不到设计要求,技术状态较差,主要部件有严重缺陷等,不能保证安全运行;达不到二类单元者为三类单元。

评级单元划分详见本章8.11节泵闸工程和设备评级表单(表8.5~表8.38)。

2. 单项设备

单项设备为由独立部件组成并且有一定功能的结构或设备,如高低压开关柜、主电动机、主水泵、闸门、启闭机等,按下列标准评定一类、二类、三类、四类设备,其中三类和四类设备为不完好设备。主要设备的等级评定应符合下列规定:

(1)一类设备,其主要参数满足设计要求,技术状态良好,能保证安全运行;

(2)二类设备,其主要参数基本满足设计要求,技术状态基本完好,某些部件有一般性缺陷,仍能安全运行;

(3)三类设备,其主要参数达不到设计要求,技术状态较差,主要部件有严重缺陷,不

能保证安全运行；

（4）四类设备，其主要参数达不到三类设备标准以及主要部件符合报废或淘汰标准的设备。

设备详细等级评定标准参见本书附录 C。

3. 水工建筑物

评级范围应包括泵站建筑物部分，进出水流道，进出水池，上、下游翼墙，附属建筑物和设备，上、下游引河，护坡等部分。建筑物等级分四类，其中三类和四类建筑物为不完好建筑物。主要建筑物等级评定应符合下列规定：

（1）一类建筑物，其运用指标能达到设计标准，无影响正常运行的缺陷，按常规养护即可保证正常运行；

（2）二类建筑物，其运用指标基本达到设计标准，建筑物存在一定损坏，经维修后可达到正常运行；

（3）三类建筑物，其运用指标达不到设计标准，建筑物存在严重损坏，经除险加固后才能达到正常运行；

（4）四类建筑物，其运用指标无法达到设计标准，建筑物存在严重安全问题，需降低标准运用或报废重建。

建筑物详细等级评定标准参见本书附录 B。

4. 单位工程

单位工程为以单元建筑物划分的结构和设备，如泵站的机组等，按下列标准评定一类、二类、三类、四类单位工程：

（1）一类单位工程，单位工程中的单项设备80％（含）以上评为一类设备，其余均为二类设备；

（2）二类单位工程，单位工程中的单项设备 70 ％（含）以上评为一类、二类设备；

（3）三类单位工程，单位工程中的单项设备 70 ％（含）以下评为三类设备，主要参数达不到设计要求，技术状态较差，主要部件有严重缺陷，不能保证安全运行，需进行更新改造或大修；

（4）四类单位工程，单位工程中的单项设备达不到三类工程标准以及主要设备符合报废或淘汰标准。

5. 设备完好率

完好设备是指评级达到一类或二类标准。完好设备数量与参评设备的总数量之比称为设备完好率。

设备完好率＝[（一、二类设备数/参评设备总数）]×100％

6. 建筑物完好率

完好建筑物是指建筑物评级达到一类或二类标准。完好建筑物数量与建筑物总数之比称为建筑物完好率。

建筑物完好率＝[（一、二类建筑物/参评建筑物总数）]×100％

8.6 评级表格填写

（1）设备评级表按单元检查项目逐项填写。

（2）检查结果"合格"为完全符合评级标准，"不合格"为不符合评级标准。

（3）单元等级按本章第 8.5 节标准进行计算，计算结果填写在相应栏内。

（4）设备评级时，若检查项目与设备结构、元件不符合的，表格可进行相应调整，格式应符合标准格式。调整的评级表格需报管理所同意后，方可用于设备评级。

（5）设备评级等级按本章第 8.5 节标准计算，计算结果填写在设备评级等级栏内。

（6）设备评级汇总表内容应包括淀东泵闸各类应评级设备。填写时应按单位工程填写。

（7）管理所应填写自评结果，若较前次评级降低等级应填写降级原因，管理所上级主管部门最终确认评级结果。

（8）设备等级评定情况表按工程填写，按单位工程将汇总表及评级情况综合填入，并由管理所对整个设备评定工作进行综合说明。

（9）表格签字栏要求。

① 设备评级表中"检查""记录"栏由现场检查、记录的人员签名，"责任人"为技术负责人；

② 设备评级情况表中"单位自评"栏中应填管理所负责人和所有参加设备评定的成员；"主管部门认定"栏中填写管理所上级主管单位负责人和认定责任人。

8.7 评级结果处理

（1）泵闸运行养护项目部对设备和工程进行评级后，报管理所初审，管理所应将设备和工程评级评定结果上报上级主管部门核定。在其初审和核定时，可对照《泵站技术管理规程》（GB/T 30948—2021）附录 C、附录 D，对重点单项设备和建筑物进行审核。

（2）单项工程遇有从一类降为二类的，管理所应组织运行养护项目部及时采取检修、改造等措施恢复其原有等级，如不能恢复，应说明情况并报上级主管部门批准后降级使用。

（3）单项设备被评为三类的应限期整改；单位工程被评为三类的，如无法恢复其原有等级，应向上级主管部门申请安全鉴定，并落实处置措施。

（4）三、四类设备及建筑物应根据安全鉴定结果制订更新改造计划，改造应符合《泵站设计规范》（GB 50265—2010）等要求。设备的报废应按规定程序报批。

8.8 设备缺陷管理

1. 设备缺陷表现形式

管理所及运行养护项目部技术人员应熟悉所管工程及设备存在的缺陷。投入使用中的运行设备或备用设备出现异常,即结构、性能、参数、标识等偏离原设计标准或规范要求,存在影响安全、经济运行或文明生产的状态,称为设备缺陷。例如:

(1)设备或系统的部件损坏造成设备安全可靠性降低或可能被迫停止运行。

(2)设备或系统的部件失效,造成渗漏。

(3)设备或系统的部件失效,造成运行参数长期偏离正常值、接近报警值或频繁报警。

(4)设备或系统的状态指示、参数指示与实际不一致。

(5)由于设备本身或保护装置引起的误报警、误动或不报警、拒动,控制系统联锁失去、误启动或拒启动。

(6)设备或部件的操作性能下降,动作迟缓甚至操作不动。

(7)设备运转时存在异常、振动和发热现象。

(8)设备设施标识不完整。

2. 运行养护项目部管理责任

(1)运行值班人员是检查发现设备缺陷的直接责任人,应定时认真巡视设备,及时发现缺陷并报告值班长,值班长确认为设备缺陷后由运行值班人员填入设备缺陷管理记录。参与设备缺陷消除后的质量验收工作,对其巡视检查后设备的安全运行负责。

(2)值班长是当班现场检查、发现设备缺陷的第一责任人,应督促全体当班人员执行设备缺陷管理制度,定时巡视设备,随时了解设备的运行情况。当发现设备缺陷应及时通知有关人员处理。对严重缺陷或重大缺陷还应及时汇报项目负责人、业务部门,同时向当班人员交代做好防止缺陷扩大的措施,做好事故预想。值班长应将设备缺陷的发现和消除情况详细记录于值班长值班记事交代卡中。

3. 缺陷登记

工程和设备评级是发现设备缺陷的重要途径。运行养护项目部应结合工程和设备评级,结合人工巡视发现的缺陷或监测装置显示的缺陷以及运行值班人员、维护专业人员、运行维护管理人员等发现的缺陷,设立"设备缺陷登记簿"。项目部技术人员和设备管理人员负责设备的缺陷登记。缺陷登记应对缺陷情况、发现人员、时间、维修人员、消除缺陷的时间、消缺方法、结果以及遗留问题等详细记载。

(1)一类设备缺陷(重大设备缺陷)为影响泵组、闸门启闭机、主变压器等安全运行,处理时需停机、停电或采取特殊运行方式才能消除的缺陷;危及设备正常运行,若不及时处理将导致泵组、闸门启闭机、主变压器、主要辅助设备障碍或事故的缺陷。

(2)二类设备缺陷为影响泵组、闸门启闭机、主变压器等安全运行,处理时需停用公用系统或采取特殊运行方式、停用主要辅助设备并降低安全运行可靠性的缺陷。

(3)三类设备缺陷为随时通过倒换、停用设备可以消除的缺陷以及对机组或闸门启闭机安全运行无影响,但处理时应停机、停用公用系统或采取特殊运行方式、停用主要辅助设备才能消除的缺陷。

（4）四类设备缺陷为对主辅设备无直接影响，并随时可以消除的缺陷。

4. 非一般性设备缺陷上报

非一般性设备缺陷发现人应立即通知当班值班长，值班长应在 30 min 内报告项目负责人，项目负责人视情上报。

5. 缺陷整改

（1）运行养护项目部对缺陷整改，职责包括以下几点：

① 对于三、四类设备缺陷，项目部相关专业人员应在 48 h 之内消除缺陷并经值班人员签字验收；

② 对于一、二类设备缺陷，项目部相关人员在接到通知后，应立即赶到现场，确定处理方案，联系停机停电处理，如不具备处理条件，应制定预防设备事故发生或缺陷扩大的书面措施，经迅翔公司业务部门审核和分管领导审批后执行；

③ 由于各种原因不能及时消除的缺陷，应向业务主管部门申请缺陷待消，并注明检查情况、申请待消原因、采取的措施及计划消缺时间；

④ 对于待消缺陷应认真做好统计，运行、维护人员每日应加强待消缺陷的检查、监视，做好缺陷发展的防范措施和事故预想；采取必要措施，制定相应的预案，防止缺陷发展与扩大；

⑤ 项目经理应将较大缺陷及时上报迅翔公司业务主管部门和管理所，并负责审核三、四类设备缺陷的整改方案。

（2）对于设备缺陷整改，迅翔公司职能部门职责包括以下几点：

① 接到有关设备缺陷待消申请后应批复意见，包括是否同意缺陷待消（如不同意缺陷待消，相关人员应在批复后重新完成消缺）、应采取的措施及批准消缺时间；

② 应将待消缺陷列入大、小修工作计划，使设备缺陷在检修期内得到消除；

③ 负责一、二类设备缺陷的初审。

（3）对于设备缺陷整改，管理所职责包括以下几点：

① 负责审核重大缺陷的整改方案，及时向上级主管部门汇报；

② 组织申报维修项目整改。

（4）验收与消缺要求如下：

① 运行养护项目部负责设备缺陷整改验收，重大设备缺陷整改后，需由管理所或其上级主管部门组织验收；

② 项目部负责填写消缺记录，资料整理归档，须每月、每季、每半年、每年进行设备缺陷总结，总结应包括设备缺陷的分类统计、原因分析、消缺情况以及改进措施等，总结应逐级上报备案。

8.9 评定报告

管理所应编写设备及建筑物评定报告，报告主要有以下内容：

（1）工程概况。

（2）评定范围。

（3）评定工作开展情况。

（4）评定结果。

（5）存在问题与措施。

（6）设备评级表。

8.10　评级流程

设备评级流程见图 8.1。

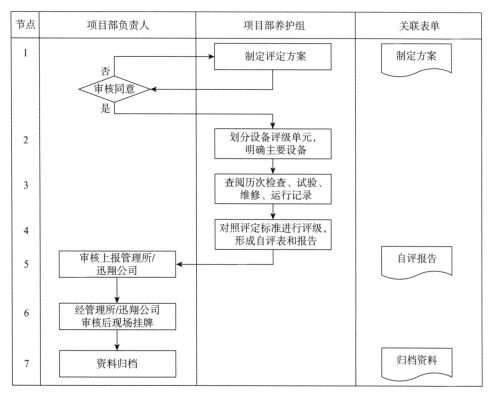

节点	项目部负责人	项目部养护组	关联表单
1	否　审核同意　是	制定评定方案	制定方案
2		划分设备评级单元，明确主要设备	
3		查阅历次检查、试验、维修、运行记录	
4		对照评定标准进行评级，形成自评表和报告	
5	审核上报管理所/迅翔公司		自评报告
6	经管理所/迅翔公司审核后现场挂牌		
7	资料归档		归档资料

图 8.1　泵闸设备评级流程图

8.11　泵闸建筑物和设备评级表单

1. 封面

封面应有"淀东泵闸建筑物和设备等级评定表""评定单位""审核单位""年、月"等文字。

2. 填写说明

（1）为了加强泵闸工程的管理，规范工程设备等级评定工作，特按要求制定了"淀东泵闸建筑物和设备等级评定表"，表格填写 1 式 2 份，1 份泵闸运行养护项目部留存，1 份管理所存档。

（2）表格内容包括设备等级评定情况表、设备等级评定汇总表及设备评级表。

3. 评定表单

淀东泵闸建筑物和设备等级评定表单，见表8.2～表8.36。

表8.2　淀东泵闸设备等级评定情况表

工程名称			竣工日期				年　　月　　日
			改造日期				
单位工程名称	等级	单项设备名称	规格型号		数量	等级	完好率(%)
评级情况综述							
评级组织	管理所自评			主管部门认定			
	负责人： 组成人员：			负责人： 认定人员：			

表8.3　淀东泵闸建筑物等级评定汇总表

工程名称	工程规模		竣工日期		年　　月
	部位名称	数　　量		等　　级	完好率(%)
	主厂房				
	副厂房				
	流　道				
	翼　墙				
	引　河				
	堤防和护坡				
	进出水池				
	其　他				
评级情况综述					
评级组织	管理所自评		主管部门认定		
	负责人： 组成人员：		负责人： 认定人员：		

表 8.4　淀东泵闸设备等级评定汇总表

工程名称	淀　东　泵　闸				填表日期			年　月　日				第　　页共　　页	
设备名称型号	投运日期	大修日期	试验日期	自评日期	自评等级				降级原因	认可等级			理　由
					一类	二类	三类	四类		一类	二类	三类	四类	
单项设备	名称				数量		等级			完好率(％)			

表 8.5　淀东泵闸主水泵评级表

设备名称＿＿＿＿＿＿　设备型号＿＿＿＿＿＿　设备编号＿＿＿＿＿＿　评定时间＿＿＿＿＿＿

设备单元	评 定 项 目 及 标 准	检查结果		单元等级			备注
		合格	不合格	一	二	三	
水泵轴	轴颈表面无锈蚀,无擦伤、碰痕						
	轴颈光洁度符合要求,无过度磨损						
	大轴无弯曲						
联轴器	间隙符合要求						
	联轴器表面清洁,无油迹,周围环境清洁,无积水						
	防护罩完好						
上下水导轴承	表面无烧伤,无过度磨损现象						
	轴承间隙符合要求						
	填料函密封良好						
弯　管	表面清洁,无锈蚀						
	无渗漏						
水导轴承	表面无烧伤,无过度磨损现象						
	轴承间隙符合要求						
水泵外壳	表面清洁,无锈蚀						
	无渗漏						
叶轮室	导水锥完好,无明显汽蚀、破损						
	导叶过渡套完好,无明显锈蚀、破损						
	叶轮头密封良好,无损坏、渗漏						
	叶片及叶轮外壳无或有少量汽蚀						
	叶片无碰壳现象,间隙符合要求						

设备单元	评定项目及标准	检查结果		单元等级			备注
		合格	不合格	一	二	三	
进人孔	无渗漏现象						
指示信号装置	压力表、示流计工作正常,指示准确						
	表计端子及连接线紧固、可靠						
运行性能	运行噪声符合要求						
	运行振动符合要求						
	运行摆度符合要求						
安装要求	同心、摆度、中心、间隙等安装技术参数合格						
技术资料	图纸资料齐全						
	检修资料、检修记录齐全						
	试验资料齐全						
设备等级评定	等级类别	数量		百分比(%)	单项设备等级		
	一类单元						
	二类单元						
	三类单元						

检查: 记录: 责任人:

表 8.6 淀东泵闸主电动机评级表

设备名称_____ 设备型号_____ 设备编号_____ 评定时间_____

设备单元	评定项目及标准	检查结果		单元等级			备注
		合格	不合格	一	二	三	
上机架上油缸	表面清洁,无锈蚀						
	油缸无渗漏现象						
	冷却器无渗漏,运行正常,冷却效果良好						
	油位、油质符合要求						
碳刷滑环	碳刷完整良好,连接软线完整,无脱落						
	碳刷与滑环接触良好,弹簧压力符合要求						
	碳刷边缘无剥落,磨损轻微						
	刷握、刷架无积垢,滑环表面干燥清洁,无锈迹、划痕,光洁度符合要求						
转子	表面清洁,绕组无变形、损伤						
	磁极接头、阻尼装置、风扇、引线牢固						
	绝缘良好,试验数据合格						

设备单元	评定项目及标准	检查结果		单元等级			备注
		合格	不合格	一	二	三	
上导轴承	轴承间隙符合标准						
	运行温度正常						
	测温元件良好						
推力头 推力瓦	表面清洁,无锈迹、划痕,光洁度符合要求						
	表面无烧伤,无过度磨损现象						
	运行瓦温正常,测温元件良好						
定子	表面清洁						
	绝缘良好,试验数据合格						
	定子绕组端部没有变形,槽锲、垫块、绑扎紧固						
	空气间隙均匀,无杂物						
下导轴承	轴承间隙符合标准						
	运行温度正常						
	测温元件良好						
下机架 下油缸	表面清洁,无锈蚀						
	油缸无渗漏现象						
	冷却器无渗漏,运行正常,冷却效果良好						
	油位、油质符合要求						
联轴器	间隙符合要求						
	联轴器表面清洁,无油迹,周围环境清洁,无积水						
指示信号 装置	电压表、电流表工作正常,指示准确						
	压力表、温度计工作正常,指示准确						
	示流计指示正常						
	表计端子及连接线紧固、可靠						
运行性能	机组运行噪声符合要求						
	机组振动符合要求						
	机组摆度符合要求						
安装要求	同心、摆度、中心、间隙等安装技术参数合格						
技术资料	图纸资料齐全						
	检修资料、检修记录齐全						
	试验资料齐全						

第8章 泵闸建筑物及设备评级作业指导书

211

设备等级评定	等级类别	数 量	百分比(%)	单项设备等级
	一类单元			
	二类单元			
	三类单元			

检查:　　　　　　　　记录:　　　　　　　　责任人:

表 8.7　淀东泵闸齿轮箱评级表

设备名称_____　设备型号_____　设备编号_____　评定时间_____

设备单元	评 定 项 目 及 标 准	检查结果		单元等级			备注
		合格	不合格	一	二	三	
螺 栓	螺栓牢固,无明显松动						
油 位	通过油位观察窗,检查油位应正常						
冷却水	齿轮箱冷却水进出水管阀门打开正常,连接正常						
运行性能	运行无异常振动、声响						
	运行温度符合要求						
技术资料	图纸资料齐全						
	检修资料、检修记录齐全						
	试验资料齐全						
设备等级评定	等级类别	数 量	百分比(%)		单项设备等级		
	一类单元						
	二类单元						
	三类单元						

检查:　　　　　　　　记录:　　　　　　　　责任人:

表 8.8　淀东泵闸干式变压器评级表

设备名称_____　设备型号_____　设备编号_____　评定时间_____

设备单元	评 定 项 目 及 标 准	检查结果		单元等级			备注
		合格	不合格	一	二	三	
变压器本体	表面清洁						
	绝缘良好,试验数据合格						
	高低压绕组无变形,绝缘完好,无放电痕迹,引线抽头、垫块、绑扎紧固						
	铁芯一点接地且接地良好						
分接开关	调节灵活可靠,接触良好						
	运行挡位正确,指示准确						

设备单元	评定项目及标准	检查结果		单元等级			备注
		合格	不合格	一	二	三	
高低压桩头	接线牢固，示温片未熔化						
	高低压桩头清洁，瓷柱无裂纹、破损、闪烙放电痕迹						
	高低压相序标识清晰正确						
温控仪	接线可靠，温度指示准确						
	风机开停机温度设置正确						
接 地	接地电阻符合要求						
风 机	接线牢固，运行良好						
指示信号装置	温度计工作正常，指示准确						
	表计端子及连接线紧固、可靠						
防腐蚀要求	金属表面无锈蚀、防腐良好						
	涂层均匀，整机涂料颜色协调美观						
安全防护	安全设施、警示						
工作场所	整齐、清洁，无废弃物						
	通风、照明等良好						
运行状况	运行无异常振动、声响						
	运行温度符合要求						
技术资料	图纸资料齐全						
	操作记录齐全，符合要求						
	检修资料、检修记录齐全						
	试验资料齐全						
设备等级评定	等级类别	数 量		百分比（%）	单项设备等级		
	一类单元						
	二类单元						
	三类单元						

检查：　　　　　　　　记录：　　　　　　　　责任人：

表 8.9　淀东泵闸供排水泵评级表

设备名称＿＿＿＿　　设备型号＿＿＿＿＿＿　　设备编号＿＿＿＿＿　　评定时间＿＿＿＿＿＿

设备单元	评 定 项 目 及 标 准	检查结果		单元等级			备注
		合格	不合格	一	二	三	
出口压力	出口压力符合规定						
零部件	联动动作可靠						
	零件、部件完好,各部间隙及振动符合检修工艺规程、标准						
	转子、壳体有轻微锈蚀和磨损,轴承完好,运行无异音						
	填料密封良好,无漏水现象						
标识标牌	能持续达到铭牌出力,并随时可投入运行						
	标志、编号准确醒目						
	设备及环境卫生清洁,外表无锈蚀、渗漏						
绝缘性能	电动机绝缘符合标准,运行电流、温度、温升正常,无异常声音、气味						
技术资料	技术资料齐全,图纸齐全且与现场实际情况相符						

设备等级评定	等级类别	数　　量	百分比(%)	单项设备等级
	一类单元			
	二类单元			
	三类单元			

检查:　　　　　　　　记录:　　　　　　　　责任人:

表 8.10　淀东泵闸液压启闭系统管道阀门评级表

设备名称＿＿＿＿　　设备型号＿＿＿＿＿＿　　设备编号＿＿＿＿＿＿　　评定时间＿＿＿＿＿＿

设备单元	评 定 项 目 及 标 准	检查结果		单元等级			备注
		合格	不合格	一	二	三	
管道及阀门	管道支吊架和补偿装置均符合要求,并且无振动和变形现象						
	管道的安全附件及表计应正常可靠						
	管道及阀门无裂损和锈蚀或锈蚀较轻微						
	管道及阀门材料质量与内部介质参数相符						
	阀门及法兰等处无渗漏,管道保温良好,涂色和标记完整,外表整洁,阀门开关灵活,关闭严密						
	阀门开关灵活,关闭严密						

设备单元	评定项目及标准	检查结果		单元等级			备注
		合格	不合格	一	二	三	
安　全	无其他危及安全运行的缺陷						
设备标识	标志完整正确,外表清洁。压力油管及阀门为红色,无压油管及阀门为黄色						
技术资料	资料完整,图纸齐全且与现场实际情况相符						
设备等级评定	等级类别	数　量		百分比(%)		单项设备等级	
	一类单元						
	二类单元						
	三类单元						

检查:　　　　　　　　　记录:　　　　　　　　　责任人:

表 8.11　淀东泵闸水系统管道阀门评级表

设备名称_____　设备型号_____　设备编号_____　评定时间_____

设备单元	评定项目及标准	检查结果		单元等级			备注
		合格	不合格	一	二	三	
管道及阀门	管道支吊架和补偿装置均符合要求,并且无振动和变形现象						
	管道的安全附件及表计应正常可靠						
	管道及阀门无裂损和锈蚀或锈蚀较轻微						
	管道及阀门材料质量与内部介质参数相符						
	阀门及法兰等处无渗漏,管道保温良好,涂色和标记完整,外表整洁,阀门开关灵活,关闭严密						
安　全	无其他危及安全运行的缺陷						
设备标识	标志完整正确,外表清洁。压力油管及阀门为红色,无压油管及阀门为黄色						
技术资料	资料完整,图纸齐全且与现场实际情况相符						
设备等级评定	等级类别	数　量		百分比(%)		单项设备等级	
	一类单元						
	二类单元						
	三类单元						

检查:　　　　　　　　　记录:　　　　　　　　　责任人:

表 8.12 淀东泵闸平面直升式钢闸门评级表

设备名称_____ 设备型号_____ 设备编号_____ 评定时间_____

设备单元	评定项目及标准	检查结果		单元等级			备注
		合格	不合格	一	二	三	
门体	面板结构无明显局部变形						
	梁系结构无明显局部变形						
	一、二类焊缝无裂纹						
	吊耳板无任何裂缝和其他缺陷						
	紧固件无松动或缺件现象						
	上下节连接牢靠						
防腐蚀要求	防腐蚀涂层外观正常						
	锈蚀坑情况良好						
	防腐措施						
	门体附件及隐蔽部位防腐蚀						
润滑系统	润滑部位加油及灵活程度						
	油脂选用合理,油质合格						
	润滑设备及零件齐全、完好						
	润滑系统畅通无阻						
行走支承装置	主滚轮圆度偏差						
	主滚轮与轨道接触良好						
	侧滚轮转动灵活可靠						
止水	止水密封性及漏水量						
	止水橡皮、止水座						
门槽及埋设件	活动门槽固定螺丝无松动、脱落						
	主轨无啃轨及气蚀,无脱落						
	导向轨道表面清洁平整,无脱落						
	门槽混凝土部分完整						
安全设施	扶梯、栏杆、门槽盖板						
工作场所	闸门、门槽及附件整洁,无油污						
设备运行情况	闸门操作运行安全可靠、灵活						
	闸门无异常振动及响声						
技术资料	图纸资料齐全						
	检修资料齐全,检修记录完整						

设备等级评定	等级类别	数　量	百分比(%)	单项设备等级
	一类单元			
	二类单元			
	三类单元			

检查：　　　　　　　　记录：　　　　　　　　责任人：

表 8.13　淀东泵闸液压式启闭机评级表

设备名称＿＿＿＿＿＿　设备型号＿＿＿＿＿＿　设备编号＿＿＿＿＿＿　评定时间＿＿＿＿＿＿

设备单元	评定项目及标准	检查结果		单元等级			备注
		合格	不合格	一	二	三	
电气及显示仪表	有可靠的供电电源和备用电源						
	控制设备中的电气线路布线及绝缘情况良好						
电气及显示仪表	各种电器开关及继电器元件正常						
	电气设备中的保护装置可靠						
	开度仪及其他表计工作正常						
	各种信号指示正确						
输油系统	输油管良好,无漏油、渗油						
	输油管道无锈蚀,按规范着色						
储油系统	油箱箱体完好,无变形						
	油箱焊缝无裂纹						
	油箱密封性良好,无漏油、渗油						
	油箱无锈蚀						
	供、回油阀操作灵活,密封良好,无漏油、渗油现象						
	油质合格,油量满足所有油缸启闭要求						
液压机构	控制阀组工作正常,动作可靠						
	控制阀组密封完好,无明显渗油、漏油						
	油缸、活塞工作正常						
	油缸无磨损、拉毛、锈蚀						
	活塞无磨损、拉毛、锈蚀						
	油缸无明显漏油、渗油						
	缸体及活塞杆密封良好						

设备单元	评定项目及标准	检查结果		单元等级			备注
		合格	不合格	一	二	三	
导向、锁定装置	导向装置完好,活塞顶升无明显偏斜						
	导向轨道无锈蚀、变形、变位						
	锁定装置灵活、可靠						
	金属结构表面防腐涂层均匀、完整,无锈蚀						
电动机	能达到铭牌功率,能随时投入运行						
	电动机绕组的绝缘电阻合格						
	电动机外壳接地应牢固可靠						
机架	油管支架无锈蚀、变形、裂缝						
	钢架结构件连接,高强螺栓紧固						
防腐蚀要求	金属结构表面防腐蚀处理良好						
	涂层均匀,整机涂料颜色协调、美观						
安全防护	操作室内严禁堆放易燃易爆品,并设置消防器具及设施						
	电气设施外壳按要求接地						
	控制柜前放置绝缘垫						
	操作室与外界隔离						
工作场所	整齐、清洁,无油污、废弃物						
	照明情况良好						
设备运行状况	达到额定的启闭能力						
	启闭机的状态完好						
	设备按指令操作						
技术资料	设备图纸及产品说明书齐全						
	检修资料齐全,检修记录完整						
设备等级评定	等级类别	数量		百分比(%)	单项设备等级		
	一类单元						
	二类单元						
	三类单元						

检查: 记录: 责任人:

表 8.14　淀东泵闸拦污栅评级表

设备名称_____　　设备型号_____　　设备编号_____　　评定时间_____

设备单元	评定项目及标准	检查结果		单元等级			备注
		合格	不合格	一	二	三	
吊耳、吊杆、卸扣	吊耳、吊杆、卸扣完好						
小门	拦污栅小门固定牢固						
金属构件	金属构件无明显锈蚀、变形、损坏						
安全防护	安全设施、警示齐全						
工作场所	整齐、清洁、无废弃物						
	通风、照明等良好						
运行状况	运行无异常振动、声响						
	运行温度符合要求						
技术资料	图纸资料齐全						
	操作记录齐全,符合要求						
	检修资料、检修记录齐全						
	试验资料齐全						
设备等级评定	等级类别	数量		百分比(%)	单项设备等级		
	一类单元						
	二类单元						
	三类单元						

检查:　　　　　　　　　　记录:　　　　　　　　　　责任人:

表 8.15　淀东泵闸清污机评级表

设备名称_____　　设备型号_____　　设备编号_____　　评定时间_____

设备单元	评定项目及标准	检查结果		单元等级			备注
		合格	不合格	一	二	三	
外观	拦污栅外观、栅条清洁、完好,无锈蚀现象						
	清污机轨道清洁、完好、平整						
	定位装置定位准确、可靠						
	整体行走平稳,无振动						
机械部分	齿轮保养良好,啮合可靠						
	滚轮滚动灵活,无卡阻现象						
	清污机升降灵活,无卡阻现象						
	钢丝绳保养良好,无断股现象						
	链条保养良好,无锈蚀、损坏						

设备单元	评定项目及标准	检查结果		单元等级			备注
		合格	不合格	一	二	三	
控制开关	回路可靠,能保证正常工作						
	行程开关动作可靠、准确						
继电器	热继电器动作可靠,能够起到保护作用						
安全防护	有必要的安全保护设施、设备						
技术资料	按规定进行电气试验并有试验资料						
	图纸、工程等资料齐全						
设备等级评定	等级类别	数量		百分比(%)		单项设备等级	
	一类单元						
	二类单元						
	三类单元						

检查:　　　　　　记录:　　　　　　责任人:

表8.16　淀东泵闸电动葫芦评级表

设备名称＿＿＿＿　设备型号＿＿＿＿　设备编号＿＿＿＿　评定时间＿＿＿＿

设备单元	评定项目及标准	检查结果		单元等级			备注
		合格	不合格	一	二	三	
电气及显示仪表	有可靠的供电源和备用电源						
	设备的电气线路布线及绝缘情况良好						
	保护装置可靠						
电动机	能达到铭牌所示功率,能随时投入运行						
	电动机绕组的绝缘电阻工作正常						
	电动机外壳接地应牢固可靠						
手动控制器	手动按钮动作准确、灵敏						
制动装置	制动装置工作可靠						
	上下限位器动作应准确灵敏						
钢丝绳及卷筒	钢丝绳应无明显裂痕、断丝,卷筒完好						
	钢丝绳在卷筒上排列整齐,无脱开滑轮槽、乱扭、叠扣等迹象						
吊钩装置	吊钩滑轮动作灵活						
	吊钩工作可靠						
轨道	螺栓连接紧固,轨道无变形						
防腐蚀要求	金属结构表面进行防腐蚀处理						
	涂层均匀,整机涂料颜色协调美观						

设备单元	评定项目及标准	检查结果		单元等级			备注
		合格	不合格	一	二	三	
技术资料	设备图纸及产品说明书齐全						
	检验资料齐全,记录完整						
	检修资料齐全,检修记录完整						
设备等级评定	等级类别	数量		百分比(%)		单项设备等级	
	一类单元						
	二类单元						
	三类单元						

检查: 　　　　　记录: 　　　　　责任人:

表 8.17 淀东泵闸行车评级表

设备名称_____ 设备型号_____ 设备编号_____ 评定时间_____

设备单元	评定项目及标准	检查结果		单元等级			备注
		合格	不合格	一	二	三	
刹车及限位	大小车在规定范围内运行顺畅,无卡涩、跳动,刹车良好;大车限位安全可靠						
吊具	大小车、主副吊勾电动机绝缘良好						
	大钩,小钩在规定范围内能自由上下、无卡涩,刹车良好,升降限位可靠						
钢丝绳	钢丝绳无断丝断股,颈缩符合规定要求且排列整齐						
安全装置	安全保护装置稳定可靠						
	电气控制单位符合规程规范要求,控制灵敏、准确,变速可靠						
	按规定进行定期检测						
金属结构	金属结构及所有电气设备外壳,管槽、电缆外壳等接地良好						
技术资料	资料完整,图纸齐全,与实际情况相符						
设备等级评定	等级类别	数量		百分比(%)		单项设备等级	
	一类单元						
	二类单元						
	三类单元						

检查: 　　　　　记录: 　　　　　责任人:

表 8.18   淀东泵闸高压开关柜评级表

设备名称_____   设备型号_____   设备编号_____   评定时间_____

设备单元	评 定 项 目 及 标 准	检查结果		单元等级			备注
		合格	不合格	一	二	三	
柜体内电路元器件	盘内各设备满足实际运行需要						
	部件完整,保险器无损伤、腐蚀						
	封闭严密,盘内整洁,油漆完整						
柜体外观	密封严密,本体清洁						
	油漆完整,无腐蚀						
绝缘性能	绝缘良好,各项试验符合规定要求						
标示标牌	标志正确清楚						
	保险器标志和实际熔断丝符合规程						
技术资料	资料完整,图纸齐全,与实际情况相符						
设备等级评定	等级类别	数　量		百分比(%)		单项设备等级	
	一类单元						
	二类单元						
	三类单元						

检查:　　　　　　记录:　　　　　　责任人:

表 8.19   淀东泵闸低压开关柜评级表

设备名称_____   设备型号_____   设备编号_____   评定时间_____

设备单元	评 定 项 目 及 标 准	检查结果		单元等级			备注
		合格	不合格	一	二	三	
柜体内电路元件	各项参数满足实际运行需要,热元件选用正确						
	可动部分灵活,无卡阻现象,部件完整,零件齐全						
	接触良好,接点烧伤不超过其接触面积 1/3,运行中无异常						
柜体外观	密封严密,柜体清洁						
	油漆完整,无腐蚀						
绝缘性能	绝缘良好,各项试验符合规程要求						
标识标牌	标志正确清楚						
技术资料	资料完整,图纸齐全,与实际情况相符						
设备等级评定	等级类别	数　量		百分比(%)		单项设备等级	
	一类单元						
	二类单元						
	三类单元						

检查:　　　　　　记录:　　　　　　责任人:

表 8.20 淀东泵闸电压互感器评级表

设备名称＿＿＿＿＿＿＿ 设备型号＿＿＿＿＿＿＿ 设备编号＿＿＿＿＿＿＿ 评定时间＿＿＿＿＿＿

设备单元	评定项目及标准	检查结果		单元等级			备注
		合格	不合格	一	二	三	
设备元器件	各项参数满足实际运行需要						
	表面无损伤,一二次线接线牢固,无松动,二次侧无短路现象,接地良好						
	绝缘良好,各项试验数据合格						
外 观	柜体整洁,油漆完整,标志正确清楚						
技术资料	图纸资料、检修记录、试验资料齐全						
设备等级评定	等级类别	数 量		百分比(%)	单项设备等级		
	一类单元						
	二类单元						
	三类单元						

检查: 记录: 责任人:

表 8.21 淀东泵闸电流互感器评级表

设备名称＿＿＿＿＿＿＿ 设备型号＿＿＿＿＿＿＿ 设备编号＿＿＿＿＿＿＿ 评定时间＿＿＿＿＿＿

设备单元	评定项目及标准	检查结果		单元等级			备注
		合格	不合格	一	二	三	
设备元器件	各项参数满足实际运行需要						
	表面无损伤,一二次线接线牢固,无松动,二次侧无短路现象,接地良好						
	绝缘良好,各项试验数据合格						
外 观	柜体整洁,油漆完整,标志正确清楚						
技术资料	图纸资料、检修记录、试验资料齐全						
设备等级评定	等级类别	数 量		百分比(%)	单项设备等级		
	一类单元						
	二类单元						
	三类单元						

检查: 记录: 责任人:

表8.22 淀东泵闸隔离开关评级表

设备名称＿＿＿＿＿＿＿ 设备型号＿＿＿＿＿＿＿ 设备编号＿＿＿＿＿＿＿ 评定时间＿＿＿＿＿＿＿

设备单元	评定项目及标准	检查结果		单元等级			备注
		合格	不合格	一	二	三	
各零部件及操作机构	各项技术参数符合运行要求,无过热现象						
	部件完整,零件齐全,瓷件无损伤,接地良好						
	操作机构灵活,闭锁装置可靠,辅助接点正常						
设备绝缘及外观	绝缘良好,各项试验数据合格,试验资料齐全						
	外观整洁,油漆完整,标志正确清楚						
技术资料	图纸资料、检修记录、试验资料齐全						
设备等级评定	等级类别	数　量		百分比(%)		单项设备等级	
	一类单元						
	二类单元						
	三类单元						

检查: 　　　　　记录: 　　　　　责任人:

表8.23 淀东泵闸高(低)压电缆评级表

设备名称＿＿＿＿＿＿＿ 设备型号＿＿＿＿＿＿＿ 设备编号＿＿＿＿＿＿＿ 评定时间＿＿＿＿＿＿＿

设备单元	评定项目及标准	检查结果		单元等级			备注
		合格	不合格	一	二	三	
规格及容量	规格和容量满足实际运行需要,无过热现象						
外观要求	无机械损伤						
	接地方式符合规程要求,绝缘良好,各项试验数据合格						
	电缆的固定和支架完好,无锈蚀						
敷设途径及标识	电缆沟等电缆敷设途径内无积水、杂物、易燃物						
	电缆头分相颜色和标志牌正确清洁						
技术资料	图纸资料、检修记录、试验资料齐全						
设备等级评定	等级类别	数　量		百分比(%)		单项设备等级	
	一类单元						
	二类单元						
	三类单元						

检查: 　　　　　记录: 　　　　　责任人:

表 8.24 淀东泵闸继电保护和自动装置评级表

设备名称_____ 设备型号_____ 设备编号_____ 评定时间_____

设备单元	评定项目及标准	检查结果		单元等级			备注
		合格	不合格	一	二	三	
继电器	继电保护及自动装置完好,动作灵敏、可靠,配合正确						
	二次回路排列整齐,标号完整正确,绝缘良好						
机械部分	机械部分的电气特性符合规程要求						
外观及标识	外壳完整、封闭严密						
	控制盒保护盘整洁,标志完整						
技术资料	图纸齐全、正确与现场实际相符						
设备等级评定	等级类别	数 量		百分比(%)		单项设备等级	
	一类单元						
	二类单元						
	三类单元						

检查: 记录: 责任人:

表 8.25 淀东泵闸避雷器评级表

设备名称_____ 设备型号_____ 设备编号_____ 评定时间_____

设备单元	评定项目及标准	检查结果		单元等级			备注
		合格	不合格	一	二	三	
设备外观	表面清洁,无灰尘积垢						
	表面无破损、裂纹、放电痕迹						
引 线	引线接头牢固						
绝缘性能	绝缘良好,各项试验数据合格,试验资料齐全						
技术资料	图纸齐全、正确,与现场实际相符						
设备等级评定	等级类别	数 量		百分比(%)		单项设备等级	
	一类单元						
	二类单元						
	三类单元						

检查: 记录: 责任人:

表 8.26 淀东泵闸蓄电池评级表

设备名称＿＿＿＿＿＿ 设备型号＿＿＿＿＿＿ 设备编号＿＿＿＿＿＿ 评定时间＿＿＿＿＿＿

设备单元	评 定 项 目 及 标 准	检查结果		单元等级			备注
		合格	不合格	一	二	三	
蓄电池体	蓄电池整洁,标号齐全,标志正确						
	蓄电池体无膨胀变形、发热现象						
电池容量	容量达到铭牌出力						
	定期检查容量电压应满足规范要求						
室内环境	蓄电池室安装有空调且工作正常						
绝 缘	绝缘良好,无严重沉淀物						
技术资料	试验资料齐全						
设备等级评定	等级类别	数 量		百分比(%)		单项设备等级	
	一类单元						
	二类单元						
	三类单元						

检查： 记录： 责任人：

表 8.27 淀东泵闸直流屏评级表

设备名称＿＿＿＿＿＿ 设备型号＿＿＿＿＿＿ 设备编号＿＿＿＿＿＿ 评定时间＿＿＿＿＿＿

设备单元	评 定 项 目 及 标 准	检查结果		单元等级			备注
		合格	不合格	一	二	三	
柜体外观	表面清洁,油漆防护完好,表面无破损						
	柜体密封满足防小动物要求						
元器件及开关	仪表、信号灯、触摸屏等显示准确						
	柜内各元器件、传感器、PLC等工作正常						
	高频开关工作正常,可自由切换,无扰动						
	逆变电源工作正常,失电切换无扰动						
	各回路断路器容量选型满足要求,分合可靠						
接线线路	线缆接线桩头无松动、发热现象,熔断器配置合理						
	无缺相、过压、欠压、过流等异常指示信号						
	直流系统运行方式正确,母线电压在允许范围内						
	各回路失电报警动作正常,信号准确						

设备单元	评定项目及标准	检查结果		单元等级			备注
		合格	不合格	一	二	三	
接地绝缘	柜体绝缘良好,接地电阻符合规程要求						
技术资料及标识标牌	设备铭牌及屯缆标牌标示正确清楚						
	资料完整,图纸齐全、正确,与现场实际情况相符						
设备等级评定	等级类别	数量		百分比(%)		单项设备等级	
	一类单元						
	二类单元						
	三类单元						

检查:　　　　　　　记录:　　　　　　　责任人:

表 8.28　淀东泵闸 LCU 设备评级表

设备名称＿＿＿＿　设备型号＿＿＿＿　设备编号＿＿＿＿　评定时间＿＿＿＿

设备单元	评定项目及标准	检查结果		单元等级			备注
		合格	不合格	一	二	三	
柜体	表面清洁,油漆防护完好,表面无破损						
	柜体密封满足防小动物要求						
设备元器件	柜内元器件工作稳定、可靠						
	出口继电器动作正常						
	端子回路排列整齐,接线桩头紧固、标号正确						
	熔断器配置符合规范要求						
	与上位机及保护系统通信畅通						
	仪表、信号灯、触摸屏等显示准确						
标示标牌	设备铭牌及电缆标牌标示正确清楚						
绝缘接地	柜体接地良好,满足规程要求						
技术资料	资料完整,图纸齐全,与现场实际情况相符						
设备等级评定	等级类别	数量		百分比(%)		单项设备等级	
	一类单元						
	二类单元						
	三类单元						

检查:　　　　　　　记录:　　　　　　　责任人:

表 8.29 淀东泵闸电容补偿柜评级表

设备名称_____ 设备型号_____ 设备编号_____ 评定时间_____

设备单元	评 定 项 目 及 标 准	检查结果		单元等级			备注
		合 格	不合格	一	二	三	
电 容	电容外壳无生锈、变形、胀肚和渗液现象						
套 管	套管无裂纹、破损和闪烁痕迹						
运行电压、电流	运行电压、电流不得超过规定的范围,否则应退出运行						
温 度	电容器室应保持通风良好,环境温度未超过40 ℃,电容器外壳温度未超过 55 ℃						
容 量	电容器组三相间的容量平衡,其误差不超过一相总容量的 5%						
放电装置	电容器放电装置工作应正常						
螺 栓	连接螺栓无松动						
交流接触器	交流接触器工作正常						
电抗器	电抗器温升正常						
电流、功率	电流表、功率因数表指示准确						
自动补偿仪	自动补偿仪工作正常,能有效自动补偿电容						
接 地	外壳接地良好						
技术资料	图纸资料、检修记录、试验资料齐全						

设备等级评定	等级类别	数 量	百分比(%)	单项设备等级
	一类单元			
	二类单元			
	三类单元			

检查: 记录: 责任人:

表 8.30　淀东泵闸 PLC 柜评级表

设备名称_____　　设备型号_____　　设备编号_____　　评定时间_____

设备单元	评 定 项 目 及 标 准	检查结果		单元等级			备注
		合　格	不合格	一	二	三	
柜　体	柜体结构牢固,油漆保护完整,无锈蚀						
	铭牌标志正确,清晰完整						
	表面清洁,无灰尘污垢,无变形						
PLC	PLC 控制器工作正常,接线可靠						
	通讯模块工作正常,通讯可靠						
	输出继电器接线正确,工作正常						
	电源模块工作正常						
触摸屏	触摸屏运行可靠,无故障报警						
网络交换机	运行可靠,通讯良好						
SPD	电源 SPD、数据 SPD 运行正常						
指示灯	指示灯完好,显示正确						
二次线路	套管标号完整、清晰						
	二次接线正确,绝缘良好,排列整齐、规范						
安全防护	柜体与四壁安全距离应符合规范规定						
	外壳接地可靠,接地电阻符合规范要求						
	按要求配备绝缘垫						
工作场所	整齐、清洁,无油污、杂物						
	照明光照度符合要求						
	严禁堆放易燃易爆品,并设有消防器具						
技术资料	图纸资料齐全						
	检修资料齐全,检修记录完整						
	试验资料齐全						
设备等级评定	等级类别	数　量		百分比(%)	单项设备等级		
	一类单元						
	二类单元						
	三类单元						

检查:　　　　　　　　记录:　　　　　　　　责任人:

第 8 章　泵闸建筑物及设备评级作业指导书

229

表 8.31 淀东泵闸计算机监控监视系统评定表

设备名称_____ 设备型号_____ 设备编号_____ 评定时间_____

设备单元	评定项目及标准	检查结果		单元等级			备注
		合格	不合格	一	二	三	
监控主机	设备配置符合监控系统要求						
	主机运行可靠						
	主机与现场控制单元通讯良好						
视频主机	设备配置符合视频系统要求						
	主机运行可靠						
	主机与现场摄像头通讯良好						
	已设置录像状态,可在客户端远程调用历史录像数据						
摄像机	表面清洁,无明显灰尘,防护罩无破损、老化现象						
	接线正确、紧固,摄像机控制云台转动灵活,无明显卡阻小修						
	通讯良好,图像清晰						
	固定摄像机的支架或杆塔无锈蚀损坏						
软件	系统内装有杀毒软件,且随时保持更新						
	根据用户角色设置不同的访问权限						
	视频管理计算机安装客户端软件且工作正常						
技术资料	图纸资料齐全						
	检修资料齐全,检修记录完整						
	系统测试资料齐全						
设备等级评定	等级类别	数量		百分比(%)	单项设备等级		
	一类单元						
	二类单元						
	三类单元						

检查:　　　　　　　　记录:　　　　　　　　责任人:

表 8.32　淀东泵闸网络设备屏评定表

设备名称＿＿＿＿＿＿　　设备型号＿＿＿＿＿＿　　设备编号＿＿＿＿＿＿　　评定时间＿＿＿＿＿＿

设备单元	评定项目及标准	检查结果		单元等级			备注
		合格	不合格	一	二	三	
柜体外观	表面清洁,柜体密封严密,油漆完整,无变形						
	柜内整洁,无积垢和小动物痕迹,电缆进出孔封板完整						
	柜内设备通信正常						
接线	二次接线排列整齐,接线牢固可靠						
	端子标号、电缆标牌清晰完整						
接地绝缘	柜体接地良好						
技术资料	资料齐全						
设备等级评定	等级类别	数量		百分比(%)	单项设备等级		
	一类单元						
	二类单元						
	三类单元						

检查：　　　　　　　记录：　　　　　　　　　　责任人：

表 8.33　淀东泵闸监测设备评定表

设备名称＿＿＿＿＿＿　　设备型号＿＿＿＿＿＿　　设备编号＿＿＿＿＿＿　　评定时间＿＿＿＿＿＿

设备单元	评定项目及标准	检查结果		单元等级			备注
		合格	不合格	一	二	三	
内外观测设施	观测设施变形测点、断面桩等监测设施无破坏,表面整洁、标识清晰、防护完好						
	监测电缆内观仪器的电缆无破坏						
	观测仪器无损坏,按要求定期校验,工作正常						
自动化监测设施完好	监测自动化设备、传输线缆、通信设施、防雷和保护设施、供电系统正常工作						
设备等级评定	等级类别	数量		百分比(%)	单项设备等级		
	一类单元						
	二类单元						
	三类单元						

检查：　　　　　　　记录：　　　　　　　　　　责任人：

表 8.34　淀东泵闸主泵房评定表　　评定时间＿＿＿＿＿＿＿

设备单元	评定项目及标准	检查结果		单元等级			备注
		合格	不合格	一	二	三	
结　构	结构完整,满足整体稳定要求,在泵站设计范围内,结构均能保证设备安全运行						
基　础	基础变形及不均匀沉陷满足要求						
混凝土	钢筋混凝土结构强度满足要求,砌体完整						
	混凝土碳化情况符合规范						
	钢筋混凝土结构其钢筋保护层厚度满足要求						
	钢筋混凝土结构中钢筋无锈蚀或轻微锈蚀,锈蚀率满足要求						
构　件	各构件完好,无明显裂缝、缺损、渗漏等缺陷						
门　窗	门窗完好,通风、散热、保温条件良好						
观测设施	观测设施齐全,满足要求						

设备等级评定	等级类别	数　量	百分比(%)	单项设备等级
	一类单元			
	二类单元			
	三类单元			

检查:　　　　　　　　记录:　　　　　　　　责任人:

表 8.35　淀东泵闸进出水池评定表　　评定时间＿＿＿＿＿＿＿

设备单元	评定项目及标准	检查结果		单元等级			备注
		合格	不合格	一	二	三	
外　形	外形几何尺寸符合要求,水流流态较好						
结　构	结构完整,满足整体稳定要求						
防　渗	防渗、反滤设施技术状况良好						
变　形	变形及不均匀沉陷满足要求						
混凝土	混凝土结构强度、碳化深度、钢筋保护层厚度以及钢筋锈蚀率满足要求						
砌　体	砌体完好						
观测设施	观测设施齐全,满足要求						

设备等级评定	等级类别	数　量	百分比(%)	单项设备等级
	一类单元			
	二类单元			
	三类单元			

检查：　　　　　　　记录：　　　　　　　责任人：

表 8.36　淀东泵闸流道(管道)评定表　　评定时间＿＿＿＿＿＿

设备单元	评 定 项 目 及 标 准	检查结果		单元等级			备注
		合格	不合格	一	二	三	
技术状态	技术状态完好,满足过流及流态要求						
结　　构	结构完好,无明显错位、裂缝、缺损、渗漏等缺陷						
混凝土	混凝土结构强度、碳化深度、钢筋保护层厚度以及钢筋锈蚀率满足要求						
过流面	过流面光滑,蚀坑较少,水力损失小						
支撑设备	管坡、管床、镇墩、支墩结构完整,无明显裂缝及不均匀沉陷						

设备等级评定	等级类别	数　量	百分比(%)	单项设备等级
	一类单元			
	二类单元			
	三类单元			

检查：　　　　　　　记录：　　　　　　　责任人：

第 9 章

泵闸电气试验作业指导书

9.1 范围

泵闸电气试验作业指导书用于指导淀东泵闸电气预防性试验,其他同类型泵闸电气预防性试验可参照执行。

9.2 规范性引用文件

下列文件适用于泵闸电气试验作业指导书:

《电气装置安装工程 电气设备交接试验标准》(GB 50150—2016);

《高压输变电设备的绝缘配合第 1 部分:定义、原则和规则》(GB/T 311.1—2012);

《值修约规则与极限数值的表示和判定》(GB/T 8170—2008);

《低压电气设备的高电压试验技术 定义、试验和程序要求、试验设备》(GB/T 17627—2019);

《继电保护和安全自动装置基本试验方法》(GB/T 7261—2016);

《继电保护和安全自动装置技术规程》(GB/T 14285—2006);

《泵站技术管理规程》(GB/T 30948—2021);

《电力安全工作规程 电力线路部分》(GB 26859—2011);

《建筑物防雷装置检测技术规范》(GB/T 21431—2015);

《电力设备预防性试验规程》(DL/T 596—2021);

《电力安全工器具预防性试验规程》(DL/T 1476—2015);

《水闸技术管理规程》(SL 75—2014);

《泵站现场测试与安全检测规程》(SL 548—2012);

《上海市水闸维修养护技术规程》(SSH/Z 10013—2017);

《上海市水利泵站维修养护技术规程》(SSH/Z 10012—2017);

《中华人民共和国法定计量单位》(国务院 1984 年 2 月 27 日发布);

制造厂的产品技术标准、出厂检验报告及其他的试验资料。

9.3 泵闸电气试验项目及周期

9.3.1 电气试验分类

电气试验分为绝缘试验和特性试验。

（1）绝缘试验是指对电气设备绝缘状况进行检查、鉴定的试验，一般分为破坏性试验和非破坏性试验。如交流耐压、直流耐压等试验属破坏性试验，绝缘电阻、直流泄漏电流等试验属非破坏性试验。

（2）特性试验通常是指对电气设备的电气和机械等方面的某些特性进行的测试。如测试线圈的极性、变压器的接线组别标号、断路器的分合闸时间等。

9.3.2 淀东泵闸电气设备预防性试验项目及周期

淀东泵闸电气设备预防性试验项目及周期，分别见表 9.1～表 9.11。

表 9.1 35 kV 变压器定期试验项目和周期

序号	试 验 项 目	试 验 周 期	备 注
1	绕组的直流电阻测量	① 1年② 大修时③ 必要时	
2	绕组的绝缘电阻、吸收比或极化指数	① 1年② 大修后③ 必要时	
3	绕组的 tgδ	① 1年② 大修后③ 必要时	
4	电容型套管的 tgδ 和电容值	① 1年② 大修后③ 必要时	
5	绕组的泄漏电流	① 1年② 大修后③ 必要时	
6	铁芯(有外引接地线的)绝缘电阻	① 1年② 大修后③ 必要时	
7	测温装置及其二次回路试验	① 1年② 必要时	
8	有载调压装置的试验和检查	必要时	

表 9.2 10 kV 变压器定期试验项目和周期

序号	试 验 项 目	试 验 周 期	备 注
1	绕组的直流电阻测量	① 1年② 大修时③ 必要时④ 变动分接开关位置后	
2	绕组的绝缘电阻、吸收比或极化指数	① 1年② 大修后③ 必要时	
3	铁芯(有外引接地线的)绝缘电阻	① 1年② 大修后③ 必要时	
4	测温装置及其二次回路试验	① 1年② 必要时	
5	交流耐压试验	① 3年② 必要时③ 大修后	

表 9.3 10 kV 断路器、开关柜定期试验项目和周期

设备名称	试 验 项 目	试 验 周 期	备 注
真空断路器	绝缘电阻	① 1 年② 大修后	
	交流耐压试验(断路器主回路对地、相间及断口)	① 1 年② 大修后	
	辅助回路和控制回路的交流耐压试验	① 1 年② 大修后	
	导电回路电阻	① 1 年② 大修后	用直流压降法测量,电流大于等于 100 A
	断路器的分合闸时间,分合闸同期性,触头开距、弹跳	① 2 年② 大修后③ 必要时	在额定操作电压下进行
	操动机构合闸接触器和分合闸电磁铁的最低动作电压	① 2 年② 大修后③ 必要时	
	合闸接触器和分合闸电磁铁线圈的绝缘电阻和直流电阻	① 1 年② 大修后	
	真空灭弧室真空度测量	大、小修后	有条件时进行
高压开关柜	辅助回路和控制回路绝缘电阻	① 1 年② 大修后	
	断路器隔离开关及隔离插头的导电回路电阻	① 1 年② 必要时③ 大修后	
	绝缘电阻试验	① 1 年② 大修后	在交流耐压试验前后分别进行
	交流耐压试验	① 1 年② 大修后	可随母线进行
	检查电压抽取(带电显示)装置	① 1 年② 大修后	
	"五防"功能检查	① 1 年② 大修后	

表 9.4 35 kV 互感器定期试验项目和周期

设备名称	试 验 项 目	试 验 周 期	备 注
电流互感器	绕组绝缘电阻	① 1 年② 大修后③ 必要时	
	局部放电试验	必要时	
电磁式电压互感器	绕组绝缘电阻	① 1 年② 大修后③ 必要时	
	局部放电试验	必要时	

表 9.5 10 kV 互感器定期试验项目和周期

设备名称	试 验 项 目	试 验 周 期	备 注
电流互感器	绕组绝缘电阻	① 1 年② 大修后③ 必要时	
	交流耐压试验	① 3 年② 大修后③ 必要时	

设备名称	试 验 项 目	试 验 周 期	备 注
电压 互感器	绝缘电阻	① 1年② 大修后③ 必要时	
	交流耐压试验	① 3年② 大修后③ 必要时	

表 9.6 交流电动机定期试验项目和周期

序号	试 验 项 目	试 验 周 期	备 注
1	绕组的绝缘电阻、吸收比	① 1年② 大修时③ 必要时	
2	绕组的直流电阻测量	① 1年② 大修时③ 必要时	
3	定子绕组的泄漏电流和直流耐压试验	① 3年② 大修时③ 更换绕组后	
4	定子绕组的交流耐压试验	① 大修后② 更换绕组后	
5	转子绕组的绝缘电阻测量	① 1年② 大修时③ 必要时	
6	转子绕组的直流电阻测量	① 1年② 大修时③ 必要时	
7	转子绕组的交流耐压试验	① 2～3年② 大修后 ③ 更换绕组后	

表 9.7 绝缘子、电缆定期试验项目和周期

设备名称	试 验 项 目	试 验 周 期	备 注
绝缘子	绝缘电阻	① 1年② 必要时	
	交流耐压试验	① 1年② 必要时	
橡塑绝缘 电力电缆	绝缘电阻	① 1年② 必要时	
	铜屏蔽层电阻和导体电阻比	① 1年② 重做终端或接头后 ③ 内衬层破损进水后	
	电缆主绝缘交流耐压试验	① 3年② 重做终端或接头后 ③ 必要时	谐振耐压

表 9.8 避雷器、过电压保护器定期试验项目和周期

设备名称	试 验 项 目	试 验 周 期	备 注
金属氧化 物避雷器	绝缘电阻	① 1年② 必要时	每年雷雨季节前
	直流 1 mA 电压（U1 mA）及 0.75 U1 mA 下的泄漏电流	① 1年② 必要时	每年雷雨季节前
过电压 保护器	绝缘电阻	① 1年② 必要时	每年雷雨季节前
	工频放电电压	① 1年② 必要时	每年雷雨季节前

表 9.9　母线、接地装置定期试验项目和周期

设备名称	试验项目	试验周期	备注
封闭式母线	绝缘电阻	① 大修时② 必要时	
	交流耐压试验	① 1年② 大修时③ 必要时	
一般母线	绝缘电阻	① 1年② 大修时	
	交流耐压试验	① 1年② 大修时	
接地装置	有效接地系统的电力设备的接地电阻	① 1年② 必要时	每10年挖开检查
	非有效接地系统的电力设备的接地电阻	① 1年② 必要时	
	利用大地做导体的电力设备的接地电阻	1年	
	1 kV 以下电力设备的接地电阻	1年	
	独立避雷针(线)的接地电阻	1年	
	有架空地线的线路杆塔的接地电阻	1年	

表 9.10　继电保护装置及继电器定期校验项目及周期表

序号	试验项目	试验周期	备注
1	一般性检查	① 1年② 必要时	
2	线圈直流电阻检查	① 1年② 必要时	
3	继电器动作返回值及保持值试验	① 1年② 必要时	
4	动作时间与返回时间检验	① 1年② 必要时	

表 9.11　微机继电保护装置及继电器定期校验项目及周期表

序号	试验项目	试验周期	备注
1	绝缘检查	① 1年② 必要时	
2	检查逆变电源	① 1年② 必要时	
3	检查装置固化的程序正确性	① 1年② 必要时	
4	装置数据采样系统精度和平衡度测试	① 1年② 必要时	
5	保护功能测试	① 1年② 必要时	
6	通讯口与上位机数据交换检测	① 1年② 必要时	有通讯要求时进行
7	检验开关量输入和输出回路	① 1年② 必要时	
8	装置定值参数整定检查	① 1年② 必要时	
9	整组传动联调	① 1年② 必要时	
10	用一次电流及工作电压检查	① 1年② 必要时	

9.3.3 电气指示仪表定期试验项目和周期

淀东泵闸电气指示仪表定期试验项目和周期,见表 9.12。

表 9.12 电气指示仪表定期试验项目和周期

设备名称	试验项目	试验周期	备 注
指示针	外观检查	① 1 年② 必要时	1. 控制盘和配电盘仪表的定期检验应与该仪表所连接的主要设备的大修日期一致,不应延期,但主要设备主要线路的仪表应每年检验 1 次,其他盘的仪表每 4 年至少检验 1 次。 2. 对运行中设备的控制盘仪表的指示发生怀疑时,可用标准仪表在其工作点上用比较法进行校核。 3. 可携式仪表(包括台表)的检验,每年至少 1 次,常用的仪表每半年至少 1 次。 4. 万用表:钳形表每 4 年至少检验 1 次,兆欧表和接地电阻测定器每 2 年至少检验 1 次,但用于高压电路使用的钳形表和做吸收比用的兆欧表每年至少检验 1 次。 5. 电度表的定期检修和校验,应与该电度表所连接的主要设备的大修日期一致
指示针	可动部分的倾斜影响检验	① 1 年② 必要时	
指示针	基本误差的测试	① 1 年② 必要时	
指示针	升降变差的测定	① 1 年② 必要时	
指示针	指示器不回零位的测定	① 1 年② 必要时	
数字式仪表	外观检查	① 1 年② 必要时	
数字式仪表	输出接口检查	① 1 年② 必要时	
数字式仪表	功率表的功率因数影响的检验	① 1 年② 必要时	

9.3.4 电气绝缘工具试验项目和周期

淀东泵闸电气绝缘工具试验项目和周期,见表 9.13。

表 9.13 电气绝缘工具试验规定

序号	名 称	电压等级(kV)	周 期	交流耐压(kV)	时间(min)	泄漏电流(mA)	备 注
1	绝缘棒	6~10	每年 1 次	44	5		
1	绝缘棒	35~154	每年 1 次	4 倍相电压	5		
2	绝缘挡板	6~10	每年 1 次	30	5		
2	绝缘挡板	35	每年 1 次	80	5		
3	绝缘罩	35	每年 1 次	80	5		
4	绝缘夹钳	≤35	每年 1 次	3 倍线电压	5		
4	绝缘夹钳	110	每年 1 次	260	5		
5	验电笔	6~10	每 6 个月 1 次	40			发光电不高于额定电压25%
5	验电笔	20~35	每 6 个月 1 次	105			发光电不高于额定电压25%
6	绝缘手套	高 压	每 6 个月 1 次	8	1	≤9	
6	绝缘手套	低 压	每 6 个月 1 次	2.5	1	≤2.5	

序号	名　称	电压等级（kV）	周　期	交流耐压（kV）	时间（min）	泄漏电流（mA）	备　注
7	橡胶绝缘靴	高　压	每6个月1次	15	1	≤7.5	
8	核相器电阻管	6	每6个月1次	6	1	1.7～2.4	
		10		10		1.4～1.7	
9	绝缘绳	高　压	每6个月1次	105/0.5 m	5		
10	短路接地线		每5年1次				
11	安全帽		每年1次，使用前				

9.3.5　电气登高作业安全工具试验项目和周期

淀东泵闸电气登高作业安全工具试验项目和周期，见表9.14。

表9.14　电气登高作业安全工具试验规定

名　称		试验静拉力（kg）	试验周期	外表检查周期	试验时间（min）	备　注
安全带	大皮带	225	半年1次	每月1次	5	
	小皮带	150				
安全绳		225	半年1次	每月1次	5	
升降板		225	半年1次	每月1次	5	
脚　扣		100	半年1次	每月1次	5	
竹（木）梯			半年1次	每月1次	5	试验荷重180 kg

9.4　泵闸电气试验一般要求

9.4.1　对试验人员要求

（1）泵闸试验人员应取得行业主管部门颁发的特种电工进网作业许可证，其中低压侧可由泵闸试验人员进行，高压侧一般由具有高压电试资质单位进行。

（2）试验人员对国家颁发的《电气装置安装工程　电气设备交接试验标准》（GB 50150—2016）《电力设备预防性试验规程》（DL/T 596—2021）有关规程应非常熟悉，并应认真执行。

（3）试验人员能正确地掌握各种试验方法，正确地选择和使用试验仪表和仪器，明确各项试验的注意事项。

（4）试验人员应善于处理试验中的各项具体问题。

（5）试验人员应不断提高对试验结果的分析判断能力。

（6）试验人员应认真分析电气设备发生的绝缘事故。

（7）试验人员应注意资料的积累。

9.4.2 对设备的要求

1. 被试设备

（1）新安装的电气设备应符合相关规程所规定的工艺和技术要求，经验收合格。

（2）被试设备的周围环境应初步具备运行条件，不能因土建和其他工作对其造成可能的损坏。

（3）对严重受潮的电动机、变压器，应经干燥处理后再进行试验。

（4）经过电气试验合格的设备便可投入运行，不允许任何人进行任何有影响其运行性能的工作。

2. 试验设备

（1）泵闸应根据所开展的试验工作，配齐、配足所需的试验设备（指与试验有关的各种仪表、仪器、设备，包括计量器具）。

（2）设备台账和档案建账建档及时、完整，做到账目清楚、档案齐全、管理有序，新设备应有验收入库手续。设备使用说明书应有复印件以供查阅。

（3）为了保证试验仪器设备的性能，计量检定应定期进行。检定合格的计量器具应在适当的位置贴上合格标志，标志上应写明检定结论、检定单位和检定日期。

9.4.3 试验前准备工作

（1）试验前应清楚被试设备的型号和规格、安装位置、周围环境、运行历史及曾发生过的故障。

（2）查阅该设备的说明书和以往的试验报告。

（3）熟悉试验标准、规程、方法及流程。

（4）拟定正确的试验方案，主要包括试验目的、标准、接线、所用的试验设备、操作方法和步骤、注意事项、安全措施、试验人员分工等。对重要电气设备进行破坏性试验时，试验前应制定详尽的安全保障措施，经有关部门审批后方可进行。

（5）设想试验中可能出现的不安全因素，提前制定好防范措施。

（6）选择合适的试验设备和仪表，准备好试验记录表等。

9.4.4 试验过程中的要求

1. 充分准备

试验前应制定试验方案和注意事项，正确选择试验设备，合理配备人员，采取必要的安全措施。

2. 规范操作

(1) 操作人员应持证上岗，每个试验项目不少于 2 人。

(2) 试验前应办理工作票相关手续，经许可后方可开展试验工作。

(3) 试验前应对试验设备、环境条件、被试设备进行检查和记录。

(4) 检查被试设备和现场的安全措施是否已按工作票执行到位。

(5) 拆除被试设备相关接线时应做好记录和标记，便于试验后恢复。

(6) 试验接线时应实行复核制，1 人接线，另 1 人复核。

(7) 具体操作应按照试验仪器的操作步骤和说明书要求进行。

(8) 做好试验数据记录，记录时应采用复诵制，防止在数据传递过程中发生差错。

(9) 试验中出现临界数据时，应增加测量次数，当出现数据超标或不合格情况时，应注意是否有干扰或其他因素的影响，尤其在不合格的件数较多时，更应查明其原因，必要时，可采用其他试验设备、方法进行复测比较。

(10) 由于外界因素（如突然停电、试验设备损坏等）中断试验时，应重新开始试验。

(11) 试验结束后应及时做好被试设备的接线恢复、核查，做好现场清理等工作。

(12) 办理工作终结手续。

3. 试验记录和试验报告

试验记录应采用统一的表格、使用法定计量单位。记录表内容至少应包括以下内容：

(1) 检测时间、地点、天气、温度、湿度、试验性质等。

(2) 所用试验设备的名称、型号、编号、试验前后的检查情况。

(3) 被试设备的名称、编号、铭牌数据等。

(4) 试验项目、周期、标准、试验结果和结论。

(5) 参试、复核等人员的签名。

此外，还应留有一定的备注空间，用以记录试验中可能出现的情况。

4. 试验数据的分析及处理

(1) 试验数据分析。每次试验要根据规程标准、历史试验数据或设备出厂试验数据等进行比对、分析，对存在的问题及时进行汇总，提出处理意见或建议。如立即更换设备、加强巡视和监测、缩短试验周期、择日进行检修、解体大修或返厂处理等。

(2) 发现问题的处理。试验中当发现设备存在问题时，试验人员首先排除试验设备、试验方法及环境等因素影响，然后核对试验数据，确保不误判，并及时将试验结果向管理所反馈。全部试验结束后，对所有存在问题进行分析、整理，及时向管理所出具报告，并提出相应的建议或意见。

9.4.5 试验制度要求

(1) 建立相应的组织机构。如对人员进行合理分工，制定现场试验人员、试验负责人、安全管理等人员的职责。

(2) 制定各项工作制度。如岗位责任制、仪器设备管理制度、实验室管理制度、资料管理制度、试验工作制度、质量事故分析制度、质量督促检查制度，以及奖惩条例或经济责任制等。

（3）建立完整、高效的试验质量信息反馈及处理机制。如试验记录的审查、现场抽查等，试验后的总结、汇报、反馈等。

（4）加强试验设备、试验数据的信息化、电子化管理。

9.4.6 试验结果分析要求

试验人员应根据多个项目的试验结果，并结合运行情况、历史试验数据等做综合分析，判断绝缘状况及绝缘性质，主要包括以下几个方面：

（1）与历次（年）的试验结果比较。

（2）与同类型设备试验结果比较。

（3）与同一设备相互间的试验结果比较。

（4）与预防性试验规程的要求值比较。

（5）结合被试设备的运行及检修等情况进行综合分析。

9.5 泵闸电气试验流程

淀东泵闸电气试验流程，见图9.1。

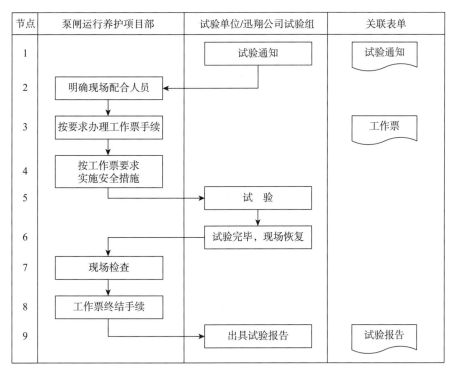

图9.1 淀东泵闸电气试验流程图

9.6 避雷器电气试验

9.6.1 试验设备、仪器及有关专用工具

淀东泵闸避雷器预防性试验所需设备、仪器及有关专用工具,见表 9.15。

表 9.15 淀东泵闸避雷器预防性试验所需设备、仪器及专用工具表

序号	试验所用设备(材料)	数量	序号	试验所用设备(材料)	数量
1	高压直流发生器	1 台	7	温湿度计	1 个
2	工频升压设备	1 套	8	小线箱(各种小线夹及短线)	1 个
3	兆欧表(2 500 V)	1 只	9	常用工具	1 套
4	放电计数器测试棒	1 只	10	常用仪表(电压表、万用表)	1 套
5	电源盘及刀闸板	1 套	11	前次试验报告	1 本
6	绝缘板	1 块			

9.6.2 绝缘电阻的测量

1. 测量目的

测量避雷器的绝缘电阻,目的在于初步检查避雷器内部是否受潮;有并联电阻者可检查其通、断、接触和老化等情况。

2. 测量使用条件

10 kV 及以上避雷器交接、大修后试验和预试。

3. 测量时使用的仪器

35 kV 及以下的避雷器用 2 500 V 兆欧表测量;对 35 kV 及以上的避雷器用 5 000 V 兆欧表测量;低压的避雷器用 500 V 兆欧表测量。

4. 测量步骤

(1) 断开被试品的电源,拆除或断开对外的一切连线,将被试品接地放电。放电时应用绝缘棒等工具进行,不得用手碰触放电导线。绝缘电阻接线图见图 9.2。

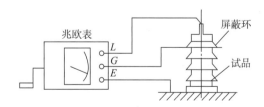

图 9.2 测量避雷器绝缘电阻接线图

(2) 用干燥清洁柔软的布擦去被试品外绝缘表面的脏污,必要时用适当的清洁剂洗净。

(3) 兆欧表上的接线端子"E"是接被试品的接地端,"L"是接高压端,"G"是接屏蔽

端。应采用屏蔽线和绝缘屏蔽棒做连接。

（4）驱动兆欧表到额定转速，或接通兆欧表电源，待指针稳定后（或 60 s），读取绝缘电阻值。

（5）读取绝缘电阻后，先断开接至被试品高压端的连接线，然后再将兆欧表停止运转。

（6）断开兆欧表后对被试品短接放电并接地。

（7）测量时应记录被试设备的温度、湿度、气象情况、试验日期及使用仪表等。

5. 影响因素及注意事项

（1）试品温度一般应在 10 ℃～40 ℃之间。

（2）绝缘电阻随着温度升高而降低，但目前还没有一个通用的固定换算公式。

温度换算系数最好以实测决定。例如正常状态下，当设备自运行中停下，在自行冷却过程中，可在不同温度下测量绝缘电阻值，从而求出其温度换算系数。

6. 测量结果的判断

FS(PBⅡ,LX)型避雷器交接时绝缘电阻大于 2 500 MΩ，运行中绝缘电阻大于 2 000 MΩ；FZ(PBC,LD)、FCZ 和 FCD 型等有分流电阻的避雷器，主要应与前一次或同一型式的测量数据进行比较；氧化锌避雷器 35 kV 以上绝缘电阻不小于 2 500 MΩ，35 kV 及以下绝缘电阻不小于 1 000 MΩ，底座绝缘电阻不小于 100 MΩ。

9.6.3 电导电流和直流 1 mA 下参考电压的测量

1. 测量目的

试验目的是检查避雷器并联是否受潮、劣化、断裂，以及同相各元件的 α 系数是否相配；对无串联间隙的金属氧化物避雷器则要求测量直流 1 mA 下的电压及 75% 该电压下的泄漏电流。

2. 测量使用条件

该测量在 10 kV 及以上避雷器交接、大修后试验和预试时进行。

3. 测量时使用的仪器

高压直流发生器、微安表。

4. 测量步骤

（1）避雷器地端接地，高压直流发生器输出端通过微安表与避雷器引线端相连，如图 9.3 所示。

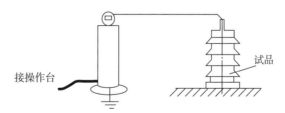

接操作台   试品

图 9.3　避雷器泄漏电流测试接线图

（2）首先检查升压旋钮是否回零，然后合上刀闸，打开操作电源，逐步平稳升压。升压时严格监视泄漏电流，当电流要到 1 mA 时，缓慢调节升压按钮，使泄漏电流达到 1 mA，此时马上读取电压值，然后降压至该电压的 75%，再读取此时的泄漏电流。

（3）迅速调节升压按钮回零，断开高压通按钮，断开设备电源开关，拉开电源刀闸，对被试设备和高压发生器放电。

（4）测量时应记录被试设备的温度、湿度、气象情况、试验日期及使用仪表等。

5. 测量影响因素及注意事项

对不同温度下测量的普通阀型或磁吹型避雷器电导电流进行比较时，需要将它们换算到同一温度。经验指出，温度每升高 10 ℃，电流增大 3%～5%，可参照换算。

9.6.4　工频放电电压的测量

1. 测量目的

工频放电电压测量是 FS 型避雷器和有串联间隙金属氧化物避雷器的必做项目，其测量的目的是检查间隙的放电电压是否符合要求。

2. 测量的使用条件

该测量在 10 kV 及以上避雷器交接、大修后试验和预试时进行。

3. 测量时使用的仪器

电压表、电流表、调压器、试验变压器。

4. 测量步骤

（1）工频放电试验接线与一般工频耐压试验接线相同。

（2）试验电压的波形应为正弦波，为消除高次谐波的影响，必要时调压器的电源取线电压或在试验变压器低压侧加滤波回路。对有串联间隙的金属氧化物避雷器，应在被试避雷器下端串接电流表，用来判别间隙是否放电动作。

（3）保护电阻器 R 是用来限制避雷器放电时的短路电流的。对不带并联电阻的 FS 型避雷器，一般取 0.1～0.5 Ω/V，保护电阻不宜取得太大，否则间隙中建立不起电弧，使测得的工频放电电压偏高。

（4）有串联间隙的金属氧化物避雷器，由于阀片的电阻值较大，放电电流较小，过流跳闸继电器应调整得灵敏些。保护电阻器调整后将放电电流控制在 0.05～0.2 A 之间，放电后在 0.2 s 内切断电源。

5. 测量影响因素及注意事项

测量时升压不能太快，以免电压表由于机械惯性作用读不准。应读取避雷器击穿时电压下降前的最高电压值作为避雷器的放电电压。一般一只避雷器做 3 次试验，取平均值作为工频放电电压。

6. 测量结果的判断

FS(PBⅡ,LX)型的工频放电电压在表 9.16 所示范围内。

表 9.16　工频放电电压范围表　　　　　　　单位:kV

额　定　电　压		3	6	10
放电电压	新装及大修后	9～11	16～19	26～31
	运行中	8～12	15～21	23～33

9.7　变压器电气试验

9.7.1　试验仪器、设备及材料

淀东泵闸变压器预防性试验所需仪器、设备及材料,见表 9.17。

表 9.17　淀东泵闸变压器预防性试验所需仪器、设备及材料表

序号	试验所用设备(材料)	数量	序号	试验所用设备(材料)	数量
1	直流电阻测试仪	1 套	6	万用表、电压表、电流表	若干个
2	2 500～5 000 V 手动或电动兆欧表	1 块	7	有载分接开关特性测试仪	1 套
3	试验变压器、调压器、球隙、分压器、水阻等(6～10 kV 站用变压器时需要)	1 套	8	电源线和试验接线、常用工具、干电池	若干个
4	直流发生器、微安表	1 套	9	绝缘杆、安全带、安全帽	若干个
5	自动介损测试仪或QS₁ 型西林电桥	1 套	10	温、湿度计	1 只

9.7.2　变压器绕组直流电阻的测量

1. 测量目的

检查绕组接头的焊接质量和绕组有无匝间短路;分接开关的各个位置接触是否良好以及分接开关的实际位置与指示位置是否相符;引出线有无断裂;多股导线并绕的绕组是否有断股的情况。

2. 测量使用条件

该测量在变压器交接、大修、预试、无载调压变压器改变分接位置后、故障后进行。

3. 测量时使用的仪器

直流电阻测量仪。

4. 测量步骤

采用直流电阻测量仪测量直流电阻,尤其是测量带有电感的线圈电阻,整个测量过程由单片机控制,自动完成自检、过渡过程判断、数据采集及分析,它与传统的电桥测量方法比较,具有操作简便、测量速度快、消除人为测量误差等优点。

使用的数字式直流电阻测量仪应满足以下技术要求,才能得到真实可靠的测量值:

（1）恒流源的纹波系数要小于 0.1%（电阻负载下测量）。

（2）测量数据要在回路达到稳态时候读取，测量电阻值应在 5 min 内测值变化不大于 0.5%。

5. 测量结果的分析判断

（1）1.6 MVA 以上变压器，各相绕组电阻相互的差别不应大于三相平均值的 2%，无中性点引出的绕组，线间差别不应大于三相平均值的 1%；

（2）1.6 MVA 以下变压器，相间差别一般不大于三相平均值的 4%，线间差别一般不大于三相平均值的 2%；

（3）与以前相同部位测得值比较，其变化不应大于 2%；

（4）三相电阻不平衡的原因为分接开关接触不良，焊接不良，三角形连接绕组其中一相断线，套管的导电杆与绕组连接处接触不良，绕组匝间短路，导线断裂及断股等。

6. 测量注意事项

（1）不同温度下的电阻换算公式为：

$$R_2 = R_1(T + t_2)/(T + t_1)$$

式中 R_1、R_2 分别为在温度 t_1、t_2 时的电阻值，T 为计算用常数，铜导线取 235，铝导线取 225。

（2）连接导线应有足够的截面，长度相同，接触应良好。

（3）准确测量绕组的平均温度。

（4）测量应有足够的充电时间，以保证测量准确；变压器容量较大时，可加大充电电流，以缩短充电时间。

（5）如电阻相间差在出厂时已超过规定，制造厂已说明了造成偏差的原因，则按标准要求执行。

9.7.3　绕组绝缘电阻、吸收比或（和）极化指数及铁芯的绝缘电阻测量

1. 测量目的

测量变压器的绝缘电阻，是检查其绝缘状态最简便的辅助方法。测量绝缘电阻、吸收比能有效发现变压器绝缘受潮及局部缺陷，如瓷件破裂、引出线接地等。

2. 测量使用条件

该测量在变压器交接、大修、预试、必要时进行。

3. 测量时使用的仪器

2 500～5 000 V 手动或电动兆欧表。

4. 测量步骤

（1）断开被试品的电源，拆除或断开对外的一切连线，并将其接地放电。此项操作应利用绝缘工具（如绝缘棒、绝缘钳等）进行，不得用手直接接触放电导线。

（2）用干燥清洁柔软的布擦去被试品表面的污垢，必要时可先用汽油或其他适当的去垢剂洗净套管表面的积污。

（3）将被试品的接地端接于兆欧表的接地端头"E"上，测量端接于兆欧表的火线端头"L"上。如遇被试品表面的泄漏电流较大时，或对重要的被试品，如发电机、变压器等，

为避免表面泄漏的影响,应加以屏蔽。屏蔽线应接在兆欧表的屏蔽端头"G"上。线接好后,火线暂时不接被试品,驱动兆欧表至额定转速,其指针应指"∞",然后使兆欧表停止转动,将火线接至被试品。

(4) 驱动兆欧表达额定转速,待指针稳定后,读取绝缘电阻数值。

(5) 测量吸收比或极化指数时,先驱动兆欧表达额定转速,待指针指"∞"时,用绝缘工具将火线立即接至被试品上,同时记录时间,分别读取 15 s 和 60 s 或 10 min 时的绝缘电阻值。

(6) 读取绝缘电阻值后,先断开接至被试品的火线,然后再将兆欧表停止运转,以免被试品的电容在测量时所充的电荷经兆欧表放电而损坏兆欧表,这一点在测试大容量设备时更要注意。

(7) 在湿度较大的条件下进行测量时,可在被试品表面加等电位屏蔽。此时在接线上要注意,被试品上的屏蔽环应接近加压的火线而远离接地部分,减少屏蔽对地的表面泄漏,以免造成兆欧表过载。屏蔽环可用保险丝或软铜线紧缠几圈而成。

(8) 测得的绝缘电阻值过低时,应进行解体试验,查明绝缘不良部位。

5. 测量结果的分析判断

(1) 绝缘电阻换算至同一温度下,与前一次测试结果相比应无明显变化。

(2) 吸收比(10 ℃～30 ℃范围)不低于 1.3 或极化指数不低于 1.5。

(3) 绝缘电阻在耐压后不得低于耐压前的 70%。

(4) 结果与历年数值比较一般不低于 70%。

6. 测量铁芯绝缘电阻的标准

(1) 与以前测试结果相比无显著差别,一般对地绝缘电阻不小于 50 MΩ。

(2) 运行中铁芯接地电流一般不大于 0.1 A。

(3) 夹件引出接地的可单独对夹件进行测量。

7. 测量注意事项

(1) 不同温度下的绝缘电阻值一般可按下式换算:

$$R_2 = R_1 \times 1.5(t_1 - t_2)/10$$

式中 R_1、R_2 分别为温度 t_1、t_2 时的绝缘电阻。

(2) 测量时依次测量各线圈对地及线圈间的绝缘电阻,被试线圈引线端短接,非被试线圈引线端短路接地,测量前被试线圈应充分放电;测量在交流耐压试验前后进行。

(3) 测量时应注意套管表面的清洁及温度、湿度的影响。

(4) 读数后应先断开被试品一端,后停摇兆欧表,最后充分对地放电。

9.7.4 交流耐压试验

1. 试验目的

工频交流(以下简称交流)耐压试验是考验被试品绝缘承受各种过电压能力的有效方法,对保证设备安全运行具有重要意义。交流耐压试验的电压、波形、频率和在被试品绝缘内部电压的分布,均符合在交流电压下运行时的实际情况,因此,能真实有效地发现被试品绝缘缺陷。

2. 试验使用条件

该试验在变压器交接、大修、更换绕组后、必要时进行。6～10 kV 站用变压器每 2 年进行 1 次试验。

3. 试验时使用的仪器

试验变压器、调压器、球隙、分压器、水阻等。

4. 试验方法

交流耐压试验的接线,应按被试品的要求(电压、容量)和现有试验设备条件来决定。通常试验时采用是成套设备(包括控制及调压设备),现场常对控制回路加以简化,例如采用图 9.4 所示的试验电路。试验回路中的熔断器、电磁开关和过流继电器,都是为了保证在试验回路发生短路和被试品击穿时,能迅速可靠地切断试验电源;电压互感器是用来测量被试品上的电压;毫安表和电压表用以测量及监视试验过程中的电流和电压。进行交流耐压的被试品,一般为容性负荷,当被试品的电容量较大时,电容电流在试验变压器的漏抗上就会产生较大的压降。由于被试品上的电压与试验变压器漏抗上的电压相位相反,有可能因电容电压升高而使被试品上的电压比试验变压器的输出电压还高,因此要求在被试品上直接测量电压。此外,由于被试品的容抗与试验变压器的漏抗是串联的,因而当回路的自振频率与电源基波或其高次谐波频率相同而产生串联谐振时,在被试品上就会产生比电源电压高得多的过电压。通常调压器与试验变压器的漏抗不大,而被试品的容抗很大,所以一般不会产生串联谐振过电压。但在试验大容量的被试品时,若谐振频率为 50 Hz,应满足 C_x 小于 $3\,184/X_L(\mu F)$,X_L 是调压器和试验变压器的漏抗之和。为避免 3 次谐波谐振,可在试验变压器低压绕组上并联 LC 串联回路或采用线电压。当被试品闪络击穿时,也会由于试验变压器绕组内部的电磁振荡,在试验变压器的匝间或层间产生过电压。因此,要求在试验回路内串入保护电阻 R_1 将过电流限制在试验变压器与被试品允许的范围内。但保护电阻 R_1 不宜选得过大,太大了会由于负载电流而产生较大的压降和损耗;R_1 的另一作用是在被试品击穿时,防止试验变压器高压侧产生过大的电动力。R_1 按 0.1～0.5 Ω/V 选取(对于大容量的被试品可适当选小些)。

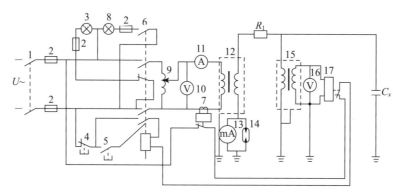

1—双极开关;2—熔断器;3—绿色指示灯;4—常闭分闸按钮;5—常开合闸按钮;6—电磁开关;7—过流继电器;8—红色指示灯;9—调压器;10—低压侧电压表;11—电流表;12—高压试验变压器;13—毫安表;14—放电管;15—测量用电压互感器;16—电压表;17—过压继电器;R_1—保护电阻;C_x—被试品

图 9.4　交流耐压试验接线图

5. 试验结果的分析判断

（1）干式变压器全部更换绕组时，按出厂试验电压值；部分更换绕组和定期试验时，按出厂试验电压值的 0.85 倍试验电压值。

（2）被试设备一般经过交流耐压试验，在规定的持续时间内不发生击穿，耐压前后绝缘电阻不降低 30%，则认为合格；反之，则认为不合格。

（3）在试验过程中，若空气湿度、温度或表面脏污等的影响，仅引起表面滑闪放电或空气放电，应经过清洁和干燥等处理后重新试验；如由于瓷件表面釉层损伤或老化等引起放电（如加压后表面出现局部红火），则认为不合格。

（4）电流表指示突然上升或下降，有可能是变压器被击穿。

（5）如变压器内部有炒豆般的放电声，而电流表指示稳定，这可能是由于悬浮的金属件对地放电。

6. 试验注意事项

（1）此项试验属破坏性试验，应在其他绝缘试验完成后进行。

（2）变压器接线应正确，加压前应仔细进行检查，保持足够的安全距离，非被试线圈需短路接地，并接入保护电阻和球隙，调压器回零。

（3）变压器升压应从零开始，升压速度在 40% 试验电压内不受限制，其后应按每秒 3% 的试验电压均匀升压。

（4）试验过程可根据试验回路的电流表、电压表的突然变化，控制回路过流继电器的动作，被试品放电或击穿的声音进行判断是否正常。

（5）交流耐压试验前后应测量绝缘电阻和吸收比，2 次测量结果不应有明显差别。

（6）变压器在试验中发生放电或击穿时，应立即降压，查明故障部位。

9.7.5 分接开关试验

1. 试验目的

分接开关试验的目的是确定分接开关各挡是否正常。

2. 试验使用条件

分接开关试验在交接、大修、预试及必要时进行。

3. 试验时使用的仪器

QJ44 型双臂电桥和有载分接开关特性测试仪。

4. 试验项目和试验方法

（1）试验项目。接触电阻（吊罩时测量），过渡电阻测量，过渡时间测量。

（2）试验方法。

① 在变压器吊罩时时可用双臂电桥测量无载调压分接开关和有载调压分接开关，选择开关的接触电阻和切换开关的接触电阻和过渡电阻，用有载分接开关特性测试仪可测量分接开关不代线圈时的切换波形和切换时间和同期；

② 用有载分接开关特性测试仪可测量分接开关代线圈时的切换波形和切换时间和同期。

5. 试验结果的分析判断

（1）无载分接开关每相触头各挡的接触电阻应符合制造厂要求。

（2）有载分接开关的过渡电阻、接触电阻及切换时间都应符合制造厂要求，过渡电阻允许偏差为额定值的±10%，接触电阻小于 500 $\mu\Omega$。

（3）分接开关试验可检查触头的接触是否良好，过度电阻是否断裂，三相切换的同期和时间的长短。

6. 试验注意事项

（1）试验应按照仪器的操作步骤和要求进行，带线圈测量时，应将其他侧线圈短路接地。

（2）试验应从单数挡到双数挡和双数挡到单数挡进行 2 次。

9.8 电缆电气试验

9.8.1 预防性试验所需仪器及设备材料

电缆预防性试验所需仪器及设备材料，见表 9.18。

表 9.18 电缆预防性试验所需仪器及设备材料

序号	试验所用设备（材料）	数量	序号	试验所用设备（材料）	数量
1	500 V、1 000 V、2 500 V 兆欧表	各 1 块	6	带有屏蔽层的测量导线	1 根
2	干、湿温度计	1 只	7	梅花螺丝刀	1 把
3	电源盘	2 只	8	计算器	1 只
4	平口螺丝刀	1 把	9	试验原始记录	1 本
5	试验导线	若干根			

9.8.2 绝缘电阻测量

1. 测量目的

主绝缘电阻的测试可初步判断电缆绝缘是否受潮、老化、脏污及局部缺陷，并可检查由耐压试验检出的缺陷性质。对橡塑绝缘电力电缆而言，通过电缆外护套和电缆内衬层绝缘电阻的测试，可以判断外护套和内衬层是否进水。

2. 测量使用条件

该测量在变压器交接（针对橡塑绝缘电缆）及预防性试验时，耐压前后进行。

3. 测量时使用的仪器、仪表

（1）500 V 兆欧表（测量橡塑电缆的外护套和内衬层绝缘电阻）。

（2）1 000 V 兆欧表（测量 0.6/1 kV 及以下电缆电阻）。

（3）2 500 V 兆欧表（测量 0.6/1 kV 以上电缆电阻）。

4. 测量步骤

（1）电缆主绝缘电阻测量：

① 断开被试品的电源，拆除或断开其对外的一切连线，并将其接地充分放电；

② 用干燥清洁柔软的布擦净电缆头,然后将非被试相缆芯与铅皮一同接地,逐相测量;

③ 兆欧表平稳放置,其接地端头"E"与被试品的接地端相连,带有屏蔽线测量导线的火线和屏蔽线分别与兆欧表的测量端头"L"及屏蔽端头"G"相连接;

④ 接线完成后,先驱动兆欧表至额定转速(120 r/min),此时,兆欧表指针应指向"∞",再将火线接至被试品,待兆欧表指针稳定后,读取绝缘电阻的数值;

⑤ 读取绝缘电阻的数值后,先断开接至被试品的火线,然后再将兆欧表停止运转;

⑥ 将被试相电缆充分放电,操作应采用绝缘工具。

(2) 橡塑电缆内衬层和外护套绝缘电阻测量

解开终端的铠装层和铜屏蔽层的接地线,断开被试品的电源,拆除或断开其对外的一切连线,并将其接地充分放电。

测量内衬层绝缘电阻时,将铠装层接地;将铜屏蔽层和三相缆芯一起短路(绝缘电阻测试时接火线)。

测量外护套绝缘电阻时,将铠装层、铜屏蔽层和三相缆芯一起短路(绝缘电阻测试时接火线)。

试验接线图见图 9.5。

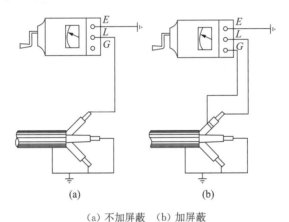

(a) 不加屏蔽　(b) 加屏蔽

图 9.5　绝缘电阻测试原理接线图

5. 测量结果分析判断

运行中的电缆其绝缘电阻值应从各次试验数据的变化规律及相间的相互比较来综合判断。橡塑绝缘电缆主绝缘电阻值应满足表 9.19 所示范围。

表 9.19　绝缘电阻范围

额定电压(kV)	3~6	10	35
绝缘电阻(MΩ)	1 000	1 000	2 500

橡塑绝缘电缆的内衬层和外护套电缆每 km 绝缘电阻不应低于 0.5 MΩ(使用 500 V 兆欧表),当绝缘电阻每 km 低于 0.5 MΩ 时,应用万用表正、反接线分别测量铠装层对地、屏蔽层对铠装的电阻,当 2 次测得的电阻值相差较大时,表明电缆外护套或内衬层已破损受潮。

6. 测量注意事项

（1）兆欧表接线端柱引出线不能靠在一起。

（2）测量时，兆欧表转速应尽可能保持额定值并维持恒定。

（3）被试品温度不低于＋5 ℃，户外试验应在良好的天气下进行，且空气的相对湿度一般不高于 80％。

9.9 电容器电气试验

9.9.1 试验设备、仪器及有关专用工具

电容器电气试验设备、仪器及有关专用工具，见表 9.20。

表 9.20　电容器电气试验设备、仪器及有关专用工具表

序号	试验所用设备（材料）	数量	序号	试验所用设备（材料）	数量
1	兆欧表	1块	6	电源盘	1个
2	介损测试仪	1套	7	操作杆	3副
3	常用仪表（电压表、微安表、万用表等）	1套	8	常用工具	1套
4	小线箱（各种小线夹及短接线）	1个	9	设备预试台账	1套
5	安全带	2根			

9.9.2 绝缘电阻测量

1. 测量目的

测量的目的是检查电容器极间和双极对外壳的绝缘状况。

2. 测量使用条件

该测量在电容器交接、大修后、预防性试验时进行。

3. 测量时使用仪表

绝缘摇表或兆欧表。

4. 测量方法

测量电容器的绝缘电阻一般用 2 500 V 兆欧表。对断路器电容器、耦合电容器和电容式电压互感器的电容分压器而言测量两极间的绝缘电阻；对并联电容器、串联电容器和交流滤波电容器而言测量两极对外壳的绝缘电阻（测量时两极应短接），以检查器身套管等的对地绝缘。

5. 测量结果的分析判断

并联电容器、串联电容器和交流滤波电容器极对外壳绝缘电阻不低于 2 000 MΩ；断路器电容器、耦合电容器和电容式电压互感器的电容分压器极间绝缘电阻不低于 5 000 MΩ；耦合电容器低压端对地绝缘电阻不低于 100 MΩ；集合式电容器的相间和极对外壳绝缘电阻不做规定。

6. 测量注意事项

(1) 串联电容器极对外壳绝缘、耦合电容器低压端对地绝缘用 1 000 V 兆欧表测量，其余用 2 500 V 兆欧表测量。

(2) 使用兆欧表测量时应注意在测量前后均应对电容器充分放电；测量过程中，应先断开兆欧表与电容器的连接面停止摇动兆欧表的手柄，以免电容器反充放电损坏兆欧表。

9.9.3 并联电阻值测量

1. 测量使用条件

该测量在电容器交接、大修后、预防性试验时进行。

2. 测量时使用仪表

万用表。

3. 测量方法

并联电容器、串联电容器和交流滤波电容器并联电阻采用自放电法测量，断路器电容器并联电阻可用万用表测量。

4. 测量结果的分析判断

并联电阻值与出厂值的偏差在±10%范围内为合格。

5. 测量注意事项

耦合电容器、电容式电压互感器的电容分压器不做这项试验。

9.10 互感器电气试验

9.10.1 试验仪器、仪表及材料

互感器电气试验仪器、仪表及材料，见表 9.21。

表 9.21 互感器电气试验仪器、仪表及材料表

序号	试验所用设备(材料)	数量	序号	试验所用设备(材料)	数量
1	兆欧表	1块	6	电源盘	1个
2	介损测试仪	1套	7	操作杆	3副
3	常用仪表(电压表、微安表、万用表等)	1套	8	常用工具	1套
4	小线箱(各种小线夹及短接线)	1个	9	设备预试台账	1套
5	安全带	2根			

9.10.2 绝缘电阻的测量

1. 测量目的

测量的目的是有效发现设备整体受潮和脏污状况，以及其绝缘击穿和严重过热老化

等缺陷。

2. 测量使用条件

该测量在电流和电压互感器交接、大修后试验和预防性试验时进行。

3. 测量时使用的仪器

2 500 V兆欧表、1 000 V兆欧表或具有1 000 V和2 500 V挡的电动绝缘兆欧表。

4. 测量方法

（1）断开被试品的电源,拆除或断开对外的一切连线,将被试品接地放电。放电时应用绝缘棒等工具进行,不得用手碰触放电导线。

（2）一次绕组用2 500 V兆欧表测量,二次绕组用1 000 V兆欧表测量。测量时,被测量绕组短接至兆欧表,非被试绕组均短路接地。

（3）用干燥清洁柔软的布擦去被试品外绝缘表面的脏污,必要时用适当的清洁剂洗净。

（4）兆欧表上的接线端子"E""L""G"分别接被试品的接地端、高压端、屏蔽端,采用屏蔽线和绝缘屏蔽棒做连接。

（5）驱动兆欧表达额定转速,或接通兆欧表电源,待指针稳定后(或60 s),读取绝缘电阻值。

（6）读取绝缘电阻后,先断开接至被试品高压端的连接线,然后再停止兆欧表运转。

（7）断开兆欧表后对被试品短接放电并接地。

（8）测量时应记录被试设备的温度、湿度、气象情况、试验日期及使用仪表等。

9.10.3 交流耐压试验

1. 试验使用条件

该试验在电流互感器的交接、大修后和预防性试验时进行。

2. 测量时使用的仪器

工频耐压装置1套。

3. 试验方法

试验设备及仪器和试验方法参照变压器工频交流耐压试验。耐压试验时,被试绕组短接至兆欧表,非被试绕组均短路接地;在试验过程中,若由于空气湿度、温度、表面脏污等影响,引起被试品表面滑闪放电或空气放电,不应认为被试品的内绝缘不合格,需经清洁、干燥处理之后再进行试验;升压应从零开始,不可冲击合闸。升压速度在40％试验电压以内可不受限制,其后应均匀升压,速度约为每秒3％的试验电压;耐压试验前后均应测量被试品的绝缘电阻;高压试验变压器有测量绕组的,在不使用时低端应接地,注意绕组不能短路;耐压试验接线应实行"三检制"(自检、互检、工作负责人检);加压过程中,应有人呼唱、监护;加压部分对非加压部分的绝缘距离应足够,并要防止对运行设备及非加压部分的伤害。

9.10.4 绕组对外壳的交流耐压试验

1. 试验使用条件

该试验在20 kV电磁式电压互感器的交接、大修后和预防性试验时进行。

2. 试验时使用的仪器

工频交流耐压装置 1 套。

3. 试验方法

电压互感器绕组的绝缘电阻、tgδ 以及绝缘油试验都合格后,就可进行绕组对外壳的交流耐压试验。对于全绝缘的电压互感器,试验方法和注意事项与电力变压器相同,但试验电压标准比电力变压器高。对于分级绝缘及串级式电压互感器,一次绕组不能进行工频交流耐压试验。

对于电压互感器二次绕组,规程规定试验电压为 1 000 V,可与二次回路耐压试验同时进行。

9.10.5 串级式电压互感器感应耐压试验

1. 试验使用条件

该试验在串级式电压互感器的交接、大修后和预防性试验时进行。

2. 试验时使用的仪器

倍频试验装置 1 套。

3. 试验原理及方法

如图 9.6 所示,串级式电压互感器进行交流感应耐压试验,也即是在互感器低压侧加上约为 3 倍额定电压,在一次侧感应出相应的高压来进行试验。为了防止铁芯过分饱和,应该提高电源电压的频率,采用频率为 150 Hz 电源进行试验。当频率超过 100 Hz 时,为避免提高频率后对绝缘的考验加重,应相应地减少耐压时间,耐压时间 t(单位 s)由下式确定:

$$t = 60 \times 100 / f$$

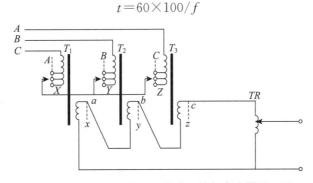

图 9.6 由 3 台单相变压器构成 3 倍频发生器原理图

用于串级式互感器耐压的频率为 150 Hz 电压发生器,可采用组合变频电源。

利用可控硅变频器组合电源进行倍频耐压更为方便,变频电源原理框图见图 9.7。

变频电源的输出频率可由编程调节锁定在 150～200 Hz 之间变动,它具有体积小、调压方便等优点。如使用 2 kW 的变频电源,即可满足对 110 kV、220 kV 的互感器进行试验要求。

图 9.7 变频电源原理框图

9.11 接地装置电气试验

9.11.1 试验仪器、仪表及材料

接地装置电气试验仪器、仪表及材料,见表 9.22。

表 9.22 接地装置电气试验仪器、仪表及材料表

序号	试验所用设备(材料)	数量	序号	试验所用设备(材料)	数量
1	电 极	3 根	6	电源盘	2 个
2	榔 头	1 把	7	专用测量线	若干根
3	常用工具	1 套	8	万用表	1 块
4	电流表、电压表、功率表	各 1 块	9	小线箱(各种小线夹及短接线)	1 个
5	接地电阻测试仪器	1 套	10	设备预试台账	1 本

9.11.2 接地电阻的测量

1. 测量目的

测量的目的是检查接地装置是否受到外力破坏或化学腐蚀等影响而导致接地电阻值的变化。

2. 测量使用条件

该测量在新投运或改造后的接地装置的现场检验及定期校验时进行。

3. 测量时使用的仪器

接地电阻测试仪 1 套。

4. 测量方法及接线

接地电阻用的仪表有多种,从测量原理上分为两类:一为比率计法,二为电桥法。还有围绕这 2 种方法开发的数字式接地电阻测量仪。

2 种采用电桥测量接地电阻试验接线如图 9.8 所示,采用这类原理的接地电阻测量仪有国产的 ZC - 8 型、ZC29 型等接地兆欧表和现行开发的数字式接地电阻测试仪。

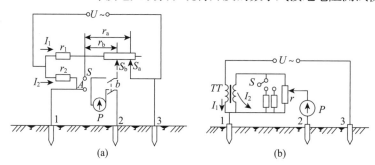

1—接地体;2—电压极;3—电流极;P—检流计;S—开关;
S_a、S_b—滑动电阻调节手柄;TT—试验变压器

图 9.8 采用电桥测量接地电阻试验接线

5. 测量时注意事项

(1) 接地电阻测试应在每年的雷雨季节来临前进行,由于土壤湿度对接地电阻的影响很大,因此不宜在雨后进行。

(2) 使用接地电阻测量仪测接地电阻,若发现有外界干扰而读数不稳时,最好采用电流表、电压表和功率表(三极法)测量,以消除干扰的影响。

(3) 电压极、电流极的要求:电压极和电流极一般用 1 根或多根直径为 25～50 mm,长 0.7～3 m 的钢管或圆钢垂直打入地中,端头露出地面 150～200 mm,以便连接引线。电压极接地电阻应不大于 1 000～2 000 Ω;电流极的接地电阻应尽量小,以使试验电源能将足够大的电流注入大地。由此,电流极的接地经常采用附近的地网和杆塔。

(4) 测量变电站接地网的接地电阻,通入的电流一般不应低于 10～20 A,测量接地体的接地电阻,通入的电流不小于 1 A 即可。

(5) 注入接地电流测量接地电阻时,会在接地装置注入处和电流极周围产生较大的电压降,因此,试验应采取安全措施,在 20～30 m 半径范围内不应有人或动物进入。

9.12　开关设备电气试验

9.12.1　试验设备、仪器及有关专用工具

开关设备电气试验设备、仪器及有关专用工具,见表 9.23。

表 9.23　开关设备电气试验设备、仪器及有关专用工具表

序号	试验所用设备(材料)	数量	序号	试验所用设备(材料)	数量
1	导电回路电阻测试仪	1 台	7	温湿度计	1 个
2	兆欧表(2 500 V)	1 只	8	小线箱各种小线夹及短线	1 个
3	电源盘及刀闸板	1 套	9	常用工具	1 套
4	操作杆	2 副	10	常用仪表(电压表、万用表)	1 套
5	介损测试仪	1 台	11	前次试验报告	1 本
6	绝缘板	1 块	12	高压直流发生器	1 台

9.12.2　绝缘电阻的测量

1. 测量目的

测量开关的绝缘电阻,目的在于初步检查开关内部是否受潮、老化。

2. 测量使用条件

该测量在 10 kV 及以上开关设备交接、大修后试验和预试时进行。

3. 测量时使用的仪器

2 500 V 兆欧表 1 块。

4. 测量步骤

(1) 断开被试品的电源,拆除或断开对外的一切连线,将被试品接地放电。放电时应

用绝缘棒等工具进行,不得用手碰触放电导线。

（2）用干燥清洁柔软的布擦去被试品外绝缘表面的脏污,必要时用适当的清洁剂洗净。

（3）兆欧表上的接线端子"E""L""G"分别接被试品的接地端、高压端、屏蔽端。应采用屏蔽线和绝缘屏蔽棒做连接。

（4）驱动兆欧表达额定转速,或接通兆欧表电源,待指针稳定后(或 60 s),读取绝缘电阻值。

（5）读取绝缘电阻后,先断开接至被试品高压端的连接线,然后再将兆欧表停止运转。

（6）断开兆欧表后对被试品短接放电并接地。

（7）测量时应记录被试设备的温度、湿度、气象情况、试验日期及使用仪表等。

5. 测量影响因素及注意事项

（1）试品温度一般应在 10 ℃～40 ℃之间。

（2）绝缘电阻随着温度升高而降低,但目前还没有一个通用的固定换算公式。

温度换算系数最好以实测决定。例如正常状态下,当设备自运行中停下,在自行冷却过程中,可在不同温度下测量绝缘电阻值,从而求出其温度换算系数。

6. 测量结果的判断

整体绝缘电阻自行规定。

9.12.3　导电回路直流电阻的测量

1. 测量目的

测量其接触电阻,判断是否合格。

2. 测量使用条件

该测量在 10 kV 及以上开关设备交接、大修后试验和预试时进行。

3. 测量时使用的仪器

直流电阻测试仪 1 套。

4. 测量步骤

（1）首先,合上开关(3 次),然后把测试夹分别夹到开关同相的两端接线排上,再启动测试仪器,进行测量,直至三相测量完毕。

（2）测量时应记录被试设备的温度、湿度、气象情况、试验日期及使用仪表等。

5. 测量影响因素及注意事项

电流输入和电压输入应在不同位置,尽量清洁接触点,使之达到更好的测量效果。

6. 测量结果的判断

10 kV 真空开关应符合厂家规定。

9.12.4　交流耐压的试验

1. 试验目的

交流耐压试验是判断开关整体绝缘效果最有效的手段。

2. 试验使用条件

该试验在 10 kV 及以上开关设备交接、大修后进行。

3. 试验时使用的仪器

电压表、电流表、调压器、试验变压器。

4. 试验步骤

（1）连接好升压设备，把被试开关外壳可靠接地，然后连接好高压引线，加压到规定值，1 min 后降压并停止加压，图 9.9 为试验原理图。

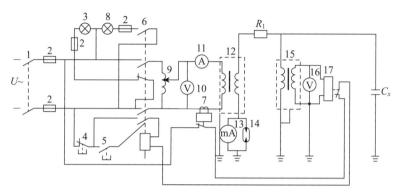

1—双极开关；2—熔断器；3—绿色指示灯；4—常闭分闸按钮；5—常开合闸按钮；
6—电磁开关；7—过流继电器；8—红色指示灯；9—调压器；10—低压侧电压表；
11—电流表；12—高压试验变压器；13—毫安表；14—放电管；15—测量用电压互感器；
16—电压表；17—过压继电器；R_1—保护电阻；C_x—被试品

图 9.9　交流耐压试验原理图

（2）拉开刀闸，检查调压器是否调零，合上刀闸，打开高压通按钮，缓慢调节升压旋钮，使电压达到规定试验电压。

（3）试验时应记录被试设备的温度、湿度、气象情况、试验日期及使用仪表等。

5. 试验影响因素及注意事项

（1）被试品为有机绝缘材料时，试验后应立即触摸，如出现普遍或局部发热，则认为绝缘不良，应及时处理，然后再做试验。

（2）如果耐压试验后的绝缘电阻比耐压前下降 30%，则应检查该试品是否合格。

（3）在试验过程中，若由于空气湿度、温度、表面脏污等影响，引起被试品表面滑闪放电或空气放电，不应认为被试品的内绝缘不合格，需经清洁、干燥处理之后，再进行试验。

（4）试验升压应从零开始，不可冲击合闸。升压速度在 40% 试验电压以内可不受限制，其后应均匀升压，速度约为每秒 3% 的试验电压。

（5）耐压试验前后均应测量被试品的绝缘电阻。

6. 试验结果的判断

绝缘良好的被试品，在交流耐压试验中不应被击穿，而其是否被击穿，可根据下述现象来分析：

（1）根据试验回路接入表计的指示进行分析。一般情况下，电流表所示电流如突然增大，说明被试品被击穿。被试品被击穿时，电压表指示明显下降，低压侧电压表的指示也会有所下降。

（2）根据控制回路的状况进行分析。如果过流继电器整定适当，在被试品被击穿时，过流继电器应动作,并使自动控制开关跳闸,一般应整定为被试品额定试验电流的 1.3 倍左右。

（3）根据被试品的状况进行分析。被试品发出被击穿响声(或断续放电声)、冒烟、出气、焦臭、闪弧、燃烧等,都是不容许的,应查明原因。这些现象如果确定是出现在绝缘部分,则认为是被试品存在缺陷或被击穿。

9.13 母线电气试验

9.13.1 试验仪器、仪表及材料

母线电气试验仪器、仪表及材料,见表 9.24。

表 9.24 母线电气试验仪器、仪表及材料表

序号	试验所用设备（材料）	数量	序号	试验所用设备（材料）	数量
1	2 500 V 兆欧表	1 块	11	铜导线	若干根
2	试验变压器	1 台	12	试验导线	若干根
3	调压器	1 只	13	双极刀闸	1 副
4	保护球隙	1 套	14	干湿温度计	1 只
5	保护电阻	1 只	15	电源盘	1 只
6	熔断器	1 个	16	平口螺丝刀	1 把
7	过流继电器	1 只	17	梅花螺丝刀	1 把
8	电压表	1 块	18	计算器	1 只
9	电流表	1 块	19	试验原始记录	1 本
10	带有屏蔽层的测量导线	1 根			

注:如果使用交流耐压成套装置,也可不使用表列序号 3～7 所列设备。

9.13.2 绝缘电阻测量

1. 测量目的

绝缘电阻测量的目的是检测母线支撑绝缘子、穿柜绝缘套管及连接母线的穿墙套管的绝缘水平,发现影响绝缘的异物、绝缘受潮和脏污、绝缘击穿和严重热老化等缺陷。

2. 测量的使用条件

该测量在母线交接时、大修后及预防性试验时进行(封闭母线只在交接时及大修后进行)。

3. 测量时使用的仪表

2 500 V 兆欧表 1 块。

4. 测量步骤

（1）断开被试品的电源,拆除或断开对外的一切连线,并将其接地放电。

（2）用干燥清洁柔软的布擦去被试品表面的污垢,必要时可先用汽油或其他适当的去垢剂洗净套管表面的积垢。

（3）兆欧表放置平稳,将其接地端头"E"与被试品的接地端相连,带有屏蔽线的测量导线的火线和屏蔽线分别与兆欧表的测量端头"L"及屏蔽端头"G"相连接。

（4）接线完成后,先驱动兆欧表至额定转速（120 r/min）,此时,兆欧表指针应指向"∞",再将火线接至被试品,待指针稳定后,读取绝缘电阻的数值。

（5）读取绝缘电阻的数值后,先断开接至被试品的火线,然后再停止兆欧表运转。

5. 测量原理图

测量原理接线,如图 9.10 所示。

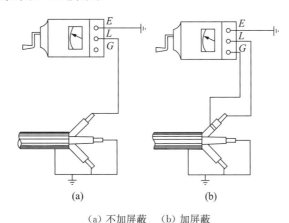

（a）不加屏蔽　（b）加屏蔽

图 9.10　绝缘电阻测量原理接线图

6. 测量结果的分析判断

（1）额定电压为 15 kV 及以上全连式离相封闭母线在常温下分相绝缘电阻值不小于 50 MΩ。

（2）6 kV 共箱封闭母线在常温下分相绝缘电阻值不小于 6 MΩ。

（3）一般母线常温下分相绝缘电阻值不应小于 1 MΩ/kV。

（4）测量结果与出厂、交接及历年数值进行比较;大修前后数值进行比较;同类设备数值相互比较;同一设备各相间数值相互比较;耐压前后的数值进行比较,均不应有明显降低或较大差别,否则应引起注意,查明原因。在数值比较时要考虑温度、湿度、脏污及气候条件的影响。

（5）若测得的绝缘电阻值过低或三相不平衡时,应进行解体试验,查明绝缘不良部分。

7. 测量注意事项

（1）同杆双母线,当一路带电时不得测另一回路的绝缘电阻,以防感应高压损坏仪表或危害人身安全。对平行母线也同样要注意感应电压,一般不得测量绝缘电阻,在测量时要采取措施,如用绝缘棒接线。

（2）火线与地线要保持一定距离,测量要用绝缘良好的导线,同时要注意兆欧表本身绝缘的影响,必要时将兆欧表放在绝缘垫上。

（3）兆欧表转速应维持均匀,保持额定。

（4）在湿度较大的条件下进行测量时,可在被试品表面加等电位屏蔽。此时在接线上要注意,被试品上的屏蔽环应接近加压的火线而远离接地部分,减少屏蔽对地的表面泄露,以免造成兆欧表过载。

9.13.3 母线工频交流耐压试验

1. 试验目的

工频交流耐压试验的目的是考验被试品绝缘承受各种过电压能力,有效发现绝缘缺陷,特别是局部缺陷。

2. 试验使用条件

该试验在被试品交接时、大修后及预防性试验时进行(封闭母线只在交接时及大修后进行)。

3. 试验时使用的仪器仪表

操作箱(或调压器、保护球隙、限流电阻、过流继电器等)、升压变压器、电压表、电流表。

4. 试验步骤

(1)断开被试品的电源,拆除或断开对外的一切连线,并将其接地放电。

(2)用干燥清洁柔软的布擦去被试品表面的污垢,必要时可先用汽油或其他适当的去垢剂洗净套管表面的积垢。

(3)用绝缘导线将升压变压器、调压器、电压表、电流表按接线图进行正确连接,然后仔细检查接线是否正确无误。

(4)调压器升压前应检查其是否在零位。升降压过程应监视有关仪表;加压过程中,应密切监视高压回路,监视被试品。

(5)工频交流耐压试验完成后,应首先将调压器降至零位,然后断开试验电源,再断开接至被试品的铜导线。

5. 试验原理图

试验原理图,见图 9.11。

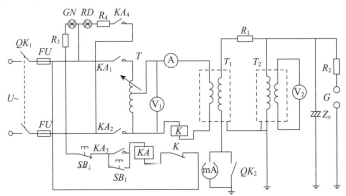

T_1—试验变压器;T_2—测量用电压互感器;T—调压器;R_1、R_2—限流电阻;

R_3、R_4—限流电阻;Z_x—被试物;G—保护球隙;K—过流继电器;

FU—熔断器;QK_1—电源刀闸;QK_2—短路刀闸;SB_1—启动按钮;

SB_2—停止按钮;KA—交流接触器;GN—绿灯;RD—红灯

图 9.11 母线工频交流耐压试验原理图

6. 测量的结果分析判断

（1）电压表指示明显下降，说明被试品击穿。

（2）被试品发出击穿响声、持续放电声、冒烟、闪弧、燃烧等异常现象，如果排除其他因素，则认为被试品存在缺陷或被击穿。

（3）对夹层绝缘或有机绝缘材料的被试品，如果耐后绝缘电阻比耐前下降30%，则检查该被试品是否合格。

（4）被试品为有机绝缘材料，试验后应立即触摸，如发现有发热，则认为绝缘不良，应及时处理，然后再做试验。

（5）试验过程中，若因空气湿度、温度、表面脏污等，引起被试品表面或空气放电，应经清洁、干燥处理后再进行试验。

7. 测量注意事项

（1）母线工频交流耐压试验时间为 1 min。

（2）封闭母线工频交流耐压试验标准，见表 9.25。

表 9.25 封闭母线工频交流耐压试验标准 单位：kV

额定电压	试 验 电 压	
	出 厂	现 场
≤1	4.2	3.2
6	42	32
15	57	43
20	68	51
24	70	53

（3）一般母线工频交流耐压试验标准，见表 9.26。

表 9.26 一般母线工频交流耐压试验标准 单位：kV

额定电压	试 验 电 压	
	湿 试	干 试
6	23	32
10	30	42
35	80	100

（4）交流耐压试验，应在其他试验项目进行之后进行；耐压试验前后均应测量被试品的绝缘电阻。

（5）被试品和试验设备应妥善接地，高压引线可用裸线，并应有足够机械强度，所有支撑或牵引的绝缘物也应有足够绝缘和机械强度。

（6）试验回路应当有适当的保护设施。试验过程若出现异常情况，应立即先降压，后断开电源，并挂上接地线再做检查。

9.14 交流电动机试验

9.14.1 试验项目和要求

电动机试验项目和要求,见表9.27。

表9.27 交流电动机定期试验项目和要求

序号	项目	周期	要 求	说 明
1	绕组的绝缘电阻和吸收比	1年,大修时,必要时	1. 绝缘电阻值应符合规定:额定电压3 kV以下者,室温下不应低于0.5 MΩ; 2. 额定电压3 kV及以上者,交流耐压前,折算至运行温度时的绝缘电阻值不应低于1 MΩ/kV	1. 500 kW及以上的电动机,应测量吸收比(或极化指数); 2. 3 kV以下的电动机使用1 000 V兆欧表;3 kV及以上者使用2 500 V兆欧表; 3. 小修时定子绕组可与其所连接的电缆一起测量,转子绕组可与起动设备一起测量
			转子绕组不应低于0.5 MΩ	有条件时可分相测量
			吸收比自行规定	
2	绕组的直流电阻	1年(3 kV及以上或100 kW及以上)	3 kV及以上或100 kW及以上的电动机各相绕组直流电阻值的相互差别不应超过最小值的2%;中性点未引出者,可测量线间电阻,其相互差别不应超过1%	
		大修时	除3 kV及以上或100 kW及以上的电动机外其余电动机自行规定要求	
		必要时	应注意相互间差别的历年相对变化	
3	定子绕组泄漏电流和直流耐压试验	大修时	试验电压:全部更换绕组时为3 Un;大修或局部更换绕组时为2.5 Un	1. 有条件时可分相进行; 2. Un为额定电压
		更换绕组后	泄漏电流相间差别一般不大于最小值的100%,泄漏电流为20 μA以下者不做规定	
			500 kW以下的电动机自行规定要求	
4	定子绕组的交流耐压试验	大修后	大修时不更换或局部更换定子绕组后试验电压为1.5 Un,但不低于1 000 V	低压和100 kW以下不重要的电动机,交流耐压试验可用2 500 V兆欧表测量代替
		更换绕组后	全部更换定子绕组后试验电压为(2 Un+1 000)V,但不低于1 500 V	更换定子绕组时工艺过程中的交流耐压试验按制造厂规定

序号	项目	周期	要求			说明
5	绕线式电动机转子绕组的交流耐压试验	大修后,更换绕组后	试验电压			1. 绕线式电动机已改为直接短路启动者,可不做交流耐压试验; 2. Uk 为转子静止时在定子绕组上加额定电压于滑环上测得的电压
			转子工况	不可逆式	可逆式	
			大修不更换转子绕组或局部更换转子绕组后	1.5 Uk,但不小于 1 000 V	3.0 Uk,但不小于 2 000 V	
			全部更换转子绕组后	2 Uk+1 000 V	4 Uk+1 000 V	
6	可变电阻器或启动电阻器的直流电阻	大修时	与制造厂数值或最初测的结果比较,相差不应超过10%			3 kV 及以上的电动机应在所有分接头上测量
7	检查定子绕组的极性	接线变动时	定子绕组的极性与连接应正确			对双绕组的电动机,应检查两分支间连接的正确性
						中性点无引出者可不检查

9.14.2　高压电动机试验

1. 定子绕组的绝缘电阻和吸收比

(1) 此试验在小修时和大修时进行。

(2) 拆开定子三相出线与电缆引线连接螺栓及定子中性点短接排(中性点未引出的除外)。小修时定子绕组可与其所连接的电缆一起测量。

(3) 采用 2 500 V 兆欧表,分别测量每相对其他相及外壳的绝缘电阻(中性点未引出的只测量绕组对外壳的绝缘电阻),绝缘电阻不应低于 10 MΩ。500 kW 及以上的电动机应测量吸收比,吸收比不小于 1.3。

(4) 测量完毕,应充分放电。

2. 定子绕组的直流电阻测量

(1) 此项目在大修时或必要时进行。

(2) 保持定子三相出线与电缆引线成拆开状,转子未抽出的,应保持转子静止不动。

(3) 在定子铁芯上放置温度计,测量试验时温度。

(4) 采用双臂电桥或直流电阻测试仪,测量每相直流电阻,中性点未引出的测量线间直流电阻。

(5) 双臂电桥 4 根引线应等长,并牢靠地连在被测相出线上。

(6) 双臂电桥揿下 B 键充电后,应等待一定的时间,待充电完毕后,方可进行细致的测量。

(7) 各相测量完毕后,应进行计算比较,各相绕组直流电阻值的相互差别不应超过最小值的 2%,中性点未引出者,可测线间电阻,其相互差别不应超过 1%。

(8) 记录下电动机定子绕组的温度,并对直流电阻值进行温度换算,与历次试验结果相比较应无明显的变化。

9.14.3 低压电动机电气试验

1. 定子绕组的绝缘电阻

(1) 此试验在小修时和大修时进行。

(2) 拆开定子三相出线与电缆引线连接螺栓及定子中性点短接排(中性点未引出的除外)。小修时定子绕组可与其所连接的电缆一起测量。

(3) 采用 1 000 V 兆欧表,分别测量每相对其他相及外壳的绝缘电阻(中性点未引出的只测量绕组对外壳的绝缘电阻),绝缘电阻不应低于 0.5 MΩ。

(4) 测量完毕,应充分放电。

2. 定子绕组的直流电阻测量

(1) 此试验在大修时或必要时进行。

(2) 保持定子三相出线与电缆引线成拆开状,转子未抽出的,应保持转子静止不动。

(3) 在定子铁芯上放置温度计,测量试验时温度。

(4) 采用双臂电桥测量每相直流电阻,中性点未引出的测量线间直流电阻。

(5) 双臂电桥 4 根引线应等长,并牢靠地连在被测相出线上。

(6) 双臂电桥撤下 B 键充电后,应等待一定的时间,待充电完毕后,方可进行细致的测量。

(7) 各相测量完毕后应进行计算比较,大于 30 kW 的电动机,其各相绕组直流电阻值的相互差别不应大于最小值的 2%;大于 1 kW 小于 30 kW 的电动机,其各相绕组直流电阻值的相互差别不应大于最小值的 5%;不大于 1kW 的电动机,其各相绕组直流电阻值的相互差别不应大于最小值的 10%。

(8) 记录下电动机定子绕组的温度,并对直流电阻值进行温度换算,与历次试验结果相比较应无明显的变化。

9.15 泵闸电气试验安全管理

9.15.1 电气试验安全一般要求

(1) 电气检测试验人员属于特种作业人员,应经相关部门统一考试合格后,核发全国统一的"特种作业人员操作证"方准上岗作业。

(2) 电气检测试验人员应熟悉和掌握《水利水电工程施工通用安全技术规程》(SL 398—2007)有关安全技术规定。

(3) 工作在电气设备上的作业人员应落实保证安全的组织措施,包括严格执行工作票制度、工作许可制度、工作监护制度、工作间断转移和终结制度,参见本书第 17 章。

（4）从事高压作业不得少于2人，应按规定填写第一种工作票。试验负责人应由有经验的人员担任。开始试前，试验负责人应对全体试验人员详细布置试验中的安全注意事项。

（5）试验前应按规定穿戴好安全防护用品，熟悉工作部位及周围设备带电情况。高压试验装置的金属外壳应可靠接地。试验现场应设遮拦或围栏，悬挂警示标志，派人看守。

（6）试验前应检查试验接线、调压器零位及仪表的初始状态，确保无误后方可通电。

（7）合闸前应将调压器置于零位，并通知现场人员有所准备。

（8）电气设备在进行耐压试前，应先测定绝缘电阻，试验中防止带电部分与人体接触，试验后被试部分应充分放电。

（9）遇有雷、雨、雾和6级以上的大风应停止高压试验。

（10）试验中如遇到异常情况要立即断开电源，并经充分放电后方可进行检查。

（11）试验设备的金属外壳应可靠接地，高压引线长度应尽量缩短，必要时用绝缘物支持牢固；为保证在试验时高压电压回路的任何部分不对接地体放电，高压电压回路与接地体（如墙壁、金属围网、接地线等）的距离应留有足够的裕度。

（12）试验装置的电源开关应使用明显断开的双极刀闸，并保证有2个串联断开点和可靠的过载保护设施。

（13）设备加压前应认真检查试验接线、表计倍率、量程，通知有关人员离开被试设备，设备加压时，应将被测设备从各方面断开，验明无电压，确实证明设备无人工作，且电缆的另一端已派专人看守后方可进行。设备在加压过程中，试验人员应精力集中，操作人应站在绝缘垫上。

（14）严禁用手接触电动机运转部位及电气设备带电部分。

（15）电动机试验前应检查是否已经固定好，然后才能开始。测量电动机转速应在后端盖进行，若条件不允许时，可在轴前端进行，试验时，严禁跨越电动机转动部位。

（16）电力传动装置系统及高低压各型开关调试时，应将有关的开关手柄取下或锁上，悬挂警示牌，防止误合闸。

（17）用兆欧表测定绝缘电阻应防止有人触及正在测定中的线路或设备；测量完毕仍然要摇动兆欧表，使其保持转速，待引线与被试品分开后，才能停止摇动，以防止由于试品电容积聚的电荷反放电损坏兆欧表。测定容性或感性设备、材料后应放电。雷电天气禁止测定线路绝缘。

（18）电流互感器禁止开路，电压互感器禁止短路和以升压方式运行。

（19）电气材料或设备需放电时，应穿戴绝缘防护用品，用绝缘棒安全放电。

（20）试验电气设备或器具时，应设围栏并挂上"高压危险！止步！"的标示牌，并设专人看守。

（21）继电器保护和仪表试验时，应办理第二种工作票，制定防范措施。在运行的电流互感器二次回路上作业时，不得将电流互感器二次回路侧开路，不得将回路的永久接地断开；还应采取措施防止短路。

（22）试验结束或变更电线时，应首先切断电源进行放电，并将试验设备的高压部分短路接地。

（23）高压设备带电时的安全距离，见表9.28。

表9.28 高压设备带电时的安全距离

电压等级（kV）	安全距离（m）
10 及以下	0.70
20～35	1.00

（24）未装地线的大容量被试设备，应先放电再做试验。高压直流试验时，每项试验或试验结束时，应将设备对地放电数次并短路接地。

（25）工作完毕后，试验人员应拆除自装的接地短路线，清扫、整理作业场所，工作负责人向值班人员交代试验结果、存在的问题等，并注销工作票。

9.15.2 电气试验危险源辨识与风险控制措施

电气试验危险源辨识与风险控制措施，见表9.29。

表9.29 电气试验危险源辨识与风险控制措施

序号	危险源	可能造成的事故	控 制 措 施
1	误入带电间隔	人身触电伤亡	试验人员应明确工作票所列内容和工作范围及现场安全措施，做到"三清"，即清楚工作内容，清楚工作范围，清楚工作地点，养成"一停、二看、三核对、四工作"的良好习惯，即来到工作现场，不要盲目接触设备；首先要看清停电范围和安全措施是否与工作票相符，核对设备运行编号是否与工作内容相符，在没有问题的前提下开始进行工作。工作中不得随意变更安全措施或随意移动现场的安全设施，不得随意扩大工作范围。围栏设置完成后，所有人员不得跨越
2	测试电压触电	人身触电伤亡	在工作现场要合理设置围栏，并在醒目位置悬挂"止步，高压危险"标示牌。高压试验引线要绑扎牢固，防止在加压过程中脱落。工作中严禁上下抛掷试验引线；加压过程中操作人员呼唱其他试验人员各就其位，尽量不走动。试验接线时应首先断开试验电源并有明显断开点。工作现场应有专职监护，在监护试验的同时还要严防非试验人员误入试验测试区域，防止高压触电
3	因超越运行设备安全距离而触电	人身触电伤亡	试验人员不仅要保障人身与带电部位有足够的安全距离，还要防止测试引线侵犯安全距离，因为运行设备如果通过测试引线放电，会把运行电压引入低压测试系统，造成测试仪器表损坏和人身伤亡事故。测试用绝缘杆、定相杆应长短相宜，便于操纵控制，并有足够机械强度。测试前要沿绝缘杆把引线绑牢。工作人员应严格遵守带电作业的安全规定，穿绝缘靴戴绝缘手套
4	反送电	人身触电伤亡	站用变压器、电压互感器的低压侧反送电，会直接危及试验人员的生命安全。试验时要把确保低压侧有明显断开点作为重要的安全措施，并在工作票中明确指出，严格实施

序号	危险源	可能造成的事故	控　制　措　施
5	静电伤害	人身触电伤亡	容性电气设备试验前后要充分短路接地放电。对大电容量试品,如电力变压器、电力电容器、电缆等,在试验前后,特别是直流项目试验后充分短路接地放电尤为重要
6	感应电压过高造成伤害	人身触电伤亡	测量输电线路的工频参数时,如果感应电压过高,可能会对人员造成伤害和使试验仪器仪表损坏。对于有运行着的同杆并架线路或较长的平行架设线路,应在安排停电时进行测量。测量前应用静电电压表测量线路感应电压,在倒接线过程中合上线路两侧接地刀闸
7	雷电伤害	人身触电伤亡	禁止在雷电天气进行工频测试和接地网的接地电阻测试工作
8	2 m 以上高处作业未正确使用安全带	高处坠落造成人身伤害	使用的安全带应具有国检标志、产品合格证、生产许可证标识及注册商标的产品,并经安监部门鉴定认可。要定期做静荷重试验。使用前应检查如下:组件应完整、无伤残;绳索纺织带无脱裂、断股或扭结;金属配件无裂纹、焊接缺陷、严重锈蚀;挂钩的钩咬口平整不错位;保险装置完整可靠;活梁卡子的活梁灵活。表面滚花良好,与框边间距符合要求;铆钉无明显偏位,表面平整。安全带禁止系挂在移动或不牢固的物件上,不得低挂高用。安全带在受力前要检查、确定挂钩已挂好,保险装置起到保险作用
9	未正确使用梯子	高处坠落造成人身伤害	工作中使用的梯子应坚固完整,梯子的支柱应能承受作业人员及所携带的工具、材料攀登时的总重量;梯子不宜绑接使用,使用时下部应设专人扶护;梯子与地面的夹角应为 65°左右,工作前须把梯子安置稳固,禁止把梯子架设在木箱等不稳固的支持物上或容易滑动的物体上;人字梯的限制开度拉链应完全张开;靠在软母线上使用梯子,其上端须有挂钩或用绳索缚住
10	错接线	设备损坏	试验数据不准确甚至不正确,会使不合格的设备带病运行,造成设备损坏并危及电网安全运行,而试验接线错误则测不出准确的数据。因此试验接线要专人接、专人检查,确保正确无误
11	错加压	设备损坏	由于表计量程、倍率不对,分压器变比错误,使试验时加在试品上的电压高于规程规定的允许值,会造成设备的绝缘损伤或击穿。因此试品加压前应认真检查核实表计倍率、量程、分压器变比值、调压器零位及仪表的开始状态均正确无误,经确认后,通知所有人员离开被试品,并取得试验负责人许可,方可加压。加压过程中应有人监护
12	错判断	设备损坏	试验不仅要看本次的结果数据,更要注重本次数据与历史数据比较的相对变化。对试验结果应进行综合分析和比较,既要对照历次试验结果,也要对照同类设备或不同相别的试验结果,根据变化的规律和趋势,做出全面的分析和科学的判断

序号	危险源	可能造成的事故	控 制 措 施
13	回检恢复不到位	设备损坏	1. 变电站内电气设备的一次接头明显易见,而低压侧接头,如电容式电流互感器的末屏端、电容式电压互感器的 N 端(δ 端)、电磁式电压互感器的 X 端、耦合电容器的低压接地端、避雷器经放电记录器低压接地端子等,则容易被遗忘和忽视; 2. 对需要拆的接头应做好记录,做到谁拆谁接。工作负责人应严格把关,核实所拆接头确已良好恢复,确保恢复到初始状态
14	遗留试验用短路接地线	设备损坏	1. 变压器做绝缘电阻、介损、直流泄漏试验时,非被试绕组要短路接地;10 kV 电压互感器做交流耐压试验时,低压二次绕组需短路接地;真空断路器做断口耐压时,断口下部也要短路接地。测试工作结束后,及时完整地拆除短路接地线极为重要,否则,送电时会发生严重的电力系统短路事故; 2. 试验人员对试验用短路接地线要做到心中有数,一共用了几根。测试结束后,试验人员要对照记录逐一拆除,工作负责人要逐一核实

第 10 章

泵闸机电设备维修养护作业指导书

10.1 范围

泵闸机电设备维修养护作业指导书适用于指导淀东泵闸工程机电设备维修养护作业,其他同类型泵闸机电设备维修养护作业可参照执行。

10.2 规范性引用文件

下列文件适用于泵闸机电设备维修养护作业指导书:

《泵站技术管理规程》(GB/T 30948—2021);

《起重机械安全规程第 1 部分:总则》(GB/T 6067.1—2010);

《泵站更新改造技术规范》(GB/T 50510—2009);

《起重机 钢丝绳 保养、维护、检验和报废》(GB/T 5972—2016);

《钢丝绳用压板》(GB/T 5975—2006);

《工程测量标准》(GB 50026—2020);

《建设工程施工现场消防安全技术规范》(GB 50720—2011);

《水利泵站施工及验收规范》(GB/T 51033—2014);

《泵站设备安装及验收规范》(SL 317—2015);

《泵站现场测试与安全检测规程》(SL 548—2012);

《水闸技术管理规程》(SL 75—2014);

《水工钢闸门和启闭机安全检测技术规程》(SL 101—2014);

《水闸安全评价导则》(SL 214—2015);

《水利水电工程启闭机制造安装及验收规范》(SL/T 381—2021);

《继电保护和安全自动装置运行管理规程》(DL/T 587—2016);

《电力系统继电保护及安全自动装置运行评价规程》(DL/T 623—2010);

《电力系统用蓄电池直流电源装置运行与维护技术规程》(DL/T 724—2021);

《互感器运行检修导则》(DL/T 727—2013);

《高压并联电容器使用技术条件》(DL/T 840—2016);

《电力变压器检修导则》(DL/T 573—2021);

《电力设备预防性试验规程》(DL/T 596—2021);

《电力安全工器具预防性试验规程》(DL/T 1476—2015);

《灌排泵站机电设备报废标准》(SL 510—2011);

《水工金属结构防腐蚀规范》(SL 105—2007);

《建筑施工扣件式钢管脚手架安全技术规范》(JGJ130—2011);

《施工现场临时用电安全技术规范》(JGJ46—2005);

《上海市水闸维修养护技术规程》(SSH/Z 10013—2017);

《上海市水利泵站维修养护技术规程》(SSH/Z 10012—2017);

《建筑施工特种作业人员管理规定》(建质〔2008〕75 号);

淀东水利枢纽泵闸改扩建工程初步设计报告;

淀东泵闸技术管理细则。

10.3 资源配置

1. 运行养护项目部机电设备维修养护人员配置

(1) 管理人员配置:

① 项目经理 1 人;

② 项目副经理 1 人;

③ 技术负责人 1 人;

④ 资料员 1 人;

⑤ 安全员 1 人;

⑥ 工程管理员 1 人;

⑦ 仓库管理员 1 人。

(2) 维修养护人员配置。淀东泵闸配置运行养护班长 3 名、运行养护人员 3～9 名。根据维修养护工作需要可适时增加人员配置。运行养护人员应具备一般检修能力,运行与检修人员应通力协作。

(3) 后方维修养护支撑。根据机电设备维修养护实际,迅翔公司维修服务项目部以及后方物资保障组、观测检测试验组、抢险突击队等负责淀东泵闸维修养护后方支撑,以保障淀东泵闸维修养护项目的顺利实施。

2. 机电设备维修养护设备配置

淀东泵闸机电设备维修养护主要设备工具配置,见表 10.1。

表 10.1 机电设备维修养护主要设备工具配置

序号	名称	型号规格	数量	序号	名称	型号规格	数量
1	载货车	SZY5046XJC	1辆	28	小型砂轮机	气动 S40	1台
2	吊车	折臂式 8t	若干辆	29	切割机	355-1B	1台
3	水泵	QYP25-26-3	1台套	30	绳索		若干根
4	水泵	QDX10-12-0.55S	1台套	31	爬梯		若干架
5	全站仪	TS60	1台	32	喷气机	495	1台
6	水准仪	GOL32D	1台	33	电动葫芦	CD12T	1台
7	塔尺	5 m 铝合金	1根	34	手拉葫芦	2TX3M	5台
8	中纬	ZDL700	1台	35	手电筒	强光 LED	若干个
9	中纬	Zenith15 RTK 系统	1台	36	录音笔	16GB	若干支
10	卷尺	5 m	6把	37	对讲机	KENWOOD	5台
11	卷尺	50 m	2把	38	验电器	GDY-1110 kV	若干支
12	测温仪	立式红外线	1套	39	高压令克棒	10～35 kV	若干支
13	电焊机	10 kW	1台	40	接地线	380 V、10 kV、35 kV	若干根
14	噪声测试仪	AR824	1台	41	扳手	3.5～24mm	若干副
15	振动检测仪	AS63A	1台	42	管子钳	150 m、200 m、250 m	若干把
16	硫化氢检测仪	便携式 GC210	1台	43	绝缘钳	IBDM	若干把
17	一氧化碳检测仪	AS8700A	1台	44	锉刀		若干把
18	手持电钻	DHP453	1台	45	钢锯	KT-2602	若干把
19	千斤顶	机械螺旋式 5t、8t	若干个	46	锤子	B1013M	若干把
20	兆欧表	LD	若干个	47	撬棍	23-1200	若干根
21	万用表	手动量程 MANRANGZ	若干个	48	安全帽	9FABS	20顶
22	充放电仪	ZCFD-110V/50	1	49	绝缘靴	35 kV	若干双
23	活化仪	WNF2612-100	1	50	绝缘手套	35 kV	若干副
24	吸尘器	JN302	1	51	安全带	DW1Y、T2XB	若干条
25	滤油机	QTELUID	1	52	脚手架		若干架
26	常用测量工具	内径千分尺、百分表等	若干个	53	救生衣	RSCY-A4	若干件
27	试验专用工具		若干个	54	施工用消防器材	1211 灭火器	若干台

注:1. 主机组等大修的机械设备配置见本书第12章"泵站主机组大修作业指导书"。
　　2. 钢闸门防腐的机械设备配置见本书第10章10.8.3节"钢闸门防腐蚀施工工艺"。
　　3. 试验专用工具详见本书第9章"泵闸电气试验作业指导书"。

10.4　泵闸机电设备维修养护周期

10.4.1　泵站主机组检修周期

（1）泵站主机组包括水泵、电动机及传动装置,检修周期应根据机组的技术状况和零部件的磨蚀、老化程度以及运行维护条件确定,同时还应考虑水质、扬程、运行时数及设备使用年限等因素。主机组的检修一般分为小修和大修,检修应根据《泵站技术管理规程》(GB/T 30948—2021)规定的检修周期进行(详见表10.2)。主机组日常维修养护周期详见本章10.5节、10.6.3节和表10.6.5节。

表 10.2　泵站主机组检修周期

设备名称	大　修		小　修	
	日历时间(年)	运行时数(h)	日历时间(年)	运行时数(h)
主水泵及传动装置	3～5	2 500～15 000	1	1 000
主电动机	3～8	3 000～20 000	1～2	2 000
传动装置	3～8	3 000～20 000	1～2	2 000

注:新安装、清水水质、扬程小于等于15 m工况条件下,主水泵的大修周期可适当延长;运行5年以上、含泥沙水质、扬程大于15 m工况条件下,主水泵的大修周期可适当提前。

（2）检修宜采用设备状态监测和故障诊断技术,对主水泵、主电动机和传动装置等设备状况进行评估,实施状态检修。

10.4.2　泵闸主要电气设备检修周期及项目

泵闸主要电气设备检修周期及项目,见表10.3和表10.4。

表 10.3　泵闸主要电气设备检修周期表

设备名称	小修周期	大修周期	备　注
变压器	每年结合电气预防性试验进行1次小修	投入运行5年进行首次大修,其后每10年进行1次大修;若运行中发现异常状况或经试验判明内部故障时,提前进行大修	每季清理表面、擦拭瓷伞表面1次
真空断路器	1～3年	2～6年或真空灭弧室损坏或发现有其他异常故障,根据电气试验确定大修时间	
软启动装置	与主机组小修一致,同时进行	与主机组大修一致,同时进行	如运行中发现异常状况或经试验有内部故障时,提前进行大修

设备名称		小 修 周 期	大 修 周 期	备 注
无功补偿装置		视设备运行状况确定	1 年	
互感器（kV）	10	3 年	按缺陷及投运时间自定,或按专用规程进行	
	35	2～3		
直流设备		2 年	4 年	
蓄电池		1. 蓄电池每 1～3 月或充电装置故障使蓄电池较深放电后,按生产厂家规定进行 1 次均衡充电; 2. 蓄电池容量核对性充放电,核对正常后 0.5～1 年 1 次	1. 运行 5 年以上者,经容量核对有 1/4 以上不足者换新; 2. 正常运行情况下,发现容量不足,充电时电压上升快,放电时电压下降快换新	1. 蓄电池组的连接导线及螺丝、蓄电池盘内母线 3 年维修 1 次; 2. 蓄电池防酸帽、电池的绝缘处理 1 年进行 1 次
开关柜		每年进行 1 次小修	在投入运行后根据设备运行情况、技术状态和试验结果综合分析实施状态检修,若运行中发现异常情况或经试验判明内部有故障时应进行大修	每周清洁 1 次
隔离开关		随所属间隔断路器的检修周期而定		
整流装置		2 年	5 年	
直流盘		2 年	4 年	
电缆		1. 电缆外部检查每半年 1 次; 2. 电缆终端的检查,新投运的 1 年 1 次,以后每 3 年 1 次		
母线		1. 户内 35 kV 及以下母线检修、清扫、试验,每 3 年 1 次; 2. 户外 35 kV 及以上母线检修、清扫、试验,每 5～10 年 1 次; 3. 户外母线绝缘子分布电压测量每 3 年至少 1 次		

表 10.4 泵站主要电气设备检修项目表

类型	大 修 项 目	小 修 项 目	备 注
干式变压器	1. 小修项目内容; 2. 变压器解体进行故障处理,如线圈更换、穿芯螺杆绝缘处理等; 3. 其他项目根据设备损坏程度由厂家实施	1. 检查并消除已发现的缺陷; 2. 变压器外观检查、清理和维修; 3. 铁芯检查; 4. 线圈检查; 5. 绝缘子检查、清理; 6. 一、二次进出引线、设备接地、工作接地检查和维修; 7. 电压调节连接片检查; 8. 通风散热系统检查、清理和维修; 9. 变压器测温检查、测试; 10. 安全防护检查和维修; 11. 进行规定的测量和试验	

类型	大修项目	小修项目	备注
真空断路器	1. 小修项目内容; 2. 操作、传动机构检查、处理或更换解体部件; 3. 更换真空灭弧室	1. 开关外部检查、清理; 2. 操作、传动机构检查、清理、加油; 3. 支撑绝缘子(瓷套)检查、清理; 4. 辅助开关、电气接线检查; 5. 油箱、油位、油色检查; 6. 机械动作特性试验及外部主要参数检测、调整; 7. 接地装置检查; 8. 检查各类箱门的密封情况; 9. 电气试验; 10. 整组试操作、验收	
互感器	1. 小修项目内容; 2. 解体检查、清理,更换绝缘油	1. 检查紧固接线端子、引出线、接地; 2. 检查清扫瓷绝缘子表面及各部件; 3. 油箱、油位、油色检查,绝缘油化验; 4. 检查顶盖、阀门及各部密封情况; 5. 检查微正压及指示装置(包括胶囊、膨胀器、地电位小油枕、LB); 6. 电气试验	
蓄电池	1. 参照制造厂的规定进行; 2. 按照小修和维修项目进行	1. 蓄电池组的连接导线及螺丝检查; 2. 蓄电池室内(或盘内)母线检查、清理; 3. 蓄电池的防酸帽,电池的绝缘检查; 4. 蓄电池定期均衡充电或容量核对性充放电; 5. 蓄电池检查及构架清扫; 6. 蓄电池正、负极板的检测; 7. 蓄电池的隔板及铅卡子检查; 8. 电解液的比重、温度检查; 9. 电解液面及沉淀物的密度检查; 10. 各蓄电池的电压测量; 11. 蓄电池室的墙壁、顶板、门窗及室内照明、通风设备、取暖设备检查	小修项目中免维护密封蓄电池除无须加电解液、蒸馏水外,维护、检查要求与其他类型蓄电池相同
隔离开关	1. 小修项目内容; 2. 拆、接设备引线,清理、检修各种金具; 3. 防锈处理	1. 各种金具、引线检查、清理; 2. 主、辅接触面及导电部分清理、检修并涂以电力脂(中性凡士林); 3. 支持瓷瓶检查、清理、调整; 4. 操作机构及传动部分检查、清理、加油; 5. 机座及其构架检查; 6. 整组调整; 7. 验收	

上海泵闸运行维护标准化作业指导书

类型	大 修 项 目	小 修 项 目	备 注
软启动装置	1. 小修项目检修内容； 2. 可控硅电阻值测量； 3. 插件检查，插接应牢固可靠； 4. 软启动器参数检查，参数应与往年相同； 5. 可控硅绝缘电阻测试，绝缘电阻应大于 0.5 MΩ； 6. 启动电流、运行电流测试； 7. 冷却通风道检查，如有需要采用压缩空气清洁	1. 设备外部清扫； 2. 冷却风机检查； 3. 面板螺栓/螺丝钉检查； 4. 主回路、控制和工作电路接线检查； 5. 进、出连接线及电缆接头检查	大修所列项目若竣工验收未做相关检查，则列入首次小修，其后作为大修项目
无功补偿装置	1. 小修检修项目内容； 2. 断路器检查； 3. 功率单元检查； 4. 避雷器检查； 5. 电容器检查； 6. 电抗器检查	1. 无功补偿装置柜清扫除尘； 2. 电容器、电抗器等外观检查； 3. 电容器、电抗器等电气预防性试验； 4. 无功补偿装置主回路绝缘测试； 5. 有关连接部位检查紧固	大修针对静止补偿装置，若动态补偿装置还需检查控制回路及晶闸管等
高压开关柜		1. 程序锁和连锁的检查、维修； 2. 断路器及其操作机构的检查、维修； 3. 检查电器接触情况； 4. 手车推进机构的检查、维修； 5. 接地回路检测； 6. 电气一、二次回路的检查、维修； 7. 各部分紧固件的检查、维修； 8. 绝缘材料、除湿和加热元件的检查、维修； 9. 带电显示装置、照明设施的检查、维修； 10. 电流互感器、电压互感器、避雷器、电容器的检查、维修； 11. 泄压装置的检查、维修	
母 线		1. 绝缘子(棒式瓷瓶)的清理、检查； 2. 导线、硬母线等金具的清理、检查； 3. 母线、引线接触面的检查； 4. 构架、杆塔及接地检查	

10.4.3 闸门、启闭机及辅助设备维修养护周期

闸门、启闭机及辅助设备维修养护周期，见表 10.5。

表 10.5　闸门、启闭机及辅助设备维修养护周期

序号	设备名称	大　修　周　期	小修周期	检试周期	备注
1	闸　门	视实际情况,对支承转动部件进行维修,对止水橡皮进行更换;15 年左右进行喷锌防腐	每年汛前 1 次		日常保洁
2	启闭机	投入运行 5 年内大修 1 次,以后每隔 10 年大修 1 次,如距上次大修不足 10 年,但启闭机累计运行时间达到设计总寿命的 1/3,宜提前大修	每年汛前 1 次	每年进行 1 次	每周清洁,经常润滑
3	行　车	根据检测结果确定大修周期,由安全技术监督部门指定的单位进行		每 2 年进行 1 次	
4	油系统	油泵每运行 4 000～5 000 h,系统大修 1 次	每年 1 次,运行环境较差的设备可适当缩短周期		临时性检修应根据系统实际运行状况、发生的故障或隐患而进行
5	水系统	离心泵每运行 4 000～5 000 h,系统大修 1 次;潜水泵每运行 5 000～6 000 h,系统大修 1 次	每年 1 次		
6	清污机	3～5 年进行 1 次	每年 1 次		
7	拦污栅		每年 1 次		

10.4.4　泵闸机电设备养护周期

泵闸机电设备养护一般可结合其定期检查一同进行。设备清洁、润滑、调整等工作应视使用情况经常进行,一般每周 1 次至每季度 1 次。

10.4.5　辅助设备大修项目表

淀东泵闸辅助设备大修项目,见表 10.6。

表 10.6　淀东泵闸辅助设备大修项目表

设备名称	检　修　项　目
辅助设备	1. 储油箱及过滤器的检查清扫; 2. 油系统的透平油过滤和化验; 3. 压力油泵的分解检查、修理或更换; 4. 各油箱除锈涂漆; 5. 排水泵、供水泵的解体检查及叶轮、轴承和密封更换; 6. 真空泵的分解检查修理; 7. 电磁阀、电动阀、安全阀、逆止阀、旁通阀等的检查、修理和更换; 8. 油气水管道检查、清洗和更换; 9. 示流器、压力表计、温度表计的检查、维修、校验或更换; 10. 冷却装置的清扫检查; 11. 通风、采暖、空气调节系统的检查、清洗和更换
其　他	根据设备运行和评级情况确定需要增加的其他修理项目

10.4.6 金属结构大修项目表

淀东泵闸金属结构大修项目,见表 10.7。

表 10.7 淀东泵闸金属结构大修项目表

序号	设 备 名 称	大 修 项 目	备 注
1	闸 门	1. 门叶结构和板面锈蚀的处理; 2. 门叶变形和损坏的处理; 3. 门体变位调整; 4. 行走支承机构的修理; 5. 埋件的锈蚀、变形、磨损的处理; 6. 止水装置的修理	养护方法见表 10.36
2	启闭机	大修项目见表 10.39	—
3	拦污栅	1. 锈蚀的处理; 2. 边框变形和损坏的处理; 3. 栅槽锈蚀和变形的处理; 4. 栅条损坏的处理	—
4	清污机	1. 防腐处理; 2. 传动机构检修; 3. 制动器检修; 4. 齿耙检修; 5. 运行机构检修; 6. 耙斗检修; 7. 过载保护装置检修	—

10.5 机电设备维修养护通用标准

淀东泵闸机电设备维修养护通用标准,见表 10.8。

表 10.8 淀东泵闸机电设备维修养护通用标准

序号	项目	通 用 标 准
1	标识基本要求	所有机电设备都应进行编号,并将序号固定在明显位置。旋转机械应示出旋转方向,各类标识符合规范要求。其中: 1. 一次主接线模拟图上不同电压等级明显标识:220 kV 为紫色,110 kV 为朱红色,35 kV 为鲜黄色,10 kV 为绛红色,6 kV 为深蓝色,0.4 kV 为黄褐色; 2. 交流电相序标识:A 为黄色,B 为绿色,C 为红色; 3. 开关分合闸指示标识:分为绿色,合为红色
2	试运行	长期停用和大修后的设备投入正式作业前,应进行试运行
3	操 作	机电设备的操作应按规定的操作程序进行
4	监 听	机电设备运行过程中应监听设备的声音及振动,并注意其他异常情况
5	巡 视	运行设备应按规定巡视检查
6	故障处理	机电设备运行过程中发生故障,应查明原因及时处理

序号	项目	通 用 标 准
7	检修计划	工程应根据设备的使用情况和技术状态,编报年度检修计划
8	缺陷处理	对运行中发生的设备缺陷,应及时处理。对易磨易损部件进行清洗检查、维护修理、更换调试等应适时进行
9	技术档案	每台机电设备应有下述内容的技术档案: 1. 设备登记卡片; 2. 安装竣工后所移交的全部文件; 3. 检修后移交的文件; 4. 设备工程大事记; 5. 相关性试验记录; 6. 相关油处理及加油记录; 7. 日常部件检查及设备管路等维护记录; 8. 设备运行事故及异常运行记录

10.6 泵站主机组维修养护

10.6.1 泵站主机组维修养护一般规定

(1) 泵站主机组大修一般列入年度专项维修计划,是对机组进行全面解体、检查和处理,更换损坏件、易损件,修补磨损件,对机组的同轴度、摆度、垂直度(水平)、高程、中心、间隙等进行重新调整,消除机组运行过程中的重大缺陷,恢复机组各项指标达正常值。主机组大修通常分为一般性大修和扩大性大修。

(2) 机组总运行小时数是确定大修周期的关键指标,其主要受水泵运行小时数的控制。水泵运行时数又受水泵大轴和轴承的磨损情况来控制。确定一个大修周期内的总运行小时数,主要应根据水泵导轴承和轴颈的磨损情况来确定。

(3) 主机组大修的主要项目是:叶片、叶轮外壳的气蚀处理;泵轴轴颈磨损的处理及轴承的检修和处理;密封的检修和处理及填料的检修和处理;轴承及密封的处理;磁极线圈或定子线圈损坏的检修更换;机组的垂直同心、轴线的摆度、垂直度、中心及各部分的间隙、磁场中心的测量及油、气、水压试验等,详见本书第 12 章"泵站主机组大修作业指导书"。

(4) 主机组小修一般列入经常性修复计划,是根据机组运行情况及定期检查中发现的问题,在不拆卸整个机组和较复杂部件的情况下,重点处理一些部件的缺陷,从而延长机组的运行时间。机组小修一般与定期检查结合或设备产生应小修的故障时进行。

(5) 机组定期检查是根据机组运行的时间和情况进行的检查,了解设备存在的缺陷和异常情况,为确定机组检修性质提供资料,并对设备进行相应的维护。

10.6.2 主电动机维修养护标准

淀东泵闸主电动机维修养护标准,见表 10.9。

表 10.9　淀东泵闸主电动机维修养护标准

序号	项　目	工　作　标　准
1	标识基本 要求	应在每台电动机明显位置上装有电动机额定参数及其主要事项的铭牌，铭牌字迹清楚。按照"面向工程下游、从左至右、从小到大"的顺序依次编号，要求采用阿拉伯数字宋体、红色，位于电动机上部醒目位置，朝向巡视主通道方向。主电动机旋转方向应在电动机上机架处以红色箭头标识，要求标识醒目，大小、位置统一
2	保洁及电动机 绝缘	1. 电动机表面应清洁，无锈蚀、油污、积尘。电机风道干净整洁； 2. 保持电动机周围环境干燥、清洁，大风、阴雨天气应关好厂房门窗； 3. 汛期、梅雨期湿度过大，应对电动机进行干燥，保证定子绝缘值符合规定要求
3	互感器	电动机进、出线电流互感器、避雷器等应清洁，进出线接触良好，无发热现象，附属设备表面完好，无缺陷
4	油　漆	电动机外壳、电动机轴、电动机盖板、联轴器护网等防护与标识油漆应无脱落
5	响声与振动	电动机运行时无异常响声和异常振动
6	电动机基础	电动机基础稳定，零配件齐全，外壳保护接地良好
7	轴　承	电动机轴承完好，轴承座油量、油位满足使用要求，润滑良好
8	运行电压和 电流	1. 运行电压应在额定电压的 95%～110% 范围内； 2. 电流不应超过额定电流，一旦发生超负荷运行，应立即查明原因，并及时采取相应措施； 3. 运行时三相电流不平衡之差与额定电流之比不应超过 10%
9	定子线圈温升	电动机定子线圈的温升不应超过规定值
10	运行振幅	电动机运行时的允许振幅不应超过规定值
11	电动机干燥	如果绝缘电阻低于允许值，请按下列方法之一去除潮气： 1. 用空间加热器加热烘烤电动机； 2. 用接近于 80 ℃ 的热空气干燥电动机，注意必须是干燥空气； 3. 用接近于电动机额定电流 60% 的直流电通入绕组； 4. 转子堵转：在接近于 10% 的额定电压下，定子绕组通电，允许逐渐加热至定子绕组温度达到 90 ℃（不允许超过这一温度），直至绝缘电阻稳定。绝缘电阻温度上升到所需数值，需要花 15～20 h
12	技术档案	1. 主电动机履历卡片； 2. 安装竣工后所移交的全部文件； 3. 主电动机检修后移交的文件； 4. 主电动机工程大事记； 5. 预防性试验记录； 6. 主电动机保护和测量装置的校验记录； 7. 其他试验记录及检查记录； 8. 轴瓦检查记录及油处理加油记录； 9. 主电动机运行事故及异常运行记录

10.6.3 主电动机维修养护清单

淀东泵闸主电动机维修养护清单,见表 10.10。

表 10.10 淀东泵站主电动机日常维护清单

序号	维护周期	维护内容	维护要求	维护工具或方法	注意事项
1	每周	清扫电动机表面	整洁无污渍、锈蚀	中性清洁剂、棉纱布	不要破坏设备表面
2	每月	检查电刷装置及滑环零件的灰尘沉淀程度	无灰尘沉淀	目测	发现沉淀较多影响运行时应及时清理
3		开机试运行 2 次	运行时间不少于 15 min	带电试运行	注意内外河水位变化
4	每季	清理电刷装置及滑环零件的灰尘沉淀	清理干净、保持无灰尘、沉淀	煤油、汽油及棉纱布	注意防火
5		应检查电动机绕组的绝缘电阻及吸收比	按规定频次测量		
6	每年	检查润滑脂是否需要更换	运行 8 000 h 需更换 1 次	清洗后,使用专用工具加注	油牌号应与原牌号相同,油量适中
7		检查冷却器是否可以正常工作	冷却器未堵塞,流量正常	启动冷却水泵,观察示流信号	注意工作压力
8		检查定子内部槽楔是否松动	无松动	如有松动,可加垫条打紧或用环氧树脂粘牢	注意保护绝缘不被破坏
9		检查转子线圈是否松动、阻尼条与阻尼环是否有脱焊和断裂	无松动、连接紧固	重新补焊	注意电动机绝缘不被破坏
10		检查定转子间隙	满足安装规范要求		注意保护绝缘
11		检查电源电缆接头与接线柱是否良好,接头和引线是否烧伤	接触良好、无发热、过热现象	专用扳手工具、目测	防止松动,保持接线盒内整洁
12		电动机内部除尘	无灰尘、油污	压力不大于 0.2 MPa 的干燥空气吹扫	若有油污,应用面纱、酒精或汽油擦拭干净
13		检查电刷和集电环接触情况、检查碳刷的磨损量	电刷在刷握内移动灵活、集电环的表面无烧伤、沟槽、锈蚀和积垢;当电刷磨损至只剩 25～30 mm 时应更换;同一极性的电刷一起更换,不能只更换一部分	弹簧秤、凡士林、汽油、0 号砂纸、棉纱布等	新换的电刷要用细砂纸将电刷与集电环的接触面磨成圆弧,并轻负荷运行 1～2 h,使其接触面积达到80%以上。碳刷工作压力 0.014 3～0.025 5 MPa

10.6.4 主水泵维修养护标准

淀东泵闸主水泵维修养护标准,见表 10.11。

表 10.11 淀东泵闸主水泵维修养护标准

序号	项 目	工 作 标 准
1	标识基本要求	1. 主水泵编号位于水泵叶轮外壳上或附近墙面上,序号与电动机对应; 2. 每台水泵应在机座的明显位置上牢固地装有制造厂水泵额定数据及其他必要事项的铭牌,制造铭牌的材料及刻画方法应能保证字迹在电动机整个使用时期内不易磨灭
2	保 洁	水泵表面应完整清洁,无锈蚀、油污、积尘。油润滑轴承的水泵水导油色、油位应正常,油杯清晰透明,油位标志清楚、准确
3	水泵联轴器	水泵联轴器连接牢固,螺栓锁片无变形、脱落
4	检修孔	检修孔密封良好,孔盖周围无窨潮、锈斑
5	油 漆	转动部分、冷却水进水管、回水管等无锈蚀,涂色应符合标准
6	防 护	水泵防护设施齐全
7	辅助管道	辅助管道有序
8	电气线路	电气线路排列整齐,防护良好
9	响声与振动	水泵运行时无异常响声、异常振动
10	水泵填料	水泵填料应无明显渗漏,运行期水泵填料漏水量适中、无发热现象。填料函渗漏积水排放系统顺畅
11	技术档案	1. 主水泵履历卡片; 2. 安装竣工后所移交的全部文件; 3. 主水泵检修后移交的文件; 4. 主水泵工程大事记; 5. 相关性试验记录; 6. 油处理及加油记录; 7. 水导部件检查及维护记录; 8. 主水泵运行事故及异常运行记录

10.6.5 主水泵维修养护清单

淀东泵闸主水泵维修养护清单,见表 10.12。

表 10.12 淀东泵闸主水泵维修养护清单

序号	维护周期	维护内容	维护标准	维护工具或方法	注意事项
1	每 天	导轴承油箱、轮毂高位油箱、漏油箱、润滑油管路、闸阀、调节器等处是否有渗油现象,发现问题及时处理	无渗漏	目测,专用工具	紧固或堵漏,无效时应更换零部件

序号	维护周期	维护内容	维护标准	维护工具或方法	注意事项
2	每周	检查导轴承油箱油位是否正常	正常范围	目测	应限时查明原因并补油
3		检查推力轴承油箱油位是否正常	正常范围	目测	应限时查明原因并补油
4		检查轮毂油箱油位是否正常,不足时应补油	在刻度线标注的范围	目测	应限时查明原因并补油
5		检查漏油油箱油位是否正常	在刻度线标注的范围	目测	应限时查明原因并补油
6	每月	开机试运行 2 次	运行时间不少于 15 min	带电试运行	注意内外河水位变化
7		检查导轴承内稀油是否需要更换	每运行 300～500 h 应更换 1 次,且加注前应进行过滤	滤油机、加注油专用工具、棉纱布、清洁剂等	水泵长期不运转(一般为 3 个月以上),开机前应更换润滑油
8		对泵体表面进行 1 次保洁	无灰尘、污渍、油渍以及锈蚀等现象,表面整洁	线手套、清洗液、塑料桶、毛巾、吸尘器等	高空作业需佩戴必要的安全帽、安全带等防护用具
9	每季	漏油箱油泵启、停试验	自启动、停止正常	人工测试	防止油溢出
10	每 2 年	水泵内部测量,主要检查从吸入口至出口包括叶片、导叶、弯管段间隙、汽蚀、磨损情况、叶片与外壳之间的间隙及密封情况	参照厂家说明书中有关叶片、导叶、弯管段间隙、汽蚀、磨损情况、叶片与外壳之间的间隙及密封情况说明	关闭进出水闸门,启动检修排水泵,抽空流道内渗漏水	有限空间作业需注意防护,按安全要求,检查结束后勿遗漏工器具

10.6.6　齿轮箱维修养护标准

淀东泵闸齿轮箱维修养护标准,见表 10.13。

表 10.13　淀东泵闸齿轮箱维修养护标准

序号	项　目	工　作　标　准
1	标识外观	1. 每台齿轮箱应在设备本体的明显位置牢固地装有标明额定参数及其必要事项的铭牌,应保证在设备的整个使用周期内铭牌字迹清楚; 2. 齿轮箱表面应清洁,无锈蚀、油污、积尘
2	油箱	1. 法兰、端盖、放油窗、放油孔无漏油、渗油现象; 2. 内腔润滑油脂颜色纯正,无杂物及污物
3	传动部件	传动部件外观洁净,啮合、运动部位无杂物,润滑良好
4	管道等	电气线路排列整齐,防护良好,辅助管道涂色应符合标准

序号	项 目	工 作 标 准
5	排气孔	排气孔通畅
6	温度元器件	温度元器件工作正常

10.6.7 齿轮箱维修养护清单

淀东泵闸齿轮箱维修养护清单,见表 10.14。

表 10.14 淀东泵闸齿轮箱维修养护清单

序号	维护周期	维护内容	维护标准	维护工具或方法	注意事项
1	每 天	检查是否渗漏油	无渗漏	目测	
2	每 周				
3	每 月	试运行 2 次	长期不运行时应试运行	试运行	每月启动 2 次,停用超 6 个月添加防腐蚀剂
4	每 季	清理通气螺阀上积存的灰尘	通气螺阀无灰尘	清理的时候要将通气阀取下来,用清洗剂进行清洗,再进行干燥,或用压缩空气吹扫	常 3 个月清理 1 次,即使 3 个月未到,发现灰尘较多时也要及时清理
5		清理滤油器	保证过滤效果,无堵塞	按照厂家说明书清洗	清洗不要造成设备损坏,运行时间不频繁时可延长至半年清洗 1 次
6	每 年	齿轮油检测	参照厂家标准	送专业检测机构	主要检测水分
7		给密封重新添加润滑脂	润滑脂同型号,严禁混用	专用工具加注	润滑脂每 3 000 h 或者至少 6 个月加 1 次润滑脂,运行时间不频繁时,可适当延长至每年加 1 次
8	每 2 年	换油	油为同型号,严禁混用	参照厂家说明书	或工作 10 000 h 以后换油
9		检查冷却螺旋管结垢	螺旋管无结垢	参照厂家说明书	
10		检查润滑油空气冷却器、水冷却器	工作正常	参照厂家说明书	或与换油同时进行
11		检查紧固螺栓紧固程度	螺栓紧固	参照厂家说明书	
12		对减速机的全面检查	减速机完好	参照厂家说明书	
13		清理风扇、风扇盖和减速机箱体	箱体整洁	参照厂家说明书	

10.7 电气设备维修养护

10.7.1 变压器维修养护

(1) 变压器检修按照《电力变压器检修导则》(DL/T 573—2021)的规定执行。

(2) 变压器检修后,经验收合格才能投入运行。验收时须检查检修项目、检修质量、试验项目以及试验结果,隐蔽部分的检查应在检修过程中进行。检修资料应齐全、填写正确。

(3) 变压器大修结束后,应在 30 天内做出大修总结报告。

(4) 主变压器、站用变压器每年结合电气预防性试验进行 1 次小修。

(5) 干式变压器维修养护标准,见表 10.15。

表 10.15 干式变压器维修养护标准

序号	项 目	工 作 标 准
1	标识基本要求	铭牌固定在明显可见位置,内容清晰,高低压侧相序标识清晰正确,电缆及引出母线无变形,接线桩头连接紧固,示温片齐全,外壳及中性点接地线完好
2	外观整洁	1. 各部件外观应干净清洁,无杂物、积尘,各连接件紧固无锈蚀、放电痕迹,变压器柜内无杂物、积尘,一次接线整齐,二次接线固定牢固,绝缘树脂完好,无裂纹、破损; 2. 变压器室干净整洁,通风良好,消防器材齐备
3	防小动物措施	运行时防护门应锁好,电缆及母线出线应封堵完好,确保变压器柜内无小动物进入
4	干燥、负载等	1. 干式变压器在停运期间,应防止绝缘受潮; 2. 变压器中性线最大允许电流不应超过额定电流的 25%,超过规定值时应重新分配负荷; 3. 变压器运行期间,声响应正常
5	测温仪表	测温仪表准确反映变压器温度,显示正常变压器温度不超过设定值
6	柜内风机	柜内风机运转正常,表面清洁,开停灵活可靠,可以现场手动开启,也可以根据温度参数设定值自动开启
7	电气试验	定期进行电气试验,包括高、低压线圈直流电阻测试,线圈绝缘电阻及吸收比测试,测温装置及其二次回路试验,线圈连同套管的交流耐压试验(仅限 10 kV 及以下变压器),测试数值在允许范围内
8	接 线	接线桩头示温片齐全、标志清楚完好,无发热现象
9	温度显示	温度显示系统准确,显示与实际应相符
10	超温报警系统	开机前或停机后,应测试超温报警跳闸系统,确保运行时工作正常
11	分接开关	合理调整分接开关动触头位置,保证输出电压符合要求

(6)干式变压器维修养护方法,见表 10.16。

表 10.16 干式变压器维修养护方法

序号	维修养护部位	存 在 问 题	维 修 养 护 方 法
1	绕 组	绕组有变形、倾斜、位移现象,绝缘破损、有变色及放电痕迹	结合电气试验情况,进行绕组修复或更换
		高低压桩头接线不牢固,瓷柱有裂纹、破损,有闪络放电痕迹	接线及时紧固,瓷柱有破损及时更换
		高、低压绕组间风道不畅通	及时清理杂物
		引线绝缘不合格,有变形、变脆、断股情况,接头表面不平整,引线及接头处有过热现象	处理接头,必要时进行更换
		检查母线接触面不够清洁	除去氧化层并涂以电力复合脂
		引线端子、销子、接地螺丝、连线母线螺丝有松动	拆下螺丝或用细平锉轻锉接触面,或更换弹簧垫圈、螺丝,直至接触面良好
2	铁 芯	铁芯不平整,绝缘漆膜有脱落现象,叠片不紧密	及时维修,确保铁芯平整,绝缘漆膜无脱落,叠片紧密
		铁芯上下夹件、方铁、压板不紧固	用扳手逐个紧固上下夹件、方铁、压板等部位紧固螺栓
		铁芯对夹件,穿心螺栓对铁芯及地的绝缘电阻不合格	维修,更换部分配件,绝缘电阻大于等于 5 MΩ
		上下铁芯的穿心螺栓松动	用专用扳手紧固螺栓
3	风机系统	开停不够灵活可靠	及时维修,确保风机运转正常,无异常振动、声响
4	超温报警、跳闸系统	报警、跳闸不灵敏	进行测试调整
5	接 地	接地线腐蚀	接地线进行防腐处理,腐蚀严重的应更换
6	运行突发故障处置		变压器运行突发故障处置参见本书 5.8.17 节

10.7.2 高、低压开关柜维修养护

(1)高压开关柜维修养护标准,见表 10.17。

表 10.17 高压开关柜维修养护标准

序号	项 目	工 作 标 准
1	标 识	高压开关柜铭牌完整、清晰,柜前柜后均有柜名,开关按规定编有编号;开关柜控制部分按钮、开关、指示灯等均有名称标识;电缆有电缆标牌;高压开关柜内安装的高压电器组件,如断路器、互感器、高压熔断器、套管等均应具有耐久而清晰的铭牌。各组件的铭牌应便于识别,若装有可移开部件,在移开位置能看清亦可

序号	项　目	工　作　标　准
2	保　洁	高压开关柜柜体完整、无变形,外观整洁、干净、无积尘,防护层完好、无脱落、锈迹,盘面仪表、指示灯、按钮以及开关等完好,仪表显示准确,指示灯显示正常,及时清扫柜体及接线桩头灰尘,检查桩头是否有放电痕迹和发热变色
3	五防措施	高压开关柜应具备防止误分、合断路器,防止带负荷分、合隔离开关或隔离插头,防止接地开关合上时(或带接地线)送电,防止带电合接地开关(或挂接地线),防止误入带电隔室5项措施,"五防"功能良好,闭锁可靠
4	一次接线桩头等	高压开关柜内接线整齐,分色清楚,二次接线端子牢固;柜内清洁无杂物、积尘;一次接线桩头坚固,桩头示温片齐全,无发热现象;动静触头之间接触紧密灵活,无发热现象;柜内导体连接牢固,导体之间的连接处的示温片齐全,无发热现象
5	柜底封堵	柜底封堵良好,防止小动物进入柜内
6	连锁装置	在正常操作和维护时不需要打开的盖板和门,若不使用工具,则不能打开、拆下或移动盖板和门;在正常操作和维护时需要打开的盖板和门(可移动的盖板、门),应不需要工具即可打开或移动,并应有可靠的连锁装置来保证操作者的安全
7	观察窗	观察窗位置应使观察者便于观察应监视的组件及其关键部位的任意工作位置,观察窗表面应干净、清晰
8	手　车	高压开关柜手车进出灵活,柜内开关动作灵活可靠,储能装置稳定,断路器的位置指示装置明显,并能正确指示出它的分、合闸状态;柜内干净,无积尘;定期或不定期检查柜内机械传动装置,并对机械传动部分加油保养,确保机械传动装置灵活
9	接　地	高压开关柜接地导体应设有与接地网相连的固定连接端子,并应有明显的接地标志;高压开关柜的金属骨架及其安装于柜内的高压电器组件的金属支架应有符合技术条件的接地,且与专门的接地导体连接牢固。凡能与主回路隔离的每一部件均应能接地,每一高压开关柜之间的专用接地导体均应相互连接,并通过专用端子连接牢固
10	断路器、接触器及其操作机构	1. 高压开关柜内的断路器、接触器及其操作机构应牢固地安装在支架上,支架不得因操作力的影响而变形;断路器、接触器操作时产生的振动不得影响柜上的仪表、继电器等设备的正常工作;断路器、接触器的位置指示装置应明显,并能正确指示出它的分、合闸状态; 2. 开关应分合灵活可靠,开关操作及指示机构应到位,断路器的行程以及每项主导电回路电阻值应符合相关规定
11	二次接线回路	二次接线应紧固,辅助开关接触良好,接地线无腐蚀,如有腐蚀应进行更换。二次回路绝缘一般不低于 $1\ M\Omega$
12	电气仪表校验	柜体表面电气仪表应进行校验工作
13	绝缘垫	高压开关柜前后操作、作业区域均需设置绝缘垫,绝缘垫应无破损,符合相应的绝缘等级,颜色统一,铺设平直
14	照明装置	开关柜前后要保证足够亮度的日常照明及应急照明装置,并处于完好状态。照明灯具安装牢固、布置合理,照度适中,开关室及巡视检查重点部位应无阴暗区,各类开关、插座面板齐全、清洁,使用可靠

上海泵闸运行维护标准化作业指导书

序号	项 目	工 作 标 准
15	电缆沟	开关柜内电缆沟要经常检查清理完好,保证无积水、渗水、杂物,钢盖板无锈蚀、破损,铺设平稳、严密
16	电缆及支架	开关柜内电缆支架、桥架应无锈蚀,桥架连接固定可靠,盖板及跨接线齐全,支架排列整齐、间距合理,电缆排列整齐、绑扎牢固、标记齐全
17	试验接地点	开关柜试验接地点设置合理,涂色规范明显
18	母线、绝缘子、电流互感器等元器件	母线、绝缘子、电流互感器等元器件定期清扫检查,紧固螺丝无松动,导电接触面无过热现象

（2）低压开关柜（含配电柜、动力箱、开关箱）的维修养护标准,见表10.18。

表 10.18　低压开关柜（含配电柜、动力箱、开关箱）的维修养护标准

序号	项 目	工 作 标 准
1	标 识	低压开关柜铭牌完整、清晰,柜前柜后均应有柜名,抽屉上应标示出供电用途
2	保 养	1. 低压开关柜外观整洁、干净、无积尘,防护层完好,无脱落、锈迹,定时检查清扫柜体及接线桩头灰尘,检查桩头应无放电痕迹和发热变色;盘面仪表、指示灯、按钮以及开关等完好,仪表显示准确,指示灯显示正常;开关柜整体完好,构架无变形; 2. 柜内清洁无杂物、积尘
3	熔断器	柜内熔断器的选用、热继电器及智能开关保护整定值符合设计要求,漏电断路器应定期检测,确保动作可靠
4	接 线	1. 低压开关柜柜内接线整齐,分色清楚,检查二次接线应紧固,辅助开关接地线无腐蚀,如有腐蚀应进行更换; 2. 柜内导体连接牢固,导体之间连接处的示温片齐全,无发热现象
5	防小动物措施	柜与电缆沟之间封闭良好,防止小动物进入柜内而导致短路等事故发生
6	接 地	低压开关柜的金属骨架、柜门及安装于柜内的电器组件的金属支架与接地导体连接牢固,有明显的接地标志;每一低压开关柜之间的专用接地导体均应相互连接,并与接地端子连接牢固
7	抽 屉	低压开关柜抽屉进出灵活,闭锁稳定、可靠,柜内设备完好
8	门 锁	门锁齐全,运行时门应处于关闭状态,重要开关设备电源或容易被触及的开关柜应处于锁定状态
9	仪表校验	柜体表面电气仪表应进行校验工作
10	二次回路绝缘	二次回路绝缘检查,一般不低于 1 MΩ
11	绝缘垫	低压开关柜前后操作、作业区域均需设置绝缘垫,绝缘垫应无破损,符合相应的绝缘等级,颜色统一,铺设平直
12	照 明	开关柜前后要保证足够亮度的日常照明及应急照明装置并处于完好状态。照明灯具安装牢固、布置合理,照度适中,开关室及巡视检查重点部位应无阴暗区,各类开关、插座面板齐全、清洁、使用可靠

序号	项 目	工 作 标 准
13	电缆沟	开关柜内电缆沟要经常检查清理完好,保证无积尘、渗水、杂物,钢盖板无锈迹、破损,铺设平稳、严密
14	电缆及支架	开关柜内电缆支架、桥架应无锈蚀,桥架连接固定可靠,盖板及跨接线齐全,支架排列整齐、间距合理,电缆排列整齐、绑扎牢固,标记齐全
15	试验接地点	开关柜试验接地点设置合理,涂色规范明显

(3) 高、低压开关柜维修养护方法,见表 10.19。

表 10.19　高、低压开关柜维修养护方法

序号	维修养护部位	存 在 问 题	维 修 养 护 方 法
1	柜 体	动力柜、照明柜、启闭机操作箱、检修电源箱、柜体及接线桩头有灰尘,桩头有放电痕迹、发热变色	定期清洁、整理,必要时重新制作桩头
2	接 线	柜内接线松动,标识不明显	接线及时紧固,重新设置标识
3	开关、继电保护装置	动作不可靠	发现接触不良应及时维修,如老化、动作失灵应予更换;调整热继电器整定值符合规定
4	主令控制器、限位开关装置	限位不够准确可靠,触点有烧毛现象,水下限位装置与闸门最高、最低位置不一致,上、下扉门的联动装置不够灵活	经常检查、保养和校核主令控制器、限位开关装置
5	熔断器	熔丝熔断	熔丝规格应根据被保护设备的容量确定,不得改用大规格熔丝,严禁使用其他金属丝代替
6	各类仪表	电流表、电压表、功率表指示失灵	定期进行柜体表面电气仪表校验工作,发现电流表、电压表、功率表指示失灵及时检修或更换
7	接 地	设在露天的电源箱、操作箱无防雨防潮措施;电气设备金属外壳无明显接地	箱体增设防雨、防潮措施;接地电阻超过 4 Ω 应增设补充接地极
8	二次回路	绝缘检查小于 1 MΩ	及时检修二次回路
9	运行突发故障处置		高低压开关柜运行突发故障处置参见本书 5.8.17 节

10.7.3　真空断路器维修养护标准

真空断路器维修养护标准,见表 10.20。

表 10.20　真空断路器维修养护标准

序号	项　目	工　作　标　准
1	外　观	1. 外表清洁,一次线连接桩头和接线牢固,无变色、发热现象;二次线及端子清洁,连接牢固、可靠; 2. 壳体及操作机构完整、不锈蚀
2	配管、阀门	各类配管及阀门无损伤、锈蚀,开闭位置正确,管道的绝缘法兰与绝缘支持良好
3	闭锁装置	所有闭锁装置及手动紧急操作装置正常
4	套　管	套管不脏污,无破损痕迹及闪络放电现象
5	操作机构	操作机构箱门平整,开启灵活、关闭严密,操作过程中无卡涩、呆滞现象。储能电动机工作正常,行程开关触电无变形,分合闸线圈无过热现象;防跳跃装置工作正常;断路器分合位置指示正确,与实际情况相符;做好断路器机械部分与操作机构的润滑工作
6	真空灭弧室	真空断路器的真空灭弧室应无漏气现象
7	耐压试验	断路器耐压试验符合规程要求

10.7.4　高压熔断器维修养护标准

高压熔断器维修养护标准,见表 10.21。

表 10.21　高压熔断器维修养护标准

序号	项　目	工　作　标　准
1	熔　体	跌落式熔断器弹性静触头的推力正常,熔体本身无损伤,绝缘管无变形或损坏,上端口的磷铜片完好;熔体紧固时膜片应封住熔断管上端口以防熔断器掉落
2	绝　缘	绝缘办法无损伤和放电痕迹,触头连接牢固
3	零部件	各部零件良好,无松动,导电部分与固定底座静触头的接触紧密
4	其　他	引下线与熔断器的连接良好,无松动烧毁现象

10.7.5　高压电容器维修养护标准

高压电容器维修养护标准,见表 10.22。

表 10.22　高压电容器维修养护标准

序号	项　目	工　作　标　准
1	外　观	密封良好,外壳无渗油、油垢、鼓肚变形、锈蚀,油漆完好
2	接　地	接地线牢固
3	保护装置	放电保护装置齐全完好
4	运行条件	运行条件符合规程要求,环境温度不超过 40 ℃,电流电压不超过额定电压1.1 倍,三相电流不平衡值不超过平均值的 5%

序号	项 目	工 作 标 准
5	环 境	设备清洁,标志齐全,通风良好
6	电气试验	定期进行预防性试验,并有记录
7	其 他	瓷件完好无损,接头无过热现象,无异音

10.7.6 隔离开关维修养护标准

隔离开关维修养护标准,见表10.23。

表 10.23 隔离开关维修养护标准

序号	项 目	工 作 标 准
1	接 触	开关接触良好,无过热现象,无异常声响
2	用 油	油质清晰,油位达到要求,无渗漏油现象
3	试 验	预防性试验合格,资料齐全,操作机构动作可靠
4	外 观	开关外观整洁,无锈蚀,油漆完好
5	表 计	各继电保护表计接线正确
6	二次回路	二次回路绝缘良好
7	辅助开关	动作正确无误
8	联锁装置	联锁装置牢固、正确、可靠
9	标识标牌	场地整洁,相别标志准确清晰,编号齐全
10	接 地	保护接地牢固

10.7.7 电流互感器维修养护标准

电流互感器维修养护标准,见表10.24。

表 10.24 电流互感器维修养护标准

序号	项 目	工 作 标 准
1	接 头	接头无过热、变色现象。一、二次回路接线牢固,各接头无松动现象
2	油 品	油面正常,油质符合要求,本体和油位计密封良好,无渗漏现象。呼吸器的硅胶无受潮变色
3	外 观	瓷件清洁,无裂纹、缺损及放电现象
4	声 音	无异常响声,无焦臭味
5	端子箱	端子箱清洁,无杂物
6	接 地	外壳和二次侧接地良好。二次侧的仪表等接线紧密,二次端接触良好,无开路放电或打火
7	其 他	电流互感器二次侧严禁开路

10.7.8 电压互感器维修养护标准

电压互感器维修养护标准,见表10.25。

表 10.25 电压互感器维修养护标准

序号	项 目	工 作 标 准
1	外 观	瓷件清洁,无裂纹、缺损及放电现象。外壳漆皮无脱落、锈蚀,外观无渗漏油现象
2	仪表指示	仪表指示无异常现象
3	油 品	油面正常,油质符合要求,本体和油位计密封良好,无渗漏现象。呼吸器的硅胶无受潮变色
4	声 音	无异常响声或振动,无焦臭味
5	接 头	接头无过热、变色现象。一、二次回路接线牢固,各接头无松动现象
6	接 地	二次接地良好。端子箱清洁、不受潮
7	试 验	预防性试验合格,资料齐全
8	其 他	电压互感器二次侧严禁短路

10.7.9 直流系统维修养护标准

直流系统维修养护标准,见表10.26。

表 10.26 直流系统维修养护标准

序号	项 目	工 作 标 准
1	标 识	直流系统包括逆变屏、直流屏、电池屏,要求铭牌完整、清晰,名称编号准确,柜前柜后均有柜名
2	环 境	1. 环境通风良好,周围环境无严重尘土、爆炸危险介质、腐蚀金属或破坏绝缘的有害气体、导电微粒和严重霉菌,屏柜周围严禁有明火; 2. 屏柜外观整洁、干净、无积尘,防护层完好,无脱落、锈迹,柜面仪表盘面清楚,显示正确,开关、按钮可靠,柜体完好,构架无变形; 3. 蓄电池运行环境温度在 10 ℃～30 ℃,最高不得超过 45 ℃,如容量满足运行需要,则最低温度可以适当降低,但不得低于 0 ℃; 4. 直流装置控制母线电压保持在 220 V,变动不超过±2%
3	柜内保养	柜内接线整齐,分色清楚,二次接线排列整齐,端子接线牢固,无杂物、积尘;电池屏电池摆放整齐;接线规则有序,接地线无腐蚀,如有腐蚀应进行更换;电池编号清楚,无发热、膨胀现象
4	防小动物措施	屏柜与电缆沟之间封堵良好,防止小动物进入柜内,以免产生动物咬坏线路甚至发生短路等事故

序号	项 目	工 作 标 准
5	充放电	1. 整流充电模块工作正常,切换灵活;充放电监控设备完好;绝缘监控装置稳定准确;电池巡检单元、交直流配电稳定可靠; 2. 蓄电池每1～3月或蓄电池较深放电后,应进行1次均衡充电。每年按制造厂规定进行1次容量核对性充放电; 3. UPS在同市电连接后,应始终向电池充电,并且提供过充、过放电保护功能;如果长期不使用UPS,应定期对电池进行补充电,蓄电池应定期检查电池容量,电池容量下降过大或电池损坏应整体更换
6	检测试验	直流系统能可靠进行数据监测及运行管理,可对单体电池监测,进行电池容量测试、进行故障告警记录等
7	接 地	屏柜的金属构架、柜门及其安装于柜内的电器组件的金属支架应有符合技术条件的接地,且与专门的接地导体牢固连接,并有明显的接地标志
8	注意事项	1. 更换电池以前应关闭触电模块或UPS并脱离市电,操作人员应摘下戒指、手表之类的金属物品,使用带绝缘手柄的螺丝刀,不应将工具或其他金属物品放在电池上,以免引起短路,不应将电池正负极短接或反接; 2. 当发生直流系统接地时,应立即用绝缘监察装置判明接地极,并汇报项目负责人或技术负责人,征得他们同意后,进行拉路寻找,尽快查出故障点予以消除

10.7.10 防雷接地设施维修养护

(1)防雷接地设施维修养护标准,见表10.27。

表10.27 防雷接地设施维修养护标准

序号	项 目	工 作 标 准
1	特性试验	每年应对投运的避雷器、过电压保护器进行1次特性试验,并对接地网的接地电阻进行测量,接地电阻一般不应超过10 Ω。当机房接地与防雷接地系统共用时,接地电阻要求小于1 Ω
2	避雷装置年度校验	避雷装置年度校验应于每年3月底前完成,确保避雷装置完好
3	避雷器表面	避雷器清洁,油漆完好,安全标志正确清楚
4	避雷器内部	避雷器安装合理,构架牢固,安装正确,螺丝紧固无缺,避雷针结构完整,有足够的机械强度
5	放电记录器	放电记录器良好,指示正确
6	引线接头	引线短直,接触良好
7	接 地	接地电阻值合格
8	其 他	瓷件密封良好,无损伤、裂纹及放电迹象

（2）防雷接地设施维修养护方法，见表 10.28。

表 10.28　防雷接地设施维修养护方法

序号	维修养护部位	存 在 问 题	维 修 养 护 方 法
1	接地电阻	接地电阻数值不符合规定	当接地电阻超 10 Ω 时，应补充接地极
2	防雷接地器支架	防腐涂层有破损	及时修补局部破损
3	避雷针	避雷针(线、带)及地下线存在腐蚀	超过避雷针截面的 30% 时应更换
4	焊接点或螺栓接头	导电部件的焊接点或螺栓接头有脱焊、松动现象	补焊或旋紧焊接点或螺栓接头
5	防雷设施	构架上架设低压线、广播线及通讯线缆	及时清理，在每年的雷雨季前委托有资质的单位进行检测
6	避雷器	避雷器不灵敏	经检测不满足要求的避雷器应修复或更换

10.7.11　接地装置维修养护标准

接地装置维修养护标准，见表 10.29。

表 10.29　接地装置维修养护标准

序号	项　目	工　作　标　准
1	接地线连接	电气设备接地线连接无松动、脱落现象
2	外　观	接地线无损伤、腐蚀、断股，固定螺栓紧固、无松动
3	标　志	接地装置在引入建筑物的入口处要有明显标志，明敷的接地引下线表面的涂漆标志完好
4	通断情况	用导通法定期检查接地引下线的通断情况
5	电阻值	定期测试接地电阻值，数据合格

10.7.12　电缆维修养护标准

电缆维修养护标准，见表 10.30。

表 10.30　电缆维修养护标准

序号	项　目	工　作　标　准
1	负荷电流	电缆的负荷电流不应超过设计允许的最大负荷电流
2	工作温度	长期允许工作温度应符合制造厂的规定，电缆的运行实际负荷电流不应超过电缆允许的最大负荷电流；电缆应无过热现象，电缆套管应清洁，无裂纹和放电痕迹
3	外　观	电缆外观应无损伤、绝缘良好；排列整齐、固定可靠
4	直埋电缆	室外直埋电缆在拐弯点、中间接头等处应设标示桩，标示桩应完好无损

序号	项 目	工 作 标 准
5	室外外露电缆	室外露出地面上的电缆保护钢管或角钢不应锈蚀、位移或脱落
6	穿墙套管	引入室内的电缆穿墙套管、预留管洞应封堵严密
7	电缆沟	沟道内电缆支架牢固,无锈蚀,电缆沟内积水及时排除,电缆不得浸入水中
8	标 识	电缆标示牌应完整,应注明电缆线路的名称、号码、根数、型号、长度等
9	电缆头	电缆头接地线良好,无松动断股、脱落现象,动力电缆头应固定可靠,终端头要有与母线一致的黄、绿、红三色相序标志

10.7.13 母线维修养护标准

母线维修养护标准,见表 10.31。

表 10.31 母线维修养护标准

序号	项 目	工 作 标 准
1	外 观	支持绝缘子清洁、完好无损,无裂纹损伤、电晕及严重放电现象
2	线卡、金具	设备线卡、金具紧固,无松动脱落现象
3	架构接地	所有架构的接地完好、牢固,无断裂现象
4	母线连接	母线连接牢固,示温片无脱落现象
5	温 度	母线通过额定电流时温度不超过 70 ℃

10.7.14 照明设备维修养护标准

照明设备维修养护标准,见表 10.32。

表 10.32 照明设备维修养护标准

序号	项 目	工 作 标 准
1	完善设施	泵闸控制室、配电房、启闭机房、闸室、主干道、楼梯踏步、临水边等处均应布置足够亮度的照明设施
2	室外照明装置	室外高杆路灯、庭院灯、泛光灯等固定可靠,螺栓连接可靠,无锈蚀;灯具强度符合要求,无损坏坠落危险
3	室外灯具线路	室外灯具线路应采用双绝缘电缆或电线穿管敷设,管路应有一定强度,草坪灯、地埋灯有防水防潮功能,损坏应及时修复,防止发生触电事故
4	灯具防腐	所有灯具防腐保护层完好,油漆表面无起皮、剥落现象,灯具接地可靠,符合规定要求
5	节能与照明度	照明灯具优先采用节能光源,因光源损坏影响照明度时应及时修复,保证作业安全
6	电气控制设备	灯具电气控制设备完好,标志齐全清晰,动作可靠,室外照明灯具应设漏电保护器
7	日常使用	注重环保节能,定时器按照季节调整控制时间

10.7.15 检测仪表维修养护标准

检测仪表维修养护标准，见表10.33。

表 10.33 检测仪表维修养护标准

序号	项 目	工 作 标 准
1	仪表传感器	仪表传感器每月至少应清洗1次，传感器表面应保持清洁
2	仪表显示	仪表显示应正常，如出现异常应及时分析原因并做好记录
3	流量计	流量计应按使用要求，定期委托具有资质的计量单位进行标定
4	定期维修和校验	仪表维修按使用维护说明进行

10.8 闸门启闭机维修养护

10.8.1 平面钢闸门维修养护

（1）平面钢闸门维修养护标准，见表10.34。

表 10.34 平面钢闸门维修养护标准

序号	项 目	工 作 标 准
1	标 识	闸孔应有编号，编号原则为面对下游，从左至右按顺序编号
2	日常保洁	闸门各类零部件无缺失，表面整洁，梁格内无积水，闸门横梁、门槽及结构夹缝处等部位的杂物应清理干净，附着的水生物、泥沙和漂浮物应定期清除
3	平面闸门滚轮、滑轮	平面闸门滚轮、滑轮等灵活可靠，无锈蚀卡阻现象；运转部位加油设施完好，油路畅通，注油种类及油质符合要求，采用自润滑材料的应定期检查
4	轨 道	平面闸门各种轨道平整，无锈蚀，预埋件无松动、变形和脱落现象
5	平面钢结构	平面钢结构完好，无明显变形，防腐涂层完整，无起皮、鼓泡、剥落现象，无明显锈蚀；门体部件及隐蔽部位防腐状况良好
6	止 水	止水橡皮、止水座完好，闸门渗漏水符合规定要求[运行后漏水量不得超过 0.15 L/(s·m)]
7	吊座、锁定	1. 平面闸门吊座、闸门锁定等无裂纹、锈蚀等缺陷，闸门锁定灵活可靠，启门后不能长期运行于无锁定状态 2. 吊座与门体应连接牢固，销轴的活动部位应定期清洗加油，吊耳、吊座出现变形、裂纹或锈损严重时应更换
8	钢结构防腐	钢闸门外表单个锈蚀面积不得大于8 cm²，面积和不得大于防腐面积的1%。当闸门出现锈蚀时，应尽快采取防腐措施加以保护，其主要方法有涂装涂料和喷涂金属等。防腐措施实施前，应对闸门表面进行预处理。表面预处理后金属表面清洁度和粗糙度应符合《水工金属结构防腐蚀规范》(SL 105—2007)规定

序号	项 目	工 作 标 准
9	门体的稳定性	1. 门体的稳定性满足安全使用要求。平面钢闸门主要钢构件变形、弯曲、扭曲度应符合表 10.35 的规定。门体无开裂、脱焊、气蚀、损坏、磨损。门体内无淤积物,表面无附着物。门体一次性更换构件数小于等于 30% 2. 钢闸门门叶及其梁系结构等发生结构变形、扭曲下垂时,应核算其强度和稳定性,并及时矫形、补强或更换
10	连接紧固件	闸门的连接紧固件如有松动、损坏、缺失时,应分别予以紧固、更换、补全,焊缝脱落、开裂锈损应及时补焊

（2）平板钢闸门允许偏差,见表 10.35。

表 10.35　平板钢闸门允许偏差　　　　　单位:mm

序号	项 目		维护标准
1	面板局部凹凸变形	$8<\delta\leq10$	每米≤6
		$10<\delta\leq16$	每米≤5
2	门叶弯曲	横向	$B_m/1\,500$ 且≤6
		竖向	$H_m/1\,500$ 且≤4
3	门叶扭曲		≤4
4	门叶对角线差		≤5
5	两边梁平行度		≤4
6	顶底主梁平行度		≤6

注:δ 为面板厚度,B_m 为门体宽度,H_m 为门体高度。

（3）闸门养护方法,见表 10.36。

表 10.36　闸门养护方法

序号	养护部位	存 在 问 题	养 护 方 法
1	门 叶	面板、梁系附着水生物、泥沙和漂浮物等杂物,梁格内有积水	及时清理,保持清洁
		构件连接螺栓松动、丢失	及时紧固配齐松动或丢失的构件
		运动中有振动	查找原因,采取措施消除或减轻
2	行走支承装置	行走支承装置不清洁	定期清理,保持清洁
		油润滑不符合要求	保持运转部位的加油设施完好、畅通,并定期加油。闸门滚轮、弧形门支铰等难以加油部位,应采取适当方法进行润滑,可采用高压油泵(枪)定期加油;及时拆卸清洗滚轮或支铰轴堵塞的油槽并注油

序号	养护部位	存 在 问 题	养 护 方 法
3	吊耳、吊杆及锁定装置	吊耳、吊杆及锁定装置不清洁	定期清理吊耳、吊杆及锁定装置
		吊耳、吊杆及锁定装置变形	吊耳、吊杆及锁定装置部分变形时可矫正,但不应出现裂纹、开焊;出现变形、裂纹或锈蚀严重时应更换
4	止水装置	止水装置磨损、变形	及时调整止水装置达到要求的预压量
		止水装置断裂	粘接修复止水装置
5	埋 件	门槽不清洁	门槽定期清理,保持清洁
		预埋件暴露部位非滑动面保护不到位,与基体连结不牢固	定期检查,定期清洗,主轨的工作面应光滑平整并在同一垂直平面,其垂直平面度误差应符合设计规定
6	迭梁式检修钢闸门	门表面有泥沙、杂物	每次检修门使用完毕,均应将表面清理干净
		未架空放置,通风不畅,无专用场地	检修门宜架空放置,以利通风并保持干燥,放置应整齐有序,有专用场地或放于仓库内,放置于室外应有遮盖措施
		进出通道不通畅	存放检修门的场地或仓库,其进出通道应保持畅通,以便紧急抢修时检修门能及时运出
7	闸门整体防腐	钢闸门出现锈蚀现象	1. 采用涂装涂料进行防腐涂层,涂料品种应根据钢闸门所处水域的水质条件及周围空气状况、设计保护周期等情况选用;面、底层应配套,性能良好;涂层干膜厚度不应少于 $200~\mu m$; 2. 采用喷涂金属做防腐涂层,钢闸门宜用金属锌作为喷涂材料,也可选用经过试验论证的其他材料;喷涂层厚度应根据钢闸门所处水域的水质条件及周围空气状况、设计保护周期等情况确定,封闭涂层的干膜厚度不应少于 $60~\mu m$,金属涂层表面应涂装适宜涂料封闭; 3. 钢闸门防腐蚀施工工艺详见 10.8.3 节
8	开度指示器	指示器运转不灵活,指示不正确	定期校验指示器

（4）闸门维修方法,见表 10.37。

表 10.37　闸门维修方法

序号	维修部位	存 在 问 题	维 修 方 法
1	门 叶	门叶的一、二类焊缝开裂	确定深度和范围后可进行补焊或更换新钢材,但补充强度所使用的钢材和焊条应符合原设计的要求。焊接质量应符合《水利水电工程钢闸门制造、安装及验收规范》（GB/T 14173—2008)的有关规定
		门叶连接螺栓孔腐蚀	扩孔并配相应的螺栓

序号	维修部位	存 在 问 题	维 修 方 法
	门 叶	闸门顶钢梁锈蚀变形	门叶变形的,应先将变形部位矫正,然后进行必要的加固。矫正办法:在常温情况下,一般可用机械进行矫正;但对变形不大的或不重要构件,也可用人工锤击矫正,但锤击时需要在钢材表面放置垫板,且锤击凹坑深度不得超过0.5 mm;热矫正时,温度应加热到600 ℃~700 ℃,利用不同温度的收缩变形来矫正。矫正后应先做保温处理,然后放置在空气中冷却
2	行走支承装置	滑道损伤或滑动面严重磨损	更换滑道
		主轨道变形、磨损	更换主轨道
		轴和轴套出现裂纹、压陷、变形、磨损严重,轮轴与轴套间隙超过允许公差	更换轴和轴套
		轴销磨损,磨损量超过设计标准	修补或更换轴销
		滚轮踏面磨损	滚轮踏面可补焊并达到设计圆度;滚轮、滑块夹槽、支铰发生裂纹的应更换,确认不影响安全时可补焊;滚轮磨损严重应更换
		滚轮锈蚀卡阻	1. 拆下锈死的滚轮,将轴和轴瓦清洗除锈后涂上润滑油脂;没有注润滑油设施的,应在轴上加钻油孔,轴瓦上开油槽,用油杯或黄油枪加注油脂润滑; 2. 轴与轴承的摩擦部分应保持设计的间隙公差,如磨损过大超过允许范围,应更换轴瓦。为了减少闸门的启闭力,可采用摩擦系数较小的压合胶木轴瓦或尼龙轴瓦等; 3. 滚轮检修后的安装标准应达到的要求:平板定轮闸门滚轮的组装应控制4个轮子在同一平面内,其中1个轮子离开其他3个轮子形成的平面偏离值,不得超过±2 mm;轮子对平行水流方向的竖直面和水平面的倾斜度不得超过轮径的2/1 000。同一侧轮子的中心偏差不得超过±2 mm
		压合胶木变形及裂缝	1. 压合胶木轻微开裂的修理:当裂纹宽度不超过0.2 mm、深度不超过5 mm时将裂缝刨掉,由于压合胶木切削而被减薄的部分,应在胶木滑道夹槽底面垫钢板加以调整; 2. 压合胶木严重磨损或失效后,应予更换

序号	维修部位	存 在 问 题	维 修 方 法
3	锁定装置（搁门器）	锁定装置的轴销产生裂纹或磨损、锈蚀	轴销产生裂纹或磨损、锈蚀量超过原直径的10％时应更换
		锁定装置的连接螺栓腐蚀	螺栓上可除锈防腐，腐蚀严重的应更换
		受力拉板或撑板腐蚀量大	受力拉板或撑板腐蚀量大于原厚度10％时，应更换
4	止水装置	橡胶水封严重磨损、变形或老化，失去弹性	1. 门后水流散射或设计水头下渗漏量超过0.2 L/(s·m)时更换止水橡皮。安装新水封时，应用原水封压板在新橡胶水封上划出螺孔，然后冲孔，孔径应比螺栓小1～2 mm； 2. 局部修补：由于水封预埋件安装不良，而使橡胶水封局部撕裂的，除了改善水封预埋件外，可割除损坏部分，换上相同规格尺寸的新水封；新、旧水封接头的处理方法有：将接头切割成斜面，并将它锉毛，涂上黏合剂黏合压紧，再用尼龙丝或锦纶丝缝紧加固，尼龙丝尽量藏在橡胶内不外露，缝合后再涂上一层黏合剂，保护尼龙丝不被磨损，2天后才可使用；采用生胶热压法黏合，胶合面应平整并锉毛，用胎膜压紧，借胎膜传热，加热温度为200 ℃左右，胶合后接头处不得有错位及凹凸不平现象； 3. 离缝加垫：闸门顶、侧水封与门槽水封存座接触不紧密而有离缝时，可在固定的橡胶水封部位的底部，加垫适当厚度的垫块进行调整；橡胶水封更新或修理后的标准：水封顶部所构成的平面不平度不得超过2 mm；水封与水封座配合的压缩量应保持2～4 mm
		闸门顶止水翻卷或撕裂	查找原因，采取措施消除或修复
		止水压板螺栓、螺母缺失，压板变形	补充缺失的紧固件，局部变形可矫正，严重变形或腐蚀应更换
		止水橡皮更换	详见10.8.4节"闸门止水橡皮更换工艺"
5	埋 件	埋件破损、脱落	1. 支承压合胶木的主轨表面的不锈钢脱落或磨损时，应折下进行处理。如全轨道需喷镀处理时，应先将原有镀层清除干净后再喷镀；如采用局部堆焊处理时，要用与原堆焊相同的焊条施焊。喷镀或堆焊完毕后，应用0号砂纸及油石蘸油等方法研磨表面，以达到设计要求的表面粗糙度； 2. 主轨表面破损面积超过30％时，应全部更换
		支承工作轮的轨道缺陷	支承工作轮的轨道，如因气蚀、锈蚀、磨损而造成缺陷，应做补焊处理；如损坏、变形较大时，宜更换新件。局部缺陷经补焊及加工处理后，应保证工作表面的粗糙度
		止水座板出现蚀坑	可刷涂树脂基材料或喷涂不锈钢材料整平

序号	维修部位	存在问题	维修方法
6	闸门表面防腐层	防腐涂层有裂纹、锈点、脱落、起皮、粉化	防腐涂层裂纹较深,面积达 10% 以上,或已出现深达金属基面的裂纹;生锈鼓包的锈点面积超过 2%;脱落、起皮面积超过 1%;粉化,以手指轻擦涂抹,沾满颜料或手指清擦即露底,出现以上情况应修补或重新防腐
		钢闸门喷涂金属层的蚀余厚度不足	蚀余厚度不足原设计厚度的 1/4 时,应重新防腐蚀;表面保护涂层老化应重新涂装
		表面涂膜(包括金属涂层表面封闭涂层)有局部锈斑、针状锈迹	及时补涂涂料。当涂层普遍出现剥落、鼓包、龟裂、明显粉化等现象时,应全部重做新的防腐涂层或封闭涂层
7	闸门运行突发故障		闸门运行突发故障应急维修方法见本书 5.8.20 节

10.8.2　闸门关节轴承改进装置

闸门关节轴承装置改进前后对比图,见图 10.1～图 10.3。

图 10.1　改进前

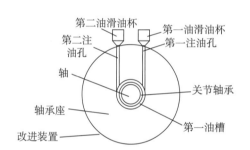

图 10.2　改进增加了油槽

图 10.3　改进后

现有技术中水闸的闸门固定连接的轴通过关节轴承与基座可转动连接。轴及关节轴承这对转动体由于长期浸泡在水中,润滑状态欠佳,导致闸门在启闭时轴与关节轴承之间会发出异响,闸门会发生严重抖动。技术人员虽然通过加注润滑油等技术措施来改善关节轴承的润滑状态,但是频繁地巡检轴承状态、频繁地人工加注润滑油,往往导致巡检人员的工作量剧增。

有鉴于现有技术的上述缺陷,迅翔公司研制了实用新型的闸门关节轴承改进装置(专利号:ZL202021269450.8),其技术目的在于提供润滑状态良好的、自润滑的闸门关节轴承装置。该装置是将闸门上固定连接的轴通过关节轴承与基座可转动连接。关节轴承设置在基座的轴承座内,轴承座上开设有第一注油孔、第二注油孔,关节轴承内至少开设有第一油槽,第一注油孔、第一油槽、第二注油孔三者依次贯通形成润滑油通道。

这种实用新型的关节轴承改进装置,使得关节轴承长期处于良好的润滑状态,辅助以低频率、直观的人工巡检,就可以长期地、低成本地保持闸门处于良好的开闭状态。

10.8.3 钢闸门防腐蚀施工工艺

钢闸门出现严重锈蚀时,应尽快采取防腐措施加以保护,其主要方法有涂装涂料和喷涂金属等。实施前,作业队伍应对闸门认真进行表面预处理。表面预处理后金属表面清洁度和粗糙度应符合《水工金属结构防腐蚀规范》(SL 105—2007)的规定。

1. 施工前准备

(1) 施工人员准备:

① 项目负责人1名,主要负责施工人员管理及工作任务安排;

② 技术人员1~2名,负责施工技术交底及现场质量控制等工作;

③ 安全员1名,负责施工现场文明施工及安全监护工作;

④ 质检员1名,负责工程质量的检测工作;

⑤ 操作工人,根据现场需要确定人数。

(2) 材料准备:

① 检验各种原材料是否符合要求;

② 锌丝等准备:采用直径为3 mm的锌丝和特号电解丝,锌丝应圆整、光洁,无油污、毛孔、折裂,纯度为99.9%;

③ 乙炔气和氧气准备:采用瓶装乙炔气及含氧量99.2%的一级氧气;

④ 石英砂准备:采用的石英砂应坚硬有角、干燥,无泥土及其他杂质。

(3) 工具准备,见表10.38;

表 10.38 钢闸门防腐设备工具一览表

序号	名　　称	数　　量	序号	名　　称	数　　量
1	空压机	2 台	6	喷砂机	4 台
2	滤清器	4 台	7	氧气瓶、乙炔瓶	9 副
3	喷砂嘴	80 个	8	喷枪	15 把
4	测厚仪	4 台	9	筛子	8 个
5	帆布	4 块			

(4) 作业条件:

① 所有材料应具有出厂合格证或检验报告;

② 被涂结构应具备出厂合格证和工序交接证书;

③ 施工应按照设计文件和《水工金属结构防腐蚀规范》(SL 105—2007)的规定进行;

④ 所需技术资料齐全,施工要求明确;

⑤ 安全防护设施齐全、可靠。

2. 操作工艺

(1) 表面预处理。

① 表面预处理的目的是提高基体表面的清洁度及一定的粗糙度,增强涂膜与基体金属的结合力,防止金属的潜在腐蚀。在钢闸门上采用喷砂处理表面,一般要求达到 Sa2.5

级标准。应做到彻底除净表面的油脂、氧化皮、腐蚀产物等一切杂物,并用干燥、洁净的压缩空气清除粉尘。钢闸门表面无任何可见残留物,呈现的金属均一本色,并有一定的粗糙度。

② 喷砂操作方法。在开机前先装满下室的砂,然后开启空压机,打开阀门 5,利用压缩空气顶住活门 2,这时即可打开阀门 4 和旋塞 3,开始喷砂操作。首先装上室的砂,待下室的砂即将用完时即进行加砂,打开阀门 6,利用压缩空气顶住活门 1。此时上室内压力迅速增加。到上、下室内的压力相等时,上时的砂因自重压开活门 2 进入下室。直至砂粒全部进入下室时,关闭阀门 6,打开阀门 7,放出上室的压缩空气,这时活门自动关闭。接着,进行上室的加砂工作。如此循环往复,直至管道表面达到要求(见图 10.4)。

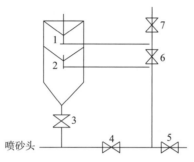

1—活门;2—活门;3—旋塞;4—阀门;5—阀门;6—阀门;7—阀门

图 10.4 喷砂操作示意图

喷砂操作的模拟压力控制在 0.5~0.6 MPa;砂粒直径为 1.5 mm,喷射角度为 45°~60°;喷嘴至加工面的最佳距离为 120~200 mm。

喷砂除锈经验收合格后,应在 6 h 之内涂上锌层,以防止生锈。

(2) 涂漆施工:

① 使用氧气之前,应将氧气瓶的出口阀门瞬间开放,以吹出积灰,使用新管或较长时间未用的旧管时应吹净管内的积灰;

② 使用喷枪前,应做气密性实验;

③ 检查减压阀是否正常,并调整适当;

④ 检查油水分离器的作用是否良好,始发时能随时放水;

⑤ 氧气的使用压力为 0.4~0.5 MPa,气量应控制在 1.8 m³/h;

⑥ 压缩空气的使用压力为 0.4~0.6 MPa,每个气枪的供气度量应为 1~1.2 m³/min;

⑦ 乙炔使用压力为 0.04~0.07 MPa,气量应控制在 0.66 m³/h 左右;

⑧ 在点火之前,将喷枪总阀全开,除去氧气、压缩空气及乙炔气的混合物;点火时,锌丝要伸出喷嘴的空气风帽 10 mm 以上,并在金属丝不断输送时才能点火;

⑨ 点火工作完毕后,应仔细检查调整锌丝输送的速度、氧气和压缩空气及乙炔气的压力,直到正常为止;

⑩ 喷镀时,喷枪与工件应呈垂直方向;在无法垂直喷镀的情况下,喷枪与工件表面的斜度不小于 45°;喷嘴与工件表面应相距 125~165 mm,最大不宜超过 200 mm;

⑪ 喷镀厚度超过 0.1 mm 时,应分层喷镀,前一层与后一层应进行 90°交叉或 45°交叉喷镀;

⑫ 喷涂时,喷嘴的移动速度应均匀,速度宜保持 300～400 mm/min,锌丝走丝速度为 2～2.2 m/min;应防止工件表面局部过热或喷镀层局部过厚的现象发生;

⑬ 喷镀过程中,不得用手抚摸被涂工件表面;

⑭ 喷镀完毕,将喷枪总阀回到全关位置;关闭氧气、压缩空气及乙炔气的各种阀门,拆除各路皮管,按喷枪说明中的要求保管好喷枪。

3. 质量标准

(1) 表面喷砂处理应达到以下标准:

彻底清除基体表面上的油脂、氧化皮、锈蚀等一切杂质,并用干净的压缩空气清除粉尘;表面无任何可见残留物,呈现均一的金属本色,并具有一定的粗糙度。

(2) 锌喷镀层的检查:

① 外观检查:用肉眼或 5～10 倍放大镜进行检查,其表面应无杂质、气泡、孔洞、裂纹、脱皮等现象;

② 厚度检查:用千分尺测定工件喷镀前后的厚度,喷镀层的最小厚度不小于设计厚度的 75%;

③ 孔隙率的检查:清除喷镀层表面的油污、尘土并进行干燥,然后用 10 g/L 铁氰化钾或 20 g/L 氯化钠溶液的试纸覆盖在喷镀层上约 10 min,试纸上出现的蓝色斑点不应多于 1～3 点/cm²;

④ 检查中如发现缺陷再进行补喷处理。在补喷处理后,再重新进行上述检查。

4. 成品保护

(1) 处理合格的金属表面在运输和保管期间应保持洁净。如因保管不当或运输中发生再度污染或锈蚀时,其金属表面应重新处理,直至符合要求时为止。

(2) 金属表面经处理后应及时喷镀,一般情况不得过夜。在空气湿度较大或工作温度低于环境温度时,应采取加热措施,以防止被处理的金属表面再度锈蚀。

(3) 严禁在雨、雾、雪、大风中露天喷镀作业。

5. 安全注意事项

(1) 施工现场和材料库房应备有消防器材,并经常检查,防止失效。道路应保持畅通。应在醒目处标贴"严禁烟火"和"安全生产"的有关标志。

(2) 氧气、乙炔的安全防爆装置应经常检查,保证其灵敏度。

(3) 库房的位置应离开施工现场,库房应有专人管理。

(4) 对操作工人必须进行安全质量教育,应使仓库保管和现场施工人员懂得涂料性能、操作规程和质量标准;懂得安全生产和禁忌事项。

(5) 金属表面喷砂前,应检查喷砂设备管道、压力表等,一切正常时方可开车。操作时,待操作人员拿好喷枪并发出信号后,方可将压缩空气送入喷砂设备。操作终了或中途停止时,应等喷砂管内的压缩空气排净后才允许放下喷枪。

(6) 操作人员应穿戴工作服、手套和耐高温鞋,戴防尘口罩和眼镜。

(7) 班组应实行自检、互检、交接检制度,做到边施工边清理。

（8）操作人员不应面对喷镀的气流作业，以免吸入金属粉末。

（9）坚持各工种持证上岗。

（10）施工现场用电线路、用电设施的安装与使用应符合相关规范及安全操作规程的要求。

（11）妥善处理固体废弃物，做到工完场清，不留死角。

（12）在易燃易爆环境中使用的手持工具、照明灯具及开关应选取防爆型。施工完毕或操作人员离岗时，应关闭开关，切断电源。

（13）食物、饮料不得带入现场，更不得在现场就餐。下班时，应在洗漱更衣后再离开施工现场。

10.8.4　闸门止水橡皮更换工艺

1. 施工准备

（1）作业人员应充分了解原止水橡皮的型号尺寸、螺孔的间距和孔径、压板螺栓的长度尺寸和直径等技术规格，从数量和质量两方面做好材料准备。

（2）准备好工具器械和所用配件。

（3）选好便于安装拆卸的维修养护施工脚手架和操作平台。

（4）关闭备用检修闸门，升起需要更换止水橡皮的闸门，确保止水橡皮全部脱离水面并可以晾干。

2. 拆除损毁止水橡皮

（1）将已经损坏的止水橡皮和压板拆卸下来，如螺丝锈蚀严重，可用锯割或冲击拆卸，但要确保不伤害闸门门体。

（2）应确保拆除过程中不损坏闸门门体及丝孔。

3. 新止水橡皮安装

（1）定型切割。根据闸门尺寸确定止水橡皮的尺寸，止水橡皮切割时必须保持稳定，保证不走偏变形。

（2）冲孔。新止水橡皮的螺孔需按门叶或止水压板上的螺孔位置尺寸进行定位，用记号笔标记后，按顺序冲孔，冲子与止水橡皮垂直相交，锤击一次成型，不允许发生倾斜和偏移现象。

4. 安装压紧

安装压板时，应按从中间向两端的顺序安装螺栓，先调整止水橡皮位置和固定压板位置，再依次固定螺栓至规定扭矩。当螺栓均匀拧紧后其端头应低于止水橡皮表面 8 mm 以上。

5. 检查验收

（1）止水压板紧压力度应一致，牢固无松动、起伏现象。

（2）闸门运行没有卡阻现象，止水橡皮与闸门滚轮滑道面接触均匀密实，没有变形现象。

（3）闸门挡水工作后没有漏水、渗水现象。

6. 质量标准

一般止水装置是用压板和热板把止水橡胶夹紧，并用螺栓固定于门叶或埋设在门楣上。止水橡皮设置方面,应根据水压而定,一般要求止水橡皮在受到水压后,能使其圆头压紧在止水座上。

（1）吊杆连接可靠;闸门启闭时,应向止水橡皮处淋水润滑。

（2）闸门在启闭过程中滚轮应转动正常,升降时无卡阻现象,且不能损伤止水橡皮。

（3）闸门全部处于工作部位后,用灯光或其他方法检查,止水橡皮压紧程度良好,不存在透亮或间隙现象。

（4）闸门在承受设计水头压力时,通过橡皮止水,每米长度的漏水量不应超过 0.1 L/s。

10.8.5 液压启闭机维修养护

（1）液压启闭机养护方法,见表 10.39。

表 10.39 液压启闭机养护方法

序号	养护部位	存 在 问 题	养 护 方 法
1	机体机架	机体不清洁,防腐措施不到位	及时清理,保持清洁,采取防腐蚀措施
2	输油系统	输油管道锈蚀损伤,有漏油现象	根据工程启闭频率定期检查保养油漆输油管道,并更换密封圈
3	液压控制系统	控制阀组渗漏油,工作不正常	定期检查保养
4	液压执行系统	活塞杆锈蚀,行程内有障碍物	清理障碍物,进行防腐蚀处理
5	导向装置	导向轨道锈蚀、变形,导向装置明显偏斜	定期保养、调整
6	显示仪表	运转不灵活,指示不正确	定期修复、校验
7	锁定装置（掼门器）	运转不灵活	经常维护,适时调整
8	储油系统	油箱锈蚀、变形,供、回油阀操作不灵活,漏油	定期保养、校验,适时调整
9	电动机	电动机的温升和轴承的温度不正常,电动机外壳接地不牢靠	定期保养,校验绝缘和接地
10	油泵	油泵出油量及压力不正常,漏油,溢流阀组工作不正常	定期保养、调整
11	供油管、排油管和泄压管	油漆剥落,色标不清晰	及时修补
12	液压油	油易乳化、含水量高,油质参数变化	液压油应每年过滤 1 次,过滤装置按产品要求定期清洗或更换;液压油接近使用年限时应化验,如继续使用则每年化验 1 次,油质与油量应符合要求;油箱每年清洗 1 次
13	吸湿空气滤清器	干燥剂变色	取出干燥剂烘干或更换
14	联轴器	油泵频繁启动易造成弹性元件内部缓冲垫损坏	具体的改进措施和新技术的应用,见10.8.6 节

（2）液压启闭机维修一般可分为小修和大修。

小修是根据启闭机运行情况和定期检查中发现的问题，在不拆卸整体设备或主要部件的情况下，重点处理部分部件的缺陷或对设备进行一定的完善改造，以延长启闭机的使用寿命。

大修是当设备发生较大损坏或设备老化，修复工程量大，技术较复杂，需要有计划进行的恢复性修理。大修一般是把整机或主要部件解体，对零部件的结构和计算数据进行检测鉴定，修复或更新损坏的零部件，按技术要求安装调试，全面消除缺陷，恢复或提高设备原有性能。

液压启闭机小修、大修主要项目，如表 10.40 所示。

表 10.40　液压启闭机小修、大修项目

序号	部　位	小 修 主 要 项 目	大 修 主 要 项 目
1	锁定装置（搁门器）	根据运行状况，处理渗油，检修油杯，添加润滑油或润滑脂	锁定装置检修
2	输油系统	处理输油管道局部锈蚀损伤，漏油现象	输油系统检修
3	液压控制系统	处理液压阀组漏油现象	液压控制系统检修
4	液压执行系统	油缸、活塞磨损，漏油检修	液压执行系统检修
5	导向装置	调整导向装置	导向装置检修
6	储油系统	油箱锈蚀处理	储油系统检修
7	油　泵	更换失效过滤器部件	油泵检修
8	钢结构机架	钢结构机架局部检修	钢结构机架检修
9	开关柜（箱）	检修接地系统，保护系统	开关柜（箱）检修
10	各紧固件螺栓	调整各紧固件螺栓	
11	电动机	检修电动机接线盒、散热装置等	电动机检修
12	金属部件	部件防腐油漆	金属部件整体防腐
13	局部部件	局部部件大修或更新	局部部件大修试验和试运行

注：1. 按有关规程规定进行检测和试验；
　　2. 液压启闭机运行中的突发故障处置，参见本书 5.8.9 节。

（3）维修工艺要求：

① 修理前应停机，切断控制电源；液压泵站、管路、油缸等拆检应可靠并泄压后进行；

② 解体修理应在室内专门的工作间或装配区内进行，液压启闭机解体修理应远离潮湿环境、风口、粉尘、磨削加工区；

③ 拆卸、分解零部件前，应检查各部件接合面标志是否清晰，记录各零部件的相对位置和方向；

④ 拆除液压元件或松开管件前应清除其外表面污物，修理过程中要及时用清洁的护盖把所有暴露的通道口封好，防止污染物浸入系统；

⑤ 拆卸、分解零部件时不应直接锤击精加工面,必要时可用紫铜棒或垫上铅皮锤击,避免碰伤精加工表面;

⑥ 部件分解后,应及时清洗零部件,检查零部件完好性,有缺损的应予更换或修复;

⑦ 主要部件拆卸后应妥善放置,不应造成损坏或变形,配合面应采取有效的防锈措施;液压元器件、油口清洗后应可靠封存,并应尽快装配,否则应采取有效防锈措施;

⑧ 所有组合配合表面在安装前应仔细地清扫干净,螺栓和螺孔也应进行清理;

⑨ 密封件拆卸后宜换新,不得使用超过有效时限的密封件,密封件的清洗应采用中性洗涤剂;更换密封件时,不允许使用锐利的工具,不得碰伤密封件或工作表面;

⑩ 安装元器件时,拧紧力要均匀适当,防止造成阀体变形、阀芯卡死或接合部位漏油;

⑪ 液压系统液压油乳化、不透明或浑浊的,应予更换;

⑫ 液压系统更换液压油时,应排除系统内全部油液并严格清洗液压系统;

⑬ 液压系统维修后,必须排除液压系统内的空气,先做压力与密封性试验,试验压力为工作压力的 1.25 倍,并保持 30 min 系统无任何渗漏,然后做整机调试,反复启闭闸门 3 次,其工作均应正常;油缸在持住闸门状态下能良好自锁,闸门 24 h 下沉量不超过 100 mm。

（4）液压启闭机维修养护标准见表 10.41。

表 10.41　液压启闭机维修养护标准

序号	项　目	工　作　标　准
1	系统图	有油压系统图,并在油压站(回油箱)现场上墙明示。启闭机的铭牌完好,铭牌表面清洁,字迹清楚;设有转动方向指示标志,在启闭机外罩设置闸门升降方向标志;压力油管应标示红色,回油管标示黄色;闸阀涂黑色,手柄涂红色,并标明液压油方向
2	液压泵站	1. 油泵电动机组工作噪声不应大于 85 dB,电动机联轴器无磨损、异响; 2. 泵站工作正常,阀件动作灵活,无卡阻、磨损、渗漏; 3. 泵站的系统压力、分压力不能超过额定值; 4. 液位计应清洁、透明;油箱液位居于最高和最低液位之间; 5. 空滤、油滤洁净,无堵塞、破损; 6. 液压油加热设备工作稳定,管路保温措施良好,温度显示准确; 7. 电磁阀件反应灵敏,工作可靠; 8. 压力表应清洁通透,减震油应无渗漏; 9. 启闭锁定良好,闸门无漂移,阀门下坠量符合要求; 10. 液压油油质良好;液压油过滤精度以污粒最大颗粒度为标准;油的过滤精度与压力有关,过滤精度的选择见表 10.42
3	油　缸	1. 油缸支座定位准确,固定牢固; 2. 油缸支座与油缸的连接牢固; 3. 十字绞座运转部位润滑良好,运转灵活; 4. 油缸与油缸铰座、行程杆与胸墙间的工作间隙满足使用要求,无碰擦; 5. 轴销无松动,铜套无移位、损坏; 6. 油缸法兰螺栓紧固方式科学,力度适中,活塞杆运行无卡阻现象; 7. 防尘罩无损坏、松散,接杆连接销或卡箍无松动;

序号	项 目	工 作 标 准
3	油 缸	8. 活塞杆表面无明显划痕,杆体无退丝; 9. 活塞杆圆滑光洁、平整,无拉毛、裂纹、变形等;垂直状态下,其垂直度公差不大于 1 000∶0.5,且全长不超过杆长 4 000∶1; 10. 油缸密封件良好,外泄漏及内泄漏在允许范围内;启闭机油缸提起 48 h 内下沉量不大于 200 mm,闸门无明显飘移;油缸内泄量应不超过表 10.43 的规定要求
4	液压管路	1. 液压管道高、低压色彩区别明显,管路无异常变形; 2. 软管活动自如,不紧绷,无扭转、摩擦; 3. 管道平直、规则,软管不拉紧、扭转和摩擦;固定卡紧固良好; 4. 管道密封件性能良好,无渗漏油现象; 5. 管道应保持色标清晰
5	拉座、缓冲装置	1. 杆件无变形、裂纹,锈蚀厚度小于等于 1 mm; 2. 运转部位润滑良好; 3. 推拉座与闸门面板无脱焊、裂纹;螺栓连接无松动、缺丝,紧压密实; 4. 推拉座与活塞杆连接轴销配合紧密,无晃动,衬套磨损量小于等于 1 mm; 5. 缓冲装置连接良好,运行平稳,无异响,缓冲作用明显
6	四连杆 (齿轮、齿条、曲柄、连杆)	1. 齿轮、齿条固定良好,运转平稳,无晃动、异响,锈蚀厚度小于 1 mm; 2. 齿盘、齿条中心距符合设计要求;齿轮、齿条润滑良好,啮合良好; 3. 齿盘运行上下晃动量小于等于 1 mm,曲柄无下垂; 4. 支承轮系运转正常,间隙调整符合要求; 5. 锁定装置螺栓紧固良好,无缺丝、断丝; 6. 轴销、定位装置正常,锁定可靠; 7. 铜套无变形,磨损量小于等于 1 mm; 8. 曲柄、连杆与胸墙间距合理,无碰擦
7	其 他	调控装置及指示仪表应定期检验

(5)液压油过滤精度的选择见表 10.42。

表 10.42　过滤精度的选择

系统(元件)	过滤精度(μm)	(系统)元件	过滤精度(μm)
低压系统	100	滑 阀	1/3 最小间隙
7 MPa 系统	50	流量控制阀	25~30
10 MPa 系统	25	安全阀、溢流阀	15~20

(6)液压启闭机油缸内泄量见表 10.43。

表 10.43　液压启闭机油缸内泄量

油缸内径(mm)	漏油量(ml/min)	油缸内径(mm)	漏油量(ml/min)
110	0.45	160	1
125	0.55	180	1.25
140	0.75	200	1.55

油缸内径(mm)	漏油量(ml/min)	油缸内径(mm)	漏油量(ml/min)
220	1.9	360	5.1
250	2.5	400	6.5
280	3.1	450	8
320	4	500	9.8

注:1. 外泄漏检测方法:在额定压力下,将活塞停于油缸一端,保压 30 min;
2. 内泄漏检测方法:在额定压力下,将活塞停于油缸一端,保压 10 min。

10.8.6　液压站联轴器新技术的应用

水利泵站在防洪、水环境的改善中起到了重要作用。液压机电设备作为水利泵站运行的主要动力设备,要求设备故障率低、可靠性高,大幅提高系统的运行可靠性,保证水利泵站 24 h 无故障运行。但由于水利泵站的特点,机电设备在运行过程不能彻底避免故障隐患。为此,迅翔公司对水利泵站液压启闭机在目前运行管理中出现的故障和存在的问题进行了分析,并采取了具体的改进措施,在泵闸工程现场使用新型的永磁联轴器解决这一问题,如图 10.5 所示。永磁传动技术的使用明显提高了设备的可靠性,降低了液压启闭机油泵联轴器发生故障的概率,提高了其安装装配的精度,延长 2 次检修之间的平均时间,降低了成本。

图 10.5　液压站新型的永磁联轴器

10.8.7　带有搁门蓄能助脱功能的节制闸装置技术

在现有技术中,节制闸的闸门全开在搁门位置,关闸时,先要升门脱离搁门器,然后再下降闸门直至底部全关状态。如果在发生如断电这一类突发情况,则需要手动打压液压系统,提升闸门使其脱离搁门器,手动减压靠闸门自重自然下降关闭闸门,然而手动打压提升闸门实际效果非常不理想,费时费力,熟练的操作人员操作起来也需要半小时左右,如果现场操作员力量不够,时间上还要增加。因此,如何提高节制闸的闸门启闭的安全系数,提高针对洪峰期突发情况的应急能力,成为该领域技术人员急需解决的技术问题。

迅翔公司研制的实用新型装置(专利号:ZL202021261777.0)在实际应用中,只需在原有的液压管路中增加蓄能系统,加装压力表、阀门等控制元件,作为液压系统中的辅助动力源,在遇到如油泵发生故障或停电这一类突发情况时提供应急动力源。节制闸液压启闭系统加装蓄能器如图 10.6 所示。

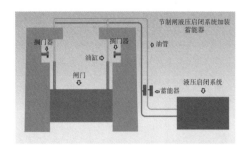

图 10.6　节制闸液压启闭系统加装蓄能器

在天气炎热或冬天寒冷时,液压油会发生液体膨胀导致管路中油压升降,蓄能器还可以吸收这部分增量,在控制阀换向时还可以吸收液压冲击力,保证油路管道的安全,不用担心停电或油泵故障而无法关闭闸门,明显提高了设备的可靠性,进一步保障了节制闸的安全运行。

10.9　辅助设备与金属结构维修养护

10.9.1　起重设备维修养护

起重机械每 2 年检测 1 次,其安装、维修、检测工作须由安全技术监督部门指定的单位进行,检查或检测应符合《起重机械安全规程(系列)》(GB/T 6067—2010)和其他有关文件规定的要求,使用中应符合以下规定:

(1) 起重设备应按规定负荷运行,不应超载,起吊大型重物时,需专人指挥;

(2) 停用 6 个月及以上的起重设备使用前应进行全面检查,限位开关、制动器和各种电气设备、安全保护装置等应完好;

(3) 起吊前和吊物吊离支承面时应检查钢丝绳捆绑情况;

(4) 起重设备正在吊物时,不准许一切人员在吊物下方停留或行走;

(5) 起吊物不应长期悬挂在空中,吊钩挂有重物时操作人员不应离开操作台。

10.9.2　油、气、水系统维修养护

(1) 油、气、水系统维修养护一般标准见表 10.44。

表 10.44　油、气、水系统维修养护一般标准

序号	项　目	工 作 标 准
1	标　识	油、气、水系统主机都应有完整的铭牌,铭牌表面清洁,字迹清楚
2	日常保洁	设备及管道表面应完整清洁,无锈蚀、油污、积尘、渗漏现象

序号	项 目	工 作 标 准
3	压力表	各压力表表面清晰,指示准确
4	配套电动机	配套电动机防护罩、风扇完好无变形,风扇表面无积尘,盘动灵活
5	阀 门	各管道安全阀、止回阀、卸荷阀、电磁阀等动作可靠、准确,阀门开关灵活,密封良好
6	档案资料	1. 油、气、水系统设备履历卡片齐全; 2. 安装竣工后所移交的全部文件存档; 3. 设备检修后移交的文件存档; 4. 检测试验及其他试验记录齐全; 5. 压力容器及表、阀等特种设备年度校验记录齐全; 6. 储气罐压力检查及补压记录齐全; 7. 常规检查记录及设备管路维护记录齐全; 8. 系统运行事故及异常运行记录齐全

（2）油系统检修包括大修、小修、临时性检修。

① 大修周期为油泵每运行 4 000～5 000 h 系统大修 1 次;根据油系统中各设备的技术状况和零部件的磨损、腐蚀、老化程度以及运行维护条件,经综合分析判断,认为确有必要时也可进行大修,如运行良好大修也可考虑推迟进行;

② 小修周期为系统小修 1 年 1 次;运行环境较差的设备可适当缩短小修周期;

③ 临时性检修可根据系统实际运行状况,发生的故障或隐患而随时进行;

④ 液压油装置检修项目为校验压力表及安全阀,安全阀、卸荷阀的检修;管道及闸阀、滤油器等附件的检修;传感器、压力表计的检修、校验;系统用油的处理或换油;清扫油箱并进行喷涂耐油漆。

（3）油系统维修养护标准,见表 10.45。

表 10.45 油系统维修养护标准

序号	项 目	工 作 标 准
1	标 识	油系统电动机、油泵应有完整的铭牌,铭牌表面清洁,字迹清楚
2	电动机防护罩、风扇	电动机防护罩、风扇完好无变形,风扇表面无积尘,盘动灵活,暴露在外的旋转部位应加装安全防护罩
3	保 洁	1. 设备及管道表面应完整清洁,无锈蚀、积尘、渗漏现象; 2. 定期清洗油系统的容器,油管应保持畅通和良好的密封,无漏油、渗油现象
4	压力表	各压力表表面清晰,指示准确
5	泵站用油	1. 泵站用油分为用做润滑、散热、液压的润滑油和用做绝缘、散热、消弧的绝缘油。润滑油、压力油的质量标准应符合有关规定,其油温、油号、油量等应满足使用要求,油质应定期检查,不符合使用要求的应予更换; 2. 定期检查油箱油质、油位,检查油里面的水分、灰分含量,检查油的透明度、酸值等,若超过标准值,应该及时更换,确保泵站的安全运行
6	闸 阀	管道闸阀、安全阀等动作可靠、准确,阀门开关灵活,密封良好

序号	项 目	工 作 标 准
7	用油部位要求	泵站运行过程中,机组各用油部位应设置油位信号器、油温信号器和油混水报警,确保各类用油的油位、油温、油压正常,确保各类油的粘度、闪点,确保油在较高温度下的稳定性、轴承良好的润滑性能以及液压油良好的流动性能
8	保温措施	冬季需要一定的保温措施,防止各类油因达到其凝固点而凝固
9	污油使用与处理	1. 对于轻度劣化或被水和机械杂质污染了的污油,可以经过简单的处理,例如沉清、压力过滤、真空过滤等机械净化方法后仍可继续循环使用; 2. 对于深度劣化变质的废油,按牌号进行分别收集,储存于专用的油槽中,便于再生处理; 3. 定期检查油再生设备吸附器、油化验仪器、设备等性能是否完好;保证油处理室地面易清洁,室内维护和运行通道顺畅,油处理室里的灯具应采用防爆型,电器应采用防爆电器; 4. 在油库底层或其他合适的位置设置事故排油池,容积为油槽容积之和; 5. 新油入库应检查是否符合国家规定标准;对运行油进行定期取样化验,观察其变化情况,判断运行设备是否安全
10	油管路布置	主厂房内油管路应与水、气管路的布置统一考虑,便于操作且整齐美观;油管应尽量明敷,如布置在管沟内,管沟应有排水设施,且敷设时应有一定的坡度,在最底部位装设排油接头;在油处理室和其他临时需连接油净化处理设备和油泵处,应装设连接软管用的接头;露天油管敷设在专门管沟内;油管路应采用法兰连接;油管路应避开长期积水处。布置集油箱处应该有排水措施,定期检查油路,确保油管无泄漏等现象
11	压力油罐	压力油罐固定可靠,表面整洁,铭牌、编号清楚,表面油漆无脱落
12	仪表柜、控制柜	液压油装置仪表柜、控制柜干净整洁,控制设备动作可靠、灵敏

（4）供、排水系统检修包括供水系统、排水系统及消防用水系统检修,其中供水系统包括电动机冷却用水、泵轴承润滑水、填料函水封用水等。

① 大修周期为离心泵每运行 4 000～5 000 h 系统大修 1 次;潜水泵每运行 5 000～6 000 h 系统大修 1 次;根据系统运行中各设备运行情况和零部件的磨损、腐蚀、老化程度,以及运行维护条件,经综合分析认为确有必要时也可进行大修,如运行良好大修可考虑推迟进行;

② 小修周期为每年进行 1 次;

③ 临时性检修可根据水泵实际运行状况所发生的故障或缺陷而随时进行;

④ 水系统检修包括离心泵、潜水泵、深井泵、闸阀、底阀、逆止阀、管道、滤网、测量元器件。

供、排水系统维修养护标准,见表 10.46。

表 10.46 供、排水系统维修养护标准

序号	项 目	工 作 标 准
1	标 识	水系统电动机、水泵应有完整的铭牌,铭牌表面清洁,字迹清楚
2	电动机防护罩、风扇	电动机防护罩、风扇完好无变形,风扇表面无积尘,盘动灵活。暴露在外的旋转部位应加装安全防护罩

序号	项　目	工　作　标　准
3	保　洁	设备及管道表面应完整清洁,无锈蚀、积尘、渗漏现象
4	压力表	各压力表表面清晰,指示准确
5	闸　阀	管道闸阀、止回阀、电磁阀等动作可靠、准确,阀门开关灵活,密封良好
6	消防灭火装置	厂房设置有效的消防灭火装置,一旦发生火灾能够迅速扑灭,减少火灾损失,保证生产安全
7	备用水源	供水、消防用水等系统除了主水源外,还应该有可靠的备用水源,取水口应设置拦污栅,定期对其进行清污
8	水质、水量、水压	技术供水系统、消防用水系统的水质、水量、水压满足设备用水需求
9	电动机	水泵用电动机在正常运行时应足够干燥,以保证线圈的绝缘
10	排　水	排水系统能及时排除渗漏积水,保证机组水下部分的检修
11	其　他	保证示流装置良好,供水管路畅通,集水井和排水廊道无堵塞或淤积,供、排水泵工作可靠,对备用供、排水泵应定期切换运行,供、排水系统滤水器工作正常

10.9.3　改进的潜水泵装置

改进的潜水泵装置改造前后对比图,如图 10.7、图 10.8 和图 10.9 所示。

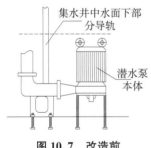

图 10.7　改造前

图 10.8　改造中

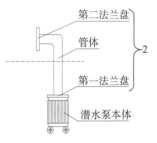

图 10.9　改造后

现有技术中,水泵放置集水井长期浸泡在水中,一旦集水井中的水泵发生故障,由于螺丝锈蚀、电缆及密封件老化等问题,更换维修的拆装作业非常困难。例如,如图 10.7 所示的导轨式潜水泵,当集水井中水面下的部分导轨锈蚀严重后,如果需要拆卸位于积水面下的潜水泵本体,就需要完全抽干集水井中的积水,人员深入集水井中才能实现拆卸作业,因此拆卸更换水泵非常困难。

有鉴于现有技术的上述缺陷,迅翔公司改进的新型潜水泵装置(专利号:ZL202021261816.7),将出水管兼做潜水泵本体的提升杆,利用潜水泵本体的自重将潜水泵本体沉入集水井正常使用。当潜水泵本体需要维修时,无需人员深入集水井拆卸,也无须排除集水井内的积水,只需要拆卸位于积水面上方的第二法兰盘,利用出水管作为提升杆,就可以便利地将潜水泵本体提出集水井。尤其是材料采用不锈钢材质,更加延长了出水管、法兰盘、潜水泵的使用寿命,耐腐蚀,不易生锈,潜水泵维修更换拆装更加方便。

10.9.4 拦污栅及清污机维修养护

1. 拦污栅维修养护

（1）格栅片上的垃圾及污物应及时清除。

（2）格栅平台应及时冲洗，保持环境清洁。

（3）格栅片应无松动、变形与腐蚀，否则应及时整修。

（4）拦污栅小修周期为每年1次。

（5）拦污栅临时性检修可根据泵站运行中所发生的故障或缺陷而随时进行。

（6）拦污栅检修项目包括吊出拦污栅检查变形、损坏情况；清理杂物，检查拦污栅小门铰链应焊接牢固；拦污栅、小门、小门铰链如有损坏应及时维修；锈蚀应做防腐处理等。格栅如腐蚀严重，影响机械强度应更换。

（7）拦污栅检修分为栅条焊接和油漆防腐两部分，栅条焊接施工工艺顺序：除锈→清理表面→焊接→清理→检查；油漆防腐施工工艺顺序：除锈→清理表面→刷防锈漆→刷底漆→刷面漆。

2. 清污机维修养护

（1）每班应对格栅清污机进行清理，保持设备与环境的整洁。

（2）减速箱、液压箱应运行平稳，无异常响声、渗漏油现象。

（3）传动机构、钢丝绳、链条、链板应润滑良好，动作灵活；钢丝绳在卷筒上固定牢固，绕圈符合设计要求；链条链板松紧正常。

（4）各种轴承应润滑良好，温度正常。

（5）齿耙运行状况应良好，齿耙与格栅片的啮合不应有较大的摩擦，刮板运行良好并能有效刮除垃圾。

（6）各种紧固件应无松动。

（7）停机后应及时做好清扫保养工作，对活动机构、钢丝绳、轴承等适时加注润滑油脂。

（8）不经常使用的清污机每月宜试运行1次。

（9）定期清除清污机底部淤泥。

（10）清污机大修周期为3～5年进行1次。

（11）清污机小修周期为每年进行1次。

（12）清污机不定期检修可根据泵站运行中所发生的故障或缺陷随时进行。

（13）检修项目包括电动机检查，减速器检查，制动器检查、调整，卷绕系统检查，清污耙、齿耙机构、推渣装置、轨道、操作台、配电屏柜检查和设备防腐等，如其影响正常运行，应维修或更换。

（14）皮带输送机每半年1次修整磨损的皮带接口；每2年1次清洗、检查转鼓内的滚动轴承，更换润滑油脂，如滚动轴承磨损严重或损坏应及时更换；每3年1次更换磨损或腐蚀的皮带滚辊和轴承；每年1次对滚辊及钢架的非不锈钢结构件进行防腐涂漆处理；每3年1次对驱动电动机进行保养与维护。

3. 拦污栅及清污机维修养护标准

拦污栅及清污机维修养护标准，见表10.47。

表 10.47 拦污栅及清污机维修养护标准

序号	项目	工 作 标 准
1	标识	清污机铭牌完整,字迹清楚,工作正常
2	日常保洁	1. 清污机表面防护漆完好,无脱落、锈迹,发现局部锈斑应及时修补; 2. 拦污栅表面清洁,栅条无变形、卡阻、杂物、脱焊等
3	控制运用	清污机、输送机控制正常,绝缘良好,轴承完好且经常加油
4	传动机构	1. 传动机构减速箱运转无异常声响; 2. 传动齿轮无损伤,链条无损伤、脱节,链条经常加油养护,防止锈蚀; 3. 减速箱油质良好,油位正常,无渗漏
5	清污机安装角度	清污机安装角度与设计角度无太大偏差
6	齿耙、栅条	清污机齿耙、栅条无变形,拦污栅条完整、平直、无变形,齿耙轴、耙齿无弯曲、变形,主轴轴头滑枕无锈蚀等;每年 1 次对非不锈钢材料的格栅进行防腐涂漆处理
7	输送皮带	1. 皮带及挡板上的垃圾及污物及时清理; 2. 皮带无松紧不适及跑偏现象; 3. 检查转动部件的润滑情况,及时加注润滑油

10.9.5 电动葫芦维修养护

(1)电动葫芦维修养护标准,见表 10.48。

表 10.48 电动葫芦维修养护标准

序号	项目	工 作 标 准
1	零部件	轨道及电动葫芦零部件无缺失,除转动部位的工作面外有防腐措施,着色符合标准
2	日常保洁	轨道及电动葫芦表面清洁、无锈迹,油漆无翘皮、剥落现象
3	轨道	电动葫芦轨道平直、对接无错位,焊接牢固可靠;轨道无裂纹及锈蚀,轨道两端弹性缓冲器齐全且正常
4	室外电动葫芦要求	室外电动葫芦应有防雨防尘罩,不用时停在定点位置,吊钩升至最高位置,禁止长时间地把重物悬于空中
5	钢丝绳	电动葫芦卷筒上钢丝绳排列整齐,钢丝绳保持清洁,断丝不超过标准范围;当吊钩降至下极限位置时,卷筒上钢丝绳有效安全圈在 2 圈以上
6	润滑油	电动葫芦保持足够的润滑油,润滑油的种类及油质符合要求
7	限位装置	限位装置动作可靠,当吊钩升至上极限位置时,吊钩外壳到卷筒外壳之距离大于 50 mm
8	制动器	电动葫芦制动器动作灵敏,制动轮无裂纹及过度磨损,弹簧无裂纹及塑性变形
9	其他	1. 滑轮绳槽表面光滑,起重吊钩转动灵活,表面光滑无损伤; 2. 滑触线无破损,与滑架接触良好;操作控制装置完好,上升下降方向与按钮指示保持一致,动作可靠;不用时电源牌为切断状态,软电缆排列整齐,临时电源线拆除及时

（2）电动葫芦维修养护方法，见表 10.49。

表 10.49　电动葫芦维修养护方法

序号	维修养护部位	存 在 问 题	维 修 养 护 方 法
1	电动葫芦机身各部位	未按说明书要求定期检查机身各部位	定期进行机身各部位的润滑，严禁私自改装，维修时使用正规零配件，由专业人员进行
2	钢丝绳	钢丝绳不符合《起重机械安全规程　第 5 部分：桥式和门式起重机》(GB/T 6067.5—2014)的规定	及时报废、更新，更换钢丝绳时，要保证总破断拉力不低于原设计标准，缠绕或更换钢丝绳时不能打结
		吊钩处于工作位置最低点时，钢丝绳在卷筒上除绕固定绳尾的圈数外，钢丝绳的缠绕量少于 2 圈	及时调整钢丝绳缠绕圈数至规定要求
		润滑不符合要求，有污物	钢丝绳润滑前应用钢丝刷清除绳上污物，润滑时要将润滑油浸入钢丝绳内部
3	吊　钩	钩子在水平面内 360° 和垂直方向大于 180° 的范围内转动不灵活	及时调整、润滑吊钩
		表面不光滑，有剥落、锐角、毛刺、裂纹、褶皱及刀痕等缺陷	按照产品说明书上要求及时维修，不允许焊或修补吊钩上的缺陷
4	滑轮绳槽	表面不光滑，有损伤钢丝绳的缺陷	滑轮出现裂纹或损害钢丝绳缺陷时应更换
5	限位器	动作不够灵敏可靠，吊钩提升到极限位置，碰撞限位器顶板时，未作用在顶板的中部	及时调整限位器至正常状态
6	制动轮	制动摩擦面有妨碍制动性能缺陷或沾染油污，制动轮有裂纹或磨损严重，制动弹簧有裂纹和塑性变形	及时处理，制动轮出现裂纹或磨损严重时，应予更换，制动弹簧出现裂纹和塑性变形时，应报废更换
7	轨　道	轨道腐蚀或磨损	轨道的两终端须装弹性缓冲器，轨道因腐蚀或磨损而承载能力降低至原设计承载能力的 87% 或受力断面腐蚀或磨损达原厚度的 10% 时，如不能修复，应予更换
		轨道塑性变形	运行机构不能正常运行，而冷加工不能校正时，应予更换
		轨道对接高低错位大于 1 mm	凸起部位应打磨平滑

10.9.6　金属管道维修养护标准

金属管道维修养护标准，见表 10.50。

表 10.50　金属管道维修养护标准

序号	项目	工作标准
1	标识	按照规范进行颜色、流向标识
2	外观	管道及管道接头密封良好;管道外观无裂纹、变形、损伤情况;管道上的镇墩、支墩和管床处无明显裂缝、沉陷和渗漏
3	出水管道	出水管道的管坡应排水通畅,无滑坡、塌陷等危及管道安全的隐患
4	暗管	暗管埋土表部无积水、空洞,并设置管标。地面金属管道表面防锈层应完好;混凝土管道无剥蚀、裂缝和其他明显缺陷;非金属材料管道无变形、裂缝和老化现象
5	检测	定期对管道壁厚及连接处(含焊缝)进行检测

10.9.7　通风系统维修养护标准

通风系统维修养护标准,见表 10.51。

表 10.51　通风系统维修养护标准

序号	项目	工作标准
1	标识	按照规范设置标识,铭牌表面清洁,字迹清楚
2	配套风机	1. 定期测量通风系统配套电动机绝缘数值; 2. 通风机配套电动机防护罩、风扇完好无变形,风扇表面无积尘,盘动灵活 3. 风机叶片表面清洁,无变形、裂纹
3	风道	风道通畅、无杂物,防护设施完好、无损坏

10.9.8　拍门维修养护标准

拍门维修养护标准,见表 10.52。

表 10.52　拍门维修养护标准

序号	项目	工作标准
1	门板密封	门板密封状况应良好,漏水量应符合规范要求
2	转动销	每年1次检查或更换转动销
3	门框、门板	每年1次检查门框、门板,不得有裂纹、损坏,门框不应有松动
4	运行状况	拍门的运行情况应良好,如有垃圾杂物卡阻应及时清除,不得产生倒流现象
5	缓冲装置	每年1次检查缓冲装置,其装置工作应可靠
6	密封圈	每3年1次交由专业单位检查或更换密封圈
7	防腐蚀	钢制拍门应做防腐涂漆处理

10.9.9　阀门维修养护标准

阀门维修养护标准,见表 10.53。

表 10.53 阀门维修养护标准

序号	项 目	工 作 标 准
1	清 洁	做好阀门的清洁保养工作,保持阀门清洁;每月至少 1 次清除明杆阀门螺杆上的污垢并涂润滑脂,保持阀门启闭灵活
2	标 识	阀门全开、全闭、转向等标识显示应清晰完整
3	电动装置与闸杆传动部件	电动阀门的电动装置与闸杆传动部件的配合状况应良好;电动阀门启闭过程应平稳,无卡涩及突跳等现象
4	填料密封压盖	阀门填料密封压盖的松紧应合适,不渗漏
5	试运行	不经常启闭的阀门每月至少启闭 1 次;每月 1 次检查与操作手动、电动操作切换装置,工作应正常
6	阀杆、螺母和阀板	每年 1 次检查与维修阀杆、螺母和阀板等部件
7	阀门杆填料密封	每年 1 次检查与更换阀门杆的填料密封
8	密封件	每 3 年 1 次交由专业单位检查、整修或更换阀门的密封件,检查阀板的密闭性并调整阀板闭合的超行程,使其密闭性达到产品技术要求
9	电控制箱	每年 1 次检查、整修电控制箱内电气与自控元器件

10.10　机电设备维修养护安全管理

机电设备维修养护安全管理,参见本书第 17 章。

10.11　部分机电设备维修养护表单

淀东泵闸部分机电设备维修养护表单,见表 10.54～表 10.60。

表 10.54 水泵机组养护记录表

项 目	要 求	养护情况	工、机、料投入	备注
日常清洁工作	外壳应无尘垢,做好绕线式电动机的滑环、电刷、电刷架及引线等处的清扫工作,每周至少 1 次清扫电刷磨损散落的粒子,应保持该处的清洁。滑环表面如有氧化或凹凸不平,应磨光并保证圆度及光洁度。如调换电刷,则应与滑环保持面接触,并调整电刷的压力达到规定的要求			
紧固螺栓	紧固机组与管路连接螺栓			
润滑工作	做好机组轴承、机械密封的润滑工作,适时加注或更换润滑油脂,润滑油脂的牌号应符合规定;滑动轴承应保持正常的油位,油路应畅通			

项　目	要　　　求	养护情况	工、机、料投入	备注
填　料	适时调换填料函密封的填料,并清除填料函内的污垢及调整轴封机构			
辅助设备	机组油、气、水系统等确保其工作正常与可靠			
电动机	做好电动机外壳、电缆接线盒、电刷装置及滑环零件等处的清洁工作并保持			
	梅雨季节或潮湿天气,应对电动机进行除湿、保温			
冷却水管路	冷却水管路应保持畅通无堵			
齿轮箱	表面应清洁,如有漏油现象及时处理;每季清理通气螺阀和滤油器 1 次			
试运行	每月开机试运行 2 次,运行时间不少于 15 min			

养护日期:　　　　　　　　养护人:　　　　　　　　记录人:

表 10.55　电气设备养护记录表

项　目	要　　　求	养护情况	工、机、料投入	备注
变压器	1. 保持变压器间通风良好及变压器外壳各部件清洁; 2. 在潮湿天气检查干式变压器绕组表面不得有凝露水滴产生,否则要采取措施排除潮气; 3. 有载调压变压器操作有载分接开关,应逐级调压,同时监视分接位置及电压、电流的变化,并做好记录			
断路器、接触器	1. 做好日常清洁保养工作,外表保持清洁、无积尘; 2. 检查套管、绝缘拉杆和拉杆绝缘子,应完好,无损、裂纹及无零件脱落现象; 3. 做好机械传动部分的润滑工作; 4. 保持工作现场通风良好,通风装置应保持运行良好			
高压熔断器	1. 做好日常清洁保养工作,外表保持清洁,无积尘、油污; 2. 清扫操作机构和转动部分,并添加适量的润滑油; 3. 检查所有的连接螺栓应紧固无松动			
高低压开关柜	1. 定期清理动力柜、照明柜、启闭机操作箱、检修电源箱、柜体及接线桩头的灰尘,处理桩头放电痕迹、发热现象,必要时更换桩头; 2. 紧固柜内接线; 3. 开关、继电保护装置接触不良应及时维修,如老化、动作失灵应予更换;调整热继电器整定值符合规定; 4. 主令控制器、限位开关装置保养按规定进行; 5. 定期进行柜体表面电气仪表校验,发现电流表、电压表、功率表指示失灵及时检修或更换; 6. 二次回路绝缘检查小于 1 MΩ 时应及时检修			

项　目	要　　　求	养护情况	工、机、料投入	备注
高压电容器	加强保养,确保密封良好,外壳无渗油、油垢、鼓肚变形、锈蚀,油漆完好;接地线牢固;放电保护装置齐全完好;瓷件完好无损,接头无过热现象,无异音			
互感器	1. 做好互感器的日常清洁保养工作;电压、电流指示应正常; 2. 检查电压互感器的熔断器架与熔断器接触应良好			
直流系统	1. 蓄电池应以浮充电方式运行,并经常处于满充状态; 2. 充电装置工作状态、电压、电流以及蓄电池温度均应正常			
电动机启动装置	1. 做好日常清洁保养工作; 2. 检查各接线应紧固牢靠,减压启动的抽头位置应合适; 3. 自耦变压器的绝缘应良好,响声正常; 4. 交流接触器机构动作应灵活,接触器的联锁应可靠; 5. 各继电器工作应可靠,时间继电器整定应准确,并锁定牢固			
整流电源装置	1. 做好日常清洁保养工作,整流装置应清洁无尘垢; 2. 元器件应接触良好,无损坏和过热等现象; 3. 工作电源与备用电源的自动切换装置应可靠			
蓄电池	1. 蓄电池运行温度宜在 10 ℃～30 ℃,最高不得超过 45 ℃。如允许降低容量,则最低温度可低于 10 ℃,但不得低于 0 ℃; 2. 检查蓄电池外壳应完整、无漏液,极板无硫化、弯曲与短路			
高压母排	做好日常清洁工作,应清洁无积尘			
继电器保护装置	1. 应清扫继电器外壳及内部的灰尘; 2. 检查继电器外壳应完整无损,外部接线螺丝无松动; 3. 继电器整定值指示位置准确、清晰; 4. 检查电磁式、感应式继电器动作应灵活,转轴的纵、横向窜动范围应适当; 5. 所有接点、支持螺丝、螺母应无松动,接点无烧毛,各焊点牢靠,弹簧无变形; 6. 微机综合继电保护装置应显示正常、清晰,插口接触可靠;各种信号指示、光字牌、音响信号运行正常			
线缆、母线	1. 电气线路及电缆应防止发生短路、断路、漏电、连接松动等现象; 2. 户外照明灯具防潮应可靠,灯泡损坏后应及时调换; 3. 定期测量导线的绝缘电阻; 4. 电缆沟内积水应及时排除,电缆不得浸入水中			
防雷与接地装置	1. 检查接地装置各连接点的接触情况; 2. 防雷设施的接地装置的接地电阻应符合设计规定; 3. 防雷设施的构架上严禁架设低压线、广播线及通讯线			

项 目	要 求	养护情况	工、机、料投入	备注
检测仪表	1. 仪表传感器每月至少应养护 1 次,传感器表面应经常保持清洁,养护后应对仪表零点和量程做检查; 2. 仪表显示应正常,如出现异常应及时分析原因并做好记录; 3. 系统中各计量表计应进行检定或校验			
照明设备	1. 完善照明设施,确保亮度足够; 2. 照明装置固定、连接可靠,管路具有防水防潮功能,如有损坏及时修复; 3. 加强保养,所有灯具防腐保护层完好,油漆表面无起皮、剥落现象,灯具接地可靠,符合规定要求			
其 他				

养护日期: 　　　　　养护人: 　　　　　记录人:

表 10.56　辅助设备与金属结构养护记录表

项 目	要 求	养护情况	工、机、料投入	备注
闸 门	1. 保持闸门清洁和涂层完好; 2. 闸门滚轮、吊耳、轴销及搁门器等应定期注入润滑剂; 3. 闸门止水装置应紧密贴合于止水座上,否则应予调整; 4. 门槽应与基体连接牢固,及时清除杂物,定期冲洗			
拍 门	1. 垃圾杂物卡阻应及时清除; 2. 浮箱式拍门的浮箱内不应有漏水现象			
油系统	1. 铭牌表面清洁,字迹清楚;设备及管道表面应完整清洁,无锈蚀、积尘、渗漏现象;油管应保持畅通和良好的密封,无漏油、渗油现象; 2. 电动机防护罩、风扇完好无变形,风扇表面无积尘,盘动灵活; 3. 定期检查油箱油质、油位,水分、灰分含量、透明度、酸值等,若超过标准值应该及时更换; 3. 压力油罐固定可靠,表面整洁,表面油漆无脱落; 4. 液压油装置仪表柜、控制柜干净整洁,控制设备动作可靠、灵敏			
供、排水系统	1. 加强保养,确保铭牌表面清洁、字迹清楚;设备及管道表面应完整清洁,无锈蚀、积尘、渗漏现象; 2. 电动机防护罩、风扇完好无变形,风扇表面无积尘,盘动灵活; 3. 管道闸阀、止回阀、电磁阀等动作可靠、准确,阀门开关灵活,密封良好; 4. 电动机足够干燥,以保证线圈的绝缘; 5. 示流装置良好,供水管路畅通,集水井和排水廊道无堵塞或淤积,对备用供、排水应定期切换运行,滤水器工作正常			

项　　目	要　　　　　求	养护情况	工、机、料投入	备注
起重设备（行车、电动葫芦）	1. 加强保养,确保零部件无缺失,除转动部位的工作面外有防腐措施;表面清洁,无锈迹,油漆无翘皮,剥落现象; 2. 钢丝绳排列整齐,钢丝绳保持清洁,检查断丝不超过标准范围; 3. 保持足够的润滑油,润滑油的种类及油质符合要求; 4. 滑轮绳槽表面光滑,起重吊钩转动灵活,表面光滑无损伤;滑触线无破损,与滑架接触良好;操作控制装置完好,上升下降方向与按钮指示保持一致,动作可靠; 5. 检查限位装置动作应可靠,制动器动作灵敏			
阀　　门	1. 做好清洁保养工作; 2. 阀门全开、全闭、转向等标牌显示应清晰完整; 3. 每月至少1次清除明杆阀门螺杆上的污垢并涂润滑脂			
格　　栅	1. 及时清除格栅片上的垃圾及污物,保持环境清洁; 2. 检查格栅片,如有松动、变形与腐蚀,则应及时整修			
清污机	1. 应运行平稳,无异常响声、渗漏油现象; 2. 保持轴承、传动机构、钢丝绳、链条、链板等润滑良好			
皮带输送机	1. 经常清洗皮带及挡板上的垃圾及污物; 2. 及时对驱动、从动转鼓轴承和滚辊加注润滑油; 3. 皮带如有松紧不适或跑偏则应及时调整与纠偏			
通风系统	1. 做好通风管道清洁工作,保持管路畅通; 2. 检查通风管道应密封良好,无漏气现象			
其　　他				

养护日期:　　　　　　　　养护人:　　　　　　　　记录人:

表 10.57　节制闸闸门养护记录表

项　　目	要　　　　　求	养护情况	工、机、料投入	备注
清理检查	闸门门体上不得有泥沙、污垢和附着水生物等杂物,如有应及时予以清除			
倾斜调整	闸门运行时,观察闸门运行状况和有无倾斜跑偏现象。如有应与启闭机配合调整纠偏。双吊点闸门的两侧钢丝绳长度应调整一致,侧轮与两侧轨道间隙大体相同			
清　　淤	应定期对闸首进行并闸冲淤,或利用高压水枪在闸室范围内进行局部清淤			
闸门梁格排水孔	排水孔应排泄畅通,无沉积物及其他杂物			
门　　叶	应保持门叶涂层的完好和清洁			
行走支承及导向装置	定时向闸门主轮及闸门吊耳轴销等部位注入润滑油			

项　目	要　　求	养护情况	工、机、料投入	备注
止水装置	止水橡皮应紧密贴合于止水座上,否则应予调整。对于没有润滑装置的闸门,闸门启闭前对干燥的橡皮应注水润滑			
预埋件	应做好暴露部位非滑动面的保护措施,保持与基体连接牢固,表面平整、定期冲洗,闸门的预埋件的非摩擦面每年1次油漆保养,主轨的工作面应光滑平整,且保持在同一垂直面上			
吊　耳	应牢固可靠,轴销应经常注油保持润滑			
锁定装置	定时向轴承部位注入润滑油,调整两侧锁定受力均匀			

养护日期：　　　　　　养护人：　　　　　　记录人：

表 10.58　液压式启闭机养护记录表

项　目	要　　求	养护情况	工、机、料投入	备注
液压式启闭机	编号清楚,有转动方向指示等标志			
	供油管、排油管和泄压管的油漆剥落,色标不清晰时,应及时修补或更换			
	液压缸的密封垫片和油管接头、阀件以及油箱、管路出现泄漏、渗油现象时,应及时修补或更换			
	缸体、端盖、活塞杆、支承、轴套及油泵等零件应无损伤或裂纹,否则需及时修补;定期清理缸口,保证其无油垢及灰尘			
	调控装置及指示仪表定期检验			
	工作油液应定期化验、过滤,油质符合规定;油位在允许范围内,吸油管和回油管口保持在油面以下			
	机架、传动轴及其他构件紧固			
	液压系统进出油路分色规范			
	柱塞杆表面镀层无锈蚀、划痕;柱塞支承与导向轮无异常磨损,转动灵活,运行平稳			
	机架结构牢固、顺直,运行时无侧向与垂直方向的明显变形			
	液压缸的密封垫片和油管接头、阀件以及油箱、管路无泄漏、渗油现象			
	油箱内油量正常,油质良好,干燥剂有效			
	缸体、端盖、活塞杆、支承、轴套及油泵等零件无损伤或裂纹,缸口无油垢及灰尘			
	液压泵站的主泵出油量及压力达到设计要求,运行平稳,无异常噪声、串动、爬行、振动			

项　目	要　　　求	养护情况	工、机、料投入	备注
液压式启闭机	各液压阀动作灵活、可靠;溢流阀压力调节适当;压力表指示准确稳定,压力报警装置有效			
	电气限位安全联锁与各种保护装置准确,固定牢靠;自动回油安全保护装置可靠、有效			
	电动机接线盒无雨水溅入和潮气侵入,接线螺栓紧固			

养护日期:　　　　　　养护人:　　　　　　　　记录人:

表 10.59　变压器大修总结报表

_____泵站_____号变压器　　　　　　_____年____月_____日

变压器型号_____,　容量_____kVA,　电压比_____

制造厂_____,制造日期 _____。

1. 检修日期

计划:_____年_____月_____日到_____年_____月_____日,共_____天。

实际:_____年_____月_____日到_____年_____月_____日,共_____天。

2. 人工

计划_____工时,　　实际(概数)_____工时。

3. 费用

计划_____元,　　实际(概数)_____元。

4. 上次大修到此次大修运行小时数

上次大修日期_____,到此次大修运行_____小时数。两次大修间小修_____次,两次大修期间事故检修_____次。

5. 简要文字总结

(1) 大修中消除的设备重大缺陷及采取的主要措施。

(2) 设备的重大改进效果。

(3) 大修后尚存在的主要问题及准备采取的措施。

(4) 试验结果的主要分析。

(5) 检修工作评语。

(6) 其他。

检修负责人:　　　　　　　　　技术负责人:

表 10.60　辅助设备、闸门、拦污栅及启闭机大修总结报表

_____ 泵站　　　　　　　　　　　　　　　　　_____年_____月_____日

名称_____，型号_____。

制造厂_____，制造日期_____。

1. 检修日期

计划：_____年_____月_____日到_____年_____月_____日，共_____天。

实际：_____年_____月_____日到_____年_____月_____日，共_____天。

2. 人工

计划_____工时，　实际（概数）_____工时。

3. 费用

计划_____元，　实际（概数）_____元。

4. 上次大修到此次大修运行小时数

上次大修日期_____，到此次大修运行_____小时数。2 次大修间小修_____次，两次大修期间事故检修_____次。

5. 简要文字总结

（1）大修中消除的设备重大缺陷及采取的主要措施。

（2）重要改进效果。

（3）大修后尚存在的主要问题及准备采取的措施。

（4）试验结果的主要分析。

（5）检修工作评语。

（6）其他。

　　　　　　　　　　　　　　检修负责人：　　　　　　　技术负责人：

第 11 章

泵闸信息化系统维护作业指导书

11.1　范围

泵闸信息化系统维护作业指导书适用于指导淀东泵闸工程的信息化系统的维护,其他同类型泵闸的信息化系统维护可参照执行。

11.2　规范性引用文件

下列文件适用于泵闸信息化系统维护作业指导书:

《电子计算机场地通用规范》(GB/T 2887—2011);

《泵站技术管理规程》(GB/T 30948—2021);

《视频安防监控系统工程设计规范》(GB 50395—2007);

《水利信息系统运行维护规范》(SL 715—2015);

《水闸技术管理规程》(SL 75—2014);

《水利系统通信业务导则》(SL/T 292—2020);

《水利水电工程通信设计技术规范》(SL 517—2013);

《水电厂计算机监控系统运行及维护规程》(DL/T 1009—2006);

《上海市水闸维修养护技术规程》(SSH/Z 10013—2017);

《上海市水利泵站维修养护技术规程》(SSH/Z 10012—2017);

淀东水利枢纽泵闸改扩建工程初步设计报告;

淀东泵闸技术管理细则。

11.3　信息化平台建设

11.3.1　总体要求

(1) 市管泵闸智慧运行维护平台应符合网络安全分区分级防护要求,将工程监测监控系统和业务管理系统布置在不同网络区域。

(2) 泵闸智慧运行维护平台应采用当今运用成熟、先进的信息技术方案,功能设置和内容要素符合泵闸工程管理标准和规定,能适应当前和未来一段时间的使用需求。

(3)智慧运行维护建设应结合泵闸工程管理精细化、安全生产标准化等要求,重点围绕工程监测监控、业务管理两大核心板块构建综合管理平台。工程监测监控、业务管理平台之间应采取安全措施,在数据共享的同时,确保各系统安全运行。

(4)工程监测监控系统包括泵闸机电设备自动控制、视频监视、数据采集、状态监测、预警预报、数据分析、信息查询及网络安防等。

(5)业务管理系统应切合泵闸工程管理的任务、标准、流程、制度、考核等重点管理环节,体现系统化、全过程、留痕迹、可追溯的思路,实行管理任务清单化、管理要求标准化、工作流程闭环化、成果展示可视化、管理档案数字化。

(6)业务管理系统主要内容包括工程运行管理、检查观测、设备设施管理、养护维修管理、安全管理、档案资料、制度标准、水政管理、任务管理、效能考核等,功能模块间相关数据应标准统一,互联共享。

(7)泵闸智慧运行维护平台应紧密结合泵闸工程业务管理特点,客户端符合业务操作习惯。系统具有清晰、简洁、友好的中文人机交互界面,操作简便、灵活、易学易用,便于管理和维护,如图11.1所示。

(8)泵闸智慧运行维护平台各功能模块应以工作流程为主线,工程巡查、调度运行、维修养护等信息流程应形成闭环。不同功能模块间的相关数据应标准统一、互联共享,减少重复台账。

图 11.1 泵闸智慧运行维护平台

11.3.2 业务管理系统基本功能

1. 综合事务

综合事务可设置任务管理、教育培训、制度与标准、档案管理、绩效考核等功能项。

(1)任务管理功能项可将管理事项进行细化分解、落实到岗到人,并进行主动提醒,对完成情况跟踪监管,提高工作的执行力。

(2)教育培训功能项可制订培训计划并上报,记录培训台账,对培训工作进行总结评价,也可为个人业绩考核提供参考。

（3）制度与标准功能项可录入查询规章制度、管护标准、工作手册、操作规程、作业指导书等供学习执行，也应反映管理制度与标准的修订、审批过程信息。

（4）档案管理功能项可按照档案管理分类，对系统形成的电子台账进行档案管理、查阅。按照科技档案分类，对系统形成的电子台账进行管理，提供查询功能。

（5）绩效考核功能项可进行单位（或项目部）效能考核和个人绩效考核，记录考核台账，单位（或项目部）管理成效、个人工作业绩可调取系统其他模块信息提供给考核评价参考。

2．运行管理

运行管理可设置调度管理、操作记录、值班管理、"两票"管理、运行日志等功能项。

（1）调度管理功能项可实现泵闸工程调度指令下发、执行，能够记录、跟踪调度指令的流转和执行过程，并能够与监控系统的调令执行操作进行关联与数据共享。

（2）操作记录功能项可对泵闸工程调度指令下达、操作执行、结束反馈等全过程信息进行汇总、统计与查询。在监测监控系统中执行操作流程，在业务管理系统中调取监测监控系统操作记录和运行数据，并与调度指令执行记录一并进行汇总、查询。

（3）值班管理功能项可以自动对班组进行排班，实现班组管理、生成排班表、值班记事填报、值班提醒、交接班管理等。

（4）"两票"管理功能项可实现工作票的自动开票和自动流转，用户可对工作票进行执行、作废、打印等操作，并自动对已执行和作废的工作票进行存根，便于统计分析。同时可对操作票链接查询。

（5）运行日志功能项可实现业务管理系统与监控系统主要运行参数、控制操作自动链接录入，将工程各类数据录入运行日志及相关运行报表，便于系统查询与相关功能模块的链接引用。

3．检查观测

检查观测可设置日常检查、定期检查、专项检查、检测试验、工程观测等功能项。

（1）日常检查功能项按照日常巡查、经常检查不同的工作侧重点，主要采用移动巡检的方式进行，预设检查线路、内容、时间，任务可自动或手动下达给检查人员，对执行情况进行统计查询。对发现问题提交相应处置模块。

（2）定期检查功能项可编制任务并下达至相应检查人员，检查人员按定期检查要求执行交办的检查任务，将检查结果录入系统并形成报告，对存在问题进行处理。如需检修可进行相应功能模块。

（3）专项检查功能项可根据泵闸工程所遭受灾害或事故的特点来确定检查内容，参照定期检查的要求进行，重点部位应进行专门检查、检测或专项安全鉴定。对发现的问题应进行分析，制定修复方案和计划并上报。

（4）试验检测功能项可录入查看泵闸工程年度预防性试验、日常绝缘检测、防雷检测、特种设备检测等试验检测的统计情况，并对历年数据进行统计分析。对试验发现的问题可提交处理并查询处理结果。

（5）工程观测功能项主要包括观测任务、仪器设备、观测成果和问题处置等，将垂直位移、河床断面、扬压力测量、伸缩缝测量等原始观测数据导入系统，由系统自动计算，生成各个观测项目的成果表、成果图，并能以可视化方式展示查询。

4. 设备设施

设备设施可进行管理单元划分和编码,以编码作为识别线索,进行全生命周期管理,并设置对应二维码进行扫描查询。可设置基础信息、设备管理、建筑物管理、缺陷管理、备品备件等功能项。

(1)基础信息功能项主要包括设备设施编码、技术参数、二维码和工程概况、设计指标等。编码作为设备设施管理的唯一身份代码,设备设施全生命周期管理信息都可通过编码或对应的二维码进行录入查询。

(2)设备管理功能项的重点是建立设备管理台账,记录和提供设备信息,反映设备维护的历史记录,为设备的日常维护和管理提供必要的信息,一般包括设备评级、设备检修历史、设备变化、备品备件、设备台账查询等内容。

(3)缺陷管理功能项可对泵闸工程发现的设施设备缺陷按流程进行规范处置,形成全过程台账资料。积累缺陷管理资料和信息,统计分析缺陷产生原因,有利于采取预防和控制对策。

(4)备品备件功能项主要适用于泵闸工程备品备件的采购、领用及存放管理,制定备品备件合理的安全库存,将备品备件和材料的申请、采购、领用进行流程化管理。可以实时查询调用备品备件的所有信息。

5. 安全管理

安全管理应遵循安全生产法规,结合安全生产标准化建设的要求,从目标职责、现场管理、隐患排查治理、应急管理、事故管理、安全鉴定等方面设置功能项,部分内容可链接生产运行、检查观测、设备设施、教育培训等功能模块信息,形成全过程管理台账,对问题隐患进行统计查询、警示提醒和处置跟踪。

6. 项目管理

按照上海市泵闸工程维修养护项目管理相关规定,注重实施的计划性、规范性、及时性。针对计划申报、批复实施、项目采购、合同管理、施工管理、方案变更、中间验收、决算审核、档案专项验收、竣工验收、档案管理等方面的工作,项目管理可设置项目下达、实施方案、实施准备、项目实施、验收准备、项目验收等功能项,实现全过程全方位的管理监督,可实时了解工程形象进度、经费完成情况和工作动态信息,实现网络审批,查询历史记录,提高项目管理效率。

7. 移动客户端

手机移动客户端 APP 的开发可便于信息的及时发布查询,推送泵闸工程运行信息、工作任务提醒、工作实时动态、异常情况预警等。

11.3.3　信息管理

1. 基本要求

(1)信息采集及时、准确。

(2)建立实时与历史数据库,完成系统相关数据记录存储,信息存储安全并每年进行1 次备份,数据保存至少 3 年,及时转存重要数据。

(3)信息处理定期进行。

（4）信息应用于泵站安全、经济运行，提高泵站管理效率。

（5）信息储存环境应避开电磁场、电力噪声、腐蚀性气体或易燃物、湿气、灰尘等其他有害环境。

2. 计算机监控信息处理

（1）计算机监控的信息主要包括电量、水位、流量、压力、温度、振动与摆度、开度等监测信息以及设备状态和维护信息等。

（2）对采集的数据进行必要的处理计算，存入实时数据库及历史数据库，用于画面显示与刷新、控制与调节、记录检索、统计、操作、管理指导等；完成数据的互锁逻辑运算、越限检查与报警信息的生成；各类数据合理性比对与检查，工程单位变换等；事件数据的记录与处理；完成机组开停机必锚的逻辑条件处理、电量、供排水量、机组流量、功率、效率、运行时数、开停机次数、能源单耗等数据的计算或累加。

（3）每月对运行参数统计分析，掌握设备的运行状况，发现或预测设备隐患。

（4）每月对报警信息进行统计分析，指导设备的运行、养护、维修及改造。

（5）对设备事故进行故障录波分析，查找事故原因。

3. 建筑物安全监测信息处理

（1）建筑物安全监测的信息主要包括建筑物的水位、垂直位移、水平位移、扬压力、绕渗、伸缩缝等参数。

（2）对监测物理量随时间和空间变化规律分析，并评估建筑物的工作性态。

（3）对监测量的特征值和异常值分析，并与历年变化范围进行比较。

（4）对长期（每隔 5 年）监测资料分析，评价建筑物的工作性态，提出主要建筑物安全运行监控指标及运行调度建议。

4. 视频监视信息管理

（1）视频监视的信息主要包括泵闸重点部位、工程险工险段的视频信息。泵闸重点部位、工程险工险段包括变电站，主副厂房，中央控制室，进出水池，闸门，拦污栅，高低压配电室，上、下游河道等；主要设备的操作包括主机组、变压器、断路器、隔离开关、闸门、启闭机等。

（2）主要设备操作及运行状态、参数，进出水建筑物状态及水位等，宜进行辅助监视。

（3）视频能对图像进行完整的保存与再现，持续录像存储时间不应少于 15 天。发生事故时通过视频监视信息进行辅助分析。

5. 调度信息管理

（1）调度信息包括调度日志和调度计划等。

（2）调度日志分析可排查事故原因。

（3）及时总结供（排）水、能耗及检修等计划的执行情况。

（4）调度计划分析能指导泵闸经济运行。

6. 水雨情监测管理

（1）水雨情监测的信息包括水情、雨情等。

（2）及时分析水情、雨情，提供调度决策支持。

7. 设备和建筑物信息管理

（1）设备和建筑物管理的信息包括设备和建筑物台账，各种维护检修记录和分析报告等。

（2）更新设备和建筑物台账，掌握其动态。

（3）分析各种记录，优化设备和建筑物运行、维护和检修。

（4）分析报告，掌握设备和建筑物运行规律。

（5）分析备品备件消耗规律，优化库存。

11.4 信息化系统维护组织、周期与标准

11.4.1 管理组织

信息化系统的运行、维护应采取授权方式进行，可分为系统管理员、运行人员和维护人员。系统管理员负责信息化系统的账户、密码管理和网络、数据库、系统安全防护的管理，重要信息的书面备份应整理归档保存；维护人员负责信息化系统的维护和故障排除工作；运行人员负责信息化系统的日常巡视、检查、保养和设备的操作。

1. 运行人员

运行人员应经过专业培训，熟悉泵闸设备运行专业知识，熟悉掌握运行规程，掌握计算机知识、信息化系统的控制流程及操作方法。

2. 维护人员

维护人员应经过专业培训，熟悉泵闸设备运行过程和相关专业知识，熟悉计算机专业知识，维护和检修规程，以及信息化系统的控制流程、编程和设计原则。

3. 系统管理员

系统管理员除具备维护人员专业知识外，还应掌握系统的软硬件维护的相关知识，系统的账户、密码管理的相关知识，网络安全管理的相关知识。

11.4.2 档案资料

信息化系统运行维护应建立完善的系统设备档案，包括设备技术资料、设备投运及检修履历、参数配置表、软件安装情况、变更情况、故障维修记录、质量检测报告及改造升级资料等。

具体档案资料为：

（1）原理图、安装图、记录表、测点表、设备清单、电缆清册和报验表等；

（2）制造厂提供的技术资料，包括说明书、合格证明和出厂试验报告等；

（3）设备的运行、维护规程；

（4）程序框图、应用程序源码文件、软件说明书；

（5）软件安装介质、系统及数据库备份介质；

（6）调试报告、试运行报告、验收报告。

11.4.3 信息化系统维护周期

淀东泵闸信息化系统维护周期，见表11.1。

表 11.1　淀东泵闸信息化系统维护周期

序号	项目	频次	主要内容
1	物理环境保养	每日巡检、实时监控、每季度保养1次	包括机房、配线间、空调、UPS、供电系统、换气系统、除湿/加湿设备、防雷接地、消防、门禁、环境监控等设施保养
2	信息采集设施维护	每季度例行维护1次，每季度检修1次	收集、传输和处理水情、雨情、工情、旱情等各种水利信息的设施，主要包括各类传感器、传输设备和接收处理设备等维护
3	通信系统维护	每日巡检、实时监控、每季度维护1次	信息传输的通信设备及其附属设施，主要包括光纤传输设备、程控交换设备等维护
4	计算机网络维护	每日巡检、实时监控、每季度维护1次	网络及其设备的维护、管理、故障排除，主要包括计算机网络防火墙、网络设备及集中控制系统中的各个接口、通信模块等维护
5	主机维护	计算机系统及集中控制系统的硬件部分每日巡检、实时监控、每季度维护1次，每年检修1次、即时响应	各类服务器及用户终端，主要包括服务器、工业计算机、便携式计算机、触摸屏终端等维护，确保设备清洁干燥；计算机通信及数据传输正常，各种警示提醒功能可靠，系统时钟同步正确
6	存储备份系统维护	每日巡检、实时监控、每季度保养1次	存储、备份水利信息系统信息的各类硬件设备及管理软件，主要包括存储网络设备、磁盘阵列等硬件设备及存储管理系统、备份管理系统等管理软件维护
7	基础软件维护	每季度1次	支持水利信息系统各类业务应用运行的支撑软件，主要包括泵闸运行调度平台软件、数据库管理软件、视频监控软件等维护
8	数据资源维护	实时或定期	包括文本、图片、动画、音视频等通用数据及水文、水资源等专用数据维护
9	安全设施保养	每季度1次	安全防护的硬件设备及软件系统，主要包括安全防控设备、安全检测设备、用户认证设备等硬件设备及安全防控软件、安全检测软件、用户认证系统等软件维护
10	视频监控系统	定期保养，每季度1次	视频监控系统的日常巡检和例行保养，确保摄像机镜头无尘，云台、雨刮器润滑良好，动作正常，接线端子与线头无氧化物及灰尘，视频监控画面应清晰稳定
10	视频监控系统	每半年检修1次	包括摄像机、硬盘录像机、系统功能检修，确保线缆与接插件连接牢固可靠，工况和性能达到设计要求
11	信息系统年度相关检测	每年1次	1. 自控系统防静电设施定期检测； 2. 手动与自动切换及控制级优先权定期检测； 3. 闸门开度指示器校验； 4. 检测传输线路的光纤损耗

序号	项　目	频　次	主　要　内　容
12	管理平台维护	实时或定期	1. 日常维护管理，及时更新工程特性数据、日常监测数据、整编数据； 2. 根据运行管理条件和要求的变化，及时升级； 3. 定期进行数据备份

11.4.2　信息化系统维护一般要求

淀东泵闸信息化系统维护一般要求，见表 11.2。

表 11.2　淀东泵闸信息化系统维护一般要求

序号	项　目	一　般　标　准
1	维护计划	运行养护单位应根据设备的运行状态、维护报告及需求变化、技术发展等情况，编制年度维修计划。其中，每年应对系统进行 1 次全面维护，对基本性能与重要功能进行测试
2	人员培训	1. 系统维护应采取授权方式进行，根据岗位职责分为运行人员、维护人员和管理人员，并分别规定其操作权限和范围； 2. 被授权人员应进行专业培训：在维护人员进入工作现场后，根据人员情况对操作人员进行操作培训，培训内容涉及开机启动、权限登录、平台应用、信息安全、病毒防护、数据备份等计算机操作，以有效降低因操作原因造成的设备故障
3	备品备件	泵闸巡查应配备适量的备品备件，并对其规范管理。 1. 对厂家可能要停产的计算机、交换机、PLC、重要传感器的备品备件，至少应满足 5～8 年的使用； 2. 对于需原厂商提供的备品备件，其储备定额应达到 10%； 3. 备品备件宜每半年进行 1 次通电测试，不合格时应及时处理
4	现场条件	控制柜、设备及各元器件名称齐全，由现场进入控制柜的各类电源线、信号线、控制线、通信线、接地线应连接正确、牢固；电缆牌号和接线号应齐全、清楚
5	防静电	对于有防静电要求的设备，维护时应落实防静电措施
6	软件备份	软件无修改的，1 年备份 1 次；软件有修改的，修改前后各备份 1 次。对监控系统软件的修改应制定相应的技术方案，并经技术管理部门审定后执行。修改后的软件应经过模拟测试和现场试验，合格后方可投入正式运行。若软件改进涉及多台设备，且不能一次完成时，应做好记录
7	测　试	系统维护后应对系统功能进行测试，经验收后方可投入运行
8	资料整理	系统维护后，应做好故障发生的时间、原因、处理方法、维护人员等记录，必要时修改、完善说明书、图纸等相关资料

序号	项 目	一 般 标 准
9	物理环境 例行保养	1. 定期对机房进行巡检,查看并记录照明、空调、UPS、换气系统、除湿/加湿设备、消防、门禁等机房辅助设施的运行状况、参数变化及告警信息,空调、UPS等关键设施宜定期进行全面检查,保证其有效性; 2. 实时监测机房超温、超湿、漏水、火情、非法入侵等异常情况; 3. 定期对空调、UPS等机房辅助设施进行保养; 4. 按时修复故障设施; 5. 做好物理环境技术资料的收集、整理,定期提交物理环境设备清单,定期绘制、更新机房机柜布置图;做好运行维护工作过程文档的收集、存档
10	安全管理	1. 维护人员对系统进行维护时应执行工作票制度; 2. 制定应急预案,应急预案可纳入整体应急预案中;应定期进行预案演练; 3. 做好机房出入管理,人员进出应审批,并做好登记存档; 4. 机房的消防设施,如火警探测器、灭火器等配置齐全,定期检验,并处于良好可用状态

11.4.3 中央控制系统维护标准

淀东泵闸中央控制系统维护标准,见表11.3。

表 11.3 淀东泵闸中央控制系统维护标准

序号	项 目	工 作 标 准
1	外 观	中控设备外观整洁、干净,无积尘;现地监控单元柜面仪表盘面清楚,显示准确,开关、按钮指示灯等完好,各种警示提醒功能可靠,系统时钟同步正确
2	柜 体	柜体防护层完好,无脱落、锈迹,构架无变形
3	软硬件	硬件具有通用性,软件模块化,适应系统发展变化的需要
4	系统性能	线缆与接插件连接牢固可靠,工况和性能达到设计要求
5	电 源	中控设备不能频繁开启电源,开机时间间隔应在 5 min 以上,以免烧毁设备和减少设备使用寿命
6	接 地	1. 中控机房采用联合接地,接地电阻应小于 1 Ω,机房内各通信设备、通信电源应尽合用同一个保护接地排; 2. 中控系统接地应完好,其防雷接地应与保护接地共用 1 组接地体
7	通 讯	计算机通信及数据传输正常,交换机、防火墙、路由器等通信设备运行正常,各通信接口运行状态及指示灯正常
8	分级权限 管理	计算机监控系统上位机上的工作实行分级权限管理,每级权限只能进行规定范围的操作;其权限由低到高可分为监视权限、运行权限、应用系统维护权限、操作系统维护权限、超级用户权限等
9	安 全	1. 严禁在计算机监控系统网络上随意挂接任何网络设备或移动设备; 2. 机房是工程设备的控制中心,除工作人员外,无关人员禁止进入

11.4.4　计算机及打印设备维护标准

淀东泵闸计算机及打印设备维护标准,见表 11.4。

表 11.4　淀东泵闸计算机及打印设备维护标准

序号	项　目	工　作　标　准
1	主机、显示器	计算机主机、显示器及附件完好,机箱封板严密,按照标准化管理要求定点摆放整齐
2	机　箱	计算机机箱内外部件清洁,无积尘,散热风扇、指示灯工作正常
3	内部结构	计算机线路板、各元器件、内部连线连接可靠,接插紧固
4	配套设备	计算机显示器、鼠标、键盘等配套设备连接可靠,工作正常,定期擦拭,保持清洁
5	工作电源	计算机工作电压正常,电源插头连接可靠,接触良好
6	磁　盘	计算机磁盘定期维护清理,重要数据定期备份
7	放置位置	计算机主机应放置于通风、防潮、防尘场所,机箱上禁止摆放其他物品,未经允许不得随意移动计算机
8	启　动	计算机开启应该严格遵守计算机使用规程,未经许可不得强行关机。机器在运行时强行关掉电源,可能会造成硬盘划伤及系统文件丢失,使其无法正常工作
9	安　全	1. 非专业人员禁止擅自拆卸机器设备,禁止在带电状态下进行通讯及数据传输端口的热插拔; 2. 非管理人员禁止擅自更改系统设置参数,禁止修改机器内的原始文件,避免因更改系统参数及文件造成系统无法正常工作; 3. 不得在计算机内擅自安装其他软件,尤其是游戏软件及其他商业应用软件,以免感染病毒或造成软件不兼容,致使系统无法正常工作; 4. 关键岗位的计算机应配备 UPS 电源,并配备预装同类软件的计算机作为紧急时备用; 5. 打印机电源线、数据连接线连接可靠,能随时实现打印功能,打印无异常,对于打印效果不能满足要求的打印机应及时修理或更换; 6. 打印机使用质量合格的打印纸,纸品应注意防潮,发生卡纸时应按照说明书或提示要求小心清理

11.4.5　PLC 维护标准

淀东泵闸 PLC 维护标准,见表 11.5。

表 11.5　淀东泵闸 PLC 维护标准

序号	项　目	工　作　标　准
1	基本要求	1.PLC 各模块接线端子紧固,模块接插紧固,接触良好; 2.PLC 机架、模块、电源、继电器、散热风扇、加热器、除湿器均完好,安装固定可靠,工况性能良好
2	接线、标识	PLC 外部接线整齐,连接可靠,标记齐全,输入输出模块指示灯工作正常

序号	项　目	工　作　标　准
3	接　口	PLC各机架之间、PLC与主机间网络通信接口通讯可靠
4	电源、继电器	PLC电源、电压符合使用要求;输出继电器接线正确,连接可靠,动作灵敏;继电器用途应标识明确
5	PLC柜体	柜体防护层完好,无脱落、锈迹,构架无变形

11.4.6　视频监控系统维护标准

淀东泵闸视频监控系统维护标准,见表11.6。

表11.6　淀东泵闸视频监控系统维护标准

序号	项　目	工　作　标　准
1	基本要求	1. 硬盘录像主机、分配器、摄像机等设备运行正常,安装牢固、表面清洁,监控画面实时清晰、回放正常; 2. 计算机网络系统硬件配置稳定可靠,网络拓扑结构清楚,便于维护管理; 3. 系统具有根据授权期限实现联网及远程操作控制功能
2	日常保养	1. 定期对现场照明照度进行检查;定期对摄像机云台和镜头进行检查,镜头清晰,防护罩干净、无积尘,安装支架完好、无锈蚀,云台转动灵活稳定; 2. 定期对常用配件(如稳压电源、分配器、视频分配器、专用线缆等)进行检查,每年检测传输线路的光纤损耗; 3. 定期对摄像装置启动、运行、关闭情况进行测试;复核配置文件;检查摄像机时间,确保和实际时间一致;检查各个通道的连接电缆,确保连接良好; 4. 定期测试各个通道的图像监视、切换、分割,各个活动摄像机的控制功能,硬盘录像机录像及回放功能,硬盘录像机远程浏览功能,确保上述各项功能完好; 5. 确保控制设备性能良好,设备干净整洁,控制灵活、准确,从而保障整个系统的"心脏"和"大脑"控制部分工作性能完好
3	视频摄像机	1. 确保视频摄像机线路整齐,连接可靠;确保传输部分完好,抗干扰能力良好、信号传输通畅;确保系统的图像信号传送稳定,电源电压符合工作要求; 2. 确保带云台的摄像机接线不影响云台转动,避免频繁调节,尽量不要将摄像头调到死角位置
4	监视点	确保运行人员可以实时查看每一个接入点的监视区域视频图像,并可对特殊点位的摄像机及云台进行远程控制,可按预设定的巡检方案成组或单独自动巡视各监视区域,也可手动定点监视重要区域
5	动态存储、抓拍	系统具有侦测功能,通过设置可以根据侦测到的场景异常自动进行实时动态存储、抓拍,能够发出必要的报警并在相应显示器上弹出报警画面
6	回　放	系统可进行多画面同步实时存储,存储内容至少保留45天以待事故时检索;系统可以快速地根据时间、事件、监视点等条件对存储资料进行查询检索,按照预设速度进行回放;定期整理和备份视频数据
7	视频图像	1. 每路视频图像上均能叠加显示日期、时间、摄像机号、监视区域名称等信息; 2. 可以实现将一路或多路视频信号任意输出至大屏幕电视墙或监视器上

上海泵闸运行维护标准化作业指导书

序号	项 目	工 作 标 准
8	UPS	监控中心有在线式 UPS,以确保设备稳定不间断运行
9	显示器	显示器表面干净无积尘,显示器显示清晰
10	安 全	1. 设备正常运行后,未经允许不得打开监控柜、电视墙等,以免触碰设备的电源线、信号线端口造成接触不良,影响系统正常工作; 2. 操作摇杆动作不宜过激过猛,以免折断或造成接触不良,操作键盘应避免液体洒入,以免造成短路致使系统主机烧毁

11.4.7 信息化系统保护柜维护标准

淀东泵闸信息化系统保护柜维护标准,见表 11.7。

表 11.7 淀东泵闸信息化系统保护柜维护标准

序号	项 目	工 作 标 准
1	标 识	保护柜铭牌完整、清晰,柜前柜后均应有柜名
2	保 洁	1. 保护柜外观整洁、干净,无积尘,防护层完好,无脱落、锈迹,柜面各保护单元屏面清楚,显示准确,按钮可靠,柜体完好,构架无变形; 2. 柜内接线整齐,分色清楚,二次接线排列整齐,端子接线牢固,无杂物、积尘
3	日常保养	1. 定期检查柜上各元件标志、名称是否齐全; 2. 校验监控系统自诊断、声光报警是否有效,保护动作是否灵活,复位按钮是否可靠; 3. 检查转换开关等功能按钮动作是否灵活,接点接触有无压力和烧伤; 4. 检查柜上的表计、继电器及接线端子螺钉有无松动; 5. 检查电压互感器、电流互感器二次引线端子是否完好,配线是否整齐,固定卡子有无脱落; 6. 检查空气开关分合动作是否正常
4	防小动物措施	保护柜与进线电缆之间封堵良好,防止小动物进入柜体
5	接 线	定期对内外各类电源线、信号线、控制线、通讯线、接地线的连接情况以及电缆牌号、接线标号正确与否等进行检查、固定、修复
6	接 地	保护柜应有良好可靠的接地,接地电阻应符合设计规定。电子仪器测量端子与电源侧应绝缘良好,仪器外壳应与保护柜在同一点接地
7	电源电压	定期对进线电压进行检查、处理
8	其 他	日常检查维护中,不宜使用电烙铁。如确有需要,应选用专用电烙铁,并将电烙铁壳体与保护柜在同一点接地

11.4.8 工控机的管护标准

淀东泵闸工控机的管护标准,见表 11.8。

表 11.8　淀东泵闸工控机的管护标准

序号	项　目	工　作　标　准
1	保　洁	及时对机壳内、外部件进行清理、处理
2	例行保养	1. 及时检查、固定线路板、各元器件及内部连线； 2. 定期检查、固定各部件设备、板卡及连接件； 3. 定期检查、确保电源电压稳定可靠； 4. 定期对散热风扇、指示灯及配套设备进行清理和运行状态检查； 5. 定期对显示器、鼠标、键盘等配套设备进行检查、清理； 6. 定期对启动、运行、关闭等工作状态进行测试、修复； 7. 定期对 CPU 负荷率、内存使用率、应用程序进程、服务状态等进行检查、处理； 8. 定期对磁盘空间进行检查、优化，临时文件及时清理

11.4.9　软件项目管护及系统功能检测标准

淀东泵闸软件项目管护及系统功能检测标准，见表 11.9。

表 11.9　淀东泵闸软件项目管护及系统功能检测标准

序号	项　目	工　作　标　准
1	软件项目管护	1. 定期对操作系统、监控软件、数据库等进行启动、运行、关闭状态检查； 2. 定期对操作系统、监控软件、数据库等软件版本、补丁、防毒代码库更新； 3. 定期对数据库历史数据查询、转存； 4. 定期检查软件功能，如有修改、设置、升级及故障修复等操作，做好修改后的软件功能测试、维护情况记录以及说明书更新； 5. 软件修改或设置应由专业工程师操作，对软件维护工作，及时进行前后版本的备份，并做好备份记录； 6. 检查并校正系统日期和时间； 7. 软件运行日志分析、清除
2	系统功能检测	1. 工控机与现场采集设备的通信检查； 2. 水位、闸门开度、设备工况、电量及非电量等实时数据的检验与校核； 3. 控制功能、操作过程监视的检查与测试； 4. 画面报警、声光报警测试； 5. 画面调用、报表生成与打印等功能测试； 6. 根据系统状况确定需要增加的项目

11.4.10　网络通信维护标准

淀东泵闸网络通信维护标准，见表 11.10。

表 11.10　淀东泵闸网络通信维护标准

序号	项　目	工　作　标　准
1	通信线缆	光纤、网线等通信线缆连接正常
2	通信设备	交换机、防火墙、路由器等通信设备运行正常

序号	项　目	工　作　标　准
3	通信接口	各设备通信接口状态指示灯显示正常
4	系统通信	自动控制系统、视频监视系统与上级调度系统通信正常
5	运行日志	通信设备运行日志的登录、访问操作正常
6	网络安全	确保网络架构及数据中心完善,保障网络信息安全可靠

11.5　信息化系统维护方法

11.5.1　自动化监控系统维护方法

自动化监控系统维护主要方法,见表 11.11。

表 11.11　自动化监控系统维护方法

序号	维修养护部位	存　在　问　题	维修养护方法
1	盘　柜	外观有损坏,柜号、名称显示不全,柜体铭牌损坏、遗失	损坏处修复、增补
		盘柜及其滤网、通风口不清洁	不洁处及时清理
		内外部件、螺钉、端子松动,各类电源线、信号线、控制线、通讯线、接地线松动,电缆标牌及接线标号缺失	松动处及时固定,标牌及接线标号缺失及时增补
		进线电压不符合要求、不稳定	修复进线电压
2	计算机	机壳内、外部件及散热风扇、显示器、鼠标、键盘等配套设备不清洁	检查、清理各部件
		各部件设备、板卡及连接件松动;线路板、各元器件、内部连线松动	检查、固定各处松动部分
		电源电压不符合要求、不稳定	修复,必要时更换电源模块
		散热风扇、指示灯及配套设备损坏	修复,必要时更换相应部件
		启动、运行、关闭等工作状态异常	检查修复相关部件
		磁盘剩余空间小	优化、清理临时文件
3	打印机	打印机及送纸器、送纸通道不清洁	清理打印机
		电源线、数据连接线接触不良	修复电源线、数据线
		打印不执行或打印内容存在偏差	检查修复,必要时更换打印机

序号	维修养护部位	存在问题	维修养护方法
4	PLC	各模块接线端子排螺丝松动	及时固定螺丝
		机架、模块、散热风扇、加热器、除湿器不清洁	清理各部分不洁处
		电源模块、CPU、开关量、模拟量、通讯模块异常	依次排查可能产生故障的单元并找出,做相应处理,必要时更换
		后备电池失电,熔丝损坏	及时更换电池、熔丝
		启动、运行、关闭等工作状态测试异常	修复各异常工作状态至正常
		PLC与计算机、智能仪表等设备通信异常	修复相关设备,恢复正常通信
		PLC控制流程故障	检查修复,排查相关设备状态是否满足一键启动条件。对监控系统程序流程、模拟量限制、模拟量量程以及保护定值的修改,应持技术管理部门审定下发的通知单
5	UPS	外部及通风口不清洁	清理外部及通风口
		UPS接地电阻不符合规定数值	修复UPS接地电阻至正常
		启动、运行、关闭等工作状态异常	修复相关设备至正常工作状态
		输入、输出电压、电流、频率等参数异常	及时修复相关设备至正常工作状态
		输出负载、供电回路容量测试异常	必要时可对UPS进行扩容、修复
		蓄电池容量下降	每年进行1次充放电维护,必要时更换蓄电池
6	软件	操作系统、控制软件、数据库等启动、运行、关闭状态异常	修复各相关系统至正常工作状态
		操作系统、控制软件、数据库等软件不满足当前运行需求	及时更新系统软件
		数据库历史数据未备份	及时转存、备份相关数据
		软件修改、设置、升级及故障修复记录不清晰	做好修改后的软件功能测试、记录维护情况、更新说明书
		软件维护前后未备份	做好软件备份相记录
		系统日期和时间不准确	及时校正系统日期和时间
		软件运行日志未处理	分析、清除不需要软件
7	系统功能	计算机与PLC、传感器等设备的通信不畅通	及时检查相关设备,恢复通信
		水位、闸门开度、设备工况、电量等实时数据采集不准确	及时检查、校核相关实时数据

序号	维修养护部位	存 在 问 题	维 修 养 护 方 法
7	系统功能	画面报警、声光报警不灵敏	测试修复报警系统
		控制功能、操作过程监视异常;画面调用、报表生成与打印等功能运用不正常	测试修复异常功能至正常
		系统时钟未同步检查	检查修复系统时钟
8	其 他	闸门开度仪或水位数据异常	数据校核,检查水位传感器下方是否有异物,发现异物及时清理
		机房供配电、接地、防雷、温度、湿度、照明、事故照明、消防、通风、空调等性能不稳定	及时测试修复相关设备至正常工作状态
		监控设备散热装置工作不正常	检查、处理监控设备至正常工作状态
		设备及周边环境不清洁	对设备及周边环境进行清理,保持清洁

11.5.2 视频监视系统维护方法

视频监视系统维护方法,见表11.12。

表 11.12 视频监视系统维护方法

序号	维修养护部位	存 在 问 题	维 修 养 护 方 法
1	监控设备	摄像机或云台安装不牢固	及时固定摄像机或云台
		镜头、防尘罩及防尘玻璃表面有污迹或积尘	及时清理镜头及防尘罩,做好防尘、防潮、防腐
		设备防雷接地不可靠	做好设备接地的防雷接地网
		稳压电源、分配器、视频分配器、专用线缆损坏	及时检查、修理损坏部件
		硬盘录像机启动、运行、关闭情况异常	测试、维护硬盘录像机
		系统时间显示异常	校正系统时间
		各个通道的连接电缆松动	紧固连接电缆
2	系统功能	各个通道的图像监视、切换、分割等功能异常	测试、维护各个通道各项功能
		各个活动摄像机的控制功能异常	测试、维护活动摄像机
		硬盘录像机录像及回放功能异常	测试、维护硬盘录像机
		硬盘录像机远程浏览功能异常	测试、维护硬盘录像机

11.5.3 网络通信系统维护方法

网络通信系统维护方法,见表11.13。

表 11.13　网络通信系统维护方法

序号	维修养护部位	存 在 问 题	维 修 养 护 方 法
1	通信设备	交换机、防火墙、路由器等网络设备运行状态不稳定	测试与维修网络设备
		风扇工作状态不正常	测试与更换风扇
		通信电缆屏蔽线、金属保护套管的接地、绝缘电阻、终端匹配器阻抗不合格	检测,必要时更换损坏部件
		光纤、网线、现场总线等通信电缆性能不良,接口或端子松动	测试与固定接口或端子,必要时更换
		通信设备及接口不清洁、松动	清理与固定通信设备及接口
2	通讯功能	自动化监控系统、视频监视系统与上级调度系统通讯不稳定	测试与修复各系统至工作正常

11.6　信息化系统维护中的安全管理

11.6.1　系统软件管理

（1）组态软件提供的一些专用软件包等至少应具备 2 套媒体,1 备 1 用。

（2）系统备份文件应建立文件清单,并要指定专人负责保管。

（3）系统组态软件严禁擅自修改,确需修改时,需提出申请报告,说明修改理由、方法和步骤,经相关部门批准后方可修改。

（4）工业计算机应执行专机专用,严禁任何人运行与系统无关的软件,以防病毒对系统的侵袭。

11.6.2　站内网络管理

（1）未经允许,站内网络不允许接入任何设备。站内网络设备接口不允许换插。

（2）监控系统维护时,应使用专用的便携计算机、移动硬盘、光盘、U 盘等移动存储介质。不允许任何人员携带非专用的便携计算机、移动存储介质在站内设备上使用。

（3）外部网络不允许接入站内。

（4）站内网络设备配置不允许擅自更改。

11.6.3　机房管理

（1）外单位人员进入机房,必须经主管部门同意。

（2）接触机柜内卡件、端子前要带接地良好的防静电手镯。

（3）机房内要有消防设施,现场安全员要定期检查,确保其完好可靠。

（4）机房内电缆通道等入口,应用防火密封材料堵好与外界隔绝,以免可燃气体串入。机房内要有防鼠类小动物、进出口防水等措施,以防意外事故。

11.7 信息化系统维护表单

(1) 信息化系统养护记录表,见表 11.14。

表 11.14 信息化系统养护记录表

项 目	要 求	养护情况	工、机、料投入	备注
中央控制系统	中控设备外观整洁、干净,无积尘;现地监控单元柜面仪表盘面清楚,显示准确,开关、按钮指示灯等完好,各种警示提醒功能可靠,系统时钟同步正确			
	柜体防护层完好,无脱落、锈迹,构架无变形			
	硬件具有通用性、软件模块化,适应系统发展变化需要			
	线缆与接插件连接牢固可靠,工况和性能达到设计要求			
	中控机房采用联合接地,接地电阻应小于 1 Ω			
	计算机通信及数据传输正常,交换机、防火墙、路由器等通信设备运行正常,各通信接口运行状态及指示灯正常			
	计算机监控系统实行分级权限管理,每级权限只能进行规定范围的操作			
	严禁在计算机监控系统网络上随意挂接任何网络设备或移动设备			
计算机及打印设备	计算机主机、显示器及附件完好,机箱封板严密,按照标准化管理要求定点摆放整齐			
	计算机机箱内外部件清洁,无积尘,散热风扇、指示灯工作正常			
	计算机线路板、各元器件、内部连线连接可靠,接插紧固			
	计算机显示器、鼠标、键盘等配套设备连接可靠,工作正常,定期擦拭,保持清洁			
	计算机工作电压正常,电源插头连接可靠,接触良好			
	计算机磁盘定期维护清理,重要数据定期备份			
	计算机主机应放置于通风、防潮、防尘场所,机箱上禁止摆放其他物品,未经允许不得随意移动设备			
	计算机开启应该严格遵守计算机使用规程,未经许可不得强行关机			
	非专业人员禁止擅自拆卸计算机,禁止在带电状态下进行通讯及数据传输端口的热插拔;非管理人员禁止擅自更改系统设置参数,禁止修改计算机内的原始文件;不得在计算机内擅自安装其他软件,尤其是游戏软件及其他商业应用软件			

项　目	要　　　　求	养护情况	工、机、料投入	备注
计算机及打印设备	关键岗位的计算机应配备 UPS,并配备预装同类软件的计算机作为紧急时备用			
	打印机电源线、数据连接线连接可靠,能随时实现打印功能,打印无异常;打印机使用质量合格的打印纸,纸品应注意防潮,发生卡纸时应按照说明书或提示要求小心清理			
PLC 系统	PLC 各模块接线端子紧固,模块接插紧固,接触良好;PLC机架、模块、电源、继电器、散热风扇、加热器、除湿器均完好,安装固定可靠,工况性能良好			
	PLC 外部接线整齐,连接可靠,标记齐全,输入输出模块指示灯工作正常			
	PLC 各机架之间、PLC 与主机间网络通信接口通讯可靠			
	PLC 电源电压符合使用要求;输出继电器接线正确,连接可靠,动作灵敏;继电器用途应标识明确			
	PLC 柜体防护层完好,无脱落、锈迹,构架无变形			
	对监控系统程序流程、模拟量限制、模拟量量程以及保护定值的修改,应持技术管理部门审定下发的通知单			
视频系统	硬盘录像主机、分配器、摄像机等设备运行正常,安装牢固、表面清洁,监控画面实时清晰,回放正常;计算机网络拓扑结构清楚,系统具有根据授权期限实现联网及远程操作控制功能			
	现场照明照度适合,镜头清晰,防护罩干净、无积尘,安装支架完好、无锈蚀,云台转动灵活稳定;检查摄像机时间,确保和实际时间一致;检查各个通道的连接电缆,确保连接良好			
	测试各个通道的图像监视、切换、分割,各个活动摄像机的控制功能,硬盘录像机录像及回放功能,硬盘录像机远程浏览功能,确保各项功能完好			
	确保视频摄像机线路整齐,连接可靠;确保传输部分完好、抗干扰能力良好、信号传输通畅;确保系统的图像信号传送稳定,电源电压符合工作要求			
	确保运行人员可以实时查看每一个接入点的视频图像,并可对特殊点位的摄像机及云台进行远程控制,可按预设定的巡检方案成组或单独自动巡视各监视区域,也可手动定点监视重要区域			
	系统可进行多画面同步实时存储,存储内容至少保留 90天时间以待事故时检索。系统可以快速地对存储资料进行查询检索,按照预设速度进行回放			

上海泵闸运行维护标准化作业指导书

项　目	要　　　求	养护情况	工、机、料投入	备注
视频系统	每路视频图像上,均能叠加显示日期、时间、摄像机号、监视区域名称等信息;可以实现将一路或多路视频信号任意输出至大屏幕电视墙或监视器上			
	有在线式 UPS,确保设备稳定不间断运行			
	显示器表面干净、无积尘,显示器显示清晰			
	设备的电源线、信号线端口接触良好;操作摇杆动作不宜过激过猛,操作键盘无液体洒入			
保护柜	保护柜铭牌完整、清晰,柜前柜后均应有柜名			
	保护柜外观整洁、干净,无积尘,防护层完好,无脱落、锈迹,柜面各保护单元屏面清楚,显示准确,按钮可靠,柜体完好,构架无变形;机架、电源模块风扇、板卡工作正常;内外部件、螺钉、端子应紧固;柜内接线整齐,分色清楚,二次接线排列整齐,端子接线牢固,无杂物、积尘			
	确认柜上各元件标志、名称齐全;确认系统自诊断、声光报警有效,保护动作灵活,复位按钮可靠;确认转换开关等功能按钮动作灵活,接点接触无压力和烧伤;确认柜上的表计、继电器及接线端子螺钉无松动;确认电压互感器、电流互感器二次引线端子完好,配线整齐,固定卡子无脱落;确认空气开关分合动作正常			
	保护柜与进线电缆之间封堵良好,防止小动物进入柜体			
	定期对内外各类电源线、信号线、控制线、通讯线、接地线的连接情况以及电缆牌号、接线标号正确与否等进行检查、固定、修复			
	保护柜有良好可靠的接地,接地电阻应符合设计规定。电子仪器测量端子与电源侧应绝缘良好,仪器外壳应与保护柜在同一点接地			
	定期对进线电压进行检查、处理			
工控机	及时对机壳内、外部件进行清理、处理			
	定期检查、固定各部件设备、板卡及连接件			
	定期检查、确保电源电压稳定可靠			
	定期对散热风扇、指示灯及配套设备进行清理和运行状态检查			
	定期对显示器、鼠标、键盘等配套设备进行检查、清理			
	定期对设备的启动、运行、关闭等工作状态进行测试、修复			
	定期对 CPU 负荷率、内存使用率、应用程序进程、服务状态等进行检查、处理			
	定期对磁盘空间进行检查、优化,临时文件及时清理			

项 目	要 求	养护情况	工、机、料投入	备注
软 件	定期对操作系统、监控软件、数据库等进行启动、运行、关闭状态检查			
	定期对操作系统、监控软件、数据库等软件版本、补丁、防毒代码库更新			
	定期对数据库历史数据查询、转存			
	定期检查软件功能,如有修改、设置、升级及故障修复等操作,做好修改后的软件功能测试、维护情况记录以及说明书更新			
	软件修改或设置应由专业工程师操作,对软件维护工作,及时进行前后版本的备份,并做好备份记录			
	检查并校正系统日期和时间			
	软件运行日志分析、清除			
	确保工控机与现场采集设备的通信正常			
	定期检验并校核水位、闸门开度、设备工况、电量及非电量等实时数据			
	确保控制功能、操作过程监视正常,画面报警、声光报警测试正常,画面调用、报表生成与打印等功能测试正常			
网络通信	光纤、网线等通信线缆连接正常			
	交换机、防火墙、路由器等通信设备运行正常			
	各设备通信接口状态指示灯显示正常			
	自动控制系统、视频监视系统与上级调度系统连接正常			
	通信设备运行日志的登录、访问操作正常			
	确保网络架构及数据中心完善,保障网络信息安全可靠			

养护日期:　　　　　　　　养护人:　　　　　　　　记录人:

（2）设备登记表,见表 11.15。

表 11.15　设备登记表

泵闸单位名称:　　　　　　　　　　　　　　　编号:

设备名称		型号		设备编号	
生产厂家				出厂序列号	
安装地点			安装时间		
投运时间			施工单位		
主要技术指标			设备构成	板件名称	数　量
安装说明					

（3）设备维护情况一览表，见表 11.16。

表 11.16 设备维护情况一览表

统计时段： 年 月至 年 月

紧急缺陷共＿＿＿＿＿项,已处理＿＿＿＿＿项,处理率为＿＿＿＿＿%,处理及时率为＿＿＿＿＿%;

重大缺陷共＿＿＿＿＿项,已处理＿＿＿＿＿项,处理率为＿＿＿＿＿%,处理及时率为＿＿＿＿＿%;

一般缺陷共＿＿＿＿＿项,已处理＿＿＿＿＿项,处理率为＿＿＿＿＿%,处理及时率为＿＿＿＿＿%;

设备名称及型号	安装地点	缺陷情况	缺陷类别	发现日期	消缺日期	缺责部门	是否及时消缺	未及时消缺原因	备注

（4）设备缺陷及处理分析记录表，见表 11.17。

表 11.17 设备缺陷及处理分析记录表

设备名称				
设备型号				
安装地点				
故障开始时间				
设备的告警缺陷情况				
异常情况期间维修人员采取的紧急措施				
故障结束时间				
故障原因分析				
负责人				

（5）系统故障排除记录表，见表 11.18。

表 11.18 系统故障排除记录表

系统名称			
故障发生日期		故障排除日期	
故障处理人		协助人员	
故障描述			
排障经过描述			
排障结果			
系统负责人签字： 签字日期：		检修人签字： 签字日期：	

第 12 章

泵站主机组大修作业指导书

12.1　范围

泵站主机组大修作业指导书适用于淀东泵站主机组大修，内容包括检修方式、检修周期、检修项目、大修准备、机组解体、部件检修、安装质量、机组安装、电气试验和试运行等。

小修和临时检修参照执行。

12.2　规范性引用文件

下列文件适用于泵站主机组大修作业指导书：

《泵站技术管理规程》(GB/T 30948—2021)；

《现场设备、工业管道焊接工程施工规范》(GB 50236—2011)；

《轴中心高为 56 mm 及以上电机的机械振动 振动的测量、评定及限值》(GB/T 10068—2020)；

《泵站设计规范》(GB 50265—2010)；

《电气装置安装工程低压电器施工及验收规范》(GB 50254—2014)；

《三相异步电动机试验方法》(GB/T 1032—2012)；

《水轮发电机组安装技术规范》(GB/T 8564—2003)；

《泵站现场测试与安全检测规程》(SL 548—2012)；

《泵站设备安装及验收规范》(SL 317—2015)；

《泵站施工规范》(SL 234—1999)；

《电力建设施工技术规范　第3部分:汽轮发电机组》(DL 5190.3—2019)；

《电力设备预防性试验规程》(DL/T 596—2021)；

《水轮发电机组启动试验规程》(DL/T 507—2014)；

《水利水电建设工程验收规范》(SL 223—2008)；

《上海市水利泵站维修养护技术规程》(SSH/Z 10012—2017)；

淀东泵站主机组检修尚应符合设备制造商的特殊要求。

12.3 主机组检修方式、检修周期和检修项目

12.3.1 检修分类

（1）主机组检修一般分为定期检查、小修和大修 3 种方式。

（2）主机组定期检查是根据机组运行的时间和情况进行的检查，该检查是为了了解设备存在的缺陷和异常情况，为确定机组检修性质提供依据，并对设备进行相应的维护。定期检查通常安排在汛前、汛后和按计划安排的时间进行。

（3）主机组小修是根据机组运行情况及定期检查中发现的问题，在不拆卸整个机组和较复杂部件的情况下，重点处理一些部件的缺陷，从而延长机组的运行寿命。机组小修一般与定期检查结合或设备产生应小修的运行故障时进行。

（4）主机组大修是对机组进行全面解体、检查和处理，更换损坏件，更新易损件，修补磨损件，对机组的同轴度、摆度、垂直度（水平）、高程、中心、间隙等进行重新调整，消除机组运行过程中的重大缺陷，恢复机组各项指标。主机组大修通常分一般性大修和扩大性大修。

12.3.2 检修周期

（1）主机组检修周期应根据机组的技术状况和零件的磨损、腐蚀、老化程度以及运行维护条件确定，可按表 12.1 的规定进行，亦可根据具体情况提前或推后进行。

表 12.1 主机组检修周期

检修类别	检修周期（年）	运行时间（h）	工 作 内 容	时间安排
定期检查	0.5	0～3 000	了解设备状况，发现设备缺陷和异常情况，进行常规维护	汛前和汛后
小 修	1	1 000～5 000	处理设备故障和异常情况，保证设备完好率	汛前或汛后及故障时
大 修	3～6	3 000～20 000	一般性大修或扩大性大修，进行机组解体、检修、安装、试验、试运行，验收交付使用	按照周期列入年度检修计划

（2）主机组运行中发生以下情况应立即进行大修：

① 发生烧瓦现象；

② 主电动机线圈内部绝缘击穿；

③ 其他需要通过大修才能排除的故障。

12.3.3 检修项目

1. 定期检查主要项目

(1) 水泵部分定期检查应包括以下内容：

① 叶片、叶轮室的汽蚀情况和泥沙磨损情况；

② 叶片与叶轮室间的间隙；

③ 密封的磨损程度及漏水量测定；

④ 填料密封漏水及轴颈磨损情况；

⑤ 油润滑水泵导轴承的润滑油取样化验，并观测油位；

⑥ 水泵导轴承磨损情况，测量轴承间隙；

⑦ 地脚螺栓、连接螺栓、销钉等松动情况；

⑧ 测温及液位信号等装置完好情况；

⑨ 润滑水管、滤清器、回水管等淤塞情况；

⑩ 齿轮变速箱油位、油质、密封和冷却系统完好情况；

⑪ 联轴器连接情况。

(2) 电动机部分定期检查应包括以下内容：

① 前后轴承润滑油油量；

② 机架连接螺栓、基础螺栓松动情况；

③ 冷却器外观渗漏情况；

④ 测温装置指示完好情况；

⑤ 水系统各管路接头渗漏情况；

⑥ 电动机轴承有无甩油现象；

⑦ 电动机干燥装置完好情况。

2. 小修的主要项目

(1) 水泵部分小修应包括以下内容：

① 水泵主轴填料密封、水泵导轴承密封更换和处理；

② 油润滑水泵导轴承解体，清理油箱、油盆，更换润滑油；

③ 测温装置的检修；

④ 导水帽、导水圈等过流部件的更换和处理。

(2) 电动机部分小修应包括冷却器的检修。

3. 大修的主要项目

(1) 一般性大修应包括以下内容：

① 小修的全部内容；

② 叶片、叶轮室的汽蚀处理；

③ 泵轴轴颈磨损的处理；

④ 叶轮的解体、检查和处理；

⑤ 电动机轴承的检修和处理；

⑥ 电动机定子绕组的绝缘维护；

⑦ 冷却器的检查、检修和试验；

⑧ 机组的同轴度、轴线摆度、垂直度（水平）、中心、各部分间隙及磁场中心的测量调整；

⑨ 水系统检查、处理及试验；

⑩ 传动机构的检修和处理；

⑪ 测温元器件的检修和处理。

（2）扩大性大修应包括以下内容：

① 一般性大修的所有内容；

② 磁极线圈或定子线圈损坏的检修更换；

③ 叶轮的静平衡试验。

12.4 大修组织网络及流程

12.4.1 大修组织网络

淀东泵站主机组大修组织网络由领导小组、作业班组、验收组、试运行组组成。

（1）领导小组由管理所所长、迅翔公司部门经理、运行养护项目部及维修服务项目部负责人和技术负责人组成。

（2）作业班组分为现场施工组、安全组、技术组和后勤组。

① 现场施工组包括机电组、水泵组；

② 安全组包括安全员、起重组；

③ 技术组包括资料组、技术管理组；

④ 后勤组包括材料组、保洁组。

（3）验收组由管理所上级主管部门、管理所所长、迅翔公司部门经理及相关专家组成。

（4）试运行组由管理所所长、迅翔公司部门经理、运行养护项目部及维修服务项目部项目经理、技术负责人、相关作业班长及电气试验人员组成。

12.4.2 泵站机组大修管理流程

泵站机组大修管理流程，见图 12.1。

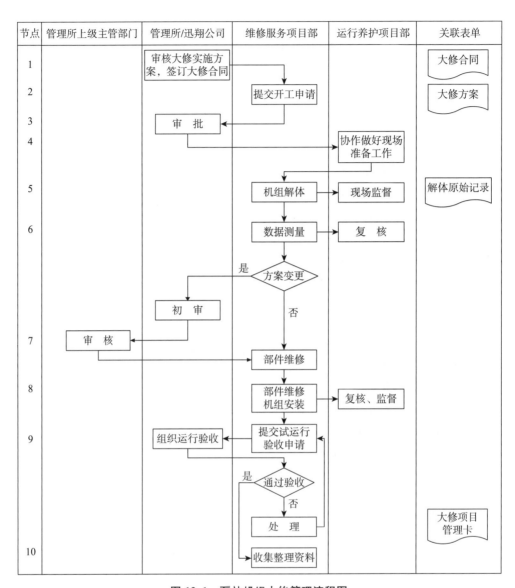

节点	管理所上级主管部门	管理所/迅翔公司	维修服务项目部	运行养护项目部	关联表单
1		审核大修实施方案，签订大修合同			大修合同
2			提交开工申请		大修方案
3		审批			
4				协作做好现场准备工作	
5			机组解体	现场监督	解体原始记录
6			数据测量	复核	
	是		方案变更		
		初审	否		
7	审核		部件维修		
8			部件维修机组安装	复核、监督	
9		组织运行验收	提交试运行验收申请		
	是		通过验收		
			否		
			处理		大修项目管理卡
10			收集整理资料		

图 12.1 泵站机组大修管理流程图

12.5 大修准备

1. 大修准备内容

主机组大修准备工作包括人员组织、查阅资料、编制计划以及应注意的事项等。

2. 大修组织

大修前应成立大修组织机构，配备工种齐全的技术骨干和检修人员，明确分工和职责。

3. 资料准备

大修前应通过查阅技术档案，了解主机组运行状况，主要内容应包括以下内容：

（1）运行情况记录；

（2）历年检查保养维修记录和故障记录；

（3）上次大修总结报告和技术档案；

（4）近年汛前、汛后检查的试验记录；

（5）近年泵站主厂房及主机组基础的垂直位移观测记录；

（6）机组图纸和与检修有关的机组技术资料。

4．编制大修施工组织计划

编制大修施工组织计划，主要内容应包括以下内容：

（1）机组基本情况，大修的原因和性质；

（2）检修进度计划；

（3）检修人员组织及具体分工；

（4）检修场地布置；

（5）关键部件的检修方案及主要检修工艺；

（6）质量保证措施，包括施工记录和各道工序检验要求；

（7）施工安全及环境保护措施；

（8）试验与试运行；

（9）主要施工机具、备品备件、材料明细表；

（10）大修经费预算。

5．注意事项

（1）在考虑各部件的吊放位置时，机组大修的场地布置非常重要。除需考虑各部件的外部尺寸，安排合适的吊放位置外，还应根据部件的重量，考虑地面承载能力及对检修工作面和交叉作业是否影响；做好地面防护工作。

（2）机组大修时，应有专职安全员负责安全工作，落实安全措施。如工作票制度，检查各种脚手架、安全网、遮栏、工作台、起重工具、吊具、行车等，重要起吊设备应按规定试验；现场设置安全、文明标志。

（3）检修现场应备足消防器材，现场使用明火应按规定进行和有专人监护。

（4）临时照明应采用安全照明，移动电气设备的使用应符合有关安全使用规定。

（5）大修中所需的专用工具、支架等应预先准备和制作，需要运出站外修理的部件应事先准备搬运工具和联系加工单位，避免机组解体后停工待料，影响机组大修进度。

① 专用工具包括大轴支撑架、联轴器拆装专用工具、钢丝绳、吊带、内径千分尺、百分表及支架、合像水平仪等；

② 常用工具包括常用工具箱、油盆、电工组合工具、重型套筒、轻型套筒、梅花扳手、开口扳手、十字螺丝刀、老虎钳、尖嘴钳等。

（6）检修期间应做好流道排水设备的检查和保养，加强排水值班，防止大修期间水泵层进水。

（7）如在汛期进行大修，施工组织计划中的安全措施还应有相应的防汛应急预案。

12.6 机组解体

12.6.1 一般要求

(1) 机组解体的顺序应按先外后内,先电动机后水泵,先部件后零件的程序原则进行。

(2) 各连接部件拆卸前,应查对原位置记号或编号,如不清楚应重新做好标记,确定相对方位,使其重新安装后能保持原配合状态。拆卸部件应有记录,部件总装时按记录顺序进行。

(3) 零部件拆卸时,应先拆销钉,后拆螺栓。

(4) 螺栓应按部位集中涂油或浸在油内存放,防止丢失、锈蚀。

(5) 零件加工面不应敲打或碰伤,如有损坏应及时修复。清洗后的零部件应分类存放,各精密加工面,如镜板面等,应擦干并涂防锈油,表面覆盖毛毡;其他零部件要用干净木板或橡胶垫垫好,避免碰伤,零件表面用布或毛巾盖好,防止灰尘杂质侵入;大件存放应用木方或其他物件垫好,避免损坏零部件的加工面或地面。

(6) 零部件清洗时,宜用专用清洗剂,周边不应有零碎杂物或其他易燃易爆物品,严禁火种。

(7) 螺栓拆卸时宜用套筒扳手、梅花扳手、开口扳手和专用扳手,不宜采用活动扳手和规格不符的工具。锈蚀严重的螺栓拆卸时,不应强行扳扭,可先用松锈剂、煤油或柴油浸润,然后用手锤从不同方位轻敲,使其受振松动后再行拆卸。精制螺栓拆卸时,不能用手锤直接敲打,应加垫铜棒或硬木。

(8) 各零部件除结合面和摩擦面外,应清理干净,涂防锈漆。油槽及充油容器内壁应涂耐油漆。

(9) 各管道或孔洞口,应用木塞或盖板封堵,压力管道应加封盖,防止异物进入或介质泄漏。

(10) 清洗剂、废油应回收并妥善处理,不应造成污染和浪费。

(11) 部件起吊前,应对起吊器具进行详细检查,核算允许载荷,并试吊以确保安全。

(12) 机组解体过程中,应注意原始资料的搜集,对原始数据应认真测量、记录、检查和分析。机组解体中应收集的原始资料主要包括以下内容:

① 间隙的测量记录,包括轴瓦间隙、水泵叶片与叶轮室径向间隙等;

② 叶片、叶轮室汽蚀情况的测量记录,包括汽蚀破坏的方位、区域、程度等,严重的应绘图和拍照存档;

③ 磨损件的测量记录,包括轴瓦的磨损、轴颈的磨损、密封件的磨损等,对磨损的方位、程度详细记录;

④ 固定部件同轴度、垂直度(水平)和机组关键部件高程的测量记录;

⑤ 转动轴线的摆度、垂直度(水平)的测量记录;

⑥ 电动机磁场中心的测量记录;

⑦ 关键部位螺栓、销钉等紧固情况的记录,如叶轮连接螺栓、主轴连接螺栓、基础螺栓、瓦架固定螺栓及机架螺栓等;

⑧ 各部位漏油、甩油情况的记录;

⑨ 零部件的裂纹、损坏等异常情况记录,包括位置、程度、范围等,并应有综合分析结论;

⑩ 电动机绝缘主要技术参数测量记录;

⑪ 其他重要数据的测量记录。

12.6.2 斜式机组解体

(1) 关闭进、出水流道检修闸门,排空流道内积水,打开流道进人孔。

(2) 关闭或封闭相应的连接管道或闸阀,拆卸油、水连接管路。

(3) 拆卸电动机定连线,拆卸电动机与变速箱联轴器螺栓,测量电动机与变速箱联轴器间隙和同轴度并记录,拆卸电动机地脚螺栓,起吊电动机。

(4) 拆卸变速箱与水泵联轴器螺栓,测量变速箱与水泵联轴器间隙和同轴度并记录,拆卸变速箱地脚螺栓,起吊变速箱。

(5) 拆除填料函填料。

(6) 选取其中 1 只叶片为基准,按 4 个方位盘车测量叶片与叶轮室径向间隙。选用塞尺或楔形竹条尺和外径千分尺配合。测量在叶片进、出水边进行,应列表记录,并拆分叶轮室,起吊上半部分。

(7) 拆卸水泵:

① 拆卸水泵前锥管上半部分和推力轴承端盖;

② 拆卸水泵导叶体及叶轮外壳上端盖;

③ 拆卸水泵水导轴承上端盖;

④ 用塞尺测量水泵导轴承上部间隙并记录;

⑤ 拆卸水导轴承上半部;

⑥ 用塞尺测量水泵导轴承与大轴水平面间隙并记录;

⑦ 吊出叶轮及大轴,放在专用支架上;

⑧ 将叶轮用行车锁定,拆卸叶轮与水泵轴连接螺栓、定位销;

⑨ 拆卸推力轴承座与底板连接螺栓。

(8) 检查测量叶片、叶轮体和叶轮室的汽蚀破坏方位、面积、深度等情况并记录。

(9) 检查推力轴承和水泵导轴承磨损情况并记录,检查轴套轴颈和填料轴颈磨损情况并记录。

(10) 端面间隙同轴度的测量:先用游标卡尺按上、下、左、右选 4 个测量点做好记号,并测量出 4 个点的间隙值,再在可盘车侧联轴器上架设 1 只百分表,百分表表头指向固定联轴器的外圆圆圈表面,按 4 个方位盘车测量,测出两联轴器的同轴度,列表记录。

(11) 测量各主要安装控制面原始高程及推力轴承箱与叶轮室中心相对位置。

(12) 拆卸推力轴承箱并起吊。

(13) 变速箱的解体:

① 拆卸变速箱两端联轴器；

② 拆卸变速箱上盖连接螺栓及轴承端盖，起吊变速箱上盖；

③ 检查齿轮啮合、齿面磨损情况，起吊主、从动齿轮；

④ 拆卸主、从动齿轮两端轴承，清洗轴承和轴颈，检查轴承磨损情况和轴颈情况；

⑤ 拆卸油箱内的冷却管，清理油箱齿轮油，检查清洗油箱内壁。

（14）电动机的解体：

① 拆卸电动机联轴器，将电动机转子联轴器端用行车吊正锁定，拆去其轴承压盖和电动机端盖，用顶丝慢慢顶出电动机端盖和轴承压盖。在转子与定子间的间隙内，按不少于 8 个方位插入长条形青壳纸条或其他厚纸条，避免移出转子时碰伤定子；

② 拆卸电动机另一端轴承压盖和电动机端盖，在电动机轴上套进专用工具，移出转子；

③ 拆卸电动机轴两端轴承和压盖；

④ 清理电动机轴轴颈，检查并测量轴径尺寸；

⑤ 清扫电动机定、转子，检查绕组绝缘情况并记录。

12.7 部件检修

12.7.1 水泵叶轮和叶轮室

（1）叶片的检修工艺和质量要求，应符合表 12.2 的规定。

表 12.2 叶片的检修工艺和质量要求

序号	检 修 工 艺	质 量 要 求
1	检查测量叶片汽蚀情况：用软尺测量汽蚀破坏相对位置；用稍厚白纸拓图测量汽蚀破坏面积；用探针或深度尺等测量汽蚀破坏深度；用胶泥涂抹法称重；用比例换算法换算失重	叶片汽蚀位置在叶片边缘，汽蚀面积应小于 $0.5~m^2$，汽蚀深度小于 5 mm，超出以上范围应进行修补
2	叶片汽蚀进行修补：用抗汽蚀材料修补，靠模砂磨	叶片表面光滑，叶型线与原叶型一致
3	叶片进行称重	叶片称重，同一个叶轮的单个叶片重量偏差允许为该叶轮叶片平均重量的±3%（叶轮直径小于 1 m）或±5%（叶轮直径大于等于 1 m）

（2）叶轮室的检修工艺和质量要求，应符合表 12.3 的规定。

表 12.3 叶轮室的检修工艺和质量要求

序号	检 修 工 艺	质 量 要 求
1	检查测量叶轮室汽蚀情况：用软尺测量汽蚀破坏位置；用稍厚白纸拓图测量汽蚀破坏面积；用探针或深度尺等测量汽蚀破坏深度；检查不锈钢衬套有无脱壳、裂缝等现象	汽蚀位置应在叶轮室表面，分布均匀，汽蚀深度小于 5 mm，超出以上范围应进行修补

序号	检 修 工 艺	质 量 要 求
2	叶轮室汽蚀进行修补:用抗汽蚀材料修补,靠模砂磨	表面光滑,靠模检查基本符合原设计要求
3	检查测量叶轮室组合面有无损伤;更换密封垫;测量叶轮室内径,检查组合后的叶轮室内径圆度	叶轮室内径圆度,按上、下止口位置测量,所测半径与平均半径之差不应超过叶片与叶轮室设计间隙值的±10%

（3）叶轮体静平衡试验的检修工艺和质量要求,应符合表 12.4 的规定。

表 12.4　叶轮体静平衡试验的检修工艺和质量要求

序号	检 修 工 艺	质 量 要 求
1	根据叶轮磨损程度,叶轮体做卧式静平衡试验。将叶轮和平衡轴组装后吊放于水平平衡轨道上,并使平衡轴线与水平平衡轨道垂直	水平平衡轨道长度宜为 1.25～1.50 m
2	轻轻推动叶轮,使叶轮沿平衡轨道滚动;待叶轮静止下来后,在叶轮上方划一条通过轴心的垂直线	平衡轴与平衡轨道均应进行淬火处理,淬火后表面应再进行磨光处理
3	在这条垂直线上的适当点加上平衡配重块,并换算成铁块重或灌铅重量	平衡轨道水平偏差应小于 0.03 mm/m,两平衡轨道的不平行度应小于 1 mm/m
4	继续滚动叶轮,调整配重块大小或距离(此距离应考虑便于加焊配重块),直到叶轮出现随意平衡位置	允许残余不平衡重量应符合设计要求

12.7.2　电动机

（1）电动机定子的检修工艺和质量要求,应符合表 12.5 的规定。

表 12.5　电动机定子的检修工艺和质量要求

序号	检 修 工 艺	质 量 要 求
1	检修前对定子进行试验,包括测量绝缘电阻和吸收比,测量绕组直流电阻,测量直流泄漏电流,进行直流耐压试验	定子各值符合《电力设备预防性试验规程》(DL/T 596—2021)要求
2	定子绕组端部的检修:检查绕组端部的垫块有无松动,如有松动应垫紧垫块;检查端部固定装置是否牢靠、绕组端部及线棒接头处绝缘是否完好、极间连接线绝缘是否良好。如有缺陷,应重新包扎并涂绝缘漆或拧紧压板螺母,重新焊接线棒接头。线圈损坏现场不能处理的应返厂处理	绕组端部的垫块无松动,端部固定装置牢靠,线棒接头处绝缘完好,极间连接线绝缘良好
3	定子绕组槽部的检修:线棒的出槽口有无损坏,槽口垫块、槽楔和线槽有无松动,如有凸起、磨损、松动,应重新加垫打紧;用小锤轻敲槽楔,松动的应更换槽楔;检查绕组中的测温元件有无损坏	线棒的出槽口无损坏,槽口垫块、槽楔和线槽无松动,绕组中的测温元件完好

序号	检 修 工 艺	质 量 要 求
4	定子铁芯和机座的检修:检查定子铁芯齿部、轭部的固定铁芯是否松动,铁芯和漆膜颜色有无变化,铁芯穿心螺杆与铁芯的绝缘电阻值;如固定铁芯产生红色粉末锈斑,说明已有松动,须清除锈斑,清扫干净,重新涂绝缘漆;检查机座各部分有无裂缝、开焊、变形、螺栓有无松动,各接合面是否接合完好,如有缺陷应修复或更换	定子铁芯齿部、轭部的固定铁芯无松动,铁芯和漆膜颜色无变化,铁芯穿心螺杆与铁芯的绝缘电阻值应不小于 10 MΩ,机座各部分无裂缝、开焊、变形,螺栓无松动,各接合面接合完好
5	清理:用压缩空气吹扫灰尘,铲除锈斑,用专用清洗剂清除油垢	定子干净、无锈迹
6	干燥:干燥采用定子绕组通电法,先以定子额定电流的30%预烘 4 h,然后增加定子绕组电流,以 5 A/h 的速率将温度升至 75 ℃,每小时测温 1 次,保温 24 h,每班测绝缘电阻 1 次,然后再以 5 A/h 的速率将温度上升到(105±5) ℃,保温至绝缘电阻在 30 MΩ 以上,吸收比大于等于 1.3	干燥后绝缘电阻应不小于 30 MΩ,吸收比大于等于 1.3,保持 6 h 不变
7	喷漆及烘干:待定子温度冷却至(65±5) ℃ 时测绝缘电阻合格后,用无水 0.25 MPa 压缩空气吹除定子上的灰尘,然后用绝缘漆淋浇线圈端部或用喷枪在降低压力下喷浇	表面光亮清洁,绝缘电阻符合要求。喷漆工艺应符合产品使用技术要求

（2）鼠笼式电动机转子的检修工艺和质量要求,应符合表 12.6 的规定。

表 12.6　鼠笼式电动机转子的检修工艺和质量要求

序号	检 修 工 艺	质 量 要 求
1	采用目测法或断笼侦察器检查鼠笼外壳有无断环和断条现象,如有可采用局部补焊、冷接或换条修复	鼠笼外壳表面完好
2	检查轴颈表面有无轻微伤痕、锈斑等缺陷,如有应用细油石沾透平油轻磨,消除伤痕、锈斑后,再用透平油与研磨膏混合研磨抛光轴颈	轴颈粗糙度满足设计要求
3	检查轴颈尺寸,如不满足要求,可采用镶套、堆焊或喷镀修复	轴颈尺寸符合设计要求
4	用压缩空气吹扫灰尘,用少量汽油清除油垢	转子干净、无锈迹

12.7.3　水泵主轴及导轴颈

（1）水泵导轴颈的检修工艺和质量要求,应符合表 12.7 的规定。

表 12.7　水泵导轴颈的检修工艺和质量要求

序号	检 修 工 艺	质 量 要 求
1	检查水泵导轴颈表面有无伤痕、锈斑等缺陷,如有轻微伤痕应用细油石沾透平油轻磨,消除伤痕、锈斑后,再用透平油与研磨膏混合研磨抛光轴颈	导轴颈表面应光滑、粗糙度符合设计要求
2	水泵导轴颈表面有严重锈蚀或单边磨损超过0.10 mm 时,应加工抛光;单边磨损超过 0.20 mm 或原镶套已松动、导轴颈表面剥落时,应采用不锈钢材料喷镀或堆焊修复或更换不锈钢套	导轴颈符合设计要求

（2）水泵主轴弯曲的检修工艺和质量要求,应符合表 12.8 的规定。

表 12.8　水泵主轴弯曲的检修工艺和质量要求

检 修 工 艺	质 量 要 求
架设百分表,盘车测量主轴轴线,检查其弯曲方位及弯曲程度。如弯曲程度超标,可采用热胀冷缩原理进行处理,要求严格掌握火焰温度、加热的位置、形状、面积大小及冷却速度并不断测量;主轴弯曲严重时应送厂方维修	主轴弯曲程度符合原设计要求

12.7.4　斜式油润滑筒形水泵导轴承

斜式油润滑筒形水泵导轴承的检修工艺和质量要求,应符合表 12.9 的规定。

表 12.9　斜式油润滑筒形水泵导轴承的检修工艺和质量要求

检 修 工 艺	质 量 要 求
检查轴瓦的磨损程度,如轴瓦间隙超过规范要求,可采取喷镀导轴颈或返厂重新浇铸轴瓦,再经过研刮,达到设计要求	轴瓦研刮一般分 2 次进行,初刮在转子穿入前,精刮在转子中心找正后;轴瓦应无夹渣、气孔、凹坑、裂纹或脱壳等缺陷,轴瓦油沟形状和尺寸应正确;筒形轴瓦顶部间隙宜为轴颈直径的 1/1 000 左右,两侧间隙各为顶部间隙的一半;下部轴瓦与轴颈接触角一般为 60°,沿轴瓦长度应全部均匀接触,每平方厘米应有 1～3 个接触点

12.7.5　滚动推力轴承

滚动推力轴承的检修工艺和质量要求,应符合表 12.10 的规定。

表 12.10　滚动推力轴承的检修工艺和质量要求

序号	检 修 工 艺	质 量 要 求
1	检查轴承滚动面有无损伤、裂纹或严重磨损等现象,如有损伤或裂纹,轴承应更换	轴承滚动面无严重磨损,其滚动面完好
2	检查轴承表面有无热变色或电蚀损伤,如有应更换轴承。轴承表面锈蚀,可用钢丝轮或细砂布除去	轴承应无损伤,轴承游隙及旋转精度满足设计要求

12.7.6 电动机冷却器

电动机冷却器的检修工艺和质量要求,应符合表 12.11 的规定。

表 12.11　电动机冷却器的检修工艺和质量要求

序号	检 修 工 艺	质 量 要 求
1	检查冷却器内有无泥、沙、水垢等杂物,如有应清理管道内附着物,使其畅通	冷却器内畅通无附着物
2	检查密封垫,如老化、破损应更换密封垫;检查散热片外观,不完好的应校正或修焊变形处并进行防腐蚀处理	密封垫完好
3	试验、检查冷却器有无渗漏水现象;冷却器安装前的强度耐压试验,应按设计要求的试验压力进行,如设计部门无明确要求,试验压力宜为 0.35 MPa,保持压力 60 min;冷却器安装后的严密性耐压试验,试验压力应为 1.25 倍额定工作压力,保持压力 30 min	冷却器无渗漏现象

12.7.7 测温系统

测温系统的检修工艺和质量要求,应符合表 12.12 的规定。

表 12.12　测温系统的检修工艺和质量要求

序号	检 修 工 艺	质 量 要 求
1	检查电动机绕组及轴承的测温元件及线路	电动机绕组及轴承测温元件及线路完好
2	检查测温装置所显示温度与实际温度对应情况,有温度偏差应查明原因,校正误差或更换测温元件	测温装置所测温度应与实际温度相符,偏差不宜大于 3 ℃

12.7.8 齿轮变速箱

齿轮变速箱的检修工艺和质量要求,应符合表 12.13 的规定。

表 12.13　齿轮变速箱的检修工艺和质量要求

序号	检 修 工 艺	质 量 要 求
1	检查联轴器、键及键槽,如损坏应更换	联轴器、键及键槽应完好
2	检查两端轴承和密封,如损坏应更换	轴承及其密封完好
3	如齿面存在偏磨情况应检查齿轮啮合情况,通过检查和调整两端轴承改善齿轮啮合情况	齿轮应啮合良好
4	如齿面存在拉毛现象,应采用研磨膏研磨;检查齿轮润滑油情况	齿轮润滑油标号正确,润滑油路通畅
5	如存在局部断齿,可采用堆焊重新加工恢复或更换新齿轮	齿轮完好,齿根无裂纹

序号	检 修 工 艺	质 量 要 求
6	清洗水冷却器,去除油污,仔细擦抹干净,用试压泵进行水压试验,检查渗漏情况。如铜管有砂孔或裂缝,应用铜、银焊补或更换铜管	水冷却器水管畅通、无渗漏
7	检查测温装置所显示温度与实际温度对应情况,有温度偏差应查明原因,校正误差或更换测温元件	测温装置所测温度应与实际温度相符,偏差不宜大于 3 ℃

12.8 安装质量控制

12.8.1 水泵安装质量要求

(1) 填料密封的安装质量应符合如下要求:

① 填料函内侧,挡环与轴套的单侧径向间隙应为 0.25～0.50 mm;

② 水封孔道畅通,水封环应对准水封进水孔;

③ 填料接口严密,两端搭接角度一般宜为 45°,相邻 2 层填料接口宜错开 120°～180°;

④ 填料压盖应松紧适当,与轴周径向间隙应均匀。

(2) 水泵安装的轴向、径向偏差应不超过 0.1 mm/m。测量应以水泵的水导轴承轴窝中开面、轴的外伸部分、底座的水平加工面等为基准。

(3) 联轴器安装质量应符合如下要求:

① 联轴器应根据不同配合要求进行套装,套装时不应直接用铁锤敲击;

② 弹性联轴器的弹性圈和柱销应为过盈配合;过盈量宜为 0.2～0.4 mm;柱销螺栓应均匀着力,当全部柱销紧贴在联轴器螺孔一侧时,另一侧应有 0.5～1 mm 的间隙;

③ 盘车检查两联轴器的同轴度,其允许偏差应符合表 12.14 的规定;

④ 弹性联轴器的端面间隙应符合表 12.15 的规定,并应不小于实测的轴向窜动值。

表 12.14 联轴器同轴度允许偏差值 单位:mm

转速 (r/min)	刚 性 连 接		弹 性 连 接	
	径向	端面	径向	端面
1 500～750	0.10	0.05	0.12	0.08
750～500	0.12	0.06	0.16	0.10
<500	0.16	0.08	0.24	0.15

表 12.15 弹性联轴器的端面间隙 单位:mm

轴孔直径	标 准 型			轻 型		
	型号	最大外径	间隙	型号	最大外径	间隙
25～28	B_1	120	1～5	Q_1	105	1～4
30～38	B_2	140	1～5	Q_2	120	1～4

轴孔直径	标 准 型			轻 型		
	型 号	最大外径	间 隙	型 号	最大外径	间 隙
35~45	B₃	170	2~6	Q₃	145	1~4
40~55	B₄	190	2~6	Q₄	170	1~5
45~65	B₅	220	2~6	Q₅	200	1~5
50~75	B₆	260	2~8	Q₆	240	2~6
70~95	B₇	330	2~10	Q₇	290	2~6
80~120	B₈	410	2~12	Q₈	350	2~8
100~150	B₉	500	2~15	Q₉	440	2~10

12.8.2 齿轮箱安装质量要求

（1）斜式齿轮箱的安装应以水泵为基准找正，调整轴承孔中心位置，其同轴度偏差应不大于 0.1 mm；底座的轴向偏差应不超过 0.2 mm/m，径向偏差应不超过 0.1 mm/m。

（2）齿轮箱轴联轴器应按水泵联轴器找正，其同轴度、端面间隙应符合要求。

12.8.3 电动机安装质量要求

（1）电动机的安装应以水泵为基准找正，调整轴承孔中心位置，其同轴度偏差应不大于 0.1 mm；底座的轴向偏差应不超过 0.2 mm/m，径向偏差应不超过 0.1 mm/m。

（2）主电动机轴联轴器应按齿轮箱联轴器找正，其同轴度、端面间隙应符合要求。

（3）电动机空气间隙的测定位置应在电动机两端选择同一断面的上、下、左、右固定的 4 点进行；各间隙与平均间隙之差，应不超过平均间隙值的 ±10%。

12.8.4 滚动轴承、推力轴承安装质量要求

（1）滚动轴承应清洁无损伤，工作面应光滑无裂纹、蚀坑和锈污，滚珠和内圈接触应良好，与外圈配合应转动灵活无卡涩，但不松弛；推力轴承的紧圈与活圈应互相平行，并与轴线垂直。

（2）滚动轴承内圈与轴的配合应松紧适当，轴承外壳应均匀地压住滚动轴承的外圈，不应使轴承产生歪扭。

（3）轴承使用的润滑剂应按制造厂的规定，轴承室的注油量应符合要求。

（4）滚动轴承装配采用温差法，被加热的轴承其温度应不高于 100 ℃。

（5）轴承与轴承端盖间隙应满足厂家要求。

12.9 机组安装

12.9.1 一般要求

（1）机组安装在解体、清理、保养、检修后进行，安装后机组固定部件的中心应与转动

部件的中心重合,各部件的高程和相对间隙应符合规定。固定部分的同轴度、高程,转动部件的同轴度、端面间隙等是影响机组安装质量的关键。

(2) 机组安装应按照先水泵后齿轮箱电动机,先固定部分后转动部分,先零件后部件的原则进行。

(3) 各部件结束安装前,应查对记号或编号,使复装后能保持原配合状态,机组总装时按记录进行。

(4) 机组总装时先装定位销钉,再装紧固螺栓;螺栓装配时应配用套筒扳手、梅花扳手、开口扳手和专用扳手;各部件的螺栓安装时,在螺纹处应涂上铅油,螺纹伸出一般为2～3圈条纹为宜,以免锈蚀后难以拆卸。

(5) 安装时各金属滑动面应涂油脂;设备组合面应光洁无毛刺。

(6) 部件法兰面的垫片,如石棉、纸板、橡皮板等,应拼接或胶接正确,以便安装时按原状配合。平垫片应用燕尾槽拼接,O 型固定密封圈宜用胶接。

(7) 法兰连接的 O 型密封圈沟槽,其三角形沟槽、矩形沟槽选用应符合表 12.16 和表 12.17 的要求。

表 12.16　法兰三角形槽用 O 型密封圈尺寸　　　　　单位:mm

密封圈直径	1.9	2.4	3.1	3.5	5.7	8.6	12
三角形槽宽	2.5	3.2	4.2	4.7	7.5	11	16.5

表 12.17　法兰矩形沟槽用 O 型密封圈尺寸　　　　　单位:mm

密封圈直径	1.9	2.4	3.1	5.7
槽　宽	2.5	3.2	4.4	7
槽　深	1.5	1.9	2.5	5

(8) 水泵组合面的合缝检查应符合下列要求:

① 合缝间隙一般可用 0.05 mm 塞尺检查,不得通过;

② 当允许有局部间隙时,可用不大于 0.10 mm 塞尺检查,深度应不超过组合面宽度的 1/3,总长应不超过周长的 20%;

③ 组合缝处的安装面高差应不超过 0.10 mm。

(9) 部件安装定位后,应按设计要求装好定位销。各连接部件的销钉、螺栓、螺帽,均应按设计要求锁定或点焊牢固。有预应力要求的连接螺栓应测量紧度,并应符合设计要求。

(10) 对大件起重、运输应制订操作方案和安全技术措施;对起重机各项性能要预先检查、测试,并逐一核实。

(11) 安装电动机时,应采用专用吊具,不应将钢丝绳直接绑扎在轴颈上吊电动机,不应有杂物掉入电动机内。

(12) 不应以管道、设备或脚手架、脚手平台等作为起吊重物的承力点,凡利用建筑结构起吊或运输大件应进行验算。

(13) 油压、水压、渗漏试验应按设计要求进行,未做规定时可按如下要求试验:

① 强度耐压试验:试验压力应为 1.5 倍额定工作压力,保持压力 10 min,无渗漏和裂缝现象;

② 严密性耐压试验:试验压力应为 1.25 倍额定工作压力,保持压力 30 min,无渗漏现象;

③ 油压、水压、渗漏试验按表 12.18 的规定进行。

表 12.18 油压、水压、渗漏试验的要求

序号	试验部件	试验步骤	试验项目	试验时间（h）	试验压力（MPa）	标准
1	油冷却器	安装前	水 压	1.5	0.4	无渗漏
		安装后整组	水 压	1	0.35	无渗漏
2	护 管	安装前	水 压	1	0.2	无渗漏
3	水泵油润滑导轴承密封	安装中	试渗漏	0.5		少量渗水

（14）机组检修安装后,设备、部件表面应清理干净,并按规定的涂色进行油漆防护,涂漆应均匀,无起泡、皱纹现象。设备涂色若与厂房装饰不协调时,除管道涂色外,可作适当变动。阀门手轮、手柄应涂红色,并应标明开关方向。铜及不锈钢阀门不涂色。阀门应编号。管道上应用白色箭头(气管用红色)表明介质流动方向。设备涂色应符合表 12.19 的规定。

表 12.19 设备涂色规定

序号	设 备 名 称	颜 色	序号	设 备 名 称	颜 色
1	泵壳内表面、叶毂、导叶等过水面	红	10	技术供水进水管	天 蓝
2	水泵外表面	蓝灰或果绿	11	技术供水排水管	绿
3	电动机轴和水泵轴	红	12	生活用水管	蓝
4	水泵、电动机脚踏板、回油箱	黑	13	污水管及一般下水道	黑
5	电动机定子外表面、上机架、下机架外表面	米黄或浅灰	14	低压压缩空气管	白
6	栏杆(不包括镀铬栏杆)	银白或米黄	15	高、中压压缩空气管	白底红环
7	附属设备的压油罐、储气罐	蓝灰或浅灰	16	抽气及负压管	白底绿环
8	压力油管、进油管、净油管	红	17	消防水管及消火栓	橙 黄
9	回油管、排油管、溢油管、污油管	黄	18	阀门及管道附件(不包括铜及不锈钢阀门及附件)	黑

12.9.2 机组安装具体要求

1. 装配电动机

（1）清理零部件,清洗加工面,再用压缩空气吹去污物至干净;机座、端盖内表面、轴

承盖、转轴等非配合面清理干净后喷漆。

(2) 将两端轴承内盖装于电动机轴上。

(3) 将轴承清洗干净,采用热套法装配。

(4) 在定、转子间插入青壳纸或厚纸板,用专用吊装工具将转子吊起穿入定子。

(5) 安装两端的挡风板和轴承端盖。

(6) 按要求注入润滑脂,安装轴承外盖。

(7) 测量电机定、转子间的空气间隙,如不符合要求,应查明原因,妥善处理。

(8) 安装集电环与电刷。

2. 装配齿轮变速箱

(1) 清理零部件,箱体内壁采用耐油油漆防护。

(2) 安装冷却盘管,压力试验合格。

(3) 采用热套法分别装配主、从动齿轮两端轴承。

(4) 安装主、从动齿轮,检查齿轮啮合情况。

(5) 在结合面上涂密封胶,安装箱体上盖。

(6) 调整轴承间隙,安装齿轮轴轴伸端密封装置及端盖。

(7) 清洗轴颈,采用热套法安装两端联轴器。

3. 调整斜式水泵倾斜度

(1) 制作 1 台与机组倾斜角度一致的水平仪专用支架。

(2) 清洗水泵导轴承体。

(3) 将水泵导轴承体下半部安装在轴承座上。

(4) 以水泵导轴承体下半部组合面为基准,架水平仪专用支架,用水平仪放置测量,测量中应将水平仪调整 180°测量 2 次,放置位置应相对固定。

(5) 调整水泵导轴承体地脚螺栓,各测量部位水平仪读数偏差应不大于 0.1 mm/m,即水泵导轴承体下半部倾斜度偏差应不大于 0.1 mm/m。

4. 测量和调整固定部件的同轴度

根据测量记录分析,调整推力轴承箱及叶轮室的中心在规定的范围内。

5. 推力轴承安装

按键槽方向将轴承压盖、油封、轴承端盖套装在泵轴上,将轴承和轴承衬套组合套装泵轴上。

6. 主轴吊入

吊入主轴,将其一端放在导叶体内,下面用垫木垫实,另一端放在推力轴承箱下半部分上。

7. 安装导轴承结构水泵

(1) 将叶轮与水泵主轴用行车锁定或千斤顶支撑牢固,连接叶轮与水泵轴连接螺栓、定位销。

(2) 将水泵导轴承体下半部放在轴承座上并将主轴就位。

(3) 安装水泵导轴承盖和轴承体上半部。

(4) 用塞尺测量水泵导轴承上部间隙并记录。

（5）安装水泵前锥管上半部分、水泵导轴承端盖。

8. 其他安装

（1）安装推力轴承两端轴承盖和压盖，安装油封、密封盒和密封压板。

（2）安装叶轮室上半部，盘车测量水泵叶片与叶轮室径向间隙并记录。

（3）安装水泵轴密封装置，压紧填料。

（4）吊入齿轮箱，调整联轴器端面间隙和同轴度符合安装质量要求，安装齿轮箱的地脚螺栓和联轴螺栓。

（5）吊入电动机，调整联轴器端面间隙和同轴度符合安装质量要求，安装电动机的地脚螺栓和联轴螺栓。

（6）安装油、气、水管道。

9. 进水流道充水

（1）检查、清理流道。

（2）封闭进人孔，关闭进水流道排水闸阀，对进水流道进行充水，使流道中水位逐渐上升，直到流道内水位与下游水位持平。

（3）充水时应派专人仔细检查各密封面和结合面渗漏水情况。观察 24 h，确认无渗漏水后，方能提起下游进水闸门。

（4）流道如发现漏水，应立即在漏水部位做好记号，关闭流道充水阀，启动检修排水泵，排空流道积水。对流道漏水部位处理完毕后，再次进行充水试验，直到流道完全消除渗漏水现象。

12.10　电气试验

1. 机组检修后电动机试验

（1）绕组的绝缘电阻、吸收比试验。

（2）绕组的直流电阻试验。

（3）定子绕组的直流耐压试验和泄漏电流试验。

（4）定子绕组的交流耐压试验。

2. 电动机试验要求

电动机试验要求参见本书第 9 章"泵闸电气试验作业指导书"。

12.11　试运行和交接验收

1. 机组大修质量控制流程

机组大修质量控制流程，见图 12.2。

2. 试运行

（1）机组大修完成，且试验合格后，应进行大修机组的试运行。

（2）机组试运行前，由检修单位（部门）和运行管理单位（部门）共同制定试运行计划。试运行由检修单位（部门）负责，运行管理单位（部门）参加。试运行过程中，应做好详

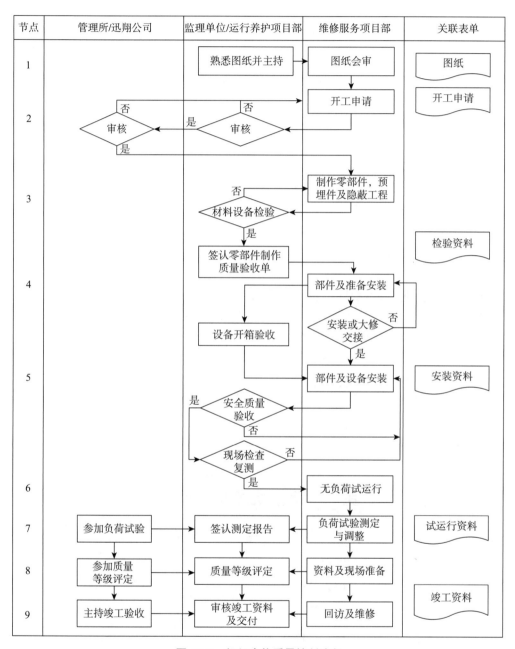

节点	管理所/迅翔公司	监理单位/运行养护项目部	维修服务项目部	关联表单
1		熟悉图纸并主持	图纸会审	图纸
2	否 审核 是	否 审核 是	开工申请	开工申请
3		否 材料设备检验 是	制作零部件，预埋件及隐蔽工程	
4		签认零部件制作质量验收单 / 设备开箱验收	部件及准备安装 / 安装或大修交接 否 是	检验资料
5		是 安全质量验收 否	部件及设备安装	安装资料
6		现场检查复测 否 是	无负荷试运行	
7	参加负荷试验	签认测定报告	负荷试验测定与调整	试运行资料
8	参加质量等级评定	质量等级评定	资料及现场准备	竣工资料
9	主持竣工验收	审核竣工资料及交付	回访及维修	

图 12.2 机组大修质量控制流程

细记录。

(3) 机组试运行的主要工作是检查机组的有关检修情况,鉴定检修质量。

(4) 机组试运行时间为带负荷连续运行 8 h。

3. 交接验收

(1) 机组大修结束且试运行正常后,应进行大修交接验收。大修机组经验收合格,方可投入正常运行。

(2) 交接验收工作程序可参照《泵站设备安装及验收规范》(SL 317—2015)等要求进行。

(3) 交接验收的主要内容:

① 检查大修项目是否按要求全部完成;

② 审查大修报告、试验报告和试运行情况;

③ 进行机组大修质量鉴定,并对检修缺陷提出处理要求;

④ 审查机组是否已具备安全运行条件;

⑤ 验收遗留问题提出的处理意见;

⑥ 主持机组移交。

12.12 泵闸主机组大修中的安全管理

内容参见本书第 17 章"泵闸维修养护安全管理作业指导书"。

12.13 泵站主机组大修报告格式

(1) 淀东泵站大修报告封面格式,见图 12.3。

上海市淀东泵站

第＿＿号主机组大修报告

管理单位＿＿＿＿＿＿＿＿＿

检修单位＿＿＿＿＿＿＿＿＿

编制单位＿＿＿＿＿＿＿＿＿

审　　核＿＿＿＿＿＿＿＿＿

主　　管＿＿＿＿＿＿＿＿＿

＿＿＿＿年＿＿＿＿月

图 12.3　淀东泵站大修报告封面格式

(2) 淀东泵站大修报告内容目录格式,见图 12.4。

目 录

一、机组基本情况

二、机组检修组织情况

三、机组解体资料

四、机组安装资料

五、电气试验记录

六、试运行情况

七、大修总结

八、大修验收卡

九、大修验收鉴定意见

十、其他

图 12.4 淀东泵站大修报告内容目录格式

(3) 淀东泵站机组基本情况格式,见表 12.20。

表 12.20 淀东泵站机组基本情况

<table>
<tr><td rowspan="2">电动机</td><td>型号</td><td colspan="4">Y630 - 6 - 1 600 kW 10 kV 型</td></tr>
<tr><td>厂家</td><td colspan="2">西门子大型特种电机(山西)有限公司</td><td>编号</td><td></td></tr>
<tr><td rowspan="2">水泵</td><td>型号</td><td colspan="4">3000APGI30 - 3.2</td></tr>
<tr><td>厂家</td><td colspan="2">日立泵制造(无锡)有限公司</td><td>编号</td><td></td></tr>
<tr><td colspan="4">出厂日期　　电动机：　　水泵：</td><td>投运日期</td><td></td></tr>
</table>

<table>
<tr><td rowspan="4">运行情况</td><td>总运行(h)</td><td></td><td rowspan="4">大修情况</td><td colspan="2">首次大修日期</td><td></td></tr>
<tr><td>本期运行(h)</td><td></td><td colspan="2">上次大修日期</td><td></td></tr>
<tr><td>主要故障次数</td><td></td><td rowspan="2">本次大修日期</td><td>开工</td><td></td></tr>
<tr><td>总大修次数</td><td></td><td>竣工</td><td></td></tr>
<tr><td colspan="7">本期运行情况概述：</td></tr>
<tr><td colspan="7">本次检修缘由：</td></tr>
</table>

（4）淀东泵站机组检修组织情况格式，见表 12.21。

表 12.21　淀东泵站机组检修组织情况

1. 检修领导小组 　　组长： 　　副组长： 　　安全员：
2. 检修班 　　机务班长：　　　　　　　　副班长： 　　班员： 　　电气班长：　　　　　　　　副班长： 　　班员： 　　材料员：　　　　　　　　资料员：
3. 验收组 　　组长： 　　组员：
4. 其他人员

（5）机组解体资料。

① 机组检修解体准备和解体程序说明；

② 机组解体原始测量记录内容和格式要求，见表 12.22～表 12.29。

表 12.22　电动机磁场中心原始测量记录　　　　　年　月　日

测　量　部　位	测　　点					合格范围 （mm）
	1	2	3	4	平均值	
定子上平面至转子磁轭上平面相对高差(mm)						

测量_____　　　　记录_____　　　　验收_____

表 12.23　电动机空气间隙原始记录　　　　　年　月　日

磁极编号	1	2	3	4	5	6	7	8	9	10	11	12
间　　隙(mm)												
磁极编号	13	14	15	16	17	18	19	20	21	22	23	24
间　　隙(mm)												

测量_____　　　　记录_____　　　　验收_____

表 12.24　水泵叶片与叶轮室径向间隙原始记录　　　　年　　月　　日

方位编号	径向间隙(mm)											
	叶片 1			叶片 2			叶片 3			叶片 4		
	上部	中部	下部	上部	中部	下部	上部	中部	下部	上部	中部	下部
1												
2												
3												
4												

测量＿＿＿＿＿＿　　　　记录＿＿＿＿＿＿＿＿　　　　验收＿＿＿＿＿＿＿

表 12.25　水导轴承间隙原始记录　　　　年　　月　　日

部　件	1	2	3	4	部　位
水泵轴承间隙(mm)					
电动机轴承间隙(mm)					

电动机上导轴承:测量＿＿＿＿＿＿　　　记录＿＿＿＿＿＿＿　　　验收＿＿＿＿＿＿＿
电动机下导轴承:测量＿＿＿＿＿＿　　　记录＿＿＿＿＿＿＿　　　验收＿＿＿＿＿＿＿
水 泵 上 导 轴 承:测量＿＿＿＿＿＿　　　记录＿＿＿＿＿＿＿　　　验收＿＿＿＿＿＿＿
水 泵 下 导 轴 承:测量＿＿＿＿＿＿　　　记录＿＿＿＿＿＿＿　　　验收＿＿＿＿＿＿＿

表 12.26　叶片汽蚀破坏情况记录　　　　年　　月　　日

破　坏　状　况	叶　片　编　号			
	叶片 1	叶片 2	叶片 3	叶片 4
最大汽蚀深度(mm)				
汽蚀部位				
汽蚀面积(cm^2)				

测量＿＿＿＿＿＿　　　记录＿＿＿＿＿＿＿　　　验收＿＿＿＿＿＿＿
附:汽蚀状况照片(摄影)
之一:
之二:

表 12.27　叶轮室汽蚀破坏情况记录　　　　年　　月　　日

破　坏　状　况	方　位			
	东	南	西	北
最大汽蚀深度(mm)				
汽蚀部位				

破 坏 状 况	方 位			
	东	南	西	北
汽蚀面积（cm²）				

测量_____　　记录_____　　　验收_____

附:汽蚀状况照片(摄影)

之一:

之二:

表 12.28　定、转子、矽钢片等检查记录　　　年　月　日

测量_____　　记录_____　　　验收_____

表 12.29　其他情况记录　　　年　月　日

测量_____　　记录_____　　　验收_____

（6）机组安装资料。

① 机组安装综合说明；

② 机组安装测量记录内容和格式要求见表 12.30～12.33。

表 12.30　电动机磁场中心测量记录　　　年　月　日

部 件	测 点					合格范围（mm）
	1	2	3	4	平均值	
定子上平面至转子磁轭上平面相对高差(mm)						

测量_____　　记录_____　　　验收_____

表 12.31　电动机空气间隙测量记录　　　　　　　　　年　　月　　日

磁极编号	1	2	3	4	5	6	7	8	9	10	11	12
间　隙 （mm）												
磁极编号	13	14	15	16	17	18	19	20	21	22	23	24
间　隙 （mm）												

测量_____　　　　记录_____　　　　　　验收_____

表 12.32　水泵叶片与叶轮外壳径向间隙测量记录　　　　　年　　月　　日

方位 编号	径向间隙（mm）											
	叶片 1			叶片 2			叶片 3			叶片 4		
	上部	中部	下部	上部	中部	下部	上部	中部	下部	上部	中部	下部
1												
2												
3												
4												

测量_____　　　　记录_____　　　　　　验收_____

表 12.33　其他安装情况记录　　　　　　　　　　　　年　　月　　日

测量_____　　　　记录_____　　　　　　验收_____

（7）电气试验记录内容和格式要求见表 12.34～表 12.39。

表 12.34　直流电阻测定

天气：　　温度：　　℃　湿度：　　%　　　　　　　　　　年　　月　　日

相　别	A 相	B 相	C 相	转　子
实测阻值（Ω）				
标准阻值（Ω）				
相间误差（%）	$\dfrac{R_A - R_B}{R_A} =$	$\dfrac{R_B - R_C}{R_B} =$	$\dfrac{R_C - R_A}{R_C} =$	

表 12.35　绝缘电阻测量

天气：　温度：　　℃　湿度：　　%　　　　　　　　　　　年　月　日

相　　别		$A-B$、C 地	$B-C$、A 地	$C-A$、B 地	转　子
耐压前	R_{15}''/R_{60}''(MΩ)				
	吸收比				
耐压后	R_{15}''/R_{60}''(MΩ)				
	吸收比				

表 12.36　直流泄漏及直流耐压

天气：　温度：　　℃　湿度：　　%　　　　　　　　　　　年　月　日

电　压(uA)		0.5Ue		1.0Ue		1.5Ue		2.0Ue		2.5Ue	
时　间(s)		15	60	15	60	15	60	15	60	15	60
相别	$A-B$、C 地										
	$B-C$、A 地										
	$C-A$、B 地										

表 12.37　交流耐压

天气：　温度：　　℃　湿度：　　%　　　　　　　　　　　年　月　日

相　　　别	A 相	B 相	C 相	时　间
试验电压(kV)				
电　　流(mA)				
球　　隙(kV)				

表 12.38　其他试验

测量＿＿＿＿＿＿　　　　　　　　记录＿＿＿＿＿＿＿

表 12.39　电气试验结论

主管：　　　　　审核：　　　　　试验人员：

（8）试运行情况记录内容和格式要求，见表 12.40～12.42。

表 12.40　开停机记录

序号	操作方式	日期时间	运行工况	上游水位（m）	下游水位（m）	发令人	操作人	监护人

表 12.41　运行记录

记录时间	有功功率（kW）	无功功率（kVar）	主机电流（A）			温　度　（℃）			
			A相	B相	C相				

记录_____　　　　　　　　　　　验收_____

表 12.42　试运行情况及参加试运行人员

试运行情况：

参加试运行人员：

（9）大修总结内容及格式，见表 12.43。

表 12.43　大修总结

1. 大修过程简述：
2. 消除设备重大缺陷及采取的主要措施：
3. 设备的重要改进及效果：
4. 大修费用情况简要说明：
5. 大修后尚存在的主要问题及准备采取的措施：
6. 其他说明：

检修负责人_____　　　　　　　　技术负责人_____

（10）大修验收卡，见表12.44。

表 12.44 大修验收卡

工程项目						批准文号		
施工部位						批准经费		
批准工程量						施工单位		
开工时间			竣工时间			工　期		
完成经费	其中	人工费	材料费		机械费	管理费		其　他
完成工程量								
实际使用人工及工种	工种	工日	金额	实际使用主要材料和设备	名称	规格	单位	数量	金额
实际使用机械	名称	台班	金额						

单位负责人＿＿＿＿＿＿　　项目责任人＿＿＿＿＿＿　　编制＿＿＿＿＿＿

（11）大修验收鉴定意见内容及格式，见表12.45。

表 12.45 大修验收鉴定意见

1. 检修情况及存在问题：

　　　　　　　　　　　　　　　　　　　　检修负责人：　　年　月　日

2. 大修质量自检意见：

　　　　　　　　　　　　　　　　　　　　质量自检负责人：　　年　月　日

3. 大修验收意见：

　　　　　　　　　　　　　　　　　　　　验收负责人：　　年　月　日

4. 验收单位及人员签名：

第 13 章

泵闸水工建筑物维修养护作业指导书

13.1 范围

泵闸水工建筑物维修养护作业指导书适用于指导淀东泵闸水工建筑物的维修养护作业,其他同类型泵闸的水工建筑物的维修养护作业可参照执行。

13.2 规范性引用文件

下列文件适用于泵闸水工建筑物维修养护作业指导书:

《泵站技术管理规程》(GB/T 30948—2021);

《泵站更新改造技术规范》(GB/T 50510—2009);

《建设工程施工现场消防安全技术规范》(GB 50720—2011);

《水利泵站施工及验收规范》(GB/T 51033—2014);

《建筑消防设施的维护管理》(GB 25201—2010);

《水闸技术管理规程》(SL 75—2014);

《水闸施工规范》(SL 27—2014);

《混凝土坝养护修理规程》(SL 230—2015);

《土石坝养护修理规程》(SL 210—2015);

《建筑施工扣件式钢管脚手架安全技术规范》(JGJ 130—2011);

《施工现场临时用电安全技术规范》(JGJ 46—2005);

《上海市水闸维修养护技术规程》(SSH/Z 10013);

《上海市水利泵站维修养护技术规程》(SSH/Z 10012);

《建筑施工特种作业人员管理规定》(建质〔2008〕75 号);

淀东水利枢纽泵闸改扩建工程初步设计报告;

淀东泵闸技术管理细则。

13.3 水工建筑物维修养护设备工具配置

1. 常用维修养护设备配置

淀东泵闸水工建筑物的维修养护内容包括土(石)工建筑物维修养护,混凝土建筑物维修养护,上、下游河道堤防维修养护,配套设施养护等。运行养护项目部在组织维修养护时,应结合机具配备情况、工程进度要求和工程特点,因地制宜地合理布置和安排维修养护设备,提高综合机械化水平;同时,应加强机具设备维修保养,提高设备完好率,充分发挥机具设备的作用。作业机械在进场后应安排好存放地方,并将进行相应的保养和试运转等工作。作业使用期间,作业机械应派专人进行维护和管理,以确保其能顺利使用。

2. 维修养护物资、备品件的配置

迅翔公司应做好维修养护顺利进行的物资、备品件的准备,根据各种物资、备品件的需要量计划,分别落实货源,安排运输和储备,使其满足连续维修养护要求。

3. 主要作业机械设备配置

主要作业机械设备配置,见表 13.1。

表 13.1　主要作业机械设备一览表

序号	名　称	型号规格	数量	序号	名　称	型号规格	数量
1	载货车	SC1022SAAC6	1辆	22	砂浆搅拌机	300	1台套
2	吊车	8t	若干辆	23	手持电钻	三功能	1台
3	水泵	WB20T-D	1台套	24	小型砂轮机	S40气动	1台套
4	水泵	WP30X-DF	1台套	25	绳索		若干根
5	全站仪	RTS632	1台	26	撬棍	23-1200	若干根
6	水准仪	GOL32D	1台	27	爬梯	折叠多功能	若干架
7	塔尺	5m铝合金	1根	28	喷漆机	495	1台
8	中纬	ZDL700	1台	29	电动葫芦	CD1钢丝绳2T	1台套
9	中纬	Zenith15 RTK系统	1台	30	手拉葫芦	2TX3M	2台套
10	卷尺	5 m	6把	31	打磨抛光机	330A	1台
11	卷尺	50 m	2把	32	四驱运输车		1辆
12	钢筋切断机	GQ40	1台	33	风枪	MODEL-T16A	1把
13	电焊机	10 kW	1台	24	铁锹		1组
14	木工机械	300多功能	若干台	35	安全帽	9FABS	若干顶
15	劳动车	大号斗两轮手推车	若干辆	36	绝缘靴	10 kV	若干双
16	汽油发电机	Dm³ 500CX	1台套	37	绝缘手套	10 kV	若干副
17	振动器	ZN-90插入式	1台套	38	安全带	DW1 Y、T2XB	若干条
18	振动器	ZW附着平板式	1台套	39	脚手架		若干根
19	移动式照明设备	M-SFW6110B	1组	40	救生衣	RSCY-A4	若干件
20	蛙式打夯机	力帆平板	1台套	41	施工用消防器材	1211灭火器	若干台
21	混凝土搅拌机	JZC350	1台套				

13.4　维修养护周期

淀东泵闸水工建筑物除满足日常保洁、保养和及时修复、每季度结合定期检查开展养护工作以外,每年1次定期维修。相关维修养护周期参见附录 A。

13.5　水工建筑物维修养护一般标准

淀东泵闸水工建筑物维修养护的一般标准,见表 13.2。

表 13.2　淀东泵闸水工建筑物维修养护一般标准

序号	项　目	工　作　标　准
1	正常运用	泵闸水工建筑物应按设计标准运用,当超标准运用时应采取可靠的安全应急措施,报上级主管部门经批准后执行
2	管理范围作业活动要求	1. 在泵闸水工建筑物附近,不得进行爆破作业,如有特殊需要应进行爆破时,应经上级主管部门批准,并采取必要的保护措施; 2. 在泵闸管理范围内,所有岸坡和各种开挖与填筑的边坡部位及附近,如需进行施工,应采取措施,防止坍塌或滑坡等事故; 3. 未经计算及审核批准,禁止在建筑结构物上开孔、增加荷重或进行其他改造工作
3	浆砌石翼墙、挡墙	表面应平整,无杂草、杂树、杂物和坍塌,勾缝完好,无破损、脱落
4	混凝土表面	1. 无破损,表面应保持清洁完好,积水、积雪应及时排除; 2. 门槽、闸墩等处如有苔藓、蚧贝、污垢等应予清除; 3. 闸门槽、底坎等部位淤积的砂石、杂物应及时清除; 4. 底板、消力池范围内的石块和淤积物应结合水下检查定期清除
5	公路桥、工作便桥	1. 公路桥、工作便桥的拱圈和工作桥的梁板构件应保证无裂缝; 2. 公路桥、工作桥和工作便桥桥面应定期清扫,工作桥的桥面排水孔的泄水应防止沿板和梁漫流; 3. 工作桥面无坑塘、雍包、开裂,破损率应小于 1%,平整度应小于 5 mm(用 3 m 直尺法测定); 4. 桥面人行道应符合下列要求: (1) 破损率小于 1%; (2) 平整度小于 5 mm(用 3 m 直尺法测定); (3) 相邻物件高差小于 5 mm; 5. 桥面泄水管畅通,无堵塞
6	上、下游堤防	1. 泵闸上、下游堤顶、堤肩、道口平整、坚实;无裂缝及空洞,排水顺畅,堆积物应及时清除; 2. 迎水坡无裂缝、损坏,变形缝完好,块石无松动现象,排水顺畅,无杂草、杂树生长或杂物堆放; 3. 背水坡无渗水、漏水、冒水、冒沙、裂缝、塌坡和不正常隆起,无蛇、鼠、白蚁等动物洞穴; 4. 护堤地应做到边界明确,地面平整,无杂物

序号	项 目	工 作 标 准
7	水下部位	1. 位于水下的底板、闸墩、岸墙、翼墙、铺盖、护坦、消力池等部位,应通过水下检查,认定底板、闸墩、铺盖、护坦、翼墙等无损坏; 2. 门槽、门底预埋件无损坏,无块石、树枝等杂物影响闸门启闭; 3. 底板、闸墩、翼墙、护坦、消力池、消力槛等部位表面无裂缝、异常磨损、混凝土剥落、露筋等; 4. 消力池内无砂石等淤积物; 5. 如发生表层剥落、冲坑、裂缝、止水设施等损坏,应根据水深、部位、面积大小、危害程度等不同情况,选用钢围堰、气压沉柜等设施进行水下修补(参见本书 13.11 节)
8	两岸连接工程	1. 岸墙及上、下游翼墙混凝土无破损、渗漏、侵蚀、露筋、钢筋腐蚀和冻融损坏等;浆砌石无变形、松动、破损、勾缝脱落等;干砌石工程保持砌体完好、砌缝紧密,无松动、塌陷、隆起、底部掏空和垫层流失; 2. 上、下游翼墙与边墩间的永久缝及止水完好,无渗漏;上游翼墙与铺盖之间的止水完好;下游翼墙排水管无淤塞,排水通畅; 3. 上、下游岸坡符合设计要求,顶平坡顺,无冲沟、坍塌;上、下游堤岸排水设施完好;硬化路面无破损
9	防渗、排水设施及永久缝	1. 铺盖无局部冲蚀损坏形象; 2. 消力池、护坦上的排水井(沟、孔)或翼墙、护坡上的排水管应保持畅通,反滤层无淤塞或失效; 3. 岸墙、翼墙、挡土墙上的排水孔及公路桥、工作便桥拱下的排水孔均应保持畅通; 4. 永久缝填充物无老化、脱落、流失现象
10	护栏、栏杆、爬梯、扶梯	护栏、栏杆、爬梯、扶梯等设施表面应保持清洁;当变形、损伤严重,危及使用和安全功能的,应立即予以整修或更新,需油漆的应定期油漆,室内设施的油漆周期一般 3 年 1 次,室外设施的油漆周期一般 2 年 1 次
11	电缆沟	1. 盖板齐全、完整,无破损、缺失,安放平稳; 2. 电缆沟无破损、塌陷、沉淀、排水不畅等情况; 3. 电缆沟内支架牢固、无损坏; 4. 电缆沟接地母线及跨接线的接地电阻值应满足要求,对损坏或锈蚀的应进行处理或更新
12	下游连接段	1. 每经过较大过闸流量,以及出闸水流不正常时应对护坦、海漫、防冲槽及消能工进行养护,及时对因冲刷、磨损与气蚀损坏部分进行维修; 2. 当水闸大流量过流时,应加强水流形态观察,当下游连接段出现不能均匀扩散、产生波状水跃或冲折水流时,应及时调整闸门开度,保持水流以较为均匀的流态下泄,当水闸局部出现损坏时及时维修养护
13	防冰冻措施	1. 每年结冰前应准备好冬季防冻、防凌所需的器材。必要时,沿建筑物四周将冰块敲破,形成 0.5~1.0 m 的不冻槽,以防止冰块静压力破坏建筑物; 2. 雨雪后应及时清除交通要道与工作桥、便桥等工作场所的积水、积雪; 3. 当下游冰块有壅积现象时,应设法清除,以免冰块潜流至水泵内,损伤水泵叶轮

上海泵闸运行维护标准化作业指导书

13.6 土工建筑物维修养护

13.6.1 土工建筑物维修养护项目

淀东泵闸土工建筑物主要包括上、下游两岸堤防,上、下游河床和岸、翼墙后填土区等项目。

13.6.2 土工建筑物维修养护方法

淀东泵闸土工建筑物维修养护主要方法,见表 13.3。

表 13.3 淀东泵闸土工建筑物维修养护方法

序号	部位	存在问题	维 修 养 护 方 法
1	泵闸上、下游堤防	出现雨淋沟、浪窝、塌陷和岸墙、翼墙后填土区发生跌塘、沉陷	随时修补夯实,其操作要点: 1. 清理杂物; 2. 测量放线; 3. 基层刨毛; 4. 土方分层回填夯实; 5. 碾压、夯实; 6. 面层整修; 7. 检查验收,要求选择优质土料,严格控制铺土厚度,控制压实质量,保护好现场控制桩及高程点
		柔性护坡的维护	1. 养护人员应熟悉养护范围及审查有关的设计资料,调查、搜集有关地质、水文、地形、地貌等原始资料。对表土肥力、土层厚度、保水保肥大能力、pH 值、不良杂质含量等情况进行调查分析; 2. 做好养护场地的测量工作,按照竣工图和实际面积进行对比,确定养护范围,正常养护; 3. 泵闸工程范围内林木应分地段进行逐株编号,并建立档案; 4. 养护人员负责区域内各类植物养护及日常巡视检查,如发现各类苗木、设施有破损、被盗等情况时,应及时上报并立即进行补缺、恢复; 5. 养护人员应严格遵守政府和有关主管部门对噪声污染、环境保护和安全生产等的管理规定,文明施工;绿化垃圾须堆放于指定位置,并负责清理外运; 6. 养护期间,应做好地下管线和现有建筑物、构筑物的保护工作; 7. 保持泵闸管理区绿地范围内无垃圾杂物,无鼠洞和蚊蝇滋生地等,及时清除"树挂"等白色污染物及道路的杂物; 8. 养护人员应制止危害生物防护工程的人、畜破坏行为; 9. 养护内容包括浇水排水、施肥、修剪、病虫害防治、松土除草、补栽、支撑扶正等

序号	部位	存在问题	维 修 养 护 方 法
1	泵闸上、下游堤防	发生裂缝	裂缝检查观测： 1. 按《工程测量标准》(GB 50026—2020)、《水利水电工程施工测量规范》(SL 52—2015)执行； 2. 搜集施工记录，了解施工进度及填土质量是否符合设计要求； 3. 有条件的通过钻探取样进行物理力学性质试验，进行对比，分析裂缝原因； 4. 必要时，采用雷达检测设备，探测堤身内部裂缝或隐患
		干缩裂缝、冰冻裂缝和深度小于0.5 m，宽度小于5 mm的纵向裂缝	一般可采取封闭缝口处理
		深度不大的表层裂缝	可采用开挖回填处理，方法有梯形楔入法、梯形加盖法、梯形十字法
		非滑动性的内部深层裂缝	采用压密注浆方式进行处理
		自表层延伸至堤深部的裂缝	采用上部开挖回填与下部灌浆相结合的方法处理。裂缝灌浆宜采用重力或低压灌浆，不宜在雨季或高水位时进行；当裂缝出现滑动迹象时，严禁灌浆
		发生渗漏、墙后地面冒水和冒沙	按照"上截下排""迎水坡防渗、背水坡导渗"的原则进行抢修
		发生渗漏、管涌现象	按"上截下排"的原则及时进行处理，一般在背水面进行抢修。抢修方法应根据管涌具体情况和抢修器材来源情况确定
		泵闸两侧为土质堤岸，绕渗可能形成渗透破坏	采取上游翼墙防渗处理、两侧堤岸灌浆、堤岸开槽填筑截水墙等措施，同时做好下游反滤、排水设施
		泵闸与土质堤岸接合部位出现集中渗漏	采用灌浆、开槽填筑截水墙等措施，同时做好下游反滤、排水设施
		出现滑坡迹象	针对产生原因按"上部减载、下部压重"和"迎水坡防渗，背水坡导渗"等原则，采用开挖回填，加培缓坡，压重固脚、导渗排水等多种方法综合处理
		遭受白蚁、害兽危害	采用毒杀、诱杀、捕杀等方法防治；蚁穴、兽洞可采用灌浆或翻修等方法处理： 1. 灌浆：对于堤身蚁穴、兽洞、裂缝、暗沟等隐患，如翻修比较困难时，均可采用灌浆方法进行处理； 2. 翻修：将隐患处挖开，重新进行回填；对于埋藏较深的隐患，由于开挖回填工作量大，并且限于在非汛期低水位时进行，是否采用需根据具体条件进行分析比较后确定

序号	部位	存在问题	维 修 养 护 方 法
2	河床	出现冲刷坑并危及防冲槽或河坡稳定	采用抛石或沉排等方法处理;不影响工程安全的冲刷坑,可不做处理
		少量淤积	河床有少量淤积时,可利用开闸排水冲淤,不影响工程功能的淤积可不予清除
		淤积厚度大于50 cm或影响工程效益	及时采用人工开挖、机械疏浚或利用泄水结合机具松土冲淤等方法清除
3	岸、翼墙	发生跌塘、沉陷	应按原设计标准及时修补夯实,同时排除积水,保持排水沟畅通

13.7 石工建筑物维修养护

13.7.1 石工建筑物维修养护项目

淀东泵闸石工建筑物主要包括上、下游翼墙,上、下游护坡及护底,防冲设施,反滤设施,排水设施等。

13.7.2 石工建筑物维修养护方法

淀东泵闸石工建筑物维修养护主要方法,见表13.4。

表 13.4 淀东泵闸石工建筑物维修养护方法

序号	部位	存在问题	维 修 养 护 方 法
1	坡面	杂草等	经常清扫,保持清洁,砌石面长有青苔、杂草、杂树的应及时清除
		勾缝脱落	砌石勾缝有少量脱落或开裂的,应用水冲洗干净后,用1:2水泥砂浆重新勾缝
2	砌石护坡、护底	遇有松动、塌陷、隆起、底部掏空、垫层散失等现象	1. 应参照《水闸施工规范》(SL 27—2014)中有关规定按原状修复,施工时应做好相邻区域的垫层、反滤、排水等设施; 2. 干砌块石护坡修复: (1)护坡砌筑时应自下而上进行,确保石块立砌紧密;护坡损坏严重时,应整仓进行修筑; (2)砌筑前应按设计要求补充护坡下部流失填料,砌筑材料应符合设计要求; (3)水下干砌块石护坡暂不能修补的,可采用石笼网兜的方式进行护脚; (4)浆砌块石护坡修复前应将松动的块石拆除并将块石灌浆缝冲洗干净,选择合适的块石进行坐浆砌筑;针对较大的三角缝隙,宜采用混凝土回填; (5)为防止修复时上部护坡整体滑动坍塌,可在护坡中间增设一道水平向阻滑齿坎

续表

序号	部位	存在问题	维 修 养 护 方 法
2	砌石护坡、护底	遇有松动、塌陷、隆起、底部掏空、垫层散失等现象	(6) 修复操作要点:测量放线,土方开挖及坡面修整,铺设土工布,碎石垫层铺设,块石干砌; 3. 灌砌块石护坡修复: (1) 翻拆原有块石护坡的损坏部分,并将原土坡填实修平; (2) 在原土坡面铺垫土工布,上方铺碎石垫层,厚度宜为 150 mm;再铺砌块石,块石厚度宜大于 350 mm,块石之间缝隙宽度宜取 50~80 mm;缝间灌满细石混凝土,混凝土强度等级不低于 C25; (3) 堆石(抛石)护坡修复的石块应达到设计要求的直径,且最小块石的直径应不小于设计块石直径的 1/4,且块石应质地坚硬、密实、不风化、无缝隙和尖锐棱角; (4) 当堆(抛)石体底部垫层存在冲刷,应按滤料级配铺设垫层,且厚度应不小于 300 mm; (5) 抛石后应进行表面理砌整平,防止松动过大,堆石厚度宜取 0.5~1.0 m
3	浆砌石翼墙等工程	裂缝深度小于 10 cm	可沿裂缝凿开,清洗干净后用混凝土填封
		裂缝较宽且已贯穿砌体	将裂缝两边损坏块石拆除,清洗干净后,使其成交错状态重新砌筑平整
		浆砌石工程墙身渗漏严重	可采用灌浆、迎水面喷射混凝土(砂浆)或浇筑混凝土防渗墙等措施
		浆砌石墙基冒水、冒沙现象	应立即采用墙后降低地下水位和墙前增设反滤设施等办法处理
		翼墙发生变位	墙后减载,做好排水并防止地表水下渗,抛石支撑翼墙等
		翼墙墙顶高程不满足翼墙	复核,加高翼墙
		浆砌块石修复	操作要点:测量放线,土方开挖及作业面修整,铺设土工布,碎石垫层铺设,浆砌块石砌筑,勾缝
		翼墙严重受损,不能保证运行安全	拆除翼墙损坏部分并修复,同时应重新实施墙后回填、排水及其反滤体措施
		翼墙伸缩缝填料损失	及时填充翼墙伸缩缝
		止水损坏	将原止水凿除,按原设计修复止水
4	防冲槽、海漫等	遭受冲刷破坏	一般可使用加筑消能设施或抛石笼、柳石枕和抛石等方法处理
5	反滤设施、减压井、导渗沟、排水设施	设施、井、沟堵塞、损坏	设施、井、沟应保持畅通,如有堵塞、损坏,应予疏通、修复。反滤层淤塞或失效应重新布设排水设施(沟、孔、井)

上海泵闸运行维护标准化作业指导书

序号	部位	存在问题	维 修 养 护 方 法
6	挡土墙	出现墙身倾斜、滑动迹象，或经验算抗滑稳定不满足要求	采取墙后减载、更换回填料、增设排水设施、增设阻滑板或锚杆、降低地下水位等措施

13.8 混凝土建筑物维修养护

13.8.1 混凝土工程维修养护项目

混凝土建筑物是水工工程的主要部分，主要包括主泵房混凝土结构、路面、桥面、混凝土护坡、公路桥栏杆等。

13.8.2 混凝土工程维修养护方法

淀东泵闸混凝土工程维修养护主要方法，见表 13.5。

表 13.5 淀东泵闸混凝土工程维修养护方法

序号	存在问题	维 修 养 护 方 法
1	混凝土建筑物表面不够清洁	建筑物表面保持清洁完好，积水及时排除；门槽、闸墩等处如有苔藓、蚧贝、污垢等应予清除。门槽、底坎等部位淤积的砂石、杂物应及时清除，底板、消力池的石块和淤积物应结合水下检查定期清除
2	排水不畅	岸墙、翼墙、挡土墙、公路桥、工作便桥上的排水孔均应保持畅通。公路桥、工作桥和工作便桥桥面应定期清扫，桥面排水孔的泄水应防止沿板和梁漫流。排水沟杂物应及时清理，保持排水畅通
3	混凝土结构严重受损	1. 结构出现严重受损，影响安全运用时，应拆除并修复损坏部分；修复消力池底板、护坦等工程部位，重新敷设垫层（或反滤层）； 2. 修复翼墙部位时，做好墙后回填、排水及其反滤体；修复涵洞（管）部位时，重新做好周边土回填
4	混凝土结构承载力不足	承载力不足的，可采用增加断面、改变连接方式、粘贴钢板或碳纤维布等方法补强、加固
5	混凝土裂缝处理	混凝土建筑物出现裂缝后，应加强检查观测，查明裂缝性质、成因及其危害程度，据以确定修补措施。考虑裂缝所处的部位及环境，按裂缝深度、宽度及结构的工作性能，选择相应的修补材料和施工工艺，在低温季节裂缝开度较大时进行修补： 1. 混凝土最大裂缝宽度，水上区小于 0.20 mm，水位变动区小于 0.25 mm，水下区小于 0.30 mm，可以不予处理，如有防止裂缝拓展和内部钢筋锈蚀的必要，可采用表面喷涂料封闭保护； 2. 裂缝宽度大于上述数值时，为防止裂缝拓展和内部钢筋锈蚀，宜采用表面粘贴片材或玻璃丝布、开槽充填弹性树脂基砂浆或弹性嵌缝材料进行处理

序号	存在问题	维 修 养 护 方 法
5	混凝土裂缝处理	3. 深层裂缝和贯穿性裂缝,为恢复结构的整体性,宜采用灌浆补强加固处理。化学灌浆操作要点包括钻孔、压气检验、注浆、封孔、检测; 4. 影响建筑物整体受力的裂缝,以及因超载或强度不足而开裂的部位,可采用粘贴钢板或碳纤维布、增加断面、施加预应力等方法补强加固; 5. 渗(漏)水的裂缝应先堵漏,再修补; 6. 裂缝应在基本稳定后修补,并宜在低温季节开度较大时进行;不稳定裂缝应采用柔性材料修补; 7. 混凝土墙面裂缝修补完成后,采用《回弹法检测混凝土抗压强度技术规程》(JGJ/T 23—2011)中的方法检测,混凝土等级强度不小于 C30
6	混凝土渗水	1. 混凝土渗水处理原则: (1) 对于构筑物本身渗漏的处理,凡有条件的应尽量在迎水面封堵,以直接阻止渗漏源头。如迎水面封堵有困难,且渗漏水不影响堤防主体结构稳定的,如穿墙管线接口,也可以在背水面进行截堵,以减少或消除漏水和改善作业环境; (2) 因渗漏引起基础不均匀沉降的,应先进行基础加固处理; (3) 对于地基渗漏的处理,分析产生渗漏的具体原因,分别采取相应的处理方式; (4) 相关质量要求参照《水利水电工程混凝土防渗墙施工技术规范》(SL 174—2014)执行。 2. 混凝土掏空、蜂窝等形成的漏水通道,当水压力小于 0.1 MPa 时,可采用快速止水砂浆堵漏处理;当水压力大于等于 0.1 MPa 时,可采用灌浆处理。 3. 混凝土抗渗性能低,出现大面积渗水时,可在迎水面喷涂防渗材料或浇筑混凝土防渗面板进行处理。 4. 混凝土内部不密实或网状深层裂缝造成的散渗,可采用灌浆处理,也可采用经过技术论证的其他新材料、新工艺和新技术处理
7	混凝土冻融、结构脱壳、剥落或遭机械损坏	应先凿除损伤的混凝土,再回填满足抗冻要求的混凝土(砂浆)或聚合物混凝土(砂浆)。混凝土(砂浆)的抗冻等级、材料性能及配比,应符合国家现行有关技术标准的规定。 1. 混凝土表面脱壳、剥落或局部损坏,可采用水泥砂浆修补; 2. 虽局部损坏,但损坏部位有防腐、抗冲要求,可用环氧砂浆或高标号水泥砂浆等修补; 3. 损坏面积大、深度深的,可用浇(喷)混凝土、喷浆等方法修补; 4. 为保证新老材料结合坚固,在修补之前对混凝土表面凿毛并清洗干净,有钢筋的应进行除锈
8	混凝土钢筋锈蚀	1. 损害面积较小时,可回填高抗渗等级的混凝土(砂浆),并用防碳化、防氯离子和耐其他介质腐蚀的涂料保护,也可直接回填聚合物混凝土(砂浆)。损害面积较大,施工作业面许可时,可采用喷射混凝土(砂浆),并用涂料封闭保护; 2. 回填各种混凝土(砂浆)前,应在基面上涂刷与修补材料相适应的基液或界面粘结剂; 3. 修补被氯离子侵蚀的混凝土时,应添加钢筋阻锈剂
9	混凝土空蚀	首先消除造成空蚀的条件(如体形不当、不平整度超标及闸门运用不合理等),然后对空蚀部位采用高抗空蚀材料进行修补,如高强硅粉钢纤维混凝土(砂浆)、聚合物水泥混凝土(砂浆)等,对水下部位的空蚀,也可采用树脂混凝土(砂浆)进行修补

序号	存 在 问 题	维 修 养 护 方 法
10	混凝土表面碳化	1. 碳化深度接近或超过钢筋保护层时,可按混凝土钢筋锈蚀修复方式进行处理; 2. 碳化深度较浅时,应首先清除混凝土表面附着物和污物,然后喷涂CPC混凝土防碳化涂料封闭保护。操作要点包括基面处理、涂料拌制、涂料涂刷、涂层养护。详细施工工艺参见本书13.10节
11	混凝土表面发现涂料老化、局部损坏、脱落、起皮现象	应因地制宜采取适当的保护措施,一般可采用环氧厚浆等涂料进行封闭防护,如发现涂料老化、局部损坏、脱落、起皮等现象,应及时修补或重新封闭
12	混凝土保护层受到冻蚀、碳化侵蚀损坏	应根据侵蚀情况分别采用涂料封闭、高标号砂浆或环氧砂浆抹面或喷浆等措施进行修补,应严格控制修补质量
13	水下闸底板、闸墩、岸墙、翼墙、铺盖、护坦、消力池等部位发生表层剥落、冲坑、裂缝、止水设施损坏	应根据水深、部位、面积大小、危害程度等不同情况,选用钢围堰、气压沉柜等设施进行修补,或由潜水人员采用特种混凝土进行水下修补,气压沉柜和钢围堰施工工艺参见本书13.11节
14	混凝土护坡出现滑动、局部塌陷、隆起、破损以及砌块松动	1. 将损坏部分拆除(拆除范围按损坏区周边外延 0.5～1.0 m),整修土体坡面,重新敷设反滤层,再修复护坡;如基础被淘空,应清基后再重新砌筑基础和护坡。施工技术要求可按《土石坝养护修理规程》(SL 210—2015)有关规定执行; 2. 一般性修复时,在原混凝土护坡损坏部位应凿毛并清洗干净后,采用混凝土填铺,确保新旧混凝土紧密结合; 3. 浇筑混凝土强度等级应不低于原护坡混凝土强度等级
15	混凝土墙面涂鸦修复	1. 一般采用1:2水泥砂浆涂抹,涂抹厚度以涂鸦面完全遮盖、无阴影面显露为止; 2. 对于涂鸦色彩较深且污渍较严重的墙面,应采用高压水枪冲洗后再进行涂抹

13.9 防渗、排水设施及伸缩缝维修养护

淀东泵闸防渗、排水设施及伸缩缝维修养护主要方法,见表13.6。

表13.6 淀东泵闸防渗、排水设施及伸缩缝维修养护方法

序号	存 在 问 题	维 修 养 护 方 法
1	铺盖出现局部冲蚀、冻胀损坏	及时修补损坏部位。铺盖的维修养护应注意防止铺盖地基渗透变形。当混凝土铺盖、黏土铺盖局部受损,应及时修补;混凝土铺盖严重受损,不能保证运行安全时,应拆除并修复损坏部分,修复前应清基,平整地基表面,去除漂卵石及植物,重新敷设垫层或反滤层
2	护底淘空	对护底、齿墙、板桩和防渗墙等防冲、防渗设施进行维修
3	护底块石、石笼等(护脚)塌陷、冲失	及时补充抛石到原设计断面;施工条件允许时宜将散抛石理砌或干砌
4	防冲槽护底抛填石块冲失	及时补充抛石到原设计断面

序号	存在问题	维修养护方法
5	反滤设施、减压井、导渗沟及消力池、护坦上的排水井(沟、孔)或翼墙、护坡排水管堵塞、损坏	重新疏通或补设排水设施
6	反滤层淤塞或失效	重新布设排水井(沟、孔、管)
7	永久伸缩缝填充物老化、脱落、流失	按其所处部位、原止水材料以及承压水头选用相应的修补方法及时进行充填封堵。 1. 材料按原设计要求准备止水带或缝内填嵌硬质聚乙烯泡沫板。止水带应分批委托专门机构进行检测,其拉伸强度、扯断伸长率、硬度、老化系数等技术指标应符合设计规定。 2. 若橡胶止水带的接头采用热胶合时,其材料规格除按规定型号外,还应采用与橡胶止水形状一致的加热压模;如采用冷黏结时,应事先提供冷胶黏剂的技术性能及有关参数,并尽量使用整根包装。 3. 止水带表面安装时,应无水泥砂浆浮皮、油渍和污垢。 4. 水平止水带应正确设置于浇筑层的中间,在止水带高程处,不设置施工缝。固定止水带要稳固、牢靠,防止失稳、变形、移位。浇筑混凝土时,振捣器不得触及止水带,嵌固止水带的模板应适当推迟拆模时间,嵌入混凝土中的部分须与混凝土结合紧密,不得漏水和渗水。 5. 硬质泡沫板材质为聚乙烯,安装在先浇筑的混凝土一侧的模板上,使其与随后浇筑的另一侧混凝土紧密结合,要求安放密实、平整;浇筑后伸缩缝上、下垂直无弯曲。 6. 混凝土护岸墙体变形缝及伸缩缝的施工完成后应满足原设计要求及相关规范的规定要求,包括: (1)保证界面的干净、干燥; (2)黏结剂涂刷均匀、平整; (3)伸缩缝填料密实,外形尺寸符合质量要求; (4)保证填料之间及填料与混凝土面间黏结密实
8	穿墙管线渗漏的修复	1. 迎水混凝土墙面处理应趁低潮位时施工,在消除管周口处杂物及失效的充填料后,根据管口缝隙的尺寸采用遇水膨胀止水条或沥青麻丝进行人工嵌塞密实,外口再采用单组分聚氨酯密封胶封口。 2. 背水混凝土面处理为在迎水面外口封堵后,墙后开槽,探查确定管道有无损坏,如果管道有损坏,则需更换管道。如果管道是完好的,还需对内侧接口处特别是管底部进行灌浆补强加固,并采用密封胶封口
9	管道伸缩缝、沉降缝漏水	充填物损失的应予补充,止水损坏的应予更换

13.10 CPC混凝土防碳化涂料施工工艺

CPC混凝土防碳化涂料是一种高性能防碳化乳液改性的水泥基聚合物复合材料,涂抹在混凝土表面并与之牢固黏结形成高强、坚韧、耐久的弹性涂膜保护层,可有效阻止自然环境中的腐蚀介质对结构材料的侵蚀,以保护混凝土墙体的安全,延长其使用寿命。

1. 产品特点

（1）良好的黏结强度与黏结能力，可涂刷在多种建筑材料表面。

（2）抵抗大气侵蚀，抗紫外线照射，耐磨损，正常使用条件下，产品使用寿命可以达 20 年以上。

（3）优良的柔韧性，既可封闭微细裂缝进一步扩展，又可抵抗由于混凝土基体膨胀、收缩而引起新的开裂产生，阻止水分进入混凝土内部。

（4）具有良好的防水和密封性能，防止外界雨水对结构的侵蚀。

（5）既可抗有害气体，如二氧化碳、氧气、盐雾等的渗透，防止混凝土中性化，又耐轻度化学腐蚀，阻止氯离子及酸、碱、盐物质渗入混凝土内部，防止钢筋锈蚀。

（6）为水性涂料，无毒、无味、无污染。

（7）根据需要提供多种颜色，深灰、灰白、米黄和浅蓝为标准色。

2. 施工方法

（1）基面处理。

① 混凝土基面。基面应坚硬、平整、粗糙、干净、湿润。基面凹凸不平之处，应先用角磨机打磨平整；基面浮尘、浮浆、油污等应用钢丝刷除掉，疏松、空鼓部位应予凿除；较大缺陷用 CPC 混凝土防碳化涂料调配的聚合物砂浆修补找平，配比为（质量比）A 组分：B 组分：细砂：水＝1∶4∶2∶适量；各种缝隙、裂缝或蜂窝、麻面等不平整处用 CPC 防碳化涂料调配的聚合物腻子找平，配比为（质量比）A 组分：B 组分：水＝1∶4∶适量。涂刷防碳化涂层之前，混凝土基面应预先喷水清洗和湿润处理，稍晾一段时间后无潮湿感时再施刷涂料。

② 黏结碳纤布后表面。按正常工序黏结碳纤纤维布后，应在最后一道面胶涂刷后在其表面均匀点黏一层干净石英砂（石英砂 40～70 目，点黏应薄而均匀），并用辊筒碾平，待表面干透后进行涂料的涂刷。对黏贴碳布与混凝土基面过渡区域，应采用聚合物腻子找平，平缓过渡。

③ 黏钢表面。按正常工序黏钢施工结束后，清除钢表面的油脂、污垢及铁锈等附着物，然后涂刷 2 道环氧铁红防锈涂料，当防锈涂料未干时在其表面均匀点黏一层干净石英砂，并用辊筒碾平，待表面干透后进行涂料的涂刷。

④ 腻子找平。如果基面凹凸不平、纹路较深，涂层不能覆盖或涂料表面装饰功能要求高时，应采用 CPC 柔性耐水腻子在基面上整体批刮 2 道，再涂刷 CPC 防碳化涂料涂刷，以达到更好的美观效果。

（2）涂料拌制。每次涂料配制前，应先将液料组分搅拌均匀。涂料的质量比为 A 组分：B 组分：水＝1∶3∶（0～0.2）。涂刷底层时，加水量可取高限值。液料与粉料的配比应准确计量，采用搅拌器充分搅拌均匀，搅拌时间在 5 min 左右，拌制好的涂料应色泽均匀，无粉团、沉淀。涂料搅拌完毕静置 3 min 后方可涂刷。

（3）涂料涂刷。涂层应分层多道涂刷完成。基面未批刮腻子层时，涂料应涂刷 4～5 道，使之形成 1～1.2 mm 厚度的涂层，有腻子层时涂刷 3 道即可，形成厚度约 0.75 mm 的涂层。后道涂刷应待前道涂层表干不黏手后方可进行（即使在夏季快干季节，间隔时间也不要低于 1.5 h）。当前道涂刷施工完毕后，应检查涂层是否厚薄均匀，严禁漏涂，合格后方可进行后道涂刷施工。涂刷工具可采用刷子或绒毛辊筒。辊涂时应来回多辊几次，以使涂料与基层之间不留气泡，黏结牢固。每遍涂刷宜交替改变涂层的涂刷方向。在使用中涂料如有沉淀应注意随时搅拌均匀。

（4）涂层养护。最后一道涂层施工完 12 h 内不宜淋雨。若涂层要接触流水，则需自然干燥养护 7 天以上。密闭潮湿环境施工时，应加强通风排湿。

3. 质量标准

（1）不允许漏涂、透底。

（2）不允许反锈、掉粉、起皮。

（3）不允许泛碱、咬色。

（4）涂层厚度一致。

（5）允许轻微少量针孔、砂眼。

（6）光泽均匀。

（7）不允许开裂。

（8）色泽一致。

4. 施工注意事项

（1）涂料施工时应避免阳光暴晒或大风吹刮，施工气温宜在 5 ℃ 以上，不应在雨季中施工。

（2）基面应坚实、平整、洁净，无油污和油渍，无浮渣、疏松起砂、起皮、裂缝等缺陷，修补区应填塞、黏结良好。

（3）涂料配制量以实际面积计算，应随配随用以免结硬，涂料配制后一般宜在 1 h 内用完，干稠后不应加水再使用。

（4）同一工程应采用同一批号的涂料，现场配比应准确、统一，搅拌应均匀透彻，无粒状、花白料，否则难保颜色均匀一致。

（5）施工中发现涂层有脱开、裂缝、针孔、气泡或接茬不严密等缺陷时，应及时补救。

13.11 沉柜及钢围堰技术

1. 自浮式气压沉柜技术

气压沉柜的主体为装配式薄壁钢结构，由盾首、通道、浮箱、盾底及增段（选用件，可按检修面的实际外形加工）、配重块以及供水、供电、供风设施等组成，如图 13.1 所示。底部为开敞式，盾底内径为 3.3 m，为施工提供一定的作业空间，通过装配不同长度的通道和盾底，可适用于水深 2.8～7.5 m 的水下平面或坡度 1∶4 以下的斜面检修作业。气压沉柜是根据重力和浮力平衡原理，利用压缩空气将通道及盾底（含盾底增段）内的水体排开，造成水下建筑物表面的无水状态，为工程检修提供良好的工作环境。沉柜转位时，通过浮箱排水，增大自浮力而上浮，使盾底稍微脱离混凝土底板，由舱内或外界人力推动移位。

该设备施工时闸室不需要设置围堰和排水，它在水中可自浮移动到施工部位，无须起吊设备，具有施工工艺先进、移动灵活、排水方便、检修面适应性强、投资省、安全可靠等优点，柜内温差小、湿度大，混凝土施工质量有保证。图 13.2 为沉柜技术运用的现场照片。

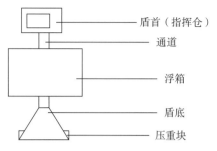

图 13.1　沉柜构成示意图

图 13.2　自浮式气压沉柜现场照片

2. 浮箱式钢围堰水下门槽检修技术

闸门门槽是水闸容易产生破坏的部位,且该部位的破损将直接影响到闸门的正常启闭。浮箱式钢围堰正是为闸门门槽水下检修创造条件的一项新技术。

钢围堰采用开口 U 形钢围堰与闸墩以及门槽间形成无水作业环境,详见图 13.3 所示。

安装作业流程为:组装、充气、吊移就位、放气、抽水和堵漏。

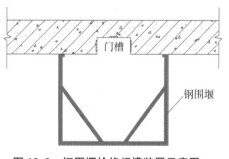

图 13.3　钢围堰检修门槽装置示意图

为便利钢围堰起吊、移位和定位,在围堰上设置浮箱,并配备充气设备,起吊时通过对浮箱充气排水增加浮力,并维持平衡,以减小起吊力,方便移位,设计起吊力控制在 2t 左右,围堰就位后浮箱排气进水,增加钢围堰的稳定。

浮箱式钢围堰无水作业环境形成后,可用于闸墙、门槽和底坎维修,具有施工费用低、拆装速度快、安全可靠、可重复利用等优点。施工过程还需注意抽水与堵漏的配合,污水区或深度较大作业时要做好通风措施,避免作业人员缺氧和有害气体的伤害。

13.12　其他配套设施维修养护

13.12.1　观测设施维修养护

（1）管理人员应加强对观测设施的保护，防止人为损坏。在工程施工期间，应采取妥善防护措施，如施工时需拆除或覆盖现有观测设施，应在原观测设施附近重新埋设新观测设施，并加以考证。沉陷点、测压管等观测设施完好，能够正常观测使用；各观测设施的标志、盖锁、围栏或观测房完好、整洁、美观；主要观测仪器、设备完好，并按规定进行检测。

（2）管理所和迅翔公司应结合工程具体情况，积极研究改进测量技术和监测手段，推广应用自动测量技术，提高观测精度和资料整编分析水平。

（3）垂直位移等观测基点定期校测，表面清洁，无锈斑、缺损；基底混凝土或其他部位无损坏现象；观测基点有必要的保护设施，保护盖及螺栓润滑良好，开启方便，无锈蚀；定期检查观测工作基点及观测标点的现状，对缺少或破损的及时重新埋设，对被掩盖的及时清理，观测标点编号示意牌应清晰明确。

（4）断面桩无破损、缺失，固定可靠，编号示意牌清晰明确；定期检查断面桩的现状，对缺少或破损的及时重新埋设，对被掩盖的及时清理。

（5）定期检查标点的现状，对缺少或破损的及时重新埋设，对被掩盖的及时清理，标点编号示意牌应清晰明确。

（6）测压管淤积情况应不影响观测，管内无碎石、混凝土及其他材料堵塞现象。

（7）裂缝、伸缩缝观测标点无破损、锈蚀，便于观测。

（8）水尺的维修养护：

① 泵闸上、下游设置的水尺安装牢固，表面清洁，标尺数字清晰，无损坏；

② 水尺表面应保持洁净，每月清洗不少于 1 次；刻度、读数清楚、醒目，无损坏锈蚀；

③ 水尺紧固件（螺栓、螺帽）应经常检查，每年汛前应进行紧固件除锈、涂刷油漆。水尺高程每年校核 1 次，误差大于 10 mm 须重新安装。

（9）通信监测设施维护：

① 定期进行通信测试，修补或更换井盖（座）、检修井、标示牌、标示桩、管道恢复、接线盒检查或更换、管道加固等。

② 抢修主要内容为光缆应急熔接及测试，及时恢复网络畅通。其中通信光缆的维修、养护和抢修工作由专业管线单位根据监测管线的特点制定相应的养护和抢修施工方案并予以实施。

13.12.2　泵闸管理区道路维修养护

1. 泵闸管理区道路维修养护一般标准

泵闸管理区道路维修养护一般标准，见表 13.7。

表 13.7　泵闸管理区道路维修养护一般标准

序号	项　目	工　作　标　准
1	安全通畅	泵闸管理区道路应安全畅通,发生损坏时应按不同材质采取相应措施及时修复,当损坏严重时及时向管理部门报告
2	路　基	路基稳定、密实、排水性能良好
3	路　肩	路肩无坑槽、沉陷、积水、堆积物、边缘直顺平整,排水设施坡度顺适,无杂草,排水畅通
4	混凝土路面	路面无磨损、露骨、裂纹、网裂、起皮、隆起、坑洞,排水系统通畅,雨后无积水;接缝的位置、规格、尺寸应符合设计要求;面层与其他构筑物相接应平顺
5	沥青路面	路面无裂缝、松散、坑槽、臃包、啃边,排水通畅,平均每 10 m 长的纵向高差不大于 10 cm
6	道板砖路面	路面无松动、破损、错台、凸起或凹陷、大面积沉降;道板砖缝隙填灌饱满,排列整齐,面层稳固平整,排水系统通畅
7	路缘石	路缘石无松动、破损、错台、沉降,线性顺直
8	埋设管线	掘路埋设各类管线的管顶埋深应在路面 300 mm 以下,否则应采取加固措施

2. 混凝土路面的维修养护

(1) 混凝土路面的常规维修养护。

① 混凝土路面出现宽度小于等于 3 mm 的轻微裂缝时,可采取扩缝灌缝的方法处理。

② 混凝土路面出现宽度大于 15 mm 的严重裂缝时,可采用全深度局部修补。

③ 混凝土路面出现表面破损、露骨时,可采用 HC-EPM 环氧修补砂浆对路面进行修补。

④ 混凝土路面出现路面跑砂、骨料裸露时,可采用 HC-EPC 水性环氧层修补砂浆进行修补。

(2) 道路有坑洞、破碎时应凿除修复区内的混凝土,并按原设计要求重新浇筑。

① 施工准备。施工前期做好施工技术准备及现场施工人员、机械、材料准备。

② 路面凿除与清理。人工按要求凿除原需要凿除路面并清理干净,做到表面坚实、平整,不得有浮石、粗集料集中等现象。

③ 测量放样。放样以未破损路面为基准面。

④ 路面浇筑。施工前先检查整修原基层,对于高低不平及凹坑处用人工找补平整,确定出浇筑的位置线后进行混凝土浇筑。

a. 路基土采用轻型击实标准,基土面不得有翻浆、弹簧、积水等现象,地基土压实度大于 0.90;

b. 碎石垫层压实干密度不小于 21 kN/m³;

c. C30 混凝土面层浇筑不宜在雨天施工;低温、高温和施工遇雨时应采取相应的技术措施;缩缝采用锯缝法成缝,间距 4~5 m,缝宽 5~8 mm,缝深 5 mm;如天气干热或温差过大,可先隔 3~4 块板间隔锯缝,然后逐块补锯;缩缝锯割完成后,必须进行清缝,最后灌注沥青料进行封缝。

⑤ 养护。平面采用混凝土表面覆盖塑料薄膜加盖草包等材料进行养护的措施,使混凝土在一定时间内保持湿润;对已浇筑的混凝土应专人做好养护和保护,加强对棱角和突出部位的保护。

(3) 混凝土路面修护完成后,其混凝土强度要符合原设计标准及相关要求。

3. 沥青路面的维修养护

(1) 沥青路面的常规维修养护。

① 当沥青路面出现温缩缝和其他裂缝用灌、封方法修理。

a. 扩缝:沥青路面的裂缝修补须进行扩缝处理,采用裂缝跟踪切割机,沿路面裂缝走向进行开槽,开槽深度 1.5~3 cm,宽度 1~2 cm;

b. 刷缝:用钢丝刷刷缝两侧,使缝内无松动物和杂物;

c. 吹缝:采用高压森林风力灭火机进行吹缝,将缝内杂物吹干净,一般需吹 2 遍;

d. 材料准备:将材料放入灌缝机的加热容器内,开机调试确定加热温度;

e. 灌缝:待自动恒温灌缝机内的材料达到使用温度,打开胶枪,把胶枪内剩胶清除,待新胶出来时,将枪头按在接缝槽上,把密封胶灌入缝内;灌缝完成后在密封胶面上均匀撒上砂粒。

② 当沥青路面出现局部的、轻微初始破损应及时进行修理。在沥青混凝土混合料正式排铺前,下承层应清理干净。

(2) 沥青混凝土面层施工。沥青混合料的拌制、运输、摊铺、碾压、接缝等技术要求按《公路沥青路面施工技术规范》(JTG F40—2004)中的规定执行。沥青混合料由沥青拌和站统一拌制,沥青混凝土面层采用厂拌法施工,其每个工作面采用摊铺机摊铺施工(沥青面层分层施工),在筑铺下面层的沥青混凝土以前应清洁沥青封层表面后再施工。沥青面层应尽可能连续施工,其间时间间隔不宜太长,以防止沥青下面层受到污染。如果施工时间间隔较长,或下层受到污染,摊铺上一层前应将表面清洁干净后浇洒黏层沥青后再铺筑,其施工方法如下:

① 沥青混合料配合比设计。沥青混合料配合比设计分三阶段进行:目标配合比设计→生产配合比设计→标准配合比(生产配合比验证),通过配合比设计确定沥青混合料的材料品种、矿料级配、沥青用量。配合比设计的沥青混合料矿料级配范围(间隙率VMA)、马歇尔试验技术指标应满足热拌沥青混合料设计和施工规范的要求,并具有良好的施工性能。经设计确定的标准配合比在施工中不得随意变更。

② 沥青混合料的制备。

a. 沥青混合料由沥青拌和站统一拌制,在拌和过程中应逐盘打印沥青及各种矿料的用量、拌和温度;

b. 沥青材料采用导热油加热,加热温度在 160 ℃~170 ℃范围内。

③ 混合料的运输。

a. 从拌和机向运料车上放料时,应每卸一斗混合料挪动一下汽车位置,以减少粗细集料的离析现象,尽量缩小贮料仓下落的落距;

b. 当运输时间在半小时以上或气温低于 10 ℃时,运料车用篷布覆盖;

c. 混合料连续摊铺过程中,运料车在摊铺机前 10~30 cm 处停住,不得撞击摊铺机;卸料过程中运料车应挂空挡,靠摊铺机推动前进;

d. 已经离析或结成不能压碎的硬壳、团块或运料车辆卸料时留于车上的混合料,以及低于规定铺筑温度或被雨淋湿的混合料都应废弃,不得使用。

④ 混合料的摊铺。

a. 混合料在铺筑之前,应对下层进行检查,特别应注意下层的污染情况,不符合要求的要进行处理,否则不准铺筑沥青混合料;

b. 正常施工,摊铺温度不低于 130 ℃~140 ℃,不超过 165 ℃;在 10 ℃气温时施工不低于 140 ℃,不超过 175 ℃;摊铺前要对每车的沥青混合料进行检验,发现超温料、花白料、不合格材料要拒绝摊铺,退回废弃;

c. 摊铺机一定要保持摊铺的连续性,有专人指挥,一车卸完下一车要立即跟上,应以均匀的速度行驶,以保证混合料均匀、不间断地摊铺,摊铺机前要经常保持 3 辆以上运料车,摊铺过程中不得随意变换速度,避免中途停顿,影响施工质量;摊铺室内料要饱料,送料应均匀;

d. 摊铺机的操作应不使混合料沿着受料斗的两侧堆积,任何原因使冷却到规定温度以下的混合料应予除去;

e. 对外形不规则路面、厚度不同、空间受限制等摊铺机无法工作的地方,经工程师批准可以采用人工铺筑混合料;

f. 在雨天或表面存有积水、施工气温低于 10 ℃时,不得摊铺混合料;

g. 混合料遇水一定不能使用,应做报废处理,雨季施工时千万注意,中面层、表面层采用浮动基准梁摊铺。

⑤ 混合料的压实。

a. 在混合料完成摊铺和刮平后立即对路面进行检查,对不规则之处及时用人工进行调整,随后进行充分均匀压实;

b. 压实工作应按试验路确定的压实设备的组合及程序进行;

c. 压实分初压、复压和终压三个阶段进行;

d. 初压和振动碾压要低速进行,以免对热料产生推移、发裂;碾压应尽量在摊铺后较高温度下进行,一般初压不得低于 130 ℃,温度越高越容易提高路面平整度和压实度;

e. 碾压工作应按试验路确定的试验结果进行;

f. 在碾压期间,压路机不得中途停留、转向或制动;

g. 压实过程中如接缝处(包括纵缝、横缝或因其他原因而形成的施工缝)的混合料温度已不能满足压实温度要求,应采用加热器提高混合料的温度达到要求的压实温度,再压实到无缝迹为止;

h. 摊铺和碾压过程要组织专人进行质量检测控制和缺陷修复;压实度检查要及时进行,发现不够时在规定的温度内及时补压。已经完成碾压的路面不得修补表皮;施工压实度检测可采用灌砂法。

⑥ 接缝的处理。

a. 纵、横向 2 种接缝边应垂直拼缝;

b. 在纵缝上的混合料,应在摊铺机的后面立即有一台静力钢轮压路机以静力进行碾压;碾压工作应连续进行,直至接缝平顺而密实;

c. 纵向接缝上下层之间的错位至少应为 15 cm;

d. 由于工作台中断,摊铺材料的末端已经冷却,或者在第 2 天恢复工作时,就应做成一道横缝;横缝应与铺筑方向大致成直角,严禁使用斜接缝;横缝在相邻的层次和相邻的行程间均应至少错开 1 m;横缝应有 1 条垂直经碾压成良好状态的边缘。

⑦ 沥青路面修护段应符合原设计标准及相关要求。

13.12.3 护栏维修养护

(1) 钢护栏、铁艺护栏局部有锈斑时,先用棉纱蘸缝纫机油于锈蚀处,再用柔软棉布除去表面锈斑,最后再抹一层防锈油于表层,严禁直接用砂纸或钢丝刷等物品除锈,防止破坏护栏表面防锈层,从而导致大面积的锈蚀。护栏如果有大面积锈蚀现象,应及时除锈喷漆维护,先清除护栏表面锈迹,然后喷涂防锈漆及面漆。

(2) 不锈钢护栏应定期清理表面灰尘及污垢,可用肥皂水轻轻擦洗,注意不要发生表面划伤现象。

13.12.4 标志标牌维修养护

(1) 泵闸工程标识标牌的管理要按区域、分门类落实到谁主管谁负责,明确使用人、责任人。

(2) 对室内、室外的标识标牌按名称、功能、数量、位置统一登记建册,有案可查。

(3) 对标识标牌进行日常检查和定期检查,重要标识标牌应建立每班巡场检查交接制度,一般性标识标牌至少每季度检查 1 次,特别是防汛防台期间一些警示标识应明确专人检查落实。

(4) 维持标识标牌表层的美观大方、光洁、漆料颜色完好无损及其组成件的稳固性,提醒人们应该尽量减少坚硬物体或锐利物件与之产生撞击、刺画。

(5) 标识标牌维护时应确保外观精美,表面无螺钉、划痕、气泡及明显的颜色不均匀,烤漆须无明显色差。所有标识系统的图形应符合《公共信息图形符号(系列)》(GB/T 10001—2012)的规定要求,标识系统本体的各种金属型材、部件,连同内部型钢骨架,应满足国家有关设计要求(应符合抗风载荷的要求),保证强度,收口处应做防水处理。当发现倾斜、破损、变形、变色、字迹不清、立柱松动倾斜、油漆脱落等不符合要求的问题时,应做好记录,及时维修,并向管理所报告。

(6) 日常保养时,木材应落实防腐措施;亚克力材料需要注意清洁、打蜡、黏合和抛光;石材需要防止开裂;铝合金材质的部门标牌需要擦拭和打蜡。

标识标牌的表层定期清洗时,可准备稀释酒精或肥皂水,用软布或毛刷擦拭即可,切忌用硬毛刷或者是粗布擦拭,擦拭时需顺着标识标牌表层纹路(如有纹路)擦拭。

常用的亚克力板标识标牌,如果没有经特殊性处置或加入耐硬剂,则自身易损坏、划伤,因而,其平常的尘土处置,可以用掸子或清水清洗,再以软塑布料擦拭,若是标识标牌表层油污的处置,可用毛巾蘸啤酒或温热的食醋慢慢地擦拭,另外也可以使用目前市场上出售的玻璃清洗剂,忌用酸碱性较强的溶液清洁。冬天亚克力制品表面易结霜,可用布蘸浓盐水或白酒来擦拭,效果很好。

如果亚克力板表面有划痕磨损,可以采用以下方式处理:

① 轻微划痕可以用纯棉布包点牙膏,用力擦拭就可以了;表面磨损不是很严重,可尝试使用抛光机(或汽车打蜡机)装上布轮,沾适量液体抛光蜡,均匀打光即可改善不完美效果;

② 较深的划痕如下处理:

a. 用水砂纸(最细的)加水将划痕处及其四周磨平;

b. 用水冲刷干净,再用牙膏擦拭即可;

c. 如上操作还看得到划痕,表示砂纸打磨的深度还不够,应再操作 1 遍。

注意:

水砂纸磨后表面会雾化,用牙膏擦拭后就可以恢复光亮;用水砂纸打磨的程度,要按划伤深浅来定。

可以用车用电动打蜡机沾牙膏抛光,比较快速去掉亚克力板表面的划痕。打蜡还可以使亚克力板光鲜亮丽,液体抛光蜡以软布均匀擦拭即可达到目的。

如果标牌不小心损坏,可以使用 IPS 胶粘剂、二氯甲烷胶或速干剂进行贴合。

(7) 标识标牌维修养护应保证拆装方便,所有标识标牌系统的安装挂件、螺栓均应做镀锌防腐处理;采用型材的部分,其切口不应留有毛刺、金属屑及其他污染物;成品的表面,不论是原有表面或有其他涂覆层,其表面均不得有划痕和碰损;所有标识标牌均应考虑安装及检修的方便。

(8) 标识标牌在使用过程中可根据实际情况进行必要的调整。在进行设施和其他施工作业时,如需移动或拆除标识标牌,应经管理所同意。

(9) 在标识标牌设施的保护范围内,不得栽种影响其工作效能的树木,不得堆放物件或修建建筑物和其他标志,对影响标识标牌发挥正常工作效能的设施,应妥善遮蔽。

(10) 在整修或更换安全标识标牌时应有临时性标识标牌替换,以避免发生意外的伤害。

(11) 对状态标识要经常验证,损坏丢失应及时更换增补。

(12) 发现标识标牌位置设置不当应及时处理,包括标识标牌设置的位置、大小与方向没有充分考虑观赏者的舒适度和审美要求;文字图案的排版设计不符合人们的阅读习惯,可读性差。标识位置要适当,设置于泵闸工程内的交通流线中,如出入口、交叉口、巡查点等显眼的位置;要有最大的能见度,使人们一眼就能捕捉到所需的信息,做到简单易懂。

(13) 标识标牌内容不统一连续的,译文翻译或拼写错误的应加以纠正。特别是信息符号不符合国家标准,描述不专业,很难理解或易误读。

(14) 对于有连接电路的标识标牌,应定期检查它的电源线和漏电保护装置,避免因为线路老化在高温、雨水等环境下引发火灾。

(15) 混凝土警示柱表面局部破损部位采用人工进行凿毛,露出密实混凝土后,采用人工抹压丙乳水泥砂浆进行处理。处理后的表层应与原面板颜色一致并与周边混凝土相适应,避免出现材料结合不好造成而成开裂。面板应表面清洁,厚度均匀,填充密实。

（16）标识标牌刷漆的材料品种应符合设计和选定样品要求，严禁脱皮、漏刷、透底、流坠、皱皮。表面应光亮、光滑、均匀一致，颜色一致，无明显刷纹。

（17）泵闸工程管理区较大型户外标识标牌的维护方法如下：

① 灌浆托换法：主要原理是利用特用的灌浆液增加土层硬度，起到固化的目的，同时灌浆托换后的户外大型标牌具有良好的防水能力，可以有效防止地下水对地基的侵蚀；

② 坑式托换法：由于户外大型标牌地基的浇筑材料不同，会因地质和环境等原因出现地基松动，可采用坑式托换法对其进行维护，具体方法为：在户外大型广告标牌底部 1～1.5 m 处加入 2 层地基，将底层地基受力处交由 2 层地基共同承担；

③ 围套加固法：受地形和环境的影响，户外大型标牌在 1～2 年后可能开始出现地基松动的现象，为了避免该现象，可定期进行围套加固。围套加固指对户外大型标牌地基采用钢筋或水泥围栏进行再次加固。

13.12.5　消防设施维保

消防设施维保应依照《火灾自动报警系统施工及验收标准》（GB 50166—2019）、《自动喷水灭火系统施工及验收规范》（GB 50261—2017）、《建筑消防设施检测评定技术规程》（DB31/T 1134—2019）、《消防控制室通用技术要求》（GB 25506—2010）、《建筑消防设施的维护管理》（GB 25201—2010）等规范，结合设备实际和管理要求，使整个维保工作系统化、规范化，始终处于良好的运行状态。消防设施维保应以"预防为主，防消结合"为宗旨，其检修应由有相应资质的单位组织实施。消防设施维保标准见表 13.8。

表 13.8　消防设施维保标准

序号	项　目	维　保　标　准
1	消防控制系统	1. 运行指示灯正常，正常情况下无报警信号，设施周围无杂物和其他设备； 2. 报警控制器的功能检测：能够直接或间接地接收来自火灾探测器及其他火灾报警触发器件的火灾报警信号并发出声光报警信号，指示火灾发生的部位，并予以保持；光报警信号在火灾报警控制器复位之前应不能手动消除，声报警信号应能手动消除，但再次有火灾报警信号输入时，应能再启动； 3. 火灾报警控制器应能对其面板上的所有指示灯、显示器进行功能检查
2	喷淋灭火装置	部件无锈蚀，基础牢固，接地装置接地良好，地基无下陷，设施周围无杂物和其他设备
3	灭火器材	定点放置，定期检查及更换；消火栓、水枪及水龙带应每年进行 1 次试压，压力应在正常范围内，未超过使用有效期；灭火器销子完好，喷口、胶管连接牢固，无老化脱落；其他消防器材完好
4	消防沙箱（池）	消防用沙干燥、数量充足，沙箱（池）无锈蚀、破损、变形。消防沙铲完好，标识清晰

13.13　水工建筑物维修养护安全管理

淀东泵闸建筑物维修养护安全管理，参见本书第 17 章。

13.14 水工建筑物养护表单

淀东泵闸水工建筑物养护表单,见表13.9。

表 13.9 淀东泵闸水工建筑物养护记录表

项 目	要 求	养护情况	工、机、料投入	备注
建筑物屋顶	应防止漏水,泛水、天沟、落水斗、水落管应完好且排水畅通			
建筑物内部	内外墙涂层或贴面无起壳、脱落、裂缝、渗水现象;定期清洁门窗及玻璃,破损的玻璃和小五金配件要及时更换			
金属结构	外露的金属结构应定期油漆,遭受腐蚀性气体侵蚀和漆层容易剥落的地方,应根据具体情况适当增加油漆的次数			
浆砌石翼墙、挡墙	表面应平整,无杂草、杂树、杂物和坍塌,勾缝完好,无破损、脱落			
混凝土表面	1. 无破损,表面应保持清洁完好; 2. 门槽、闸墩等处无苔藓、蚧贝、污垢; 3. 闸门槽、底坎等部位无淤积的砂石、杂物			
进出水池及引河	1. 杂草、杂物应及时清除; 2. 拦污栅应及时清理,清污机清出的污物、杂物及时清运; 3. 进出水池及引河边坡上或坡顶上的沙土、冲积物和堆积物应及时清除			
泵站进出水流道	光滑平整,应定期清除附着壁面的水生物和沉积物。管壁内外及钢支承构件应无锈蚀,并应定期进行冲洗和涂刷防腐漆			
上、下游堤防	1. 泵闸上、下游堤顶,堤肩,道口平整,坚实,无裂缝及空洞,排水顺畅,无堆积物; 2. 迎水坡无裂缝、损坏,变形缝完好,块石无松动现象,排水顺畅,无杂草、杂树生长或杂物堆放; 3. 背水坡无渗水、漏水、冒水、冒沙、裂缝、塌坡和不正常隆起,无蛇、鼠、白蚁等动物洞穴; 4. 护堤地面平整、无杂物			
桥面养护	无坑塘、臃包、开裂,破损率应小于1%,平整度应小于5 mm(用3 m直尺法测定),桥面泄水管应经常疏通,以防堵塞			

项　目	要　　求	养护情况	工、机、料投入	备注
防渗、排水设施、伸缩缝	铺盖无局部冲蚀、冻胀损坏			
	反滤设施、减压井、导渗沟及消力池、护坦上的排水井(沟、孔)或翼墙、护坡上的排水管无堵塞、损坏			
	反滤层无淤塞			
	填料(沥青)如被挤出要及时铲除,并剔除嵌入的硬块杂物			
电缆沟	1. 盖板齐全、完整,无破损、缺失,安放平稳; 2. 电缆沟无破损、塌陷、沉淀、排水不畅等情况; 3. 电缆沟内支架牢固,无损坏			
泵闸管理区道路	路肩无坑槽、沉陷、积水、堆积物、边缘直顺平整、排水设施坡度顺适、无杂草、排水畅通			
	混凝土路面无磨损、露骨、裂纹、网裂、起皮、隆起、坑洞,排水系统通畅,雨后无积水			
	沥青路面无裂缝、松散、坑槽、臃包、啃边、排水通畅			
	道板砖路面无松动、破损、错台、凸起或凹陷、大面积沉降			
	路缘石无松动、破损、错台、沉降、线性顺直			
护栏、栏杆、爬梯、扶梯	表面应保持清洁,不破损,如需要油漆应定期进行			
标志标牌	表面应保持完好、洁净、醒目,每月应擦洗1次			
	定期检查、维护,每季度1次			
观测设施	各观测设施的标志、盖锁、围栅或观测房完好、整洁、美观			
	断面桩无破损、缺失,固定可靠,编号示意牌清晰明确			
	测压管淤积不影响观测,管内无堵塞			
	水尺维护、校核			
消防系统	消防控制系统维护			
	喷淋灭火装置维护			
	灭火器材维护			
	消防沙箱(池)维护			

养护日期:　　　　　　养护人:　　　　　　　　记录人:

第 14 章

泵闸厂房及管理用房维修作业指导书

14.1 范围

泵闸厂房及管理用房维修作业指导书适用于指导淀东泵闸厂房及管理用房的维修作业，其他同类型泵闸厂房及管理用房维修作业可参照执行。

14.2 规范性引用文件

下列文件适用于泵闸厂房及管理用房维修作业指导书：

《房屋建筑与装饰工程工程量计算规范》(GB 50854—2013)；

《屋面工程技术规范》(GB 50345—2012)；

《屋面工程质量验收规范》(GB 50207—2012)；

《地下防水工程质量验收规范》(GB 50208—2011)；

《建筑地面工程施工质量验收规范》(GB 50209—2010)；

《建筑装饰装修工程质量验收标准》(GB 50210—2018)；

《建筑工程施工质量验收统一标准》(GB 50300—2013)；

《住宅装饰装修工程施工规范》(GB 50327—2001)；

《普通混凝土用砂、石质量及检验方法标准》(JGJ 52—2006)；

淀东水利枢纽泵闸改扩建工程初步设计报告；

淀东泵闸技术管理细则。

14.3 一般要求

（1）运行养护项目部应根据实际情况制定合理的泵闸房屋本体修缮计划，因房制宜，对房屋本体修缮所需的资源进行合理配置，满足使用和质量要求。

（2）项目部应及时修缮维修、全面保养，保持房屋本体正常使用功能。

（3）修缮风格应当与原有建筑风格相适应。

（4）项目部应掌握房屋本体建筑完好情况，根据建筑设计用途定期对房屋本体质量进行评定，根据完好情况进行管理，保证正常使用。

（5）项目部及相关部门应严格按验收规范进行质量验收，做好施工过程的管理与监督，建立和完善岗位责任制、配件检验制及技术档案制度；完善工程项目质量体系。

（6）泵房（启闭机房、配电房）建筑物屋顶应定期检修，防止漏水。天沟、落水斗、落水管、排水沟、排水孔等排水设施应定期清理，防止堵塞，保持排水畅通，若有堵塞，应及时疏通。

（7）未经计算和审核批准，建筑结构上禁止开孔增加荷重或进行其他改造工作。

（8）若泵房（启闭机房、配电房）建筑物产生不均匀沉陷或稳定受到影响，应及时采取补救措施，对在观测检查中发现的建筑物裂缝、渗漏、表面混凝土剥落、钢筋外露、钢支承构件锈蚀等现象应及时处理。

14.4 泵闸厂房及管理用房刚性防水层屋面维修工艺

泵闸厂房及管理用房刚性防水层屋面维修工艺，见表 14.1。

表 14.1 泵闸厂房及管理用房刚性防水层屋面维修工艺

项目类别		刚 性 防 水 层 屋 面	备注
项目名称		刚 性 防 水 层 屋 面 防 水 损 坏 维 修	
维 修		局部拆除修补，特别严重时，拆除重做	
材料要求	水 泥	水泥宜采用普通硅酸盐水泥或硅酸盐水泥；当采用矿渣硅酸盐水泥时应采取减少泌水性的措施；水泥强度等级不低于 42.5。水泥应有出厂合格证，质量标准应符合国家标准要求	
	砂（细骨料）	砂应符合《普通混凝土用砂、石质量及检验方法标准》(JGJ 52—2006)的规定，宜采用中砂或粗砂，含泥量不大于 2%，否则应冲洗干净	
	石 子（粗骨料）	石子应符合《普通混凝土用砂、石质量及检验方法标准》(JGJ 52—2006)的规定，宜采用质地坚硬，最大粒径不超过 15 mm，级配良好，含泥量不超过 1%的碎石或砾石，否则应冲洗干净	
	水	水中不得含有影响水泥正常凝结硬化的糖类、油类及有机物等有害物质，硫酸盐及硫化物较多的水不能使用，pH 值不得小于 4	
	混凝土及砂浆	1. 混凝土水灰比不应大于 0.55；每立方米混凝土水泥最小用量不应小于 330 kg；含砂率宜为 35%～40%；灰砂比应为 1∶2～1∶2.5，混凝土强度等级不应低于 C20 并宜掺入外加剂。普通细石混凝土、补偿收缩混凝土的自由膨胀率应为 0.05%～0.1%； 2. 外加剂刚性防水层中使用的膨胀剂、减水剂、防水剂、引气剂等外加剂应根据不同品种的适用范围、技术要求来选择	
	配 筋	配置直径为 4～6 mm、间距为 100～200 mm 的双向钢筋网片，可采用乙级冷拔低碳钢丝，性能符合标准要求。钢筋网片应在分格缝处断开，其保护层厚度不小于 10 mm	

项目类别		刚 性 防 水 层 屋 面	备注
材料要求	聚丙烯抗裂纤维	聚丙烯抗裂纤维为短切聚丙烯纤维,纤维直径 0.48 μm,长度 10～19 mm,抗拉强度 276 MPa,掺入细石混凝土中,抵抗混凝土的收缩应力,减少细石混凝土的开裂。掺量一般为每 m^3 细石混凝土中掺入 0.7～1.2 kg	
	密封材料	合成高分子密封材料是以合成高分子材料为主体,加入适量的化学助剂、填充料和着色剂等,经过特定的生产工艺制成的膏状密封品,按性状可分为弹性体、弹塑性体和塑性体 3 种。常用的有聚氨酯密封膏、丙烯酸酯密封膏、有机硅密封膏、丁基密封膏及聚硫密封膏等	
处理方法		刚性防水层屋面产生裂缝、起壳等局部损坏情况严重的,损坏面积大于屋面面积 20%时,应对屋面防水层进行翻修	
		屋面大面积渗漏且渗漏总面积大于 20%时应进行翻修	
		屋面防水层翻修时应注意以下几点: 1. 当屋面结构具有足够的承载能力时,宜采用在原防水层上增设一道刚性防水层的方法进行屋面翻修。翻修时应先清除原防水层表面损坏部分,渗漏的节点等部位进行维修后,再新增设一道刚性防水层,刚性防水材料宜采用补偿收缩混凝土,其做法应符合《屋面工程技术规范》(GB 50345—2012)的规定; 2. 原刚性防水层全部铲除重做新刚性防水层时,应将屋面基层清理干净,并宜在屋面预制板缝等屋顶节点及裂缝部位进行防水处理后,再按《屋面工程技术规范》(GB 50345—2012)的规定重做刚性防水层; 3. 在原刚性防水层上增设柔性防水层进行翻修时,应先清除原防水层表面损坏部分,对渗漏的节点等部位进行维修后,再铺设柔性防水层,其做法应符合《屋面工程技术规范》(GB 50345—2012)的规定	
构造做法		1. 刚性防水屋面的一般构造形式见相关图集; 2. 檐沟、檐口、分隔缝、立墙泛水、变形缝、女儿墙泛水压顶等做法详见相关图集; 3. 伸出屋面管道:由室内伸出屋面的水管、通风等应在防层施工前安装,并在周围设置凹槽以便嵌填密封材料,做法详见相关图集	

泵闸厂房及管理用房刚性防水层屋面施工方法见表 14.2。

表 14.2 泵闸厂房及管理用房刚性防水层屋面施工方法

项目类别	施工步骤	施 工 方 法	备注
施工要点	施工准备	1. 屋面结构层为装配式钢筋混凝土板时,应用细石混凝土嵌缝,其强度等级应不小于 C20,灌缝的细石混凝土宜掺膨胀剂;当屋面板宽度大于 40 mm 或上窄下宽时,板缝内应设置构造钢筋,灌缝高度与板面平齐,板端用密封材料嵌缝密封处理; 2. 由室内伸出屋面的水管、通风等须在防水层施工前安装,并在周围留凹槽以便嵌填密封材料; 3. 刚性防水层的混凝土、砂浆配合比应按设计要求,由试验室通过试验确定,尤其是掺有各种外加剂的刚性防水层,其外加剂的掺量要严格试验,获得最佳掺量范围;	

项目类别	施工步骤	施 工 方 法	备 注
施工要点	施工准备	4. 按工程量需要,一次备足水泥、砂、石等,保证混凝土连续一次浇捣完成;原材料进场应按规定要求对材料进行抽样复验,合格后才能使用; 5. 施工前应准备好机具,并检查是否完好; 6. 檐口挑出支模及分格缝模板应按要求制作并刷隔离剂	
	隔离层施工	刚性防水层和结构层之间应脱离,即在刚性防水层与结构层之间增加一层低强度等级砂浆、卷材、塑料薄膜等材料,起隔离作用,使结构层和刚性防水层变形互不受约束,以减少因结构变形使防水混凝土产生的拉应力,减少刚性防水层开裂。 1. 粘土砂浆隔离层施工:预制板缝填嵌细石混凝土后板面应清扫干净,洒水湿润,但不得积水,将按石灰膏∶砂∶黏土 = 1∶2.4∶3.6 配合比的材料拌均匀,砂浆以干稠为宜,铺抹的厚度约 10~20 mm,要求表面平整、压实、抹光,待砂浆基本干燥后,方可进行下道工序施工。 2. 石灰砂浆隔离层施工:施工方法同上。砂浆配合比为石灰膏∶砂 = 1∶4。 3. 水泥砂浆找平层铺卷材隔离施工:用 1∶3 水泥砂浆将结构层找平,并压实抹光养护,再在干燥的找平层上铺一层 3~8 mm 干细砂滑动层,在其上再铺一层卷材,搭接缝用热沥青玛蹄脂盖缝,也可以在找平层上直接铺一层塑料薄膜,因为隔离层材料强度低,在隔离层继续施工时,要注意对隔离层加强保护,混凝土运输不能直接在隔离层表面进行,应采取垫板等措施,绑扎钢筋时不得扎破表面,浇捣混凝土时更不能振松隔离层	
	分格缝留置	分格缝留置是为了减少因温差、混凝土干缩、徐变、荷载和振动、地基沉陷等变形造成刚性防水层开裂。分格缝部位应按设计要求设置,如无设计明确规定时,可按下述原则设置分格缝: 1. 分格缝应设置在结构层屋面板的支承端、屋面转折处(如屋脊)、防水层与突出屋面结构的交接处,并应与板缝对齐; 2. 纵横分格缝间距一般不大于 6 m,或"一间分格",分面积不超过 36 m² 为宜; 3. 现浇板与预制交接处,按结构要求留有伸缩缝、变形缝的部位; 4. 分格缝宽宜为 10~20 mm; 5. 分格缝可采用木板,在混凝土浇筑前支设,混凝土浇筑完毕,收水初凝后取出分格缝模板,或采用聚苯乙烯泡床板支设,待混凝土养护完成、嵌填密封材料前按设计要求的高度用电烙铁熔去表面的泡沫板	
	钢筋网片施工	1. 钢筋网配置应按设计要求,一般采用直径为 4~6 mm、间距为 100~200 mm 双向钢筋网片。网片连接采用绑扎和焊接均可,其位置以居中偏上为宜,保护层不小于 10 mm; 2. 钢筋要调直,不得有弯曲、锈蚀、沾油污; 3. 分格缝处钢筋网片要断开;为保证钢筋网片位置留置准确,可采用先在隔离层上满铺钢丝绑扎成型后,再按分格缝位置剪断的方法施工	

项目类别	施工步骤	施 工 方 法	备 注
施工要点	细石混凝土防水层施工	1. 浇捣混凝土前,应将隔离层表面浮渣、杂物清除干净;检查隔离层质量及平整度、排水坡度和完整性;支好分格缝模板,标出混凝土浇捣厚度,厚度不宜小于 40 mm; 2. 材料及混凝土质量要严格保证,经常检查是否按配合比准确计量,每工作班进行不少于 2 次的坍落度检查,并按规定制作检验的试块;加入外剂时应准确计量,投料顺序得当,搅拌均匀; 3. 混凝土搅拌应采用机械搅拌,搅拌时间不少于 2 min;混凝土运输过程中应防止漏浆和离析; 4. 采用掺加抗裂纤维的细石混凝土时,应先入纤维干拌均匀后再加水,干拌时间不少于 2 min; 5. 混凝土的浇捣按"先远后近、先高后低"原则进行; 6. 一个分格缝范围内的混凝土应一次浇捣完成,不得留施工缝; 7. 混凝土宜采用小型机械振捣,如无振捣器,可先木棍等插捣,再用小滚(30～40 kg,600 mm 长左右)来回滚压,边插捣边滚压,直至密实和表面泛浆,泛浆后用铁抹子压实平,并要确保防水层的设计厚度和排水坡度; 8. 铺设、振动、滚压混凝土时应严格保证钢筋间距及位置的准确; 9. 混凝土收水初凝后,及时取出分格缝隔板,用铁抹子第二次压实光,并及时修补分格缝的缺损部分,做到平直整齐;待混凝土终凝前进行第三次压实抹光,要求做到表面平光,不起砂、起皮、无板压痕为止; 10. 待混凝土终凝后,应立即进行养护,应优先采用表面喷洒养护剂养护,也可用蓄水养护法或稻草、麦草、锯末、草袋等覆盖后浇水养护,养护时间不少于 14 天,养护期间保证覆盖材料的湿润,并禁止闲人上屋面踩踏或在上继续施工	
	小块体细石混凝土防水层施工	1. 小块体细石混凝土防水层需掺入密实剂,以减少收缩比,避免产生裂缝,混凝土中不配置钢筋,而实施除板端缝外,将大块体划分不大于 1.5 m×1.5 m 分格的小块体; 2. 设计和施工要求与普通细石混凝土完全相同,不同点只在 15～30 m 范围内留置一条较宽的完全分格缝,宽度宜为 20～30 mm,1.5 m 的分格缝,宽宜为 7～10 mm,分格缝中应填嵌高子密封材料; 3. 为防止小块体混凝土产生裂缝,细石中应掺入密实剂,也可以加入膨胀剂、抗裂纤维等材料; 4. 小块体细石混凝土的分格缝应根据建筑开间和进深均匀划分,7～10 mm 的缝宽,采用定型钢框模板留设,使分格位置准确、顺直,缝边平整;在 15～30 m 范围内留设一条较宽的完全分格缝,20～30 mm 缝宽采用木模留设; 5. 分格缝中应嵌填合成高子密封材料	
质量要求	注意事项	1. 刚性防水屋面不得有渗漏和积水现象; 2. 所用的混凝土、砂浆原材料,各种外加剂及配套使用的卷材、涂料、密封材料等应符合质量标准和设计要求;进场材料应按规定检验合格; 3. 穿过屋面的管道等与交接处,周围要用柔性材料增强密封,不得渗漏;各节点做法应符合设计要求;	

第14章 泵闸厂房及管理用房维修作业指导书

项目类别	施工步骤	施 工 方 法	备 注
质量要求	注意事项	4. 混凝土、砂浆的强度等级、厚度及补偿收缩混凝土的自由膨胀率应符合设计要求； 5. 屋面坡度应准确，排水系统通畅；刚性防层厚度符合要求，表面平整度不超过 5 mm，不得起砂、起壳和裂缝；防水层内钢筋位置应准确。分格缝应平直，位置正确；密封材料嵌填密实，盖缝卷材粘贴牢固，无脱开现象； 6. 施工过程中要做好如下隐蔽工程的检查和记录： (1) 屋面板细石混凝土灌缝是否密实，上口与板面是否齐平； (2) 预埋件是否遗漏，位置是否正确； (3) 钢筋位置是否正确，分格缝处是否断开； (4) 混凝土和砂浆的配合比是否正确；外掺剂掺量是否正确； (5) 混凝土防水层厚度最薄处不小于 40 mm； (6) 分格缝位置是否正确，嵌缝是否可靠； (7) 混凝土和砂浆养护是否充分，方法是否正确	

泵闸厂房及管理用房刚性防水层屋面质量检验项目、要求和检验方法见表 14.3。

表 14.3　泵闸厂房及管理用房刚性防水层屋面质量检验项目、要求和检验方法

	检 验 项 目	检 验 要 求	检 验 方 法
主控项目	细石混凝土的原材料	符合设计要求	检查出厂合格证、质量验检和现场抽样复验报告
	细石混凝土的配合比和抗压强度	符合设计要求	检查配合比和试块检验报告
	细石混凝土防水层	不得有渗漏或积水现象	雨后或淋水检验
	细石混凝土防水层在天沟、檐沟、檐口、水落口、泛水、变形缝和伸出屋面管道的防水构造	符合设计要求	观察检查和隐蔽工程验收记录
一般项目	细石混凝土防水层表面	密实、平整、光滑，不得有裂缝、起壳、起皮、起砂	观察检查
	细石混凝土防水层厚度	符合设计要求	观察和尺量检查
	细石混凝土防水层分格缝的位置和间距	符合设计要求	观察和尺量检查
	细石混凝土防水层表面平整度	允许偏差为 5 mm	用 2 m 靠尺和楔形塞尺检查

14.5　泵闸厂房及管理用房平屋面卷材防水翻修工艺

泵闸厂房及管理用房平屋面卷材防水翻修工艺,见表14.4。

表 14.4　泵闸厂房及管理用房平屋面卷材防水翻修工艺

项目类别		翻 修 工 艺
材料要求	常用材料	1. 高聚物改性沥青油毡: (1) SBS 改性沥青柔性油毡; (2) 铝箔塑胶油毡; (3) 化纤胎改性沥青油毡; (4) 彩砂面聚酯胎弹性体油毡; (5) 胶粘剂,常用的胶粘剂为氯丁橡胶改性沥青胶粘剂。 2. 合成高分子防水油毡: (1) 三元乙丙橡胶防水油毡; (2) 氯化聚乙烯防水油毡; (3) 氯化聚乙烯一橡胶共混防水油毡; (4) 胶粘剂,油毡接缝密封剂一般选用单组分氯磺化聚乙烯密封膏或双组分聚氨酯密封膏; (5) 辅助材料,采用二甲苯作为基层处理剂的稀释剂和清洗剂
	材料质量要求	应符合现行规范和行业标准
构造做法		根据不同卷材材料选择相应的构造做法
施工要点	基层处理	1. 找平层的强度、坡度和平整度要符合设计要求,不得有酥松、起砂、起皮现象,否则应进行修补,找平层应干净、干燥; 2. 屋面基层与女儿墙、立墙、天窗壁、烟囱、变形缝等突出屋面结构的连接处以及基层的转角处(各水落口、檐口、天沟、檐沟、屋脊等),均应做成圆弧
	喷、刷冷底子油	冷底子油的选用应与卷材的材性相容;喷、刷均匀,待第一遍喷、刷干燥后再进行第二遍喷、刷,待最后一遍喷、刷干燥后,方可铺贴卷材;喷、刷基层处理剂前,应先在屋面节点、拐角、周边等处进行喷、刷
	施工顺序	1. 卷材铺贴应采取"先高后低、先远后近"的施工顺序,避免已铺屋面因材料运输遭人员踩踏和破坏; 2. 卷材大面积施工前,应先做好节点密封处理、附加层和屋面排水较集中部位(屋面与水落口连接处、檐口、天沟、檐沟、屋面转角处、板端缝等)的处理、分格缝的空铺条处理等,然后由低标高向高标高处施工;铺贴卷材时,应顺天沟、檐沟方向进行;从水落楼处向分水线方向进行,以减少搭接; 3. 施工段应设置在屋脊、天沟、变形缝处

项目类别		翻 修 工 艺
施工要点	铺贴方向	卷材的铺贴方向应根据屋面坡度和屋面是否受振动来确定。当屋面坡度小于3%时,卷材应平行于屋脊铺贴;屋面坡度在3%～5%之间时,卷材可平行或垂直屋脊铺贴。屋面坡度大于15%或受振动时,沥青卷材防水应垂直于屋脊铺贴,高聚物改性沥青防水卷材和合成高分子防水卷材可平行或垂直屋脊铺贴,但上下层卷材不得相互垂直铺贴
	搭接方法、宽度和要求	1. 卷材铺贴应采用搭接法,各种卷材的搭接宽度应符合要求,同时,相邻2幅卷材的接头还应相互错开300 mm以上,以免接头处多层卷材相重叠而粘贴不实。叠层铺贴,上下2幅卷材的搭接缝也应错开1/3幅宽。当用聚酯胎改性沥青防水卷材点粘或空铺时,两头部分应全粘500 mm以上; 2. 高聚物改性沥青防水卷材和合成高分子防水卷材的搭接缝,宜用材性相容的密封材料封严; 3. 平行于屋脊的搭接缝,应顺水方向搭接;垂直于屋脊的搭接缝应顺本地年最大频率风向搭接; 4. 叠层铺设的各层卷材,在天沟和屋面的连接处,应采用叉接法搭接,搭接缝应错开;接缝应留在屋面或天沟的侧面,不应留在沟底; 5. 铺贴卷材时,不得污染檐口的外侧和墙面;高聚物改性沥青防水卷材采用冷粘法施工时,搭接边部分应有多余的冷粘剂挤出;热熔法施工时,搭接边应溢出沥青形成一道沥青条
质量要求		1. 卷材防水及其转角处、变形缝、穿墙管道等细部做法应符合规范要求; 2. 根据铺贴面积以及卷材规格,事先进行丈量并按规范及有关规定的搭接长度在铺贴基层上弹好粉线,施工时齐线铺贴;搭接形式应符合规定,立面铺贴自下而上,上层卷材应盖过下层卷材不少于150 mm;要注意长、短边搭接宽度(搭接长短边不小于100 mm);上下层的卷材的接缝应错开1/3卷材宽度以上,不得相互垂直铺贴; 2. 卷材防水层施工前,应该检查基层,使之符合规定要求;施工时应严格按施工规范和操作规程的要求进行;对于热作业铺贴垂直面卷材防水层更要一丝不苟、密切配合,必要时可轮换操作,保证铺贴质量; 4. 卷材防水层的基层应牢固,基面应洁净、平整,不得有空鼓、松动、起砂和脱皮现象;基层阴阳角处应做成圆弧形,半径符合要求; 5. 卷材防水层的搭接缝应黏结牢固,密封严密,不得有褶皱、翘边和鼓泡等缺陷;检验方法是观察检查防水层严禁有破损和渗漏现象; 6. 侧墙卷材防水层的保护层与防水层应黏结牢固,结合紧密,厚度均匀一致; 7. 卷材搭接宽度的允许偏差为10 mm,检验方法为观察和尺量检查

14.6 泵闸厂房水泵层混凝土孔眼渗漏维修工艺

泵闸厂房水泵层混凝土孔眼渗漏维修工艺,见表14.5。

表 14.5　混凝土孔眼渗漏维修工艺

处理方法	适用范围	维 修 工 艺	备 注
直接快速堵漏	水压不大,一般在水位 1 m 以下,漏水孔眼位较高时采用	在混凝土上以漏点为圆心,剔成直径 10～30 mm、深 20～50 mm 的圆孔,孔壁应垂直基面,然后用水将圆孔冲洗干净,随即用快硬水泥胶浆(水泥:促凝剂＝1:0.6),捻成与孔直径接近的圆锥体,待胶浆开始凝固时,迅速用拇指将胶浆用力堵塞入孔内,并向孔壁四周挤压严密,使胶浆与孔壁紧密结合,持续挤压 1 min 即可,检查无渗漏后,再做防水面层	
下管堵漏	水压较大,水位为 5 m 以内,且渗漏水孔不大时采用	根据渗漏水处混凝土的具体情况,决定剔凿孔洞的大小和深度;可在孔底铺一层碎石,上面盖一层油毡或铁片,并用一胶管穿透油毡至碎石层内,然后用快硬水泥胶浆将孔洞四周填实、封严,表面低于基面 10～20 mm,经检查无漏后,拔出胶管,用快硬水泥胶浆将孔洞堵塞;如系地面孔洞漏水,在漏水处四周砌挡水墙,将漏水引出墙外	
木楔堵漏	当水压很大,水位在 5 m 以上,漏水孔不大时采用	用水泥胶浆将一直径适当的铁管稳牢于漏水处已剔好的孔洞内,铁管外端应比基面低 2～3 mm,管口四周用素灰和砂浆抹好,待其有强度后,将浸泡过沥青的木楔打入铁管内,并填入干硬性砂浆,表面再抹素灰及砂浆各一道,经 24 h 后,再做防水面层	

注:1. 选用材料应与原防水层相容,与基层应结合牢固;
　　2. 维修后达到不渗不漏水。

14.7　泵闸厂房及管理用房水泥砂浆地面面层维修工艺

泵闸厂房及管理用房水泥砂浆地面面层维修工艺,见表 14.6。

表 14.6　泵闸厂房及管理用房水泥砂浆地面面层维修工艺

项目类别	维 修 工 艺	备 注
水泥砂浆地面面层构造做法	水泥砂浆面层的强度等级不低于 M15,水泥:砂体积比宜为 1:2,也可用石屑代替砂子,体积比也为 1:2。水泥砂浆面层的厚度不小于 20 mm	
	当水泥砂浆地面基层为预制板时,宜在面层内设置防裂钢筋网,网采用的钢筋直径 3～5 mm,钢筋间距为 150～200 mm	
	当水泥砂浆地面下埋设管线等出现局部厚度等减薄时,应做防裂处理	
	面积较大的水泥砂浆地面应设置伸缩缝,在梁或墙柱边部位应设置防裂钢筋网	
	水泥砂浆地面的坡度应符合设计要求,一般为 1%～3%,不得有倒泛水和积水现象	
	水泥砂浆楼地面的构造做法参见相关图集	

项目类别	维 修 工 艺	备 注
材料质量要求	水泥采用硅酸盐水泥、普通硅酸盐水泥或矿渣硅酸盐水泥等,其强度等级不低于 42.5,应有出厂合格证及复试报告;不同品种、不同强度等级的水泥严禁混用	
	砂应采用粗砂或中粗砂,含泥量不应大于 3%	
	石屑粒径宜为 1～5 mm,其含粉量(含泥量)不应大于 3%	
	水中不得含有影响水泥正常凝结硬化的糖类、油类及有机物等有害物质,硫酸盐及硫化物较多的水不能使用,水 pH 值不得小于 4,一般自来水和饮用水均可使用	
施工要点	基层清理。将基层表面泥土、浮浆、杂物、灰尘、油污等清理干净	
	弹线找平。在固定位置弹出标高线和面层水平线	
	贴灰饼。根据弹出的标高线,用 1∶2 干硬性水泥砂浆在基层做灰饼,以控制地面的高度、平度和坡度	
	配制砂浆。面层水泥砂浆的配合比宜为 1∶2(水泥∶砂,体积比),稠度不大于 35 mm,强度等级不低于 M15	
	铺砂浆。1. 铺砂浆前,在基层上均匀扫素水泥浆(水灰比 0.4～0.5)一遍,随扫随铺砂浆。水泥砂浆的虚铺厚度宜高于灰饼 3～4 mm。 2. 水泥砂浆面层的标高、厚度应符合设计要求。厕浴间、厨房和有排水(或其他液体)要求的地面面层与相连接面层的标高差应符合设计要求。水泥砂浆面层厚度应不小于 20 mm	
	找平、压光。1. 铺砂浆后,随即用刮杠按灰饼高度将砂浆刮平,同时把灰饼剔掉,用砂浆填平,然后用木抹子搓揉压实,用刮杠检查平整度; 2. 在砂浆终凝前再用铁抹子把前遍留的抹纹全部压平、压实、压光; 3. 面层与下一层应结合牢固,无空鼓、裂纹; 4. 面层表面应平整、洁净,无裂纹、脱皮、麻面、起砂等缺陷;面层表面的坡度应符合设计要求,不得有倒泛水和积水现象	
	分格缝。水泥砂浆面层的分格,应在水泥面层初凝后用分格器压缝。水泥砂浆面层的分缝格位置应与水泥类垫层的伸缩缝对齐;面层变形缝的设置应符合设计要求;分格条(缝)应顺直、清晰、宽窄、深浅一致,十字缝处平整、均匀	
	养护。水泥砂浆地面的养护应在面层压光 24 h 后进行,养护时间不少于 7 天	
	踢脚板施工。水泥砂浆面层地面一般用水泥砂浆做踢脚板,底层和面层砂浆分两次抹成。底层抹 1∶3 水泥砂浆,面层抹 1∶2 水泥砂浆;踢脚板的出墙厚度宜 5～8 mm	

项目类别	维 修 工 艺	备 注
施工 注意 事项	1. 冬期施工时要防止水泥砂浆面层受冻,做好加温保暖措施; 2. 楼梯踏步的宽度、高度应符合设计要求;楼层梯段相邻踏步高度差不应 大于 10 mm,每踏步两端宽度差不应大于 10 mm;旋转楼梯梯段的每踏 步两端宽度的允许偏差为 5 mm;楼梯踏步的齿角应整齐,防滑条应顺直	

水泥砂浆地面面层允许偏差见表 14.7。

表 14.7　水泥砂浆地面面层允许偏差　　　　　　　　　　　单位:mm

项次	检验项目	允许偏差	检 验 方 法	资 料 要 求
1	表面平整度	4	用 2 m 靠尺和楔形塞尺 检查	录维修选用材料、工程做法, 并会同质量验收记录存档
2	接槎高低差	≤1	用钢尺检查和楔形塞尺 检查	
3	缝格平直	3	拉 5 m 线检查,不足 5 m 拉通线和用钢尺检查	
4	踢脚线上口平直	4	用钢尺检查	

14.8　泵闸厂房及配套房屋外墙门窗框渗漏维修工艺

泵闸厂房及配套房屋外墙门窗框渗漏维修工艺,见表 14.8。

表 14.8　泵闸厂房及配套房屋外墙门窗框渗漏的维修工艺

项目类别	维 修 工 艺	备 注
材料 要求	1. 密封材料应具有弹塑性、粘结性、施工性、耐候性、水密性、 气密性和位移性; 2. 防水涂料常用聚氨酯涂料、丙烯酸涂料、硅橡胶涂料等,其 质量及性能应符合有关现行国家标准的规定,并有出厂质量 合格证; 3. 防水卷材质量及性能应符合有关国家标准的规定,并有出 厂质量合格证; 4. 纤维布可采用聚酯纤维无纺布、玻璃纤维布、中碱玻璃纤维 布(50 g/m²),并符合有关现行国家标准的规定; 5. 钢筋、水泥、砂、石、外加剂、混凝土、砂浆等原材料的品种、 规格、性能和强度等级应符合设计要求和有关规定	

项目类别	维 修 工 艺	备 注
处理方法	嵌填密封法。处理时应先将门窗框四周与砌体间疏松或不密实的砂浆凿去,在缝中填塞沥青麻丝等材料,再用水泥砂浆填实,勾缝抹严;也可在缝隙中嵌填发泡材料,如聚氨酯泡沫或聚乙烯发泡材料等作为背衬材料,再在外面用门窗用的弹性密封剂封严	适用于门窗框周围与洞口侧壁嵌填不密实
	高分子防水涂膜法。处理时可在外墙门窗两侧装饰块材开裂的接缝中涂刷合成高分子防水涂膜,防止雨水由缝内渗入门窗与墙体间的缝隙中	适用于外墙有饰面块材的门窗框渗漏
	有机硅处理法。应先将门窗开裂部位的砂浆清洗干净,用掺防水粉的水泥将裂缝腻平,表面涂刷有机硅等憎水性材料进行处理	适用于门窗与洞口间的缝隙过大,填嵌的水泥砂浆已开裂

注:1. 选用材料应与原防水层相容,与基层应结合牢固;
 2. 维修后达到不渗不漏水。

14.9 泵闸厂房及配套房屋外墙体裂缝维修工艺

泵闸厂房及配套房屋外墙体裂缝维修工艺,见表 14.9。

表 14.9 泵闸厂房及配套房屋外墙体裂缝维修工艺

项目名称	维 修 工 艺	备 注
材料要求	1. 密封材料应具有弹塑性、粘结性、施工性、耐候性、水密性、气密性和位移性; 2. 防水涂料常用聚氨酯涂料、丙烯酸涂料、硅橡胶涂料等,其质量及性能应符合有关现行国家 标准的规定,并有出厂质量合格证; 3. 防水卷材质量及性能应符合有关国家标准的规定,并有出厂质量合格证; 4. 纤维布可采用聚酯纤维无纺布、玻璃纤维布、中碱玻璃纤维布,并符合有关现行国家标准规定; 5. 钢筋、水泥、砂、石、外加剂、混凝土、砂浆等原材料的品种、规格、性能和强度等级应符合设计要求和有关规定	
处理方法	混凝墙体上的裂缝,除出结构上考虑采取补救措施外,由室内防渗角度出发,应进行必要的防水处理,防止雨水沿裂缝渗入室内	
	1. 环氧树脂封闭法。环氧树脂封闭法是一种局部修理的方法,在裂缝宽度较厚时使用。处理时用低压注入器具向裂缝中注入环氧树脂,使裂缝封闭,修补后无明显的痕迹。	

项目名称	维 修 工 艺	备 注
处理方法	2. 凹槽密封法。凹槽密封法在处理时先沿裂缝位置凿开 1 条 U 形凹槽，深 10～15 mm，宽 10 mm，然后将槽中清洗干净。涂刷基层处理剂，然后用合成高分子密封材料嵌填密封，表面抹聚合物水泥砂浆。 3. 混合处理法。混合处理法在裂缝部位注入环氧树脂，或用凹槽密封法处理完后，再沿处理部分(或全面)喷涂丙烯酸类防水涂膜，也可喷涂有机硅等憎水性材料	

注：1. 选用材料应与原防水层相容，与基层应结合牢固；
　　2. 维修后达到不渗不漏。

14.10　泵闸厂房及配套房屋维修安全管理

参见本书第 17 章"泵闸维修养护安全管理作业指导书"。

第 15 章

泵闸工程保洁作业指导书

15.1 范围

泵闸工程保洁作业指导书适用于淀东泵闸厂房及管理用房内部、泵闸管理区保洁作业,其他同类型泵闸厂房及管理用房内部、泵闸管理区保洁作业可参照执行。

15.2 规范性引用文件

下列文件适用于泵闸工程保洁作业指导书:

《泵站技术管理规程》(GB/T 30948—2021);

《安全色》(GB 2893—2008);

《安全标志及其使用导则》(GB 2894—2008);

《公共信息图形符号》(系列)(GB/T 10001—2012);

《图形符号 术语》(GB/T 15565—2020);

《公共信息导向系统 设置原则与要求(系列)》(GB/T 15566—2020);

《标志用图形符号表示规则 公共信息图形符号的设计原则与要求》(GB/T 16903—2021);

《消防安全标志 第 1 部分:标志》(GB 13495.1—2015);

《消防安全标志设置要求》(GB 15630—1995);

《工作场所职业病危害警示标识》(GBZ 158—2003);

《道路交通标志和标线(系列)》(GB 5768—2009);

《水闸技术管理规程》(SL 75—2014);

《上海市水闸维修养护技术规程》(SSH/Z 10013—2017);

《上海市水利泵站维修养护技术规程》(SSH/Z 10012—2017);

《上海市水闸维修养护定额(试行)》(DB31SW/Z003—2020);

《上海市水利泵站维修养护定额(试行)》(DB31SW/Z004—2020)。

15.3　泵闸厂房及管理用房内部保洁

15.3.1　厂房及管理用房内部保洁目的

通过内部保洁,能消除生产现场的不利因素,达到保障安全生产,提高设备健康水平、降低生产成本、改善生产环境、鼓舞员工士气、塑造企业良好形象的目的,力求达到污染为零、浪费为零、缺陷为零、差错为零、投诉为零、违章为零的目标。

15.3.2　厂房及管理用房内部保洁基础工作——"整理"

"整理"是把要与不要的人、事、物分开,再将不需要的人、事、物加以处理。其要点首先是对生产现场的现实摆放和停滞的各种物品进行分类,区分什么是现场需要的,什么是现场不需要的;其次,对于现场不需要的物品,坚决清理出生产现场。

1. 现场检查

在实施现场整理工作之前,首先要做好对生产现场、办公区域、检修工具间、库房、室外等区域的检查工作。

(1) 生产现场。主要检查设备、材料、工器具、地面、环境(如零部件、推车、工具、工具柜材料箱、油桶、油盒、保温材料、检修电源等);

(2) 办公区域。主要检查办公设施、办公用品、地面(如橱柜里的物品、桌上的物品、公告栏、标语、风扇、纸屑、杂物等);

(3) 检修工具间。主要检查设备、工具、个人物品、地面(如工作台面、角料、余料、手套、螺丝刀、扳手、图表、资料、电源线等);

(4) 库房。主要检查设备、物料、地面(如材料、货架、标签、名称等)。

对以上各处进行全面检查,不留死角,为区分必需品与非必需品创造条件。

2. 必需品和非必需品的区分

(1) 必需品是指经常使用的物品,如果没有它,就应购入替代品,否则将影响正常工作。必需品包括以下内容:

① 正常使用的设备、设施、装置等;

② 使用中的推车、叉车、装载机、工作梯、工作台等;

③ 有使用价值的消耗用品;

④ 有用的原材料,配品、配件等;

⑤ 使用中的办公用品、用具等;

⑥ 使用中的看板等;

⑦ 有用的图纸、文件、资料、记录、杂志等;

⑧ 使用的仪器、仪表、工具等;

⑨ 使用的私人用品。

(2) 非必需品分为两类。一类是指对生产、工作无任何作用的或不具有使用功能的物品;另一类是使用周期较长的物品,如半年甚至一年才使用一次的物品。非必需品一般包括以下内容:

① 废弃、无使用价值的物品；

② 不使用的物品。

（3）清理非必需品时，主要看物品有没有使用价值，而不是看原来的购买价值。

① 非必需品判断原则：

a. 本岗位、工作现场是否有用；

b. 近期是否有用；

c. 是否完好可用；

d. 是否超过近期使用量。

② 必需品与非必需品的区别，见表 15.1。

表 15.1　必需品与非必需品的区别

项　目	使用频率（用途）	处 理 方 法
必需品	每时使用	随身携带/现场存放
	每日使用	现场存放
	每月使用	仓库储存
非必需品	半年及以上使用	仓库储存
	永远不用	处　理
	不能使用	报废处理

3. 非必需品的处理

（1）入库保管。对于使用次数少、使用频率低的专用设备设施、工具、材料，处理方法是入库保管。

（2）转移使用。对于本工程、本办公场所不使用，但是其他工程、办公场所可以用到的设备设施、工具、材料，处理方法是转移到有用的场所使用。

（3）修复利用。对于有故障的设备、损坏的工具、损坏的材料，安排技术人员进行修复、修理，使其恢复使用价值。

（4）改作他用。将材料、设备、零部件等非必需品进行改造，修旧利废，用于其他设备或项目上，使其发挥最大作用。

（5）联系退货。由于设计变更、规格变更、设备更新等原因，致使一些设备、材料无法安装、无法使用。在这种情况下，应及时和供应商联系，协商退货，回收货款。

（6）折价出售。

（7）该物品对公司没有任何使用价值，可根据情况进行折价出售，以便回收资金。

（8）特别处理。对于一些涉及保密的物品（如重要技术资料等）、污染环境的物品（如电池、化学物品等），需要根据其性质做特别处理。

（9）丢弃。对于已经丧失使用价值、损坏后无法修复、利用的物品，过期、变质的资料物品，主要处理方法是丢弃。

（10）报废处理。对于一些彻底无法使用、无法发挥其使用价值的物品，履行报废处置手续，回收统一处理。

15.3.3 厂房及管理用房内部保洁重点工作——"整顿"

"整顿"是合理安排生产及办公现场物品放置的方法,是将必需品放置于任何人都能立即取到和立即放回的状态,明确责任人,并进行有效的可视化管理,实行科学布局,快捷取用。整顿要求在放置方法、标识方法上下功夫,让员工能非常容易地了解工作的流程,并遵照执行。

1. 现状分析

根据区域的功能定位来进行现状分析,首先考虑硬件是否满足需要;其次,从安全、出入方便、去除和放置快捷的角度考虑是否需要进行布局调整;最后,从便于维持、方便使用的角度考虑,确定物品的放置位置。

2. 物品分类

以工具间为例,根据工器具各自的特征,按其材质、特点、用途、成套、放置方式等划分类别,便于下一步布局的设计。

(1)制定物品分类标准。

(2)将物品按用途、功能、形状、重量大小、数量、使用频度分类摆放。

(3)确定分类后每一类物品的名称。

3. 布局定位

物品分类后,对空间进行重新布局,制作空间布局定置图,明确物品放置场所。依据物品分类后的用途、功能、形状、重量大小、数量、使用频度,决定摆放方式(竖放、横放、直角、斜置、吊放、钩放等)、摆放位置(放几层、放上、放下、放中间等)。

4. 标识制作

标识在人与物、物与场所的关系中起着指导、控制、确认的作用。在泵闸运行养护过程中,设施设备品种繁多,规格复杂,作业的内容、方式各有不同,其要求需要依据规范和管理单位的信息来指引。

5. 责任落实

根据部门特点与班组情况,将泵闸运行养护现场、办公区域划分成小区域,落实责任到各部门及班组。部门及班组应根据具体区域情况进行细分,明确具体责任人。做到每个区域、每台设备、每个文件柜等都有责任人。对于责任人的职责应有相应的制度进行规范,同时有检查、监督、考核等管理办法,实行闭环管理。

15.3.4 泵闸现场可视化管理

泵闸现场可视化管理参见河海大学出版社出版的《泵闸工程目视精细化管理》一书。

15.3.5 泵闸设施设备保洁标准

泵闸设施设备保洁标准包括以下几方面:

(1)主机组保洁标准,参见本书10.6节。

(2)电气设备保洁标准,参见本书10.7节。

(3)闸门启闭机保洁标准,参见本书10.8节。

（4）辅助设备与金属结构保洁标准，参见本书 10.9 节。

（5）信息化系统保洁标准，参见本书 11.4 节。

（6）水工建筑物保洁标准，参见本书 13.5 节。

15.3.6　泵闸厂房及管理用房保洁标准

（1）泵闸厂房与管理用房通用保洁标准，见表 15.2。

表 15.2　泵闸厂房与管理用房通用保洁标准

序号	项　目	标　　准
1	屋顶及墙面	1. 各房屋建筑屋顶及墙体无渗漏、无裂缝、无破损；外表干净整洁，无蛛网、积尘及污渍。屋面防水良好，无渗漏。柔性防水屋面无裂缝、空鼓、龟裂、断离、破损、渗漏，防水层无流淌；刚性防水屋面表面无风化、起砂、起壳、酥松，连接部位无渗漏、损坏，防水层无裂纹、排水不畅或积水。 2. 外墙饰面砖无脱落、空鼓、开裂，保温面层无开裂、渗漏、脱落及损伤
2	地　面	地面平整、地面砖等无破损、无裂缝及油污等
3	门窗等局部	门窗完好、启闭灵活，玻璃洁净完好，符合采光及通风要求。围护墙体、门窗框周围、窗台、穿墙管道根部、阳台、雨篷与墙体连接处、变形部位无渗漏
4	防护栏杆	防护栏杆牢固、无松动破损，混凝土栏杆外观无缺陷、变形；金属栏杆无拼接变形及损伤，表面无缺陷、无锈蚀
5	照　明	照明灯具安装牢固、布置合理、照度适中，开关室及巡视检查重点部位应无阴暗区，各类开关、插座面板齐全、清洁、使用可靠
6	防雷接地	防雷接地装置无破损、无锈蚀、连接可靠
7	落水管	无破损、无阻塞、固定可靠
8	钢结构	钢结构构件无裂纹、表面无缺陷、锈蚀，表面涂装无脱落
9	房屋建筑周围	1. 房屋建筑周围散水、地沟与外墙结合界面处无裂缝，房屋建筑物无倾斜； 2. 雨水井、污水井、屋面漏水口等排水系统排水畅通

（2）泵房、启闭机房等主副厂房保洁标准，见表 15.3。

表 15.3　泵房、启闭机房等主副厂房保洁标准

序号	项　目	标　　准
1	清洁度	泵房、启闭机室无与运行无关的杂物，设备设施完好清洁
2	上墙图表	控制室墙面设有泵闸平立剖面图、电气主接线图、始流曲线图、设备揭示图等图表
3	消防器材	泵房、启闭机室应按要求设灭火器材，编号管理，并有定置标识
4	监视设备	置于墙面、屋顶的监视摄像机等应保持完好、清洁
5	电缆管线布线	设有专用电缆沟、管道沟，排列整齐，不影响巡查人员通过；电缆桥架无锈蚀、接地可靠、封闭完好，支架固定牢固
6	安全警示标识	安全警戒线、楼梯踏步警示标识等齐全、醒目

（3）中央控制室保洁标准，见表 15.4。

表 15.4　中央控制室保洁标准

序号	项　目	标　准
1	一般要求	控制室无与运行无关的杂物，座椅排列整齐，设备设施完好、清洁
2	墙　面	设有相应的规章制度
3	控制台面	控制台面定点、整齐摆放监视屏、鼠标、打印机、电话机、对讲机及文件架，文件架内临时资料包括各种操作票、空白表、签字笔等，应摆放整齐，已填写的记录表存放不超过 1 周，禁止摆放其他无关物品
4	工控机、多功能电源插座	保持完好、清洁，布线整齐合理、通风良好
5	软件资料	控制室内有调度指令、送电联络单、值班记录、机电设备运行记录、操作票、应急处置手册、突发事件应急处置预案及相关操作规程、电气图纸等资料
6	室内窗帘	保持洁净，安装可靠，高度一致，空调设施完好
7	座　椅	定点摆放，排列整齐
8	器材配置	定期检查手持式移动电源、钥匙箱、移动式测温仪、移动式测振仪等设施配备齐全
9	消防设施	消防设施完备，室内禁止吸烟

（4）高、低压开关室保洁标准，见表 15.5。

表 15.5　高、低压开关室保洁标准

序号	项　目	标　准
1	绝缘垫	高、低压开关室开关柜前后操作、作业区域均需设置绝缘垫。绝缘垫应无破损，符合相应的绝缘等级，颜色统一、铺设平直
2	照明及面板	开关室柜前后均需设足够亮度的日常照明及应急照明装置，并处于完好状态。照明灯具安装牢固、布置合理、照度适中，开关室及巡视检查重点部位应无阴暗区，各类开关、插座面板齐全、清洁、使用可靠
3	室内电缆沟	开关室内电缆沟完好，无积尘、渗水、杂物，钢盖板无锈迹、破损，铺设平稳、严密
4	上墙规程	室内墙面应设有岗位职责、电气操作规程、主接线路及巡视检查内容
5	支架、桥架	开关室内电缆支架、桥架应无锈蚀，桥架连接固定可靠，盖板及跨接线齐全；支架排列整齐、间距合理，电缆排列整齐、绑扎牢固、标记齐全
6	备用断路器及操作小车	定点摆放，罩防尘罩，保持清洁，无杂物
7	接地测试点	试验接地点设置合理、涂色规范明显
8	房屋清洁度	室内整洁，门窗关好，无渗水、漏雨现象
9	操作记录	操作记录完整，按要求摆放
10	安全用具	安全用具齐全、完好，按要求进行了试验，试验标签在有效期内

序号	项　目	标　　准
11	灭火器	灭火器按要求摆放,无缺失,在有效期内,压力符合要求
12	安全保卫	禁止非工作人员进入高、低压开关室,必要时须由值班人员陪同

（5）变压器室保洁标准,见表15.6。

表15.6　变压器室保洁标准

序号	项　目	标　　准
1	绝缘垫	站变高低压两侧、隔离柜前后均需设置绝缘垫。绝缘垫应无破损,符合相应的绝缘等级,颜色统一、铺设平直
2	室内墙面	室内墙面应设有岗位职责、巡视检查内容
3	通风、照明	通风散热良好,日常照明和应急照明装置完好,配备纱窗
4	消防器材	室内消防灭火器定点摆放,定期检查

（6）办公室保洁标准,见表15.7。

表15.7　办公室保洁标准

序号	项　目	标　　准
1	清洁度	室内保持整洁、卫生,空气清新,无与办公无关的物品;定时清洗窗帘等物品
2	上墙制度	办公室墙面设有相关制度、岗位职责
3	办公桌椅	办公桌椅固定摆放,桌面、桌内物品摆放整齐
4	书柜和资料柜	书柜及资料柜排列摆放整齐,清洁无破损
5	空调、窗帘等	室内窗帘保持洁净,安装可靠;空调设施完好

（7）档案资料室保洁标准,见表15.8。

表15.8　档案资料室保洁标准

序号	项　目	标　　准
1	清洁度	室内保持整洁、卫生,空气清新,无关物品不得存放
2	上墙制度	档案资料室墙面设有相关制度、岗位职责、平面分布图
3	档案柜及档案	档案柜及档案排列规范、摆放整齐,标识明晰。各类档案的保管应分不同载体,按年代、组织机构和不同保管期限分别排列,并根据案卷的排列顺序编制卷号以固定案卷的位置
4	"九防"措施	落实"九防"措施:防盗、防火、防光、防虫、防尘、防潮、防鼠、防污染、防高温;要定期检查、通风
5	标识标牌	严禁吸烟、严禁存放易燃易爆等标志齐全
6	桌　椅	办公桌椅固定摆放,桌面、桌内物品摆放整齐
7	照　明	照明灯具及亮度符合档案资料室要求

序号	项 目	标 准
8	窗帘、空调设施	室内窗帘保持洁净,安装可靠;空调设施完好
9	必备物品	温度计、碎纸机、除湿机配备齐全、保存完好。做好温湿度记录,档案资料室内相对湿度保持在45%～60%之间,温度保持在14℃～24℃左右。各类档案的保管应分不同载体,按年代、组织机构和不同保管期限分别排列,并根据案卷的排列顺序编制卷号以固定案卷的位置。在高温、高湿季节要及时采取有效措施,改善档案资料室环境

（8）会议室保洁标准,见表15.9。

表15.9　会议室保洁标准

序号	项 目	标 准
1	清洁度	室内保持整洁、卫生、空气清新,无关物品不得存放
2	会议桌椅	会议桌椅定点摆放,物品摆放整齐
3	投影设施	投影设施完好、清洁,能正常使用
4	窗帘、空调设施	室内窗帘保持洁净,安装可靠;空调设施完好
5	插 座	各类插座完好,能正常使用

（9）物资仓库保洁标准,见表15.10。

表15.10　物资仓库保洁标准

序号	项 目	标 准
1	清洁度	仓库应保持整洁、空气流通、无蜘蛛网、物品摆放整齐
2	上墙制度	仓库指定专人管理,管理制度在醒目位置上墙明示,清晰完好
3	货 架	货架排列整齐有序,无破损、强度符合要求、编号齐全
4	物品分类	物品分类详细合理,有条件的可利用微机进行管理
5	物品摆放与保管	物品按照分类划定区域摆放,整齐合理、便于存取,并做到: 1."五无":无霉烂变质、无损坏和丢失、无隐患、无杂物积尘、无老鼠; 2."六防":防潮、防冻、防压、防腐、防火、防盗
6	物品登记、出库	物品存取应进行登记管理,详细记录;物资出库手续完备、齐全
7	防汛物资	1. 防汛物资仓库要明示防汛物资管理责任体系及岗位职责、防汛物资管理制度、防汛物资储备制度、防汛物资调运制度、防汛仓库消防管理制度、防汛物资与工器具布置图、防汛物资调运路线图等。 2. 物资定额储备,保证物资安全、完整,保证及时调用。 3. 防汛物资在库内要整齐摆放,留有通道,严禁接触酸、碱、油脂、氧化剂和有机溶剂等物质。每批(件)物品都应配有明显标签标明品名、编号(船号)、数量、质量和生产日期,做到实物、标签、台账相符。 4. 编织袋、麻袋整齐码放,便于搬运,不得散乱堆放,下部要设有防潮垫层,不宜光照的物资要有遮光措施;编织袋要包装完好,麻袋码放时要注意通风。

序号	项 目	标 准
7	防汛物资	5. 各种防汛物资在每年汛前都要进行 1 次检查： (1) 充气式救生衣(圈)做 4 h 以上充气试验,重新涂撒滑石粉;硬质聚氨酯泡沫救生衣(圈)做外观检查; (2) 编织袋、麻袋进行倒垛、检查,投放鼠药。 6. 防汛物资的调用原则是"先近后远、先主后次、满足急需"。险情发生后,首先就地就近调用物资,尽快控制险情的发展,为后续物资的运抵争取时间。如果险情重大,一些抢险物资、设备若无法解决,可以向上级部门申请调用上级防汛部门的储备物资。 7. 根据抢险物料、救生器材的储备年限及时进行报废
8	危险品	危险品应单独存放,防范措施齐全、定期检查,其中： 1. 油及油漆类物资,应按要求单独设立易燃易爆品物资仓库,按其特性采取相应措施分类存储,并且应有专人妥善保管,定期检查。 2. 易燃易爆品物资,应专人管理,管理制度在醒目位置明示,清晰完好,应急预案应完备。 3. 按存放的易燃易爆品性质配置消防灭火器材,定期检查消防器材的完整性。 4. 检修场所要严格控制使用易燃易爆品,需要多少领多少,使用后剩余的应立即返还仓库。 5. 仓库管理人员应掌握易燃易爆品燃烧爆炸的应急处置方法,避免产生重大损失
9	其 他	照明、灭火器材等设施齐全、完好

（10）卫生间保洁标准,见表 15.11。

表 15.11 卫生间保洁标准

序号	项 目	标 准
1	清洁度	卫生间应随时保持整洁、空气清新、无蜘蛛网及其他杂物,地面无积水
2	洁 具	洁具清洁,无破损、结垢及堵塞现象,冲水顺畅
3	挡 板	挡板完好,安装牢固,标志齐全
4	清洁用具	拖把、抹布等清洁用具应定点整齐摆放,保持洁净

（11）员工食堂保洁标准,见表 15.12。

表 15.12 员工食堂保洁标准

序号	项 目	标 准
1	清洁度	食堂应随时保持整洁卫生,无积垢,地面无积水
2	炊具及排油烟设施	炊具清洁,油污应定期清理;排油烟设施能正常使用
3	液化气罐	液化气罐应专人管理,不使用时每天及时关闭,防火防爆防中毒等安全措施到位
4	餐具消毒柜	食堂应配备消毒柜,确保餐具卫生
5	食品架	食品原料应在食品架上整齐摆放,保持清洁
6	安全用电	电气设备应有防潮装置,不超负荷使用、绝缘良好

15.4 泵闸管理区陆域保洁

1. 一般要求

（1）所有保洁员应准时上岗，严禁串岗、脱岗、坐岗、干私活等，遇紧急情况或重大节日应延后下岗。在有重大活动需突击保洁时，项目部应保证所属人员、工具等服从管理单位统一安排使用。

（2）项目部应划分区域，责任到人，确保保洁范围内无垃圾、死角、明显植物积尘现象。

（3）保洁人员应及时清理废弃物（垃圾）、吊挂物，对泵闸上下游护岸进行清理，不放过死角。建筑物、构筑物立面应无明显污痕，无乱贴、乱挂和过期破损标语。废物箱、围栏等附属设施应保持完好且无明显污迹。砌石护坡无杂草，堤岸设施及树木上无吊挂垃圾。

（4）保洁人员对泵闸管理区道路应做到每天清扫，及时清理路面上的杂物，及时清理绿化工养护过程中形成的垃圾。

（5）保洁人员对泵闸管理范围内的凉亭、座凳、运动休闲器材部分，要做到保持整洁，发现果皮、纸屑及时清理；对破坏性使用设施的行为予以及时制止；定期对雕塑、路牌、立杆、休闲座凳、路灯、不锈钢扶手等进行清洗、擦拭，如遇大风天气等要随时巡视，确保无灰尘、污物。座凳、果皮箱、标牌等应摆放整齐，无翻倒、乱置现象。

（6）严禁将垃圾倒在泵闸上下游堤防、进出水池边坡、防汛通道两侧或随便乱倒，严禁焚烧垃圾。

（7）拦污栅前清理的污物等应堆放到专用场地，不得随意倾倒；应及时清理，在专用场地堆放或运至垃圾回收中心处理。

（8）设备在运行和维修过程中产生的废油应统一存放，分类处理，做好循环利用工作，不得倾倒或排入进出水池、地面、下水道。

（9）泵闸维修中使用的化学品应按化学品的处理规定，进行统一回收处理，不得直接倾倒或排入进出水池，也不得与普通垃圾混合。

（10）按《上海市垃圾分类管理条例》对垃圾进行分类，具体可分为：可回收物、有害垃圾、湿垃圾、干垃圾。对不同的垃圾进行分类处理。

（11）生活垃圾应做到日产日清。

（12）在保洁过程中，应注意宣传清洁卫生和环境保护等相关内容。

2. 金属栏杆油漆

（1）表面预处理。预处理前，将表面整修完毕，并将金属表面除锈，氧化皮、焊渣、灰尘、污染物清除干净。涂装前如发现钢材表面出现污染或返锈，应进行重新处理，以达到原除锈等级。

（2）表面涂装。除锈后，应尽快对钢材表面涂装底漆；涂装遍数、每层厚度、逐层涂装间隔时间、涂装注意事项应符合相关规范要求，或按生产厂家的说明书规定执行。

（3）涂料涂层质量检查。每层漆膜涂装前对上层涂层外观进行检查，涂装如有漏涂、流挂、皱皮、鼓泡、脱皮等缺陷应进行处理；涂装后对涂层进行外观检查，做到表面光滑、颜色一致,无皱皮、气泡、流挂等缺陷。

15.5 泵闸管理区水域保洁

1. 一般要求

（1）泵闸内外河的河面应保持基本清洁,每 100 m 连续河段长的水面内漂浮物累计控制在 1 m² 以下。

（2）水域保洁作业船只应选用无油污染、噪音低的环保型船舶,船舶设施应完好。在打捞水域漂浮物作业时应落实防护措施,确保操作安全。

（3）泵闸上下游河道、岸边应竖立"禁止游泳""禁止排污""禁止倾倒垃圾"等警示牌或其他温馨提示牌。

（4）保洁员每天应对自己管辖的泵闸内外河进行细致巡查,一旦发现问题,应立即处理;如个人力量处理不了,则上报给项目部负责人组织其他人员来集中处理。

（5）水面非冰冻期应及时打捞水面漂浮物。

（6）在有重大活动需突击保洁作业时,项目部应保证所属人员、工具等服从管理单位统一安排使用。

（7）项目部应定期清除出水流道内的杂物、附着壁面的水生物和沉积物。

（8）水域保洁垃圾收集应由运输车及时送往中转站,严禁将垃圾倒在道路两侧或随便乱倒,严禁焚烧垃圾。

（9）按《上海市垃圾分类管理条例》对垃圾进行分类,具体可分为可回收物、有害垃圾、湿垃圾、干垃圾。对不同的垃圾进行分类处理。

（10）水域垃圾一般分为白色（生活）垃圾、水草、树枝树叶、青苔（浮萍）以及地笼（网络子）等种类。针对水域垃圾,除了第一时间的发现与打捞以外,还需要在河岸边竖立相关警示牌,投放生活垃圾桶、垃圾箱,并在附近开展相关的书面和口头宣传活动,从源头上杜绝白色垃圾。

2. 违规排污专项清理

（1）安排工作人员进行现场排摸,了解污染源情况。

（2）与造成污染源的市民和企业进行沟通,并发出《事前告知书》,限期整改。

（3）如污染现象严重,应立即启动水污染事故应急预案,并上报管理所及相关部门。

15.6 泵闸保洁作业安全措施

1. 保洁安全作业要求

（1）严禁保洁人员酒后作业。保洁人员作业时必须严格遵守交通规则。

（2）保洁人员上班应穿工作服。上班时间不准穿易滑工作鞋,以免摔伤。

（3）在保洁作业时,无论使用手动工具或机械工具,都应礼貌让人,及时躲闪来往车辆。道路保洁人员应根据本路段的人车流情况,合理安排作业时间和方式,主动避开行人和车流高峰,以免发生意外。

（4）大雾、大雪、雷暴雨天气的晚上或早晨应停止在车行道上作业，避免事故发生。

（5）使用升降机或梯子作业时，应放置相关警示牌；易滑地面使用湿物擦拭时，应放置"小心地滑"警示牌。

（6）高空作业时应系安全带，并检查安全带绳索及固定部分是否牢固，高空中使用的工具应放置稳固，以防坠落发生危险。

（7）严禁在保洁区域或库房使用 220 V 以上电气设备。使用电动机械时应有人看管，工作完毕应切断所有作业设备的电源。

（8）保洁人员不准乱动泵闸各类阀门、消防设备、电器开关等设备设施，如需使用应上报主管，请工程人员配合工作。

（9）严禁在泵闸现场、垃圾点等区域吸烟，以防止火灾发生。

（10）在工作中使用过氧乙酸、洁厕剂、外墙清洗剂等含腐蚀的药剂时，勿用鼻子近距离闻；使用此类药品时应轻拿轻放，以防药液溅到皮肤、眼睛或其他部位。严禁把酸性药品放在大理石地面、桌面、电器上，以防止毁坏物品。使用的含腐蚀的药剂应贴上标签，以防误用发生危险。

（11）稀料、杀虫药剂等使用应经领导批准。不准私自将药剂赠予别人，使用中应贴上标签以防误用发生危险，剩余药剂应及时交回库房，严禁在其他地方存放。

（12）工作中打开污水井盖、水篦子等应放置警示标牌。工作完毕应恢复原位，做到"谁打开谁盖好"，现场负责人应及时检查监督。

（13）作业人员开展的所有清洁工作，都应严格遵守安全操作规程，避免一切事故发生。

（14）项目部参与保洁作业的船舶应符合安全要求，同时还应持有各种有效证书，按规定配齐各类合格船员。船机、通信、消防、救生、防污等各类设备应安全有效。

（15）所有保洁作业船舶应按规定配备足够的救生圈、救生衣等救生设备。在舱面作业时应穿好救生衣，人员上、下通道应挂设安全网，跳板要固定，水上工作平台四周要安装符合标准的栏杆和安全网。同时应做好防冻防滑工作。

2. 保洁作业中的危险源识别及控制措施

保洁作业中的危险源识别及控制措施，见表 15.13。

表 15.13　保洁作业中的危险源识别及控制措施

序号	风险点（危险因素）	可能导致的事故	拟采取控制措施
1	交通路面保洁时未躲闪车辆	人员伤害	交通路面保洁时注意躲闪来往车辆
2	使用梯子作业时未放警示牌	人员伤害	使用升降机、梯子作业时应放警示牌
3	易滑地面保洁未放警示牌	人员伤害	易滑地面使用湿物擦拭时应放警示标志
4	高空保洁作业不当	人员伤害	作业人员高空保洁作业时应严格执行相关安全操作规程，必须系安全带，并落实相关安全措施；其他人员高空作业时，保洁员不得在下面进行清扫

序号	风险点(危险因素)	可能导致的事故	拟采取控制措施
5	保洁人员乱动设备设施	人员伤害、设备受损	加强教育,加强监督,保洁人员不得乱动各类阀门、消防设备、电器开关等一切设备、设施
6	保洁员擅自进入大型机电设备间	触电等	加强教育,加强监督,保洁员不得到非保洁区域闲逛,不得擅自进入大型机电设备间
7	使用的药剂不规范	中毒,皮肤、眼睛受伤	使用过氧乙酸、洁厕剂、外墙清洗剂、稀料、杀虫药剂等应按规范要求进行;使用中应贴上标签以防误用发生危险;剩余药剂应及时交回库房,严禁在其他地方存放
8	酸性药品乱放	物品损坏	酸性药品不得放在大理石地面、桌面、电器上
9	打开污水井盖、水箅子未放置标牌	坠落受伤	加强教育,加强监督,打开污水井盖、水箅子时应放置警示标牌
10	垃圾未分类处理、就地焚烧	环境污染、火灾	实行垃圾分类处理;严禁垃圾就地焚烧
11	水上保洁作业不规范	落水(溺水)	水上保洁作业船只航行应制定操作规程和工作流程,落实安全保障措施;水上保洁作业船只应配备消防、救生设备;恶劣天气情况下不得从事水上保洁作业
12	无水污染应急处置方案和措施	水污染	制定并落实水污染应急处置方案,加强检查,及时发现并采取有效措施制止废水、污水等污染物排入管理范围内

15.7　保洁表单

（1）淀东泵闸保洁表单包括工程设施设备统计表、可移动设备统计表、维修养护设备工具统计表、非必需品调查统计表、移动物品停放物资图、标志标牌一览表、保洁责任区域划分表、卫生保洁员考勤表、保洁工作记录表、保洁工作检查表、保洁工作记录周报表、垃圾外运登记表、消杀服务记录表、保洁考核评分表。

（2）部分保洁表单,见表 15.14~表 15.17。

表 15.14　保洁责任区域划分表

项目名称：　　　　　　　　　　　　　　　　　　　　　年　月　日

序　号	姓　名	岗位范围	主要工作任务	备　注

表 15.15 保洁工作检查表

项目名称：   编号：

受检人	不合格项记录	检查时间	处理结果	检查处理人

表 15.16 清洁工作记录周报表

每日工作项目	星期一	星期二	星期三	星期四	星期五	星期六	星期日	备　注
当班责任人签字								

注：请在做妥的项目对应的格内打"√"。

领班签字：   负责人签字：

表 15.17 垃圾外运登记表

序号	日　期 （时　间）	数量	外运车牌	通知人签名	门岗值班员签名	满（✓）	未满（✗）	备注

第 16 章

泵闸维修养护项目管理作业指导书

16.1 范围

泵闸维修养护项目管理作业指导书适用于淀东泵闸水工建筑物维修养护，上、下游堤防设施维修养护，机电设备维修养护，附属设施维修养护，工程保洁，主机组大修，厂房及管理用房维修以及其他专项维修工程的项目管理，也可供其他同类型泵闸工程维修养护项目管理参考。

16.2 规范性引用文件

下列文件适用于泵闸维修养护项目管理作业指导书：

《建设工程项目管理规范》(GB/T 50326—2017)；

《水利泵站施工及验收规范》(GB/T 51033—2014)；

《建筑工程施工质量验收统一标准》(GB 50300—2013)；

《建筑地基基础工程施工质量验收标准》(GB 50202—2018)；

《砌体结构工程施工质量验收规范》(GB 50203—2011)；

《混凝土结构工程施工质量验收规范》(GB 50204—2015)；

《屋面工程质量验收规范》(GB 50207—2012)；

《建筑地面工程施工质量验收规范》(GB 50209—2010)；

《建筑电气工程施工质量验收规范》(GB 50303—2015)；

《建筑给水排水及采暖工程施工质量验收规范》(GB 50242—2002)；

《建设工程监理规范》(GB/T 50319—2013)；

《建设项目工程总承包管理规范》(GB/T 50858 2017)，

《质量管理体系　要求》(GB/T 19001—2016)；

《地下防水工程质量验收规范》(GB 50208—2011)；

《建筑装饰装修工程质量验收标准》(GB 50210—2018)；

《住宅装饰装修工程施工规范》(GB 50327—2001)；

《电气装置安装工程　低压电器施工及验收规范》(GB 50254—2014)；

《电气装置安装工程　电力变流设备施工及验收规范》(GB 50255—2014)；

《电气装置安装工程　高压电器施工及验收规范》(GB 50147—2010);

《建筑物防雷工程施工与质量验收规范》(GB 50601—2010);

《沥青路面施工及验收规范》(GB 50092—1996)(2008 年修订);

《水泥混凝土路面施工及验收规范》(GBJ 97—1987)(2008 年修订);

《混凝土强度检验评定标准》(GB/T 50107—2010);

《混凝土质量控制标准》(GB 50164—2011);

《自动化仪表工程施工及质量验收规范》(GB 50093—2013);

《电气装置安装　工程盘、柜及二次回路接线施工及验收规范》(GB 50171—2012);

《水利工程施工质量检验与评定标准》(DG/TJ 08—90—2014);

《泵站设备安装及验收规范》(SL 317—2015);

《水利水电工程施工质量检验与评定规程》(SL 176—2007);

《水利水电建设工程验收规程》(SL 223—2008);

《水利水电工程招标文件编制规程》(SL 481—2011);

《上海市水闸维修养护定额(试行)》(DB31SW/Z003—2020);

《上海市水利泵站维修养护定额(试行)》(DB31SW/Z004—2020);

《上海市绿化市容工程养护维修预算定额》(SHA2—41—2018);

《上海市水利工程预算定额》(SHR 1—31—2016);

《上海市园林工程预算定额》(SHA 2—31—2016);

《淀东水利枢纽泵闸改扩建工程初步设计报告》;

中央财政水利发展资金管理和上海市水利工程维修养护及防汛专项资金财务管理相关规定;

淀东泵闸技术管理细则。

16.3　泵闸维修养护项目管理一般规定

16.3.1　维修养护分类

本泵闸工程的维修养护按工作可分为维修和养护。维修根据实际维修量和紧迫性又分为经常性修复(也称为零星维修,包括小修、一般性抢修)、年度专项维修(包括大修和应急抢险,不涉及除险加固及改扩建工程施工)。其项目划分一般按照如下规定:

(1) 养护是指日常保养工作,即为保持工程及设备完整、清洁、操作灵活、运行可靠,对经常检查发现的缺陷和问题,及时进行预防性保养和轻微损坏部分的修补;其所产生的费用中还包括材料消耗等工程日常维护费用。日常养护属于运行养护单位日常工作内容。

工程的养护一般结合汛前、汛后检查等定期检查进行。设备清洁、润滑、调整等应视使用情况经常进行。

(2) 经常性修复(零星维修)指根据检查中发现的设施设备损坏和运行中存在的问题,对设施设备进行必要的修复、修补和改善,不改变泵闸设施设备安全使用功能的修复工程;其所产生的费用中还包括检测、更换配件、消耗性物料补充等维修过程发生的费用。其中,当发生设施设备遭受损坏,危及工程安全或者影响正常运用的一般性突发故障或事件时,应立即采取抢修措施。经常性修复属于运行养护单位工作内容。

设施设备小修主要包括以下内容:

① 除运行中发生的设备缺陷。

② 对易磨易损部件进行清洗检查、维护修理,或必要的更换调试。

机电设备一般每年小修 1 次,对运用频繁的机电设备应酌情增加小修次数。

设备小修应全面细致,泵闸每次停运后,都应对设备进行全面检查保养,对主机组、闸门启闭机、各辅助系统进行养护维修,更换易损部件,确保机组能随时投入运行。

(3) 年度专项维修是根据汛后全面检查发现的工程损坏和运行中存在的问题,对工程设施设备按年度有计划地进行必要的整修和局部改善;年度专项维修由管理所按规定要求上报市堤防泵闸建设运行中心初审,并经上级主管部门批准后实施。

① 大修。其内容是当工程发生较大损坏或者设备老化,修复工程量大,技术较复杂,进行有计划的工程整修或者设备更新。本泵闸工程的大修项目由管理所按规定要求上报市堤防泵闸建设运行中心初审,并经上级主管部门批准后实施。设施设备大修的主要工作内容如下:

a. 进行全面的检查、清扫和修理。

b. 消除设备缺陷。

c. 按技术标准进行相关试验。

② 应急抢险。当发生工程以及设备遭受损坏,危及工程安全或者影响正常运行的严重性突发故障或事故时,应立即启动应急抢险。本泵闸工程的应急抢险项目由市堤防泵闸建设运行中心按规定要求立即上报,经上级主管部门批准后实施。

抢修、抢险工程应做到及时、快速、有效,防止险情发展。工程出险时,应按预案组织抢修;在抢修的同时报上级主管部门,如有可能,应组织专家会商论证抢修方案。

16.3.2 维修养护原则

泵闸工程的维修养护应坚持"经常养护,及时维修,养修并重"的原则,对检查发现的缺陷和问题,应及时进行养护和维修,以保证工程及设备处于良好状态。

日常养护及经常性修复工程,应以恢复原设计标准或局部改善工程原有结构为原则,制订修理方案。相关部门应根据检查和观测成果,结合工程特点、运用条件、技术水平、设备材料和经费承受能力等因素综合确定。

16.3.3 维修养护程序和基本要求

(1) 泵闸维修养护项目包括日常保养和经常性修复。每月 26 日前运行养护项目部应将下月经常性修复(零星维修)计划和方案报送管理所审核。管理所结合工程实际情况对维修养护计划进行优化调整。

(2) 泵闸的大修应编制实施方案并报管理所审核,经上级主管部门批准后实施。实施方案包括检修项目、进度、技术措施和安全措施、质量标准等。

（3）年度专项维修应遵循下列程序。检查评估，编报维修计划，编制维修方案（或设计文件），报送上级主管部门审查、实施、验收。每年5月底前管理所应会同迅翔公司根据汛期设施设备运行状况、技术状态、工程检查评估情况以及相关技术要求，编制下年度维修工程计划，由管理所审核汇总，并上报上级主管部门批准后实施。对于影响安全度汛的问题，应在主汛期到来前完成，完工后进行技术总结和验收。

（4）管理所对工程维修养护项目统一组织实施和管理，管理所及迅翔公司应明确单项维修项目和工程养护项目负责人、技术负责人，按市堤防泵闸建设运行中心制定的水利工程维修养护项目管理办法等要求，全面负责项目的质量、安全、经费、工期、资料档案管理。

（5）维修养护单位对维修养护项目实行项目负责制。项目负责人主要职责如下：

① 负责编制项目实施方案，提出质量、经费、进度和作业安全的主要控制措施。

② 负责编制发包项目的招标文件，协助组织招投标工作。负责外包工程的合同管理，督促工程进度和质量，审核签署工程量确认单和工程决算。

③ 组织工程项目施工，负责验收原材料（或设备）和各道工序的质量，对工程质量、进度、经费和安全负责。

④ 负责做好工程项目验收前的各项准备工作，收集整理相关技术资料。

（6）维修养护单位对维修养护项目的申报设计方案编审、申报计划编报、项目实施方案编制相关流程，见本章16.4节。

（7）项目采购管理。维修养护项目采购内容包括货物、服务和工程。采购方式分为公开招标采购、单位分散比选采购、自行实施等。项目管理单位应严格执行主管部门审批的项目采购方案。对标的金额超过5 000元的对外经济事项，项目管理单位（公司）应签订经济合同。合同主要包括如下内容：

① 当事人名称、地址；

② 合同标的、数量、规格、型号、品牌；

③ 价款或报酬、质量保证金金额或比例、支付方式；

④ 质量管理要求和安全生产责任；

⑤ 履行期限、地点；

⑥ 项目验收、结算方式；

⑦ 违约责任及争议解决方式等。

（8）项目部在设备检修前，应编制具有相应作业流程的检修方案，明确工艺、标准及要求等，并在检修过程中严格执行。检修人员在检修前应熟悉相关检修流程，每项工作完成后应做好检修记录。

（9）项目部应根据工程及设备情况，备有必要的备品、备件。

（10）抓好项目质量管理和安全管理。

① 维修养护必须做好质量检查和验收工作，质量检验应坚持检修人员自检和验收人员验收相结合。检修人员在每项检修工作完成，并按照质量标准自行检查合格后由验收人员验收，验收报告应由检修人员和验收人员签名。项目质量管理详见本章16.5节。

② 维修养护人员应履行工作职责,执行工作票等维修养护规章制度和安全操作规程,确保维修养护实施过程中的安全。项目安全管理要求详见本书第 17 章。

(11) 加强项目进度控制。维修养护项目实施时间应不影响水利工程安全应用。项目管理单位应督促施工项目部抓紧时间,完成进度计划。一般情况下,维修养护项目不能跨年度实施。项目管理单位应在每月 25 日前进行项目进度统计,统计包括形象进度和财务支付进度两方面,应按时将统计结果上报主管部门。

(12) 加强财务管理。维修养护项目财务管理按迅翔公司、管理所及其上级主管部门制定的相关水利工程维修养护及专项资金管理规定执行。

(13) 加强项目验收管理及资料管理。项目部对维修养护工作应做详细记录,留下文字和影像资料。应建立单项设备技术管理档案,逐年积累各项资料,包括设备技术参数、安装、运用、缺陷、养护、维修、试验等相关资料。

(14) 受冰冻影响的泵闸,应制订冬季管理计划,做好防冻、防冰凌的准备工作,备足所需物资。

16.3.4　养护项目实施

养护项目由迅翔公司组织实施,应落实项目管理制度,并符合以下规定:

(1) 迅翔公司养护费用应根据投标承诺足额使用。

(2) 运行养护项目部应根据工程设施设备状况和维护要求编制养护项目计划、实施方案和预算费用,经迅翔公司相关负责人审核、管理所审批后组织实施。

(3) 运行养护项目部应加强养护项目的进度、质量、安全、经费及资料档案的管理,按工程项目建立养护管理台账,记载养护日志,填写质量检查表格,并留下影像资料。

(4) 养护项目验收实行单项验收,每个单项完成后运行养护项目部应及时组织自检。自检通过后,管理所应根据运行养护项目部的验收申请及时组织完工验收。

16.3.5　零星维修(经常性修复)项目实施

零星维修项目由迅翔公司组织实施,应落实项目管理制度,并符合以下规定:

(1) 迅翔公司零星维修(经常性修复)费用应根据投标承诺足额使用。

(2) 迅翔公司应建立维修服务项目部,并根据工程设施设备状况和维护要求编制维修项目计划、实施方案和预算费用,经单位相关负责人审核、管理所审批后组织实施。在开工前应向管理所提交开工申请,待批准后方可开工。

(3) 维修服务项目部应加强维修项目的进度、质量、安全、经费及资料档案的管理,按工程项目建立维修管理台账,记载维修日志,填写质量检查表格,并留下影像资料。

(4) 零星维修(经常性修复)项目验收实行单项验收,每个单项完成后项目管理部应及时组织自检。自检通过后,管理所应根据项目管理部的验收申请及时组织完工验收。

16.3.6　年度专项维修实施

年度专项维修实施由管理所或其上级主管单位组织,迅翔公司负责协助计划上报及现场管理工作。

（1）工程年度专项维修项目管理主要内容包括项目计划和设计方案的编制、申报、审批、下达，实施计划的编制及审批，工程招投标，合同管理，开工申报，实施过程的工序管理、质量管理、安全管理、进度管理、投资管理，财务审计，完工验收，档案验收等。

（2）运行养护项目部每年 10 月底以前根据本年度运行养护情况，编制维修项目清单，由管理所初审汇总报上级研究审核后立项。

（3）运行养护项目部应配合管理所做好现场安全文明施工、维修质量检查督促等工作。

（4）完工验收通过后，应按水利工程建设项目档案管理相关要求，完成档案资料的整理及验收工作，项目部应及时收集、更新或新增设备说明书、重要图纸等相关资料，作为运行养护依据。

16.4 维修养护项目管理流程

16.4.1 维修养护项目设计方案编审

（1）管理所根据发展规划年度计划和合同要求，下达维修养护项目；迅翔公司根据管理所下达的维修项目和时间要求，提前安排计划，下达任务，对较大维修项目，应委托专业设计部门编制设计文件。

（2）优选设计单位，提出设计需求。

① 从设计单位的资质范围、业绩、时间安排可能性、价格合理性等方面考虑。必要时，委托 2 家以上单位，编制设计方案，择优选定设计方案。

② 应根据项目的范围、内容、重要程度、经费控制、时间要求、设计深度等，对设计单位提出设计需求。

（3）设计单位应按设计规范、委托方的要求，编制设计方案，必要时，应提供比选方案。

（4）运行养护项目部对设计方案提出初审意见；业务主管部门对设计方案进行审查和比选。审查和比选时，应从设计的理念、原则、目标、定位、布局、风格、节点、经济等方面综合评价。包括以下内容：

① 合规性审核。设计方案应符合流域水利规划、区域水利规划和城市总体规划的要求，符合国家和上海市规定的防汛、除涝标准以及其他有关技术规定。同时注重与国土规划、区域规划、土地利用总体规划的相互衔接和协调，处理好局部利益与整体利益，近期建设与远期发展，需要与可能，经济发展与社会发展，现代化建设与水工程、水文化保护等一系列关系。

② 安全性审核。设计方案应达到设计标准，包括达到相应建筑物等级，满足强度要求，满足抗倾、抗滑和整体稳定性要求，满足抗渗要求和渗透稳定性要求，与生态、景观、文化规划设计相协调。

③ 功能性审核。设计方案应在确保安全运用的前提下，统筹考虑景观、生态、文化、智能等功能。

④ 经济性审核。设计方案的造价不应突破控制价。

⑤ 美观性审核。设计方案应明确美学导向,依据各种自然、人文条件,将工程要素、自然要素、人文要素和动态要素有机结合,力求建立与环境协调、有地域特色的景观系统。

⑥ 保护性审核。对改造类项目,设计方案应考虑对原有工程和周边设施、资源进行必要的保护。

⑦ 闭合性审核。设计方案应统筹兼顾,注重与内部、外部各方协调。

(5) 委托施工图设计及对施工图审查认定。

16.4.2 维修养护项目计划编报流程

维修养护项目计划编报流程,见图 16.1。

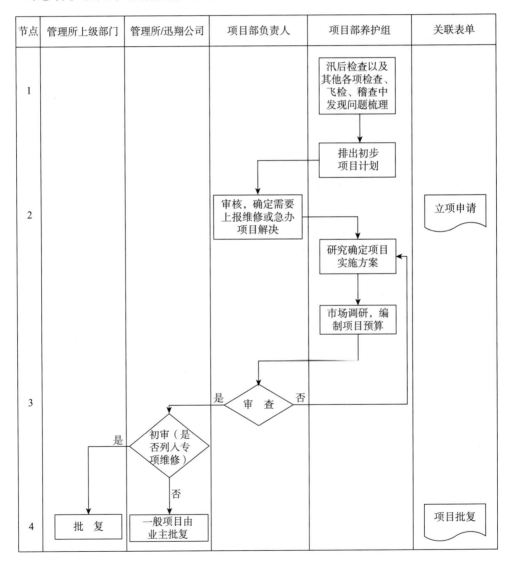

图 16.1 维修养护项目计划编报流程图

16.4.3 项目实施方案编制

项目实施方案的编制,应在项目开工前,由项目技术负责人组织,项目部各班组配合,结合项目工程特点、主要工作内容以及现场施工调查情况,综合汇编而成。

1. 项目实施方案编制原则

(1) 应满足工期和质量目标,符合施工安全、环境保护等要求。

(2) 应体现科学性、合理性,管理目标明确,指标量化、措施具体、针对性强。

(3) 积极采用新技术、新材料、新工艺、新设备,保证施工质量和安全,加快施工进度,降低工程成本。

2. 项目实施方案编制依据

(1) 有关政策、法规和条例、规定。

(2) 现行设计规范、施工规范、验收标准。

(3) 设计文件。

(4) 现场调查的相关资料。

(5) 其他相关依据。

3. 施工方案编制内容

(1) 项目概况。

(2) 总体工作计划。

(3) 项目组织,包括项目组织结构图、职能分工表、项目部的人员安排等。

(4) 进度计划,包括总工期、节点工期、主要工序时间安排等;与进度计划相对应的人力计划、材料计划、机械设备计划。

(5) 技术方案,包括施工方法,关键技术,采用的新工艺、新技术;施工用电、用水、试验等。

(6) 质量计划。

(7) 文明施工。

(8) 风险管理计划。根据合同文件及现场情况分析项目实施过程中存在的风险因素,列出风险清单,对风险进行识别,制定风险防范措施,落实风险防范管理责任人,包括危险源辨识、控制措施、高危风险项目安全专项方案及应急预案等。

(9) 需附的图表。

16.4.4 泵闸维修养护实施流程

(1) 泵闸工程维修项目实施流程及说明,见图 16.2、表 16.1。

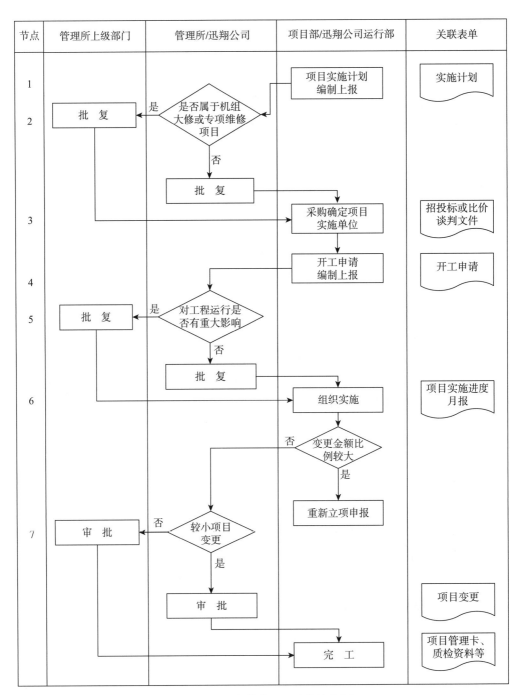

图 16.2 泵闸维修项目实施流程图

表 16.1　泵闸维修项目实施流程说明

序号	流程节点	责任人	工 作 说 明
1	实施计划编制	项目部	1. 项目下达后 15 个工作日,项目部应根据工程设施设备状况和维护要求编制维修项目计划、实施方案和预算费用,经项目相关负责人审批后上报; 2. 项目部对工程维修费用应根据投标承诺足额使用; 3. 设备小修的主要内容包括: (1) 除运行中发生的设备缺陷; (2) 对易磨易损部件进行清洗检查、维护修理,或必要的更换调试。 4. 设备大修的主要工作内容包括: (1) 进行全面的检查、清扫和修理; (2) 消除设备缺陷; (3) 按技术标准进行相关试验。 5. 项目实施方案的编制,见本章 16.4.4 节
2	实施计划批复	管理所	1. 负责机组大修、专项维修项目的初审; 2. 负责一般维修项目的审核
		管理所上级主管部门	负责机组大修、专项维修项目实施计划的审核。审核内容包括:检修项目、进度、技术措施和安全措施、质量标准等
3	确定施工单位	项目部/迅翔公司运行部	1. 一般维修项目,由现场项目部组织实施,或由迅翔公司维修服务项目部组织实施; 2. 重要维修项目由迅翔公司运行管理部等业务部门,会同市场经营部等部门,通过内部采购比选制度和流程选择施工单位
4	开工申请编制	现场项目部	1. 开工应具备 4 项条件:项目实施计划已批复;工程实施合同已签订、施工组织设计(施工方案)及图纸已完备;合同工期内工程运行应急措施已确定; 2. 在开工前应向管理所提交开工申请,待批准后方可开工
5	开工申请批复	管理所/迅翔公司	一般维修项目由管理所/迅翔公司审批
		管理所上级主管部门	对工程有重大影响的项目,需报管理所上级主管部门审批
6	项目施工	项目部/施工单位	1. 项目部及施工单位应加强安全、进度、质量管理和文明施工,参照水利工程施工质量检验与评定规范等相关验收标准进行质量检验; 2. 维修养护项目部或施工单位应成立维修养护质量工作小组。项目经理为组长,项目副经理、技术负责人为副组长,各班组长为组员。项目部主要质量管理工作内容: (1) 制定项目质量目标,建立健全维修养护质量保障体系;

序号	流程节点	责任人	工作说明
6	项目施工	项目部/施工单位	(2) 设置项目质量管理部门,配备专职质量员,明确现场各班组负责人、技术负责人和质量负责人,建立质量岗位责任制,明确质量责任; (3) 根据设计文件和现场实际情况,对质量控制的关键点进行排查,编制项目质量控制计划,经项目技术负责人审查后,报迅翔公司职能部门审批; (4) 建立健全各项质量管理制度; (5) 做好技术交底工作,指导作业人员执行操作规程和作业要点,实现作业标准化; (6) 编制关键工序施工应急处置技术方案,报迅翔公司审批,落实必要的应急救援器材、设备,加强应急救援人员的技能培训,提升应急救援能力; (7) 迅翔公司职能部门定期组织管理人员对项目进行质量检查,发现问题指定专人进行整改并做好记录; (8) 事故发生后按规定程序如实上报,并全力开展救援抢险工作,积极配合有关部门进行事故后续调查、安置等工作; 3. 外包项目,按合同约定,及时进行阶段验收,支付合同经费; 4. 每月按时向管理所/迅翔公司上报本月项目实施进度
		管理所	开展日常检查、监督管理和业务指导工作;负责项目的建设管理,具体推进实施。明确专人加强检查监督,并将维修养护实施情况作为月度、季度、年度运行养护考核的主要内容
7	变　更	管理所	1. 如遇特殊情况确需变更内容或调整资金的,应严格履行报批手续; 2. 项目变更比例较大的,按相关规定,重新进行立项申报
		管理所上级主管部门	较大项目的变更按相关规定由管理所上级主管部门审批
8	项目完工	管理所/迅翔公司/项目部	1. 应对维修项目的进度、质量、安全、经费及资料档案进行管理,按工程建立工程维修管理台账,记载维修日志,填写质量检查表格,并留下影像资料; 2. 项目完工(竣工),按相关工程验收管理流程进行验收,并做好资料归档工作

（2）泵闸养护项目实施流程及说明,见图16.3、表16.2。

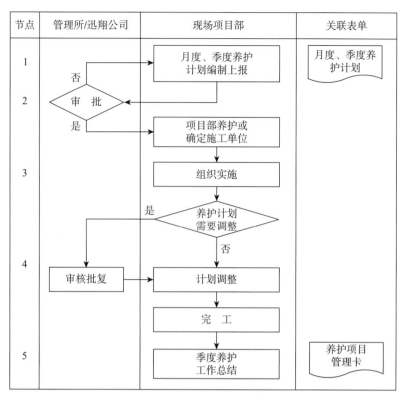

图 16.3 养护项目实施流程图

表 16.2 泵闸养护项目实施流程说明

序号	流程节点	责任人	工作说明
1	季度养护计划编制	现场项目部	1. 现场项目部每季度最后一个月的 20 号之前,根据工程设施设备状况和维护要求,编制完成并上报下一季度的养护计划; 2. 养护费用应根据投标承诺足额使用; 3. 养护计划经项目经理审核后上报
2	养护计划批复	管理所/迅翔公司	管理所/迅翔公司应在 5 个工作日内完成养护计划批复
3	组织实施	现场项目部	1. 现场项目部参照维修项目进行采购,确定施工单位,组织实施或自行实施; 2. 应对养护项目的进度、质量、安全、经费及资料档案进行管理
4	养护计划调整	现场项目部	养护计划如需要调整,项目部应上报迅翔公司审核,并经管理所批准后进行调整,如有必要,重新申报养护计划
		管理所/迅翔公司	对调整后的养护计划进行审核批复
5	完工总结	现场项目部	1. 按工程项目建立养护管理台账,记载养护日志,填写质量检查表格,并留下影像资料; 2. 养护工作完成后,项目部组织收集项目实施资料,整理归档,编制养护项目管理卡

16.5 泵闸维修养护质量管理

16.5.1 制定泵闸维修养护质量控制目标

项目部应根据合同要求、迅翔公司质量控制目标,结合淀东泵闸实际情况进行量化,确保泵闸维修养护质量应达到上海市《水利工程施工质量检验与评定标准》(DG/TJ 08—90—2014)、《上海市水利泵站维修养护技术规程》(SSH/Z 10012—2017)、《上海市水闸维修养护技术规程》(SSH/Z 10013—2017)及相关质量评定标准的要求。

16.5.2 健全质量保障体系

1. 组织机构

为了加强对泵闸工程维修养护质量管理的控制,项目部应成立维修养护质量工作小组。项目经理为组长,项目副经理、技术负责人为副组长,各班组长为组员。管理单位应明确专人加强检查监督,并将维修养护质量管理作为月度、季度、年度运行养护考核的主要内容。

2. 项目部主要质量管理工作内容

(1)制定项目质量目标,建立健全维修养护质量保障体系。

(2)设置项目质量管理部门,配备专职质量员,明确现场各班组负责人、技术负责人和质量负责人,建立质量岗位责任制,明确质量责任。

(3)根据设计文件和现场实际情况,对质量控制的关键点进行排查,编制项目质量控制计划,经项目技术负责人审查后,报迅翔公司职能部门审批。

(4)建立健全各项质量管理制度。

(5)做好技术交底工作,指导作业人员执行操作规程和作业要点,实现作业标准化。

(6)编制关键工序施工应急处置技术方案,报迅翔公司审批,落实必要的应急救援器材、设备,加强应急救援人员的技能培训,保证充分的应急救援能力。

(7)迅翔公司职能部门定期组织管理人员对项目进行质量检查,发现问题指定专人进行整改并做好记录。

(8)事故发生后,按规定程序如实上报,并全力开展救援抢险工作,积极配合有关部门进行事故后续调查、安置等工作。

16.5.3 加强泵闸工程维修养护质量教育培训和技术交底

(1)强化泵闸维修养护作业人员的质量意识,加强技术培训与全面质量管理教育,提高其技术质量素质。

(2)在开展泵闸工程维修养护前,对接收的维修养护项目的工作范围及工作要点,由项目技术负责人组织项目部技术、管理和作业人员认真学习,了解关键工作的质量要求和维修养护措施;同时,由项目技术负责人组织召集,对整个工程的维修养护工艺和维修养护组织进行策划,认真编制详细的维修养护组织计划,拟定保证各分项工程质量措施,落实质量交底制度,列出监控部位及监控要点。

（3）坚持执行工前技术交底、工中检查指导、工后总结评比，定期召开质量分析会。

（4）坚持执行维修养护质量自检、互检与专检的三级巡视制度。

（5）技术交底实例。

淀东泵闸行车新增防尘封闭
零星维修工程交底书

1. 工程概况（略）

2. 相关规范

《建筑工程施工质量验收统一标准》（GB 50300—2013）；

《建筑地基基础工程施工质量验收标准》（GB 50202—2018）；

《砌体结构工程施工质量验收规范》（GB 50203—2011）；

《混凝土结构工程施工质量验收规范》（GB 50204—2015）；

《屋面工程质量验收规范》（GB 50207—2012）；

《建筑地面工程施工质量验收规范》（GB 50209—2010）；

《建筑电气工程施工质量验收规范》（GB 50303—2015）；

《建筑给水排水及采暖工程施工质量验收规范》（GB 50242—2002）；

《建设工程施工现场消防安全技术规范》（GB 50720—2011）；

《建筑施工扣件式钢管脚手架安全技术规范》（JGJ 130—2011）；

《施工现场临时用电安全技术规范》（JGJ 46—2005）；

《建筑施工特种作业人员管理规定》（建质〔2008〕75 号）。

3. 开工前须完成的工作

承包人按要求应办妥相关的开工前手续，准备进场施工前，须提交以下资料：企业资质（营业执照及法定代表人、主要负责人、技术负责人）；

人员资格（项目经理、项目工程师、安全员、资料员、特种作业人员、施工作业人员的三级教育等）；

施工组织设计（专项施工方案）、临时用电方案；

开工报告。

4. 过程资料

（1）进场材料——施工中所需的材料进场，应提供相关的资料及施工单位自检结果，书面报管理所，批准后方可使用（先报审再使用）。

（2）隐蔽工程隐蔽前，应进行验收（确定工程质量及数量）。合格后方可隐蔽。否则不予计价。

（3）上道工序验收合格（包括资料完成），可以进入下道工序的施工。

（4）应做到实体完成，资料完成，决算完成。

（5）资料归档。

5. 资料用表单

用相关规范的表单。

6. 其他

（1）隐蔽工程。

本工序将上道工序覆盖的，上道工序则为隐蔽工程。如零星维修工程的线管敷设，上、下水管，隔墙，吊顶的暗龙骨等均为隐蔽工程。

所有隐蔽工程应有线路图。

（2）须移交的文件。

发包人委托承包人采购的设备，应提供使用说明书、发票、合格证及质保书等，以便今后维修时使用；如有门窗等的更换，应提供使用说明书、发票、合格证及质保书。如不能提供以上相关文件，承包人应有书面承诺保修期限，交发包人保存。

功能性试验的报告，如给水管压力试验、卫生间蓄水试验及淋水试验、洁具通水试验等。

隐蔽工程的线路图。

7. 重要提示

（1）疫情防控期间，施工应按防疫相关条款执行。

（2）正确使用劳防用品，按文明施工要求进行施工。

（3）特殊季节（高温、寒冬）施工应有相应的安全措施。

（4）早餐、午餐不准喝酒。

（5）遵守国家法律法规。严禁违法、违规的事件。

交底人：上海迅翔水利工程有限公司　　　　　被交底人：

安全质量部：

运行管理部：

　　年　月　日　　　　　　　　　　　　　　年　月　日

16.5.4　关键工序控制措施

（1）项目部对关键工序和特殊工序应编制详细的作业指导书，制定养护工艺的实施细则。

（2）作业指导书编制前，根据设计文件以及维修养护特点，确定关键工序和特殊工序的项目。

（3）项目部负责落实作业指导书在维修养护现场的贯彻执行，在关键工序和特殊工序施工前，项目部技术负责人负责组织对现场养护作业人员进行技术交底或培训，技术交底或培训应有相关记录，并存档备查。

（4）在养护过程中，项目部质量员检查落实作业指导书执行情况，如发现违规操作的，应及时制止；对不听劝阻的，应向上级汇报。

（5）涉及对养护质量有重大影响的关键环节时，项目部应派技术人员对养护作业全过程指导和监督，确保工序关键环节的施工始终处于受控状态。

（6）工序检查严格执行"自检、互检、交接检"制度，以工序质量保证养护项目质量。

（7）班组作业人员对维修养护工序各环节进行自觉检查，边作业边检查，班组长负责对完工后的工序进行初次检查，做好检查记录。

（8）工序自检合格后，由项目部质量员按照验收规范进行检查验收，填写检查记录，合格后方可进行下道工序。

16.5.5 严格执行维修养护质量控制流程

(1) 现场维修养护质量控制流程及说明,见图 16.4、表 16.3。

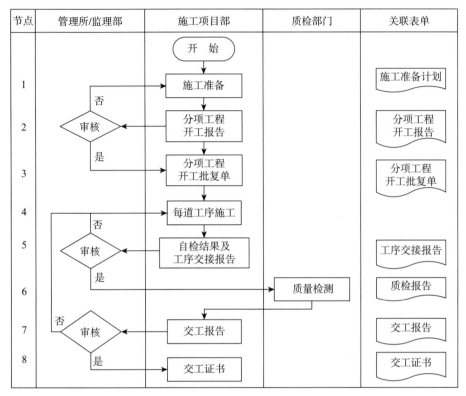

图 16.4 施工维修养护现场质量控制流程图

表 16.3 施工维修养护现场质量控制流程说明

序号	流程节点	责 任 人	工 作 说 明
1	施工准备	施工项目部	1. 编制分项工程施工计划(包括质量控制计划)、施工方案。施工方案中应包括: (1) 建立质量保证体系,成立项目质量管理领导小组,明确项目相关部门和岗位的质量职责; (2) 收集有关质量的法律法规、规范、图集、质量管理文件并组织学习,做好记录; (3) 建立健全质量制度; (4) 建立质量管理对外沟通机制,开展与管理单位、监理、地方质量主管部门、质量检测单位的对接工作; 2. 明确工程质量控制指标、检验频率及方法; 3. 材料、机械、劳动力、现场管理人员准备; 4. 施工测量放线及报告; 5. 检验试验报告; 6. 设计施工复核

序号	流程节点	责任人	工 作 说 明
2	分项工程开工报告	施工项目部	提交分项工程开工报告
		管理所/监理	审核分项工程开工报告
3	开工通知书	管理所/监理	下发分项工程开工通知书
4	每道工序施工	施工项目部	1. 技术交底:对各作业班组进行技术交底; 2. 质量通病防治:项目部质量员根据相关质量通病防治手册和现场实际情况,将易出现的质量通病及治理措施做成宣传牌,张挂于施工现场的明显部位; 3. 材料检查; 4. 工艺流程检查; 5. 测量检测; 6. 试验检测; 7. 质量员检查,并对检查结果进行统计分析,制订对策加以改进; 8. 对于当地建设主管部门、上级部门、管理所和监理提出的书面整改要求,应及时整改,落实台账
5	工序交接报告	施工项目部	1. 按照规定建立和保持完整的质量记录(如日志、整改及回复、实测实量、交底、验收、培训、奖罚、不合格品处置等),分类整理归档; 2. 根据自检结果,提交工序交接报告
		管理所/监理	审核工序交接报告
6	质检部门检测	质检部门	1. 抽样检查; 2. 资料检查; 3. 试验抽测; 4. 测量项目抽测; 5. 工序检验记录检查
7	交工报告	施工项目部	提交交工报告
8	交工证书	管理所/监理	审核交工报告,合格的予以下发交工证书

16.5.6 认真抓好项目质量检验

1. 施工维修质量检测试验

(1)工程施工项目实施前,项目部技术人员应组织相关部门编制物资(设备)进场验收与复试计划、工艺试验及现场检(试)验计划、工程检测计划、计量器具配置计划、测量方案等,确定质量标准和检验、试验、检测、测量工作等内容及所需计量器具,报迅翔公司业务部门审批,质量员对计划实施进行监督。

(2)项目实施过程中,项目部应配合质检部门现场对原材料取样。取样人员应在试样或其包装上做出标识或封样标志。标识和封样标志应标明工程名称、取样部位、取样日期、样品名称和样品数量,并由见证人员和取样人员共同签字确认。

(3)项目部应和检测试验人员一起,对不合格的样品分析原因,依据处理意见整改。

重大问题要向项目经理报告。

2. 工程材料、构配件和设备质量控制

(1) 施工项目部填写工程材料、构配件和设备质量报验单，管理所或监理单位依据相关标准，审核证明资料。

(2) 必要时，到材料厂家考察。

(3) 对进场材料依据相关检测试验规程，委托专业人员进场进行材料检验。对各项审核不合格的，由项目部另选。

3. 泵闸维修项目验收

(1) 抓好检验批质量验收。项目部应根据图纸，质量验收规范、方案和工程量清单，编制施工质量检验批划分计划，并经监理工程师认可；项目部重点负责按相关规范和施工方案要求进行过程质量预控和检查，并形成以下资料：

① 施工测量记录；

② 施工物资资料；

③ 施工记录；

④ 施工试验记录等。

(2) 抓好泵闸维修隐蔽工程验收。作业班组开展自检、互检，填写自检表；项目部质检员按照质检标准进行隐蔽工程检验。检验合格后，报请管理所或监理单位验收。形成"分项工程质量验收记录"，并报批。

(3) 抓好泵闸维修养护分项工程质量验收，汇编分项工程质量验收资料。

(4) 抓好泵闸维修单位工程验收，完善归档资料。

16.5.7 加强内部考核，完善奖惩机制

实行质量岗位责任制，制定奖惩办法。各分项工程、各道工序均执行定人、定岗、定责任的制度，做到"一包三保"，即包任务、保质量、保工期、保安全。加强内部考核，把质量与数量以及个人收入紧密联系起来。

16.5.8 维修养护资料管理

(1) 维修养护项目经理作为第一责任人，负责督促抓好资料管理工作。技术负责人对资料的完整性和准确性负责。

(2) 对维修养护质量、维修养护进度高标准、严要求的同时，还要高质量地做竣工资料的归档工作。

(3) 对于项目需要观测的部位，观测记录要详尽完整，并注明观测日期；重要资料的各项内容要填写齐全。

(4) 为保证工程资料的真实性与完整性，应专门设置资料员，负责资料的收集、整理、审定、汇编、装订、送审工作。

(5) 专项维修工程，实行项目管理卡制度。项目管理卡格式详见 16.6.2 节。

16.6 泵闸维修养护项目管理表单

16.6.1 泵闸部分维修养护项目管理表单

泵闸部分维修养护项目管理表单，见表 16.4～表 16.14。

表 16.4 淀东泵闸零星维修项目需求情况表

项目名称					
现场联系人		联系方式		时间节点	
维修内容(图文)					
建议施工方案					
引入合作单位原因					
其他前期已完成工作					

表 16.5 淀东泵闸零星维修记录表

维修项目	维修内容	工、机、料投入情况	完成情况	时间	备注

养护日期： 养护人： 记录人：

表 16.6 淀东泵闸年度零星维修工程情况统计表

序号	项目名称	项目内容	投资(万元)	项目类别	施工单位	联系人及电话	备注
合计	预算内_____(万元)；预算外_____(万元)；零星维修_____(万元)。						

表 16.7 淀东泵闸维修现场检查(管理所督查)记录表

合同名称： 合同编号：

工程部位				日期	
时 间		天气		温度	
人员情况	养护技术员： 养护班组长： 质检员：				
	现 场 人 员 数 量 及 分 类 人 员 数 量				
	管理人员	人	技术人员		人
	特种作业人员	人	普通作业人员		人
	其他辅助人员	人	合 计		人

主要养护设备 及运转情况	
主要材料 使用情况	
养护过程描述	
管理所现场 检查、检测情况	
项目部提出 的问题	
管理所代表 答复或指示	

管理所代表：　　　　　　　　项目部养护技术员：

注：本表单独汇编成册。

表 16.8　淀东泵闸零星维修工程质量核验申请表

单位工程名称		
工程量	详见工程量清单	
涉及的泵闸名称		
建设单位名称		
运行管理项目部名称		
施工单位名称		
开/竣工日期		申请核验时间
申请质量核验的部位	工程项目合同内容	

施工单位验收意见与自评等级：
项目经理：　　　　　　　技术负责人：　　　　　　　公章：

项目部验收意见：
技术负责人：　　　　　　项目经理：　　　　　　　盖章：

业务部门验收意见：
项目负责人：　　　　公章：　　　　总监理工程师：　　　　盖章：

申请单位：　　　　　　　　　　申请日期：　　　年　　　月　　　日

表 16.9 淀东泵闸维修项目单位工程施工质量评定表

工程项目名称			施工单位				
单位工程名称			施工日期				
			评定日期				

序号	单元工程名称	质量等级		序号	单元工程名称	质量等级	
		合格	优良			合格	优良

单元工程共　　　个,全部合格,其中优良　　　个,优良率　　　%。

外观质量	
施工质量检验资料	
质量事故处理情况	
观测资料分析结论	

施工单位自评等级: 项目经理: 技术负责人: (公章) 　　　　年　月　日	项目部认定等级: 技术负责人: 项目经理: (盖章) 　　　　年　月　日	建设维修部认定等级: 总监理工程师: 项目负责人: (盖章) 　　　　年　月　日

表 16.10 淀东泵闸维修项目合同工程质量核定表

合同工程名称			
主要结构		工程造价	
建设单位名称			
运行管理项目部名称			
施工单位名称			
开/竣工日期		保修期限	

工程概况:

施工单位意见: 　　　　法定代表人(公章): 　　　　　　年　月　日	运行管理项目部意见: 　　　　项目经理(签章): 　　　　　　年　月　日
建设单位意见: 　　　　项目负责人(签章): 　　　　　　年　月　日	验收工作组意见: 　　　　组长(签字): 　　　　　　年　月　日

遗留问题及处理意见:

表 16.11　淀东泵闸零星维修工程完工确认单

工程名称	
建设单位	
运行项目部	
施工单位	

主要施工项目	项 目 名 称	合同工程量 （设计长度）	实际工程量 （实际长度）
	详见实测实量清单		

施工单位意见：	现场负责人（签字）： 项目经理（签字）：　　　　　单位（签章）　　　年　月　日
项目部意见：	工程管理员（签字）： 项目经理（签字）：
建设单位意见：	总监（签字）： 项目负责人（签字）：　　　　单位（签章）　　　年　月　日

表 16.12　业务联系（变更/签证）单

工程名称＿＿＿＿＿＿＿＿＿　　　　　　　　　　　　　编号＿＿＿＿＿

施工单位 意见	问题及原因	
	建议处理办法	施工单位（盖章）： 项目经理： 年　　月　　日
附　图		
项目部 意见		项目部（盖章）： 项目经理： 年　　月　　日
建设单位 意见		建设单位（盖章）： 项目经理： 年　　月　　日

表 16.13　维修工程变更单

工程名称＿＿＿＿＿＿＿＿＿＿＿　　　　　　　　　　　　编号＿＿＿＿＿＿

施工单位		负责人		联系方式	
所属项目部		工程管理员		项目经理	

变更原因：

变更内容及工程量：

管理单位意见：

　　　　　　　　　　　　　　　　　　　签章　　　　　年　月　日

表 16.14　泵闸维修业务联系(签证)单

工程名称＿＿＿＿＿＿＿＿＿＿＿＿＿＿　　　　　　　　　编号＿＿＿＿＿＿

施工单位 意见	问题及原因	
	建议处理 办法	施工单位(盖章)： 项目经理： 　　　　　年　月　日
附　图		
项目部 意见		项目部(盖章)： 项目经理： 　　　　　年　月　日
建设单位 意见		建设单位(盖章)： 项目经理： 　　　　　年　月　日

16.6.2　泵闸专项维修项目管理卡

1. 封面

封面文字包括："淀东泵闸工程专项维修项目管理卡""工程项目"(应与上级下达经费计划项目名称一致)、"批准文号"(上级下达经费计划文号)、"批复经费""项目负责人""技术负责人""验收时间"。

2. "淀东泵闸工程专项维修项目管理卡"主要内容。

(1) 项目实施方案审批表。

(2) 项目实施方案。

(3) 预算表。

(4) 开工报告审批表。

(5) 开工报告备案表。

(6) 项目管理大事记。

(7) 质量检查及验收汇总表。

(8) 工程量核定汇总表。

(9) 竣工决算表。

(10) 项目竣工总结。

(11) 竣工验收表。

(12) 附件：

① 项目计划下达、实施方案批复文件；

② 技术变更资料；

③ 试验、检测、检验资料；主要产品、材料、设备的技术说明书、质保书；

④ 质量分项检验记录；

⑤ 竣工图纸；

⑥ 工程款支付证书及结算表；

⑦ 项目维修部位实施过程中以及竣工后照片。

3. "淀东泵闸工程专项维修项目管理卡"填写要求

(1) 为了规范和加强淀东泵闸专项维修项目管理，专项维修项目从实施准备起应按项目建立"淀东泵闸工程专项维修项目管理卡"。专项维修项目管理卡1式4份；1份维修施工实施单位留存；1份归入技术档案；1份财务部门留存，作为经费支付和审计依据；1份交管理所（审批单位）备案。

(2) 项目实施方案审批表。按照审批权限确定审批单位，实施方案作为审批表的附件一并上报，项目验收时一并归档备查。审批单位业务部门意见由管理所职能部门填写，单位意见由管理所负责人填写并签字确认，加盖审批单位印章。审批可以采用表格或公文形式。重点审查：项目实施内容与项目经费下达内容是否一致、技术方案是否合理、质量控制措施是否完善、设计标准及主要工程量是否调整、预算与实施内容是否对应以及资金来源情况等。

(3) 项目预算编制。可参照现行的水利定额、其他相关定额和市场造价信息等，按实编制。项目实施方案中预算表为参考格式，编制时可依据不同的项目内容及定额要求对本表的格式进行适当调整；除主要材料和设备费等可单列外，其他无需分列，单价指的是综合单价，即包括人工、材料、机械、利润、税金等。

(4) 开工审批表。一般由项目维修施工单位提交，管理所主要负责人审批。开工审批表应附有招投标或比价等材料（如没有可不附）；施工组织设计（投标文件如有可不报送）；施工图（如不需要可不附）；合同复印件。

(5) 开工报告备案表。一般应在签订施工合同后7日内报备，由管理所向上级进行报备。在报备时需提供以下附件：

① 招投标等确定施工单位的材料（本单位自行实施的可不附）；

② 施工组织设计（投标文件如有可不另报送）；

③ 施工图（如不需要可不附）；

④ 合同原件。

备案表 1 式 2 份,1 份归入项目管理卡,1 份留上一级主管单位。

（6）项目管理大事记。项目管理人员应记录项目实施过程中的主要事件,包括项目采购（招投标）、项目开工、项目合同内容及价格变更、阶段验收、隐蔽工程验收、上级主管单位检查监督情况、存在问题的整改情况、试运转、技术方案变更以及施工技术难点的处理等。表述应简明扼要,抓住重点。

（7）质量检查及验收汇总表。按照上海市《水利工程施工质量检验与评定标准》（DG/TJ 08—90—2014）和其他行业相关质量检测评定标准进行质量管理,重点加强关键工序、关键部位和隐蔽工程的质量检测管理,必要时可委托第三方检测,质量分项检验记录作为附件。

（8）工程量核定表。这是双方最终结算支付的依据,结算工程量由管理所单位负责人、项目负责人、技术负责人,施工单位的施工负责人,监理单位的监理工程师（如有）等共同见证核定。审核的依据参照双方确认的竣工图、现场测量数据等资料。工程竣工前,管理所应组织施工单位、监理单位（如有）等先对送审的工程量进行核定,三方签字确认,并填写工程量核定表。

（9）项目竣工决算表。由管理单位填写,主要包括合同内工程量完工结算、双方补充协议结算以及勘察、设计、检测等与本项目相关的其他合理费用。工程量确认后,施工单位应及时报送结算表交管理单位审核。调增原有合同总价及单项结算价格的,应附书面纪要。报送的结算表原件应 1 式 2 份,1 份交财务部门支付使用,1 份归入项目管理卡。结算书作为本表的附件存档。

（10）项目完工后,应及时对项目建设管理、质量控制、经费使用和维修效果等情况进行总结,撰写总结报告。主要包括以下内容:

① 工程概况;

② 完成的主要内容或工程量;

③ 项目建设管理情况（含项目施工进度情况）;

④ 施工队伍选择、设备选用以及采购招标情况等;

⑤ 采用的主要施工技术、施工工法（含技术方案变更调整,新技术、新工艺、新材料的应用）;

⑥ 质量管理、安全管理、文明施工情况;

⑦ 项目合同完成情况（含遗留的问题、维修效果）;

⑧ 其他需要说明的情况。

（11）竣工验收表。主要填写三个方面的内容:基本情况、验收意见和签名表。在完成质量自评并通过财务部门审计后（可另附财务审计报告）,验收委员会再签署验收意见或形成验收纪要。

（12）竣工验收的组织。维修工程项目完成后,项目维修施工单位应及时编制项目管理卡,并及时向竣工验收组织单位申请报验,但在申请验收前应完成财务审计。通过审计后,验收组织单位应及时组织工管、财务、纪检、项目管理、设计（如有）、监理（如有）、施工等有关部门和单位进行项目竣工验收,签署验收意见或纪要。验收通过后,应按有关科技档案要求将"淀东泵闸工程专项维修项目管理卡"及时归档。竣工验收组织单位一般由项目实施方案审批单位担任。

（13）招标投标资料、合同协议、材料设备质保书、质量检验资料、产品说明书、技术图纸、验收报告等与工程实施有关的资料应作为管理卡附件全部整理归档。

（14）如维修项目的类型为采购设施设备或技术服务类，项目管理卡的形式和内容可适当简化。

（15）填写"淀东泵闸工程专项维修项目管理卡"须认真规范，签名一律采用黑色墨水笔。

第 17 章

泵闸维修养护安全管理作业指导书

17.1 范围

泵闸维修养护安全管理作业指导书适用于淀东泵闸维修养护及专项维修的安全管理。凡参加淀东泵闸工程维修养护及专项维修施工的所有人员应学习和熟悉本指导书；所有参与淀东泵闸工程维修养护的管理及作业人员应按照岗位职责的规定,做好泵闸维修养护安全管理工作。

泵间维修养护安全管理作业指导书也可供其他同类型泵闸工程维修养护安全管理参考。

17.2 规范性引用文件

下列文件适用于泵闸维修养护安全管理作业指导书：

《企业安全生产标准化基本规范》(GB/T 33000—2016)；

《生产经营单位生产安全事故应急预案编制导则》(GB/T 29639—2020)；

《电力安全工作规程　发电厂和变电站电气部分》(GB 26860—2011)；

《泵站技术管理规程》(GB/T 30948—2021)；

《安全标志及其使用导则》(GB 2894—2008)；

《消防安全标志设置要求》(GB 15630—1995)；

《工作场所职业病危害警示标识》(GBZ 158—2003)；

《起重机械安全规程(系列)》(GB/T 6067—2010)；

《建筑物防雷设计规范》(GB 50057—2010)；

《建筑灭火器配置验收及检查规范》(GB 50444—2008)；

《建筑灭火器配置设计规范》(GB 50140—2005)；

《水闸技术管理规程》(SL 75—2014)；

《水工钢闸门和启闭机安全运行规程》(SL/T 722—2020)；

《水利水电工程施工通用安全技术规程》(SL 398—2007)；

《水利水电工程土建施工安全技术规程》(SL 399—2007)；

《施工现场临时用电安全技术规范》(JGJ 46—2005)；

《建筑施工安全检查标准》(JGJ 59—2011);

《水电工程劳动安全与工业卫生设计规范》(NB 35074—2015);

《上海市水闸维修养护技术规程》(SSH/Z 10013—2017);

《上海市水利泵站维修养护技术规程》(SSH/Z 10012—2017);

《水利水电工程施工危险源辨识与风险评价导则(试行)》(办监督函〔2018〕1693 号);

《水利水电工程(水库、水闸)运行危险源辨识与风险评价导则(试行)》(办监督函〔2019〕1486 号);

《水利水电工程(水电站、泵站)运行危险源辨识与风险评价导则》(办监督函〔2020〕1114 号);

《水利工程管理单位安全生产标准化评审标准》(办安监〔2018〕52 号);

《上海市处置水务行业突发事件应急预案》;

《上海市水闸突发事件应急处置预案》;

《上海市防汛防台专项应急预案》;

《上海市防汛防台应急响应规范》;

淀东泵闸技术管理细则。

17.3 维修养护安全管理基本要求

17.3.1 完善安全生产组织

(1) 建立健全维修养护安全工作小组,并按规定配备维修养护专(兼)职安全生产管理人员。定期召开维修养护安全生产会议,研究布置相关工作。淀东泵闸维修养护安全工作小组由迅翔公司职能部门负责人、项目部经理、技术负责人、工程管理员及安全员等组成。维修养护安全工作小组负责泵闸维修养护安全生产技术措施的管理、检查和监督。

(2) 迅翔公司及其运行养护项目部、维修服务项目部应明确维修养护安全生产目标,实行维修养护项目安全生产目标管理,制定维修养护目标管理考核办法并严格考核奖惩,落实安全生产责任,逐级签订维修养护安全生产责任书。

(3) 迅翔公司应在规定的使用范围内合理使用安全生产费用,完善和改进安全生产条件,确保安全生产费用专项用于安全生产。使用范围如下:

① 完善、改造和维护安全防护设施设备;

② 配备、维护、保养应急救援器材、设备支出和应急演练;

③ 开展风险辨识、评估、监控和事故隐患整改;

④ 安全生产检查、评价、咨询和标准化建设;

⑤ 配备和更新现场作业人员安全防护用品;

⑥ 安全生产宣传、教育、培训;

⑦ 安全生产适用的新技术、新标准、新工艺、新装备的推广应用;

⑧ 安全生产目标、责任考核奖励费用;

⑨ 其他安全生产费用。

17.3.2 完善维修养护安全管理规章制度

（1）建立健全维修养护安全管理规章制度，并认真执行。维修养护安全生产规章制度包括维修养护涉及的相关法律法规标准规范管理制度、维修养护安全生产目标管理制度、维修养护安全生产责任制、维修养护台账管理制度、维修养护安全投入管理制度、工伤保险管理制度、维修养护安全教育培训管理制度、特种作业人员管理制度、作业安全管理制度、临时用电安全管理制度、危险物品及重大危险源管理制度、相关方安全管理制度、职业健康安全管理制度、劳动防护用品(具)管理制度、安全检查及隐患排查治理制度、安全生产考核奖罚制度等。

（2）编制岗位安全操作规程。运行养护项目部和维修服务项目部应将编制的岗位安全操作规程发放到相关班组、岗位，并对员工进行培训和考核。安全操作规程应明确以下要点：

① 操作前的检查及准备工作的程序和方法；

② 必需的操作步骤和操作方法；

③ 操作注意事项；

④ 操作中禁止的行为；

⑤ 正确使用劳动防护用品的要求；

⑥ 出现异常情况时的应急措施。

（3）按照《生产经营单位生产安全事故应急预案编制导则》(GB/T 29639—2020)，迅翔公司应建立健全安全生产预案体系(综合应急预案、专项应急预案、现场处置方案等)，预案应由单位主要负责人签署后公布、实施，并报上级主管部门备案，同时通报有关应急协作单位。

（4）预案一般每3年修订1次，如工程管理条件发生变化应及时修订完善。修订后的预案应正式印发并组织培训。

（5）综合应急预案或专项应急预案每年应至少组织1次演练，现场处置方案每半年应至少组织1次演练。演练应有实施方案，有记录。

17.3.3 安全教育培训

（1）运行养护项目部和维修服务项目部应定期识别维修养护安全教育培训需求，制订教育培训计划，按计划组织开展法律法规、规章制度、操作规程、应急预案、事故案例、职业卫生等方面的安全知识教育培训，并对安全培训效果进行评估和改进。应做好培训记录，建立培训档案。

（2）从事泵闸运行、检修、试验的人员，应熟悉《电力安全工作规程 发电厂和变电站电气部分》(GB 26860—2011)，严格执行"两票三制"，即操作票制度、工作票制度、交接班制度、巡回检查制度、设备轮换修试制度。

（3）项目部负责人、安全员初次安全培训时间不得少于32学时，每年再培训时间不得少于12学时；一般在岗作业人员每年安全生产教育和培训时间不得少于12学时；新进员工的三级安全培训教育时间不得少于24学时。

（4）在新工艺、新技术、新材料、新设备投入维修养护前，项目部应当对有关管理、操作人员进行专门的安全技术和操作技能培训；特种作业人员应按照国家有关规定经过专门的安全作业培训，并取得特种作业操作资格证书后上岗作业。

17.3.4 维修养护安全管理一般规定

（1）迅翔公司应按《建筑物防雷设计规范》（GB 50057—2010）、《建筑灭火器配置设计规范》（GB 50140—2005）、《建筑灭火器配置验收及检查规范》（GB 50444—2008）等要求配备防雷、消防、救生设备及器材等安全防护设施，并定期进行检查、维护、保养、更换和检测，保证其齐全、完好、有效。

（2）各类作业人员应被告知其作业现场和工作岗位存在的危险因素、防范措施及事故紧急处理措施。作业人员必须遵守劳动纪律，严格执行各项安全操作规程，不违章指挥、不违规作业、不违反劳动纪律，严禁擅自脱岗、离岗，作业中不得做与作业无关的事，上班前不得喝酒。

（3）泵闸工程管理范围内及在重大危险源现场，应设置安全警示标志和危险源警示牌，以及必要的安全防护措施（包括防触电、防高空坠落、防机械伤害、防起重伤害等），重要部位应标示安全巡视路线、安全警示线，厂房内应有明显的逃生路线标识。

（4）未经许可，作业人员不得将自己的工作交给别人，不得随意操作由别人负责操作的机械设备。

（5）作业人员的劳动保护用品应合格、齐备。在作业前，作业人员应按规定穿戴好个人防护用品。任何人进入维修作业现场应正确佩戴安全帽。登高作业人员应使用安全帽、安全带。作业时，不得赤膊、赤脚，穿拖鞋、凉鞋、高跟鞋，敞衣，戴头巾、围巾，穿背心。

（6）作业人员不得靠在机器设备的栏杆、防护罩上休息。

（7）作业人员上下班时应按规定的道路行走，注意各种警示标志和信号，遵守交通规则。

（8）维修养护现场所有的材料，应按指定地点堆放；进行拆除作业时，拆下的材料应做到随拆随清。

（9）作业人员检查、修理机械电气设备时，应停电并挂标志牌，标志牌应谁挂谁取。作业人员不得在机械设备运转时加油、擦拭或进行修理作业。

（10）作业前，作业人员应检查所使用的各种设备、工具等，确保其安全可靠。发现不安全因素时，应立即检修，不得使用不符合安全要求的设备和工具。

（11）作业人员应经常检查各种机电设备上的信号装置、防护装置、保险装置的灵敏性，确保其装置的齐全、有效。

（12）作业地点及通道应保持整洁通畅，物件堆放应整齐、稳固。巡视和检修通道不得堆放杂物。

（13）设备大修或专项工程施工时，施工区域内的机电设备应用专用防尘布覆盖；在需防震动的设备附件施工，应采取防震措施。施工区域内的运行设备，应由专人看管或装设围栏，非工作人员不得靠近设备。

（14）专项维修或更新改造工程施工安全，应按《水利水电工程施工通用安全技术规程》

(SL 398—2007)、《水利水电工程土建施工安全技术规程》(SL 399—2007)的规定执行。

（15）严格执行消防制度，各种消防工具、器材应保持良好，不得乱用、乱放。

（16）非特种设备操作人员和维修人员不得安装、维修和操作特种设备。

（17）当班作业完成后，作业人员应及时对工具、设备进行清点和维护保养，并按规定做好交接班工作。

（18）维修养护过程中发生事故时，作业人员应及时组织抢救和报告，并保护好现场。

（19）各类作业人员应被告知其作业现场和工作岗位存在的危险因素、防范措施及事故紧急处理措施。

（20）运行养护项目部和维修服务项目部开展维修施工前，应认真审核工程项目施工组织设计、作业规程和安全技术措施。安全措施不到位不准开工，并应指定专人负责施工作业安全管理。

（21）委托外部单位施工时，项目部应与施工单位签订安全协议，明确规定双方的安全生产责任和义务，项目部应明确专人负责施工过程中的安全监督管理。

17.3.5　严格执行工作票制度

（1）作业人员进入现场检修、安装和试验应执行工作票制度，工作许可制度，工作监护制度，工作间断、转移和终结制度。

（2）对于进行设备和线路检修，需要将高压设备停电或设置安全措施的，应填写第一种工作票。第一种工作票的内容和格式及其执行工作票保证书应符合表 17.1、表 17.2 的规定。

（3）对于带电作业的，应填写第二种工作票。工作票的内容和格式及其执行工作票保证书应符合表 17.3、表 17.4 的规定。

表 17.1　第一种工作票

单位＿＿＿＿＿＿＿＿＿＿＿＿＿＿＿＿＿＿＿＿＿＿＿　　　　　编号＿＿＿＿＿＿＿

一、工作负责人(监护人)＿＿＿＿班组＿＿＿＿＿工作班人员＿＿＿＿＿＿＿＿＿＿＿＿＿＿＿＿

　　现场安全员＿＿＿＿＿共＿＿＿＿＿人

二、工作内容和工作地点＿＿＿＿＿＿＿＿＿＿＿＿＿＿＿＿＿＿＿＿＿＿＿＿＿＿＿＿＿＿＿

三、计划工作时间：自＿＿年＿＿月＿＿日＿＿时＿＿分 至＿＿年＿＿月＿＿日＿＿时＿＿分

四、安全措施：

下列由工作票签发人填写：　　　　　　　　　下列由工作许可人(值班员)填写：

1. 应拉开关和隔离刀闸(注明编号)＿＿＿＿　　已拉开关和隔离刀闸(注明编号)＿＿＿＿＿

2. 应装接地线、应合接地刀闸(注明装设　　　已装接地线、已合接地刀闸(注明名称及编号)

　　点、名称及编号)＿＿＿＿＿＿＿＿＿＿　　　＿＿＿＿＿＿＿＿＿＿＿＿＿＿＿＿＿＿＿＿

3. 应设遮栏、应挂标示牌(注明地点)＿＿＿　　已设遮栏、已挂标示牌(注明地点)＿＿＿＿＿

　　工作票签发人签名＿＿＿＿＿＿＿＿＿　　　工作地点保留带电部分和补充安全措施＿＿＿

　　收到工作票时间：＿＿＿年＿＿月＿＿日＿＿时＿＿分　＿＿＿＿＿＿＿＿＿＿＿＿＿＿＿＿＿＿＿＿＿＿

　　值班负责人签名＿＿＿＿＿＿＿＿＿　　　　工作许可人签名＿＿＿＿＿＿＿＿＿＿＿＿＿＿

　　值班负责人签名＿＿＿＿＿＿＿＿＿

五、许可开始工作时间＿＿＿＿＿＿年＿＿月＿＿日＿＿时＿＿分。

工作许可人签名＿＿＿＿＿　　　工作负责人签名＿＿＿＿＿　　　现场安全员签名＿＿＿＿＿

六、工作负责人变动:原工作负责人＿＿＿＿＿离去,变更＿＿＿＿＿为工作负责人。

　　变动时间＿＿＿＿年＿＿月＿＿日＿＿时＿＿分

　　工作票签发人签名＿＿＿＿＿

七、工作人员变动:

增添人员姓名	时　间	工作负责人	离去人员姓名	时　间	工作负责人

八、工作票延期:有效期延长到＿＿＿＿年＿＿月＿＿日＿＿时＿＿分。

　　工作负责人签名＿＿＿＿＿　　　工作许可人签名＿＿＿＿＿

九、工作终结:全部工作已于＿＿＿＿年＿＿月＿＿日＿＿时＿＿分结束,设备及安全措施已恢复至开工前状态,工作人员全部撤离,材料、工具已清理完毕。

　　工作负责人签名＿＿＿＿＿　　　工作许可人签名＿＿＿＿＿

十、工作票终结:

　　临时遮栏、标示牌已拆除,常设遮栏已恢复,接地线共＿＿＿＿组(＿＿)号已拆除,接地刀闸＿＿＿组(＿＿)号已拉开。工作票于＿＿＿＿年＿＿月＿＿日＿＿时＿＿分终结。

　　工作许可人签名＿＿＿＿＿

十一、备注＿＿＿＿＿＿＿＿＿＿＿＿＿＿＿＿＿＿＿＿＿＿＿＿＿＿＿＿＿＿＿＿＿＿＿＿

十二、每日开工和收工时间:

开 工 时 间	工作许可人	工作负责人	收 工 时 间	工作许可人	工作负责人
年　月　日　时　分			年　月　日　时　分		
年　月　日　时　分			年　月　日　时　分		
年　月　日　时　分			年　月　日　时　分		
年　月　日　时　分			年　月　日　时　分		

表 17.2　执行第一种工作票保证书

工作班人员签名:

开 　 工 　 前	收 　 工 　 后
1. 对工作负责人布置的工作任务已明确; 2. 监护人、被监护人互相清楚分配的工作地段、设备,包括带电部分等注意事项已清楚; 3. 安全措施齐全,工作人员确保在安全措施保护范围内工作; 4. 工作前保证认真检查设备的双重编号,确认无电后方可工作,工作期间保证遵章守纪、服从指挥、注意安全,保质保量完成任务; 5. 所有工具(包括试验仪表等)齐全并检查合格,开工前对有关工作进行检查,确认可以开工	1. 所布置的工作任务已按时、保质保量完成; 2. 施工期间发现的缺陷已全部处理; 3. 对检修的设备项目自检合格,有关资料在当天交工作负责人; 4. 检修场地已打扫干净,工具(包括仪表)、多余材料已收回保管好; 5. 经工作负责人通知本工作班安措已拆除(经三级验收后确定),检修设备可投运; 6. 对已拆线全部恢复并接线正确

姓 名	时 间	姓 名	时 间	姓 名	时 间	姓 名	时 间

注:1. 工作班人员在开工会结束后签名,工作票交工作负责人保存。

2. 工作结束收工后工作班人员在保证书上签名,并经工作负责人同意方可离开现场。

表 17.3　第二种工作票

单位＿＿＿＿＿＿＿＿＿＿＿＿＿＿＿＿＿＿＿＿＿　　编号＿＿＿＿＿＿

一、工作负责人(监护人)＿＿＿＿＿＿＿＿＿＿　班组＿＿＿＿＿＿＿＿＿＿＿＿＿

工作班人员＿＿＿＿＿＿＿＿＿＿＿＿＿＿＿＿＿＿＿＿＿＿＿＿＿＿＿＿＿＿＿＿＿,

共＿＿＿＿＿＿人。

二、工作任务＿＿＿＿＿＿＿＿＿＿＿＿＿＿＿＿＿＿＿＿＿＿＿＿＿＿＿＿＿＿＿＿

三、计划工作时间:自＿＿＿＿＿年＿＿＿＿月＿＿＿＿＿日＿＿＿＿时＿＿＿＿分;

　　　　　　　　至＿＿＿＿＿年＿＿＿＿月＿＿＿＿＿日＿＿＿＿时＿＿＿＿分。

四、工作条件(停电或不停电)＿＿＿＿＿＿＿＿＿＿＿＿＿＿＿＿＿＿＿＿＿＿＿＿

五、注意事项(安全措施)＿＿＿＿＿＿＿＿＿＿＿＿＿＿＿＿＿＿＿＿＿＿＿＿＿＿

工作票签发人(签名)＿＿＿＿＿＿＿＿＿签发日期＿＿＿＿＿年＿＿＿＿月＿＿日＿＿时＿＿分

六、许可工作时间＿＿＿＿＿＿＿年＿＿＿＿月＿＿＿＿＿日＿＿＿＿时＿＿＿＿分

工作许可人(值班员)签名＿＿＿＿＿＿＿＿＿工作负责人(签名)＿＿＿＿＿＿＿＿＿＿

七、工作票终结

全部工作于＿＿＿＿＿＿＿年＿＿＿＿月＿＿＿＿＿日＿＿＿＿时＿＿＿＿分结束,工作人员已全部撤离,材料、工具已清理完毕。

工作负责人签名＿＿＿＿＿＿＿＿＿工作许可人(值班员)(签名)＿＿＿＿＿＿＿＿＿＿＿＿

八、备注＿＿＿＿＿＿＿＿＿＿＿＿＿＿＿＿＿＿＿＿＿＿＿＿＿＿＿＿＿＿＿＿＿＿＿

表 17.4　执行第二种工作票保证书

工作班人员签名:

开 工 前	收 工 后
1. 对工作负责人布置的工作任务已明确; 2. 监护人、被监护人互相清楚分配的工作地段、设备,包括带电部分等注意事项已清楚; 3. 安全措施齐全,工作人员确保在安全措施保护范围内工作; 4. 工作前保证认真检查设备的双重编号,确认无电后方可工作,工作期间保证遵章守纪、服从指挥、注意安全,保质保量完成任务; 5. 所有工具(包括试验仪表等)齐全检查合格,开工前对有关工作进行检查,确认可以开工	1. 所布置的工作任务已按时、保质保量完成; 2. 施工期间发现的缺陷已全部处理; 3. 对检修的设备项目自检合格,有关资料在当天交工作负责人; 4. 检查场地已打扫干净,工具(包括仪表)、多余材料已收回保管好; 5. 经工作负责人通知本工作班安措已拆除(经三级验收后确定),检修设备可投运; 6. 对已拆线全部恢复并接线正确

姓 名	时 间	姓 名	时 间	姓 名	时 间	姓 名	时 间

注:1. 工作班人员在开工会结束后签名,工作票交工作负责人保存。

2. 工作结束收工后工作班人员在保证书上签名,并经工作负责人同意方可离开现场。

(4) 其他作业(动火作业、登高作业、有限空间作业、水上作业)工作票格式,参照表17.5编制;执行工作票保证书,参照表17.4执行。

表 17.5 登高作业工作票(参考格式)

作业单位		工作票编号	
作业负责人(监护人)		作业地点	
作业内容(含高度)		作业班组	
作业人			
计划作业时间	自 年 月 日 时 分至 年 月 日 时 分		
危险因素	物体打击	车辆伤害	机械伤害	起重伤害
	触 电	淹 溺	灼 烫	火 灾
	高处坠落	坍 塌	中毒窒息	其他伤害

序号	主要安全措施	确认人签名
1	作业人员身体条件符合要求	
2	作业人员着装符合工作要求	
3	作业人员佩戴安全带	
4	作业人员携带有工具袋	
5	现场搭设的脚手架、防护围栏符合安全规程	
6	垂直分层作业中间有隔离设施	
7	梯子或绳梯符合安全规程规定	
8	高处作业有充足照明	
9	传递工具、工件要用捆绑等方式,无安全措施不得从高处抛	

其他安全措施			
施工单位负责人意见:	工作负责人(监护人)意见:	工作许可人(值班负责人)意见:	签发人意见:

验收情况:	
验收人签名:	完工验收时间: 年 月 日 时 分

（5）工作票签发人应对以下问题做出结论：

① 审查工作的必要性；

② 审查现场工作条件是否安全；

③ 工作票上指定的安全措施是否正确完备；

④ 指派的工作负责人和工作班人员能否胜任该项工作。

（6）工作负责人、监护人的安全责任：

① 负责现场安全组织工作；

② 督促监护工作人员遵守安全规章制度；

③ 检查工作票所提出的安全措施在现场落实的情况；

④ 对进入现场的工作人员宣读安全事项；

⑤ 工作负责人、监护人应始终在施工现场并及时纠正违反安全的操作，如因故临时离开工作现场应指定能胜任的人员代替并将工作现场情况交代清楚。只有工作票签发人有权更换工作负责人。

（7）工作许可人（值班负责人）的安全责任：

① 按照工作票的规定在施工现场实现各项安全措施；

② 会同工作负责人到现场最后验证安全措施；

③ 与工作负责人分别在工作票上签字；

④ 工作结束后，监督拆除遮栏、解除安全措施，结束工作票。

（8）工作班成员的安全责任：

① 明确工作内容、工作流程、安全措施、工作中的危险点，并履行确认手续；

② 严格遵守安全规章制度、技术规程和劳动纪律，正确使用安全工器具和劳动防护用品；

③ 相互关心工作安全，并监督安全操作规程的执行和现场安全措施的实施。

（9）工作票签发人不得兼任该项工作的工作负责人；工作负责人只能担任一项工作的负责人。工作许可人不得签发工作票。

17.4 作业安全

17.4.1 特种设备作业安全基本要求

1. 起重设备

（1）起重设备作业安全要求应符合《起重机械安全规程（系列）》（GB/T 6067—2010）和《起重机 钢丝绳 保养、维护、检验和报废》（GB/T 5972—2016）的规定。检修作业用起重设备应定期经专业检测机构检验合格，并在特种设备安全监督管理部门登记。起重作业人员在作业中应严格执行起重设备的操作规程和有关的安全规章制度。

（2）起重设备应定期检查维护，外观整洁。

（3）操作规程、规章制度、设备标识、安全警示标牌齐全。

（4）行车轨道平直，指示信号灯完好，急停开关可靠。

（5）钢丝绳符合规定要求。

（6）过载保护及起重量限制器完好，限位开关齐全且动作可靠。

（7）设备停用时，小车和吊钩应置于规定位置。

2. 电动葫芦

（1）电动葫芦应定期检查合格，记录齐全。有足够的润滑油，有防护罩，电缆绝缘良好，控制器灵敏可靠。

（2）行走机构完好，制动器无油污，动作可靠。

（3）电动葫芦使用前应进行静负荷和动负荷试验。不工作时，禁止将重物悬于空中。

（4）钢丝绳使用符合要求。

3. 手拉葫芦

（1）手拉葫芦操作前应详细检查各个部件和零件，使用中不得超载。

（2）手拉葫芦起重链条要求垂直悬挂重物。链条各个链环间不得有错扭。

（3）手拉葫芦起重高度不得超过标准值。

4. 千斤顶

（1）千斤顶的起重能力不得小于设备的质量。多台千斤顶联合使用时，每台的起重能力不得小于其计算载荷的 1.2 倍。

（2）使用千斤顶的基础，必须稳固可靠。

（3）载荷应与千斤顶轴线一致。在作业过程中，严防产生千斤顶偏歪的现象。

（4）千斤顶的顶头或底座与设备的金属面或混凝土光滑面接触时，应垫硬木块，防止滑动。

（5）千斤顶的顶升高度，不得超过有效顶程。

（6）多台千斤顶抬起一件大型设备时，无论起落均应细心谨慎，保持起落平衡，避免因不同步造成个别千斤顶因超负荷而损坏。

5. 钢丝绳或吊带

（1）钢丝绳或吊带无断股、打结、断丝，径向磨损应在规定范围内。

（2）对钢丝绳或吊带应定期保养，不符合要求的应及时报废更新。

（3）钢丝绳或吊带应分类管理，钢丝绳上应有允许起重重量标识。

6. 登高器具

（1）梯子应检查完好，无破损、缺档现象。

（2）在光滑坚硬的地面上使用梯子时，梯脚应套上防滑物。

（3）梯子应有足够的长度，最上 2 档不应站人工作，梯子不应接长或垫高使用。

（4）工作前应将梯子安全放稳。

（5）在梯子上工作应注意身体的平稳，不应两人或数人同时站在一个梯子上工作。

（6）使用梯子宜避开机械转动部分以及起重、交通要道等危险场所。

17.4.2 电气设备作业安全基本要求

（1）从事电气作业的技术人员及相关检修人员必须熟悉《电力安全工作规程 发电厂和变电站电气部分》(GB 26860—2011)。电工必须持有特种行业操作许可证，方可上岗作业。安装、维修、拆除临时用电设施必须由持证电工完成,其他人员禁止接驳电源。

（2）当验明设备确已无电压后,作业人员应在电源断开点处靠检修设备侧进行三相短路并接地,装设接地线时应遵循操作规程。

（3）作业人员在对全部停电或部分停电的电气设备进行检修时,应停电、验电和装设接地线,并在相关刀闸和相关地点悬挂标示牌和装设临时遮栏,同时应符合以下要求:

① 将检修设备停电,应把所有的电源完全断开,并有明显断开点;与停电设备有关的变压器和电压互感器,应从高、低压两侧断开,防止向停电检修设备反送电;

② 当验明设备确已无电压后,将在电源断开点处靠检修设备侧进行三相短路并接地,应按《电力安全工作规程 发电厂和变电站电气部分》(GB 26860—2011)的规定装设接地线;

③ 装设接地线必须由 2 人进行,接地线必须先接接地端,后接导体端;拆接地线的顺序相反;装、拆接地线均应使用绝缘棒或绝缘手套;

④ 标志牌的悬挂和拆除应按检修命令执行,严禁在工作中移动和拆除遮栏、接地线和标示牌;标示牌应用绝缘材料制作。

（4）电气作业人员进入电气作业现场应按规定佩戴安全防护用品。

（5）带电作业应在良好天气下进行。如遇雷、雨、雪、雾,不应进行带电作业,风力大于 5 级,不宜进行带电作业。

（6）电气绝缘工具和登高作业工具的安全管理应按《电力安全工作规程 发电厂和变电站电气部分》(GB 26860—2011)的规定执行。常用电气绝缘工具试验和登高作业工具试验周期按本书第 9 章"泵闸电气试验作业指导书"相关要求进行。

（7）泵闸维修养护时,为防止误操作,高压电气设备都应加装防误操作的闭锁装置(特殊情况下可加装机械锁),闭锁装置的解锁用具应妥善保管,按规定使用。

（8）泵闸电气设备停电后,即使是事故停电,在未拉开有关隔离开关(刀闸)或者摇出断路器手车并做好安全措施以前,不得触及设备或进入遮栏,以防突然来电。

（9）带电作业应设专人监护。监护人应由有丰富带电作业实践经验的人员担任。监护人不得直接操作。监护的范围不应超过一个作业点。复杂的或高杆上的作业应增设监护人。

（10）在带电作业过程中如设备突然停电,作业人应视为仍然带电。工作负责人应尽快与调度(或上级变电所)联系,调度(或上级变电所值班人员)与工作负责人取得联系前不得强送电。

（11）使用喷灯时,火焰与带电部分应保持一定距离:电压在 10 kV 及以下者,不应小于 1.5 m;电压在 10 kV 以上者,不应小于 3 m。不应在带电导线、带电设备、变压器、油开关附近对喷灯点火。

（12）在保护盘上或附近进行打眼等振动较大的工作时,应采用防止运行中设备跳闸的措施,必要时经值班调度员或值班负责人同意,可将保护暂时停用。

（13）在高压设备上工作,应填写工作票或口头、电话命令,至少有 2 人一起工作。

（14）在潮湿或电动机、水泵、金属容器等周围均属金属导体的地方工作时,应使用不超过 36 V 的安全电压。行灯隔离变压器和行灯线应有良好的绝缘和接地装置。

17.4.3　维修养护现场临时用电安全基本要求

维修养护现场临时用电管理包括在泵闸管理范围内的工程检修、维修、建设项目施工等现场临时用电的生产活动。

（1）项目部应加强临时用电安全措施和技术要求的检查监督。

（2）临时用电项目应经编制、审核人员和使用单位共同验收合格后方可投入使用。

（3）临时用电必须严格确定用电时限，用电结束后，临时施工用的电气设备和线路应立即拆除。

（4）安装或拆除临时用电线路的作业人员，必须持有效的电工操作证并有专人监护方可施工。

（5）检修动力电源箱的支路开关均应安装漏电保护器，并应定期检查和试验。

（6）施工维修现场临时用电技术要求遵循《施工现场临时用电安全技术规范》（JGJ 46—2005）、《建筑施工安全检查标准》（JGJ 59—2011）等规定。

17.4.4　电焊设备作业安全基本要求

（1）电焊作业人员应持证上岗。

（2）距离焊接处 5 m 以内不得有易燃易爆物品，施焊地点的通道宽度不得小于 1 m。高空作业时，火星所到达的地面上、下不得有易燃易爆物。

（3）施焊地点应距离乙炔瓶和氧气瓶 10 m 以上。

（4）不准直接在木板或木地板上进行焊接。

（5）焊接人员操作时，必须用面罩，戴防护手套，必须穿棉质工作服和皮鞋，以防灼伤。

（6）焊接工作停止后，应将火熄灭，待焊件冷却，并确认没有焦味和烟气后，操作人员方能离开工作场所。

（7）禁止在带有液体压力或气体压力的设备上或带电的设备上进行焊接。在特殊情况下，需在带压和带电的设备上进行焊接时，应采取安全措施，并经上级批准。

17.4.5　高处作业安全基本要求

（1）所有高处作业人员应接受高处作业安全知识的教育。

（2）高处作业人员应经过体检合格后方可上岗。班前会上，作业班组应对作业人员身体、精神状况进行确认，严禁酒后或睡眠不足的作业人员登高作业。施工单位应为作业人员提供合格的安全帽、安全带等必备的安全防护用具，作业人员应按规定正确佩戴和使用。

（3）凡是进行高处作业施工的人员，应使用脚手架、平台、梯子、防护围栏、挡脚板、安全带和安全网等相应安全设施。上下交叉作业时，中间须设置隔离设施。作业前，作业人员应认真检查所有的安全设施是否牢固、可靠。

（4）施工单位应按类别，有针对性地将各类安全警示标志悬挂于施工现场各临边、临口部位。有坠落可能又无条件采取相应防护措施的，应设红灯示警。

（5）高处作业前,作业现场负责人应对高处作业人员进行必要的安全教育,交代现场环境和作业安全要求以及作业中可能遇到意外时的处理和救护方法。

（6）高处作业人员必须系好安全带,戴好安全帽,随身携带的工具、零件、材料等必须装入工具袋,不准从高处抛物。高处作业人员应系与作业内容相适应的安全带,安全带应系挂在作业处上方的牢固构件上或专为挂安全带用的钢架或钢丝绳上,不得系挂在移动或不牢固的物件上;不得系挂在有尖锐棱角的部位。安全带不得低挂高用。系安全带后应检查扣环是否扣牢。

（7）高处作业应设监护人对高处作业人员进行监护,监护人应坚守岗位。

（8）在大风、下雨天气应采取防滑措施,遇雷电、暴雨、大雾和 6 级以上大风等气候条件时,不得进行露天高处作业。

（9）发现高处作业的安全技术设施有缺陷和隐患时,应及时解决;危及人身安全时,应停止作业。

（10）高处作业完工后,作业现场清扫干净,作业用的工具、拆卸下的物件及余料和废料应清理运走。

（11）脚手架、防护棚拆除时,应设警戒区,并派专人监护。拆除脚手架、防护棚时不得上部和下部同时施工。

17.4.6　水上作业安全基本要求

（1）凡进行水工作业应填写水工作业工作票。

（2）对大型、复杂或特殊的水上作业,必须制定专门的安全措施,并组织有关人员学习、讨论,经领导批准后认真贯彻执行。

（3）作业人员必须熟悉、掌握有关技术规程和操作规程。

（4）水上作业配置的安全绳、安全带、安全网、爬梯、软梯、起重绳索等均应按有关规定进行定期检查和试验。

（5）作业人员穿、戴必须符合安全要求,并按规定佩戴或携带各种劳动保护用具、用品。

（6）工作现场应保持整洁,廊道、孔、洞的作业现场必须有足够亮度的照明,井、坑、孔、洞均应有坚固的盖板,孔口、栈桥及一切临空临水边沿必须有牢固可靠的栏杆,陡坡通道必须有台阶。

（7）作业人员在上、下爬梯时,禁止双手同时抓握一根梯级,上、下锈蚀严重或不经常使用的爬梯时应系安全绳。

17.4.7　有限空间作业安全基本要求

（1）在有限空间作业前,必须严格执行"先检测、后作业"的原则,根据有限空间作业的实际情况,对有限空间内部可能存在的危害因素进行检测。在作业环境条件可能发生变化时,作业班组应对作业场所中的危害因素进行持续或定时检测。

（2）对随时可能产生有害气体的空间进行作业时,每隔 30 min 必须进行检测分析,如出现情况异常,应立即停止作业并撤离作业人员;现场经处理并经检测符合要求后,重新进行审批,方可继续作业。实施检测时,检测人员应处于安全环境,严禁作业人员进入未经检测或检测不合格的有限空间进行施工作业。

(3) 应在有限空间入口处设置醒目的警示标志,告知存在的危害因素和防控措施。

(4) 有限空间作业前和作业过程中,应保持空气流通,可采取强制性持续通风措施以降低危险。严禁用纯氧进行通风换气。

(5) 进入有限空间作业,必须办理有限空间审批单,严禁未经审批作业。

(6) 有限空间作业需有专人监护,并应确定内外互相联络的方法和信号。

(7) 有限空间的出入口应无障碍,保证畅通无阻。

(8) 作业人员应使用符合要求的劳动防护用品。

(9) 作业前、后,应登记和清点人员、工具、材料,防止遗留在有限空间内。

(10) 一旦发生中毒事故,应按照公司制订的应急处置方案中的具体措施执行。例如,硫化氢中毒处理措施包括:

① 施救者在做好自身防护的同时,应立即将患者移离现场;

② 将患者移入空气新鲜处,平躺保持其呼吸道通畅。有条件时,应给予吸入氧气;

③ 对症救治,已窒息的立即实施人工呼吸,维持有效循环;呼吸、心搏均已停止的及时施行人工心肺复苏术,不可轻易放弃抢救;

④ 如有眼部损伤,应尽快用清水反复冲洗,给眼部涂抹抗生素眼膏或眼药水,每日数次,直至炎症好转;

⑤ 让休克者平卧,头稍低,及时清除口腔内异物,保持呼吸道通畅;

⑥ 现场急救的同时,立即拨打"120"急救电话,医护人员未到之前,不能停止现场急救;救援电话中需明确中毒情况、现场地址、联系方法;

⑦ 现场人员必须及时向上级领导或有关部门汇报事故的情况和救援进展。

17.5 维修养护职业健康与劳动保护

17.5.1 职业健康

(1) 运行养护项目部和维修服务项目部应采取有效的职业病防护措施,并为劳动者提供合格的职业病防护用品。

(2) 项目部应优先采用有利于防治职业病和保护劳动者健康的新技术、新工艺、新材料。

(3) 项目部应制订职业病防治计划和实施方案;建立健全职业卫生管理制度和操作规程。

(4) 对可能发生急性职业损伤的有毒、有害工作场所,应设置报警装置,配置现场急救用品、冲洗设备、应急撤离通道和必要的泄泄避险区。

(5) 对会产生严重职业病危害的作业岗位,应当在其醒目位置,设置警示标识和警示说明。警示说明应当载明产生职业病危害的种类、后果、预防以及应急救治措施等内容。

(6) 项目部不得安排未成年人从事、接触有职业病危害的作业;不得安排孕期、哺乳期的女员工从事对本人和胎儿、婴儿有危害的作业。

（7）项目部应当按照卫生行政部门的规定，定期对工作场所进行职业病危害因素监测、评价。

（8）迅翔公司应建立健全工作场所职业病危害因素监测及评价制度；建立健全职业卫生档案和劳动者健康监护档案；建立健全职业病危害事故应急救援预案。

17.5.2　劳动保护用品配备和使用

（1）迅翔公司应按相关规定，为作业人员配置劳动保护用品。例如，高处作业应配备的主要劳动保护用品，包括安全帽、安全带、安全网、防滑工作鞋；水上作业应配备的主要劳动保护用品，包括防滑工作鞋、救生衣（服）、安全带、水上作业服。

（2）安全帽应具有产品合格证、安全鉴定合格证书、生产日期和使用期限，1 年进行 1 次检查试验。凡进入施工现场的所有人员，都应按要求正确佩戴安全帽。作业中，不得将安全帽脱下、搁置一旁或当坐垫使用。

（3）作业人员应正确使用安全帽，要扣好帽带，调整好帽衬间距（一般约 40～50 mm），帽衬不得轻易松脱或颤动摇晃。领取安全帽时应进行检查，发现有缺衬、缺带或破损的安全帽应予以更换，不准使用有安全隐患或者过期的安全帽。

（4）使用安全带时应高挂低用，防止摆动碰撞，绳子不能打结，钩子应挂在连接环上。当发现有异常时应立即更换，换新绳时应加绳套。使用 3 m 以上的长绳应加缓冲器。

（5）作业人员在攀登和悬空等作业中，应佩戴安全带并有牢靠的挂钩设施，严禁只在腰间佩戴安全带，而不在固定的设施上拴挂钩环。

（6）安全带应具有产品合格证和安全鉴定合格证书，1 年进行 1 次检查试验。不使用时应妥善保管，不可接触高温、明火、强酸、强碱或尖锐物体。

17.6　文明施工

17.6.1　建立文明施工管理组织体系

（1）运行养护项目部和维修服务项目部应制定岗位职责，明确项目经理为文明维修养护的第一责任人，全面负责整个维修养护现场的文明维修养护；项目部应制定和实行文明维修养护管理奖惩制度；电工、焊工、司机等特殊工种应持证上岗。

（2）根据行业制定的有关文明工地标准，泵闸维修养护和专项维修施工应做到无重大工伤事故；维修养护现场人行畅通，检修区域与非检修区域严格分隔；管理和作业人员佩卡上岗；生活设施清洁文明。

（3）项目部与各责任人应签订文明维修养护责任协议书，治安、防火安全协议书。

17.6.2　落实现场文明管理措施

（1）实行挂牌专项维修，接受各方监督。项目部在工地现场主要出入口醒目位置应设置专项维修公示牌。公示牌内容包括养护范围、管理单位、施工单位、联系电话、监督电话等。

（2）项目部应加强作业人员文明维修养护知识培训，班组每天工前会应对作业人员进行文明维修养护教育，提高文明维修养护意识。

（3）项目部应根据实际情况，合理布置维修养护现场，合理摆放物品，减少二次搬运，维修养护现场应无积水。

（4）对维修养护设备应明确专人管理，定期清扫和保养设备，确保其正常使用。

（5）物资仓库应做到专人看管，库房应清洁整齐，物资实行"四号定位""五五摆放"。

（6）项目部应明确兼职卫生员协助抓好防病和食堂卫生工作，高温季节每天应到食堂验收食品，防止食物中毒。

（7）作业现场不得焚烧可产生有毒有害烟尘和恶臭气味的废弃物，并禁止将有毒有害废弃物排入河道。

（8）每天作业结束后，应当做到"工完料尽场地清"，将多余的材料、垃圾等及时清运。严禁随意凌空抛撒造成扬尘。

（9）宿舍内工具、工作服、鞋等定点集中摆放，保持整洁。床上生活用具堆放整齐，床下不得随意堆放杂物。

（10）食堂保持内外环境整洁，工作台和地上无油腻。食物存放配备冰箱和食罩，生熟分开，专人管理，保持清洁卫生。

（11）现场养护专用的油漆、油料，其储存、使用和保管应明确专人负责，应防止油料的跑、冒、滴、漏和污染水体。

（12）对于地下管线（电缆、光缆等），项目部应向有关部门索取相关资料，施工时应设立保护标志。

（13）作业人员作业时，应防止施工机械严重漏油，施工机械产生的油污严禁直接排放。

（14）在开挖、回填护坡施工过程中突遇大雨，而局部边坡、路基存在大量浮渣来不及清理时，应采用塑料薄膜将该部位进行覆盖，以防雨水带走浮渣污染水源。

（15）施工时，严禁破坏施工用地以外的植被，如损坏了现有的绿色植被，在工程完毕后应及时予以恢复。

17.7 泵闸工程维修养护安全可视化

17.7.1 泵闸工程检修间及日常维修养护时的安全可视化功能配置

泵闸工程检修间及日常维修养护时的安全可视化功能配置要求，见表 17.6。

表 17.6　泵闸工程检修间及日常维修养护时安全可视化功能配置

序号	项目名称	配置位置	基本要求
一	导视及定置类		
1	设备运行状态标识	正在检修的设备上	通过设备运行状况标示,把正常的运行方式予以公告,设备运行、备用、维护等状态一目了然。现采用四色盘标示,可根据实际尺寸定制
2	工具、劳保用品	合理定置	整齐摆放、分类标识、定期校验、标签张贴规范
3	"小心地滑"标志	需要时设置	定制
4	吊物孔盖板定置及标识	吊物孔处	按相应标准制作安装
二	公告类		
1	规章制度明示	墙面醒目位置	按制度标牌制作安装
2	安全操作规程、操作步骤标牌	墙面或设备上	将操作规程或操作步骤标牌正确明示
3	作业指导书明示	墙面或设备上	将作业指导书简化为图文版,明确具体操作的方法、步骤、措施、标准和人员责任,通过实物与图文比对反映现场维修养护等作业重点,提高发现问题的能力
4	组织网络图	墙面醒目位置	将检修组织网络图制作成图牌,在检修作业区域摆放
5	检修记录表	检修现场	在现场放置检修作业记录表
6	检修流程图	醒目位置	设备检修流程、突发故障应急处理流程等按相应标准设置
7	检修设备管理责任牌	粘贴或悬挂于设备上	设备管理责任标牌应包括设备名称、型号、责任人、制造厂家、投运时间、设备评级、评定时间等
8	检修设备日常保养卡	检修设备附近	记录日常养护情况,要求泵闸工程养护人员如实、及时、规范填写,以达到日常管理要求
9	泵闸工程检修公示栏	醒目位置	通过合理化建议、检修或管理情况通报等公示,增强员工凝聚力和向心力。同时也是为了体现公开、公正、公平
三	名称编号类		
1	起重机额定起重量标牌	起重机吊钩上	按相应标准设置
2	着装管理	工作人员	按规定岗位要求穿工作服,佩戴工牌,穿戴防护用品
四	安全类		
1	安全警示线	检修区域	将检修区域用红黑线在地面设置标识
2	安全围栏	作业区域	将作业区域进行围挡

序号	项目名称	配置位置	基本要求
3	劳动防护用品	合适位置	配置安全帽、安全绳、安全网、焊接切割防护用品,合理定置,定期检验
4	危险源告知牌、四色安全风险分布图	醒目位置	按照对检修间排查后危险源的内容设计制作,安装在醒目位置,明确防范措施和责任。检修间应设置四色安全风险分布图
5	上、下行标志	人员上、下的铁架或梯子上	应悬挂"作业人员从此上下""非工作人员不得攀爬"等标识标牌
6	防坠物标志	起吊作业区域	设置"防止坠物"等标识
7	泵闸突发故障应急处置看板	醒目位置	告知运行维护及管理人员熟悉泵闸工程突发故障或事故的原因及处置的方法
8	设备接地标志	按规范设置	扁铁接地标志在全长度或区间段及每个连接部位表面附近,涂以 15～100 mm 宽度相等的绿色和黄色相间的条纹标志

17.7.2 泵闸工程大修或专项工程维修施工现场可视化功能配置

泵闸工程大修或专项工程维修施工现场可视化功能配置要求,见表 17.7。

表 17.7 泵闸工程大修或专项工程维修施工现场可视化功能配置

序号	项目名称	配置位置	基本要求
一	施工现场出入口		
1	安全标志	施工现场出入口醒目位置	应设置"施工重地 闲人免进""进入施工现场必须戴安全帽"标志,可单独也可采用组合形式设置
2	七牌二图	施工现场出入口醒目位置	根据建筑施工安全检查相关规定,施工现场应设有"七牌二图"。"七牌"是指工程概况牌、文明施工牌、消防保卫牌、安全生产纪律牌、管理人员及监督电话牌、安全生产天数牌、重大危险源告知牌。"二图"是指施工现场平面分布图、消防平面分布图
3	工程效果图	施工现场出入口	根据需要设置
4	重大危险源告知牌	重大危险源处	在重大危险源现场设置明显的安全警示标志和重大危险源告知牌;重大危险源告知牌内容包含名称、地点、责任人员、控制措施和安全标志等
5	限速 5 km/h、鸣号	频繁施工车辆进出出入口	两标志可单独或组合设置,标志应正反双面设置
二	基本规定		

序号	项目名称	配置位置	基 本 要 求
1	相关施工基础性标牌	现场作业位置	安全生产六大纪律牌
		现场作业位置	十项安全技术措施牌
		电焊作业位置	作业现场焊割"十不烧"规定牌
		起吊作业位置	起重吊装"十不吊"规定牌
2	安全操作规程牌	相关作业位置	包括施工机械安全操作规程牌、主要工种安全操作规程牌
3	施工现场管理办法牌	设置在项目部会议室	按标识标牌标准制作安装
4	施工现场环境卫生标准牌	项目部会议室	按标识标牌标准制作安装
5	施工现场组织机构图、安全生产组织网络图	项目部会议室	按标识标牌标准制作安装
6	突发事件应急处理流程图	项目部会议室	告知作业人员及管理人员以熟悉突发故障或事故的原因及处置的方法
7	施工责任标牌	项目部会议室	按标识标牌标准制作安装
8	岗位职责牌	岗位工作场所	按标识标牌标准制作安装
9	安全标志	高处作业平台的醒目位置	应设置"当心坠落、禁止抛物、必须系安全带"等标志
		现场醒目位置	应设置"禁止酒后上岗"标志
		防护栏杆处	应设置"注意安全、禁止攀越"等标志
10	着装管理	作业人员	按规定岗位要求穿工作服,佩戴工牌,穿戴防护用品

三　吊装作业区

序号	项目名称	配置位置	基 本 要 求
1	安全标志	现场醒目位置	应设置"当心吊物、当心落物、禁止停留"标志
		起重机吊臂上	应设置"吊臂下方严禁站人"标志
		旋转式起重机尾部	应设置"旋转半径内严禁站人"标志
2	相关安全标牌	起重机操作室旁	应设置"安全操作规程牌、十不吊规定牌"
		醒目位置	应设置使用告示牌、安全责任牌
		吊钩处	应设置限重牌

四　焊接作业区

序号	项目名称	配置位置	基 本 要 求
1	安全标志	焊接作业区醒目位置	应设置"当心触电、当心弧光、当心火灾、禁止放易燃物、必须戴防护手套、必须戴防护面罩、必须穿防护服"标志

序号	项目名称	配置位置	基 本 要 求
1	安全标志	跨越通航河道、道路、高处施焊场所	应设置"禁止掉落焊花"标志
		容器内焊接作业	应设置"注意通风"标志
2	安全操作规程牌	作业现场	应设置相应的"安全操作规程牌"

五 气割作业区

序号	项目名称	配置位置	基 本 要 求
1	安全标志	气割作业区醒目位置	应设置"当心火灾、必须戴防护手套、必须戴防护眼镜"标志
		作业现场的氧气、乙炔瓶处	应设置"禁止暴晒、禁止烟火、当心爆炸"标志
2	安全操作规程牌	作业现场	应设置相应的"安全操作规程牌"

六 出入通道

序号	项目名称	配置位置	基 本 要 求
1	安全标志	出入通道口	禁止停留、注意安全、当心落物、必须戴安全帽、仅供行人通行等
		设置在车行通道	应设置相关交通安全标志
		楼梯口	设置"注意安全、必须戴安全帽"标志
		沿线交叉口	应设置"非作业人员禁止入内、当心车辆行人、前方施工、减速慢行、注意安全"标志
2	临时性道路交通标志	交叉施工等作业区两端	设置锥形交通路标、限速标志、交通警告、警示、诱导标志等道路交通标志
3	交通指挥或设置交通信号灯	施工作业区两端配置	配备必要的交通指挥人员或设置交通信号灯

七 临时施工用电

序号	项目名称	配置位置	基 本 要 求
1	安全标志	配电房门口	应设置"禁止烟火、高压危险、禁止靠近、非电工禁止入内"等标志。
		配电箱箱门上	应设置"有电危险、当心触电、必须加锁"等标志
		配电箱、用电设备处	应设置"必须接地"标志
		配电箱、临近带电设备围栏上等	应设置"当心触电"标志
		跨线施工或通车道路的用电线路的绝缘套管处	应设置"电缆净空、限高"等标识标牌
2	"下有电缆、禁止开挖"标志	埋地电缆路径下方	埋地电缆路径应设置方位标志与"下有电缆、禁止开挖"的警示标志

序号	项目名称	配置位置	基 本 要 求
3	"禁止合闸、有人工作"标志	1. 一经合闸即可送电到工作地点的开关的操作把手上；2. 用电设备维修、故障、停用、无人值守状态下	1. 一经合闸即可送电到工作地点的开关的操作把手上均应悬挂"禁止合闸、有人工作"的标识牌；2. 用电设备维修、故障、停用、无人值守状态下应设置"禁止合闸、有人工作"等标志
4	其他安全标志	电缆(含地面下电缆)处	应设置"当心电缆"标志
		在裸露的带电体处	应设置"禁止触摸""当心触电"标志
5	配电箱支架设置及相关标志	施工现场	符合《施工现场临时用电安全技术规范》(JGJ 46—2005)的有关规定,并在柜门上设置"有电危险、当心触电"等标志以及专业电工责任牌

八　材料、设备位置

序号	项目名称	配置位置	基 本 要 求
1	相关标牌	原材料堆放区	应设置材料标识牌
		半成品、成品堆放区	应设置半成品材料标识牌、成品材料标识牌
		废旧物品存放处	应设置"废旧物品存放处"提示牌
		机械设备处	应设置机械设备标牌、安全操作规程牌
2	相关安全标志	设备检修、更换零部件时	设备检修、更换零部件时,应在机械醒目位置设置"禁止启动"标志
		检修或专人定时操作的设备醒目处	应设置"禁止转动,有人工作"标志
		机械设备处	应设置"当心机械伤人"标志
		氧气瓶、乙炔瓶存放区醒目位置	应设置"当心爆炸、禁止烟火、禁止暴晒、禁止用水灭火"等标志
		氧气存放区	应设置"氧气存放处"标志
		乙炔存放区	应设置"乙炔存放处"标志
3	危险品定位和标识	按规定定置	有明确的摆放区域,分类定位,标识明确,远离火源,隔离摆放,并有专人隔离,有明显的警示标识

九　水上作业

序号	项目名称	配置位置	基 本 要 求
1	安全标志	临边防护栏杆上	水上作业平台应设"禁止攀爬、禁止翻越、当心落水"等安全标志,并符合有关规定
2	航行相关警示标志	水上作业区域	按当地海事部门要求设置安全警示标志。夜间施工时,锚系设施的浮漂一律涂刷荧光漆,标志清晰、醒目
3	交通安全标志	作业区施工通道	应设置"直行、向左(右)转弯"等指示标志

序号	项目名称	配置位置	基 本 要 求
十	道路维修施工		
1	交通安全标志	施工区域前方适当位置	应设置"前方施工、减速慢行"及限速等标志;"禁止超车、道路变窄""注意安全、减速慢行"等标志
		施工改道前方适当位置	应设置"左道封闭　向右改道"或"右道封闭　向左改道"、"向左行驶或向右行驶"等标志
		限高门架上	应设置"限高、限宽、限重、限速"等标志
		封闭一侧的道路两端	应设置"禁止通行"等标志及交通诱导标志
		施工道路终点	应设置"解除禁止超车、解除限速"等标志
		施工区域通车段	应设置"禁止停车"等标志
2	其他交通标志	新建道路与原有道路平面交叉处	标志必须按照相关规定设置,并按当地主管部门要求和批准的具体方案确定

17.7.3　设置紧急救护看板、紧急联系电话看板和救护箱

泵闸维修养护现场醒目位置应设置紧急救护宣传看板,当发生人身伤害事故时,提醒抢救人员进行正确救助。

泵闸维修养护现场醒目位置应设置紧急联系电话看板,将泵闸工程所在地区的派出所(公安局)、医院、消防队的联络电话以及公司相关部门、责任人的电话进行明示,便于在紧急情况下拨打电话。

重要场所应设置紧急救护箱,便于进行紧急救护。

17.7.4 设置岗位风险告知卡

依据《企业安全生产风险公告六条规定》(2014 年国家安全生产监督管理总局令 70 号),项目部在作业现场应设置岗位风险告知卡,明确告知岗位风险、作业风险及防范措施,起到警示、提醒作用。如图 17.1 所示。

岗位风险告知卡包括泵闸运行工、电工、机械维修工、电焊工、起重工等岗位风险告知卡。

17.7.5　设置安全管理看板

在高处作业、水上作业、有限空间等作业地点应设置操作流程看板、作业安全注意事项等看板。如图 17.2 所示。

泵闸机械维修工岗位风险告知卡

风险点名称	设备维修作业	风险因素描述	作业人员未按要求正确穿戴劳保用品，工具破损或不匹配，手持工具防护罩、盖、手柄松动、破损。维修现场确认不到位，危险作业未办作业票，未进行风险辨识，未确认安全措施，未执行挂牌上锁和能量隔离等防止设备意外启动的措施。未对检修现场进行清扫，现场杂乱、摘牌，检修后与岗位人员交付不及时、隐患排查发现现场存在安全隐患未及时整改等。
风险点编号	FXGK-016		
风险等级	一般风险/黄色		
事故类型	机械伤害、其他伤害、触电	风险管控措施	为员工配备正确的劳动防护用品，监督员工正确使用；加强操作规程技术培训考核；落实责任人，定期对维修工具进行维保，定期进行绝缘电阻检测，危险作业前办理危险作业票，对作业现场进行风险识别，确认安全措施，执行操作证管理，检修后对作业现场进行清扫，工作现场的安全隐患应及时进行整改，完成后进行作业。
责任部门			
责任人			
安全标志			
注意安全　当心机械伤人　当心触电		应急处置措施	发生事故后，应按照所对应预案以及日常培训要求进行应急处置。立即停止作业并救人，使伤者脱离危害区境，救援人员将伤员移至安全地点进行清洗、包扎、固定等急救，并在事故地点周围设置警示标志；查看伤者受伤情况，如有外伤先止血，包扎伤口；有骨折，先固定；立即报告相关责任人；受伤人员尽快运送到医院救治。

图 17.1　泵闸机械维修工岗位风险告知卡

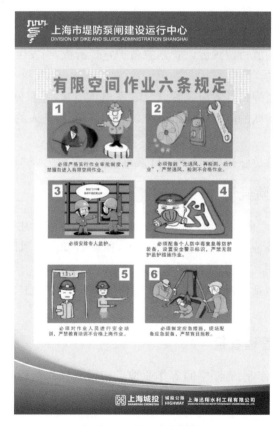

图 17.2　作业安全看板

17.7.6 建立泵闸维修养护重点岗位应急处置卡

根据国家安全生产监督管理总局令第 88 号《生产安全事故应急预案管理办法》第十九条的规定，生产经营单位应该编制“简明、实用、有效”的应急处置卡。泵闸工程运行维护现场带班人员、班组长和调度人员是最基本的“重点岗位、人员”，应根据“应急处置卡应当规定重点岗位、人员的应急处置程序和措施，以及相关联络人员和联系方式，便于从业人员携带”的要求，编制应急处置卡，明确要害部位、关键装置（设施）、重要作业控制环节的岗位人员，以及值班人员、带班干部，按照第一时间、第一现场、第一岗位处置的要求，通过明示和携带重点岗位应急处置卡，学习和掌握要领，以便进行突发故障或事故的应急处置。

泵闸工程运行维护重点岗位应急处置卡涉及的重点岗位包括泵闸运行岗位、泵闸日常养护岗位、泵闸机械维修岗位、电工岗位、电焊工岗位、起重工岗位、仓库保管员岗位、门卫岗位、保洁岗位等。

重点岗位应急处置卡内容应简明、准确，主要包括涉及的事件名称、处置措施。如图 17.3 所示。

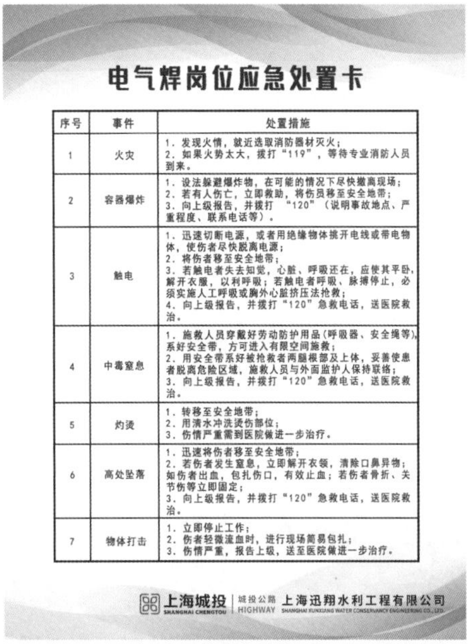

电气焊岗位应急处置卡

序号	事件	处置措施
1	火灾	1．发现火情，就近选取消防器材灭火； 2．如果火势太大，拨打“119”，等待专业消防人员到来。
2	容器爆炸	1．设法躲避爆炸物，在可能的情况下尽快撤离现场； 2．若有人伤亡，立即救助，将伤员移至安全地带； 3．向上级报告，并拨打 “120”（说明事故地点、严重程度、联系电话等）。
3	触电	1．迅速切断电源，或者用绝缘物体挑开电线或带电物体，使伤者尽快脱离电源； 2．将伤者移至安全地带； 3．若触电者失去知觉，心脏、呼吸还在，应使其平卧，解开衣服，以利呼吸；若触电者呼吸、脉搏停止，必须实施人工呼吸或胸外心脏挤压法抢救； 4．向上级报告，并拨打“120”急救电话，送医院救治。
4	中毒窒息	1．施救人员穿戴好劳动防护用品(呼吸器、安全绳等)，系好安全带，方可进入有限空间施救； 2．用安全带系好被抢救者两腿根部及上体，妥善使患者脱离危险区域，施救人员与外面监护人保持联络； 3．向上级报告，并拨打“120”急救电话，送医院救治。
5	灼烫	1．转移至安全地带； 2．用清水冲洗烫伤部位； 3．伤情严重需到医院做进一步治疗。
6	高处坠落	1．迅速将伤者移至安全地带； 2．若伤者发生窒息，立即解开衣领，清除口鼻异物；如伤者出血，包扎伤口，有效止血；若伤者骨折、关节伤等立即固定； 3．向上级报告，并拨打“120”急救电话，送医院救治。
7	物体打击	1．立即停止工作； 2．伤者轻微流血时，进行现场简易包扎； 3．伤情严重，报告上级，送至医院做进一步治疗。

上海城投 SHANGHAI CHENGTOU | 城投公路 HIGHWAY 上海迅翔水利工程有限公司 SHANGHAI XUNXIANG WATER CONSERVANCY ENGINEERING CO., LTD.

图 17.3 维修养护岗位应急处置卡

17.7.7 作业安全措施目视化

泵闸作业安全措施目视化，是指通过划定安全警戒线、设置区域标牌、施工机械管理标牌、材料标牌、安全操作规程牌等多种方式，提示人员的活动范围、作业注意事项等。例如，用标示安全警戒线将控制屏与监控区域进行划分，防止误碰设备；在主控室、配电室、蓄电池室及电缆室等门口安装防鼠挡板，并进行标示，防止人员在进入室内时由于视觉疏忽而绊倒。

泵闸作业安全措施目视化，应强调泵闸运行维护中的“两票三制”目视化。“两票三制”目视化包括两部分，一是制度本身的目视化，二是“两票”执行的目视化。前者通过流程图加文字的形式在管理看板上体现“两票三制”的要点，明示业务流程，提高员工对关键规章制度的熟悉程度。“两票”执行的目视化，是在管理看板上动态标示出“两票”的执行数量、操作次数、合格率及“两票”审查分析结果，强化对“两票”执行过程的关注度，确保“两票三制”的执行效果。

以作业申请流程图为例，项目部对泵闸工程维修养护及专项工程施工中的动火区域、登高区域、有限空间区域，应在作业区域入口处张贴作业申请流程图。如图 17.4 所示。

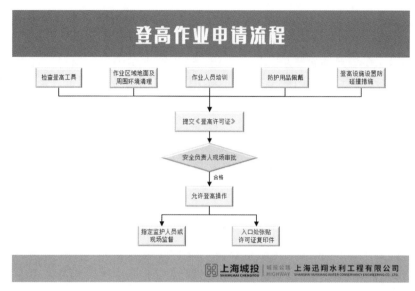

图 17.4 作业申请流程图

17.8 维修养护中的危险源辨识与风险控制、隐患排查与治理

17.8.1 泵闸维修养护中的危险源辨识与风险控制方法及其可视化

（1）根据水利部《水利工程管理单位安全生产标准化评审标准》《水利工程运行管理监督检查办法（试行）》《水利水电工程施工危险源辨识及评价导则（试行）》《水利水电工程（水库、水闸）运行危险源辨识与风险评价导则（试行）》《水利水电工程（水电站、泵站）运行危险源辨识与风险评价导则（试行）》等要求，迅翔公司应对泵闸工程进行危险源辨识，通过建立危险源登记管理卡，使管理和作业人员熟悉泵闸工程危险源，便于安全风险控制。

（2）泵闸工程危险源的辨识和风险评价要求。危险源辨识方法主要有直接判定法、安全检查表法、预先危险性分析法、因果分析法等。危险源辨识应优先采用直接判定法，通过采用科学、有效及相适应的方法进行辨识，对其进行分类和分级，汇总制定危险源清单，并确定危险源名称、类别、级别、事故诱因、可能导致的事故等内容，必要时可进行集体讨论或专家技术论证。用直接判定法无法辨识的，应采用其他方法进行判定。

（3）风险评价是对危险源的各种危险因素、发生事故的可能性及损失与伤害程度等进行调查、分析、论证等，以判断危险源风险等级的过程。危险源的风险等级评价可采取直接评定法、安全检查表法、作业条件危险性评价法（LEC）、风险矩阵法（LS法）等方法。

（4）安全风险等级从高到低划分为重大风险、较大风险、一般风险和低风险，分别用红、橙、黄、蓝4种颜色标示。

（5）泵闸工程运行养护单位应当将全部作业单元网格化，将各网格风险等级在泵闸工程内部及管理区用平面分布图中运用颜色标示，形成安全风险四色分布图。四色安全风险空间分布图白底黑字，风险颜色分别根据评估等级着色。各网格风险等级按网格内各项危险有害因素的最高等级确定。

（6）危险源登记管理卡内容包括安全风险名称、风险等级、所在工程部位、事故后果、主要管控措施、主要应急措施、责任人等。四色安全风险空间分布图应包括编号、风险源名称、风险因素、风险等级、风险颜色、预防建议、责任人等。危险源登记管理卡参考规格为 400 mm×300 mm，材料采用 KT 板、PVC 板或亚克力板。危险源登记管理卡标牌安装在危险源附近的墙壁或设备罩壳上，四色安全风险空间分布图张贴于相应区域的墙面上。危险源登记管理卡如图 17.5 所示。

图 17.5　危险源登记管理卡示意图

（7）设置危险源风险告知及防范措施牌，明确告知设施设备危险源风险、作业风险及防范措施，起到警示、提醒作用。泵闸工程风险告知及防范措施牌主要设置在高低压开关设备、电气设备和旋转机械以及相关高处、水下、临时用电、电焊等检修作业场所。危险源风险告知及防范措施牌内容包含名称、地点、责任人员、控制措施和安全标志等，参考规格为 1 100 mm×900 mm，材料常用 KT 板、PVC 板、亚克力板等，如图 17.6 所示。

图 17.6　水泵检修口危险源风险告知及防范措施牌

17.8.2 维修养护中的安全检查和隐患排查与治理

（1）迅翔公司及现场项目部应严格执行安全检查和事故隐患排查治理制度,查思想、查制度、查管理、查隐患。其中,每月至少组织1次事故隐患排查工作,对排查出的事故隐患,按隐患等级分类进行登记。

（2）迅翔公司及现场项目部应采用检查表的形式开展安全检查活动,检查表应包括检查项目、检查内容、检查结果、检查人员和检查日期等内容。

（3）项目部对上级检查指出或自我检查发现的事故隐患,应严格落实防范和整改措施,立即组织整改,并对整改结果予以验证。对于不能立即排除的事故隐患,迅翔公司及现场项目部应组织制订、实施事故隐患治理方案,并报管理所备案。隐患治理方案包括以下内容:

① 治理的目标和任务;
② 采取的方法和措施;
③ 经费和物资的落实;
④ 负责治理的管理和作业人员;
⑤ 治理的时限和要求;
⑥ 安全措施和应急预案。

（4）现场项目部应对隐患排查和治理情况进行统计分析,定期上报上级主管部门及管理所。

17.8.3 泵闸维修养护中的危险源辨识与风险控制措施

泵闸维修养护中的危险源辨识与风险控制措施,见表17.8。

表 17.8　泵闸维修养护中的危险源辨识与风险控制措施

序号	风险点（危险源）	可能导致的事故	拟采取控制措施
一 项目管理和一般要求			
1	无施工组织设计（检修方案）	各类事故	严格执行维修养护规章制度,维修项目应有施工组织设计(检修方案),应落实安全技术措施,施工组织设计(检修方案)编写要求参见本书第16章
2	维修养护施工队伍和人员不具备相应资质	各类事故	严格执行维修养护规章制度,施工队伍和人员应具备相应资质。项目部相关作业人员应持证上岗,委托外单位施工,应对其单位和个人相关资质进行查验,同时与从事各类施工作业的队伍书面明确安全生产责任
3	未经许可随意拆改安全防护设施和设备	高处坠落等伤害	严格执行维修养护规章制度,未经许可不得随意拆改安全防护设施和设备
4	维修养护材料未按指定地点堆放	各类事故	严格执行维修养护规章制度,维修养护材料应按施工方案要求,合理定置,指定地点堆放

序号	风险点(危险源)	可能导致的事故	拟采取控制措施
5	未按规定标准和频次进行维修养护	各类事故	严格执行相关维修养护规程和作业指导书规定的内容、标准、频次和工艺要求,其维修养护项目验收应达到规定的质量评定标准
6	未按规定对从事各类施工作业的人员进行安全技术交底	各类事故	作业前,项目部对作业班组、作业班组对作业人员应分别进行安全技术交底,各类操作人员应被告知其作业危险源、防范措施及事故紧急处理措施
7	靠在机器设备的栏杆、防护罩上休息	人身伤害	严格执行维修养护规章制度,加强安全教育;搭设的临时栏杆等防护设施在投入使用前应经过验收;增设相关警示标志
8	擅自将自己的工作交给别人,随意操作别人的机械设备	设备损坏、人身伤害	严格执行维修养护规章制度,作业人员不得擅自将自己的工作交给别人,不得随意操作由别人负责操作的机械设备
9	消除设备缺陷后,未及时进行设备试运转	设备损坏、人身伤害	严格执行维修养护规章制度,消除设备缺陷后,项目部应及时进行设备试运转,消缺后方可使用该设备
10	投入运行的电气设备、仪表、起重设备等未按规定进行检测、等级评定,或未按规定对设施设备进行功能性测试	安全或者质量事故	投入运行的电气设备、仪表、起重设备等应按规定进行检测、等级评定,同时按规定对设施设备、软硬件系统进行功能性测试或调试。其检测、等级评定的项目、范围、内容、频次、形成的报告均应符合相关作业指导书要求,经专业部门检测认定合格的标签应粘贴在相关设备或仪表上;经上级主管部门认定的评定等级,应标示在设备检修揭示图和设备责任卡中;对评定等级认定为三类设备的,应落实整改措施
二 现场临时用电管理			
1	现场临时用电缺乏相应的专业电工,或电气设备有问题未请专业电工维修	触电	施工现场应有相应的专业电工,电气设备有问题应请专业电工维修;安装或拆除临时用电线路的作业人员,必须持有效的电工操作证并有专人监护方可施工;搬迁或移动用电设备应切断电源,并由电工妥善处理
2	临时用电管理不规范	触电或火灾	加强安全教育、加强监管,严格执行临时用电相关规定,包括保护接零和工作接零不得混接,开关箱应配置漏电保护器;停电时应挂警示牌;现场不得乱拉乱接
3	施工现场一闸多机	触电	施工现场用电设备应做到"一机、一闸、一漏电保护、一箱"
三 危险化学品管理			
1	作业人员携带打火机、吸烟、乱丢烟头	火灾	养护时,禁止作业人员携带打火机等火种;油漆等作业场所禁止吸烟;作业现场不得有明火

序号	风险点(危险源)	可能导致的事故	拟 采 取 控 制 措 施
2	作业未采取防护措施	人身伤害	作业人员应按规定佩戴好防护服、防护镜、口罩和手套等防护用品
3	工作场所通风条件差,无备用消防设施	火灾、中毒	油漆、沥青、环氧、化学灌浆等工作场所应改善通风条件,完善消防设施
4	危险化学品使用未执行相应安全操作规程	火灾、人身伤害等	加强监督检查,危险化学品使用应按相应安全操作规程和产品使用说明进行,易燃品使用过程中应防止移动或剧烈振动,剩余物及时退还给商家或代储点
四	交通安全管理		
1	车辆带病运行	交通事故	严禁车辆带病运行
2	超载、超宽、超高运输未办理手续	交通事故	严格执行交通运输规章制度,超载、超宽、超高运输应办理审批手续;装载物封固应牢靠
3	人货混装	人身伤害	严格执行交通运输规章制度,严禁人货混装
4	不遵守交通规则	人身和车辆伤害	加强教育,遵守交通规则
五	消防管理		
1	占用疏散通道或消防通道	火灾和爆炸	严格执行相关规章制度,加强检查监督,疏散通道或消防通道不得被占用;不得在安全出口或者疏散通道上安装栅栏等影响疏散的障碍物
2	在生产工作期间将安全出口上锁、遮挡	火灾和爆炸	加强检查监督,不得在生产工作期间将安全出口上锁、遮挡
3	违章使用明火作业	火灾和爆炸	加强检查监督,不得违章使用明火作业或者在具有火灾、爆炸危险的场所吸烟、使用明火
4	灭火器失效、消火栓挪为他用	火灾和爆炸	加强安全教育和检查,确保灭火器有效、消火栓不被挪为他用
六	高处作业		
1	酒后进行登高作业	坠落、人身伤害	加强教育,加强监管,酒后不得登高作业
2	不扎安全带、不戴安全帽	坠落、砸伤、人身伤害	加强教育,加强监管,高空作业应扎安全带、戴安全帽
3	临边高处作业未设置防护措施	坠落、人身伤害	严格执行相关操作规程,临边高处作业应设置安全防护栏杆、安全网等防护措施;现场孔洞及高处边缘应设置盖板或栏杆;施工现场通道附近的各类洞口与坑槽作业除设置防护设施与安全标志外,还应设置红灯示警
4	恶劣天气作业	坠落、人身伤害	高处作业应避开六级大风以上等恶劣天气
5	梯子折断或倾倒	坠落、人身伤害	定期检查,更换不合格的梯子
七	起吊作业		

上海泵闸运行维护标准化作业指导书

序号	风险点（危险源）	可能导致的事故	拟采取控制措施
1	作业人员精力不集中	物体打击、设备损坏	严格执行相关起吊作业规定和安全措施，上下传递物品应采取防止跌落的措施；起吊作业人员应按规定系安全带；地面人员应戴安全帽，且不得违规停留在检修工作面下方；吊运的物件应合理捆绑，捆绑牢靠
2	千斤顶起重能力小于设备重量	人身伤害、财产损失	严格执行相关操作规程，千斤顶的起重能力不得小于设备的重量
3	电动葫芦不工作时将重物悬于空中	设备变形等	严格执行相关操作规程，电动葫芦应定期检查；不工作时，电动葫芦不得将重物悬于空中
4	千斤顶基础不稳固	人身伤害、财产损失	加强检查监督，使用千斤顶的基础应稳固

八　焊接作业

序号	风险点（危险源）	可能导致的事故	拟采取控制措施
1	电焊人员无证操作	人身伤害、财产损失	电焊人员应通过培训取得电焊操作证书，方可上岗
2	电焊作业场所不规范	爆炸、火灾	电焊作业场所应符合规范要求，作业场所的易燃易爆品应予以覆盖或者转移；电焊场所应保持通风顺畅；电焊机接地装置应可靠，定期测量对地绝缘值
3	电焊作业不规范	电弧灼伤、触电、火灾	电焊工作业时应佩戴防护眼镜、面罩、口罩等；电焊着火时，先切断焊机电源，再用二氧化碳、1211干粉等灭火，禁用泡沫灭火器；作业后，卸下减压器，拧上气瓶安全帽，将软管盘起捆好，挂在室内干燥处，检查场地无着火危险
4	压力表及安全阀未定期校验	安全事故	压力表及安全阀应定期检验

九　机电设备维修养护

序号	风险点（危险源）	可能导致的事故	拟采取控制措施
1	设备支架基础及焊口腐蚀，致使支架断裂或脱焊	人员坠落、设备损坏	应随检修进行检查，防止设备支架基础及焊口腐蚀，致使支架断裂或脱焊，遇到异常情况应停止作业并及时处理
2	误入带电间隔	高压触电、人员伤亡	作业人员应明确工作票所列内容和工作范围及现场安全措施，养成"一停、二看、三核对、四工作"的良好习惯，即来到工作现场，不要盲目接触设备，首先要看清停电范围和安全措施是否与工作票相符；核对设备运行编号是否与工作内容相符；在没有问题的前提下，开始进行工作。工作中，不得随意变更安全措施或随意移动现场的安全设施，不得随意扩大工作范围。围栏设置完成后，所有人员不得跨越

序号	风险点（危险源）	可能导致的事故	拟采取控制措施
3	带负载退出运行	弧光短路导致人身伤害、设备损坏	工作人员应在确认已断开负载后，按操作规程进行操作
4	联锁开关切换错误	其他断路器跳闸，影响运行	工作人员应认真负责，细心操作，按操作规程进行操作
5	与变压器高压侧安全距离不足	触电，人员伤亡	做好安全防护，与变压器高压侧安全距离应符合相关规定
6	狭小空间内作业未采取通风措施	热缩电缆头引起 CO 气体中毒致人身伤亡	在狭小空间内工作应注意通风，并严格执行有限空间作业的相关操作规程；进入电缆沟道、竖井内工作前应先排除积聚的可燃、有毒气体
7	二次回路接错线	人员触电伤害	拆（接）线时应实行 2 人检查制，1 人拆（接）线、1 人监护并做记录，恢复时根据记录认真核对
8	在带电柜上工作，没有明显的标志	人员触电伤害	在全部或部分带电柜上工作，应将检修设备与运行设备前后用明显的标示区分开来
9	不遵守安全、技术规定，盲目进行低压设备作业	人身伤害、设备事故、粉尘伤害	低压交流配电、照明系统（箱、柜、盘）检修应办理相关工作票。工作中，遵守安全、技术规定，不盲目作业；电气箱、柜、盘的起吊、搬运、安装过程中禁止违规施工；检修用汽油、柴油、酒精、轴承润滑剂时，应配备防护眼镜、戴口罩、手套，严格按规定要求操作、严禁明火，防止汽油、柴油、酒精、轴承润滑剂等误入眼睛、呼吸道和皮肤接触；电气设备进行清洁吹灰工作时，应戴口罩及防尘面具，环境通风顺畅；低压设备带电检修应遵守低压设备带电检修的若干规定
10	检修闸门时操作不当	人员伤亡、设备损坏	检修时，除留下闸门落所应的空隙外，门槽口的其余部分应用脚手板铺严，防止工作人员跌入门槽内；穿装机座螺丝、对轮螺丝或法兰螺丝时，应用螺丝刀或撬棍使螺孔对位，禁止用手直接探孔
11	设备开箱检查不当	人身伤害	设备开箱后应将箱板上的钉子拔出或打弯，并堆放到指定的地点
12	滚动或滑动物体不规范	人身伤害	在可能滚动或滑动的物体前方不得站人
13	设备分解清扫不当	机械伤害、人身伤害	设备分解清扫，装拆零件顺序应合理，拆下的零件放平垫稳，清扫现场时不得使用明火和吸烟
14	构件或设备吊装不当	人身伤害	构件或设备吊装到基础就位时，作业人员身体各部位不得探入其接合面，取放垫铁时，手指应放在垫铁的两侧；就位松动前，应垫实或支撑牢固

序号	风险点(危险源)	可能导致的事故	拟采取控制措施
15	设备组装连接螺栓操作不当	人身伤害	设备组装连接螺栓时,不得用手插螺栓孔,应用尖头穿杆找正,然后穿螺栓
16	密封构件或设备内部检查不规范	火灾	检查密封构件或设备内部时,应使用安全行灯或手电照明,不得使用明火照明
17	使用大锤不当	人身伤害	使用大锤时,不得戴手套作业,锤头甩落方向不得站人
18	用液压拉伸工具紧固组合螺栓操作不当	人身伤害	用液压拉伸工具紧固组合螺栓时,操作人员应站在安全位置,不得将头和手(脚)伸到拉伸器上(下)方;油压未降到零不得拆运拉伸器
19	进入危险部位检查作业不规范	人身伤害、触电	进入危险部位检查作业时,应有 2 人以上,并有足够照明并配备手电筒
20	金属结构设备上临时焊接构件未检查	机械伤害、人身伤害	金属结构设备上临时焊接的吊耳、脚踏板、爬梯、栏杆等构件应检查,确认牢固后方可使用
21	管子加热及弯曲作业不当	人身伤害	管子加热及弯曲作业,应戴手套、穿工作服或帆布围裙,看火者应戴色镜和脚罩
22	管道试压不当	人身伤害	试压前应检查管道连接紧固性和支架可靠性;升压时分级缓慢进行,稳压后进行检查,作业人员不得在堵板、法兰、焊口、丝扣处停留

十 建筑物维修养护及脚手架作业

序号	风险点(危险源)	可能导致的事故	拟采取控制措施
1	施工中不熟悉地下情况,挖断地下电缆	综合伤害	严格执行相关安全操作规程;施工前应调查地下障碍物或管线(电、水、煤、话、光缆)情况
2	多人抬运物料时动作不一致	人身伤害	多人抬运物料时,起、落、转、停的动作应一致
3	2 m 以上小面积混凝土施工无牢靠立足点	高处坠落	2 m 以上小面积混凝土施工应设牢靠立足点
4	混凝土工操作不当	人身伤害	严格执行相关安全操作规程,确保混凝土手工凿毛锤头柄安装牢固可靠;手工凿毛人员应戴防护眼镜;采用处理剂处理混凝土毛面时,作业人员应穿戴好工作服、口罩、乳胶手套和防护眼镜,并用低压水冲洗;风枪清理混凝土表面应 1 人握紧风枪、1 人辅助,风枪口不得正对人
5	在进行撬、拉、推等操作时姿势不当	人身伤害	在进行撬、拉、推等操作时,应采取正确的姿势;在脚手架上拆除模板时,应采取支托措施
6	拆除脚手架不规范	人身伤害	拆除脚手架,周围应围栏或警戒标志,并设专人看管,禁止入内;拆除应按顺序由上而下,一步一清,不准上下同时作业

序号	风险点(危险源)	可能导致的事故	拟采取控制措施
7	梯子安置不稳固	人身伤害	梯子安置稳固,不可使其动摇或倾斜过度。在水泥或光滑坚硬的地面上使用梯子时,须用绳索将梯子下端与固定物缚住
8	梯子使用不当	人身伤害	严禁人在梯子上时移动梯子;不得2人同时在梯子上施工
十一	安全设施、安全标志		
1	危险作业场所未设置警戒区	各类事故	危险作业场所必须按规定设置警戒区、安全隔离设施
2	泵闸维修养护工作未进行安全提示和警示	各类事故	统一制作各类安全作业标识和安全作业标志牌,根据不同场所在合适部位布设
3	职业病危害未警示	各类事故	产生严重职业病危害的作业岗位应设置警示标识,采取张贴职业危害告知书等措施
4	安全绳未定期抽检	各类事故	使用频繁的安全绳要经常做外观检查;使用2年后要做抽检
5	安全工器具老化	人员触电、烧伤	定期检测,绝缘手套绝缘等级降低、验电表绝缘降低、绝缘靴老化耐压低时应更换
6	安全带保管不当	各类事故	安全带应妥善保管,不得接触高温、明火、强酸、强碱或尖锐物体
十二	职业健康		
1	有毒、有害工作场所未设置报警装置,未配置现场急救用品	人身伤害	1. 严格执行职业健康和有限空间作业有关规定,有毒、有害工作场所应设置报警装置,配置现场急救用品; 2. 硫化氢中毒处理措施见17.4.7节
2	厨房用具未定期消毒	中毒	加强安全教育,加强监管,厨房用具必须定期消毒
3	食堂菜品变质	导致食物中毒	严格执行卫生管理制度,防止食堂菜品变质

17.9 安全生产台账

1. 安全生产台账主要内容

迅翔公司应建立和完善各类安全生产台账和档案,并按要求及时报送有关资料和信息。主要包括以下内容:

(1) 安全生产组织机构档案。

(2) 安全生产职责、责任制、承诺书、管理制度、操作规程以及应急预案等档案。

(3) 安全生产计划、总结档案。

(4) 设备设施(含安全设施、安全标志)检查(监测)、维护、保养档案。

(5) 安全工作会议(活动)档案。

（6）安全费用管理档案。

（7）安全生产教育和培训档案。

（8）事故隐患排查与治理档案。

（9）安全检查档案。

（10）危险源管理档案。

（11）应急管理档案。

（12）安全生产事故档案。

（13）其他安全管理档案，包括特种作业人员持证上岗、安全生产大事记等。

2. 泵闸运行维护安全表单（摘录）

泵闸运行维护安全表单（摘录），见表17.9～表17.12。

表17.9 安全技术交底记录

项目名称		依据文件	
编制部门		交底日期	
交底主题			
交底内容			
交底人：		接受人：	

表17.10 安全生产会议（活动）记录

会议（活动）主题			
会议（活动）时间		会议（活动）地点	
参加人员			
主 持 人		记 录 人	
会议或活动内容			
图　片	（图片位置）		（图片位置）

表 17.11 防汛防台、应急预案演练记录

演练内容			
演练时间		演练地点	
负 责 人		记 录 人	
参加人员			
演练 方案			
演练 总结			
效果 图片			

表 17.12 事故隐患排查治理情况表　　　　　　　　　____年___月

序号	隐患名称	检查日期	隐患评估	整改措施	计划完成日期	实际完成日期	整改负责人	复核人	未完成整改原因	采取的监控措施

第 18 章

泵闸运行维护技术档案管理作业指导书

18.1 范围

泵闸运行维护技术档案管理作业指导书适用于淀东泵闸运行维护技术档案管理,其他泵闸工程运行维护技术档案管理可参照执行。

18.2 规范性引用文件

下列文件适用于泵闸运行维护技术档案管理作业指导书:
《泵站技术管理规程》(GB/T 30948—2021);
《建设工程文件归档规范》(GB/T 50328—2020 局部修订);
《科学技术档案案卷构成的一般要求》(GB/T 11822—2008);
《电子文件归档与电子档案管理规范》(GB/T 18894—2016);
《照片档案管理规范》(GB/T 11821—2002);
《归档文件整理规则》(DA/T 22—2015);
《水闸技术管理规程》(SL 75—2014);
《技术制图复制图的折叠方法》(GB/T 10609.3—2009);
《CAD 电子文件光盘存储、归档与档案管理要求(系列)》(GB/T 17678.1—1999);
《上海市水闸维修养护技术规程》(SSH/Z 10013—2017);
《上海市水利泵站维修养护技术规程》(SSH/Z 10012—2017);
《水利档案工作规定》(水办〔2020〕195 号);
淀东泵闸技术管理细则。

18.3 泵闸运行维护技术档案管理事项

(1) 泵闸工程运行维护技术档案是指经过鉴定、整理、归档后的工程技术文件,产生于整个水利工程建设及建成后的管理运行的全过程。包括工程建设、管理运用全过程所形成的应归档的文字、图纸、图表、声像材料等以纸质、胶片、磁介、光介等不同形式与载体的各种历史记录。是工程管理的重要依据之一。

（2）泵闸工程运行维护技术档案的收集、整理、归档应与工程建设和管理同步进行。运行养护项目部应明确专人负责档案的收集、整理、归档工作,以确保档案的完整、准确、系统、真实、安全。

（3）泵闸工程运行维护技术档案的管理应符合国家档案管理的规范要求,并按规范要求进行档案的整理、排序、装订、编目、编号、归档,确定保管期限。按档案管理制度规定进行档案的借阅管理和鉴定销毁工作。

（4）泵闸工程运行维护技术档案管理事项清单参见附录 A。

18.4　资源配置

迅翔公司应设立专门的档案（资料）室,由专人负责管理档案,应按档案保存要求采取防霉、防虫、防小动物、防火、避光措施;并按规定每年组织泵闸运行维护技术档案验收和移交。

18.4.1　档案分工

1. 运行养护项目部分管理档案（资料）工作的技术负责人职责

（1）组织宣传、贯彻、执行《中华人民共和国档案法》和上级关于档案工作的各项方针政策的活动。

（2）配备具有较好政治业务素质的专（兼）职档案人员,并保持相对稳定。

（3）将档案（资料）工作纳入本项目部的议事日程,帮助专（兼）职档案人员解决工作中的实际困难。

（4）组织本项目部人员学习档案法规,执行档案（资料）管理规章制度。

（5）督促有关人员注意平时各类文件材料的形成积累,积极配合专（兼）职档案（资料）管理人员做好资料归档工作 。

（6）协同迅翔公司职能部门监督、检查本项目部文件材料预立卷、整理组卷、归档验收及档案（资料）鉴定工作。

（7）负责检查本项目部专（兼）职档案（资料）人员履行档案（资料）岗位职责情况。

2. 项目部专（兼）职档案管理人员职责

（1）熟悉所藏档案资料的情况,主动了解本项目部各项工作对档案资料的需要,积极做好提供利用工作。

（2）努力钻研档案管理和科技专业知识,提高档案管理水平,更好地为泵闸管理服务。

（3）编制必要的档案检索工具和参考资料,注意收集、宣传利用技术档案（资料）的效果。

（4）负责收集、整理、保管和统计本项目部的技术档案;整理需要归档的技术文件材料和确定保管期限。

（5）充分利用现代化网络资源,为迅翔公司逐步实现技术资料的信息化管理做好基础工作。

（6）编制必要的档案检索工具和参考资料，收集宣传利用技术档案资料的效果。

（7）协助其他技术人员搞好汛前、汛后的检查观测及资料整编、归档工作；对所有报告、报表及运行、养护、检修等资料进行搜集整理，并登记入册。

（8）负责设备台账的录入、整理和管理工作。

（9）做好资料借阅的登记工作，借阅资料归还时做好详细的检查工作。

（10）服从工作安排，完成项目部领导分配的其他工作。

18.4.2　项目部档案（资料）室设置

（1）项目部档案（资料）室应建立健全档案管理制度，档案管理制度、档案分类方案应上墙明示。

（2）项目部档案（资料）库房，应配备专用电脑、温湿度计，安装空调设备，控制室内温度在 14 ℃～24 ℃为宜，日温度变化不超过±2 ℃、相对湿度控制在 45%～60%。室内温湿度宜定时测记，一般每日 2 次，并根据温湿度变化进行控制调节。

（3）项目部档案柜架应与墙壁保持一定距离，一般柜背与墙之间不小于 10 cm，柜侧间距不小于 60 cm；成行地垂直于有窗的墙面摆设，便于通风降湿。

（4）档案（资料）库房不宜采用自然光源，有外窗时应有窗帘等遮阳措施。档案（资料）库房人工照明光源应选用白炽灯或白炽灯型节能灯，并罩以乳白色灯罩。

（5）档案（资料）库房应配备适合档案用的消防器材，档案管理人员应定期检查电器线路，严禁设置明火装置、使用电炉及存放易燃易爆物品。

18.5　泵闸工程技术档案收集

泵闸工程技术文件分为工程建设技术文件和工程运行维护技术文件（包括运行管理、观测检查、维修养护等）。

18.5.1　技术档案收集要求

（1）工程建设技术文件，是指工程建设项目在立项审批、招投标、勘察、设计、施工、监理及竣工验收全过程中形成的文字、图表、声像等以纸质、胶片、磁介、光介等载体形式存在的全部文件。按水利工程建设项目档案管理相关要求，进行收集整理。建设单位应在工程竣工验收后 3 个月内，向泵闸工程管理单位移交整个工程建设过程中形成的技术文件。

（2）工程运行维护技术文件，是指工程建成后的工程运行、维修养护、工程管理全过程中形成的全部文件。运行养护项目部收集的运行维护技术文件应包括：政策、标准、规定及管理办法；上级批示和有关的协议；工程基本数据、工程运行统计、工程大事记等基本情况资料；设备随机资料、设备登记卡、设备评级卡等设备基本资料；设备大修、设备维修养护、设备试验卡等设备维护资料；工程运行资料；工程维修养护资料；工程检查资料；工程观测资料；防汛防台、水行政管理、安全生产、科技创新、教育培训、项目部内部管理等资料。

18.5.2　泵闸运行维护技术档案收集内容

泵闸运行维护技术文件按要求与工程检查、运行、维修养护等同步收集。收集内容主要如下：

（1）有关泵闸管理的政策、标准、规定及管理办法、上级批示和有关的协议等。

（2）工程基本情况登记资料。根据规划设计文件、工程实际情况、运行管理情况及大修加固情况编制。包括泵闸工程平面、立面、剖面示意图，泵闸基本情况登记表，垂直位移标点布置图，测压管布置图，伸缩缝测点位置结构图，上下游引河断面位置图及标准断面图等。

（3）设备基本资料。其中设备登记卡、设备评级资料应按要求填写。

（4）工程运用资料。包括调度指令、运行记录、操作记录、操作票、巡视检查记录、工程运行时间统计等。

（5）检查观测评级资料。分检查、观测、评级 3 部分。检查资料包括工程定期检查（汛前、汛后检查）、水下检查、特别检查、安全检测资料；观测资料包括垂直位移观测、水平位移规程、扬压力观测、伸缩缝观测、裂缝观测等资料。检查应有原始记录（内容包括检查项目、检测数据等），检查报告要求完整、详细、能明确反映工程状况；观测原始记录要求真实、完整、无不符合要求的涂改，观测报表及整编资料应正确，并对观测结果进行分析。评级应按规定频次和要求进行，并报管理所审批，资料随检查资料归档。

（6）工程维修养护资料。

① 日常养护资料。

② 工程及设备修试资料。应包括检修原因、检修部位、检修内容、更换零部件情况、检修结论、试验项目、试验数据、试运行情况、存在问题等。

③ 大修资料。应包括实施计划，开工报告，解体记录及原始数据检测记录，大修记录，安装记录及安装数据，大修使用的人工、材料、机械记录，大修验收卡，大修总结。

（7）安全生产资料。包括安全生产管理规范性文件、安全管理协议、安全生产组织机构、安全生产职责、责任制、规章制度、承诺书、预案、特种作业人员持证上岗情况、安全设施（含安全警示标志）情况、安全生产年度和月度工作计划及总结、安全检查、安全教育等活动记录、安全监测、安全生产大事记、危险源及隐患排查治理资料等。

（8）其他资料按相关要求进行编制。

（9）所有填写用黑色水笔，内容要求真实、清晰、规范、及时、闭合，不得涂改原始数据，不得漏填，签名栏内应有相关人员的本人签字。

（10）项目部可将工程管理技术文件对应的影像资料一并整理存档。

18.6　泵闸运行维护技术档案整理归档

泵闸运行维护技术文件整理应按项目整理，要求材料完整、准确、系统，字迹清楚、图面整洁、签字手续完备，图片、照片等应附相关情况说明。

18.6.1　泵闸运行维护技术文件组卷要求

（1）组卷应遵循项目文件的形成规律和成套性特点，保持卷内文件的有机联系；分类科学，组卷合理。

（2）工程建设项目资料参照水利工程建设项目档案管理相关要求组卷。

（3）工程运行维护资料按类别、年份、项目分别组卷，卷内文件按时间、重要性、工程部位、设施、设备排列。一般文字在前，图样在后；译文在前，原文在后；正件在前，附件在后；印件在前，定稿在后。

（4）案卷及卷内文件不重份，同一卷内有不同保管期限的文件，该卷保管期限按最长的确定。

18.6.2　案卷编目

（1）案卷页号。有书写内容的页面均应编写页号；单面书写的文件页号编写在右上角；双面书写的文件，正面编写在右上角，背面编写在左上角；图纸的页号编写在右上角或标题栏外左上方；成套图纸或印刷成册的文件，不必重新编写页号；各卷之间不连续编页号。卷内目录、卷内备考表不编写目录。

（2）卷内目录。主要由序号、文件编号、责任者、文件材料题名、日期、页号和备注等组成。

（3）卷内备考表。主要是对案卷的备注说明，用于注明卷内文件和立卷状况，其中包括卷内文件的件数、页数，不同载体文件的数量。组卷情况，如立卷人，检查人，立卷时间等；反映同一内容而形式不同且另行保管的文件档号的互见号。卷内备考表排列在卷内文件之后。

（4）案卷封面。主要内容有案卷题名、立卷单位、起止日期、保管期限、密级、档案号等；案卷脊背，填写保管期限、档案号和案卷题名或关键词；保管期限可采用统一要求的色标，红色代表永久，黄色代表长期，绿色代表短期。

需移送上级部门或管理所的档案，案卷封面及脊背的档案号暂用铅笔填写；移交后由接收单位统一正式填写。

18.6.3　案卷装订要求

（1）文字材料可采用整卷装订与单份文件装订两种形式，图纸可不装订。但同一项目所采用的装订形式应一致。文字材料卷幅面应采用 A4 型（297 mm×210 mm）纸，图纸的折叠应按《技术制图复制图的折叠方法》（GB/T 10609.3—2009）执行，应折叠成 A4 大小，折叠时标题栏露在右下角。原件不符合文件存档质量要求的可进行复印，装订时复印件在前，原件在后。

（2）案卷内不应有金属物。应采用棉线装订，不得使用铁质订书钉装订。装订前应去除原文件中的铁质订书钉。

（3）单份文件装订、图纸不装订时，应在卷内文件首页、每张图纸上方加盖、填写档号章。档号章内容包括档号、序号。

（4）卷皮、卷内表格规格及制成材料应符合规范规定。

18.6.4 档案目录及检索

档案整理装订后，应按要求编制案卷目录、全引目录。案卷目录内容有案卷号、案卷题名、起止日期、卷内文件张数、保管期限等。全引目录内容有案卷号、目录号、保管期限、案卷题名及卷内目录的内容。

18.6.5 归档要求

（1）每年年底至第 2 年 1 月，项目部需将当年的工程技术资料档案进行整理、装订、归档。

（2）每年年底，项目部对一年的运行情况进行统计填表，其工程运行资料由项目部、管理所分别存档。

（3）工程大事记按要求每年年底进行汇总整编。

（4）工程观测资料按要求每年年底进行整编，整编后应及时将观测资料、成果归档。

（5）工程检查资料按要求在汛前、汛后检查之后及时整理装订。

（6）工程维修养护资料在每个项目工程竣工验收后，进行整理，装订存档。

（7）专项维修档案由负责专项维修的负责人进行审查。审查内容主要包括档案应完整，无缺项、漏项；内容正确；签字、盖章手续完备；档案编目应齐全等。

（8）纸质归档文件应为原件，应用不褪色的黑色或蓝黑色墨水书写、绘制，采用优质纸张，激光打印。各种检查、观测、试验等原始记录要求填写数据真实、完整，无不符合要求的涂改。

（9）照片文件目前一般采用数码照片，应刻录在耐久性好的光盘或者移动硬盘中。照片文件采用相纸打印，要有照片文字说明，简明、准确地反映照片形成的事由、时间、地点、人物、背景和摄影者六要素。照片文件质量应满足《照片档案管理规范》（GB/T 11821—2002）的要求。

（10）录像文件要求图像清晰，解说正确。录音、录像文件应有简要说明，包括时间、时长、录制人、审核人等。

18.6.6 泵闸运行养护项目部定期信息报送基本要求

运行养护项目部应定期向管理所和上级报送信息。

（1）管理月报。每月 25 日前，向管理所和上级提交当月管理月报，主要内容为管理事务概述；大事记；工程运行情况及相关资料；本月主要管理工作，包括资源投入、重要管理活动、劳动力动态、投入的设备、项目管理和存在的问题；安全生产；工程声像资料；需要提请管理所和上级注意的事项；其他有关事项。

（2）汛前、汛后工程检查报告。每年的 5 月 20 日、10 月 31 日前，完成并向管理所提交所管工程定期检查报告。检查报告主要内容包括工程概要；工程运用概要；检查情况综述；检查发现的主要问题及处理意见；度汛措施（防汛抢险组织落实情况、度汛物资准备情况、防汛维修工程完成情况等）。

（3）年度管理工作总结。每年的 12 月 15 日前完成并提交管理所。内容包括工程运行管理情况综述；履行合同情况；工程运行管理；工程存在问题；建议和意见。

（4）不定期的管理工作报告。包括关于降低运行费用、提高工程效益的建议；关于工程运行管理工作的总结；工程维修、设备大修总结。

（5）其他日常重要管理文件。包括工程大事记；运行管理协调会议纪要文件；重要通知、指令等；运行管理记录、设备操作记录；工程观测资料；工程检查相关报表；工程维修养护相关报表；其他重要管理业务往来文件；相关请示、报告。

18.6.7 泵闸运行维护技术资料存档制度

（1）凡专项维修工程的资料，在工程结束后 1 个月内，相关人员应整理成册，交管理所存档 1 份，迅翔公司存档 1 份，自存 1 份。

（2）凡大修项目，在工程完工后，相关人员应将施工时间、批准经费、完成经费、大宗材料、完成工程量等填写在"大修报告书"中，交管理所 1 份，自存 1 份。

（3）每年工程观测整编资料交管理所 1 份，迅翔公司资料室 1 份，自存 1 份。

（4）设备技术资料为设备的随机资料，检修资料、试验资料、设备检修记录等应在工作结束后由技术人员认真整理，编写总结，及时归档。运行值班记录、交接班记录等应在下月月初整理，装订成册。年底，项目部应将本年度所有的试验记录、运行记录、检修记录等装订成册，保证资料的完整性、正确性、规范性。

18.7 档案验收、移交与保管

18.7.1 档案验收

（1）水利专项工程档案的验收，在工程竣工验收之前按水利工程建设项目档案管理相关要求执行。

（2）泵闸工程基本资料、设备基本资料，在工程兴建、加固、改造等通过工程竣工验收前，由管理所进行整理，并填写相应的表格。

（3）泵闸工程检查、日常养护资料验收，由项目部负责人（或技术负责人）进行审查，保证资料达到验收要求，每年年底由迅翔公司有关部门或管理所参加验收。

（4）泵闸工程维修资料，在每个项目工程完工时，由项目部进行整理装订。工程竣工（完工）验收后，项目部应及时将工程资料归档。每年年底，由迅翔公司业务部门或管理所参加对当年所有工程维修资料及存档情况进行全面验收。

（5）泵闸工程运用资料，每月由项目部负责人（或技术负责人）进行审查，年底由迅翔公司业务部门或管理所进行验收。

（6）泵闸工程观测资料，每年年底由观测人员进行资料整编，整编后及时存档，由迅翔公司业务部门进行验收。

（7）防汛防台、安全生产、科技教育及其他资料，应及时存档，每年年底由相关业务部门进行验收。

18.7.2 档案移交

泵闸运行维护技术档案在年终资料整编后向管理所移交,管理所根据其编目要求进行整理、装订、存档。

档案交接时,交接单位应填写好档案交接文据。填写方法如下。

(1) 单位及工程名称应填写全称或规范化通用简称,禁用曾用名称。

(2) 交接性质栏应填写为"移交"。

(3) 档案所属年度栏应由档案移出单位据实填入所交各类档案形成的最早和最晚时间。

(4) 档案类别栏按档案的不同门类、不同载体及档案与资料区分类别,一类一款顺序填入。

(5) 档案数量一般应以卷为计量单位,声像档案可用张、盘为计量单位。

(6) 检索及参考工具种类栏应填入按规定随档案一同移交的有关材料,并随档案移交案卷卷内目录和卷内目录的电子文档、资料目录、档案资料清单。

(7) 移出说明由移出单位填写,填写内容包括档案有无损坏、虫蛀鼠咬、纸张变质、字迹模糊等情况,档案被利用时需限制使用和禁止使用的范围、内容,以及其他需要说明的事项。

(8) 接收意见栏应由收进单位填写,应填入交接过程及验收意见,主要包括交接过程中有无需要记录的事项、移出方填写的各栏是否属实、对所接档案作出的评价。

(9) 移出单位、接收单位应由单位负责人签名,经办人应由对档案交接负有直接责任的人员签名,移出和收进日期应当相同。

(10) 表格填写完毕后,应加盖单位印章。

18.7.3 档案保管

(1) 技术资料应分类、装订成册,按规定编号,存放在专用的资料柜内;资料柜应置于通风干燥处,并做好防潮、防腐蚀、防霉、防虫和防污染工作,同时应有防火、防盗等设施。

(2) 工程基本资料永久保存,规程规范可保存现行的,其他资料应长期保存。

(3) 技术档案应专人管理,人员变动时应按目录移交资料,并在清单上签字,同时得到单位领导认可,不得随意带走或散失。

(4) 档案保管要求防霉、防蛀,定期进行虫霉检查,发现虫霉及时处理。档案柜中应放置档案用除虫驱虫药剂(樟脑),并定期检查药剂(樟脑)消耗情况,发现药剂消耗殆尽应及时更换,以保持驱虫效果。

(5) 档案室应建立健全档案借阅制度,设置专门的借阅登记簿。一般工程档案不对外借阅,迅翔公司工作人员借阅时应履行借阅手续。借阅时间一般不应超过 10 天,若需逾期借阅的,应办理续借手续。档案管理者有责任督促借阅者及时归还借阅的档案资料。

(6) 档案室不应放置其他与档案无关的杂物。档案室及库房钥匙应由档案管理员保管,其他人员未经许可不得进入档案库房。需借阅档案资料时,应由档案管理员查找档案资料,借阅者不得自行查找档案资料。

（7）已过保管期的资料档案，应经过迅翔公司业务部门领导、有关技术人员和项目部领导、档案管理员共同审查鉴定，确认可销毁的，造册签字，指定专人销毁。

（8）已过保管期的档案应当鉴定是否需要继续保存。若需保存应当重新确定保管期限；若不需保存可列为待销毁档案。

（9）保管期限低于5年的工程档案资料，项目部可自行销毁，销毁前应填写档案销毁清单，上报迅翔公司业务部门待批准后方可销毁。其他过期待销毁的工程技术档案应移交迅翔公司职能部门进行档案鉴定，确认需销毁的档案应填写档案销毁清册，交由领导和档案内容相关专业的专家组成的档案销毁专家鉴定组进行鉴定后集中销毁。

18.8　电子文件归档与管理

18.8.1　基本要求

（1）运行养护项目部应加强泵闸运行维护电子文件的归档与管理，按《电子文件归档与电子档案管理规范》(GB/T 18894—2016)、《CAD电子文件光盘存储、归档与档案管理要求　第一部分：电子文件归档与档案管理》(GB/T 17678.1—1999)的要求执行。

（2）电子文件自形成时应有严格的管理制度和技术措施，确保其真实性、完整性和有效性。

（3）应对电子文件的形成、收集、积累、鉴定、归档等实行全过程管理，保证管理工作的连续性。

（4）应明确规定电子文件归档的时间、范围、技术环境、相关软件、版本、数据类型、格式、被操作数据、检测数据等要求，保证归档电子文件的质量。

（5）归档电子文件同时存在相应的纸质或其他载体形式的文件时，应在内容、相关说明及描述上保持一致。

（6）具有永久保存价值的文本或图形形式的电子文件，如没有纸质等拷贝件，应制成纸质文件或缩微品等。归档时，应同时保存文件的电子版本、纸质版本或缩微品。

（7）应保证电子文件的凭证作用，对只有电子签章的电子文件，归档时应附加有法律效力的非电子签章。

18.8.2　电子文档的收集与积累

（1）凡是记录了重要文件的主要修改过程和办理情况，有查考价值的电子文件及其电子版本的定稿均应被保留。正式文件是纸质的，如果保管部门已开始进行向计算机全文的转换工作，则与正式文件定稿内容相同的电子文件应当保留，否则可根据实际条件或需要，确定是否保留。

（2）当相关事务处理过程只产生电子文件时，应采取严格的安全措施，保证电子文件不被非正常改动。同时应随时对电子文件进行备份，存储于能够脱机保存的载体上。

（3）对在网络系统中处于流转状态、暂时无法确定其保管责任的电子文件，应采取捕获措施，集中存储在符合安全要求的电子文件暂存存储器中，以防散失。

（4）对用文字处理技术形成的文本电子文件，收集时应注明文件存储格式、文字处理工具等，必要时应保留文字处理工具软件。文字型电子文件以 XML、RTF、TXT 为通用格式。

（5）对用扫描仪等设备获得的采用非通用文件格式的图像电子文件，收集时应将其转换成通用格式，如无法转换，则应将相关软件一并收集。扫描型电子文件以 JPEG、TIFF 为通用格式。

（6）对用计算机辅助设计或绘图等设备获得的图形电子文件，收集时应注明其软硬件环境和相关数据。

（7）对用视频或多媒体设备获得的文件以及用超媒体链接技术制作的文件，应同时收集其非通用格式的压缩算法和相关软件。视频和多媒体电子文件以 MPEG、AVL 为通用格式。

（8）对用音频设备获得的声音文件，应同时收集其属性标识、参数和非通用格式的相关软件。音频电子文件以 WAV、MP3 为通用格式。

（9）对通用软件产生的电子文件，应同时收集其软件型号、名称、版本号和相关参数手册、说明资料等。专用软件产生的电子文件原则上应转换成通用型电子文件，如不能转换，收集时则应连同专用软件一并收集。

（10）计算机系统运行和信息处理等过程中涉及的与电子文件处理有关的参数、管理数据等应与电子文件一同收集。

（11）对套用统一模板的电子文件，在保证能恢复原形态的情况下，其内容信息可脱离套用模板进行存储，被套用模板作为电子文件的元数据保存。

（12）定期制作电子文件的备份。

18.8.3 电子文档的归档

（1）电子文件归档时，应充分考虑电子文件的技术环境、相关软件、版本、数据类型、格式、被操作数据、检测数据等技术因数。

（2）推荐采用的载体，按优先顺序依次为只读光盘、一次写入型光盘、磁带、可擦写光盘、硬磁盘等。不允许用软磁盘作为归档电子文件长期保持的载体。

（3）存储电子文件的载体或者装具上应贴有标签，标签上注明载体序号，全宗号、类别号、密级、保管期限、存入日期等，归档后的电子文件的载体应设置禁止写操作的状态。

（4）对需要长期保存的电子文件，应在每一个电子文件的载体中同时存有相应的机读目录。归档完毕，电子文件形成部门应将现有归档前电子文件的载体保存至少 1 年。

（5）对归档电子文件，应按有关规定进行认真检查。在检验合格后将其如期移交至档案（资料）室，进行集中保管。在已联网的情况下，归档电子文件的移交和接收工作可在网络上进行，但仍需履行相应的手续。

（6）归档电子文件的保管除应符合纸质档案的要求外，还应符合下列条件。

① 归档载体应做防写处理。避免擦、划、触摸记录涂层。

② 单片载体应装盒，竖立存放，且避免挤压。

③ 存放时，应远离强磁场、强热源，并与有害气体隔离。

④ 环境温度选定范围为 17 ℃～20 ℃,相对湿度选定范围为 35%～45%。

18.8.4　电子文件的利用与销毁

（1）归档电子文件的封存载体不外借。未经领导审批同意,任何单位或者个人不允许擅自复制电子文件。

（2）利用电子文件应当使用拷贝件。具有保密要求的电子文件采用联网方式利用时,应当遵守国家或部门有关保密的规定,有稳妥的安全保密措施。利用电子文件不得超出权限规定范围。

（3）归档电子文件的鉴定销毁,参照国家有关档案鉴定销毁的规定执行,并且应当在办理审批手续后实施。属于保密范围的归档电子文件,如存储在不可擦除载体上,应当连同存储载体一起销毁,并在网络中彻底清除;不属于保密范围的归档电子文件可进行逻辑删除。

18.9　泵闸运行维护技术档案资料相关表单

（1）借阅档案登记表,见表 18.1。

表 18.1　借阅档案登记表

序号	日期	案卷或文件题名	利用目的	期限	卷号	借阅人	归还日期	备注

（2）档案库房温湿度记录表,见表 18.2。

表 18.2　档案库房温湿度记录表

库房号	时　间	温度(℃)	湿度(%RH)	记录人	备注

（3）项目部管理资料整编目录表,见表 18.3。

表 18.3　淀东泵闸运行养护项目部管理资料整编目录表

序号	名称	分	类	编　号	分　项　名　称	保管期限
一	组织管理	1—1	机构设置和人员配备	1—1—1	迅翔公司资质执照、安全生产标准化证书等	长期
				1—1—2	迅翔公司简介资料	长期
				1—1—3	迅翔公司及运行养护项目部组织构架	长期
				1—1—4	运行养护项目部情况介绍及职责	长期
				1—1—5	运行养护项目部人员花名册	长期

序号	名称	分类		编号	分项名称	保管期限
				1－1－6	运行养护项目部安全生产管理网络	长期
				1－1－7	泵闸工程简介	短期
				1－1－8	持证上岗资料	长期
		1－2	教育培训	1－2－1	迅翔公司安全生产培训教育计划、总结	长期
				1－2－2	迅翔公司运行养护业务培训计划、总结	长期
				1－2－3	闸门运行工培训(通知书等)	短期
				1－2－4	新进员工"三级教育"记录	短期
				1－2－5	迅翔公司组织"安全生产"教育记录	短期
				1－2－6	参与管理所组织的教育培训记录	短期
				1－2－7	岗位技能实训资料	短期
		1－3	精神文明建设	1－3－1	精神文明建设计划	长期
				1－3－2	精神文明建设计划开展情况记录	短期
				1－3－3	水文化建设方案及实施台账	短期
				1－3－4	相关荣誉证书	长期
		1－4	规章制度	1－4－1	有关准则、条例、技术规程等	长期
				1－4－2	泵闸设计、安装、管理规范	长期
				1－4－3	规章制度(含安全生产规章制度)汇编	长期
				1－4－4	上海市水利泵站维修养护技术规程	长期
				1－4－5	上海市水闸维修养护技术规程	长期
				1－4－6	其他相关法律法规、规范规程	长期
				1 4－7	泵闸现场相关制度	长期
				1－4－8	规章制度执行效果支撑资料	短期
二	考核工作	2－1	自检和考核	2－1－1	考核办法及标准相关资料	长期
				2－1－2	年度(季度、月度)工作计划、年度(季度、月度)总结	短期
				2－1－3	泵闸运行养护自检评分表	短期
				2－1－4	迅翔公司对项目部季度考核通知、结果通报	短期
				2－1－5	管理所对项目部月度考核、季度考核,项目部考核反馈整改记录	短期
				2－1－6	管理所合同考核(部门)资料	长期

上海泵闸运行维护标准化作业指导书

序号	名称	分类		编号	分项名称	保管期限
				2-1-7	员工考勤及绩效考核资料	长期
三	安全管理	3-1	水行政管理	3-1-1	工程注册登记相关资料	长期
				3-1-2	工程确权划界相关资料	永久
				3-1-3	工程安全鉴定、除险加固相关资料	永久
				3-1-4	水行政管理相关资料	长期
		3-2	防汛防台	3-2-1	管理所防汛"三个责任人"名单通知	短期
				3-2-2	迅翔公司关于明确防汛相关责任人的通知	短期
				3-2-3	迅翔公司综合及专项应急预案	长期
				3-2-4	工程防汛防台预案	长期
				3-2-5	管理所防汛、突发事件应急处置预案	长期
				3-2-6	汛前、汛后保养工作计划	短期
				3-2-7	汛前、汛后保养工作小结	短期
				3-2-8	防汛等演练资料	短期
				3-2-9	防风防台检查记录等	短期
				3-2-10	防汛防台泵闸运行统计报表	短期
				3-2-11	防汛工作总结	长期
				3-2-12	防汛物资及备品备件清单	长期
				3-2-13	大宗防汛物资调拨资料	短期
				3-2-14	防汛物资及备品备件维修保养等管理资料	短期
				3-2-15	备用电源试车、维修保养记录	短期
		3-3	安全生产	3-3-1	安全生产组织结构及人员设置文件	长期
				3-3-2	迅翔公司安全生产责任制发布	长期
				3-3-3	管理所及上级安全生产文件	长期
				3-3-4	安全文化手册、相关宣传手册	短期
				3-3-5	安全生产宣传活动台账	短期
				3-3-6	特种设备统计、检验及作业人员资料	长期
				3-3-7	安全生产事故应急预案汇编	长期
				3-3-8	迅翔公司组织的安全生产活动记录	短期
				3-3-9	运行养护项目部安全生产会议记录	短期
				3-3-10	与管理所签约安全生产工作责任书	长期

序号	名称	分类		编号	分项名称	保管期限
				3-3-11	与管理所签约社会治安综合治理责任书	长期
				3-3-12	迅翔公司与员工签约安全生产责任书	长期
				3-3-13	相关安全告知书	长期
				3-3-14	运行养护项目部安全生产隐患信息排查治理资料	长期
				3-3-15	安全用具检验资料	短期
				3-3-16	安全生产相关标志标牌设置及维护资料	短期
				3-3-17	管理所下发的检查整改单和反馈单	长期
				3-3-18	领导带班安全检查记录表	短期
				3-3-19	安全生产检查整改通知书	长期
				3-3-20	安全生产检查反馈单	长期
				3-3-21	安全质量检查月报	长期
				3-3-22	危险源辨识和评价分析汇总表	长期
				3-3-23	来访人员登记表	短期
				3-3-24	消防设施登记表	短期
				3-3-25	消防设施维护	长期
				3-3-26	安全生产投入资料	长期
				3-3-27	安全生产工作总结	长期
四	运行管理	4-1	工程基础资料	4-1-1	工程设计文件	永久
				4-1-2	工程地质勘察资料	永久
				4-1-3	竣工总结、报告、竣工验收文件	永久
				4-1-4	土建竣工图	永久
				4-1-5	电气竣工图	永久
				4-1-6	电动机资料	永久
				4-1-7	水泵资料	永久
				4-1-8	管道(辅机)资料	永久
				4-1-9	闸门资料	永久
				4-1-10	启闭机资料	永久
				4-1-11	变压器等电气设备资料	永久
				4-1-12	监测、监控、视频系统技术文件	永久

序号	名称	分类		编号	分项名称	保管期限
				4-1-13	设备验收、试运行等记录	永久
				4-1-14	相关设备厂家随机提供的资料	永久
				4-1-15	技术管理细则	长期
				4-1-16	工程基本情况资料	长期
				4-1-17	事故报告	长期
				4-1-18	工程大事记	长期
				1-1-19	精细化管理实施计划	短期
				4-1-20	工程管理任务清单	短期
				4-1-21	工程典型作业指导书	长期
				4-1-22	工程图表上墙统计表	短期
		4-2	工程检查	4-2-1	日常巡视检查记录表	短期
				4-2-2	经常性检查记录表	短期
				4-2-3	定期检查(汛前、汛后等检查)资料	长期
				4-2-4	水下检查资料	长期
				4-2-5	专项(特别)检查资料	长期
				4-2-6	高压配电间温湿度记录表	短期
				4-2-7	低压配电间温湿度记录表	短期
				4-2-8	变配电间进出人员登记表	短期
		4-3	工程观测	4-3-1	工程观测任务书	长期
				4-3-2	沉降、水平位移报告	长期
				4-3-3	河道断面检测报告	长期
				4-3-4	裂缝、伸缩缝等观测记录	长期
				4-3-5	测量设备养护及校验报告	长期
				4-3-6	扬压力及其他观测资料	长期
				4-3-7	观测(监测)设施检查、养护记录、校验资料	长期
		4-4	工程及设备评级	4-4-1	泵闸工程及设备评级作业指导书	长期
				4-4-2	泵闸工程评级表单、报告等	长期
				4-4-3	泵闸设备评级表单、报告等	长期
				4-4-4	关于工程及设备等级评定结果的批复	长期
		4-5	检测试验	4-5-1	试验规程、作业指导书	长期
				4-5-2	电气试验报告	长期

序号	名称	分类		编号	分项名称	保管期限
				4-5-3	电器安全工器具检测报告	长期
				4-5-4	起重设备检测报告	长期
				4-5-5	其他检测报告	长期
		4-6	控制运用	4-6-1	水资源调度方案及实施细则	长期
				4-6-2	调度运用计划	长期
				4-6-3	泵闸调度指令执行登记表	长期
		4-7	运行记录	4-7-1	水文资料(潮汐表等)	短期
				4-7-2	日常水位特征记录表	短期
				4-7-3	泵组运行交接班记录表	短期
				4-7-4	闸门运行交接班记录表	短期
				4-7-5	投运前检查记录表(泵站)	短期
				4-7-6	投运前检查记录表(水闸)	短期
				4-7-7	应急响应记录表	短期
				4-7-8	操作票、工作票资料	短期
				4-7-9	水泵现地操作票	短期
				4-7-10	35kV高压间运行记录表	短期
				4-7-11	泵闸试运行记录	短期
				4-7-12	其他设备(如行车等)运行记录表	短期
				4-7-13	泵闸日常运行月报表	短期
				4-7-14	运行突发故障处理表	长期
				4-7-15	安全事故登记表	长期
		4-8	维修养护	4-8-1	维修养护、保洁工作计划	短期
				4-8-2	养护、保洁记录	短期
				4-8-3	养护、保洁工作总结	短期
				4-8-4	零星维修项目计划	长期
				4-8-5	零星(专项)维修工程设计书及概算	长期
				4-8-6	零星(专项)维修相关合同	长期
				4-8-7	零星(专项)维修开工报告	长期
				4-8-8	零星(专项)维修施工期资料	长期
				4-8-9	零星(专项)维修竣工资料	长期
				4-8-10	零星(专项)维修工作总结	长期
				4-8-11	主机组修试记录/设备缺陷登记	长期

序号	名称	分 类		编 号	分 项 名 称	保管期限
				4－8－12	闸门启闭机修试记录/设备缺陷登记	长期
				4－8－13	辅机修试记录/设备缺陷登记	长期
				4－8－14	电气设备修试卡/设备缺陷登记	长期
				4－8－15	机组大修报告	长期
				4－8－16	变压器大修报告	长期
				4－8－17	闸门启闭机大修报告	长期
				4－8－18	其他设备大修报告	长期
五	财务管理	5－1	财务管理	5－1－1	运行养护合同	长期
				5－1－2	经济合同相关资料	长期
				5－1－3	运行养护经费使用情况表	长期
				5－1－4	物资管理相关资料	长期
				5－1－5	员工社会保险费缴纳记录	长期
				5－1－6	员工工资、福利发放相关资料	长期
六	管理和技术创新	6－1	管理和技术创新项目	6－1－1	管理现代化规划及年度实施计划	长期
				6－1－2	信息化建设管理相关资料	长期
				6－1－3	新技术、新材料、新工艺、新设备应用推广资料	长期
				6－1－4	运行养护项目部及员工开展技术革新等课题研究相关资料	长期

附录 A

淀东泵闸运行养护项目部管理事项清单

附录 A 表 1　管理事项清单

序号	分类	管理事项	实施时间或频次	工作要求及成果
1	计划管理	划分泵闸运行养护合同内管理事项	年初,每年 1 次	按运行养护合同要求,细化项目部职能,并编制管理事项手册。管理事项手册应详细说明每个管理事项的名称、具体内容、实施的时间及频率、工作要求及形成的成果、责任分解等
2		编报年度工作计划	1 月底前	编制和报送本项目部年度工作计划
3		管理月报、季报	每月(每季度最后 1 个月)28 日前	内容包括管理事务概述;大事记;工程运行情况;本月(季度)主要管理工作;存在的问题;下月(季度)工作计划;需要提请管理所注意的事项;其他有关事项
4		年度工作总结	每年 12 月 15 日前	内容包括工程运行管理情况综述;履行合同情况;工程运行、养护、安全等管理;存在的问题;下一年工作打算;建议和意见
5		协助管理所编制各类规划及年度实施计划	年　初	协助管理所按管理现代化要求、水利部《水利工程管理标准化评价标准》要求编制管理现代化年度实施计划
			适　时	配合管理所做好除险加固、更新改造或大修规划及实施计划编制工作,可结合工程检查、评级、安全评价和安全鉴定进行
6		工作流程	适　时	编制工作流程,包括计划、组织、协调、作业等流程,并报迅翔公司职能部门审定。其中主要工作流程上墙明示
7		信息管理	年　初	编制信息上报清单,清单应经管理所和迅翔公司职能部门审定
			全　年	日常注重信息采集、分析、处理、传递、上报,做到及时、真实、准确、闭合
			适　时	对管理所和上级反馈的意见及时处理,并将已处理情况及时向管理所和上级汇报

序号	分类	管理事项	实施时间或频次	工作要求及成果
8	岗位管理及后方支撑	完善组织机构	年 初	包括完善项目部组织网络、安全组织网络、防汛组织网络等
9		人员配备	年 初	根据项目部职责、管理事项和上级人员配置规定,合理配置人员,落实业务负责人
			年 初	明确岗位职责,并对主要岗位职责予以明示
10		用工计划与落实	适 时	编报用工计划并报批、落实
11		岗位排班及考勤	全 年	按岗位设置、工作职责和工作量,进行岗位排班及考勤
12		内部员工考核及奖惩	全 年	按员工考核管理办法开展内部员工考核及奖惩
13		建立员工管理台账	全 年	建立台账,记录员工业绩考核情况
14		协助上级部门加强后方支撑保障	全 年	1. 运行养护(技术、人员、设备)支撑保障; 2. 检查、检测、试验(技术、人员、设备)支撑保障; 3. 维修、防汛抢险支撑保障; 4. 财务管理; 5. 内部计划、组织、协调、监督支撑保障
15		做好配合工作	必要时	做好各种配合性和临时性工作
16	教育培训	制订年度培训计划	年 初	编报本项目部学习培训计划
17		实施培训计划	按年度计划进行	政治理论学习及业务技能教育按计划进行
			按规程要求进行	组织泵闸运行工、电工、电焊工、档案管理员、驾驶员、起重工等人员参加业务培训
			每季度1次	全员参加安全教育培训,按计划进行
			全 年	定期举行工作例会、晨会、技术和安全交底
			每年8—9月	组织新员工岗前培训
			全 年	根据相关方管理制度,对外来人员及时进行安全教育
			必要时	组织参加职业技能竞赛
			每年1次	培训效果评估和总结
18		预案或应急处置方案演练	按规定	对生产安全应急预案(每年不少于演练1次)或现场应急处置方案(每半年不少于演练1次),制订演练计划、方案,并组织实施
19		人才培养	全 年	落实人才培养措施,包括师徒结对、定向委培等
20		"四新"应用及科技创新	全 年	推广新技术、新材料、新工艺、新设施设备应用,使用前应专题培训

序号	分类	管理事项	实施时间或频次	工作要求及成果
21	档案资料管理	落实管理人员	年 初	落实档案资料管理人员
22		完善档案管理设施	适 时	完善档案管理设施,加强档案管理信息化建设
23		资料收集、分类、整编	全 年	按管理资料分类目录对泵闸运行维护资料进行收集、分类、整编
24		档案整理、保管、借阅、销毁、移送	全 年	按管理所和上级档案管理制度要求,进行档案整理、保管、借阅、销毁、移送
25		资料归档	每年12月中旬	档案资料(含电子档案)归档
				档案资料录入档案信息系统
26	项目部标准化	项目部标准化	适 时	项目部可视化
			适 时	管理设施合理配置
			适 时	加强室内办公会议设施管理
			全 年	加强环境管理、食堂管理、住宿管理、项目部安全管理、用水用电管理、车辆管理等
27	精神文明建设	文明创建	年 初	编制文明创建计划
			全 年	1. 重视党建工作,开展精神文明创建活动; 2. 做好信息宣传工作; 3. 做好信访工作; 4. 落实员工行为规范,引导员工团结互助、爱岗敬业; 5. 组织员工积极参加上级组织的各项活动; 6. 无违法违纪行为
28		服务承诺	合同签订时	向管理所做出服务承诺,包括履行合同义务、安全、廉洁、文明创建、公众服务及诚信、遵纪守法、经费使用、缴纳税金及社会保障资金等承诺
29		社会公众评价	每年1次	开展社会公众评价和群众满意度测评,征求社会公众和群众意见
30	考核管理	总结及上报	全 年	做好月度、季度、年度总结及上报工作
31		开展季度、年度考核自检	适 时	对照管理所和上级考核标准,分别开展项目部季度、年度考核自检
32		开展专项考核、督查自检	必要时	按管理所和上级督查要求进行,做好现场、内业及接待准备工作

附录 A 表 2　调度运行管理事项清单

序号	分类	管理事项	实施时间或频次	工作要求及成果
1	基础工作	配合水闸注册登记、变更、复检	竣工验收后或登记信息发生变化3个月内	配合管理所进行泵站、水闸注册登记、变更、复检,按规范要求进行,做到登记信息完整、准确,更新及时
2		掌握工情、水情	汛期、运行期	收集掌握工情、水情、雨情、灾情信息,统计分析,加强汇报和沟通
3		配合管理和保护范围划定等	必要时	配合管理所做好管理和保护范围划定、确权划界工作
4		设备建档挂卡	适时	明确工程设备管理责任人、责任范围,并予以明示、建立管理档案
5		设备缺陷管理	全年	建立设备缺陷管理制度,落实缺陷管理措施
6	规章制度	法律法规及规范性文件整理	适时,每年1次	收集、整理,建立法律法规及规范性文件清单
7		学习掌握技术管理实施细则	全年	配合管理所编制(修订)技术管理实施细则及报批,学习掌握所管工程的技术管理实施细则
8		完善安全管理实施细则	年初	按安全生产标准化和管理所、上级督查要求,编制(修订)项目部"安全管理实施细则"
9		制度修改完善	适时	起草或修订本项目部职责范围内的管理标准、技术标准、管理规程、规章制度、应急预案等;关键制度及操作规程应上墙明示
10		制度执行及评估	全年	检查制度落实情况;年末对检查制度执行情况进行评估
11		领导以身作则	全年	项目部负责人作风正派、廉洁自律,密切联系员工,带头执行规章制度
12	标准化管理工作手册	编制和掌握操作规程、管理流程	适时	1. 编制并运用相关操作规程、管理流程,主要操作规程、管理流程应明示; 2. 严格执行操作规程,工程管理条件变化后,及时组织修订完善
13		参与制定泵闸运行维护管理标准	适时	参与制定泵闸运行维护管理标准;编制或掌握管理台账模板
14		编制作业指导书	适时	编制泵闸各类作业指导书,并报审
15		操作票编制与审核	适时	执行操作票制度,做好操作票编制、报审工作
16		使用操作票	操作票使用时	使用操作票,落实责任人签名制度
17	大事记	工程(工作)大事记	全年	按工程(工作)大事记制度执行

序号	分类	管理事项	实施时间或频次	工作要求及成果
18	现场目视管理	引导标识	适时	完善泵闸铭牌、导向牌、外来人员安全告知牌、房间名称、楼层索引及楼层号码牌、楼梯引导标示等
19		工程基本情况展示	适时	完善工程介绍牌、工程总平面图、工程鸟瞰图等
20		工程图纸上墙	适时	完善水系图,工程概况及位置图,泵闸平面图、立面图、剖面图,电气主接线图,启闭机控制原理图,设备检修揭示图,水闸水位-流量关系曲线图,泵站油气水系统图,主要工程技术指标表等
21		制度、职责、标准、流程、规程明示	适时	主要制度、职责、标准、流程、规程应明示
22		色彩管理	适时	按色彩管理标准执行
23		设备目视化	适时	包括完善设备名称编号、设备状态标识、线缆标签、设备管理卡、管道示流方向标识、设备旋转方向标识等
24		作业目视化	适时	运行操作、养护、维修、施工中,应按规范要求设置作业标识,包括设备操作示意图或操作说明、工程及设备巡视标识、现场作业标识等
25		安全生产目视化	适时	按规范要求设置禁令性标志、警示性标志、指令性标志、提示性标志、工作区域定置、安全警示线、危险源告知牌、消防标志、通(禁)航标志、职业危害告知牌等
26		工程观测标志	适时	设置工程观测设施标志(位移、河床等观测点、观测桩)、自动化监测标志等
27		交通标志	全年	设置交通警示标志、禁止停放标志、指示标志、室外通行线标示、减速标志、限高限宽标志、停车场定位线、防汛通道相关标志等
28		保护标志	适时	设置地下管线保护牌等
29		绿化与环境标识	适时	设置导向指示牌、警示关怀牌、服务设施名称标识、名贵树木标牌、垃圾存放标志等
30		防汛物资、备件物品目视化	适时	设置物资堆放定置、仓库铭牌、物资管理组织、保管员岗位职责、物资管理制度、物资卡片、防汛物资调运线路图等
31		劳保与形象标识	适时	实行统一着装和工牌管理等
32		设备二维码	适时	建立设备二维码等
33		标志标牌维护	按规定	加强标志标牌维护,保持完好

序号	分类	管理事项	实施时间或频次	工作要求及成果
34	工程调度	掌握调度规程	全　年	学习掌握泵闸调度规程
35		编报超过设计水位运用方案	必要时	按规范要求,超过设计水位运用时,配合管理所编报相应的调度运用方案
36		编制控制运用计划	年　初	会同管理所编报泵闸控制运用计划
37		接受调度指令	运行前	接受上级(管理所)调度指令,填写"工程调度运用记录"
38		确定运行方案	运行前	根据上级(管理所)调度指令,确定水闸开启孔数和运行方案、确定闸门开高;或确定泵站机组开机台数、开机顺序和运行工况
39		指令执行	运行前、运行中	执行开停机(开关闸)、工况调节等指令,应填写"工程调度运用记录"等
40		指令回复	运行前	指令执行完毕后,向上级(管理所)汇报指令执行情况
41	防汛管理	防汛组织、防汛责任制	每年4月底前	完善防汛组织,落实防汛责任制,签订防汛责任书
42		落实防汛抢险队伍	汛　前	根据抢险需求和工程实际情况,确定抢险队伍的组成、人员数量和联系方式,明确抢险任务,落实抢险设备要求等
43		防汛制度	汛　前	完善防汛工作制度、防汛值班制度、汛期巡视制度、信息报送制度、防汛抢险制度
44		防汛预案编制、上报与演练	汛　前	1. 修订防汛预案,并上报; 2. 开展防汛演练,制订演练计划、方案,并组织实施和总结
45		检查和补充备品备件、防汛物资	汛　前	1. 协助管理所根据《防汛物资储备定额编制规程》(SL298—2004)储备一定数量的防汛物资; 2. 加强防汛物资仓库管理; 3. 编制防汛物资调配方案; 4. 加强防汛物资(含备品备件)保管,建立防汛物资(含备品备件)台账; 5. 按规定程序,做好防汛物资调用、报废及更新工作; 6. 补充工程及设备的备品备件
46		配合河道清障	汛　前	配合管理所清除管理范围内上、下游河道的行洪障碍物,保证水流畅通
47		防汛通信畅通	汛　前	配合管理所做好水情传递、报警以及与外界的防汛通信通畅

序号	分类	管理事项	实施时间或频次	工作要求及成果
48	防汛工作	完善交通和供电、备用电源、起重设备	汛前	1. 对防汛道路、交通供电设施设备进行维修养护,确保道路与供电畅通; 2. 做好备用电源、起重设备维修保养工作
49		完成度汛应急养护项目	汛前	1. 完成度汛应急养护项目; 2. 对跨汛期的维修养护项目,应制订度汛方案并上报
50		汛前检查工作总结	每年5月20日前	进行汛前检查工作总结,并分别上报管理所、上级主管部门
51		加强汛期防汛值班及信息上报	汛期	1. 严格执行汛期防汛值班制度,加强督查; 2. 做好防汛防旱信息报送工作; 3. 做好突发险情报告工作
52		加强汛期巡视检查	汛期	按技术管理细则相关规定执行,落实巡视人员、内容、频次、记录、信息上报等
53		异常情况和设备缺陷记录	汛期、运行期	及时记录工程运行中发生的异常情况和设备缺陷,以便制订维修计划
54		汛期应急处置	汛期	按汛期应急处置方案进行
55		检查、观测、保养、维修、电气试验	汛后	开展汛后工程检查观测、维修养护、电气设备和电器安全用具预防性试验工作,并做好记录、资料整理。具体要求见相关工程检查、观测、保养、维修、电气试验等事项清单
56		备品备件、防汛抢险器材和物资核查	汛后	检查核实机电设备备品备件、防汛抢险器材和物资消耗情况,编制物资器材补充计划
57		观测资料、水情报表等汇编	汛后	做好观测资料、水情报表等资料的汇编工作
58		防汛工作总结	每年10月底前	做好防汛工作总结,并上报管理所和上级
59		编报下年度维修养护计划	每年10月底前	根据汛期特别检查、汛后检查等情况,编报下年度维修养护计划
60	泵站运行(含试运行)	学习控制运用作业指导书	全年	组织编制、修订、学习泵站控制运用作业指导书,掌握要领
61		检查人员配置	运行前	运行人员及应急保障人员组织到位。运行值班人员数量和能力满足要求;编制排班表
62		按指令填写操作单	运行前	按接收的调度指令,填写操作单

序号	分类	管理事项	实施时间或频次	工作要求及成果
63	泵站运行（含试运行）	运行前检查	操作前	1. 开展泵站上、下游引河巡视，确认无异常情况；进行机电设备检查、水工建筑物检查等，确认设施设备完好；检查试验确认主电机绝缘符合要求； 2. 对油、气、水、辅机系统检查调试； 3. 向供电部门或变电所（站）申请停、送电； 4. 记录工程检查情况
64		开机流程模拟	运行前	进行开机流程模拟
65		确认开机条件，开机操作	运行时，按运行方案	确认开机条件，开机操作，按操作票要求进行 1. 签发主变压器投入操作票，投运主变压器； 2. 签发电源切换操作票，站用变压器投运，切换站用电源； 3. 签发开机操作票，投运辅机、主机组； 4. 检查设备运行情况，以及建筑物、水位、流态等； 5. 向管理所及上级报告指令执行情况
66		运行值班、交接班	运行时	执行值班制度、交接班制度，并填写"泵站运行值班记录"
67		运行监视	运行时	监视水位、流量、功率、电流、油温及瓦温等运行参数
68		运行巡视	运行时，设备2 h 1次，建筑物每班1次	1. 按巡视路线、周期、频次、巡视内容及要求进行； 2. 填写"泵站工程日常巡视检查记录"； 3. 巡视发现异常情况立即报告
69		应急情况处置	运行时	进行故障分类分级；对常见故障或事故按规定进行应急处置，并及时向负责人和上级报告，同时填写"突发故障处理记录表"
70		停机操作	运行时，按调度指令	1. 按操作票和调度指令要求进行； 2. 签发停机操作票，进行停机操作； 3. 停运油、气、水辅机系统； 4. 签发电源切换操作票，切换站用电源； 5. 签发主变压器切出操作票，切出主变压器
71		运行后检查	运行后	检查工程设施设备状况，按泵站技术管理细则要求进行
72		操作记录及运行情况反馈	运行时	填写"泵站启闭记录"；运行情况及时反馈、上报
73		泵站非运行期试机	每月2次	按操作规程进行泵站非运行期试机
74		泵站运行场所管理	全年	做好运行期场所安全、保卫、保养、保洁等工作

序号	分类	管理事项	实施时间或频次	工作要求及成果
75	水闸运行（含试运行）	学习水闸控制运用作业指导书	全 年	组织编制、修订、学习水闸控制运用作业指导书，掌握要领
76		检查运行及应急保障人员配置	运行前	运行人员及应急保障人员组织到位，运行值班人员的数量和能力满足要求
77		按指令填写操作单	运行前	按接收的调度指令填写操作单
78		运行前检查及准备	启闭前	水闸上、下游巡视，机电设备检查，建筑物检查，监控系统的检查，开闸预警等
79			启闭前	市电、备用电源切换，填写"配电操作记录"
80		确认启闭条件，开启闸门	操作时，按启闭方案要求执行	1. 确认启闭条件，开启闸门。按操作规程要求进行； 2. 观察电压，电流，上、下游水位和流态等
81		闸门开度调整	运行时	闸门开度调整
82		运行值班、交接班	运行时	1. 执行值班制度、交接班制度，并填写"水闸值班记录"； 2. 保持环境整洁，物品规范摆放
83		运行巡视	每天至少1次，特殊情况按规定增加频次	1. 按巡视路线、周期、频次、巡视内容及要求进行； 2. 填写"水闸工程日常巡视检查记录"； 3. 巡视发现异常情况立即报告
84		应急情况处置	运行时	进行故障分类分级；对突发故障或事故按规定进行应急处置，并填写"突发故障应急处理记录表"
85		关闭闸门	运行时	关闭闸门，按操作规程要求进行
86		运行后检查	运行后	按泵闸技术管理实施细则要求进行
87		操作记录及运行情况反馈	操作结束	核对流量与闸门开度，填写"闸门启闭记录"运行情况及时反馈、上报
88		水闸非运行期试启动	每月2次	按操作规程进行水闸非运行期试启动
89		水闸运行场所管理	全 年	做好运行场所安全、保卫、保养、保洁等工作

附录A 表3 检查评级观测试验事项清单

序号	分类	管理事项	实施时间或频次	工作要求及成果
1	检查基本要求	学习检查作业指导书	全 年	组织编制、修订、学习泵闸检查作业指导书,掌握要领
2		检查信息通过"泵闸智慧平台"上报	全 年	定期检查、水下检查、特别检查、工程及设备评级、工程观测、专项检测、电气预防性试验等应形成报告,并通过"泵闸智慧平台"上报
3		隐患、缺陷专题上报	全年,适时	隐患、缺陷及时记录并落实处理措施,每月专题上报1次,重大隐患、缺陷及时书面专题上报
4		非运行期日常巡视	每日1次(与"经常检查"不重复进行)	按巡查路线和相关规定,对建筑物、主机组、闸门启闭机、电气设备、辅助设备、监测系统、观测设施、水文设施、管理设施、管理范围等进行检查,并填写日常巡视记录
5	经常检查	泵闸厂房、水工建筑物、水事等检查	汛期每周1次,非汛期每月1次,工程投入使用5年内,每周2次	工程(厂房)、流道完整性检查
				水工建筑物(土工、石工、混凝土建筑物等)检查
				泵闸上下游引河河道、堤防检查
				拦河设施检查
				管理范围附属建筑物及其他设施检查
				开展水事专项检查
6		机电设备检查	每周1次	监测系统及设施检查
			汛期每周1次,非汛期每月1次,工程投入使用5年内,每周2次	通信系统及设施检查
				闸门启闭机检查
				主机组检查
				供配电系统检查
				电气设备检查
				门式起重机检查
				电动葫芦检查
				清污设备及设施检查
				断流设备及设施检查
				油气水辅机系统检查
7		其他设施设备检查	汛前、汛中、汛后各1次	水位尺、水位计、闸位计全面检查
			每月至少1次	消防设施检查
				标牌标识检查
				内部交通道路检查
				环境卫生检查

序号	分类	管理事项	实施时间或频次	工 作 要 求 及 成 果
7	经常检查	其他设施设备检查	每月至少1次	水污染检查
				电气登高作业安全工具外表检查
8		检查记录、分析、整编、归档	适　时	检查记录、分析、整编、归档
9	定期检查	准备工作	每年3月底之前	按技术管理细则执行,成立汛前检查工作组,编制计划,落实任务
10		按定期检查要求,全面进行检查	每年4次	按技术管理细则执行,全面进行机电设备、工程设施最新状况的检查
11		信息化系统检查	外部每半年1次,终端每3年1次	电缆外部检查、终端检查
			每年1次	电缆桥架接地检查
			每半年1次	仪表执行机构与控制机构检查
			每半年1次	自动化控制系统检查
			每年1次	泵站手控与自控功能及控制级优先权检查
			每年1次	控制室内防静电设施检查
			按规定	其他检查按"泵闸信息化系统维护作业指导书"要求进行
12		实施维修养护项目	按维修计划	实施维修养护及度汛应急工程,按维修养护计划和相关规程要求进行
13		防汛工程、措施、物资检查	汛前、汛后各1次	具体要求见"防汛管理"
14		工程管理资料检查	每年4次	工程管理资料应规范、真实、完整、及时、闭合,包括如下内容: 1. 修订规章制度,完善资料; 2. 工程技术档案管理资料; 3. 防汛预案、突发事故应急预案修订及安全生产台账(预案应报上级审批); 4. 工程控制运用资料; 5. 工程检查观测维修养护资料; 6. 度汛应急措施资料; 7. 环境卫生资料; 8. 员工技术素质资料等
15		设备试运行	非运行期每月2次	闸门与启闭设备试运行
				主水泵试运行
				清污设备试运行
				供配电系统试运行
				自动化控制系统试运行
				备用电源试运行
16		汛期运行值班及记录检查	汛　期	执行值班制度、交接班制度,并填写"泵闸值班记录"

序号	分类	管理事项	实施时间或频次	工 作 要 求 及 成 果
17	定期检查	编制定期检查报告及上报、归档	每年4次	1. 对汛前检查情况及存在问题进行总结,提出初步措施,形成报告,上报迅翔公司和管理所; 2. 对汛后检查中发现的问题及时组织人员修复或作为下一年度的维修项目上报; 3. 定期检查资料,整理归档
18		工程隐蔽部位及水下检查	汛前,每年1次	按技术管理细则要求进行,必要时委托专业队伍检查并出具报告
19	检测试验	水位计、闸位仪校验	每年1次	委托具有资质的检测单位按规程进行校验并提交报告;合格证应挂在设备现场
20		起重机械检测	每2年1次	委托具有资质的检测单位按规程进行检测并提交报告;合格证应挂在设备现场
21		安全阀检测	每年1次	委托具有资质的检测单位按规程进行检测并提交报告;合格证应挂在设备现场
22		配合闸门启闭机检测	每10~15年1次	配合管理所委托具有资质的检测单位按规程进行检测并提交报告
23		电气预防性试验	按规程要求进行	试验项目及要求详见"泵闸电气试验作业指导书"
24		自控系统检查校验	每2年1次	进行自控系统定期检查校验
25		闸门开度指示器校验	每年1次	进行闸门开度指示器校验
26		机械油质检测	每年1次,汛前	做好机械油质检测工作
27		泵站机电设备联动试验	每年1次	按规程进行泵站机电设备联动试验,并提交报告
28		水泵水下试验	每2年1次	按规程进行水泵水下试验,检查导轴承间隙及磨损情况、填料磨损及密封情况、叶片与外壳之间的间隙,试验应提交报告
29		电气安全工器具检测	每半年1次	电气安全工器具检测按规范要求进行,详见"泵闸电气试验作业指导书"
30		安全帽、安全带检测	每年1次、使用前	定期检测安全帽、安全带,并填写"安全防护用具校验记录"
31		仪表及测量工具校验	每年1次	电气指示仪表定期试验
			每半年1次	可携式仪表定期试验
			每4年1次	万用表、钳形表定期试验
			每2年1次	兆欧表和接地电阻测定器定期试验
			每年1次,汛前	安全阀定期校验
			每2年1次	液压启闭机压力仪表定期校验
			每年1次	游标卡尺、千分尺、深度尺定期校验等

序号	分类	管理事项	实施时间或频次	工 作 要 求 及 成 果
32	检测试验	运行及作业场所职业危害检测	必要时	按规程要求进行检测并提交报告
33		消火栓、水枪及水龙带试压	每年1次	按规程要求进行检测并提交报告
34	特别检查	特别检查	泵闸超标准运行,遭受地震、强烈风暴、重大工程事故后进行	1. 制订"风、暴、潮、洪"及发生重大工程事故等特别检查方案; 2. 开展(配合)针对性检查; 3. 评价风险,提出相应的安全措施; 4. 编制特别检查报告; 5. 成果审核、上报及归档
35	泵闸人工观测	编制观测任务书	新建工程移交或发生变化	会同管理所编制观测任务书,并报上级批准
36		学习工程观测作业指导书	全 年	组织编制、修订、学习观测作业指导书,掌握观测项目、频次、标准和工艺等要领
37		仪器校验	每年1次	对水准仪、全站仪、测深仪等进行校验
38		建筑物垂直、水平位移观测	汛前、汛后每年2次	按观测作业指导书要求进行,根据工程等级采用相应精度水准观测,成果应包括观测标点布置示意图、位移工作基点高程考证表、位移观测标点考证表、位移观测成果表、位移量变化统计表
39		水准点校验和起测基点校验	每3年1次和每年1次	按观测作业指导书要求进行
40		水尺高程校验	每年汛前、汛后各校测1次	按水闸观测作业指导书要求进行;当偏差大于10 mm时,须人工校正
41		水位计校正	适 时	按观测作业指导书要求进行
42		裂缝观测	初期每月1次,正常时每年2次	按观测作业指导书要求进行;对裂缝的分布、位置、长度、宽度、深度以及是否形成贯穿缝,做出标记,进行观测;成果包括裂缝分布图、裂缝平面形状图或剖面展示图
43		扬压力观测	按观测任务书的要求	开展测压管水位观测、测压管灵敏度试验(5年1次)、测压管管口高程考证、成果整理及分析
44		其他观测	每年2次	伸缩缝观测
			每年1次	进、出水池及引河河床变形测量,河床断面桩顶考证,成果整理及初步分析
			每年2次	泥沙淤积观测
			水过流时,每天2次	闸下流态观测
			每5年1次	水下地形观测
			必要时	混凝土碳化观测

序号	分类	管理事项	实施时间或频次	工作要求及成果
45	泵闸人工观测	观测数据记录、检核、整理	适 时	1. 平时资料整理重点是查证原始观测数据的正确性,计算观测物理量,填写观测数据记录表格,点绘观测物理量过程线,考查观测物理量的变化,判断是否存在变化异常值; 2. 在资料整理的基础上进行观测统计,填制统计表格,绘制各种观测变化的分布等相关图表,并编写编印说明书 3. 及时对各种观测数据进行检验和处理,并结合巡视检查资料进行复核分析
46		人工观测资料整编、上报、归档	年末或下年初	工程观测资料成果经上级主管部门考核评审合格,并根据评审意见进行完善整理后,按整编要求装订成册存档
47	专项监测	上、下游水位监测	每天2次	当水位超设计标准时,须同时对水位进行现场人工观测并记录;观测间隔时间不大于15 min
48		机电设备状态监测	运行时	开展机电设备状态(机组安全、供排水系统、供油系统等)监测
49		专项监测	全 年	开展绕渗、土压计、渗压计、钢筋计等监测
		环境量观测	全 年	开展降水量、气温等环境量观测
		监测数据记录、检核、整理、归档	适 时	监测数据记录、检核、整理、归档
50	泵站评级	泵站评级	全 年	组织编制、修订、学习泵站评级作业指导书,掌握要领
			建筑物每2年1次,设备每年1次,汛前	建筑物及设备评级计划编制
				进行建筑物和设备的评级
				评级报告上报
			适 时	根据上级评定报告、审批意见整改
51	水闸评级	水闸闸门和启闭机评级	全 年	组织编制、修订、学习水闸评级作业指导书,掌握要领
			每1~4年1次	编制设备评级计划
				进行闸门和启闭机等设备评级
				出具评定报告并上报
			适 时	根据上级评定报告、审批意见整改

序号	分类	管理事项	实施时间或频次	工作要求及成果
1	维修养护项目管理	学习维修养护作业指导书	全年	组织编制、修订、学习泵闸维修养护作业指导书,掌握要领
2		年度养护计划制订	年初	编制和上报年度养护计划
3		外委维修单位选定	必要时	会同迅翔公司职能部门对需要外委维修项目,按采购必选相关规定,择优选定外委单位
			必要时	会同迅翔公司运行部进行外委维修合同签订、整理及归档。外委维修合同签订、整理及归档按迅翔公司相关规定进行
4		执行工作票制度	作业时	对高压电气设备作业、电焊作业等,制定并执行维修养护工作票制度
5		编制工程维修项目实施计划	维修经费下达后10日内	编制工程维修项目实施计划,经审批后方可进入项目实施阶段
6		编报开工报告	签订施工合同后7日内	提交开工报告审批表
7		抓好维修养护项目实施	实施过程中	对项目实施的安全、质量、进度、经费及文明施工进行管理
8		维修养护资料管理	检修时	检修检测记录及报告,明确检修结论
			保养时	保养设备记录及报告
			适时	抓好维修养护项目验收
			年前	进行维修养护资料整理
9		维修养护信息上报	每月28日前	将工程养护项目进展和经费完成情况上报管理所和迅翔公司职能部门
10	工程养护	水工建筑物及房屋设施养护	按定额规定执行,一般每季度1次(其中排水沟和窨井疏通、排水管和电缆沟清淤每年2次)	1. 混凝土及土工、石工建筑物养护; 2. 防渗、排水设施及永久缝养护; 3. 堤岸及引河工程养护; 4. 泵房、启闭机房及管理用房养护
11		闸门启闭机养护	每季度1次	闸门、拍门养护、调试,梁格排水管疏通每月1次
			每周1次	液压式启闭机油泵保养
			每季度1次	液压式启闭机油位油质保养、设备调试
			汛前、汛后	液压式启闭机仪表保养
				液压式启闭机活塞杆保养
12		主机组养护	每季度1次	主电机日常养护
				主水泵日常养护
				齿轮箱日常养护

序号	分类	管理事项	实施时间或频次	工作要求及成果
13	工程养护	变压器日常养护	汛前、汛后各1次，必要时	按作业指导书要求，做好主变压器、站用变压器的日常养护工作
14		机电设备养护	根据相关规定和现场需要进行，一般每季度1次（其中高低压开关柜日常养护、设备调试和照明系统日常养护每年2次）	高低压开关柜日常养护、设备调试
				真空断路器、高压电容器、互感器日常养护、调试（每年2次）
				直流系统及蓄电池日常养护、设备调试
				照明系统日常养护
				清污设备（含拦污栅）日常养护
				供、排水系统日常养护
				油系统日常养护
				行车及电动葫芦养护
				阀门、管道日常养护
				通风系统日常养护
15		其他设施设备养护	每季度1次	泵闸附属设施养护
			每季度1次	备用(移动)电源养护
			每季度1次	工程监测设施养护
			每月1次	标志标牌清洗
			每季度1次	管理区道路养护
			每季度1次	防汛物资养护
16		填写日常养护记录表并归档	全年	按泵闸技术管理实施细则执行，认真填写"日常养护记录表"并及时归档
17		冰冻期运用	每年11月前	按泵闸技术管理实施细则执行
18	工程维修	水工建筑物及房屋维修	按定额要求执行	水工建筑物（混凝土、土工、石工建筑物等）维修
				防渗、排水设施及永久缝维修
				堤岸及引河工程维修
				泵房、启闭机房维修
19		闸门、拍门、启闭机维修	每年1次	闸门维修
			每年1次	拍门转动销检查或更换
			每3年1次	拍门密封圈检查或更换
			每年1次	液压式启闭机维修

序号	分类	管理事项	实施时间或频次	工作要求及成果
19	工程维修	闸门、拍门、启闭机维修	适时,15年左右	钢闸门防腐蚀
			适时	检修闸门
			冰冻期	闸门冰冻期维护
20		主机组维修	每年1次	主电机维修
			每年1次	主水泵维修
			每年1次	齿轮箱维修
			每3~5年1次	主水泵及传动装置大修(运行2 500~15 000 h)
			每3~8年1次	主电动机大修(运行3 000~20 000 h)
21		变压器维修	每年1次	主变压器、站用变压器小修
			投入运行5年首次大修,其后每10年1次	主变压器、站用变压器大修
22		机电设备维修	每1~3年	真空断路器维修
			按规定进行,一般每年1次	电缆、母线维修(详见本书第10章)
			每2~3年1次	互感器维修
			每年1次	技术供水、排水系统、油系统维修(小修)
			蓄电池充放电每1~3月1次	直流系统及蓄电池维修
			每2年1次	直流设备及整流装置小修
			每年1次	高低压开关柜维修
			每年1次	防雷设施及接地装置维修
			每年1次	照明系统维修
			4 000~5 000 h1次	供排水泵、油泵大修
			每年1次	清污设备(含拦污栅)维修
			每2年1次	行车维修、电动葫芦专业维修
			每年1次	机电设备仪表检测及维修
			与主机组小修、大修同时进行	软启动装置小修、大修
			维修养护周期见作业指导书	其他电气设备、辅助设备、金属结构大修、小修和养护的周期及内容见"泵闸机电设备维修养护作业指导书"
23		其他设施设备维护	每年1次	引航道及设施维修
			每年1次	防汛道路和对外交通道路维修

序号	分类	管理事项	实施时间或频次	工作要求及成果
23	工程维修	其他设施设备维护	每年1次,需要时	雨水情测报、安全监测、视频监视、警报设施、通信条件、电力供应、管理用房等办公、生产、生活及辅助设施维护
			每年1次	标识标牌维修
			室内每3年1次,室外每2年1次	室内外油漆
24	除险加固和专项维修工程	配合前期报批立项等工作	必要时	配合管理所根据工程检测或鉴定,对工程进行专项维修立项,做好前期工作
		配合项目实施	必要时	配合项目实施中的安全管理、质量管理、进度管理、经费管理、环境管理等
		配合项目验收	必要时	配合项目验收
		配合做好专项工程安全度汛工作	必要时	配合做好专项工程安全度汛工作
25	信息化管理与维护	配合"泵闸智慧管理平台"建设	必要时	配合"泵闸智慧管理平台"建设,实现工程在线监管和自动化控制,工程信息及时动态更新,与上级相关平台实现信息融合共享、上下贯通
26		信息化系统维护	每日巡检、实时监控、每季度1次例行保养(调试)、每年1次维修、配合专项检测	维护频次、项目、要求详见"泵闸信息化系统维护作业指导书",项目包括: 1. 计算机监控信息处理、系统维护与调试; 2. 视频监视信息管理、系统维护与调试; 3. 网络通信系统维护; 4. 配合档案、物质、安防等信息管理系统维护
27		"泵闸智慧管理平台"维护	正常工作日	工程设备登记、设备状况、安全鉴定、标识标志、工程大事记、工程检查、雨水情、工程监测、工程观测、电气试验、工程评级、维修养护、调度运行管理、视频监控、安全生产、水行政管理、应急管理等信息及时上传更新;加强日常维护,动态管理,监测监控的数据异常时,能够自动识别险情,及时预报预警;网络平台安全管理制度体系健全;网络安全防护措施完善

附录 A 表 5　安全管理事项清单

序号	分类	管理事项	实施时间或频次	工作要求及成果
1	安全生产目标管理	制定安全生产目标,并进行目标分解	年初	包括制定生产安全事故控制、生产安全事故隐患排查治理、职业健康、安全生产管理等目标
				根据本项目部在安全生产中的职能,分解安全生产总目标和年度目标
2		落实安全责任制	年初	1. 与本项目部人员签订安全生产责任书; 2. 明确安全员岗位职责; 3. 明确各类人员的安全生产职责、权限和考核奖惩等内容
3		安全生产计划、总结	年初,年末	进行年度安全生产计划、总结并上报
4			月末	进行月度安全生产计划、小结
5		安全生产例会	每月1次	跟踪落实上次会议要求,总结分析安全生产情况,评估存在的风险,研究解决安全生产工作中的重大问题,并形成会议纪要
6		安全信息上报	每月25～30日	按水利部和管理所相关规定执行
7		安全生产台账	全年	按安全生产标准化要求执行
8		安全生产标准化活动	全年	按管理所和上级部门要求,积极开展安全生产标准化活动
9		安全生产标准化实施绩效评定及安全生产年度考核自评	年末	按安全生产标准化实施绩效评定要求和安全生产考核奖惩管理办法,开展年度考核自评;根据考评结果进行整改
			每3年1次	按要求对安全生产法律法规、技术标准、规章制度、操作规程执行情况进行评估;根据评估结果进行整改
10	安全投入管理	安全投入和经费使用计划	年初	制订泵闸运行维护安全投入和经费使用计划
11		完善安全设施	适时	完善消防设施、高空作业设施、水上作业设施、电气作业设施、防盗设施、防雷设施、劳保设施等;安全设施及器具配备齐全并定期检验
12		安全费用台账	全年	建立安全生产费用使用台账
13		从业人员及时办理相关保险	适时	按照有关规定,为从业人员及时办理相关保险
14	安全制度管理	法规标准识别	年初	向班组成员传达并配备适用的安全生产法律法规
15		执行安全生产制度	适时	1. 完善项目部安全生产规章制度; 2. 将安全生产规章制度发放到班组,并组织培训,督促加以执行

序号	分类	管理事项	实施时间或频次	工作要求及成果
16	安全制度管理	执行安全操作规程	适　时	编制并执行安全操作规程
			必要时	新技术、新材料、新工艺、新设备设施投入使用前,组织编制或修订相应的安全操作规程
			适　时	安全操作规程应发放到相关作业人员,并督促加以执行
17	安全教育	安全培训计划	年　初	制订安全教育培训计划并上报
18		安全文化建设计划编制与执行	按年度计划	制订安全文化建设计划,并开展安全文化活动;推行安全生产目视化(详见附录A表2)
19		管理人员安全教育	每年不少于1次	对各级管理人员进行教育培训,确保其具备正确履行岗位安全生产职责的知识与能力
20		新员工安全教育	上岗前	新员工上岗前应接受三级安全教育培训
21		转岗、离岗人员安全教育	适　时	作业人员转岗、离岗1年以上重新上岗前,应进行安全教育培训,经考核合格后上岗
22		在岗作业人员安全教育	每年不少于1次	在岗作业人员进行安全生产教育和培训
23		特种作业人员安全教育	适　时	特种作业人员接受规定的安全作业培训
24		相关方及外来人员安全教育	不定期	督促、检查相关方的作业人员进行安全生产教育培训及持证上岗情况
			适　时	对外来人员进行安全教育
25		安全生产月活动	每年6月	按计划开展安全生产月活动
26	配合水行政的管理	水法规宣传教育	全　年	开展水法规宣传教育
			每年3月	开展世界水日、中国水周宣传活动
27		土地权属划定	全　年	配合管理所做好管理和保护范围落实、土地权属划定、界桩和公告牌设置等工作
28		水事巡视检查及查处违章事件	全　年	做好水政巡视检查工作
			必要时	1. 配合管理所在上级水政监察部门的业务指导下,加强水事巡查,发现水事违法行为予以制止,并做好调查取证、及时上报、责令停止违法行为、限期改正等工作; 2. 配合和协助公安、司法等部门查处发生在工程管理范围内的水事治安和刑事案件
29		配合涉水项目批后监管	项目实施阶段	1. 实施前,应到现场监督项目放样和定界; 2. 加强涉水项目实施阶段的巡视; 3. 参与涉水项目完工验收; 4. 做好涉水建设项目的巡视检查、记录及督促整改工作

序号	分类	管 理 事 项	实施时间或频次	工 作 要 求 及 成 果
30	配合水行管理	水质监测管理	全　年	配合做好水质监测与管理工作
31		配合做好河长制相关工作	必要时	配合做好河长制相关工作
32	泵站安全鉴定	配合泵站安全鉴定	首次在工程竣工验收后25年内进行，以后每5～10年1次	1. 配合管理所安全鉴定计划编制； 2. 配合委托鉴定单位； 3. 配合组织现场检查，提供相关资料； 4. 配合安全鉴定报告审查； 5. 配合安全鉴定成果归档； 6. 配合安全鉴定意见落实
33	水闸安全评价（鉴定）	配合水闸安全评价（鉴定）	工程竣工验收后5年内进行，以后每隔10年进行1次	1. 配合管理所安全现状调查； 2. 配合委托安全检测单位； 3. 配合组织现场检测，提供相关资料； 4. 配合组织安全复核和评价； 5. 配合安全评价（鉴定）报告审查； 6. 配合安全评价（鉴定）报告上报及归档； 7. 配合安全评价（鉴定）意见落实
34	安全风险管理以及安全隐患治理	完善安全风险管理制度	年　初	完善安全风险管理制度、重大危险源管理制度、隐患排查治理制度
35		安全风险辨识	年　初	对安全风险进行全面、系统的辨识，对辨识资料进行统计、分析、整理和归档
36		安全风险评估及风险分析	适　时	安全风险评估
			每季度1次	每季度组织1次安全生产风险分析，通报安全生产状况，及时采取预防措施
37		落实风险防控措施	全　年	包括工程技术措施、管理控制措施、个体防护措施等
38		安全风险告知	年　初	在重点区域设置针对存在安全风险的岗位，明示安全风险告知卡，明确主要安全风险、隐患类别、事故后果、管控措施、应急措施及报告方式等内容
39		落实重大危险源控制预案	年　初	对确认的重大危险源应进行安全评估，确定等级，制定管理措施和应急预案
40		重大危险源监控、登记建档	全　年	对重大危险源采取措施进行监控，包括采取技术措施（设计、建设、运行、维护、检查、检验等）和组织措施（职责明确、人员培训、防护器具配置、作业要求等），并对重大危险源登记建档
41		安全隐患治理责任制	年　初	建立并落实从主要负责人到相关从业人员的事故隐患排查治理和防控责任制

序号	分类	管理事项	实施时间或频次	工作要求及成果
42	安全风险管理及安全隐患治理	制订隐患排查清单	适时	组织制订各类活动、场所、设备设施的隐患排查清单
43		专项安全检查	重要节假日	配合进行节假日安全检查,对排查出的事故隐患,定人、定时、定措施进行整改
			每年冬季	配合进行冬季安全检查,对排查出的事故隐患,定人、定时、定措施进行整改
			每月1次	配合进行消防专项检查,对排查出的事故隐患,定人、定时、定措施进行整改
			必要时	配合进行专项维修工程等安全检查,对排查出的事故隐患,定人、定时、定措施进行整改
44		重大事故隐患治理	全年	对重大事故隐患,制订并实施治理方案
45		建立隐患排查治理台账,做好信息上报工作	全年	完善安全隐患排查治理台账
			每月底	安全隐患排查治理信息上报及通过信息系统上报零事故报告
46	现场安全管理	安全设施管理	适时	在建项目安全设施应执行"三同时"制度;临边、孔洞、沟槽等危险部位的安全设施齐全、牢固可靠;高处作业按规定设置安全网等设施;垂直交叉作业场所设置安全隔离棚;机械、传送装置等的转动部位安装安全防护设施;临水和水上作业有可靠的救生设施;暴雨、台风前后对安全设施进行专项检查
		检修管理	检修时	制订并落实综合检修计划,落实"五定"原则(即定检修方案、定检修人员、定安全措施、定检维修质量、定检维修进度),检修方案合理;严格执行操作票、工作票制度,落实各项安全措施;检修质量符合要求;大修工程有设计、批复文件,有竣工验收资料;各种检修记录规范
47		特种设备管理	适时	按规定进行登记、建档、使用、维护保养、自检、定期检验以及报废;有关记录规范
			年初	制定特种设备事故应急措施和救援预案
			适时	达到报废条件的及时向有关部门申请办理注销
			全年	建立特种设备技术档案
48		设施设备安装、验收、拆除及报废	必要时	协助管理所对新设施设备按规定进行验收,办理设施设备安装、拆除及报废审批手续,制订危险物品处置方案,作业前进行安全技术交底并保存相关资料

序号	分类	管理事项	实施时间或频次	工作要求及成果
49	现场安全管理	临时用电	作业时	按有关规定编制临时用电专项方案或安全技术措施，并经验收合格后投入使用；用电配电系统、配电箱、开关柜符合相关规定；自备电源与网供电源的联锁装置安全可靠，电气设备等按规范装设接地或接零保护；现场起吊设备与相邻建筑物、供电线路等的距离符合规定；定期对施工用电设备设施进行检查
50		危化品管理	年初	建立危险化学品的管理制度
			全年	购买、运输、验收、储存、使用、处置等管理环节符合规定，并按规定登记造册
			适时	落实警示性标志和警示性说明及其预防措施
51		高处作业	作业时	严格执行高处作业安全操作规程
52		起重吊装作业	作业时	严格执行起重吊装作业安全操作规程
53		水上水下作业	作业时	严格执行水上水下作业安全操作规程
54		焊接作业	作业时	严格执行焊接作业安全操作规程
55		有限空间作业	作业前、作业时	落实应急处置方案，严格执行安全操作规程
56	应急管理	生产安全事故应急预案	适时，每年1次	抓好生产安全事故应急预案编制及报备工作
			汛前，每年1次	编报泵闸突发故障应急预案或处置方案（含防汛预案）
			每年至少1次	开展预案演练
57		防汛物资管理	全年	（已纳入防汛工作中）
58		突发事件处置	及时	按相应预案和迅翔公司"泵闸突发故障或事故应急处置作业指导书"要求开展突发事件应急处置；按规定频次做好预案演练
59		配合事故处理	必要时	配合事故处理、事故报告
			年底或汛前	配合应急处置总结与评估
60	安全保卫	非运行期值班	非运行期	加强泵闸非运行期值班管理
61		相关方管理	检修、施工期间	1. 严格审查检修、施工等单位的资质和安全生产许可证，并在发包合同中明确安全要求； 2. 与进入管理范围内的施工单位签订安全生产协议，明确双方安全生产责任和义务； 3. 对管理范围内的检修、施工作业过程实施有效的监督，并进行记录
62		安防系统维护	全年	配合管理所做好安防系统维护工作

序号	分类	管理事项	实施时间或频次	工作要求及成果
63	安全保卫	抓好消防管理	年初	建立消防管理制度,建立健全消防安全组织机构,落实消防安全责任制
			适时	防火重点部位和场所配备足够的消防设施、器材,并完好有效
			全年	建立消防设施、器材台账
			作业时	严格执行动火审批制度
			每年不少于1次	开展消防培训和演练
64		交通管理	全年	配合管理所加强管理区交通管理
65		相关配合工作	必要时	1. 配合做好上海市重大活动、专项活动安保工作; 2. 配合管理所开展综合治理达标创建工作
66	职业健康	防护设施、防护用品配置	适时	为员工配备相适应的职业病防护设施、防护用品
67		防护设施、防护用品检测	按规程要求	做好防护设施、防护用品检测工作
68		职业健康检查	适时	对从事接触职业病危害的作业人员应按规定组织上岗前、在岗期间和离岗时职业健康检查,建立健全职业卫生档案
69		职业健康可视化	年初	公布有关职业病防治的规章制度、操作规程、职业病危害事故应急救援措施
70		传染病防治	全年	落实针对性的预防和应急救治措施
71		防暑降温	夏季高温时	做好夏季防暑降温工作

附录 A 表 6　环境管理事项清单

序号	分类	管理事项	实施时间或频次	工作要求及成果
1	环境管理	建筑物渗漏及墙面处理	必要时	按作业指导书要求,进行建筑物渗漏及墙面处理
2		建(构)筑物涂鸦处理	每周1次,需要时	做好建(构)筑物涂鸦处理工作
3		室内设施设备、工具定置管理	每季度1次	室内设施设备、工具定置管理检查、整理、整顿

序号	分类	管理事项	实施时间或频次	工作要求及成果
4	环境管理	工程内部保洁	每半月至少1次	工程内部玻璃擦拭
			每周至少1次	机械设备表面保洁
			每月1次	水尺表面保洁
			每半月至少1次	电气设备表面保洁
			每季度至少1次	变压器表面保洁
			每年至少2次	电气设备内部保洁
			每月至少1次	仪表、传感器保洁
			每月至少1次	消防器材保洁
			每2天1次	办公室、会议室、值班室保洁
			每天1次	卫生间保洁
5		泵闸上、下游陆域保洁	每2天1次	按作业指导书要求,做好泵闸上、下游陆域保洁工作
6		泵闸上、下游水域保洁	每周至少1次,需要时	按作业指导书要求,做好泵闸上、下游水域保洁工作
7		管理区等保洁	每2天1次	按作业指导书要求,做好管理区、项目部、档案室、物资仓库、食堂、宿舍等保洁工作
8		节假日或重大活动保洁	按管理所和上级要求	做好节假日或重大活动期间的保洁工作
9		垃圾分类、清运	适时	实行垃圾分类,及时清运
10		照明设施维护	每季度1次,需要时	抓好亮化工程建设及室外照明设施维护工作
11		绿化管理	全年,按定额要求进行	抓好管理范围内水土保持、绿化管理工作
12	水文化及其水生态	配合开展水文化、水生态及水景观建设	全年	1. 配合管理所开展水文化宣传及展示; 2. 配合管理所加强水生态保护、水污染防治; 3. 配合管理所加强水景观建设

附录 A 表 7 经济管理事项清单

序号	分类	管理事项	实施时间或频次	工作要求及成果
1	成本管理	用工费用管理	全年	加强用工费用管理,人员工资按时足额兑现,福利待遇不低于本地平均水平,按上级规定落实员工养老、医疗等社会保险
2				
3		材料费用控制	全年	加强材料费用控制
4		管理费用控制	全年	加强管理费用控制
5		提高机械设备利用率和完好率	全年	提高机械设备利用率和完好率
		参与合同签订	必要时	参与经济合同签订

序号	分类	管 理 事 项	实施时间或频次	工 作 要 求 及 成 果
6	执行财经纪律	执行财务制度	全　年	严格执行财务制度,财务管理规范
7		抓好廉洁自律	全　年	抓好廉洁自律
8	工程经费管理	配合预算文件上报、下达	必要时	配合管理所做好预算文件上报、下达工作
9		配合年度、季度经费落实	必要时	配合管理所做好年度、季度经费落实统计工作
10		配合延伸审计	必要时	配合管理所延伸审计
11		泵站8项技术经济指标分析	必要时	会同管理所进行泵站建筑物完好率、设备完好率、泵站效率、能源单耗、供排水成本、供排水量、安全运行率、财务收支平衡率等8项技术经济指标分析
12	仓库及其物资管理	物资采购	全　年	抓好物资采购工作
13		物资安全管理	全　年	抓好物资保管及仓库安全管理
14		危险品管理	全　年	抓好危险品管理
15		物资领用	全　年	抓好物资领用工作
16		固定资产管理	全　年	抓好固定资产管理
17		报废物资管理	全　年	抓好报废物资管理
18		物资管理台账	全　年	完善物资管理台账

附录 B

淀东泵闸建筑物等级评定标准

附录 B 表 1　水工建筑物等级评定标准

一 类 工 程	二 类 工 程	三 类 工 程	四 类 工 程
应满足下列要求： 1. 结构完整，满足整体稳定要求，在泵站设计范围内，均能安全运行； 2. 基础变形及不均匀沉陷满足要求； 3. 钢筋混凝土结构强度满足要求，砌体完整； 4. 混凝土轻微碳化； 5. 钢筋混凝土结构钢筋保护层厚度满足要求； 6. 钢筋混凝土结构中钢筋无锈蚀或轻微锈蚀，锈蚀率满足要求； 7. 各构件完好，无明显裂缝、缺损、渗漏等缺陷； 8. 门窗完好，通风、散热、保温条件良好； 9. 观测设施齐全，满足要求	符合一类泵房的 1～6 条，但有下列情况之一： 1. 墙体局部剥落，构件存在轻微裂缝、缺损、渗漏等缺陷； 2. 门窗局部破损，通风、散热、保温条件较差； 3. 观测设施缺失或损毁	有下列情况之一： 1. 基础变形、沉陷较为严重，但不影响泵站安全运行； 2. 上部梁柱结构强度不满足安全要求，屋面渗水、门窗破损、墙体开裂严重； 3. 混凝土碳化严重，不满足要求； 4. 混凝土结构存在裂缝、缺损、渗漏等缺陷，但通过加固改造能满足要求	有下列情况之一： 1. 不满足整体稳定要求； 2. 底板、水泵梁、电机梁和泵房排架等主要结构强度不满足要求； 3. 对于分基型泵房，砌体裂缝、倾斜、破损、渗水严重；屋面结构简陋，漏水、破损严重

附录 B 表 2　进出水池等级评定标准

一 类 工 程	二 类 工 程	三 类 工 程	四 类 工 程
应满足下列要求： 1. 几何尺寸符合要求，水流流态较好； 2. 结构完整，满足整体稳定要求；	符合一类进出水池的 1～3 条，但有下列情况之一： 1. 混凝土结构强度满足要求，有轻微的碳化、破损、露筋等现象；	有下列情况之一： 1. 部分结构发生不均匀沉陷； 2. 防渗、反滤设施损坏较为严重；	有下列情况之一： 1. 几何尺寸不符合要求，水流流态差； 2. 结构变形、倾斜、不均匀沉陷严重；

一类工程	二类工程	三类工程	四类工程
3. 防渗、反滤设施技术状况良好; 4. 变形及不均匀沉陷满足要求; 5. 混凝土结构强度、碳化深度、钢筋保护层厚度以及钢筋锈蚀率满足要求; 6. 砌体完好; 7. 观测设施齐全,满足要求	2. 砌体结构局部有松动、有少量细微裂缝及轻微不均匀沉陷; 3. 观测设施缺失或损毁	3. 混凝土碳化及钢筋锈蚀严重,局部有破损和裂缝; 4. 砌体有松动、冲刷、坍塌等现象	3. 防渗、反滤设施损坏及渗透变形严重,不能满足安全运行要求; 4. 主要结构混凝土强度不满足要求; 5. 砌体有大面积的松动、冲刷、坍塌等现象

附录 B 表 3 流道(管道)等级评定标准

一类工程	二类工程	三类工程	四类工程
应满足下列要求: 1. 技术状态完好,满足过流及流态要求; 2. 结构完好,无明显错位、裂缝、缺损、渗漏等缺陷; 3. 混凝土结构强度、碳化深度、钢筋保护层厚度以及钢筋锈蚀率满足要求; 4. 过流面光滑,蚀坑较少,水力损失小; 5. 管坡、管床、镇墩、支墩结构完整,无明显裂缝及不均匀沉陷	符合一类流道(管道)的1、2条,但有下列情况之一: 1. 混凝土结构强度满足要求,有轻微的碳化、破损、露筋等现象; 2. 过流面局部有轻微破损,局部有蚀坑; 3. 管坡、管床、镇墩、支墩有轻微沉陷、裂缝,但不影响安全运行;管道有轻微位移,少量渗水	有下列情况之一: 1. 局部有裂缝、破损、错位和漏水(漏气)现象; 2. 混凝土碳化、钢筋锈蚀、露筋较严重,但强度满足要求; 3. 管坡、管床、镇墩、支墩变形、沉陷较严重,但通过加固改造能满足要求;	有下列情况之一: 1. 几何尺寸不符合要求,流态差,并严重影响机组正常运行; 2. 结构强度不满足要求; 3. 基础变形、不均匀沉陷较大,错位、裂缝及渗漏水严重,不能满足安全要求; 4. 管坡、管床、镇墩、支墩变形及不均匀沉陷严重,通过加固难以修复; 5. 管道破损、露筋,内表面冲蚀严重

附录 B 表 4 水闸等级评定标准

一类工程	二类工程	三类工程	四类工程
应满足下列要求: 1. 技术状态完好,过流能力及消能防冲满足要求; 2. 结构完整,满足整体稳定要求,在设计范围内,均能安全运行;	符合一类水闸的1~3条,但有下列情况之一: 1. 混凝土结构整体强度满足设计要求,局部有碳化、破损、露筋等现象; 2. 构件存在轻微裂缝、缺损、渗漏等缺陷;	有下列情况之一: 1. 基础变形、沉陷较为严重,但不影响安全运行; 2. 混凝土碳化严重,不满足要求;	有下列情况之一: 1. 过流能力不满足要求; 2. 整体稳定不满足要求; 3. 主体结构强度不满足要求;

一类工程	二类工程	三类工程	四类工程
3. 基础变形及不均匀沉陷满足要求； 4. 混凝土结构强度、碳化深度、钢筋保护层厚度以及钢筋锈蚀率满足要求； 5. 主体结构无明显裂缝、破损、渗漏等缺陷； 6. 上、下游翼墙及护坡完好； 7. 启闭机室墙体及门窗完好，无漏水和渗水现象； 8. 观测设施满足要求	3. 上、下游翼墙及护坡结构局部有松动、裂缝及沉陷等现象，但不影响过流和安全运行； 4. 启闭机室门窗局部破损，墙体存在局部剥落、裂缝、渗水等缺陷； 5. 观测设施缺失或损毁	3. 混凝土结构存在裂缝、缺损、渗漏等缺陷，但通过加固改造能满足要求； 4. 消能防冲或防渗不满足要求； 5. 上、下游翼墙及护坡存在较严重的沉陷、错位、裂缝或垮塌等缺陷； 6. 启闭机室屋面渗水、门窗破损、墙体开裂严重	4. 存在其他严重威胁安全运行的缺陷

上海泵闸运行维护标准化作业指导书

附录 C

淀东泵闸设备等级评定标准

附录 C 表 1　主水泵等级评定标准

一 类 设 备	二 类 设 备	三 类 设 备	四 类 设 备
应满足下列要求： 1. 在设计最高和最低扬程范围内，均能正常运行，且性能指标满足泵站设计要求； 2. 主要零部件完好； 3. 转动部件和固定部件之间间隙符合要求，无卡阻现象； 4. 过流部件表面磨蚀、锈蚀情况较轻； 5. 运行稳定，振动、噪声、摆度和轴承温度等符合要求； 6. 轴承和密封装置运行正常，无渗油现象； 7. 结合面无漏水现象； 8. 过流面防腐、外观涂漆、标识等符合要求	符合一类标准的 1～3 条，但有下列情况之一： 1. 过流部件表面有轻微的汽蚀、磨损及锈蚀等现象； 2. 运行基本稳定，振动、噪声、摆度、温升等偏大，但仍在正常范围内； 3. 轴承和密封装置运行基本正常，有轻微渗油现象； 4. 结合面有轻微变形、少量漏水； 5. 过流面防腐、外观涂漆、标识等不规范	有下列情况之一： 1. 故障率高，不能保证随时投入运行； 2. 运行不正常，主要性能指标较差或大幅度下降； 3. 过流部件汽蚀、磨损、锈蚀剥落严重； 4. 转动部件和固定部件之间间隙不满足要求，发生卡阻、碰壳等现象； 5. 运行不稳定，振动、噪声、摆度和轴承温度等不满足要求； 6. 主要零部件变形、损坏； 7. 存在其他影响安全运行的重大缺陷	达到三类标准，且有下列情况之一： 1. 经过大修、技术改造或更换元器件等技术措施仍不能满足泵站运行安全、技术、经济要求或修复不经济； 2. 整体技术状态差； 3. 属淘汰产品

附录 C 表 2　主电动机等级评定标准

一 类 设 备	二 类 设 备	三 类 设 备	四 类 设 备
应满足下列要求： 1. 在泵站设计运行范围内，均能正常运行，且性能指标满足要求； 2. 电气试验结果符合国家现行相关标准的规定；	符合一类标准的 1～4 条，但有下列情况之一： 1. 运行基本稳定，振动、噪声、摆度、温升偏大，但仍在正常范围内； 2. 冷却系统有轻微堵塞、变形等缺陷，但不影响正常运行；	有下列情况之一： 1. 故障率高，不能保证随时投入运行； 2. 运行不正常，主要性能指标较差或大幅度下降；	达到三类标准，且有下列情况之一： 1. 经过大修、技术改造或更换元器件等技术措施仍不能满足泵站运行安全、技术、经济要求或修复不经济；

一 类 设 备	二 类 设 备	三 类 设 备	四 类 设 备
3. 主要零部件完好,定转子铁芯、线圈紧固、绑扎等符合要求; 4. 转动部件和固定部件之间间隙符合要求,无卡阻现象; 5. 运行稳定,振动、噪声、摆度、温升等符合要求; 6. 冷却系统运行正常,冷却效果良好; 7. 轴承和密封装置运行正常,无渗油现象,轴承温度符合要求; 8. 外观涂漆、标识等符合要求	3. 轴承有轻微磨损,运行温度偏高,密封装置有少量渗油,但不影响正常运行; 4. 外观涂漆、标识等不规范	3. 电气试验结果不符合国家现行相关标准的规定,且经常规处理仍不能满足要求; 4. 转动部件和固定部件之间间隙不满足要求,发生卡阻现象; 5. 运行不稳定,振动、噪声、摆度和温度等不满足要求; 6. 主要零部件变形、损坏,定转子铁芯、线圈松动,绝缘老化严重; 7. 存在其他影响安全运行的重大缺陷	2. 整体技术状态差; 3. 属淘汰产品

附录 C 表 3 主变压器等级评定标准

一 类 设 备	二 类 设 备	三 类 设 备	四 类 设 备
应满足下列要求: 1. 在泵站设计运行范围内,均能正常运行,且性能指标满足要求; 2. 电气试验结果符合国家现行相关标准的规定; 3. 主要零部件完好,绝缘件无裂纹、缺损和瓷件瓷釉损坏等缺陷; 4. 保护装置可靠,运行稳定; 5. 油质、油位符合要求,无渗油现象; 6. 冷却装置运行正常,噪声、温升等满足要求; 7. 调压装置各分接点与线圈的连线紧固正确,接触紧密良好; 8. 外观涂漆、标识等符合要求	符合一类标准的1~4条,但有下列情况之一: 1. 油质、油位基本符合要求,有轻微渗油现象; 2. 冷却装置运行基本正常,噪声、温升偏大,但仍在正常范围内; 3. 电缆、线圈等接头有轻微变形、锈蚀等缺陷,但不影响正常运行; 4. 外观涂漆、标识等不符合规范	有下列情况之一: 1. 故障率高,不能保证随时投入运行; 2. 运行不正常,主要性能指标较差或大幅度下降; 3. 电气试验结果不符合国家现行相关标准的规定,且经常规处理仍不能满足要求; 4. 主要零部件损坏,绝缘件性能达不到使用要求,渗漏油严重; 5. 保护装置动作不可靠; 6. 冷却装置运行不正常,噪声和温升等不满足要求; 7. 存在其他影响安全运行的重大缺陷	达到三类标准,且有下列情况之一: 1. 经过大修、技术改造或更换元器件等技术措施仍不能满足泵站运行安全、技术、经济要求或修复不经济; 2. 整体技术状态差; 3. 属淘汰产品

附录C 表4 高压开关设备等级评定标准

一 类 设 备	二 类 设 备	三 类 设 备	四 类 设 备
应满足下列要求: 1. 各项性能参数在额定允许范围内,开关特性符合厂家要求; 2. 电气试验结果符合国家现行相关标准的规定; 3. 主要零部件完好,绝缘件无裂纹、缺损和瓷件瓷釉损坏等缺陷; 4. 保护装置可靠,运行稳定; 5. 操作机构灵活可靠,无卡阻现象,触点接触良好; 6. 各部结点接触紧密,元器件运行温度符合规定; 7. 盘柜表计、指示灯等完好,柜内接线正确、规范,五防功能齐全; 8. 外观涂漆、标识等符合要求	符合一类标准的1~5条,但有下列情况之一: 1. 结点温升偏大,但仍在正常范围内; 2. 盘柜个别表计损坏,二次布线不规范,标识不清晰,但不影响正常运行; 3. 外观涂漆、标识等不规范	有下列情况之一: 1. 故障率高,不能保证随时投入运行; 2. 电气试验结果不符合国家现行相关标准的规定,且经常规处理仍不能满足要求; 3. 主要零部件损坏或属淘汰产品,绝缘件性能达不到使用要求; 4. 保护装置动作不可靠; 5. 操作机构不灵活,有卡阻现象; 6. 柜体油漆脱落,锈蚀、变形,影响正常使用; 7. 存在其他影响安全运行的重大缺陷	达到三类标准,且有下列情况之一: 1. 经过大修、技术改造或更换元器件等技术措施仍不能满足泵站运行安全、技术、经济要求或修复不经济; 2. 整体技术状态差; 3. 属淘汰产品

附录C 表5 低压电器等级评定标准

一 类 设 备	二 类 设 备	三 类 设 备	四 类 设 备
应满足下列要求: 1. 各项性能参数在额定允许范围内,开关特性符合厂家要求; 2. 电气试验结果符合国家现行相关标准的规定; 3. 主要零部件完好,绝缘件无裂纹、缺损等缺陷; 4. 电气保护元器件配置合理,动作可靠; 5. 开关按钮动作可靠,指示灯指示正确; 6. 各部结点接触紧密,元器件运行温度符合规定; 7. 盘柜表计、指示灯等完好,柜内接线正确、规范; 8. 外观涂漆、标识等符合要求	符合一类标准的1~4条,但有下列情况之一: 1. 个别开关按钮操作不灵活,指示灯缺损; 2. 结点温升偏大,但仍在正常范围内; 3. 盘柜个别表计损坏,布线不规范,标识不清晰,但不影响正常运行; 4. 外观涂漆、标识等不规范	有下列情况之一: 1. 故障率高,不能保证随时投入运行; 2. 电气试验结果不符合国家现行相关标准的规定,且经常规处理仍不能满足要求; 3. 主要零部件损坏或属淘汰产品,绝缘件性能达不到使用要求; 4. 电气保护元件配置不合理,动作不可靠; 5. 柜体油漆脱落,锈蚀、变形,影响正常使用	达到三类标准,且有下列情况之一: 1. 经过大修、技术改造或更换元器件等技术措施仍不能满足泵站运行安全、技术、经济要求或修复不经济; 2. 整体技术状态差; 3. 属淘汰产品

一 类 设 备	二 类 设 备	三 类 设 备	四 类 设 备
应满足下列要求： 1. 各项性能参数在额定范围内，绝缘性能符合要求； 2. 蓄电池性能良好，工作正常；无胀鼓、漏液等缺陷，能按规定进行充放电且容量满足要求； 3. 控制、保护、信号等回路控制器及开关按钮动作可靠，指示灯指示正确； 4. 盘柜表计完好，柜内接线正确、规范，结点接触紧密； 5. 外观涂漆、标识等符合要求	符合一类标准的 1、2 条，但有下列情况之一： 1. 个别开关按钮操作不灵活，指示灯缺损； 2. 盘柜个别表计损坏，布线不规范，标识不清晰，但不影响正常运行； 3. 外观涂漆、标识等不规范	有下列情况之一： 1. 主要性能指标下降，绝缘性能不符合要求； 2. 蓄电池性能严重下降，出现胀鼓、漏液等缺陷； 3. 柜体油漆脱落，锈蚀、变形，影响正常使用	达到三类标准，且有下列情况之一： 1. 经过大修、技术改造或更换元器件等技术措施仍不能满足泵站运行安全、技术、经济要求或修复不经济； 2. 整体技术状态差； 3. 主要设备及元器件属淘汰产品

附录 C 表 7　保护和自动装置等级评定标准

一 类 设 备	二 类 设 备	三 类 设 备	四 类 设 备
应满足下列要求： 1. 保护及自动装置完好，动作灵敏、可靠； 2. 保护整定值满足要求，电气试验结果符合要求； 3. 自动装置机械性能、电气特性满足要求； 4. 开关按钮动作可靠，指示灯指示正确； 5. 保护和自动装置通信正常； 6. 盘柜表计完好，柜内接线正确、规范，结点接触紧密； 7. 外观涂漆、标识等符合要求	符合一类标准的 1～3 条，但有下列情况之一： 1. 个别开关按钮操作不灵活，指示灯缺损； 2. 通信可靠性下降，但不影响正常运行； 3. 盘柜个别表计损坏，布线不规范，标识不清晰，但不影响正常运行； 4. 外观涂漆、标识等不规范	有下列情况之一： 1. 保护及自动装置有缺陷、动作不可靠； 2. 电气试验结果不符合要求，且经常规处理仍不能满足要求； 3. 自动装置损坏，机械性能、电气特性不满足要求； 4. 保护和自动装置通信不正常，且经常规处理仍不能满足要求； 5. 存在其他影响安全运行的重大缺陷	达到三类标准，且有下列情况之一： 1. 经过大修、技术改造或更换元器件等技术措施仍不能满足泵站运行安全、技术、经济要求或修复不经济； 2. 整体技术状态差； 3. 主要设备及元器件属淘汰产品

附录 C 表 8　辅助设备等级评定标准

一 类 设 备	二 类 设 备	三 类 设 备	四 类 设 备
应满足下列要求： 1. 油、气、水系统功能及主要性能指标满足泵站运行要求，能随时投入运行； 2. 主要设备及零部件、管道及附件、闸阀等完好； 3. 安全阀、溢流阀、压力控制开关等安全保护装置整定值符合要求，动作灵敏、可靠； 4. 系统无渗漏油、气、水现象，阀门开关灵活，关闭严密； 5. 控制设备及元器件工作正常，安全、可靠； 6. 外观涂漆、标识等符合要求	符合一类标准的 1～3 条，但有下列情况之一： 1. 系统管道、储油（气）罐等存在锈蚀，局部有渗油、气、水现象，但强度满足要求； 2. 系统个别表计损坏，阀门开关不灵活或关闭不严密，但不影响正常运行； 3. 控制设备及元器件可靠性下降，但不影响正常运行； 4. 外观涂漆、标识等不规范	有下列情况之一： 1. 故障率高，不能保证随时投入运行； 2. 油、气、水系统功能及主要性能指标不满足泵站运行要求； 3. 主要设备及零部件损坏严重，安全阀、溢流阀、压力控制开关等安全保护装置工作不正常，且经常规处理仍不能满足要求； 4. 管道、储油（气）罐等锈蚀严重，强度不满足要求	达到三类标准，且有下列情况之一： 1. 经过大修、技术改造或更换元器件等技术措施仍不能满足泵站运行安全、技术、经济要求或修复不经济； 2. 整体技术状态差； 3. 主要设备及元器件属淘汰产品

附录 C 表 9　闸门、拍门等级评定标准

一 类 设 备	二 类 设 备	三 类 设 备	四 类 设 备
应满足下列要求： 1. 门体及吊耳（门铰）、门槽结构完整，强度及尺寸满足设计要求； 2. 焊缝满足国家现行相关标准要求； 3. 门体和门槽平整、无变形，表面防腐符合要求； 4. 止水装置完好，止水严密； 5. 启闭无卡阻，锁定装置、缓冲装置工作可靠	符合一类标准的 1～2 条，但有下列情况之一： 1. 门体和门槽有轻微变形，但不影响闸门、拍门的正常使用； 2. 门体和门槽有锈蚀，但蚀余厚度满足强度要求； 3. 止水装置有轻微老化，止水不严密； 4. 锁定装置、缓冲装置的可靠性下降，但不影响闸门、拍门的正常使用	有下列情况之一： 1. 门体及吊耳（门铰）、门槽锈蚀、变形、破损严重，强度或尺寸不满足要求； 2. 焊缝不满足国家现行相关标准要求； 3. 不能正常启、闭，卡阻严重； 4. 锁定装置、缓冲装置失效，严重影响闸门、拍门的安全使用； 5. 存在其他影响安全运行的重大缺陷	达到三类标准，且有下列情况之一： 1. 经过加固改造等技术措施仍不能满足泵站运行安全、技术、经济要求或修复不经济； 2. 整体技术状态差

附录 C　淀东泵闸设备等级评定标准